面向21世纪课程教材
Textbook Series for 21st Century

普通高等教育"十一五"国家规划教材

电路分析（第4版）

胡翔骏 编著

中国教育出版传媒集团
高等教育出版社·北京

内容提要

本书是面向 21 世纪课程教材、普通高等教育"十一五"国家级规划教材《电路分析》(第 3 版)的修订版。该教材适用于电子信息工程、通信工程、信息工程等专业,教材特色鲜明,以其独创的教学实验演示系统、计算机辅助教学系统和计算机解题系统著称,自出版以来一直深受读者喜爱。

基本内容包括:电路的基本概念和分析方法;用网络等效简化电路分析;网孔分析法和节点分析法;网络定理;理想变压器和运算放大器;双口网络;电容元件和电感元件;一阶电路分析;二阶电路分析;正弦稳态分析;正弦稳态的功率和三相电路;网络函数和频率特性;含耦合电感的电路分析;动态电路的频域分析;计算机辅助电路分析。

本书可供普通高等学校电气信息类、电子信息类专业作为电路课程教材使用,也可供工程技术人员作为参考书使用。

图书在版编目(CIP)数据

电路分析 / 胡翔骏编著. -- 4 版. -- 北京:高等教育出版社, 2023.7(2024.2重印)

ISBN 978-7-04-059406-5

Ⅰ.①电… Ⅱ.①胡… Ⅲ.①电路分析-高等学校-教材 Ⅳ.①TM133

中国版本图书馆 CIP 数据核字(2022)第 165168 号

Dianlu Fenxi

策划编辑 王 楠	责任编辑 王 楠	封面设计 李卫青		版式设计 李彩丽
责任绘图 邓 超	责任校对 高 歌	责任印制 耿 轩		

出版发行	高等教育出版社	网 址	http://www.hep.edu.cn
社 址	北京市西城区德外大街 4 号		http://www.hep.com.cn
邮政编码	100120	网上订购	http://www.hepmall.com.cn
印 刷	山东韵杰文化科技有限公司		http://www.hepmall.com
开 本	787 mm × 1092 mm 1/16		http://www.hepmall.cn
印 张	36.75	版 次	2001 年 6 月第 1 版
字 数	850 千字		2023 年 7 月第 4 版
购书热线	010-58581118	印 次	2024 年 2 月第 2 次印刷
咨询电话	400-810-0598	定 价	71.00 元

本书如有缺页、倒页、脱页等质量问题,请到所购图书销售部门联系调换
版权所有 侵权必究
物 料 号 59406-00

电路分析教学辅助系统

胡翔骏

1 计算机访问http://abook.hep.com.cn/1262451，或手机扫描二维码、下载并安装 Abook 应用。

2 注册并登录，进入"我的课程"。

3 输入封底数字课程账号（20位密码，刮开涂层可见），或通过 Abook 应用扫描封底数字课程账号二维码，完成课程绑定。

4 单击"进入课程"按钮，开始本数字课程的学习。

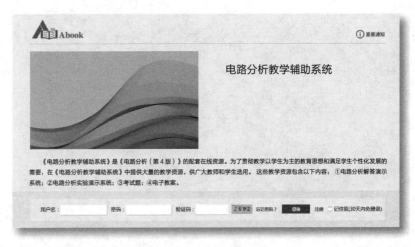

课程绑定后一年为数字课程使用有效期。受硬件限制，部分内容无法在手机端显示，请按提示通过计算机访问学习。

如有使用问题，请发邮件至 abook@hep.com.cn。

扫描二维码
下载 Abook 应用

http://abook.hep.com.cn/1262451

第4版前言

《电路分析》教材于 2001 年出版,至今已有 20 多年,深受学生欢迎,为了更好地满足高等学校工科电子信息工程、通信工程及信息工程等专业本科教学的需要,出版《电路分析》(第 4 版)。

《电路分析》(第 4 版)教材由纸质教材和电子资源两部分组成。纸质教材《电路分析》(第 4 版)的章节安排与《电路分析》(第 3 版)的安排相同,教材习题内容没有变化,读者可以继续使用《电路分析学习指导书》(第 3 版)。电子资源由电路分析解答演示系统、电路分析实验演示系统、考试题和电子教案等几部分组成,供读者在线浏览或下载使用。为了便于学生观看视频,将电子资源中部分视频以二维码形式印在教材上,学生在阅读教材时用手机扫描二维码就能够观看。

为电路课程教学编写的电路分析程序和演示程序得到改进和提高,不仅能够解算电路教材中各种类型的习题,还能够观测元件参数改变引起电路特性的变化,有助于提高学生学习电路课程的兴趣和用计算机分析、解决电路问题的能力。

作者在 20 世纪 80 年代使用 Spice 仿真程序时,发现它不能解决电路分析课程的很多教学问题后,在小型计算机上开始编写教学用的电路分析程序,程序具有符号分析功能,适合电路理论课程教学使用,程序经过不断升级、改进和提高,日趋完善,读者可以放心使用。编写这些程序需要掌握现代电路理论的分析方法,并有所创新。作者在 20 世纪 70 年代从事无线电波透视仪的科研工作,获得很多电路实际知识。《电路分析》是一本具有计算机分析和理论联系实际特色,有一定深度和便于学生自学的教材。

感谢王楠编辑鼓励和帮助我出版第 4 版教材。吴锡龙教授详细地审阅了 3 版教材,提出了不少宝贵意见,谨致以衷心的感谢。在教材和软件的使用过程中,很多学校的教师和学生提出过十分有益的意见和建议,编者深表谢意。

由于编者水平有限,错误和不妥之处在所难免,请读者提出宝贵的意见,以便今后加以改进。作者邮箱:xjhu@uestc.edu.cn。

胡翔骏
2022 年 5 月

第3版前言

《电路分析》(第2版)教材2007年出版以来,已经重印了十多次,为了更好地满足广大师生的要求,现按照教育部电子电气基础课程教学指导委员会制订的"电路分析基础"课程教学基本要求进行修订,不断提高教材的质量。《电路分析》(第3版)仍然是一套立体化多媒体教材,不仅包含理论教学部分的内容,也涉及实践教学部分的内容,为电路课程的教学提供全面的教学支持,更好地满足高等学校工科电子信息工程、通信工程及信息工程等各专业本科学生的教学需要。

《电路分析》(第3版)立体化多媒体教材尽可能应用现代化信息技术提供更多的优质教学资源和解算习题的计算工具,便于采用现代化教学手段和各种教学方法进行教学,使学生在学习电路模型基本性质和分析方法的同时,对实际电路的特性和实验方法有所了解;在采用"笔算"方法解算习题的同时,也可以用计算机程序来分析电路;在学习电路分析的同时,对电路设计的某些问题有所了解,从而更好地掌握电路理论,提高分析和解决实际电路问题的能力。

《电路分析》(第3版)立体化多媒体教材由纸质教材和电子教材两部分组成。纸质教材由《电路分析》(第3版)主教材和《电路分析教学指导书》(第3版)组成。电子教材由《电路分析电子教案》《电路分析演示解答系统》《电路分析实验演示系统》和《考试题自测系统》等几部分组成,放在教材所附DVD光盘的《电路分析教学辅助系统》中。

本书的章节安排与《电路分析》(第2版)的安排相同。按照"电路分析基础"课程教学基本要求,在第一章中增加特勒根定理以及相关的习题。考虑到不同学校和学生的不同要求,在每章最后一小节中放入一些有关电路设计、理论结合实际和计算机辅助电路分析等内容,供学生选择使用。

为了激发学生学习电路课程的兴趣,让学生通过自主学习掌握更多的电路知识和分析电路的方法,作者总结了长期教学实践的经验,提供了大量的例题和多种形式的教学资源以及用计算机分析电路的程序,为学生自主学习电路课程提供全面支持。学生可以观看教学重点和难点的演示程序掌握电路的基本概念;阅读《电路分析教学指导书》(第3版)掌握"笔算"分析电路的方法;阅读光盘中的电子教材和观看视频,掌握计算机分析电路的方法;观看《电路分析演示解答系统》了解常用电子仪器的使用和电路实验的基本方法;利用《考试题自测系统》检验自己掌握电路基础知识的情况;利用计算机分析程序对学生感兴趣的问题进行深入的研究和检验自己所设计的电路是否满足要求等。希望学生能够更好地掌握电路理论,提高分析和解决实际电路问题的能力。教师采用多媒体和网络手段进行混合式教学能调动学生自主学习的积极性,可以减轻学生的负担和提高教学质量,收到事半功倍的效果。

吴锡龙教授详细地审阅了全书,提出了不少宝贵意见,谨致以衷心的感谢。在教材和软件的使用过程中,很多学校的教师和学生提出过十分有益的意见和建议,编者深表谢意。

由于编者水平有限,错误和不妥之处在所难免,请读者提出宝贵的意见,以便今后加以改进。读者可以扫描目录 V 页面二维码免费下载新电路分析程序 WDCAP、WACAP、WDNAP 和 WSNAP,在使用过程中发现的问题请告诉作者,以便及时修订。作者的电子邮件信箱是 xjhu @ uestc.edu.cn。

胡翔骏

2014 年 7 月

第2版前言

《电路分析》教材2001年出版以来,已经重印了十多次,为了更好地满足广大师生的要求,按照教育部最新制定的《高等学校工程本科电路分析基础课程教学基本要求》进行修订。修订后的教材是一套立体化多媒体教材,不仅包含理论教学部分的内容,也涉及实践教学部分的内容,为电路课程的教学提供全面的教学支持,更好地满足高等学校工科电子、通信及信息专业各类本科学生的学习需要。

《电路分析》(第2版)立体化教材尽可能应用现代信息技术提供更多的优质教学资源和解算习题的计算工具,便于采用现代化教学手段和各种教学方法进行教学。使学生在学习电路模型基本性质和分析方法的同时,对实际电路的特性和实验方法有所了解;使学生在采用"笔算"方法解算电路习题的同时,可以用计算机程序来求解电路分析的习题;使学生在学习电路分析的同时,对电路设计问题有所了解,从而更好地掌握电路理论,提高分析和解决实际电路问题的能力。

《电路分析》(第2版)立体化教材由纸质教材和电子教材两部分组成。纸质教材由《电路分析》(第2版)主教材和《电路分析教学指导书》(第2版)辅助教材组成。电子教材由《电路分析电子教案》《电路分析演示解答系统》和《电路分析实验演示系统》等三部分组成,放在一张《电路分析教学辅助系统》DVD光盘中。

纸质教材《电路分析》(第2版)的内容由电阻电路分析和动态电路分析两部分组成。电阻电路分析由"电路的基本概念和分析方法""用网络等效简化电路分析""网孔分析法和节点分析法""网络定理""理想变压器和运算放大器""双口网络"六章组成;动态电路分析由动态电路的时域分析、正弦稳态分析和频域分析三部分组成。其中的动态电路时域分析由"电容元件和电感元件""一阶电路分析"和"二阶电路分析"三章组成;正弦稳态分析由"正弦稳态分析""正弦稳态的功率和三相电路""网络函数和频率响应""含耦合电感的电路分析"四章组成;频域分析由"动态电路的频域分析"一章组成。考虑到不同学校对电路理论课程的要求不同,除了教育部基本要求中规定本科学生必须掌握的内容外,还增加了一些基本要求规定的选学内容和本教材具有特色的内容,供各个学校的师生根据实际情况选择使用。纸质教材《电路分析教学指导书》(第2版)提供全书习题的"笔算"求解过程,而将计算机求解习题和例题的内容放在电子教材光盘中。

《电路分析教学辅助系统》DVD光盘中的"电路分析电子教案"包含纸质教材《电路分析》(第2版)全书内容的幻灯片,为教师编写电子教案提供基本的素材,学生也可以利用电子教案进行学习。在"电路分析演示解答系统"中,除了提供电路分析教学难点的演示系统外,还提供一套教学用电路分析程序,学生可以利用这些智能计算工具来解算各种习题和进行电路设计,培养独立解算电路习题的能力和创新精神。在光盘中提供利用这些程序解算全书习题和例题的幻灯片,供师生参考使用。"电路分析实验演示系统"由与电路教学内容密切相关的 130 多个实验录像组成,这些实验可以使学生在学习电路理论的同时了解相关实际电路中发生的物理现象,熟悉一些基本的电路实验方法和仪器,对实际电路与电路模型的区别与联系有所认识,从而更好地掌握电路理论,提高分析和解决实际电路问题的能力。

李瀚荪教授详细地审阅了本书,提出了不少宝贵意见,编者表示衷心的感谢。在教材和软件的使用过程中,很多学校的教师和学生提出过十分有益的意见和建议,编者深表谢意。特别感谢俞大光教授的指导和楼史进编审、刘激扬副编审多年来的帮助。

在电路教材中引入计算机分析和提供大量教学实验录像等教学资源还是一个新事物,由于编者水平有限,错误和不妥之处在所难免,请读者提出宝贵的意见,以便今后改进。

胡翔骏

2006 年 9 月

于电子科技大学

第 1 版前言

《电路分析》是教育部"高等教育面向 21 世纪教学内容和课程体系改革计划"中"电气信息类专业人才培养方案及教学内容体系改革的研究与实践"这一项目的研究成果。编写教材的依据是原国家教育委员会 1995 年颁布的"高等学校工科本科电路分析基础课程教学基本要求",供高等学校工科电子、通信及信息专业使用。本书由电阻电路分析和动态电路分析两部分组成,在附录中介绍了线性动态电路的复频域分析和电路分析程序的使用方法。

为了满足培养 21 世纪创新人才的要求,在教材中增加了计算机分析电路的方法和引用计算机程序分析各种线性电路的内容,体现出教材的先进性。计算机分析电路的通用性和普遍性也体现在对电路基本概念、基本定理和基本分析方法的陈述上。书中突出了单口网络和双口网络的端口特性,增加了建立动态电路微分方程的例题和用计算机程序分析高阶动态电路的内容。为了便于自学,除阐述力求深入浅出、通俗易懂外,书中还安排了比较多的例题和习题,其中包括用计算机分析电路的例题和习题。书中举了几个实际电路的例题,便于学生了解实际电路与电路模型的关系,有助于提高学生分析和解决实际电路问题能力。

考虑到教学上应该以学生为中心的思想,书中配有一张磁盘,装有"电路分析演示解答系统"软件的学生版。其中的"演示系统"可以对在黑板上难以表达的很多电路概念进行动画演示。"电路分析解答系统"所提供的四个通用电路分析程序可以对电路理论所涉及的各种线性电路进行分析。该软件曾获得全国普通高等学校优秀计算机辅助教学软件二等奖,是学习电路课程的一种很好的工具,可以解决学生自学中遇到的很多问题,使学生能够更好地掌握现代电路的基本理论,掌握用计算机分析和设计电路的基本方法,从而提高学生分析和解决电路问题的能力以及培养学生的创新精神。

上海大学吴锡龙教授详细审阅了全书,提出了不少宝贵意见,谨致以衷心的感谢。在教材和软件的试用过程中,我校教师和学生提出过十分有益的意见和建议,编者深表谢意。

为了便于教师采用现代化的教学手段(多媒体教学和网络教学)进行教学,还准备了《电路分析》的电子教案和习题解答幻灯片,可以在单个计算机和网络上工作,全部软件放在一张光盘中,由高等教育出版社单独发行,欢迎教师使用。

在电路教材中引入计算机分析还是一个新事物,由于编者水平有限,时间有限,错误和不妥之处在所难免,请读者提出宝贵的意见,以便今后加以改进。

胡翔骏
2000 年 10 月
于电子科技大学

目　　录

第一部分　电阻电路分析

第二部分　动态电路分析

第一部分

电阻电路分析

第一章 电路的基本概念和分析方法

本章介绍电路的基本概念和基本变量,阐述集总参数电路的基本定律——基尔霍夫定律。定义三种常用的电路元件:电阻、独立电压源和独立电流源。最后讨论集总参数电路中,电压和电流必须满足的两类约束以及电路分析的基本方法。这些内容是全书的基础。

§1-1 电路和电路模型

一、电路

电在日常生活、生产和科学研究工作中得到了广泛应用。在手机、收录机、电视机、影碟机、音响设备、计算机、监控系统、通信系统和电力网络中都可以看到各种各样的电路。这些电路的特性和作用各不相同。电路的一种作用是实现电能的传输和转换,例如电力网络将电能从发电厂输送到各个工厂、广大农村和千家万户,供各种电气设备使用。电路的另外一种作用是实现电信号的传输、处理和存储,例如电视接收天线将所接收到的含有声音和图像信息的高频电视信号,通过高频传输线送到电视机中,这些信号经过选择、变频、放大和检波等处理,恢复出原来的声音和图像信息,在扬声器中发出声音并在显示器屏幕上呈现图像。

由电阻器、电容器、线圈、变压器、晶体管、运算放大器、传输线、电池、发电机和信号发生器等电气器件和设备连接而成的电路,称为实际电路。根据实际电路的几何尺寸(d)与其工作信号波长(λ)的关系,可以将它们分为两大类:满足 $d \ll \lambda$ 条件的电路称为集总参数电路,其特点是电路中任意两个端点间的电压和流入任一器件端钮的电流是完全确定的,与器件的几何尺寸和空间位置无关。不满足 $d \ll \lambda$ 条件的另一类电路称为分布参数电路,其特点是电路中的电压和电流不仅是时间的函数,还与器件的几何尺寸和空间位置有关。由波导和高频传输线组成的电路,是分布参数电路的典型例子。本书只讨论集总参数电路,为叙述方便起见,今后常简称为电路。

例如,一个音频放大电路的最高工作频率为 $f = 25$ kHz,其波长为

$$\lambda = \frac{c}{f} = \frac{3 \times 10^8 \, \text{m/s}}{25 \times 10^3 / \text{s}} = 12 \times 10^3 \, \text{m} = 12 \text{ km}$$

一般的音频放大电路和音响设备的几何尺寸(d)远比这个波长(λ)小,均应视为集总参数电路。

表 1-1 列举了我国国家标准中的部分图形符号。采用这些图形符号,可以画出表明实际电

路中各个器件互相连接关系的电原理图。例如图 1-1(a)表示日常生活中使用的手电筒电路，它由干电池、白炽灯、开关和手电筒壳(连接导体)组成。图 1-1(b)是用电气图形符号表示的手电筒电路的电原理图。又如图 1-3(a)表示一个最简单的晶体管放大电路，它由传声器、晶体管、电阻器、电池、变压器和扬声器组成，其电原理图如图 1-3(b)所示。

表 1-1 部分电气图用图形符号(根据国家标准 GB/T 4728—2008 和 2018)

名称	符号	名称	符号
导线		隧道二极管	
连接的导线		晶体管	
接地		运算放大器	
接机壳		电池	
开关		电阻器	
熔断器		可变电阻器	
灯		电容器	
电压表		线圈,绕组	
传声器		变压器	
扬声器		铁心变压器	
二极管		直流发电机	
稳压二极管		直流电动机	

二、电路模型

微视频 1-1:
研究电路的基
本方法

研究集总参数电路特性的一种方法是用电气仪表对实际电路直接进行测量。另一种更重要的方法是将实际电路抽象为电路模型，用电路理论的方法分析计算出电路的电气特性，如图 1-2 所示。运用现代电路理论，借助于计算机，可以模拟各种实际电路的特性和设计出电气性能良好的大规模集成电路。

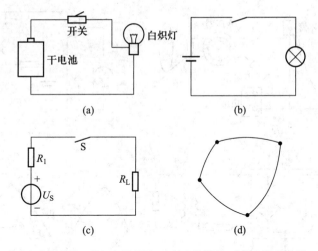

（a）实际电路 （b）电原理图 （c）电路模型 （d）拓扑结构图

图 1-1 手电筒电路

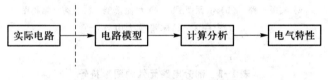

图 1-2 研究电路的基本方法

　　如何将实际电路抽象为电路模型呢？实际电路中发生的物理过程是十分复杂的,电磁现象发生在各器件和导线之中,相互交织在一起。对于集总参数电路,当不关心器件内部的情况,只关心器件端钮上的电压和电流时,可以定义一些理想化的电路元件来近似模拟器件端钮上的电气特性。例如定义电阻元件是一种只吸收电能(它可以转换为热能或其他形式的能量)的元件,电容元件是一种只存储电场能量的元件,电感元件是一种只存储磁场能量的元件。用这些电阻、电容和电感等理想化的电路元件近似模拟实际电路中每个电气器件和设备,再根据这些器件的连接方式,用理想导线将这些电路元件连接起来,就得到该电路的电路模型。例如图 1-1(c)表示图 1-1(a)所示电路的电路模型。图 1-3(c)表示图 1-3(a)所示电路的电路模型,这些图形称为电路图。今后,提到"电路图"一词时,可能指表示实际电路的电原理图,也可能指表示电路模型的电路图,请读者注意区别。

　　在电路分析中,为了便于看出电路模型中各元件的连接关系,常采用仅仅表示元件连接关系的拓扑结构图,如图 1-1(d)和图 1-3(d)所示。

　　表 1-2 列举了本书采用的部分电路元件的图形符号,其中有一些符号与电气图所用的图形符号相同。这些电路元件的定义和特性将在以后陆续介绍。

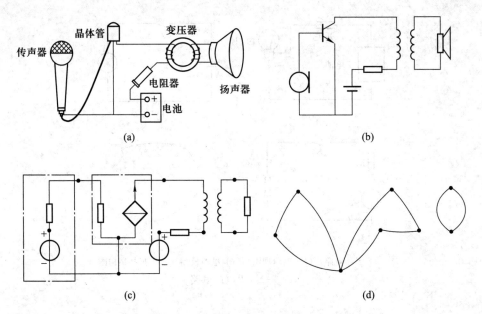

(a) 实际电路 (b) 电原理图 (c) 电路模型 (d) 拓扑结构图

图 1-3 晶体管放大电路

表 1-2 部分电路元件的图形符号

名称	符号	名称	符号
独立电流源	⊖→	受控电流源	◇→
独立电压源	+ ⊖ −	受控电压源	+ ◇ −
电阻	▭	可变电阻	▱
非线性电阻	▱	理想二极管	▷
理想导线	—	连接的导线	┼
电位参考点	⊥	电感	∿
电容	╫	回转器	⊃⊂

续表

名称	符号	名称	符号
理想变压器 耦合电感		二端元件	
理想运放			

电路模型近似地描述实际电路的电气特性。根据实际电路的不同工作条件以及对模型精确度的不同要求,应当用不同的电路模型模拟同一实际电路。例如图 1-4(a)所示线圈,在低频交流工作条件下,用一个电阻和电感的串联来模拟,如图 1-4(b)所示;在高频交流工作条件下,则要再并联一个电容来模拟,如图 1-4(c)所示。

将实际电路抽象为电路模型的工作,需要对各种电气器件的特性有深入的了解,有时是非常复杂和困难的。本书只能涉及一些简单的情况,其目的是为了牢固地树立"电路模型"的概念。本课程的主要任务是研究电路模型(简

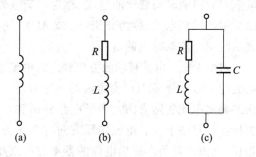

(a) 线圈的图形符号
(b) 线圈在低频交流工作条件下的模型
(c) 线圈在高频交流工作条件下的模型
图 1-4 线圈的几种电路模型

称为电路)的各种分析方法,其目的是通过对电路的分析研究来预测实际电路的电气特性,以便指导改进实际电路的电气特性和设计制造出新的实际电路。电路的研究问题可以分为两类。一类是电路分析:已知电路结构和元件特性,分析电路的特性;另一类是网络①综合:根据电路特性的要求来设计电路的结构和元件参数。本课程是电路的入门课程,主要讨论电路分析问题,也给出一些电路设计的例题,根据电气特性的要求来确定电路结构和参数,或者给出电路结构来确定电路元件参数。

今后,提到"电路"一词时,可能指实际电路,也可能指实际电路的电路模型,请读者注意区别。

§1-2 电路的基本物理量

电路的特性是由电流、电压和电功率等物理量来描述的。电路分析的基本任务是计算电路中的电流、电压和电功率。

---

① 本书中网络(network)与电路(circuit)同义。

一、电流和电流的参考方向

带电粒子(电子、离子)定向移动形成电流。电子和负离子带负电荷,正离子带正电荷。电荷用符号 q 或 Q 表示,它的 SI 单位为库[仑][①](C)。

单位时间内通过导体横截面的电荷定义为电流,用符号 i 或 I 表示,其数学表达式为

$$i = \frac{\mathrm{d}q}{\mathrm{d}t} \tag{1-1}$$

电流的 SI 单位是安[培](A)。

量值和方向均不随时间变化的电流,称为恒定电流,简称为直流(dc 或 DC),用符号 I 表示;量值和方向随时间变化的电流,称为时变电流,用符号 i 表示;量值和方向作周期性变化且平均值为零的时变电流,称为交流(ac 或 AC)。本书用 $i(t)$ 表示时变电流的时间函数,用 i 和 $i(t_1)$ 表示时变电流某时刻的值。

习惯上把正电荷移动的方向规定为电流方向(实际方向)。在分析电路时,往往不能事先确定电流的实际方向,而且时变电流的实际方向又随时间不断变动,不能够在电路图上标出适合于任何时刻的电流实际方向。为了电路分析和计算的需要,人们任意规定一个电流参考方向,用箭头标在电路图上。若电流实际方向与参考方向相同,电流取正值;若电流实际方向与参考方向相反,电流取负值。根据电流的参考方向以及电流量值的正、负,就能确定电流的实际方向。例如在图 1-5 所示的二端元件中,每秒钟有 2C 正电荷由 a 点移动到 b 点。当规定电流参考方向由 a 点指向 b 点时,该电流 $i = 2$ A[图 1-5(a)];若规定电流参考方向由 b 点指向 a 点时,则电流 $i = -2$ A[图 1-5(b)]。若采用双下标表示电流参考方向,则写为 $i_{ab} = 2$ A 或 $i_{ba} = -2$ A。电路中任一电流有两种可能的参考方向,当对同一电流规定相反的参考方向时,相应的电流表达式相差一个负号,即

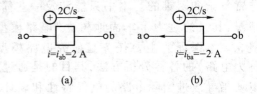

图 1-5 电流的参考方向

$$i_{ab} = -i_{ba} \tag{1-2}$$

今后,在分析电路时,必须事先规定电流变量的参考方向。所计算出的电流 $i(t) > 0$,表明该时刻电流的实际方向与参考方向相同;若电流 $i(t) < 0$,则表明该时刻电流的实际方向与参考方向相反。

二、电压和电压的参考方向

电荷在电路中移动,就会有能量的交换发生。单位正电荷由电路中 a 点移动到 b 点所获得或失去的能量,称为 ab 两点的电压,即

$$u = \frac{\mathrm{d}W}{\mathrm{d}q} \tag{1-3}$$

---

① 去掉方括弧为全称,去掉方括弧和其中的字为简称,以下同。本书只采用以 SI 为基础的我国法定计量单位,一般不介绍其他单位制单位。

式中,dq 为由 a 点移动到 b 点的电荷量,单位为库[仑](C);dW 为电荷移动过程中所获得或失去的能量,单位为焦[耳](J);电压的单位为伏[特](V)。

将电路中任一点作为参考点,把 a 点到参考点的电压称为 a 点的电位,用符号 v_a 或 V_a 表示。在集总参数电路中,元件端钮间的电压与路径无关,而仅与起点和终点的位置有关。电路中 a 点到 b 点的电压,就是 a 点电位与 b 点电位之差,即

$$u_{ab} = v_a - v_b \tag{1-4}$$

量值和方向均不随时间变化的电压,称为恒定电压或直流电压,用符号 U 表示;量值和方向随时间变化的电压,称为时变电压,用符号 u 表示。本书用 $u(t)$ 表示时变电压的时间函数,用 u 和 $u(t_1)$ 表示时变电压某时刻的值。

习惯上认为电压的实际方向是从高电位指向低电位。将高电位称为正极,低电位称为负极。与电流类似,电路中各电压的实际方向或极性往往不能事先确定,在分析电路时,必须规定电压的参考方向或参考极性,用"+"号和"−"号分别标注在电路图的 a 点和 b 点附近。若计算出的电压 $u_{ab}(t) > 0$,表明该时刻 a 点的电位比 b 点电位高;若电压 $u_{ab}(t) < 0$,表明该时刻 a 点的电位比 b 点电位低。例如图 1-6 所示的 n 端元件中,若已知 $u_{12}(t_1) = 20$ V,则表明在 t_1 时刻,1 点的电位比 2 点的电位高 20 V。若 $u_{12}(t_2) = -10$ V,则表明在 t_2 时刻,1 点的电位比 2 点的电位低 10 V,或 2 点电位比 1 点电位高 10 V。对电路中同一电压规定相反参考极性时,相应的电压表达式相差一个负号,即

$$u_{ab} = -u_{ba} \tag{1-5}$$

综上所述,在分析电路时,必须对电流变量规定电流参考方向,对电压变量规定参考极性。对于二端元件而言,电压和电流参考方向的选择有四种可能的方式,如图 1-7 所示。为了电路分析和计算的方便,常采用电压、电流的关联参考方向,也就是说,当电压的参考极性已经规定时,电流参考方向从"+"指向"−";当电流参考方向已经规定时,电压参考极性的"+"号标在电流参考方向的进入端,如图 1-7(a)和(b)所示,而图 1-7(c)和(d)所示为电压、电流非关联参考方向。在二端元件的电压、电流采用关联参考方向的条件下,在电路图上可以只标明电流参考方向,或只标明电压的参考极性。除特别声明外,本书今后均采用电压、电流的关联参考方向。

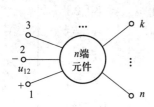

图 1-6　n 端元件

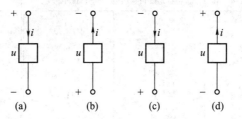

(a)(b) 关联参考方向　(c)(d) 非关联参考方向

图 1-7　二端元件电流、电压参考方向

今后,分析电路时,必须先假设电压和电流的参考方向,才能建立电路方程。在用电工仪表测量直流电压和电流以及用示波器等电子仪器测量电压波形时,也必须选择所测试电压、电流的参考方向。

三、电功率

下面讨论图 1-8 所示二端元件和二端网络的功率。当电压、电流采用关联参考方向时,二端元件或二端网络吸收的功率为

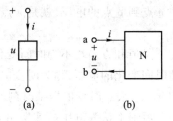

$$p = \frac{\mathrm{d}W}{\mathrm{d}t} = \frac{\mathrm{d}W}{\mathrm{d}q}\frac{\mathrm{d}q}{\mathrm{d}t} = ui \qquad (1\text{-}6)$$

(a) 二端元件 (b) 二端网络

图 1-8 二端元件和二端网络

与电压、电流是代数量一样,功率 p 也是一个代数量。当 $p(t) > 0$ 时,表明该时刻二端元件实际吸收(消耗)功率;当 $p(t) < 0$ 时,表明该时刻二端元件实际发出(产生)功率。由于能量必须守恒,对于一个完整的电路来说,在任一时刻,所有元件吸收功率的总和必须为零。若电路由 b 个二端元件组成,且全部采用关联参考方向,则

$$\sum_{k=1}^{b} u_k i_k = 0 \qquad (1\text{-}7)$$

二端元件或二端网络从 t_0 到 t 时间内吸收的电能为

$$W(t_0, t) = \int_{t_0}^{t} p(\xi)\,\mathrm{d}\xi = \int_{t_0}^{t} u(\xi)i(\xi)\,\mathrm{d}\xi \qquad (1\text{-}8)$$

功率的 SI 单位是瓦[特](W)。吸收功率为 1 W 的用电设备,在 1 s 内消耗 1 J 的电能。1 000 W 的用电设备,在 1 h(小时)内消耗 1 kW·h 的电能,简称为 1 度电,这是一个习惯上用以计量电能的单位。

表 1-3 列出部分国际单位制的单位,称为 SI 单位。在实际应用中感到这些 SI 单位太大或太小时,可以加上表 1-4 中的国际单位制的词头,构成 SI 的十进倍数或分数单位。例如:

$$2 \text{ mA} = 2 \times 10^{-3} \text{ A}, \quad 2 \text{ μs} = 2 \times 10^{-6} \text{ s}, \quad 8 \text{ kW} = 8 \times 10^{3} \text{ W}$$

表 1-3 部分国际单位制的单位(SI 单位)

量的名称	单位名称	单位符号	量的名称	单位名称	单位符号
长度	米	m	电荷[量]	库[仑]	C
时间	秒	s	电位、电压	伏[特]	V
电流	安[培]	A	电容	法[拉]	F
频率	赫[兹]	Hz	电阻	欧[姆]	Ω
能量、功	焦[耳]	J	电导	西[门子]	S
功率	瓦[特]	W	电感	亨[利]	H

表 1-4　部分国际单位制词头

因数	10^9	10^6	10^3	10^{-3}	10^{-6}	10^{-9}	10^{-12}
名称	吉	兆	千	毫	微	纳	皮
符号	G	M	k	m	μ	n	p

例 1-1　在图 1-9 所示电路中,已知 $U_1 = 1$ V, $U_2 = -6$ V, $U_3 = -4$ V, $U_4 = 5$ V, $U_5 = -10$ V, $I_1 = 1$ A, $I_2 = -3$ A, $I_3 = 4$ A, $I_4 = -1$ A, $I_5 = -3$ A。试求:(1) 各二端元件吸收的功率;(2) 整个电路吸收的功率。

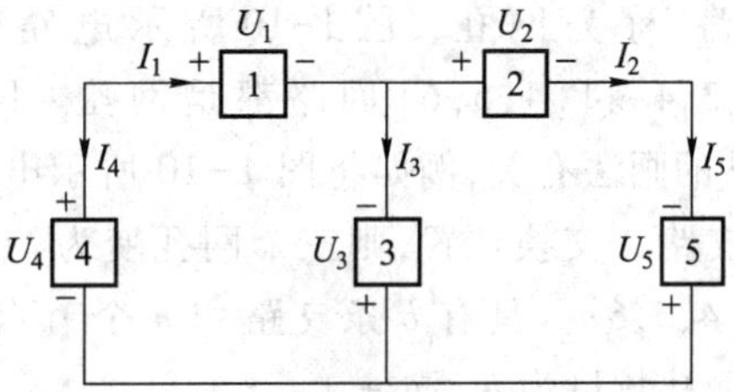

解　(1) 根据式(1-6),各二端元件吸收的功率分别为

$$P_1 = U_1 I_1 = (1\ \text{V}) \times (1\ \text{A}) = 1\ \text{W}$$

$$P_2 = U_2 I_2 = (-6\ \text{V}) \times (-3\ \text{A}) = 18\ \text{W}$$

$$P_3 = -U_3 I_3 = -(-4\ \text{V}) \times (4\ \text{A}) = 16\ \text{W}$$

$$P_4 = U_4 I_4 = (5\ \text{V}) \times (-1\ \text{A}) = -5\ \text{W}(\text{发出 5W})$$

$$P_5 = -U_5 I_5 = -(-10\ \text{V}) \times (-3\ \text{A}) = -30\ \text{W}(\text{发出 30 W})$$

图 1-9　例 1-1

由于元件 3 和元件 5 的电压、电流采用的是非关联参考方向,因此计算吸收功率的公式中增加了一个负号,即 $P = -UI$。

(2) 整个电路吸收的功率为

$$\sum_{k=1}^{5} P_k = P_1 + P_2 + P_3 + P_4 + P_5 = (1 + 18 + 16 - 5 - 30)\ \text{W} = 0$$

读者在学习本小节时,可以观看教材 Abook 资源中的"各种电压波形""电压的参考方向""电桥电路的电压"和"信号发生器和双踪示波器"等实验录像。

§1-3　基尔霍夫定律

基尔霍夫定律是任何集总参数电路都适用的基本定律,它包括电流定律和电压定律。基尔霍夫电流定律描述集总参数电路中各电流的约束关系,基尔霍夫电压定律描述集总参数电路中各电压的约束关系。

一、电路的几个名词

电路由电路元件相互连接而成。在叙述基尔霍夫定律之前,需要先介绍电路的几个名词。

(1) 支路:一个二端元件视为一条支路,其电流和电压分别称为支路电流和支路电压。图 1-10 所示电路中共有 6 条支路。

(2) 节点:电路元件的连接点称为节点。图 1-10 所示电路中,a、b、c 点是节点,d 点和 e 点间由理想导线相连,应视为一个节点。该电路共有 4 个节点。

（3）回路:由支路组成的闭合路径称为回路。图 1-10 所示电路中{1,2}、{1,3,4}、{1,3,5,6}、{2,3,4}、{2,3,5,6}和{4,5,6}都是回路。

（4）网孔:将电路画在平面上,内部不含有支路的回路,称为网孔。图 1-10 所示电路中的{1,2}、{2,3,4}和{4,5,6}回路都是网孔。网孔与平面电路[①]的画法有关,例如将图 1-10 所示电路中的支路 1 和支路 2 交换位置,则三个网孔变为{1,2}、{1,3,4}和{4,5,6}。具有 b 条支路和 n 个节点的连通电路,其网孔数目为 $b-n+1$。

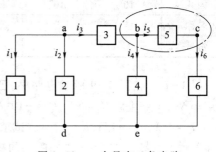

图 1-10 一个具有 6 条支路和 4 个节点的电路

二、基尔霍夫电流定律

基尔霍夫电流定律(Kirchhoff's current law),简写为 KCL,它陈述如下。

对于任何集总参数电路的任一节点,在任一时刻,流出该节点全部支路电流的代数和等于零,其数学表达式为

$$\sum i = 0 \tag{1-9}$$

对电路某节点列写 KCL 方程时,流出该节点的支路电流取正号,流入该节点的支路电流取负号。

例如对图 1-10 所示电路中的 a、b、c、d 4 个节点写出的 KCL 方程分别为

$$i_1 + i_2 + i_3 = 0$$
$$-i_3 + i_4 + i_5 = 0$$
$$-i_5 + i_6 = 0$$
$$-i_1 - i_2 - i_4 - i_6 = 0$$

微视频 1-2:
基尔霍夫定律

上述 KCL 方程是以支路电流为变量的常系数线性齐次代数方程,它对连接到该节点的各支路电流施加了线性约束。如将节点 b 的 KCL 方程改写为

$$i_4 = i_3 - i_5$$

这表明支路电流 i_4 是连接到节点 b 的其余支路电流 i_3 和 i_5 的代数和,这是一种线性约束关系。一般来说,流出(或流入)电路中某节点的一条支路电流,等于流入(或流出)该节点其余支路电流的代数和。若已知电路中某些支路电流,根据 KCL 的这种约束关系可以求出另一些支路电流。例如图 1-10 电路中,若某时刻 $i_1 = 1$ A,$i_3 = 3$ A 和 $i_5 = 5$ A,则由 KCL 可求得

$$i_2 = -i_1 - i_3 = -1 \text{ A} - 3 \text{ A} = -4 \text{ A}$$
$$i_4 = i_3 - i_5 = 3 \text{ A} - 5 \text{ A} = -2 \text{ A}$$
$$i_6 = i_5 = 5 \text{ A}$$

若另一时刻 i_1、i_3 和 i_5 的量值增加一倍变为 $i_1 = 2$ A,$i_3 = 6$ A 和 $i_5 = 10$ A,则 i_2、i_4 和 i_6 变为

---

① 平面电路是指能够画在一个平面上而没有支路交叉的电路。

$i_2 = -8$ A, $i_4 = -4$ A 和 $i_6 = 10$ A, 也增加了一倍。不受 KCL 约束的一组电流(如 i_1, i_3 和 i_5), 称为独立电流变量,受 KCL 约束由独立电流确定的电流(如 i_2, i_4 和 i_6), 称为非独立电流变量。显然,选择独立电流变量的方案有多种。

　　KCL 不仅适用于节点,也适用于任何假想的封闭面,即流出任一封闭面的全部支路电流的代数和等于零。例如对图 1-10 所示电路中虚线表示的封闭面,写出的 KCL 方程为

$$-i_3 + i_4 + i_6 = 0$$

　　它可由该封闭面内节点 b 和 c 的 KCL 方程相加而得到证明。节点的 KCL 方程可以视为封闭面只包围一个节点的特殊情况。根据封闭面 KCL 对支路电流的约束关系可以得到:流出(或流入)封闭面的某支路电流,等于流入(或流出)该封闭面其余支路电流的代数和。由此可以断言:当两个单独的电路只用一条导线相连接时(图 1-11),此导线中的电流 i 必定为零。

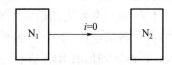

图 1-11　用一条导线
相连的两个电路

　　在任一时刻,流入任一节点或封闭面全部支路电流的代数和等于零,意味着由全部支路电流带入节点或封闭面内的总电荷量为零,这说明 KCL 是电荷守恒定律的体现。

三、基尔霍夫电压定律

　　基尔霍夫电压定律(Kirchhoff's voltage law),简写为 KVL,陈述如下。

　　对于任何集总参数电路的任一回路,在任一时刻,沿该回路全部支路电压的代数和等于零,其数学表达式为

$$\sum u = 0 \qquad\qquad (1-10)$$

　　在列写回路 KVL 方程时,其电压参考方向与回路绕行方向相同的支路电压取正号,与绕行方向相反的支路电压取负号。

　　例如对图 1-12 所示电路的三个回路,沿顺时针方向绕行回路一周,写出的 KVL 方程为

$$u_2 + u_4 + u_3 - u_1 = 0 \qquad\qquad (1-11)$$
$$u_5 - u_4 - u_2 = 0 \qquad\qquad (1-12)$$
$$u_5 + u_3 - u_1 = 0 \qquad\qquad (1-13)$$

KVL 方程是以支路电压为变量的常系数线性齐次代数方程,它对支路电压施加了线性约束。例如由式(1-12)和式(1-13)可得到

$$u_5 = u_2 + u_4$$
$$u_5 = u_1 - u_3$$

这表明支路电压 u_5 是与它处于同一回路的其余支路电压的线性组合。也就是说,任一支路电压等于从其"+"端沿任一路径绕行到"−"端所经过的各支路电压的代数和。利用 KVL 的这种约束关系,已知电路的某些支路电压可求得另一些支路电压。例如图 1-12 所示电路中,

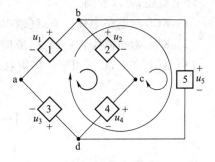

图 1-12　具有 5 条支路和
4 个节点的电路

若已知某时刻电压 $u_1 = 1$ V, $u_2 = 2$ V 和 $u_5 = 5$ V, 则由 KVL 可求得该时刻另外两条支路电压

$$u_3 = u_1 - u_5 = 1 \text{ V} - 5 \text{ V} = -4 \text{ V}$$

$$u_4 = -u_2 + u_5 = -2 \text{ V} + 5 \text{ V} = 3 \text{ V}$$

若在另一时刻电压 u_1、u_2 和 u_5 的量值增加一倍变为 $u_1 = 2$ V, $u_2 = 4$ V 和 $u_5 = 10$ V, 则 u_3 和 u_4 变为 $u_3 = -8$ V, $u_4 = 6$ V。不受 KVL 约束的一组电压 u_1、u_2 和 u_5, 称为独立电压变量, 受 KVL 约束由独立电压确定的电压 u_3 和 u_4, 称为非独立电压变量。显然, 选择独立电压变量的方案也有多种。

KVL 可以从由支路组成的回路, 推广到任一闭合的节点序列, 即在任一时刻, 沿任一闭合节点序列的各段电压(不一定是支路电压)的代数和等于零。对图 1-12 所示电路中闭合节点序列 abca 和 abda 列出的 KVL 方程分别为

$$u_{ab} + u_{bc} + u_{ca} = 0$$

$$u_{ab} + u_{bd} + u_{da} = 0$$

若将式中各电压表示成电位差, 方程的正确性即可得到证明。以上两式可以改写为

$$u_{ab} = -u_{ca} - u_{bc} = u_{ac} + u_{cb}$$

$$u_{ab} = -u_{da} - u_{bd} = u_{ad} + u_{db}$$

这表明电路中任两节点间电压 u_{ab} 等于从 a 点到 b 点的任一路径上各段电压的代数和。读者可以根据图 1-12 所示电路中 a 点到 c 点的任一路径上各段电压的代数和计算出电压 u_{ac}, 观察电路图可以直接写出以下关系式

$$u_{ac} = u_{ab} + u_{bc} = -u_1 + u_2$$

$$u_{ac} = u_{ab} + u_{bd} + u_{dc} = -u_1 + u_5 - u_4$$

$$u_{ac} = u_{ad} + u_{dc} = -u_3 - u_4$$

$$u_{ac} = u_{ad} + u_{db} + u_{bc} = -u_3 - u_5 + u_2$$

由支路组成的回路可以视为闭合节点序列的特殊情况。沿电路任一闭合路径(回路或闭合节点序列)各段电压代数和等于零, 意味着单位正电荷沿任一闭合路径移动时能量不能改变, 这表明 KVL 是能量守恒定律的体现。

综上所述, 可以看到:

(1) KCL 对电路中任一节点(或封闭面)的各支路电流施加了线性约束。

(2) KVL 对电路中任一回路(或闭合节点序列)的各支路电压施加了线性约束。

(3) KCL 和 KVL 适用于任何集总参数电路, 与电路元件的性质无关。

§1-4 电 阻 元 件

集总参数电路(模型)由电路元件连接而成。电路元件是为建立实际电气器件的模型而提出的一种理想元件, 它们都有精确的定义。按电路元件与外电路连接端点的数目, 电路元件可

分为二端元件、三端元件、四端元件等。本节先介绍一种常用的二端电阻元件。

一、二端电阻

在物理课中学过的遵从欧姆定律的电阻,是一种最常用的线性电阻元件(简称电阻)。随着电子技术的发展和电路分析的需要,有必要将线性电阻的概念加以扩展,提出电阻元件的一般定义。

如果一个二端元件在任一时刻的电压 u 与其电流 i 的关系,由 $u-i$ 平面上一条曲线确定,则此二端元件称为二端电阻元件,其数学表达式为

$$f(u,i)=0 \tag{1-14}$$

这条曲线称为电阻的特性曲线。它表明了电阻电压与电流间的约束关系(voltage current relationship,简称为 VCR)。按照电阻的特性曲线的情况,可以对电阻进行分类。其特性曲线为通过坐标原点直线的电阻,称为线性电阻;否则称为非线性电阻。其特性曲线随时间变化的电阻,称为时变电阻;否则称为时不变电阻或定常电阻。图 1-13(a)~(d)表示某些线性时不变电阻、线性时变电阻、非线性时不变电阻和非线性时变电阻的特性曲线。通常,电阻的特性曲线都是在关联参考方向下绘制的。

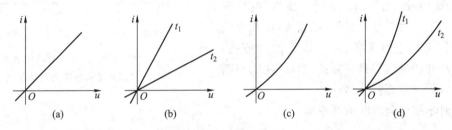

(a)线性时不变电阻　(b)线性时变电阻　(c)非线性时不变电阻　(d)非线性时变电阻

图 1-13　二端电阻的特性曲线

电阻元件的特点是电压与电流存在一种确定的代数约束关系。已知电阻的电压(或电流),可由特性曲线找到一个或几个确定的电流(或电压)。本节主要介绍线性二端电阻,其他线性多端电阻元件以及非线性电阻元件将在以后介绍。

二、线性电阻

线性时不变电阻的特性曲线是通过 $u-i$ 平面(或 $i-u$ 平面)原点的一条不随时间变化的直线,如图 1-14 所示。

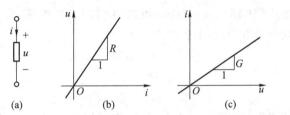

微视频 1-3:
电子器件的
VCR 曲线

(a)线性电阻的符号　(b)$i-u$ 平面上的特性曲线　(c)$u-i$ 平面上的特性曲线

图 1-14　线性时不变电阻的特性曲线

线性时不变电阻的电压电流关系由欧姆定律描述,其数学表达式为

$$u = Ri \qquad\qquad (1-15)$$

或
$$i = Gu \qquad\qquad (1-16)$$

式中,R 称为电阻,其 SI 单位为欧[姆](Ω),它与 i-u 平面上通过原点直线的斜率成正比,是一个与电压、电流量值无关的常量;G 称为电导,其 SI 单位为西[门子](S),它与 u-i 平面上通过原点直线的斜率成正比,是一个与电压、电流量值无关的常量,且 $G=1/R$。

线性时不变电阻常用一个参数(R 或 G)来描述,其符号与实际电阻器的电气图形符号相同,但含义不同。

线性电阻有两种值得注意的特殊情况——开路和短路。其电压无论为何值,电流恒等于零的二端电阻,称为开路。开路的特性曲线与 u 轴重合,是 $R=\infty$ 或 $G=0$ 的特殊情况[图 1-15(a)]。其电流无论为何值,电压恒等于零的二端电阻,称为短路。短路的特性曲线与 i 轴重合,是 $R=0$ 或 $G=\infty$ 的特殊情况[图 1-15(b)]。显然,电路模型中任何一根导线都是短路的,根据 KVL,与导线并联的元件电压也恒为零,称为该元件被短路。任何一根断开的导线都是开路的,根据 KCL,与断开导线串联的元件亦被开路。

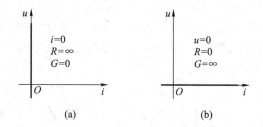

（a）开路的特性曲线 （b）短路的特性曲线
图 1-15 开路和短路的特性曲线

线性时不变电阻吸收的功率为

$$p = ui = Ri^2 = Gu^2 \qquad\qquad (1-17)$$

当 $R>0$(或 $G>0$)时,$p\geqslant0$,这表明正电阻总是吸收功率,不可能发出功率。当 $R<0$(或 $G<0$)时,$p\leqslant0$,这表明负电阻可以发出功率。值得说明的是各种实际电阻器总是消耗功率,是不可能发出功率的。但是利用某些电子器件(例如运算放大器等)构成的电子电路可以实现负电阻,它向外提供的能量来自电子电路工作时所需的电源。从分析电子电路的需要出发,有必要在电路模型中引入负电阻的概念。

从电阻元件能否发出功率的角度出发,可以把电阻分为无源电阻和有源电阻。线性正电阻是无源电阻;线性负电阻是有源电阻。一般来说,其特性曲线落入闭合的一、三象限的电阻,称为无源电阻。如果一个电阻不是无源电阻,就称为有源电阻。

最后还需指出的是式(1-15)、式(1-16)和式(1-17)是在电压、电流采用关联参考方向下导出的。若采用非关联参考方向,以上各式应改为

$$u = -Ri \qquad\qquad (1-18)$$
$$i = -Gu \qquad\qquad (1-19)$$
$$p = -ui = Ri^2 = Gu^2 \qquad\qquad (1-20)$$

线性时不变电阻是用得最多的一种电路元件,为了叙述方便,以后简称为电阻,且通常系指 R 为正的电阻。

例 1-2　图 1-16 所示电路中，已知 $R_1 = 12\ \Omega, R_2 = 8\ \Omega, R_3 = 6\ \Omega, R_4 = 4\ \Omega, R_5 = 3\ \Omega, R_6 = 1\ \Omega$ 和某时刻的电流 $i_6 = 1$ A。试求该时刻 a、b、c、d 各点的电位和各电阻的吸收功率。

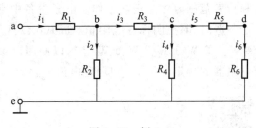

图 1-16　例 1-2

解　某点的电位是该点对电位参考点(通常用接地符号表示)的电压。利用 KCL、KVL 方程和欧姆定律可以求得 a、b、c、d 各点的电位和相关支路电流

$$v_d = u_{de} = R_6 i_6 = 1\ \Omega \times 1\ A = 1\ V$$
$$i_5 = i_6 = 1\ A$$
$$v_c = u_{ce} = u_{cd} + u_{de} = R_5 i_5 + v_d = 3\ \Omega \times 1\ A + 1\ V = 4\ V$$
$$i_3 = i_4 + i_5 = u_{ce}/R_4 + i_5 = 4\ V/4\ \Omega + 1\ A = 2\ A$$
$$v_b = u_{bc} + u_{ce} = R_3 i_3 + v_c = 6\ \Omega \times 2\ A + 4\ V = 16\ V$$
$$i_1 = i_2 + i_3 = u_{be}/R_2 + i_3 = 16\ V/8\ \Omega + 2\ A = 4\ A$$
$$v_a = u_{ab} + u_{be} = R_1 i_1 + v_b = 12\ \Omega \times 4\ A + 16\ V = 64\ V$$

各电阻吸收的功率分别为

$$p_1 = R_1 i_1^2 = 12 \times 4^2\ W = 192\ W$$
$$p_2 = R_2 i_2^2 = 8 \times 2^2\ W = 32\ W$$
$$p_3 = R_3 i_3^2 = 6 \times 2^2\ W = 24\ W$$
$$p_4 = R_4 i_4^2 = 4 \times 1^2\ W = 4\ W$$
$$p_5 = R_5 i_5^2 = 3 \times 1^2\ W = 3\ W$$
$$p_6 = R_6 i_6^2 = 1 \times 1^2\ W = 1\ W$$

三、线性电阻元件与电阻器

线性电阻元件是由实际电阻器抽象出来的理想化模型,常用来模拟各种电阻器和其他电阻性器件。将电气器件或装置抽象为电路模型的方法是:根据对器件内部发生物理过程的分析或用仪表测量的方法,找出器件端钮上的电压电流关系,用一些电路元件的组合来模拟。以电阻丝绕成的线绕电阻为例,当电流通过这类电阻器时,除了克服电阻所产生的正比于电流的电压外,交变电流产生的交变磁场还会在电阻器上产生感应电压。因此,当线绕电阻器工作在直流条件下,可用一个线性电阻来模拟[图 1-17(a)];而工作在交流条件下,有时需要用一个电阻与电感串联来模拟[图1-17(b)]。

电阻和电阻器这两个概念是有区别的。作为理想化电路元件的线性电阻,其工作电压、电流和功率没有任何限制。而电阻器在一定电压、电

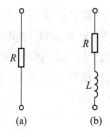

(a)

(b)

（a）电阻的 DC 模型

（b）电阻的 AC 模型

图 1-17　电阻器
的电路模型

流和功率范围内才能正常工作。电子设备中常用的碳膜电阻器、金属膜电阻器和线绕电阻器在生产制造时,除注明标称电阻值(如 100 Ω、1 kΩ、10 kΩ 等),还要规定额定功率值(如 1/8 W、1/4 W、1/2 W、1 W、2 W、5 W 等),以便用户参考。根据电阻 R 和额定功率 P_N,可用以下公式计算电阻器的额定电压 U_N 和额定电流 I_N。

微视频 1-4:
电位器的使用

$$U_N = \sqrt{RP_N} \qquad (1-21)$$

$$I_N = \sqrt{\frac{P_N}{R}} \qquad (1-22)$$

例如 $R = 100\ \Omega, P_N = 1/4$ W 电阻器的额定电压为

$$U_N = \sqrt{(100\ \Omega)(1/4\ W)} = 5\ V$$

其额定电流为

$$I_N = \sqrt{\frac{1/4\ W}{100\ \Omega}} = 50\ mA$$

在一般情况下,电阻器的实际工作电压、电流和功率均应小于其额定电压、额定电流和额定功率值。当电阻器消耗的功率超过额定功率过多或超过虽不多但时间过长时,电阻器会因发热而温度过高,使电阻器烧焦变色甚至断开成为开路。电子设备的设计人员有时故意在容易发生故障的电路部分,串联一个起熔断器作用的电阻器,以便维修人员能根据肉眼观察电阻器的颜色来判断这部分电路是否出现故障。

在电子设备中使用的碳膜电位器、实心电位器和线绕电位器是一种三端电阻器件,它有一个滑动接触端和两个固定端[图 1-18(a)]。在直流和低频工作时,电位器可用两个可变电阻串联来模拟[图 1-18(b)]。电位器的滑动端和任一固定端间的电阻值,可以在零到标称值间连续变化,可作为可变电阻器使用,但应注意其工作电流不能超过用式(1-22)计算的额定电流值。

读者在学习本小节时,请观看教材 Abook 资源中的"线性电阻器件 VCR 曲线""电位器""电位器及其应用""可变电阻器"等实验录像。请观看附录 B 中附图 4~附图 9 所显示的二端电阻器件 VCR 曲线。

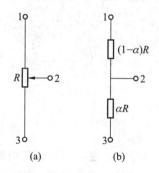

(a) 电位器的图形符号

(b) 电位器的电路模型

图 1-18 电位器的电路模型

§1-5 独立电压源和独立电流源

电路中的耗能器件或装置有电流流动时,会不断消耗能量,电路中必须有提供能量的器件或装置——电源。常用的直流电源有干电池、蓄电池、直流发电机、直流稳压电源和直流稳流电源等。常用的交流电源有电力系统提供的正弦交流电源、交流稳压电源和产生多种波形的各种

信号发生器等。为了得到各种实际电源的电路模型,定义两种理想的电路元件——独立电压源和独立电流源。

一、独立电压源

目前,在实验室常见的各种直流和交流稳压电源,以及在各种电子设备中配置的直流稳压电源,其电流在相当大范围内变动时,仍能保持输出电压的稳定。由此可抽象出一种理想的电路元件——独立电压源。

微视频 1-5：
直流稳压稳流
电源

如果一个二端元件的电流无论为何值,其电压保持常量 U_s 或按给定的时间函数 $u_s(t)$ 变化,则此二端元件称为独立电压源,简称电压源。电压保持常量的电压源,称为恒定电压源或直流电压源;电压随时间变化的电压源,称为时变电压源;电压随时间周期性变化且平均值为零的时变电压源,称为交流电压源。电压源的符号如图 1-19(a)所示,图中"+""-"号表示电压源电压的参考极性。图 1-19(b)表示电压源的 VCR 特性曲线,在任一时刻,它是 i-u 平面上平行于电流轴的一条直线。电压源的特点是其电压由电压源本身特性确定,与所接外电路无关,而电压源的电流尚需由与之相连的外电路共同确定,电路结构和参数的改变将引起电压源电流的变化。当电压源的电压为零$[u_s(t)=0]$时,其特性曲线与 i 轴重合,此时电压源相当于短路。

电压源的电压与电流采用关联参考方向时,其吸收功率为 $p=ui$。当 $p>0$,即电压源工作在 i-u 平面的一、三象限时,电压源实际吸收功率;当 $p<0$,即电压源工作在 i-u 平面的二、四象限时,电压源实际发出功率。也就是说,随着电压源工作状态的不同,它既可发出功率,也可吸收功率。

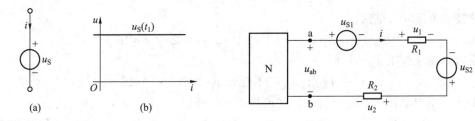

(a) 电压源的符号　(b) 电压源的 VCR 特性曲线
图 1-19　电压源的符号及 VCR 特性曲线

图 1-20　例 1-3

例 1-3　电路如图 1-20 所示。已知 $u_{ab}=6$ V,$u_{S1}(t)=4$ V,$u_{S2}(t)=10$V,$R_1=2\ \Omega$,$R_2=8\ \Omega$。求电流 i 和各电压源发出的功率。

解　根据 KVL,电压 u_{ab} 等于从 a 点出发沿顺时针方向绕行到 b 点路径上各段电压的代数和,即

$$u_{ab}=u_{S1}+u_1-u_{S2}+u_2$$

代入电阻特性 $u_1=R_1i$ 和 $u_2=R_2i$,可以得到

$$u_{ab}=u_{S1}+R_1i-u_{S2}+R_2i$$

由此式解得电流的表达式为

$$i = \frac{u_{ab} - u_{S1} + u_{S2}}{R_1 + R_2}$$

代入数据,求得电流的数值为

$$i = \frac{6\ \text{V} - 4\ \text{V} + 10\ \text{V}}{2\ \Omega + 8\ \Omega} = 1.2\ \text{A}$$

两个电压源的吸收功率分别为

$$p_{S1} = u_{S1}i = 4\ \text{V} \times 1.2\ \text{A} = 4.8\ \text{W}$$

$$p_{S2} = -u_{S2}i = -10\ \text{V} \times 1.2\ \text{A} = -12\ \text{W}$$

电压源 u_{S1} 吸收功率为 $4.8\ \text{W}$,即发出 $-4.8\ \text{W}$ 功率。
电压源 u_{S2} 发出 12 W 功率。

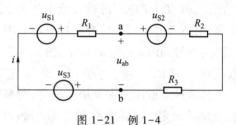

例 1-4 电路如图 1-21 所示。已知 $u_{S1} = 24\ \text{V}$,
$u_{S2} = 4\ \text{V}, u_{S3} = 6\ \text{V}, R_1 = 1\ \Omega, R_2 = 2\ \Omega$ 和 $R_3 = 4\ \Omega$。求
电流 i 和电压 u_{ab}。

图 1-21 例 1-4

解 沿顺时针方向写出回路 KVL 方程,再代入
欧姆定律,得到

$$-u_{S1} + R_1 i + u_{S2} + R_2 i + R_3 i + u_{S3} = 0$$

由此式得到电流 i 的公式为

$$i = \frac{u_{S1} - u_{S2} - u_{S3}}{R_1 + R_2 + R_3} = \frac{24\ \text{V} - 4\ \text{V} - 6\ \text{V}}{1\ \Omega + 2\ \Omega + 4\ \Omega} = 2\ \text{A}$$

沿右边路径求电压 u_{ab},得到

$$u_{ab} = u_{S2} + R_2 i + R_3 i = 4\ \text{V} + 2\ \Omega \times 2\ \text{A} + 4\ \Omega \times 2\ \text{A} = 16\ \text{V}$$

也可由左边路径求电压 u_{ab},得到

$$u_{ab} = -R_1 i + u_{S1} - u_{S3} = -1\ \Omega \times 2\ \text{A} + 24\ \text{V} - 6\ \text{V} = 16\ \text{V}$$

例 1-5 电路如图 1-22(a) 所示。试求开关 S 断开后,电流 i 和 b 点的电位。

解 图 1-22(a) 是电子电路的习惯画法,不画出电压源的符号,只标出极性和对参考点的
电压值,即电位值。可以用相应电压源来代替电位,画出图 1-22(b) 所示电路,由此可求得开关
S 断开时的电流 i。

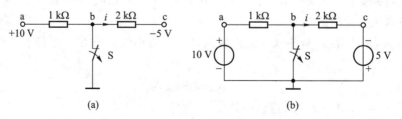

图 1-22 例 1-5

$$i = \frac{10 \text{ V} + 5 \text{ V}}{1 \text{ k}\Omega + 2 \text{ k}\Omega} = \frac{15 \text{ V}}{3 \text{ k}\Omega} = 5 \text{ mA}$$

再根据 KVL 求得 b 点的电位为

$$v_{\text{b}} = u_{\text{bc}} - 5 \text{ V} = 2 \text{ k}\Omega \times 5 \text{ mA} - 5 \text{ V} = 5 \text{ V}$$

二、独立电流源

独立电流源是从实际电源抽象出来的另一种电路元件。如果一个二端元件的电压无论为何值,其电流保持常量 I_{s} 或按给定时间函数 $i_{\text{s}}(t)$ 变化,则此二端元件称为独立电流源,简称电流源。

电流保持常量的电流源,称为恒定电流源或直流电流源;电流随时间变化的电流源,称为时变电流源;电流随时间周期变化且平均值为零的时变电流源,称为交流电流源。电流源的符号如图 1-23(a) 所示,图中箭头表示电流源电流的参考方向。图 1-23(b) 表示电流源的 VCR 特性曲线,在任一时刻,它是 u-i 平面上平行于电压轴的一条直线。电流源的特点是其电流由电流源本身特性确定,与所接外电路无关,而电流源的电压尚需由与之相连的外电路共同确定,电路结构和参数的改变将引起电流源电压的变化。当电流源的电流为零 $[i_{\text{s}}(t) = 0]$ 时,其特性曲线与 u 轴重合,此时电流源相当于开路。

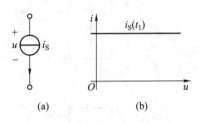

（a）电流源的符号

（b）电流源的 VCR 特性曲线

图 1-23　电流源的符号及 VCR 特性曲线

电流源的电压与电流采用关联参考方向时,其吸收功率为 $p = ui$。当 $p > 0$,即电流源工作在 u-i 平面的一、三象限时,电流源实际吸收功率;当 $p < 0$,即电流源工作在 u-i 平面的二、四象限时,电流源实际发出功率。也就是说,随着电流源工作状态的不同,它既可发出功率,也可吸收功率。

例 1-6　电路如图 1-24 所示。已知 $u_{\text{S1}} = 10 \text{ V}$,$i_{\text{S1}} = 1 \text{ A}$,$i_{\text{S2}} = 3 \text{ A}$,$R_1 = 2 \text{ }\Omega$,$R_2 = 1 \text{ }\Omega$。求电压源和各电流源吸收（或发出）的功率。

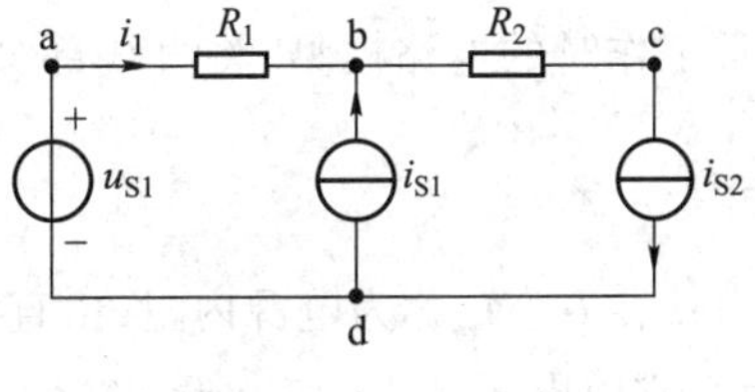

解　先求出电压源的电流和电流源的电压。根据 KCL 求得

$$i_1 = i_{\text{S2}} - i_{\text{S1}} = 3 \text{ A} - 1 \text{ A} = 2 \text{ A}$$

根据 KVL 和 VCR 求得

$$u_{\text{bd}} = -R_1 i_1 + u_{\text{S1}} = -2 \text{ }\Omega \times 2 \text{ A} + 10 \text{ V} = 6 \text{ V}$$

$$u_{\text{cd}} = -R_2 i_{\text{S2}} + u_{\text{bd}} = -1 \text{ }\Omega \times 3 \text{ A} + 6 \text{ V} = 3 \text{ V}$$

图 1-24　例 1-6

电压源吸收的功率为

$$p = -u_{\text{S1}} i_1 = -10 \text{ V} \times 2 \text{ A} = -20 \text{ W}（发出 20 \text{ W}）$$

电流源 i_{S1} 和 i_{S2} 吸收的功率分别为

$$p_1 = -u_{bd}i_{S1} = -6 \text{ V} \times 1 \text{ A} = -6 \text{ W}(发出 6 \text{ W})$$

$$p_2 = u_{ed}i_{S2} = 3 \text{ V} \times 3 \text{ A} = 9 \text{ W}(发出 -9 \text{ W})$$

三、实际电源的电路模型

实际电源的电压(或电流)往往会随着电源电流(或电压)的增加而下降。图 1-25(a)和图(c)表示用电压表、电流表和可变电阻器测量直流电源 VCR 特性曲线的实验电路。所测得的两种典型 VCR 曲线如图 1-25(b)和图(d)所示。

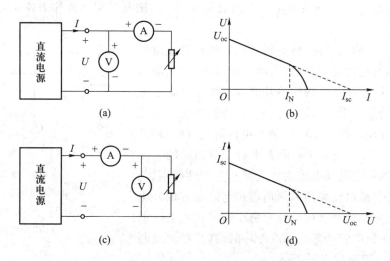

(a)(c) 测量直流电源 VCR 曲线的实验电路

(b)(d) 直流电源的典型 VCR 特性曲线

图 1-25 直流电源 VCR 特性曲线的测量

从图 1-25(b)可见,特性曲线与电压轴的交点 U_{oc} 表示电源不接负载时的开路电压。随着电流的增加,电压沿直线下降,当电流超过某一额定值 I_N 后,电压将急剧下降。为了得到电源在正常工作时的电路模型,将直线部分延长,与电流轴交点为 $(I_{sc},0)$。写出该直线的方程为

$$U = U_{oc} - \frac{U_{oc}}{I_{sc}}I = U_{oc} - R_o I \qquad (1-23)$$

式中,$R_o = U_{oc}/I_{sc}$ 称为电源内阻,由直线的斜率确定。根据式(1-23)得到的电路模型如图 1-26(a)所示,它由电压源 U_{oc} 和电阻 R_o 串联组成。电阻 R_o 的电压降模拟实际电源电压随电流增加而下降的特性。电阻 R_o 越小的电源,其电压越稳定。

与上相似,图 1-25(d)所示曲线与电流轴的交点 I_{sc} 表示电源短路时的短路电流。相应的直线方程为

$$I = I_{sc} - \frac{I_{sc}}{U_{oc}}U = I_{sc} - G_o U \qquad (1-24)$$

式中,$G_o = I_{sc}/U_{oc}$ 称为电源内电导,由直线的斜率确定。按照式(1-24)作出的电路模型如

图 1-26(b)所示,它由电流源 I_{sc} 和电导为 G_o 的电阻并联组成。电阻中的电流模拟实际电源电流随电压增加而减小的特性。并联电阻的电导 G_o 越小的电源,其电流越稳定。

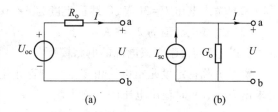

(a) 电压源与电阻串联模型

(b) 电流源与电阻并联模型

图 1-26 电源的两种电路模型

需要说明的是,以上提出的两种模型仅适用于一定工作条件下的直流电源。某些电源(如干电池、直流稳压电源等)在电流超过一定量值后不能正常工作,图 1-26(a)所示模型不再适用。另一些电源(如稳流电源等)在接近短路状态时才能正常工作,当电压超过一定量值后,图 1-26(b)所示模型不再适用。一般来说,实际电路的电路模型总有一定的适用范围,由电路模型分析计算的结果,在一定范围内才能反映实际电路的真实情况。

本节提出的独立电压源和独立电流源,其电压和电流间的约束关系由 $i-u$ 平面上的一条直线来描述。按照现代网络理论对电阻元件的定义,它们是一种二端非线性有源电阻元件。由于独立电压源和独立电流源对电路所起的作用,与线性电阻和以后介绍的其他电阻元件均不相同,为了叙述方便和避免混淆,本书今后提到的电阻元件一词系指除独立电压源和电流源以外的其他电阻元件。

值得注意的是,根据图 1-25 实验电路得到的 VCR 曲线是在电源电压、电流采用非关联参考方向下的特性曲线,常称为电源的外特性曲线。

例 1-7 用半导体管特性图示仪测量某干电池的电压电流关系曲线,如附录 B 中附图 5 所示,由此画出的 VCR 曲线如图 1-27 所示,试根据此特性曲线得到该干电池在正常工作范围内的电路模型。

解 图示仪测量的曲线是在关联参考方向下得到的电压电流关系曲线,根据图示仪测量曲线时的纵坐标比例为 0.1 A/度,横坐标比例为 0.5 V/度,从特性曲线与横坐标交点的电压值可以确定电池的开路电压,即 $U_{oc} = 1.4$ V。由直线的斜率可以计算出电阻

$$R_o = \frac{\Delta U}{\Delta I} = \frac{1 \times 0.5 \text{ V}}{10 \times 0.1 \text{ A}} = \frac{0.5 \text{ V}}{1 \text{ A}} = 0.5 \text{ } \Omega$$

由此得到该电池的电路模型为 1.4 V 的电压源与 0.5 Ω 电阻的串联。

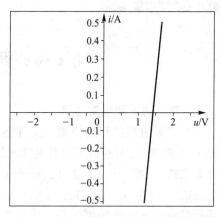

图 1-27 用实验方法测得电池的
电压电流关系曲线

例 1-8 型号为 HT—1712G 的直流稳压电源,输出电压可以在 0~30 V 之间连续调整,额定电流为 2 A。其产品说明书上给出以下实测数据:

(1) 输出电压 $U = 3$ V,负载稳定度为 3×10^{-4};

（2）输出电压 $U=30$ V，负载稳定度为 4×10^{-5}；

（3）过载电流值为 2.35 A。

试根据以上数据，建立该电源的电路模型。

解 负载稳定度是指电流由零增加到额定电流时，输出电压的相对变化率。根据已知数据可求出 $U_1=3$ V 时输出电压的变化为

$$\Delta U_1=3\times10^{-4}\times3 \text{ V}=9\times10^{-4}\text{V}=0.9 \text{ mV}$$

相应的内阻为

$$R_{o1}=\frac{\Delta U_1}{I_N}=\frac{0.9 \text{ mV}}{2 \text{ A}}=0.45 \text{ m}\Omega$$

这说明该电源工作在 3 V 时，其电路模型为 3 V 电压源和 0.45 mΩ 电阻的串联。

用同样方法算得电源工作在 30 V 时的内阻为

$$R_{o2}=\frac{\Delta U_2}{I_N}=\frac{4\times10^{-5}\times30 \text{ V}}{2 \text{ A}}=\frac{1.2 \text{ mV}}{2 \text{ A}}=0.6 \text{ m}\Omega$$

其电路模型为 30 V 电压源和 0.6 mΩ 电阻的串联。由于该稳压电源的内阻非常小（<0.6 mΩ），其电压降也很小（<1.2 mV），就一般工程问题来说，完全可用一个电压源模拟。

给定的过载电流值为 2.35 A，说明该电源的过载保护电路调整在 2.35 A 左右发生作用，使电源电压急剧下降，以保护电源的安全。此时应立即断开电源开关或断开负载。

读者在学习本小节时，请观看教材 Abook 资源中的"干电池 VCR 曲线""函数信号发生器 VCR 曲线""直流稳压电源""稳压电源的特性""直流稳流电源""稳流电源的特性"和"低频信号发生器"等实验录像。

§1-6 两类约束和电路方程

一、两类约束和电路方程

集总参数电路（模型）由电路元件连接而成，电路中各支路电流受到 KCL 约束，各支路电压受到 KVL 约束，这两种约束只与电路元件的连接方式有关，与元件特性无关，称为拓扑约束。集总参数电路（模型）的电压和电流还要受到元件特性（例如欧姆定律 $u=Ri$）的约束，这类约束只与元件的 VCR 有关，与元件连接方式无关，称为元件约束。任何集总参数电路的电压和电流都必须同时满足这两类约束关系。根据电路的结构和参数以及所假设的支路电压、电流参考方向，列出反映这两类约束关系的 KCL、KVL 和 VCR 方程（称为电路方程），然后求解电路方程就能得到各电压和电流的解答。

对于具有 b 条支路 n 个节点的连通电路，可以列出 $(n-1)$ 个线性无关的 KCL 方程和 $(b-n+1)$ 个线性无关的 KVL 方程。再加上 b 条支路的 VCR 方程，得到以 b 个支路电压和 b 个支路电流为变量的电路方程（简称为 $2b$ 方程）。$2b$ 方程是最原始的电路方程，是分析电路的基本依

据。求解 $2b$ 方程可以得到电路的全部支路电压和支路电流。

例 1-9 电路如图 1-28 所示,建立和求解电路的 $2b$ 方程,并对计算结果进行分析。

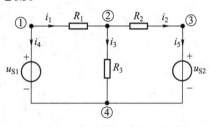

解 图 1-28 所示电路是三个线性电阻和两个电压源组成的连通电路,各元件的连接方式如图所示,它有 5 条支路和 4 个节点,电路元件参数用符号 R_1、R_2、R_3 和 u_{S1}、u_{S2} 表示。

图 1-28　5 条支路、4 个节点的连通电路

按照图 1-28 所示电流参考方向,对任 $(n-1)$ 个节点列出 KCL 方程[①],观察节点①、②、③与支路的连接关系,可以写出以下三个方程:

$$\left. \begin{array}{l} i_1+i_4=0 \\ -i_1+i_2+i_3=0 \\ -i_2+i_5=0 \end{array} \right\} \qquad (1-25)$$

微视频 1-6:
例题 1-9 的 2b
方程

各支路电压、电流采用关联参考方向,支路电压标号与支路电流标号相同,按顺时针(或逆时针)方向绕行一周,列出 $(b-n+1)$ 个网孔的 KVL 方程

$$\left. \begin{array}{l} u_1+u_3-u_4=0 \\ u_2+u_5-u_3=0 \end{array} \right\} \qquad (1-26)$$

微视频 1-7:
例题 1-9 的电
流参变特性

列出 b 条支路的 VCR 方程

$$\left. \begin{array}{l} u_1=R_1 i_1 \\ u_2=R_2 i_2 \\ u_3=R_3 i_3 \\ u_4=u_{S1} \\ u_5=u_{S2} \end{array} \right\} \qquad (1-27)$$

以上 10 个方程是图 1-28 所示电路的 $2b$ 方程,这是一组线性代数方程,可以用线性代数课程中介绍的各种方法进行求解。假如要求解支路电流 i_1、i_2 和 i_3,可以将元件特性式(1-27)代入式(1-26)中得到以电流作为变量的 KVL 方程,与节点②的 KCL 方程一起,构成以三个支路电流为变量的三个线性无关的方程组

$$\left. \begin{array}{l} -i_1+i_2+i_3=0 \\ R_1 i_1+R_3 i_3=u_{S1} \\ R_2 i_2-R_3 i_3=-u_{S2} \end{array} \right\}$$

求解方程可以得到电流 i_1 为

---

① 将 $n-1$ 个 KCL 方程相加可以得到第 n 个节点的 KCL 方程,说明 n 个节点的 KCL 方程是线性相关方程。

$$i_1 = \frac{\begin{vmatrix} 0 & 1 & 1 \\ u_{S1} & 0 & R_3 \\ -u_{S2} & R_2 & -R_3 \end{vmatrix}}{\begin{vmatrix} -1 & 1 & 1 \\ R_1 & 0 & R_3 \\ 0 & R_2 & -R_3 \end{vmatrix}} = \frac{(R_2+R_3)u_{S1}-R_3 u_{S2}}{R_1 R_2 + R_2 R_3 + R_1 R_3}$$

用相同方法求得电流 i_2 和 i_3 为

$$i_2 = \frac{R_3 u_{S1}-(R_1+R_3)u_{S2}}{R_1 R_2 + R_2 R_3 + R_1 R_3}$$

$$i_3 = \frac{R_2 u_{S1}+R_1 u_{S2}}{R_1 R_2 + R_2 R_3 + R_1 R_3}$$

这些电流是两个多项式之比,分母是由电阻 R_1、R_2、R_3 组成的电路方程系数行列式

$$\det \boldsymbol{T} = R_1 R_2 + R_2 R_3 + R_1 R_3$$

对电路中每个电压和电流是相同的,当行列式不等于零($\det \boldsymbol{T} \neq 0$)时,电压和电流有唯一解。分子由电阻 R_1、R_2、R_3 和电压源 u_{S1}、u_{S2} 组成,图 1-28 所示电路有两个电压源,它们由两部分构成,分别表示每个电压源的贡献。

从本例计算可见,由独立电源和线性电阻元件所构成线性电阻电路的电路方程是一组线性代数方程,求解方程得到的电压和电流是两个代数多项式之比,当电路方程系数行列式的值不等于零时,电压和电流有唯一解。

若电阻 $R_1 = R_3 = 1\ \Omega, R_2 = 2\ \Omega$ 以及电压源在某时刻的电压值 $u_{S1}(t_1) = 5\ \text{V}, u_{S2}(t_1) = 10\ \text{V}$,所求得的各支路电流和支路电压的瞬时值为

$$i_1 = 1\ \text{A}, i_2 = -3\ \text{A}, i_3 = 4\ \text{A}, i_4 = -i_1 = -1\ \text{A}, i_5 = i_2 = -3\ \text{A}$$
$$u_1 = R_1 i_1 = 1\ \text{V}, u_2 = R_2 i_2 = -6\ \text{V}, u_3 = R_3 i_3 = 4\ \text{V}, u_4 = 5\ \text{V}, u_5 = 10\ \text{V}$$

假如在另外一个时刻,各电压源电压均增加一倍时,即 $u_{S1}(t_2) = 10\ \text{V}, u_{S2}(t_2) = 20\ \text{V}$ 时,各电压、电流均增加一倍,而功率增加到 4 倍。

二、电路分析的基本方法

上面介绍的 $2b$ 方程是最原始的电路方程,它适用于任何集总参数电路模型,不仅适用于线性电路,也适用于非线性电路;不仅适用于电阻电路,也适用于动态电路;不仅适用于非时变电路,也适用于时变电路,是分析电路的基本依据。电路分析的基本任务是已知电路模型,求解反映电路特性的电压、电流。电路分析的基本方法是用 KCL、KVL 和元件 VCR 对已知电路模型列出反映电压电流约束关系的电路方程,并求解电路方程得到各电压、电流,如图 1-29 所示。

以前,建立和求解电路方程的工作是靠"笔"来完成的,人们用笔在纸上列写电路方程,再用笔算求解的方法得到电压、电流和电功率。为了减少"笔算"的工作量,需要学习减小电路规模

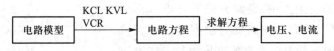

图 1-29　电路分析的基本方法

和减少电路方程变量的方法以及各种电路分析的技巧。"笔算"方法不适合分析大规模电路,由于大规模集成电路的广泛使用,现代电路理论需要研究用计算机分析电路的各种"机算"方法。现在,建立和求解电路方程(无论是代数方程或者微分方程;无论是数值方程或者符号方程)的工作都可以由计算机来完成,只要将电路结构和元件参数的有关数据输入计算机,计算机就能够自动建立和求解电路方程,得到所需要的各种计算结果。在科学研究和生产中已经广泛采用各种计算机程序来分析和设计电路。

　　为了使读者对计算机分析电路的方法有所了解,本教材介绍计算机分析电路的基本方法,并提供一套教学用计算机分析线性电路的程序,可以用来解算教材中的习题和检验你自己设计的电路模型是否满足要求,帮助你解决在电路课程学习中遇到的各种疑难问题,提高独立分析和解决电路问题的能力。

　　例如用直流电路分析程序 WDCAP 分析图 1-28 电路时,输入电路的支路数目、元件的类型、支路编号、开始节点和终止节点编号以及元件参数后,程序自动建立电路方程,并求解电路方程得到各节点电压、支路电压、支路电流和吸收功率,如图 1-30 所示。

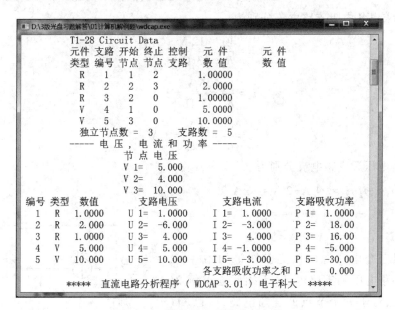

图 1-30　用计算机程序分析电路

三、用观察法分析电路举例

用 $2b$ 方程分析电路的基本方法是列出全部 $2b$ 方程,并联立求解 $2b$ 方程,得到全部支路电

压和电流。在电子通信工程中,经常只需要计算一部分
电压和电流,此时可以用观察电路的方法列出一些相关
的 $2b$ 方程,由已知的一些电压和电流推算出另一些电压
和电流,这是工程人员常用来解决实际电路问题的方
法,下面举例说明。

例 1-10　图 1-31 所示电路中,已知 $u_{S1}=2$ V, $u_{S3}=$
10 V, $u_{S6}=4$ V, $R_2=3$ Ω, $R_4=2$ Ω, $R_5=4$ Ω。试用观察法
求各支路电压和支路电流。

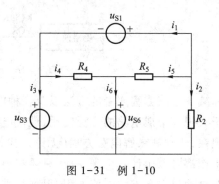

图 1-31　例 1-10

解　根据电压源的 VCR 得到各电压源支路的电
压为

$$u_1=u_{S1}=2 \text{ V}$$
$$u_3=u_{S3}=10 \text{ V}$$
$$u_6=u_{S6}=4 \text{ V}$$

根据 KVL 可求得

$$u_2=u_{S1}+u_{S3}=2 \text{ V}+10 \text{ V}=12 \text{ V}$$
$$u_4=u_{S3}-u_{S6}=10 \text{ V}-4 \text{ V}=6 \text{ V}$$
$$u_5=u_{S1}+u_{S3}-u_{S6}=2 \text{ V}+10 \text{ V}-4 \text{ V}=8 \text{ V}$$

根据欧姆定律求出各电阻支路电流分别为

$$i_2=\frac{u_2}{R_2}=\frac{12 \text{ V}}{3 \text{ Ω}}=4 \text{ A}$$
$$i_4=\frac{u_4}{R_4}=\frac{6 \text{ V}}{2 \text{ Ω}}=3 \text{ A}$$
$$i_5=\frac{u_5}{R_5}=\frac{8 \text{ V}}{4 \text{ Ω}}=2 \text{ A}$$

根据 KCL 求得电压源支路电流分别为

$$i_1=-i_2-i_5=-4 \text{ A}-2 \text{ A}=-6 \text{ A}$$
$$i_3=i_1-i_4=-6 \text{ A}-3 \text{ A}=-9 \text{ A}$$
$$i_6=i_4+i_5=3 \text{ A}+2 \text{ A}=5 \text{ A}$$

本题利用三个电压源电压为已知量的条件,逐个
推算出全部支路电压和支路电流,无须联立求解 $2b$ 方
程。一般来说,对于 n 个节点的连通电路,若已知 $(n-$
1)个独立电压,则可用观察法逐步推算出全部支路电
压和支路电流。

例 1-11　图 1-32 所示电路中,已知 $i_{S2}=8$ A, $i_{S4}=$

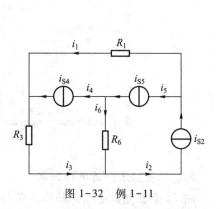

图 1-32　例 1-11

1 A, $i_{S5}=3$ A, $R_1=2$ Ω, $R_3=3$ Ω 和 $R_6=6$ Ω。试用观察法求各支路电流和支路电压。

解　根据电流源的 VCR 得到各电流源支路的电流为

$$i_2=i_{S2}=8 \text{ A}$$

$$i_4=i_{S4}=1 \text{ A}$$

$$i_5=i_{S5}=3 \text{ A}$$

根据 KCL 求得各电阻支路电流分别为

$$i_1=i_2-i_5=8 \text{ A}-3 \text{ A}=5 \text{ A}$$

$$i_3=i_1+i_4=5 \text{ A}+1 \text{ A}=6 \text{ A}$$

$$i_6=i_5-i_4=3 \text{ A}-1 \text{ A}=2 \text{ A}$$

根据欧姆定律求得各电阻支路电压分别为

$$u_1=R_1i_1=2 \text{ Ω}×5 \text{ A}=10 \text{ V}$$

$$u_3=R_3i_3=3 \text{ Ω}×6 \text{ A}=18 \text{ V}$$

$$u_6=R_6i_6=6 \text{ Ω}×2 \text{ A}=12 \text{ V}$$

根据 KVL 求得各电流源支路电压分别为

$$u_2=-u_3-u_1=-18 \text{ V}-10 \text{ V}=-28 \text{ V}$$

$$u_4=u_6-u_3=12 \text{ V}-18 \text{ V}=-6 \text{ V}$$

$$u_5=u_1+u_3-u_6=10 \text{ V}+18 \text{ V}-12 \text{ V}=16 \text{ V}$$

本题利用三个电流源电流为已知量的条件，推算出全部支路电流和支路电压，无须联立求解 $2b$ 方程。一般来说，对于 b 条支路和 n 个节点的连通电路，若已知 $(b-n+1)$ 个独立电流，则可用观察法推算出全部支路电流和支路电压。

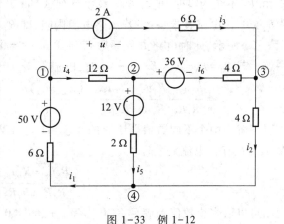

图 1-33　例 1-12

例 1-12　图1-33 所示电路中，已知 $i_1=3$ A。试求各支路电流和电流源电压 u。

解　注意到电流 $i_1=3$ A 和电流源支路电流 $i_3=2$ A 是已知量，观察电路的各节点，根据节点①的 KCL 求得

$$i_4=i_1-i_3=3 \text{ A}-2 \text{ A}=1 \text{ A}$$

用欧姆定律和 KVL 方程求得电流 i_5 为

$$i_5=\frac{u_{R5}}{2 \text{ Ω}}=\frac{-12 \text{ V}-12 \text{ Ω}×1 \text{ A}+50 \text{ V}-6 \text{ Ω}×3 \text{ A}}{2 \text{ Ω}}=4 \text{ A}$$

对节点②和④应用 KCL，分别求得

$$i_6=i_4-i_5=1 \text{ A}-4 \text{ A}=-3 \text{ A}$$

$$i_2=i_1-i_5=3 \text{ A}-4 \text{ A}=-1 \text{ A}$$

再用 KVL 求得电流源电压为

$$u = 12\ \Omega \times 1\ \text{A} + 36\ \text{V} + 4\ \Omega \times (-3\ \text{A}) - 6\ \Omega \times 2\ \text{A} = 24\ \text{V}$$

以上几个例题说明,已知电路中某些电压、电流(例如电压源电压、电流源电流等),常常可以用观察电路图的方法,列出相关 KCL、KVL、VCR 方程来推算出电路中的一些电压和电流,无须列出全部 $2b$ 方程来联立求解。电气工程人员在分析和调试电路时,常常用这种观察法来解决某些实际电路问题。

四、电路的唯一解

将实际电路抽象为电路模型和设计新电路时,可能遇到电路模型没有唯一解的情况。由独立电压源和独立电流源以及线性电阻元件构成的电路,称为线性电阻电路。线性电阻电路的电路方程是一组线性代数方程,根据线性代数理论,当线性电阻电路 $2b$ 方程系数的行列式值不等于零时,方程才有唯一解,否则无解或有无穷多解。也就是说,并非每个电路模型的支路电压、电流都存在唯一解。有些电路可能无解,或有多个解。例如图 1-28 所示电路,可以视为两个电源并联向负载电阻 R_3 供电的电路模型,利用电流 i_5 的符号表达式

$$i_5 = \frac{R_3 u_{S1} - R_1 u_{S2} - R_3 u_{S2}}{R_1 R_2 + R_1 R_3 + R_2 R_3}$$

可以得到一些有用的结论。表达式中的分母表示该电路方程系数的行列式,由此可以确定电路的很多特性。例如,当电源内阻 R_1 和 R_2 不全为零时,电路方程系数行列式 $\det \mathbf{T} = R_2 R_3 + R_1 R_3 + R_1 R_2 \neq 0$,该电路有唯一解;若忽略电源内阻,即 $R_1 = R_2 = 0$ 时,如图 1-34 所示,此时电路方程系数行列式 $\det \mathbf{T} = 0$,电路没有唯一解。若 $R_1 = R_2 = 0$ 以及 $u_{S1} \neq u_{S2}$ 时,电流 i_5 等于无穷大,即

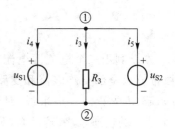

图 1-34　不存在唯一解的电路举例

$$i_5 = \frac{R_3 u_{S1} - R_1 u_{S2} - R_3 u_{S2}}{R_1 R_2 + R_1 R_3 + R_2 R_3} = \frac{(u_{S1} - u_{S2})R_3}{0} = \infty$$

可以理解为两个不同数值电压源的并联违反了 KVL 方程,导致电路无唯一解。若 $R_1 = R_2 = 0$ 以及 $u_{S1} = u_{S2}$ 时,电流 i_5 等于

$$i_5 = \frac{R_3 u_{S1} - R_1 u_{S2} - R_3 u_{S2}}{R_1 R_2 + R_1 R_3 + R_2 R_3} = \frac{0}{0}$$

说明可以取多个数值来满足 KCL 方程 $i_4 + i_5 + i_3 = 0$,导致电路无唯一解。

从电流 i_3 和 i_4 的符号表达式可以得到类似的结论。根据欧姆定律 $i_3 = u_{S1}/R_3$ 可以由 u_{S1} 和 R_3 单独确定电流 i_3,在 $R_1 = R_2 = 0$ 时,如图 1-34 所示,电流 i_3 等于

$$i_3 = \frac{R_2 u_{S1} + R_1 u_{S2}}{R_1 R_2 + R_1 R_3 + R_2 R_3} = \frac{0}{0}$$

变成不确定的值,说明在整个电路没有唯一解时,讨论局部电路电流的解答没有任何意义。

一般来说,当电路中含有 m 个纯电压源构成的回路时,例如图 1-35(a)所示电路,由于这些电压源电压的代数和等于零,导致电路方程系数的行列式等于零,电路没有唯一解。与此相似,

当电路中含有 m 个纯电流源构成的节点或割集[①]时,例如图 1-35(b)所示电路,由于这些电流源电流的代数和等于零,导致电路方程系数的行列式等于零,电路没有唯一解。在构建电路模型时,应该避免出现电压源并联和电流源串联的情况。

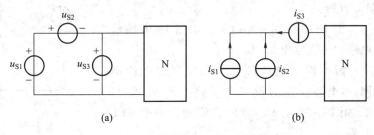

图 1-35 不存在唯一解的电路举例

以上所述表明,虽然实际电路总有解,但经过近似而抽象得到的电路模型却未必有解。可以证明,由线性正值电阻及独立电源组成,且不含纯电压源回路和纯电流源节点的电路,其解存在而且是唯一解。

§1-7 支路电流法和支路电压法

一、支路电流法

上节介绍的 $2b$ 方程是电路的原始方程,适用于任何集总参数电路,对于电路的分析是十分重要的,读者必须牢固掌握。$2b$ 方程的缺点是方程数太多,给"笔算"求解联立方程带来困难。如何减少方程和变量的数目呢? 如果电路仅由独立电压源和线性二端电阻构成,可将欧姆定律 $u = Ri$ 代入 KVL 方程中,消去全部电阻支路电压,变成以支路电流为变量的 KVL 方程。加上原来的 KCL 方程,得到以 b 个支路电流为变量的 b 个线性无关的方程组(称为支路电流方程)。这样,只需求解 b 个方程,就能得到全部支路电流,再利用 VCR 方程,即可求得全部支路电压。

下面仍以图 1-28 所示电路为例说明如何建立支路电流方程。$(n-1)$ 个节点 KCL 方程与式(1-25)相同,现在重写如下:

$$\left.\begin{array}{c} i_1 + i_4 = 0 \\ -i_1 + i_2 + i_3 = 0 \\ -i_2 + i_5 = 0 \end{array}\right\}$$

将式(1-27)代入式(1-26)中,得到以支路电流表示的 KVL 方程

$$\left.\begin{array}{c} R_1 i_1 + R_3 i_3 = u_{S1} \\ R_2 i_2 - R_3 i_3 = -u_{S2} \end{array}\right\} \tag{1-28}$$

---

① 关于割集的概念,请参考第 3 章第 4 节。

式(1-25)和式(1-28)是图1-28所示电路的支路电流方程。式(1-28)可以理解为回路中全部电阻电压降的代数和,等于该回路中全部电压源电压升的代数和。根据这种理解,可用观察电路的方法直接列出以支路电流为变量的 KVL 方程。

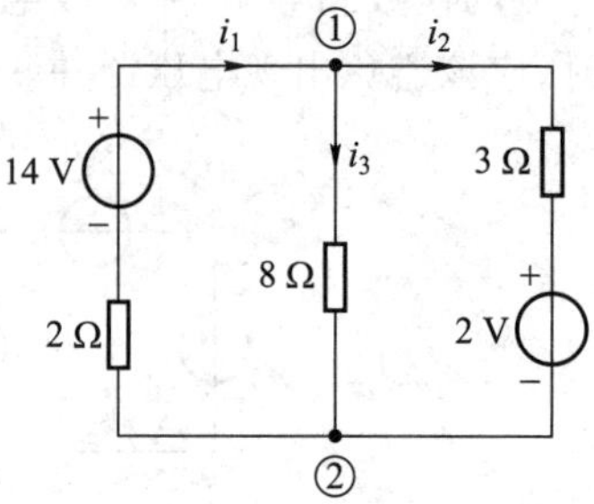

微视频 1-8:
例题 1-13 的
电路方程

例 1-13　用支路电流法求图 1-36 所示电路中各支路电流。

解　由于电压源与电阻串联时电流相同,本电路仅需假设三个支路电流:i_1、i_2 和 i_3,如图 1-36 所示。此时只需列出一个 KCL 方程

$$-i_1+i_2+i_3=0$$

图 1-36　例 1-13

用观察法直接列出两个网孔的 KVL 方程

$$(2\ \Omega)i_1+(8\ \Omega)i_3=14\ \text{V}$$
$$(3\ \Omega)i_2-(8\ \Omega)i_3=-2\ \text{V}$$

求解以上三个方程得到三个支路电流

$$i_1=\frac{\begin{vmatrix}0&1&1\\14&0&8\\-2&3&-8\end{vmatrix}}{\begin{vmatrix}-1&1&1\\2&0&8\\0&3&-8\end{vmatrix}}\text{A}=\frac{-16+42+112}{6+24+16}\text{A}=\frac{138}{46}\text{A}=3\ \text{A}$$

$$i_2=\frac{\begin{vmatrix}-1&0&1\\2&14&8\\0&-2&-8\end{vmatrix}}{\begin{vmatrix}-1&1&1\\2&0&8\\0&3&-8\end{vmatrix}}\text{A}=\frac{112-4-16}{6+24+16}\text{A}=\frac{92}{46}\text{A}=2\ \text{A}$$

$$i_3=i_1-i_2=3\ \text{A}-2\ \text{A}=1\ \text{A}$$

三个支路电流为 $i_1=3\ \text{A}$,$i_2=2\ \text{A}$ 和 $i_3=1\ \text{A}$。

二、支路电压法

与支路电流法相似,对于由线性电阻和电流源构成的电路,可以列出以 b 条支路电压为变量的电路方程。在 $2b$ 方程的基础上,将线性电阻的欧姆定律 $i=Gu$ 代入到 KCL 方程中,将支路电流变量转换为支路电压变量,得到 $(n-1)$ 个支路电压变量的 KCL 方程,加上原来的 $(b-n+1)$ 个 KVL 方程,就构成以 b 个支路电压作为变量的电路方程,称为支路电压方程。对于线性电阻和电流源构成的电路,可以用观察电路的方法直接列出支路电压方程。下面举例加以说明。

例 1-14　求图 1-37 所示电路中各支路电压。

解　由于电流源与电阻并联时电压相同,本电路仅需假设三个支路电压:u_1、u_2 和 u_3,如图 1-37 所示。此时只需列出一个 KVL 方程

$$-u_1 + u_2 + u_3 = 0$$

用观察法直接列出以支路电压为变量的两个节点 KCL 方程

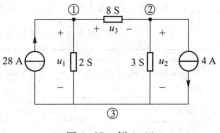

图 1-37　例 1-14

$$\left.\begin{array}{c} (2S)u_1 + (8S)u_3 = 28 \text{ A} \\ (3S)u_2 - (8S)u_3 = -4 \text{ A} \end{array}\right\}$$

求解以三个支路电压作为变量的支路电压方程得到 $u_1 = 6$ V,$u_2 = 4$ V 和 $u_3 = 2$ V。

　　支路电流法和支路电压法可以将联立求解的方程数减少到 b 个,减少了"笔算"的工作量。上节介绍的 $2b$ 法以及本节介绍的支路电流法和支路电压法都是以支路电压、电流为求解变量,统称为支路分析法,它们是分析电路最基本的方法。

§1-8　特勒根定理

　　在例 1-1 中已经看到,图 1-9 所示电路全部支路吸收功率的代数和等于零,这是电路能量守恒的体现。下面用一个例题导出特勒根定理。

　　例 1-15　两个有向图相同的电路如图 1-38(a)和(b)所示,计算两个电路的支路电压和支路电流,对计算结果进行分析研究。

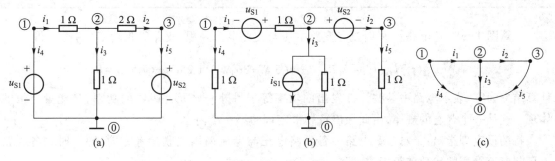

图 1-38　例 1-15

　　解　(1) 图 1-38(a)电路是 5 条支路、4 个节点的连通电路,各支路电压与电流采用关联参考方向,各节点和支路的编号如图所示。用一条有向线段代替电路图的支路,画出仅仅反映电路连接关系和支路电压与电流关联参考方向的有向图(digraph),如图 1-38(c)所示。用计算机程序 WDCAP 计算出 $u_{S1}(t_1) =$

微视频 1-9:
例题 1-15 检验特勒根定理

5 V，$u_{S2}(t_1)=10$ V时刻各支路电压、支路电流和支路吸收功率如表 1-5 所示。

表 1-5　图 1-38(a)电路在 t_1 时刻的支路电压、支路电流和支路吸收功率

k	1	2	3	4	5
$u_{Ak}(t_1)/$V	1	−6	4	5	10
$i_{Ak}(t_1)/$A	1	−3	4	−1	−3
$u_{Ak}(t_1)i_{Ak}(t_1)$	1	18	16	−5	−30

在支路电压电流采用关联参考方向时，$u_{Ak}(t_1)i_{Ak}(t_1)$ 表示支路 k 在时刻 t_1 的吸收功率。计算图 1-38(a)电路在 t_1 时刻各支路电压与支路电流乘积的代数和

$$\sum_{k=1}^{5} u_{Ak}(t_1)i_{Ak}(t_1)=1\text{ W}+18\text{ W}+16\text{ W}-5\text{ W}-30\text{ W}=0$$

计算结果为零，表示支路 k 在时刻 t_1 的吸收功率等于另外一些支路发出的功率，是能量守恒的体现。

（2）用计算机程序 WDCAP 计算出图 1-38(a)电路在 $u_{S1}(t_2)=7.5$ V，$u_{S2}(t_2)=15$ V 时各支路电压和支路电流如表 1-6 所示。

表 1-6　图 1-38(a)电路在 t_2 时刻的支路电压、支路电流和支路吸收功率

k	1	2	3	4	5
$u_{Ak}(t_2)/$V	1.5	−9	6	7.5	15
$i_{Ak}(t_2)/$A	1.5	−4.5	6	−1.5	−4.5
$u_{Ak}(t_2)i_{Ak}(t_2)$	2.25	40.5	36	−11.25	−67.5

计算图 1-38(a)电路在 t_2 时刻各支路电压与支路电流乘积（支路吸收功率）的代数和

$$\sum_{k=1}^{5} u_{Ak}(t_2)i_{Ak}(t_2)=2.25\text{ W}+40.5\text{ W}+36\text{ W}-11.25\text{ W}-67.5\text{ W}=0$$

计算结果为零，表示电路中某些元件发出的功率等于另外一些元件吸收的功率，是能量守恒的体现。这是一个普遍的规律，由此导出特勒根定理的第一个内容。

特勒根定理指出：集总参数电路中各支路电压与电流采用关联参考方向，同一时刻各支路电压与电流乘积的代数和等于零，即

$$\sum_{k=1}^{b} u_k(t)i_k(t)=0 \tag{1-29}$$

式中 b 表示电路的支路数。

基于电路连接关系的特勒根定理体现了集总参数电路的能量守恒，它是更为普遍的一个定理。

计算图 1-38(a)电路 t_1 时刻各支路电压(各支路电流)与 t_2 时刻各支路电流(支路电压)乘积(不是支路吸收功率)的代数和

$$\sum_{k=1}^{5} u_{Ak}(t_1) i_{Ak}(t_2) = [\,1\times1.5+(-6)\times(-4.5)+4\times6+5\times(-1.5)+10\times(-4.5)\,]\ \text{W}$$

$$= (\,1.5+27+24-7.5-45\,)\ \text{W} = (\,52.5-52.5\,)\ \text{W} = 0$$

$$\sum_{k=1}^{5} u_{Ak}(t_2) i_{Ak}(t_1) = [\,1.5\times1+(-9)\times(-3)+6\times4+7.5\times(-1)+15\times(-3)\,]\ \text{W}$$

$$= (\,1.5+27+24-7.5-45\,)\ \text{W} = (\,52.5-52.5\,)\ \text{W} = 0$$

计算结果为零是一个令人惊奇的结论。由于实际电路元件的参数会随时间发生变化,特勒根定理断言现今某时刻测量的支路电压(或支路电流)与今后任意时刻测量的支路电流(或支路电压)乘积的代数和等于零

$$\sum_{k=1}^{b} u_{Ak}(t_1) i_{Ak}(t_2) = 0 \tag{1-30}$$

揭露了电路中电压和电流随时间变化的一种规律。

(3) 图 1-38(b)电路是 5 条支路、4 个节点的连通电路,各支路电压、电流采用关联参考方向,反映电路连接关系和支路电压与电流关联参考方向的有向图与图 1-38(a)电路的相同,如图 1-38(c)所示。两个电路的有向图相同,意味可以列出相同的 KCL 和 KVL 方程。用计算机程序计算出 $u_{S1}(t_3) = 5\ \text{V}$, $u_{S2}(t_3) = 10\ \text{V}$, $i_{S2}(t_3) = 5\ \text{A}$ 时刻的支路电压、支路电流和支路吸收功率如表 1-7 所示(计算方法和结果请参考例 1-19)。

表 1-7　图 1-38(b)电路在 t_3 时刻的支路电压、支路电流和支路吸收功率

k	1	2	3	4	5
$u_{Bk}(t_3)/\text{V}$	-4	10	3	-1	-7
$i_{Bk}(t_3)/\text{A}$	1	-7	8	-1	-7
$u_{Bk}(t_3) i_{Bk}(t_3)$	-4	-70	24	1	49

从表 1-7 中容易看出图 1-38(b)电路在 t_3 时刻各支路吸收功率的代数和等于零。

计算图 1-38(a)电路在 t_1 时刻支路电压(支路电流)与图 1-38(b)电路 t_3 时刻支路电流(支路电压)乘积的代数和

$$\sum_{k=1}^{5} u_{Ak}(t_1) i_{Bk}(t_3) = [\,1\times1+(-6)\times(-7)+4\times8+5\times(-1)+10\times(-7)\,]\ \text{W}$$

$$= (\,1+42+32-5-70\,)\ \text{W} = (\,75-75\,)\ \text{W} = 0$$

$$\sum_{k=1}^{5} u_{Bk}(t_3) i_{Ak}(t_1) = [\,(-4)\times1+10\times(-3)+3\times4+(-1)\times(-1)+(-7)\times(-3)\,]\ \text{W}$$

$$= (\,-4-30+12+1+21\,)\ \text{W} = (\,34-34\,)\ \text{W} = 0$$

发现计算结果也等于零时会十分惊奇,因为一个电路支路电压与另外一个电路的支路电流的乘积并不是支路的吸收功率,它揭露了两个电路之间的内在联系。这是一个普遍的规律,由此导出特勒根定理另外一个内容。

特勒根定理还指出:对于有向图相同的两个集总参数电路 A 和 B,其中一个电路的支路电压与另外一个电路的支路电流乘积的代数和等于零,即

$$\sum_{k=1}^{b} u_{Ak}(t_1) i_{Bk}(t_2) = 0 \tag{1-31}$$

式中 b 表示电路的支路数。

特勒根定理反映电路的连接关系和支路关联参考方向的选择与支路特性无关,读者可以任意改变图 1-38 电路中电压源的电压、电流源的电流以及电阻元件的电阻值,用计算机程序计算各支路电压和支路电流,检验特勒根定理的正确性。

§1-9 电路设计、电路实验和计算机分析电路实例

本节首先介绍几个简单电阻电路的设计和实际电阻器的标准电阻值,再说明如何用教材 Abook 资源中的计算机程序分析电阻电路,最后介绍用半导体管特性图示仪观测电阻器件电压电流关系曲线的实验方法。

一、电路设计

电路设计是指按照电路特性的要求来确定电路的结构和参数,由于电路设计问题通常都有多个解答,这有助于学生更好地掌握电路理论,提高解决电路问题的能力和培养创新精神。

例 1-16 图 1-39 为某个实际电路的电路模型,已知电压源电压 $u_S = 10$ V,电流源电流 $i_S = 1$ mA,欲使电压 $u_2 = 5$ V,试确定两个电阻器的电阻值 R_1 和 R_2。

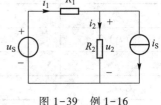

图 1-39 例 1-16

解 列出电路方程,并求解得到电压 u_2 的符号表达式

$$\begin{cases} -i_1 + i_2 = -i_S \\ R_1 i_1 + R_2 i_2 = u_S \\ u_2 = R_2 i_2 \end{cases}$$

$$u_2 = R_2 i_2 = R_2 \times \dfrac{\begin{vmatrix} -1 & -i_S \\ R_1 & u_S \end{vmatrix}}{\begin{vmatrix} -1 & 1 \\ R_1 & R_2 \end{vmatrix}} = \dfrac{R_2 u_S - R_1 R_2 i_S}{R_1 + R_2}$$

求解得到电阻 R_1 的符号表达式

$$R_1 = \frac{R_2(u_S - u_2)}{u_2 + R_2 i_S}$$

按照表 1-8 选择电阻值。假设选择 $R_2 = 1\ \text{k}\Omega$，并代入 $u_S = 10\ \text{V}$，$i_S = 1\ \text{mA}$ 和 $u_2 = 5\ \text{V}$，得到

$$R_1 = \frac{R_2(u_S - u_2)}{u_2 + R_2 i_S} = \frac{1\ \text{k}\Omega \times 5\ \text{V}}{5\ \text{V} + 1\ \text{k}\Omega \times 1\ \text{mA}} = 833\ \Omega$$

从表 1-8 中选择接近 833 Ω 的电阻值，假如选择 $R_1 = 820\ \Omega$，$R_2 = 1\ \text{k}\Omega$ 时，电压 u_2 等于

$$u_2 = \frac{R_2 u_S - R_1 R_2 i_S}{R_1 + R_2} = \frac{10^3\,\Omega \times 10\ \text{V} - 820\ \Omega \times 1\ \text{k}\Omega \times 1 \times 10^{-3}\,\text{A}}{1.82 \times 10^3\,\Omega} = 5.044\ \text{V}$$

假如选择 $R_2 = 7.5\ \text{k}\Omega$，计算出电阻 R_1 的值为

$$R_1 = \frac{R_2(u_S - u_2)}{u_2 + R_2 i_S} = \frac{7.5\ \text{k}\Omega \times 5\ \text{V}}{5\ \text{V} + 7.5\ \text{k}\Omega \times 1\ \text{mA}} = 3\ \text{k}\Omega$$

表 1-8 中有 3 $\text{k}\Omega$ 的电阻，假如选择 $R_1 = 3\ \text{k}\Omega$ 和 $R_2 = 7.5\ \text{k}\Omega$ 的电阻器，电压 u_2 刚好等于 5 V。

$$u_2 = \frac{R_2 u_S - R_1 R_2 i_S}{R_1 + R_2} = \frac{7.5 \times 10^3\,\Omega \times 10\ \text{V} - 3 \times 10^3\,\Omega \times 7.5 \times 10^3\,\Omega \times 1 \times 10^{-3}\,\text{A}}{10.5 \times 10^3\,\Omega} = 5.00\ \text{V}$$

计算表明 $R_1 = 3\ \text{k}\Omega$ 和 $R_2 = 7.5\ \text{k}\Omega$ 正好符合要求。假如选择容差为 ±5% 的电阻器，其电阻值的变化范围为 $R_1 = 2\,850 \sim 3\,150\ \Omega$，$R_2 = 7\,125 \sim 7\,875\ \Omega$，通过计算可以证明电压 u_2 将在 4.75 ~ 5.25 V 之间变化。此例说明在设计电路模型时，必须根据从商业上能买到的那些电阻器来确定电阻的数值。

表 1-8 电阻器的标称电阻值

Ω					kΩ		MΩ	
0.10	**1.0**	**10**	**100**	**1 000**	**10**	**100**	**1.0**	**10**
0.11	1.1	11	110	1 100	11	110	1.1	11
0.12	**1.2**	**12**	**120**	**1 200**	**12**	**120**	**1.2**	**12**
0.13	1.3	13	130	1 300	13	130	1.3	13
0.15	**1.5**	**15**	**150**	**1 500**	**15**	**150**	**1.5**	**15**
0.16	1.6	16	160	1 600	16	160	1.6	16
0.18	**1.8**	**18**	**180**	**1 800**	**18**	**180**	**1.8**	**18**
0.20	2.0	20	200	2 000	20	200	2.0	20
0.22	**2.2**	**22**	**220**	**2 200**	**22**	**220**	**2.2**	**22**
0.24	2.4	24	240	2 400	24	240	2.4	
0.27	**2.7**	**27**	**270**	**2 700**	**27**	**270**	**2.7**	
0.30	3.0	30	300	3 000	30	300	3.0	
0.33	**3.3**	**33**	**330**	**3 300**	**33**	**330**	**3.3**	

	Ω				kΩ		MΩ
0.36	3.6	36	360	3 600	36	360	3.6
0.39	**3.9**	**39**	**390**	**3 900**	**39**	**390**	**3.9**
0.43	4.3	43	430	4 300	43	430	4.3
0.47	**4.7**	**47**	**470**	**4 700**	**47**	**470**	**4.7**
0.51	5.1	51	510	5 100	51	510	5.1
0.56	**5.6**	**56**	**560**	**5 600**	**56**	**560**	**5.6**
0.62	6.2	62	620	6 200	62	620	6.2
0.68	**6.8**	**68**	**680**	**6 800**	**68**	**680**	**6.8**
0.75	7.5	75	750	7 500	75	750	7.5
0.82	**8.2**	**82**	**820**	**8 200**	**82**	**820**	**8.2**
0.91	9.1	91	910	9 100	91	910	9.1

注:工厂按照表中列出的标准电阻值生产电阻器时总会存在误差,电阻器上标示的电阻值,称为标称电阻值,表中列出容差为±5%的全部电阻值,加黑部分是容差为±10%的电阻值。用户使用非标准电阻值和特殊精度的电阻器需要定做。

例 1—17 图 1-40 表示一个电阻分压电路端接负载电阻 R_L 的电路模型,已知电压源电压 $u_S = 20$ V,假如要求端接负载电阻 $R_L = 3$ kΩ 后的负载电压 $u_L = 12$ V,试确定两个电阻器的电阻值 R_1 和 R_2。

解 列出端接负载电阻的电路方程

$$\begin{cases} -i_1 + i_2 + i_L = 0 \\ R_1 i_1 + R_2 i_2 = u_S \\ -R_2 i_2 + R_L i_L = 0 \end{cases}$$

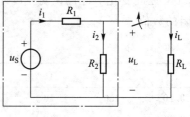

图 1-40 例 1-17

求解方程得到负载电压 u_L 的符号表达式

微视频 1-11:
例题 1-17 解
答演示

$$u_L = R_L i_L = R_L \times \dfrac{\begin{vmatrix} -1 & 1 & 0 \\ R_1 & R_2 & u_S \\ 0 & -R_2 & 0 \end{vmatrix}}{\begin{vmatrix} -1 & 1 & 1 \\ R_1 & R_2 & 0 \\ 0 & -R_2 & R_L \end{vmatrix}} = \dfrac{R_2 R_L u_S}{R_1 R_2 + R_1 R_L + R_2 R_L}$$

由此求得电阻 R_1 的符号表达式

$$R_1 = \frac{R_2 R_L (u_S - u_L)}{(R_2 + R_L) u_L}$$

按照表 1-8 选择电阻值,假如选择 $R_2 = 3$ kΩ,代入 $u_S = 20$ V,$R_L = 3$ kΩ 和 $u_L = 12$ V,得到

$$R_1 = \frac{R_2 R_L (u_S - u_L)}{(R_2 + R_L) u_L} = \frac{3 \text{ kΩ} \times 3 \text{ kΩ} \times 8 \text{ V}}{(3+3) \text{kΩ} \times 12 \text{ V}} = 1 \text{ kΩ}$$

表 1-8 中刚好有 1 kΩ 的电阻器,假如选择 $R_1 = 1$ kΩ,$R_2 = 3$ kΩ,则负载电压刚好等于 12 V。

$$u_L = \frac{R_2 R_L u_S}{R_1 R_2 + R_1 R_L + R_2 R_L} = \frac{9 \text{ kΩ} \cdot \text{kΩ}}{3 \text{ kΩ} \cdot \text{kΩ} + 3 \text{ kΩ} \cdot \text{kΩ} + 9 \text{ kΩ} \cdot \text{kΩ}} \times 20 \text{ V} = 12 \text{ V}$$

以上计算结果表明,在 $R_1 = 1$ kΩ,$R_2 = 3$ kΩ 和端接负载电阻 $R_L = 3$ kΩ 时,负载电压满足设计要求,即 $u_L = 12$ V。假如选择容差为 ±5% 的电阻器,电阻值的变化范围为 $R_1 = 950 \sim 1\ 050$ Ω,$R_2 = R_L = 2\ 850 \sim 3\ 150$ Ω,通过计算可以证明电压 u_L 将在 11.515 ~ 12.475 V 之间变化。图 1-40 所示电阻分压电路在不接负载电阻时的开路电压等于 $u_{Loc} = 15$ V,端接负载电阻 $R_L = 3$ kΩ 时下降为 $u_L = 12$ V。一般来说,电阻分压电路在端接负载电阻后会使输出电压有所下降。

二、计算机辅助电路分析

电路分析的基本方法是建立和求解电路方程,得到表征电路特性的电压和电流。前面已经介绍了以支路电压和支路电流为变量的 $2b$ 方程,现在介绍计算机分析电路常用的表格方程,表格方程是以节点电压、支路电压和支路电流为变量建立的电路方程。下面举例说明作者编写计算机程序使用的以节点电压和支路电流为变量的简化表格方程。

例 1-18 列出图 1-41 所示连通电路的简化表格方程。

解 图 1-41 所示电路有 4 个节点,基准节点编号为零,其他三个独立节点编号为①、②、③。标明 5 条支路电流的参考方向,如图所示。

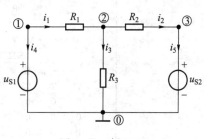

图 1-41 例 1-18

(1) 列出独立节点①、②和③的 KCL 方程

$$\left.\begin{array}{l} i_1 + i_4 = 0 \\ -i_1 + i_2 + i_3 = 0 \\ -i_2 + i_5 = 0 \end{array}\right\}$$

(2) 以节点电压为变量列出 5 条支路的电压电流关系方程

$$\left.\begin{array}{l} v_1 - v_2 = R_1 i_1 \\ v_2 - v_3 = R_2 i_2 \\ v_2 = R_3 i_3 \\ v_1 = u_{S1} \\ v_3 = u_{S2} \end{array}\right\}$$

(3) 以节点电压和支路电流为变量列出矩阵形式的表格方程

$$\begin{pmatrix} 0 & 0 & 0 & 1 & 0 & 0 & 1 & 0 \\ 0 & 0 & 0 & -1 & 1 & 1 & 0 & 0 \\ 0 & 0 & 0 & 0 & -1 & 0 & 0 & 1 \\ -1 & 1 & 0 & R_1 & 0 & 0 & 0 & 0 \\ 0 & -1 & 1 & 0 & R_2 & 0 & 0 & 0 \\ 0 & -1 & 0 & 0 & 0 & R_3 & 0 & 0 \\ 1 & 0 & 0 & 0 & 0 & 0 & 0 & 0 \\ 0 & 0 & 1 & 0 & 0 & 0 & 0 & 0 \end{pmatrix} \begin{pmatrix} v_1 \\ v_2 \\ v_3 \\ i_1 \\ i_2 \\ i_3 \\ i_4 \\ i_5 \end{pmatrix} = \begin{pmatrix} 0 \\ 0 \\ 0 \\ 0 \\ 0 \\ 0 \\ u_{S1} \\ u_{S2} \end{pmatrix}$$

简写为 $$TW = Es$$

其中 T 称为简化表格矩阵。若矩阵 T 的行列式不为零,即 $\det T \neq 0$,则该电路有唯一解。

下面是计算机程序 WSNAP 对图 1-41 所示电路建立的表格方程以及求解的支路电流。

```
                 L1-18S Circuit Data
            元件  支路  开始  终止  控制   元件
            类型  编号  节点  节点  支路   符 号
            R    1    1    2          R1
            R    2    2    3          R2
            R    3    2         3     R3
            V    4    1    0          Us1
            V    5    3    0          Us2
            独立节点数目 = 3  支路数目 = 5
        ----- 简 化 表 格 方 程 矩 阵 和 电 源 向 量 -----
   V1   V2   V3   I1   I2   I3   I4   I5
    0    0    0    1    0    0    1    0
    0    0    0   -1    1    1    0    0
    0    0    0    0   -1    0    0    1
   -1    1    0   R1    0    0    0    0
    0   -1    1    0   R2    0    0    0
    0   -1    0    0    0   R3    0    0
    1    0    0    0    0    0    0   Us1
    0    0    1    0    0    0    0   Us2

        ----- 节 点 电 压 , 支 路 电 压 和 支 路 电 流 -----
                 R3Us1+R2Us1-R3Us2
    I1   =  -------------------------
                 R2R3+R1R3+R1R2

                 R3Us1-R3Us2-R1Us2
    I2   =  -------------------------
                 R2R3+R1R3+R1R2

                 R2Us1+R1Us2
    I3   =  -------------------------
                 R2R3+R1R3+R1R2
    *****  符号网络分析程序 ( WSNAP 3.01 ) *****
```

例 1-19　用计算机程序计算图 1-42(a)和图 1-42(b)两个电路的支路电压和支路电流,检验特勒根定理。

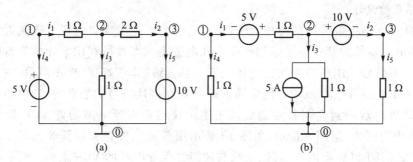

图 1-42　例 1-19

解　对图 1-42(a)和图 1-42(b)两个电路的支路和节点编号,基准节点为零,标明支路电压与电流的关联参考方向,用计算机程序 WDCAP 可以得到以下计算结果。

第一个电路的有关数据						第二个电路的有关数据					
TYPE	K	N1	N2	N3	VAL1	VAL2	TYPE	K	N1	N2	N3	VAL1	VAL2

```
         第一个电路的有关数据              第二个电路的有关数据
TYPE K N1 N2 N3  VAL1      VAL2    TYPE K N1 N2 N3  VAL1      VAL2
 R   1  1  2    1.000      0.00     VR   1  1  2   -5.00      1.000
 R   2  2  3    2.00       0.00     V    2  2  3    10.00     0.00
 R   3  2  0    1.000      0.00     IG   3  2  0    5.00      1.000
 V   4  1  0    5.00       0.00     R    4  1  0    1.000     0.00
 V   5  3  0    10.00      0.00     R    5  3  0    1.000     0.00
       支路电压 A           支路电流 A         支路电压 B           支路电流 B
 Ua 1=  1.0000      Ia 1=  1.0000       Ub 1= -4.000      Ib 1=  1.000
 Ua 2= -6.000       Ia 2= -3.000        Ub 2=  10.000     Ib 2= -7.000
 Ua 3=  4.000       Ia 3=  4.000        Ub 3=  3.000      Ib 3=  8.000
 Ua 4=  5.000       Ia 4= -1.0000       Ub 4= -1.0000     Ib 4= -1.000
 Ua 5=  10.000      Ia 5= -3.000        Ub 5= -7.000      Ib 5= -7.000
            ***** 这是两个有向图相同的电路 *****
      支路电压 A              支路电流 B        支路电压 A * 支路电流 B
 Ua 1=  1.0000      Ib 1=  1.000        Ua*Ib 1=  1.000
 Ua 2= -6.000       Ib 2= -7.000        Ua*Ib 2=  42.00
 Ua 3=  4.000       Ib 3=  8.000        Ua*Ib 3=  32.00
 Ua 4=  5.000       Ib 4= -1.000        Ua*Ib 4= -5.000
 Ua 5=  10.000      Ib 5= -7.000        Ua*Ib 5= -70.00
         支路电压 A 与支路电流 B 的乘积之和= -0.7629E-05
      支路电压 B              支路电流 A        支路电压 B * 支路电流 A
 Ub 1= -4.000       Ia 1=  1.0000       Ub*Ia 1= -4.000
 Ub 2=  10.000      Ia 2= -3.000        Ub*Ia 2= -30.00
 Ub 3=  3.000       Ia 3=  4.000        Ub*Ia 3=  12.00
 Ub 4= -1.0000      Ia 4= -1.0000       Ub*Ia 4=  1.0000
 Ub 5= -7.000       Ia 5= -3.000        Ub*Ia 5=  21.00
         支路电压 B 与支路电流 A 的乘积之和=  0.000
     ****  特勒根定理 2:两个有向图相同的电路, ****
     一个电路支路电压与另一个电路支路电流乘积的代数和等于零。
         *****  直流电路分析程序 ( WDCAP 3.01 ) *****
```

计算机程序自动判断图 1-42(a)和图 1-42(b)两个电路的有向图相同后,计算两个电路的支路电压、支路电流以及一个电路支路电压和另外一个支路电流乘积的代数和,检验特勒根定理的正确性。

三、电路实验设计

电阻器件是电路中最常用的一种电气器件,它的特性是由端口电压电流关系曲线来表征的,测量二端电阻器件的基本方法是用电压表和电流表。本教材利用半导体管特性图示仪来测量二端电阻器件和电阻单口网络的电压电流关系曲线,非常直观,操作简单、方便。只要将被测量的二端电阻器件或电阻单口网络插入标注 C 和接地符号的插孔内,调整峰值电压旋钮到适当位置就可以观测到电阻特性曲线。用图示仪测量实际电阻器件 VCR 特性曲线的结果,如附录 B 中附图 4~附图 9 所示,附图 10 表示用普通二极管和运算放大器实现理想二极管的特性曲线,附图 11 表示用电阻器、电池与理想二极管串联的 VCR 曲线,附图 12 表示一个由电池、电阻和发光二极管所构成的非线性电阻单口网络的特性曲线,附图 13 表示用电阻器和运算放大器实现负电阻的特性曲线,附图 14 表示函数信号发生器输出端口的 VCR 曲线,附图 15 表示普通万用表电阻挡的 VCR 曲线。

用半导体管特性图示仪测量二端电阻器件和电阻单口网络的实例,请观看教材 Abook 资源中的“线性电阻器件 VCR 曲线”“非线性电阻器件 VCR 曲线”“干电池 VCR 曲线”“函数信号发生器 VCR 曲线”“普通万用表的 VCR 曲线”和“非线性单口网络 VCR 曲线”等实验录像。

摘 要

1. 电路理论课程研究的对象是实际电路的电路模型,电路模型近似描述实际电路的电气特性,电路模型与实际电路是有区别的,一个实际电路可以用不同的电路模型来模拟。

2. 实际电路的几何尺寸远小于电路工作信号的波长时,可用电路元件连接而成的集总参数电路(模型)来模拟。基尔霍夫定律适用于任何集总参数电路。

3. 基尔霍夫电流定律(KCL)陈述为:对于任何集总参数电路,在任一时刻,流出任一节点或封闭面的全部支路电流的代数和等于零。其数学表达式为

$$\sum_{k=1}^{n} i_k = 0$$

4. 基尔霍夫电压定律(KVL)陈述为:对于任何集总参数电路,在任一时刻,沿任一回路或闭合节点序列的各段电压的代数和等于零。其数学表达式为

$$\sum_{k=1}^{n} u_k = 0$$

5. 一般来说,二端电阻由代数方程 $f(u,i)=0$ 来表征。线性电阻满足欧姆定律($u=Ri$),其特性曲线是 $u-i$ 平面上通过原点的直线。

6. 电压源的特性曲线是 $u-i$ 平面上平行于 i 轴的垂直线。电压源的电压按给定时间函数

$u_S(t)$ 变化,其电流由 $u_S(t)$ 和外电路共同确定。

7. 电流源的特性曲线是 u-i 平面上平行于 u 轴的水平线。电流源的电流按给定时间函数 $i_S(t)$ 变化,其电压由 $i_S(t)$ 和外电路共同确定。

8. 对于具有 b 条支路和 n 个节点的连通电路,有 $(n-1)$ 个线性无关的 KCL 方程、$(b-n+1)$ 个线性无关的 KVL 方程和 b 个支路特性方程。

9. 任何集总参数电路的电压、电流都要受 KCL、KVL 和 VCR 方程的约束。直接反映这些约束关系的 $2b$ 方程是最基本的电路方程,它们是分析电路的基本依据。

10. 电路分析的基本方法是用 KCL、KVL 和 VCR 对已知电路模型建立一组电压、电流的约束方程(电路方程),并求解电路方程,得到反映电路特性的电压、电流和电功率。采用符号分析方法,可以求得电压、电流和功率的符号表达式,这些符号表达式能够更好地展现电路的基本特性以及电路元件数变化对电气特性的影响。

11. 由电阻和电压源构成的电路,可以用 b 个支路电流作为变量,列出 b 个支路电流法方程,它通常由 $(n-1)$ 个节点的 KCL 方程和 $(b-n+1)$ 个网孔的 KVL 方程构成。

12. 特勒根定理陈述为:

(1) 电路中各支路电压、电流采用关联参考方向时,各支路电压与支路电流乘积的代数和等于零。

(2) 对于拓扑结构相同、能够列出相同 KCL 和 KVL 方程的两个电路,其中一个电路的支路电压与另外一个电路的支路电流乘积(不是支路吸收功率)的代数和等于零。

习　题　一

微视频 1-12:
第 1 章习题解
答

§1-1　电路和电路模型

1-1　晶体管调频收音机最高工作频率约为 108 MHz。问该收音机的电路是集总参数电路还是分布参数电路?

§1-2　电路的基本物理量

1-2　题图 1-2(a)表示用示波器观测交流电压的电路。若观测的正弦波形如图(b)所示。试确定电压 u 的表达式和 $t=0.5$ s、1 s、1.5 s 时电压的瞬时值。

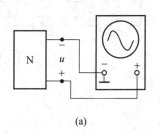
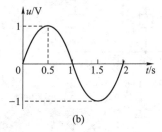

(a)　　　　　　　　　　　　(b)

题图 1-2

1-3 各二端元件的电压、电流和吸收功率如题图 1-3 所示。试确定图上指出的未知量。

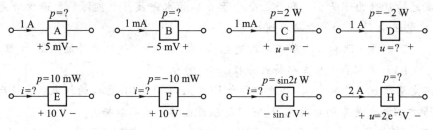

题图 1-3

§1-3　基尔霍夫定律

1-4 题图 1-4 表示某不连通电路连接关系的有向图①。试对各节点和封闭面列出尽可能多的 KCL 方程。

1-5 题图 1-5 是表示某连通电路连接关系的有向图。试沿顺时针的绕行方向,列出尽可能多的 KVL 方程。

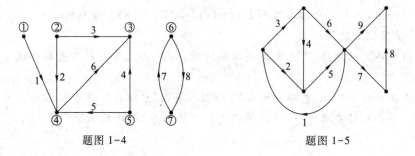

题图 1-4　　　　　　　　　　　　题图 1-5

1-6 电路如题图 1-6 所示,求支路电流 i_3、i_5、i_6。

1-7 电路如题图 1-7 所示。已知 $i_1 = 24$ A,$i_3 = 1$ A,$i_4 = 5$ A,$i_7 = -5$ A 和 $i_{10} = -3$ A。尽可能多地确定其他未知电流。

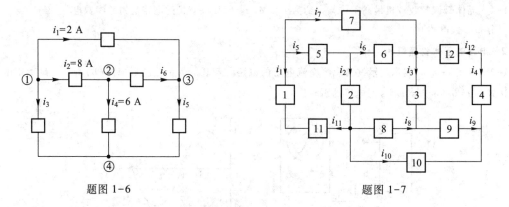

题图 1-6　　　　　　　　　　　　题图 1-7

———————————

① 图是节点和支路的一个集合,每条支路的两端都连到相应的节点上。支路上标有方向的图即为有向图。

1-8 题图 1-7 中,各支路电压、电流采用关联参考方向。已知 $u_1 = 10$ V,$u_2 = 5$ V,$u_4 = -3$ V,$u_6 = 2$ V,$u_7 = -3$ V 和 $u_{12} = 8$ V。尽可能多地确定其余支路电压。若要确定全部电压,尚需知道哪些支路电压?

1-9 题图 1-9 所示是某电子电路的电路模型,已知 $u_{20} = u_{30} = 7.50$ V,$u_{40} = 6.80$ V,$u_{50} = 4.39$ V。试求电压 u_{12}、u_{32}、u_{34} 和 u_{35}。(请观看教材 Abook 资源中的"习题 1-9 电路实验"录像。)

微视频 1-13:
万用表测量电路电压

1-10 电路如题图 1-10 所示,求支路电压 u_1、u_2、u_3 和两个节点之间的电压 u_{ae}、u_{ad}、u_{bf}、u_{bd}、u_{ce}、u_{cf}。

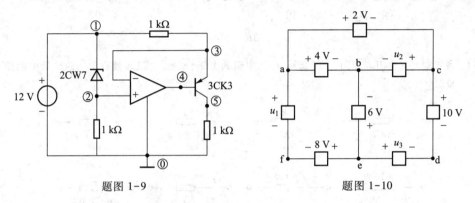

题图 1-9　　　　　　　　　　题图 1-10

1-11 电路如题图 1-11 所示,已知 $i_1 = 2$ A,$i_3 = -3$ A,$u_1 = 10$ V,$u_4 = 5$ V。试求各二端元件的吸收功率。

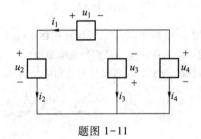

题图 1-11

§1-4 电阻元件

1-12 各线性电阻的电压、电流和电阻如题图 1-12 所示。试求图中的未知量。

1 mA 2 Ω $u=?$	1 A 5 Ω $u=?$	$i=?$ 1 kΩ 5 V
(a)	(b)	(c)
1 A $R=?$ 2 V	$5e^{-2t}$ A 3 Ω $u=?$	$2\cos t$ A $R=?$ $8\cos t$ V
(d)	(e)	(f)

题图 1-12

1-13 各线性电阻的电压、电流、电阻和吸收功率如题图 1-13 所示。试求各电阻的电压或电流。

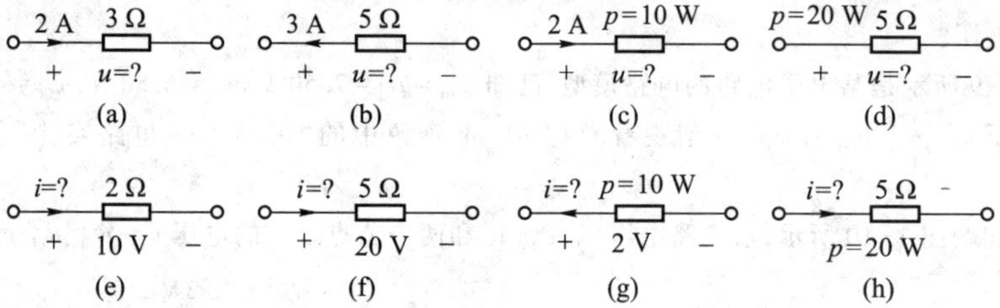

题图 1-13

1-14 各二端线性电阻如题图 1-14 所示,已知电阻的电压、电流、电阻和吸收功率四个量中的任两个量,求另外两个量。

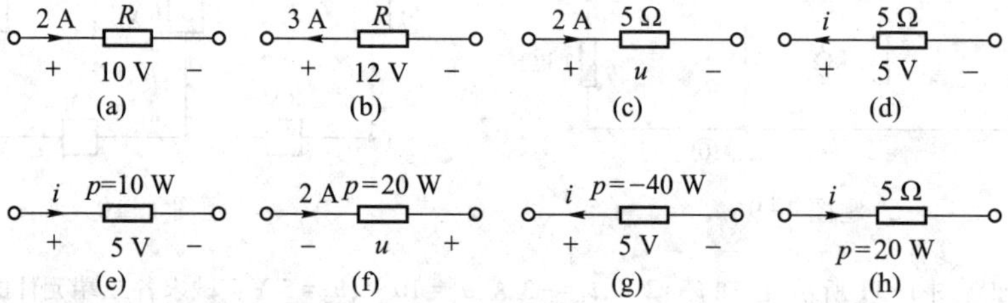

题图 1-14

1-15 某实际电路的模型如题图 1-15 所示,当电位器滑动端移动时,(1) 求电流 i 的变化范围。(2) 假设选用额定功率为 5 W 的电位器,问电流是否超过电位器的额定电流值?

1-16 电路如题图 1-16 所示,已知 $i_4 = 1$ A,求各元件电压和吸收功率,并校验功率平衡。

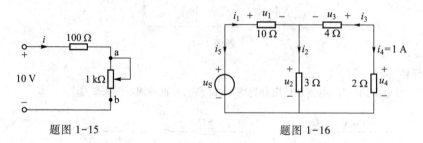

题图 1-15　　　　　　　　　　　题图 1-16

1-17 电路如题图 1-16 所示,$i_4 = -2$ A,求各元件电压和吸收功率。

§1-5　独立电压源和独立电流源

1-18 电路如题图 1-18 所示,已知 $u_{S1}(t) = 10$ V,$u_{S2}(t) = 6$ V,求各电压源的电流 $i_{S1}(t)$ 和 $i_{S2}(t)$ 以及它们发出的功率 $p_{S1}(t)$ 和 $p_{S2}(t)$。

1-19 电路如题图 1-19 所示,已知电流源的电流为 $i_S(t) = 2$ A,求此时电流源的电压 $u(t)$ 和发出的功率 $p_S(t)$。

1-20 电路如题图 1-20 所示,已知电压源电压 $u_{S1}(t) = 10$ V,电流源的电流为 $i_S(t) = 3$ A,求此时电压源和电流源发出的功率。

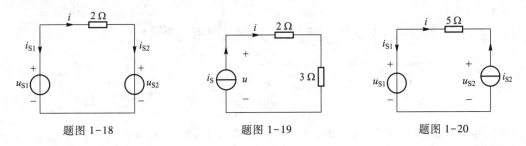

題图 1-18　　　　　　題图 1-19　　　　　　題图 1-20

1-21　试求題图 1-21 所示各电路的电压 u_{ac}、u_{dc} 和 u_{ab}。

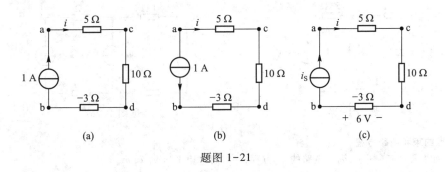

(a)　　　　　　　　(b)　　　　　　　　(c)

題图 1-21

1-22　试求題图 1-22 所示各电路的电压 u 和电流 i。

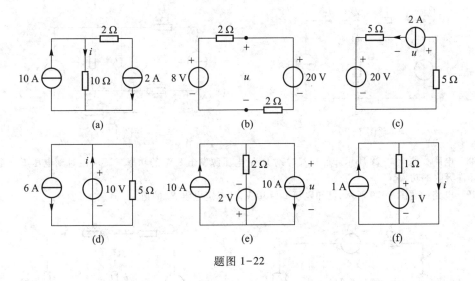

(a)　　　　　　　　(b)　　　　　　　　(c)

(d)　　　　　　　　(e)　　　　　　　　(f)

題图 1-22

1-23　确定一个干电池电路模型的实验电路如題图 1-23 所示。图(a)所示为用高内阻电压表测量电池的开路电压,得到 $U_{oc} = 1.6\ \text{V}$。图(b)所示为用高内阻电压表测量在电池接 $10\ \Omega$ 电阻负载时的电压,得到 $U_L = 1.45\ \text{V}$。试根据以上实验数据确定图(c)所示干电池电路模型的参数 U_S 和 R_o。

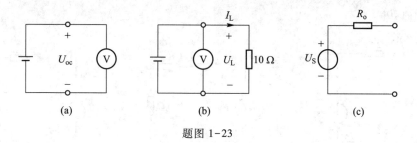

题图 1-23

1-24　电路如题图 1-24 所示。试分别求出两个电压源发出的功率。

1-25　电路如题图 1-25 所示。求每个独立电源的发出功率。

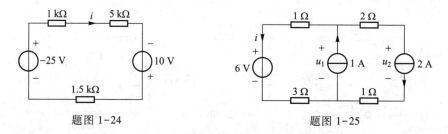

题图 1-24　　　　　　　　　题图 1-25

§1-6　两类约束和电路方程

1-26　如题图 1-26 所示,列出电路的 $2b$ 方程,并求解电阻电压 u_1 和 u_2。

1-27　已知题图 1-27 所示电路中电流 $i_o = 1$ A,求电流源 i_S 发出的功率。

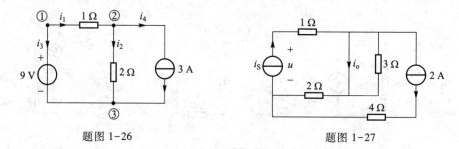

题图 1-26　　　　　　　　　题图 1-27

1-28　电路如题图 1-28 所示。已知某时刻 16 V 电压源发出 8 W 的功率。试求该时刻电压 u 和电流 i 以及未知元件吸收的功率。

1-29　电路如题图 1-29 所示,已知电压 $u_1 = 30$ V,试确定电阻 R_1 的值。

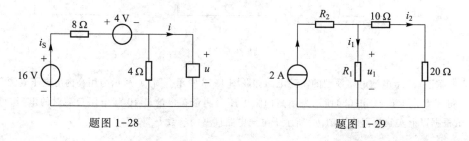

题图 1-28　　　　　　　　　题图 1-29

1-30 电路如题图 1-30 所示。求每个独立电源的发出功率和每个电阻的吸收功率。并验证能量是否守恒。

1-31 电路如题图 1-31 所示。（1）求 $i_1 = 1$ A 时 u_S 的值。（2）若 $u_S = 12$ V，求电流 i_5 和 i_1。

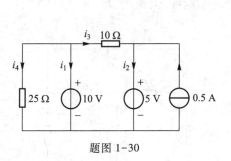

题图 1-30

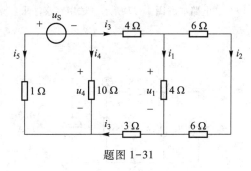

题图 1-31

1-32 电路如题图 1-32 所示。试用观察法求各电流源电压和发出的功率。

1-33 电路如题图 1-33 所示，已知电位 $V_1 = 20$ V，$V_2 = 12$ V 和 $V_3 = 18$ V。试用观察法求各支路电流。

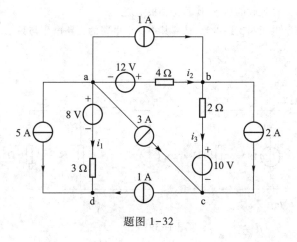

题图 1-32

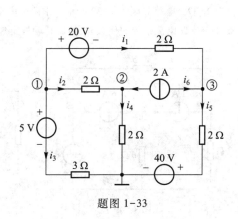

题图 1-33

§1-7　支路电流法和支路电压法

1-34 列出题图 1-34 所示电路的支路电流法方程组。

1-35 用支路电流法求题图 1-35 所示电路的各支路电流。

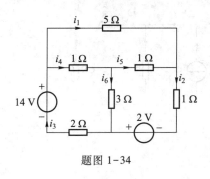

题图 1-34

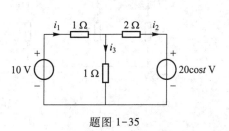

题图 1-35

1-36 用支路电压法求题图 1-36 所示电路的各支路电压。

§1-8 特勒根定理

1-37 电路如题图 1-37 所示。试用观察法求各元件吸收的功率,检验特勒根定理。

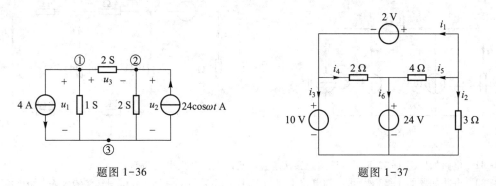

题图 1-36   题图 1-37

1-38 电路如题图 1-38 所示。试用观察法求各元件吸收的功率,检验特勒根定理。

1-39 电路如题图 1-39 所示。求两个电路的支路电压和支路电流,计算其中一个电路的支路电压与另一个电路支路电流乘积的代数和,检验特勒根定理。

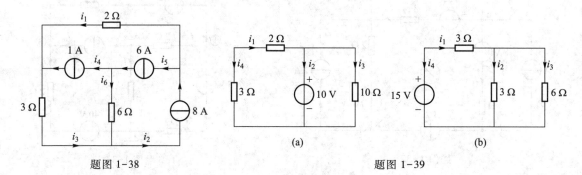

题图 1-38   (a)   (b)
                       题图 1-39

1-40 电路如题图 1-40 所示。求两个电路的支路电压和支路电流,计算其中一个电路的支路电压与另一个电路支路电流乘积的代数和,检验特勒根定理。

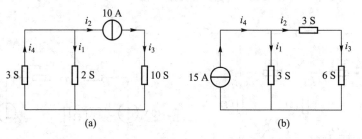

(a)   (b)

题图 1-40

§1-9 电路设计、电路实验和计算机分析电路实例

1-41 电路如题图 1-41 所示。(1) 已知电阻 $R = 2\Omega$、吸收功率为 8 W 时，求电压源的电压 u_S。(2) 已知 $u_S = 15$ V，电阻 R 吸收 6 W 功率，求电阻 R。

1-42 某实际电路的模型如题图 1-42 所示，已知电压源电压 $u_S = 5$ V，电流源电流 $i_S = 0.5$ mA，欲使电压 $u_2 = 3$ V，试确定两个实际电阻器的电阻值 R_1 和 R_2。

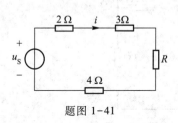
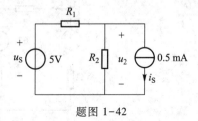

题图 1-41　　　　　　　　　　　题图 1-42

1-43 题图 1-43 表示一个电阻分压电路端接负载电阻 R_L 的电路模型，已知电压源电压 $u_S = 10$ V，负载电阻 $R_L = 2$ kΩ。假如要求负载电压 $u_L = 4$ V，试确定两个电阻器的电阻值 R_1 和 R_2。

1-44 题图 1-44 表示一个电阻分压电路端接负载电阻 R_L 的电路模型，已知电压源电压 $u_S = 30$ V，$R_1 = 1$ kΩ，$R_L = 2$ kΩ。要求负载电压 u_L 在 12~15 V 之间变化，试确定电阻器 R_2 和电位器 R_P 的电阻值。

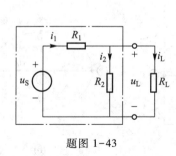
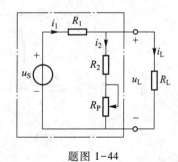

题图 1-43　　　　　　　　　　　题图 1-44

1-45 题图 1-45 所示晶体管电路。已知 $u_{be} = 0.7$ V，$i_c = 100i_b$。用观察法求电位器滑动端移动时，电流 i_c 和电压 u_{ce} 的变动范围。(请观看教材 Abook 资源中的"晶体管放大器实验"录像)

微视频 1-14：
习题 1-45 集
电极电压

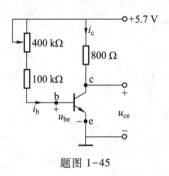

题图 1-45

微视频 1-15：
晶体管电路分
析与实验

1-46 电路如题图 1-46 所示,(1) 试用计算机程序计算各支路电压、电流和吸收功率。(2) 试问电阻 5 Ω 改为何值时该电路没有唯一解？

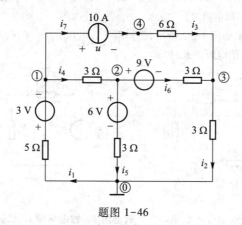

题图 1-46

1-47 电路如题图 1-47(a)所示,表示其连接关系和支路电压、电流关联参考方向的有向图如图 1-47(b) 所示。试用计算机程序和图论方法计算电路方程的行列式。

微视频 1-16:
习题 1-48 电
压电流和功率

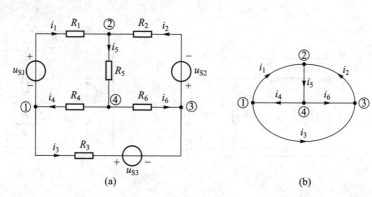

(a)   (b)

题图 1-47

1-48 电路如题图 1-48 所示,试用计算机程序计算两个电路的支路电压和支路电流,检验特勒根定理。

微视频 1-17:
习题 1-48 检
验特勒根定理

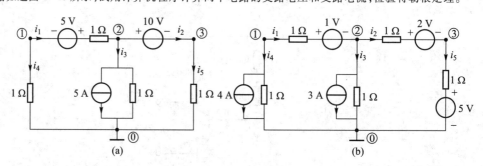

(a)   (b)

题图 1-48

第二章 用网络等效简化电路分析

当电路规模比较大时,建立和求解电路方程都比较困难,此时,可以利用网络等效的概念将电路规模减小,从而简化电路分析。例如在电子通信工程的电路分析中,往往对某个作为负载的电阻或电阻单口网络的电压、电流和功率感兴趣,如图 2-1(a)所示。此时,可以用电阻单口网络的等效电路来代替电阻单口网络,得到图 2-1(b)和图 2-1(c)所示的简单电阻分压电路和分流电路,从而简化电路分析。

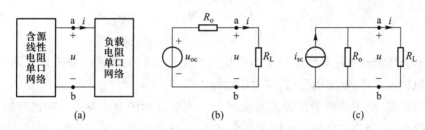

图 2-1 用单口网络等效电路简化电路分析

本章介绍利用网络等效概念简化电路分析的一些方法,先讨论电阻分压电路和分流电路,再介绍线性电阻单口网络的电压电流关系及其等效电路,然后讨论电阻星形联结和三角形联结的等效变换,最后讨论简单非线性电阻电路的分析。

§2-1 电阻分压电路和分流电路

本节通过对常用的电阻串联分压电路和电阻并联分流电路的讨论,导出电阻串联的分压公式和电阻并联的分流公式,并举例说明它的使用。

一、电阻分压电路

对图 2-2 所示两个电阻串联的分压电路进行分析,得出一些有用的公式。

对图 2-2 所示电阻串联分压电路列出 KCL 方程

$$i = i_1 = i_2$$

列出 KVL 方程

$$u = u_1 + u_2$$

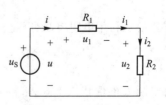

图 2-2 电阻分压电路

列出电路元件的 VCR 方程

$$u = u_S, \quad u_1 = R_1 i_1, \quad u_2 = R_2 i_2$$

将电阻元件的 VCR 代入 KVL 方程，得到电流 i 的计算公式

$$u_S = u_1 + u_2 = R_1 i_1 + R_2 i_2 = (R_1 + R_2) i$$

$$i = \frac{u_S}{R_1 + R_2}$$

将电阻元件的 VCR 代入 KVL 方程，得到计算电阻电压的分压公式

$$u_1 = \frac{R_1}{R_1 + R_2} u_S, \quad u_2 = \frac{R_2}{R_1 + R_2} u_S$$

一般来说，n 个电阻串联时，第 k 个电阻上的电压可按以下分压公式计算

$$u_k = \frac{R_k}{\sum\limits_{k=1}^{n} R_k} u_S \tag{2-1}$$

电阻串联分压公式表示某个电阻上的电压与总电压之间的关系。分压公式说明某个电阻电压与其电阻值成正比，电阻增加时，其电压也增大。

值得注意的是，电阻串联分压公式是在图 2-2 电路所示的电压参考方向得到的，与电流参考方向的选择无关，当公式中涉及电压变量 u_k 或 u_S 的参考方向发生变化时，公式中将出现一个负号。

例 2-1 电路如图 2-3 所示，求 $R = 0\ \Omega$、$4\ \Omega$、$12\ \Omega$、∞ 时的电压 U_{ab}。

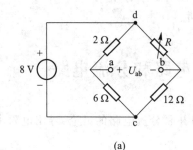

(a)

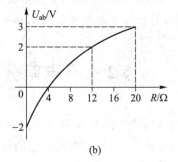

(b)

图 2-3 例 2-1

解 利用电阻串联分压公式可以求得电压 U_{ac} 和 U_{bc}

$$U_{ac} = \frac{6\ \Omega}{2\ \Omega + 6\ \Omega} \times 8\ \text{V} = 6\ \text{V}, \quad U_{bc} = \frac{12\ \Omega}{12\ \Omega + R} \times 8\ \text{V}$$

将电阻 R 的值代入上式，求得电压 U_{bc} 后，再用 KVL 求得 U_{ab}，计算结果如表 2-1 所示。

表 2-1　例 2-1 计算结果

R	0 Ω	4 Ω	12 Ω	∞
U_{ac}	6 V	6 V	6 V	6 V
U_{bc}	8 V	6 V	4 V	0 V
$U_{ab} = U_{ac} - U_{bc}$	−2 V	0	2 V	6 V

由计算结果可见,随着电阻 R 的增加,电压 U_{bc} 逐渐减小,电压 U_{ab} 由负变正,说明电压 U_{ab} 的实际方向可以随着电阻 R 的变化而改变。

用计算机程序 WDCAP 画出电阻 R 变化时电压 U_{ab} 的变化曲线,如图 2-3(b)所示。

例 2-2　图 2-4(a)所示电路为双电源直流分压电路。试求电位器滑动端移动时,a 点电位 V_a 的变化范围。

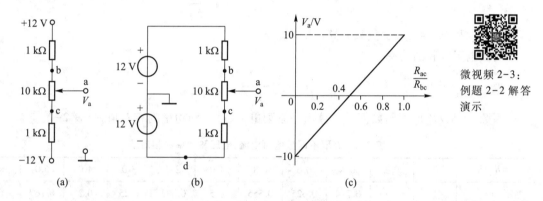

微视频 2-3:
例题 2-2 解答
演示

图 2-4　双电源直流分压电路

解　将 +12 V 和 −12 V 两个电位用两个电压源替代,得到图(b)所示电路模型。当电位器滑动端移到最下端时,a 点的电位与 c 点电位相同

$$V_a = V_c = U_{cd} - 12 \text{ V} = \frac{1 \text{ k}\Omega}{1 \text{ k}\Omega + 10 \text{ k}\Omega + 1 \text{ k}\Omega} \times 24 \text{ V} - 12 \text{ V} = -10 \text{ V}$$

当电位器滑动端移到最上端时,a 点的电位与 b 点电位相同

$$V_a = V_b = U_{bd} - 12 \text{ V} = \frac{10 \text{ k}\Omega + 1 \text{ k}\Omega}{1 \text{ k}\Omega + 10 \text{ k}\Omega + 1 \text{ k}\Omega} \times 24 \text{ V} - 12 \text{ V} = 10 \text{ V}$$

微视频 2-4:
分压电路实验

当电位器滑动端由下向上逐渐移动时,a 点的电位将在 −10 ~ +10 V 之间连续变化。图 2-4(c)表示电位器滑动端由下向上逐渐移动时,a 点的电位的变化曲线是一条直线。当分压电路的输出端接负载电阻时,a 点电位的变化范围和变化规律会发生变化。

下面讨论一个实际电源向一个可变电阻负载供电时,负载电流 i 和电压 u 的变化规律。画出电源向一个可变电阻负载 R_L 供电的电路模型,如图 2-5 所示,图中的电阻 R_o 表示电源的内阻。

列出负载电流 i 的公式

$$i = \frac{u_S}{R_o + R_L} = \frac{\dfrac{u_S}{R_o}}{1 + \dfrac{R_L}{R_o}} = \frac{i_{sc}}{1 + \dfrac{R_L}{R_o}} = \frac{1}{1+k}i_{sc}$$

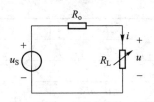

图 2-5 电源对可变电阻负载供电的电路模型

微视频 2-5：
图 2-5 串联电路的功率

其中 $k = R_L/R_o$ 表示负载电阻与电源内阻之比，$i_{sc} = u_s/R_o$ 表示负载短路时的电流。

用分压公式写出负载电压 u 的公式

$$u = \frac{R_L}{R_o + R_L}u_S = \frac{\dfrac{R_L}{R_o}}{1 + \dfrac{R_L}{R_o}}u_{oc} = \frac{k}{1+k}u_{oc}$$

其中 $k = R_L/R_o$，$u_{oc} = u_S$ 表示负载开路时的电压。

负载电阻吸收的功率

$$p = ui = \frac{k}{(1+k)^2}u_{oc}i_{sc}$$

系数 $k = R_L/R_o$ 取不同数值时计算出一系列电流、电压和功率的相对值，见表 2-2。

表 2-2　k 取不同数值时电流、电压和功率的相对值

$k = R_L/R_o$	0	0.2	0.4	0.6	0.8	1.0	2.0	3.0	4.0	5.0	∞
i/i_{sc}	1	0.833	0.714	0.625	0.555	0.5	0.333	0.25	0.2	0.167	0
u/u_{oc}	0	0.167	0.286	0.375	0.444	0.5	0.667	0.75	0.8	0.833	1
p/p_{imax}	0	0.556	0.816	0.938	0.988	1	0.889	0.75	0.64	0.556	0

根据以上数据可以画出电压、电流和功率随负载电阻变化的曲线，如图 2-6 所示。

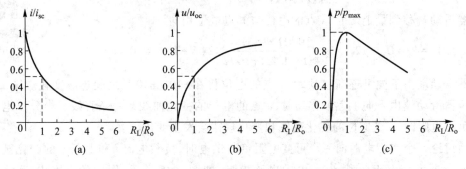

图 2-6　电流、电压和功率随负载电阻变化的曲线

由此可见：

（1）当负载电阻由零逐渐增大时，负载电流由最大值 $i_{sc}=u_S/R_o$ 逐渐减小到零，其中当负载电阻与电源内阻相等时，电流等于最大值的一半。

（2）当负载电阻由零逐渐增大时，负载电压由零逐渐增加到最大值 $u_{oc}=u_S$，其中当负载电阻与电源内阻相等时，电压等于最大值的一半。

（3）当负载电阻与电源内阻相等时，电流等于最大值的一半，电压等于最大值的一半，负载电阻吸收的功率达到最大值，且 $p_{max}=0.25u_{oc}i_{sc}$。

负载电阻变化时电流呈现的非线性变化规律，可以从普通万用表的电阻刻度上看到。万用表电阻挡的电路模型是一个电压源和一个电阻的串联。当用万用表电阻挡测量未知电阻时，应先将万用表短路，并调整调零电位器使万用表指针偏转到 0 Ω 处，此时表头的电流达到最大值，万用表指针满偏转。当去掉短路线时，万用表指针应该回到 ∞ 处，此时表头的电流为零。当万用表接上被测电阻时，随着电阻值的变化，表头的电流会发生相应的变化，指针偏转到相应位置，根据表面的刻度就可以直接读出被测电阻器的电阻值。细心的读者可以注意到一种特殊情况，当被测电阻值刚好等于万用表电阻挡的内阻时，电流是满偏转电流的一半，指针停留在中间位置。反过来，根据万用表电阻挡刻度中间的读数就可以知道其内阻的数值，例如 500 型万用表指针停留在中间位置时的读数是 10，当使用×1 k 电阻挡时的内阻是 10 kΩ，使用×100 电阻挡时的内阻是 1 kΩ，以此类推。

二、电阻分流电路

图 2-7 表示一个电流源向两个并联电阻供电的电路，下面对这个电阻并联电路进行分析，得出一些有用的公式。

对图 2-7 所示电路列出 KVL 方程

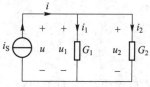

$$u=u_1=u_2$$

列出 KCL 方程

$$i=i_1+i_2$$

列出 VCR 方程

图 2-7 电阻分流电路

$$i=i_S,\quad i_1=G_1u_1,\quad i_2=G_2u_2$$

将电阻元件的 VCR 代入 KCL 方程，得到电压 u 的计算公式

$$i=i_1+i_2=G_1u_1+G_2u_2=(G_1+G_2)u$$

$$u=\frac{i_S}{G_1+G_2}$$

将它代入电阻元件的 VCR，得到计算电阻电流的分流公式

$$i_1=\frac{G_1}{G_1+G_2}i_S,\quad i_2=\frac{G_2}{G_1+G_2}i_S$$

微视频 2-6：图 2-7 电阻分流电路

用电阻参数表示的两个并联电阻的分流公式为

$$i_1 = \frac{R_2}{R_1+R_2}i_S, \quad i_2 = \frac{R_1}{R_1+R_2}i_S$$

一般来说, n 个电阻并联时, 第 k 个电阻中的电流可按以下分流公式计算

$$i_k = \frac{G_k}{\sum\limits_{k=1}^{n} G_k} i_S \tag{2-2}$$

分流公式表示某个并联电阻中电流与总电流之间的关系。分流公式说明电阻电流与其电导值成正比, 电导增加时, 其电流也增大。

值得注意的是, 电阻并联分流公式是在图 2-7 电路所示的电流参考方向得到的, 与电压参考方向的选择无关, 当公式中涉及电流变量 i_k 或 i_S 的参考方向发生变化时, 公式中将出现一个负号。

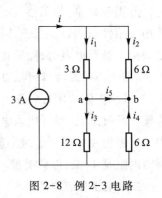

例 2-3　电路如图 2-8 所示, 计算各支路电流。

解　根据两个电阻并联分流公式计算得到 3 Ω 和 6 Ω 电阻中的电流

$$i_1 = \frac{6\,\Omega}{3\,\Omega+6\,\Omega}\times3\ \text{A} = 2\ \text{A}, \quad i_2 = \frac{3\,\Omega}{3\,\Omega+6\,\Omega}\times3\ \text{A} = 1\ \text{A}$$

图 2-8　例 2-3 电路

根据两个电阻并联分流公式计算得到 12 Ω 和 6 Ω 电阻中的电流

$$i_3 = \frac{6\,\Omega}{12\,\Omega+6\,\Omega}\times3\ \text{A} = 1\ \text{A}$$

$$i_4 = -\frac{12\,\Omega}{12\,\Omega+6\,\Omega}\times3\ \text{A} = -2\ \text{A}$$

读者应该注意到, 计算电流 i_4 的分流公式中出现一个负号的原因是 i_4 的参考方向与推导公式时所采用的参考方向相反。

根据节点 a 的 KCL 方程计算出短路线中的电流 i_5

$$i_5 = i_1 - i_3 = 2\ \text{A} - 1\ \text{A} = 1\ \text{A}$$

也可以根据节点 b 的 KCL 方程计算出短路线中的电流 i_5

$$i_5 = -i_2 - i_4 = -1\ \text{A} - (-2\ \text{A}) = 1\ \text{A}$$

读者应该注意到, 短路线中的电流 $i_5 = 1$ A 与总电流 $i = 3$ A 是不相同的。

三、对偶电路

前面已对图 2-9 所示的电阻分压电路和分流电路进行了讨论, 可以发现它们有某种相似性。

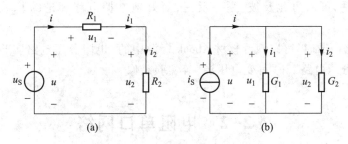

图 2-9 电阻分压电路和分流电路

现将电阻分压电路和分流电路的 $2b$ 方程列举见表 2-3。

表 **2-3** 电阻分压电路和分流电路的 $2b$ 方程列举

分 压 电 路		分 流 电 路	
KCL	$i=i_1=i_2$	KVL	$u=u_1=u_2$
KVL	$u=u_1+u_2$	KCL	$i=i_1+i_2$
VCR	$u_1=R_1 i_1$ $u_2=R_2 i_2$ $u=u_{\mathrm{S}}$	VCR	$i_1=G_1 u_1$ $i_2=G_2 u_2$ $i=i_{\mathrm{S}}$

由此可见,这两个电路的 $2b$ 方程存在着一种对偶关系。如果将某个电路 KCL 方程中电流 i 换成电压 u,就得到另一电路的 KVL 方程;将某个电路 KVL 方程中电压 u 换成电流 i,就得到另一电路的 KCL 方程。这种电路结构上的相似关系称为拓扑对偶。与此相似,将某个电路 VCR 方程中的 u 换成 i,i 换成 u,R 换成 G,G 换成 R 等,就得到另一电路的 VCR 方程。这种元件 VCR 方程的相似关系,称为元件对偶。若两个电路既是拓扑对偶又是元件对偶,则称它们是对偶电路。图 2-9(a)所示电路和图 2-9(b)所示电路就是对偶电路。

对偶电路的电路方程是对偶的,由此导出的各种公式和结果也是对偶的。例如对图 2-9(a)和图 2-9(b)所示对偶电路导出的对偶公式如下所示

$$u=(R_1+R_2)i, \quad i=(G_1+G_2)u$$

$$i=\frac{u}{R_1+R_2}, \quad u=\frac{i}{G_1+G_2}$$

$$u_1=\frac{R_1}{R_1+R_2}u, \quad i_1=\frac{G_1}{G_1+G_2}i$$

$$u_2=\frac{R_2}{R_1+R_2}u, \quad i_2=\frac{G_2}{G_1+G_2}i$$

在今后的学习中,还会遇到更多的对偶电路、对偶公式、对偶定理和对偶分析方法等。利

用电路的对偶关系,可以由此及彼、举一反三,更好地掌握电路理论的基本概念和各种分析方法。

读者在学习这一节时,可以观看教材 Abook 资源中的"电阻分压电路实验""双电源电阻分压电路""负电阻分压电路"和"可变电压源"等实验录像。

§2-2 电阻单口网络

只有两个端钮与其他电路相连接的网络,称为二端网络。当强调二端网络的端口特性,而不关心网络内部的情况时,称二端网络为单口网络,简称为单口。与二端电阻的特性是由其端口电压电流关系来描述相类似,电阻单口网络的特性也是由其端口电压电流关系(简称为 VCR)来表征的。其特性曲线落入闭合的一、三象限的单口网络称为无源的电阻单口网络,否则称为有源的电阻单口网络。当两个单口网络的 VCR 关系完全相同时,称这两个单口网络是互相等效的。根据单口网络 VCR 方程得到的结构最简单的等效单口网络,通常称为单口网络的等效电路。将电路中某个单口网络用它的等效电路来代替时,由于两个单口网络的 VCR 关系完全相同,不会影响端口以及电路其余部分的电压和电流。

一、线性电阻的串联和并联

1. 线性电阻的串联

两个二端电阻首尾相连,各电阻流过同一电流的连接方式,称为电阻的串联。图 2-10(a)表示 n 个线性电阻串联形成的单口网络。

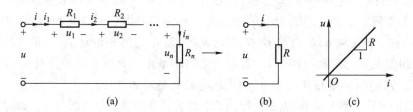

图 2-10 n 个线性电阻的串联

用 $2b$ 方程求得端口的 VCR 方程为

$$u = u_1 + u_2 + u_3 + \cdots + u_n$$
$$= R_1 i_1 + R_2 i_2 + R_3 i_3 + \cdots + R_n i_n$$
$$= (R_1 + R_2 + R_3 + \cdots + R_n) i$$
$$= Ri$$

其中

$$R = \frac{u}{i} = \sum_{k=1}^{n} R_k \qquad (2-3)$$

上式表明,n个线性电阻串联的单口网络,就端口特性而言,等效于一个线性二端电阻,如图 2-10(b)和(c)所示,其电阻值由式(2-3)确定,电阻 R 称为 n 个线性电阻串联的等效电阻。

2. 线性电阻的并联

两个二端电阻首尾分别相连,各电阻处于同一电压下的连接方式,称为电阻的并联。图 2-11(a)表示 n 个线性电阻并联所形成的单口网络。

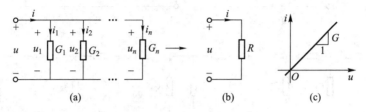

图 2-11 n 个线性电阻的并联

用 $2b$ 方程求得端口的 VCR 方程为

$$i = i_1 + i_2 + i_3 + \cdots + i_n$$
$$= G_1 u_1 + G_2 u_2 + G_3 u_3 + \cdots + G_n u_n$$
$$= (G_1 + G_2 + G_3 + \cdots + G_n) u$$
$$= Gu$$

其中

$$G = \frac{i}{u} = \sum_{k=1}^{n} G_k \qquad (2-4)$$

上式表明,n个线性电阻并联的单口网络,就端口特性而言,等效于一个线性二端电阻,如图 2-11(b)和(c)所示,其电导值由式(2-4)确定,电导 G 称为 n 个线性电阻并联的等效电导。

两个线性电阻并联单口的等效电阻值,也可用以下公式计算:

$$R = \frac{R_1 R_2}{R_1 + R_2} \qquad (2-5)$$

由上式可见,假如 $n = R_1 / R_2$,则等效电阻 $R = R_1 / (1 + n)$。当两个并联电阻相等,即 $n = 1$ 时,等效电阻 $R = R_1 / 2$。当 $n = 2$ 时,$R = R_1 / 3$,以此类推。

3. 线性电阻的串、并联

由若干个线性电阻的串联和并联所形成的单口网络,就端口特性而言,等效于一个线性二端电阻,其等效电阻值可以根据具体电路,多次利用电阻串联和并联单口的等效电阻公式(2-3)和式(2-4)计算出来。现举例加以说明。

例 2-4 电路如图 2-12(a)所示。已知 $R_1 = 6\ \Omega$,$R_2 = 15\ \Omega$,$R_3 = R_4 = 5\ \Omega$。试求 ab 两端和 cd 两端的等效电阻。

解 求电阻串、并联单口网络等效电阻的关键,在于正确判断电阻的串联和并联。可以在

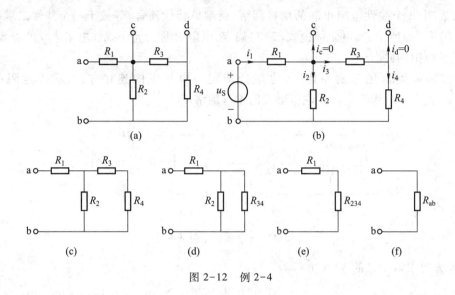

图 2-12 例 2-4

单口的两个端钮加一个独立电源来产生电压和电流,再根据电流或电压是否相同来判断电阻的串联或并联。例如,为了计算 ab 两端的等效电阻,在 ab 两端加一个电压源,如图 2-12(b)所示,去掉其中电流为零的两条支路,得到图 2-12(c)所示电路。由此可确定 R_3 与 R_4 构成电阻串联单口,其等效电阻 R_{34} 为

$$R_{34} = R_3 + R_4 = 10 \ \Omega$$

从图 2-12(d)可确定 R_2 与 R_{34} 构成电阻并联单口,其等效电阻 R_{234} 为

$$R_{234} = \frac{R_2 R_{34}}{R_2 + R_{34}} = \frac{15 \ \Omega \times 10 \ \Omega}{15 \ \Omega + 10 \ \Omega} = 6 \ \Omega$$

从图 2-12(e)可确定 R_1 与 R_{234} 构成串联单口,由此求得 ab 两端钮所形成单口的等效电阻 R_{ab} 为

$$R_{ab} = R_1 + R_{234} = 6 \ \Omega + 6 \ \Omega = 12 \ \Omega$$

以上计算过程也可写为

$$R_{ab} = R_1 + \frac{R_2(R_3 + R_4)}{R_2 + R_3 + R_4} = 6 \ \Omega + \frac{15 \ \Omega(5 \ \Omega + 5 \ \Omega)}{15 \ \Omega + 5 \ \Omega + 5 \ \Omega} = 12 \ \Omega$$

由于 cd 两端外加独立源时电阻 R_1 中的电流为零,故 R_1 对 cd 两点间等效电阻 R_{cd} 无影响。用同样方法可求得 cd 两端钮所形成单口的等效电阻为

$$R_{cd} = \frac{R_3(R_2 + R_4)}{R_3 + R_2 + R_4} = \frac{5 \ \Omega(15 \ \Omega + 5 \ \Omega)}{5 \ \Omega + 15 \ \Omega + 5 \ \Omega} = 4 \ \Omega$$

一般来说,由线性电阻元件构成的线性电阻单口网络,其端口电压电流关系曲线是 u-i 平面上通过原点的一条直线,就其端口特性而言,等效为一个线性二端电阻。

二、独立电源的串联和并联

根据独立电源的 VCR 方程和 KCL、KVL 方程可得到以下公式：

（1）n 个独立电压源的串联单口网络，如图 2-13（a）所示，就端口特性而言，等效于一个独立电压源，如图 2-13（b）和（c）所示，其电压等于各电压源电压的代数和

$$u_{\mathrm{S}} = \sum_{k=1}^{n} u_{\mathrm{S}k} \tag{2-6}$$

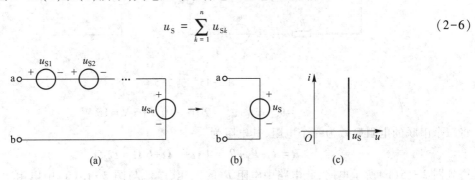

图 2-13　独立电压源的串联

其中，与等效电压源 u_{S} 参考方向相同的电压源 $u_{\mathrm{S}k}$ 取正号，相反则取负号。

（2）n 个独立电流源的并联单口网络，如图 2-14（a）所示，就端口特性而言，等效于一个独立电流源，如图 2-14（b）和（c）所示，其电流等于各电流源电流的代数和

$$i_{\mathrm{S}} = \sum_{k=1}^{n} i_{\mathrm{S}k} \tag{2-7}$$

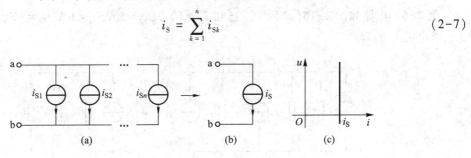

图 2-14　独立电流源的并联

其中，与等效电流源 i_{S} 参考方向相同的电流源 $i_{\mathrm{S}k}$ 取正号，相反则取负号。

在构建电路模型时，不要将两个电压源并联，也不要将两个电流源串联，这样做的结果将导致整个电路没有唯一解。

就实际电源而言，有时可以将两个电动势不完全相同的电池并联使用，此时电流在内阻上的压降将保持电池的端电压相等，不会违反 KVL 方程。实验室常用的晶体管直流稳压电源的内阻非常小，当两个输出电压不同的直流稳压电源并联时，过大的电流将可能超过电源的正常工作范围，以致损坏电源设备。

例 2-5　电路如图 2-15（a）所示。已知 $u_{\mathrm{S}1} = 10$ V，$u_{\mathrm{S}2} = 20$ V，$u_{\mathrm{S}3} = 5$ V，$R_1 = 2$ Ω，$R_2 = 4$ Ω，$R_3 = 6$ Ω 和 $R_{\mathrm{L}} = 3$ Ω。试求电阻 R_{L} 的电流和电压。

解　为求电阻 R_{L} 的电压和电流，可将三个串联的电压源等效为一个电压源，其电压为

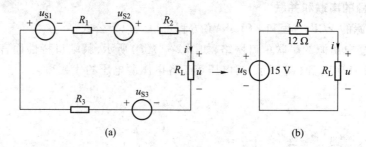

图 2-15 例 2-5

$$u_S = u_{S2} - u_{S1} + u_{S3} = 20 \text{ V} - 10 \text{ V} + 5 \text{ V} = 15 \text{ V}$$

将三个串联的电阻等效为一个电阻,其电阻为

$$R = R_2 + R_1 + R_3 = 4 \ \Omega + 2 \ \Omega + 6 \ \Omega = 12 \ \Omega$$

得到图 2-15(b)所示电路,此电路中电阻 R_L 的电压、电流与图 2-15(a)中电阻 R_L 的电压、电流完全相同,由此可求得其电流和电压分别为

$$i = \frac{u_S}{R + R_L} = \frac{15 \text{ V}}{12 \ \Omega + 3 \ \Omega} = 1 \text{ A}$$

$$u = R_L i = 3 \ \Omega \times 1 \text{ A} = 3 \text{ V}$$

例 2-6 电路如图 2-16(a)所示。已知 $i_{S1} = 10 \text{ A}$,$i_{S2} = 5 \text{ A}$,$i_{S3} = 1 \text{ A}$,$G_1 = 1 \text{ S}$,$G_2 = 2 \text{ S}$ 和 $G_3 = 3 \text{ S}$,求电流 i_1 和 i_3。

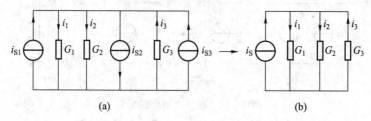

图 2-16 例 2-6

解 为求电流 i_1 和 i_3,可将三个并联的电流源等效为一个电流源,其电流为

$$i_S = i_{S1} - i_{S2} + i_{S3} = 10 \text{ A} - 5 \text{ A} + 1 \text{ A} = 6 \text{ A}$$

得到图 2-16(b)所示电路,用分流公式求得

$$i_1 = \frac{G_1}{G_1 + G_2 + G_3} i_S = \frac{1 \text{ S}}{1 \text{ S} + 2 \text{ S} + 3 \text{ S}} \times 6 \text{ A} = 1 \text{ A}$$

$$i_3 = \frac{-G_3}{G_1 + G_2 + G_3} i_S = \frac{-3 \text{ S}}{1 \text{ S} + 2 \text{ S} + 3 \text{ S}} \times 6 \text{ A} = -3 \text{ A}$$

三、含独立电源的线性电阻单口网络

一般来说,由独立电源和线性电阻元件构成的含源线性电阻单口网络,其端口电压电流关系曲线由 u-i 平面上一条倾斜直线来描述,就其端口特性而言,可以等效为一个线性电阻和电压源的串联,或者等效为一个线性电阻和电流源的并联。通过计算单口网络的 VCR 方程,可以得到相应的等效电路。在单口网络端口上外加电流源计算端口电压可以求得流控关系式 $u = f(i)$,或者外加电压源计算端口电流可以求得压控关系式 $i = g(u)$,从而得到相应的等效电路。现举例加以说明。

例 2-7　图 2-17(a)所示单口网络。已知 $u_S = 6\ \text{V}, i_S = 2\ \text{A}, R_1 = 2\ \Omega, R_2 = 3\ \Omega$。求单口网络的 VCR 方程,并画出单口的等效电路和端口电压电流关系曲线。

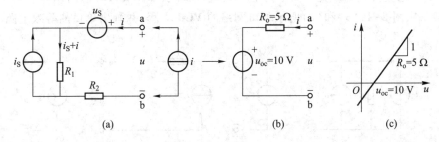

图 2-17　例 2-7

解　在端口外加电流源 i,用 $2b$ 方程写出端口电压的表达式

$$u = u_S + R_1(i_S + i) + R_2 i$$
$$= (R_1 + R_2)i + u_S + R_1 i_S$$
$$= R_o i + u_{oc}$$

其中

$$R_o = R_1 + R_2 = 2\ \Omega + 3\ \Omega = 5\ \Omega$$
$$u_{oc} = u_S + R_1 i_S = 6\ \text{V} + 2\ \Omega \times 2\ \text{A} = 10\ \text{V}$$

根据上式得到图 2-17(a)所示单口的等效电路是电阻 R_o 和电压源 u_{oc} 的串联,如图 2-17(b)所示,其端口电压电流关系曲线是 u-i 平面上一条倾斜直线,如图 2-17(c)所示。

例 2-8　图 2-18(a)所示单口网络中,已知 $u_S = 5\ \text{V}, i_S = 4\ \text{A}, G_1 = 2\ \text{S}, G_2 = 3\ \text{S}$。求单口网络的 VCR 方程,并画出单口的等效电路和端口电压电流关系曲线。

解　在端口外加电压源 u,用 $2b$ 方程写出端口电流的表达式为

$$i = -i_S + G_2 u + G_1(u - u_S)$$
$$= (G_1 + G_2)u - (i_S + G_1 u_S)$$
$$= G_o u - i_{sc}$$

其中

$$G_o = G_1 + G_2 = 2\ \text{S} + 3\ \text{S} = 5\ \text{S}$$
$$i_{sc} = i_S + G_1 u_S = 4\ \text{A} + 2\ \text{S} \times 5\ \text{V} = 14\ \text{A}$$

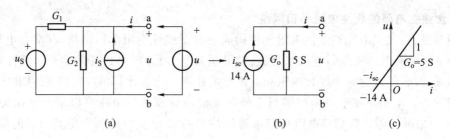

图 2-18　例 2-8

根据上式得到图 2-18(a)所示单口的等效电路是电导 G_o 和电流源 i_{sc} 的并联,如图 2-18(b)所示,其端口电压电流关系曲线是 $i-u$ 平面上一条倾斜直线,如图 2-18(c)所示。

例 2-9　求图 2-19(a)和(c)所示单口网络的 VCR 方程,并画出单口的等效电路。

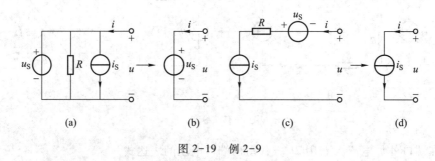

图 2-19　例 2-9

解　图 2-19(a)所示单口的 VCR 方程为

$$u=u_S, \quad -\infty <i< \infty$$

即无论端口电流 i 为何值,端口电压 u 均等于电压源电压 u_S。根据电压源的定义,该单口网络的等效电路是一个电压为 u_S 的电压源,如图 2-19(b)所示。

与此相似,图 2-19(c)所示单口 VCR 方程为

$$i=i_S, \quad -\infty <u< \infty$$

即无论端口电压 u 为何值,端口电流 i 均等于电流源的电流 i_S。根据电流源的定义,该单口网络的等效电路是一个电流为 i_S 的电流源,如图 2-19(d)所示。

以上几个例题说明,已知单口网络内部电路的结构和参数,用外加电源法计算出端口 VCR 方程,就可求得含源电阻单口网络的等效电路。

四、含源线性电阻单口两种等效电路的等效变换

含源线性电阻单口可能存在两种形式的 VCR 方程,即

$$u = R_o i + u_{oc} \tag{2-8}$$

$$i = G_o u - i_{sc} \tag{2-9}$$

相应的两种等效电路如图 2-17(b)和图 2-18(b)所示。在分析电路时,常需要将一种等效电路变换成另一种等效电路,以便简化电路分析。现在来寻找这两种等效电路进行等效变换的条

件。当 $G_o \neq 0$ 时,式(2-9)可改写为

$$u = \frac{1}{G_o}i + \frac{1}{G_o}i_{sc} \qquad (2\text{-}10)$$

令式(2-8)和式(2-10)对应系数相等,即可求得等效条件为

$$R_o = \frac{1}{G_o} \qquad (2\text{-}11)$$

$$u_{oc} = R_o i_{sc} \quad \text{或} \quad i_{sc} = \frac{u_{oc}}{R_o} \qquad (2\text{-}12)$$

单口网络两种等效电路的等效变换可用图 2-20 表示。

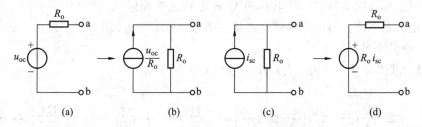

图 2-20 单口网络两种等效电路的等效变换

应该注意的是,只有当 $R_o \neq 0$ 和 $G_o \neq 0$ 时才能进行这种等效变换,而一个电压源与一个电流源是不能进行等效变换的。

上一章介绍的电源的两种电路模型与图 2-20(a)和(c)电路相同。本节介绍的这种等效变换也称为电源的等效变换。

例 2-10 用电源的等效变换求图 2-21(a)所示单口网络的等效电路。

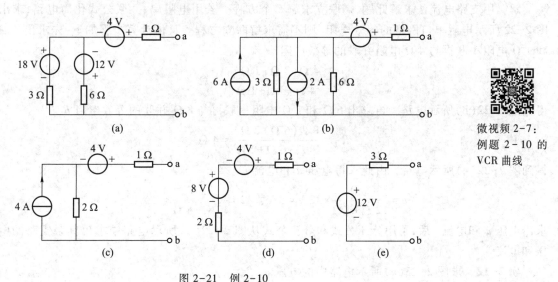

图 2-21 例 2-10

解 就端口特性而言,可将 18 V 电压源与 3 Ω 电阻的串联等效变换为 6 A 电流源与 3 Ω 电阻的并联,将 12 V 电压源与 6 Ω 电阻的串联等效变换为 2 A 电流源与 6 Ω 电阻的并联,如图 2-21(b)所示。再将 6 A 和 2 A 电流源的并联等效为一个 4 A 电流源,3 Ω 和 6 Ω 电阻的并联等效为一个 2 Ω 电阻,如图2-21 (c)所示。然后将 4 A 电流源与 2 Ω 电阻的并联等效为一个 8 V 电压源与 2 Ω 电阻的串联,如图 2-21(d)所示。最后将 4 V 和 8 V 电压源的串联等效为一个12 V电压源,2 Ω 和 1 Ω 电阻的串联等效为一个 3 Ω 电阻,得到图 2-21(e)所示等效电路。

五、利用单口网络的等效来简化电路分析

当电路的支路和节点数目增加时,电路方程数目也将增加,给求解带来困难。假如能够将电路中某个线性电阻单口网络用其等效电路来代替,使电路支路数和节点数减少,就可以简化电路分析。由于单口网络与其等效电路的 VCR 方程完全相同,这种代替不会改变端口和电路其余部分的电压和电流。当仅需求解电路某一部分的电压和电流时,常用这种方法来简化电路分析,现举例加以说明。

例 2-11 求图 2-22(a)所示电路中的电压 u 和电流 i。

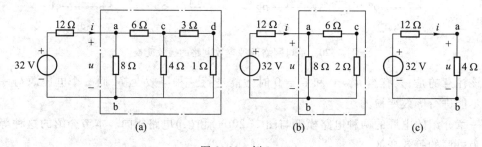

图 2-22 例 2-11

解 用支路电流法求解此题,需联立求解 5 个方程。若用电阻串、并联公式化简电路,求出图 2-22 所示电阻单口网络的等效电阻,则不需求解联立方程。具体计算步骤如下:先求出 3 Ω 和 1 Ω 电阻串联再与 4 Ω 电阻并联的等效电阻

$$R_{cb} = \frac{4\ \Omega(3\ \Omega + 1\ \Omega)}{4\ \Omega + 3\ \Omega + 1\ \Omega} = 2\ \Omega$$

得到图 2-22(b)所示电路。再求出 6 Ω 和 2 Ω 电阻串联再与 8 Ω 并联的等效电阻 R_{ab}

$$R_{ab} = \frac{8\ \Omega(6\ \Omega + 2\ \Omega)}{8\ \Omega + 6\ \Omega + 2\ \Omega} = 4\ \Omega$$

得到图 2-22(c)所示电路。由此求得电压 u 和电流 i

$$u = \frac{4\ \Omega}{12\ \Omega + 4\ \Omega} \times 32\ \text{V} = 8\ \text{V}, \quad i = \frac{32\ \text{V}}{12\ \Omega + 4\ \Omega} = 2\ \text{A}$$

求出电压 u 和电流 i 后,可用分压公式和分流公式从图 2-22(a)所示电路中求出其余支路的电压和电流。

例 2-12 求图 2-23(a)所示电路中的电压 u。

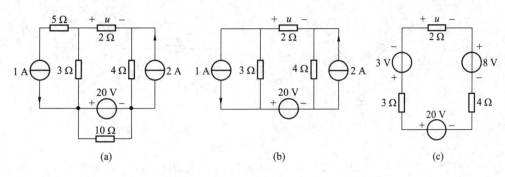

图 2-23　例 2-12

解　为了计算电压 u 可以将电路简化。就端口特性而言,1 A 电流源与 5 Ω 电阻的串联等效为 1 A 电流源,20 V 电压源与 10 Ω 电阻的并联等效为 20 V 电压源,得到图 2-23(b)所示电路。再将电流源与电阻并联等效为一个电压源与电阻串联,得到图 2-23(c)所示的单回路电路,还可以进一步简化为 9 V 电压源与 7 Ω 电阻和 2 Ω 电阻串联的分压电路,由此求得

$$u = \frac{2\ \Omega}{2\ \Omega + (3+4)\ \Omega} \times (-3+20-8)\ \text{V} = \frac{2\ \Omega}{2\ \Omega + 7\ \Omega} \times 9\ \text{V} = 2\ \text{V}$$

通过本小节的学习可知,不含独立源线性电阻单口网络的特性曲线是 $u\text{-}i$ 平面上通过原点的一条直线;含独立源线性电阻单口网络的特性曲线是 $u\text{-}i$ 平面上不一定通过原点的一条直线。

读者在学习这一节时,可以观看教材 Abook 资源中的"普通万用表的 VCR 曲线""可变电压源"等实验录像。

§2-3　电阻的星形联结与三角形联结

将三个电阻的一端连在一起,另一端分别与外电路的三个节点相连,就构成电阻的星形联结,又称为 Y 形联结,如图 2-24(a)所示。将三个电阻首尾相连,形成一个三角形,三角形的三个顶点分别与外电路的三个节点相连,就构成电阻的三角形联结,又称为 △ 形联结,如图 2-24(b)所示。

电阻的星形联结和电阻的三角形联结是一种电阻三端网络,电阻三端网络的特性是由端口电压电流关系来表征的,当两个电阻三端网络的电压电流关系完全相同时,称它们为等效的电阻三端网络。将电路中某个电阻三端网络用它的等效电阻三端网络代替时,不会影响端口和电路其余部分的电压和电流。

一、电阻的星形联结与三角形联结的电压电流关系

电阻的星形联结或三角形联结构成一个电阻三端网络,它有两个独立的端口电流和两个独立的端口电压。电阻三端网络的端口特性,可用联系这些电压和电流的两个代数方程来表征。用外加两个电流源,计算端口电压表达式的方法,推导出电阻星形联结和三角形联结网络的端

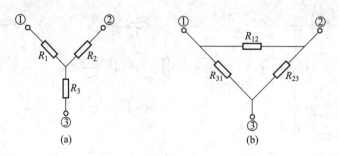

图 2-24 电阻的 Y 形联结和△形联结

口 VCR 方程。

对于电阻星形联结的三端网络,外加两个电流源 i_1 和 i_2,如图 2-25 所示。用 $2b$ 方程求出端口电压 u_1 和 u_2 的表达式为

$$u_1 = R_1 i_1 + R_3(i_1 + i_2)$$
$$u_2 = R_2 i_2 + R_3(i_1 + i_2)$$

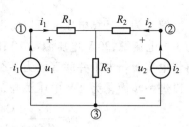

整理得到

$$\left.\begin{aligned} u_1 &= (R_1 + R_3)i_1 + R_3 i_2 \\ u_2 &= R_3 i_1 + (R_2 + R_3)i_2 \end{aligned}\right\} \qquad (2\text{-}13)$$

图 2-25 电阻的 Y 形联结

对电阻三角形联结的三端网络,外加两个电流源 i_1 和 i_2,如图 2-26(a)所示。为便于求得端口电压 u_1 和 u_2 的表达式,先将电流源与电阻的并联单口等效变换为一个电压源与电阻的串联单口,得到图 2-26(b)所示电路,由此求得

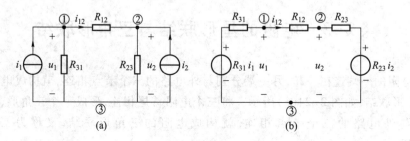

图 2-26 电阻的三角形联结

由图 2-26(a)得到

$$i_{12} = \frac{R_{31} i_1 - R_{23} i_2}{R_{12} + R_{23} + R_{31}}$$

由图 2-26(b)得到

$$u_1 = R_{31} i_1 - R_{31} i_{12} = R_{31}(i_1 - i_{12})$$
$$u_2 = R_{31} i_{12} + R_{23} i_2 = R_{23}(i_2 + i_{12})$$

将 i_{12} 表达式代入以上两式,得到

$$
\left.
\begin{aligned}
u_1 &= \frac{R_{31}(R_{12}+R_{23})}{R_{12}+R_{23}+R_{31}}i_1 + \frac{R_{23}R_{31}}{R_{12}+R_{23}+R_{31}}i_2 \\
u_2 &= \frac{R_{23}R_{31}}{R_{12}+R_{23}+R_{31}}i_1 + \frac{R_{23}(R_{12}+R_{31})}{R_{12}+R_{23}+R_{31}}i_2
\end{aligned}
\right\}
\tag{2-14}
$$

二、电阻的星形联结与三角形联结的等效变换

当两个电阻三端网络的电压电流关系完全相同时,称它们为等效的电阻三端网络。电阻星形联结和三角形联结网络的 VCR 方程如式(2-13)和式(2-14)所示,如果要求它们等效,则要求两式的对应系数分别相等,即

$$
\left.
\begin{aligned}
R_1+R_3 &= \frac{R_{31}(R_{12}+R_{23})}{R_{12}+R_{23}+R_{31}} \\
R_3 &= \frac{R_{23}R_{31}}{R_{12}+R_{23}+R_{31}} \\
R_2+R_3 &= \frac{R_{23}(R_{12}+R_{31})}{R_{12}+R_{23}+R_{31}}
\end{aligned}
\right\}
\tag{2-15}
$$

由此解得

$$
\left.
\begin{aligned}
R_1 &= \frac{R_{31}R_{12}}{R_{12}+R_{23}+R_{31}} \\
R_2 &= \frac{R_{12}R_{23}}{R_{12}+R_{23}+R_{31}} \\
R_3 &= \frac{R_{23}R_{31}}{R_{12}+R_{23}+R_{31}}
\end{aligned}
\right\}
\tag{2-16}
$$

这就是电阻三角形联结等效变换为电阻星形联结的公式,可概括为

$$
R_i = \frac{\text{接于}\, i\, \text{端两电阻之乘积}}{\triangle \text{形三电阻之和}}
\tag{2-17}
$$

当 $R_{12}=R_{23}=R_{31}=R_\triangle$ 时,有

$$
R_1=R_2=R_3=R_Y=\frac{1}{3}R_\triangle
\tag{2-18}
$$

由式(2-16)可解得

$$
\left.
\begin{aligned}
R_{12} &= \frac{R_1R_2+R_2R_3+R_3R_1}{R_3} \\
R_{23} &= \frac{R_1R_2+R_2R_3+R_3R_1}{R_1} \\
R_{31} &= \frac{R_1R_2+R_2R_3+R_3R_1}{R_2}
\end{aligned}
\right\}
\tag{2-19}
$$

这就是电阻星形联结等效变换为电阻三角形联结的公式,可概括为

$$R_{mn} = \frac{\text{Y 形电阻两两乘积之和}}{\text{不与 } mn \text{ 端相连的电阻}} \qquad (2-20)$$

当 $R_1 = R_2 = R_3 = R_Y$ 时,有

$$R_{12} = R_{23} = R_{31} = R_\triangle = 3R_Y \qquad (2-21)$$

在复杂的网络中,利用电阻星形联结与电阻三角形联结网络的等效变换,可以简化电路分析。下面举例加以说明。

例 2-13　求图 2-27(a)所示电路中的电压 u 和电流 i。

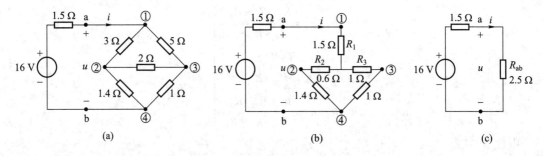

图 2-27　例 2-13

解　为了简化电路分析,可以将 3 Ω、5 Ω 和 2 Ω 三个电阻构成的三角形网络等效变换为星形网络,如图 2-27(b)所示,其电阻值可由式(2-16)求得

$$R_1 = \frac{3\ \Omega \times 5\ \Omega}{3\ \Omega + 2\ \Omega + 5\ \Omega} = 1.5\ \Omega$$

$$R_2 = \frac{3\ \Omega \times 2\ \Omega}{3\ \Omega + 2\ \Omega + 5\ \Omega} = 0.6\ \Omega$$

$$R_3 = \frac{2\ \Omega \times 5\ \Omega}{3\ \Omega + 2\ \Omega + 5\ \Omega} = 1\ \Omega$$

再用电阻串联和并联公式,求出电阻单口网络的等效电阻

$$R_{ab} = 1.5\ \Omega + \frac{(0.6\ \Omega + 1.4\ \Omega)(1\ \Omega + 1\ \Omega)}{0.6\ \Omega + 1.4\ \Omega + 1\ \Omega + 1\ \Omega} = 2.5\ \Omega$$

最后得到图 2-27(c)所示电路,由此求得

$$u = \frac{2.5\ \Omega}{1.5\ \Omega + 2.5\ \Omega} \times 16\ \text{V} = 10\ \text{V}, \qquad i = \frac{16\ \text{V}}{1.5\ \Omega + 2.5\ \Omega} = 4\ \text{A}$$

读者也可以将另外三个电阻进行等效变换来简化电路分析。此例再一次说明,由线性电阻构成的电阻单口网络,就端口特性而言,等效为一个线性电阻。

读者在学习这一节时,可以观看教材 Abook 资源中的"电阻三角形和星形联结"实验录像。

§2-4　简单非线性电阻电路分析

在独立电源和电阻元件构成的电阻电路中,由独立电源和线性电阻元件构成的电阻电路,称为线性电阻电路,否则称为非线性电阻电路。分析非线性电阻电路的基本依据仍然是 KCL、KVL 和元件的 VCR。利用网络等效的概念可以将比较复杂的非线性电阻电路变为比较简单的非线性电阻电路来进行分析,本书只讨论简单非线性电阻电路的分析,为学习电子电路打下基础。本节先介绍常用非线性电阻元件的电压电流关系,再讨论非线性电阻单口网络的电压电流关系曲线,最后讨论含一个非线性电阻元件的电路分析方法。

一、非线性电阻元件

电压电流特性曲线通过 u-i 平面坐标原点是直线的二端电阻,称为线性电阻;否则称为非线性电阻。按照非线性电阻特性曲线的特点可以将它们进行分类。其电压是电流的单值函数的电阻,称为流控电阻,用 $u=f(i)$ 表示;其电流是电压的单值函数的电阻,称为压控电阻,用 $i=g(u)$ 表示。图 2-28(a)所示隧道二极管是压控电阻,图 2-28(b)所示氖灯是流控电阻,图 2-28(c)所示普通二极管既是压控电阻,又是流控电阻,而图 2-28(d)所示理想二极管既不是流控电阻,也不是压控电阻。

微视频 2-9：非线性电阻器件 VCR 曲线

微视频 2-10：万用表测量二极管

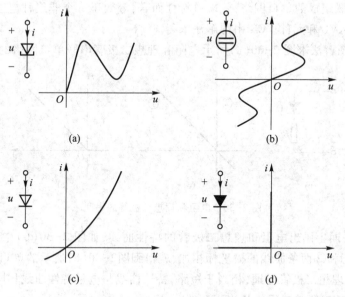

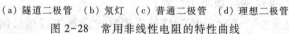

（a）隧道二极管　（b）氖灯　（c）普通二极管　（d）理想二极管

图 2-28　常用非线性电阻的特性曲线

特性曲线对称于原点的电阻,称为双向电阻;否则称为单向电阻。图2-28(b)所示氖灯是双向电阻,图2-28(a)(c)(d)所示隧道二极管、普通二极管和理想二极管都是单向电阻。单向性的电阻器件在使用时必须注意它的正、负极性,不能任意交换使用。

理想二极管是开关电路中常用的非线性电阻元件。电压、电流参考方向如图2-28(d)所示时,其电压电流关系为

$$i=0, \quad 当 u<0$$
$$u=0, \quad 当 i>0$$

也就是说,在$i>0$(称为正向偏置)时,它相当于短路($u=0$),电阻为零,它好像一个闭合的开关;在$u<0$(称为反向偏置)时,它相当于开路($i=0$),电阻为无限大,它好像一个断开的开关,如图2-29所示。

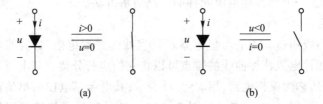

图 2-29 理想二极管的开关作用

二、非线性电阻单口网络的特性曲线

非线性电阻单口网络的特性由端口电压电流关系曲线来描述,由非线性电阻(也可包含线性电阻)串联和并联组成的单口网络,就端口特性而言,等效于一个非线性电阻,其 VCR 特性曲线可以利用 KCL、KVL 和元件 VCR 由图解法求得。

例 2-14 用图解法求图 2-30(a)所示电阻和理想二极管串联单口网络的 VCR 特性曲线。

微视频 2-11:
电阻单口网络
VCR 曲线

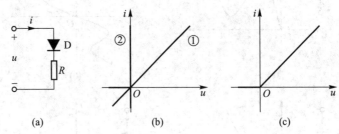

图 2-30 电阻和理想二极管的串联

解 在 u-i 平面上画出电阻和理想二极管的特性曲线,如图 2-30(b)中曲线①和②所示。在同一电流下将①和②两条曲线的横坐标相加,就得到图2-30(c)所示的单口网络的 VCR 特性曲线。当 $u>0$ 时,理想二极管导通,相当于短路,特性曲线与电阻特性曲线相同;当 $u<0$ 时,理想二极管相当于开路,串联单口网络相当于开路。

例 2-15 用图解法求图 2-31(a)所示线性电阻和电压源串联单口网络的 VCR 特性曲线。

解 在 u-i 平面上画出线性电阻 R 和电压源 u_S 的特性曲线,分别如图2-31(b)中的曲线①

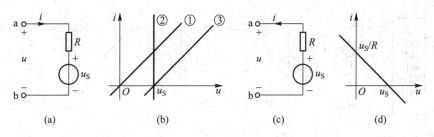

图 2-31 电阻与电压源的串联

和②所示。将同一电流下曲线①和②的横坐标相加,得到图 2-31(a)所示单口的 VCR 特性曲线,如图中曲线③所示。若改变电流参考方向,即对单口网络采用非关联参考方向,如图 2-31(c)所示,相应的特性曲线如图 2-31(d)所示,它是通过$(u_S,0)$和$(0,u_S/R)$两点的一条直线,是表示单口网络外特性的一条直线。

例 2-16 用图解法求图 2-32(a)所示电阻单口网络的 VCR 特性曲线。

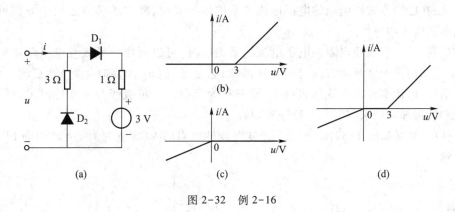

图 2-32 例 2-16

解 先在 u-i 平面上画出理想二极管 D_1、$1\ \Omega$ 电阻和 3 V 电压源串联的 VCR 特性曲线,如图 2-32(b)所示。再画出 $3\ \Omega$ 电阻和理想二极管 D_2 串联的 VCR 特性曲线,如图 2-32(c)所示。最后将以上两条特性曲线的纵坐标相加,得到所求单口的 VCR 特性曲线,如图 2-32(d)所示。该曲线表明,当 $u<0$ 时,D_1 开路,D_2 短路,单口等效于一个 $3\ \Omega$ 电阻;当 $0<u<3$ V 时,D_1 和 D_2 均开路,单口等效于开路;当 $u>3$ V 时,D_1 短路,D_2 开路,单口等效于 $1\ \Omega$ 电阻和 3 V 电压源的串联。与图 2-32(a)所示电路结构相同的一个实际单口 VCR 曲线,如附录 B 中附图 12 所示。

三、简单非线性电阻电路分析

对于只含一个非线性电阻元件的简单非线性电阻电路,如图 2-33(a)所示,可以将连接非线性电阻元件的含源线性电阻单口网络用戴维南等效单口代替,得到如图 2-33(b)所示的一个线性电阻与非线性电阻串联分压电路,再用 KCL、KVL 和元件 VCR 来求解电路中的电压和电流。

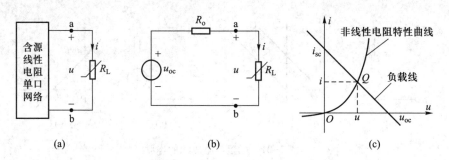

(a)   (b)   (c)

图 2-33 简单非线性电路分析

对图 2-33(b)所示电路列出含源线性电阻单口网络端口的电压电流方程(用负载电阻的电流作为变量)和非线性电阻的电压电流关系。

$$\begin{cases} u = -R_o i + u_{oc} \\ u = f(i) \end{cases}$$

解析法:在已知非线性电阻的电压电流关系的解析式时,联立求解以上两个方程可以得到非线性电阻的电压和电流。

图解法:在已知非线性电阻的电压电流关系曲线时,可以画出含源线性电阻单口网络在端口电压、电流采用非关联参考方向时的特性曲线,它是通过 $(u_{oc}, 0)$ 和 $(0, i_{sc})$ 两点的一条直线,由于负载电压、电流都要落在这条直线上,通常称为负载线。负载线与非线性电阻特性曲线交点的电压和电流即为所求,如图 2-33(c)所示。

例 2-17 电路如图 2-34(a)所示。已知非线性电阻的 VCR 方程为 $i_1 = u^2 - 2u + 1$[①],试求电压 u 和电流 i。

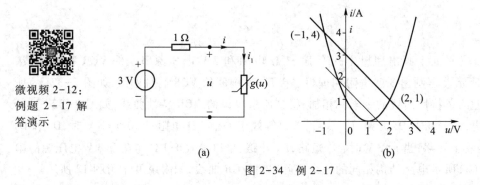

微视频 2-12:
例题 2-17 解
答演示

(a)   (b)

图 2-34 例 2-17

解 (1)解析法

已知非线性电阻特性的解析表达式,可以用解析法求解。非线性电阻的 VCR 方程为

[①] 如写成量的等式,本式应写成 $i_1 = (1A/V^2)u^2 - (2S)u + 1\,A$,此处按照工程习惯作了简化。

$$i = i_1 = u^2 - 2u + 1$$

写出 1 Ω 电阻和 3 V 电压源串联单口的 VCR 方程

$$i = 3 - u$$

由以上两式求得

$$u^2 - u - 2 = 0$$

求解此二次方程,得到两组解答

$$u = 2 \text{ V}, \quad i = 1 \text{ A}$$

$$u = -1 \text{ V}, \quad i = 4 \text{ A}$$

（2）图解法

画出非线性电阻特性曲线,如图 2-34(b)所示,通过(3 V,0)和(0,3 A)两点作负载线,与非线性电阻特性曲线两个交点的电压、电流与解析法得到的结果相同。

当线性电阻电路中的独立电源的量值减少一半时,各支路电压和电流也减少到一半,响应和激励呈正比例关系。而非线性电阻电路的响应和激励之间不存在正比例关系。例如图 2-34(a)电路中电压源由 3 V 变成 1.5 V 时,两个交点的电压、电流变为(1.366 V,0.134 A)以及(-0.366 V,1.866 A),电压和电流并不是减少一半,显然不呈正比例关系。

晶体管和集成电路需要直流电压源来建立适当的工作点才能正常工作,很多电子设备都包含一个将交流电变换为直流电的电路单元,这个电路单元由整流电路和滤波电路两部分组成。下面举例说明如何利用半导体二极管将正弦交流电波形变换为半波和全波整流波形。在第十二章再介绍如何利用低通滤波电路将半波和全波整流波形变换为直流电压波形。

例 2-18　求图 2-35(a)所示电路中电流的波形,已知 $u_S(t) = 10 \sin \omega t$ V。

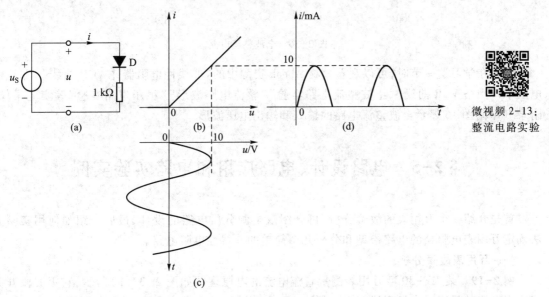

微视频 2-13:
整流电路实验

图 2-35　例 2-18

解 （1）解析法

当电源电压 $u_s(t)=10\sin\omega t$ V 为正的时候，理想二极管相当于短路，此时电流为

$$i(t)=\frac{u_s(t)}{R}=10\sin\omega t\ \text{mA}\quad(u>0)$$

当电源电压 $u_s(t)=10\sin\omega t$ V 为负的时候，理想二极管相当于开路，此时电流为零，由此可以画出图 2-35(d)所示半波正弦波形。

（2）图解法

画出 1 kΩ 电阻与理想二极管串联单口网络的特性曲线，如图 2-35(b)所示，画出正弦电压 $u_s(t)=10\sin\omega t$ V 的波形，如图 2-35(c)所示。已知某时刻电压的瞬时值，采用投影的方法，找出该时刻电流的瞬时值，可以画出图2-35(d)所示的波形，这是一个只有正半波正弦的波形，常称为半波整流波形。已知电流波形，根据欧姆定律可以求得线性电阻的电压波形。

可以利用图 2-36(a)所示全波整流电路得到全波整流波形。当输入正弦波为正时，二极管 D_1 和 D_4 导通，视为短路，二极管 D_2 和 D_3 截止，视为开路，输出电压与输入电压相同；当输入正弦波为负时，二极管 D_1 和 D_4 截止，视为开路，二极管 D_2 和 D_3 导通，视为短路，输出电压与输入电压相位相反，由此得到图 2-36(b)所示全波整流波形。

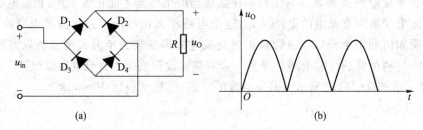

(a)   (b)

图 2-36 全波整流电路

读者在学习这一节时，可以观看教材 Abook 资源中的"非线性电阻器件 VCR 曲线""非线性电阻单口网络 VCR 曲线""半波整流电路实验""整流电路波形""稳压电路实验"等实验录像。附录 B 中附图 16 显示全波整流电路的输入和输出电压波形。

§2-5　电路设计、电路应用和电路实验实例

首先介绍一个万用表的故障分析，再介绍双电源分压电路的设计，最后介绍如何用实验方法确定万用表电阻挡的电路模型和分析几个简单的非线性电阻电路。

一、万用表故障分析

例 2-19 某 MF-30 型万用表测量直流电流的电原理图如图 2-37(a)所示，它用波段开关来改变电流的量程。今发现线绕电阻器 R_1 和 R_2 损坏，问应换上多大数值的电阻器，该万用表

才能恢复正常工作?

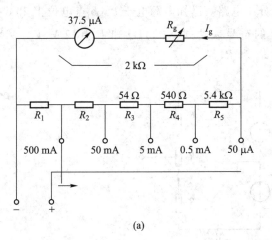

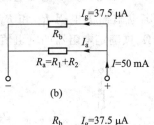

(a) 电原理图 (b) 50 mA 量程的电路模型 (c) 500 mA 量程的电路模型

图 2-37 MF-30 型万用表电路

解 万用表工作在 50 mA 量程时的电路模型如图 2-37(b)所示。其中 $R_a = R_1 + R_2$ 以及 $R_b = R_g + R_5 + R_4 + R_3 = 2\text{ k}\Omega + 5.4\text{ k}\Omega + 540\ \Omega + 54\ \Omega = 7\,994\ \Omega$。当万用表指针满偏转的电流 $I_g = 37.5\ \mu\text{A}$ 时,万用表的电流 $I = 50\text{ mA}$。按两个电阻并联时的分流公式

$$I_a = I - I_g = \frac{R_b}{R_a + R_b} I$$

求得

$$R_a = R_1 + R_2 = \frac{I_g}{I - I_g} \times R_b$$

代入数值

$$R_1 + R_2 = \frac{37.5 \times 10^{-6}\text{A}}{50 \times 10^{-3}\text{A} - 37.5 \times 10^{-6}\text{A}} \times 7\,994\ \Omega = 6\ \Omega$$

万用表工作在 500 mA 量程时的电路模型如图 2-37(c)所示,其中 $R_a = R_1$,$R_a + R_b = R_1 + R_2 + R_3 + R_4 + R_5 + R_g = 8\,000\ \Omega$。用分流公式

$$I_g = \frac{R_a}{R_a + R_b} I = \frac{R_1}{8\,000\ \Omega} \times 500\text{ mA} = 37.5\ \mu\text{A}$$

求得

$$R_1 = \frac{8\,000\ \Omega}{500\text{ mA}} \times 37.5\ \mu\text{A} = 0.6\ \Omega$$

最后得到 $R_1 = 0.6\ \Omega$,$R_2 = 6\ \Omega - 0.6\ \Omega = 5.4\ \Omega$。

二、电路设计

例2-20 图2-38 所示电路为双电源电阻分压电路。已知电源电压 U_S、b 点电位 V_b 和 c 点电位 V_c。（1）试确定电阻器的电阻 R_1 和 R_2 的符号表达式。（2）已知 $U_S=12$ V, $V_b=9$ V, $V_c=-3$ V 和 $R_P=20$ kΩ, 试确定电阻器的电阻值 R_1 和 R_2。

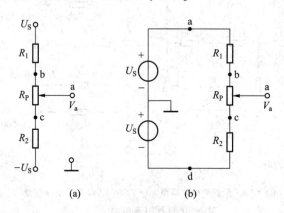

(a)   (b)

图 2-38 双电源直流分压电路

解 （1）用分压公式求得电位 V_b 和 V_c 的符号表达式

$$V_b = \frac{-R_1+R_P+R_2}{R_1+R_P+R_2}U_S, \qquad V_c = \frac{-R_1-R_P+R_2}{R_1+R_P+R_2}U_S$$

由此求得几个有关的计算公式

$$R_1+R_2 = \frac{2R_P}{V_b-V_c}U_S-R_P$$

$$R_1 = 0.5\times\left(1-\frac{V_b}{U_S}\right)(R_1+R_P+R_2)$$

（2）将 $U_S=12$ V, $V_b=9$ V, $V_c=-3$ V 和 $R_P=20$ kΩ 代入以上表达式

$$R_1+R_2 = \frac{2R_P}{V_b-V_c}U_S-R_P = \frac{2\times20\times10^3\,\Omega}{9\ \mathrm{V}-(-3\ \mathrm{V})}\times12\ \mathrm{V}-20\times10^3\,\Omega = 20\ \mathrm{k\Omega}$$

$$R_1 = 0.5\times\left(1-\frac{V_b}{U_S}\right)(R_1+R_P+R_2) = 0.5\times\left(1-\frac{9\ \mathrm{V}}{12\ \mathrm{V}}\right)\times40\times10^3\,\Omega = 5\ \mathrm{k\Omega}$$

$$R_2 = 20\ \mathrm{k\Omega}-5\ \mathrm{k\Omega} = 15\ \mathrm{k\Omega}$$

按照表 1-8,选择标称电阻值 $R_1=5.1$ kΩ, $R_2=15$ kΩ 时, $V_a=8.95\sim-3.02$ V。假如选择 $R_1=4.7$ kΩ, $R_2=15$ kΩ 时, $V_a=9.16\sim-2.93$ V。

电路设计题 教师给每个学生指定不同的 U_S、V_b、V_c 值,请学生确定 R_P、R_1 和 R_2 的电阻值,并用计算机程序检验计算结果是否正确。

例2-21 图2-39 表示端接负载电阻 R_L 的电阻单口网络。欲使电阻单口网络的等效电阻

$R_{ab} = R_L = 50\ \Omega$，试确定电阻 R_1 和 R_2 的值。

解　令 ab 两点等效电阻 $R_{ab} = R_L$

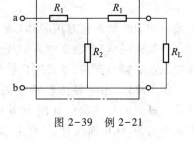

$$R_{ab} = R_1 + \frac{R_2(R_1 + R_L)}{R_1 + R_2 + R_L} = R_L$$

求解方程得到 R_1 和 R_2 的关系式

$$R_2 = \frac{R_L^2 - R_1^2}{2R_1}$$

图 2-39　例 2-21

代入 $R_L = 50\ \Omega$，并根据表 1-8 选择某个标称电阻值 R_1，例如
选择 $R_1 = 10\ \Omega$，可以计算出 R_2 的电阻值

$$R_2 = \frac{R_L^2 - R_1^2}{2R_1} = \frac{2\,500 - 100}{2 \times 10}\Omega = 120\ \Omega$$

$R_2 = 120\ \Omega$ 正好是标称电阻值。选择 $R_1 = 10\ \Omega$ 和 $R_2 = 120\ \Omega$ 时正好满足 $R_{ab} = 50\ \Omega$ 的要求

$$R_{ab} = R_1 + \frac{R_2(R_1 + R_L)}{R_1 + R_2 + R_L} = 10\ \Omega + \frac{120 \times 60}{120 + 60}\Omega = 50\ \Omega$$

　　电路设计题　由教师给每个学生指定不同的 R_L 值，请学生确定 R_1 和 R_2 的电阻值，并用计算机程序检验计算结果是否正确。

三、电路实验设计与分析

　　对于实际电阻单口网络来说，在不知道内部电路的情况下，可以用实验方法测量端口的 VCR 曲线，从而得到单口网络的电路模型。例如普通万用表的电阻挡，其电路是由线性电阻、电池和表头等组成的含源线性电阻单口网络，可以采用实验方法得到端口 VCR 曲线和相应的电路模型，下面举例说明。

　　例 2-22　用半导体管特性图示仪测得某 500 型普通万用表×1k 电阻挡的电压电流关系曲线，如附录 B 中附图 15 所示，由此画出的 VCR 曲线如图 2-40 所示，试根据此曲线得到该单口网络的电路模型。

　　解　根据图示仪测量曲线时纵坐标轴的比例为 0.05 mA/度，横坐标的比例为 0.5 V/度，可以写出 VCR 曲线的方程，它是通过 $(-1.5\ \text{V}, 0)$ 和 $(0, 0.15\ \text{mA})$ 两点的直线方程，即

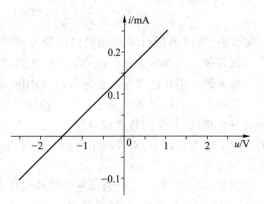

图 2-40　用实验方法测得的万用表
电阻挡电压电流关系曲线

$$i = \frac{1}{10\ \text{k}\Omega}u + 0.15\ \text{mA}$$

$$u = (10\ \text{k}\Omega)i - 1.5\ \text{V}$$

其中

$$R_\mathrm{o} = \frac{\Delta u}{\Delta i} = \frac{0.5\ \mathrm{V}}{0.05\ \mathrm{mA}} = 10\ \mathrm{k}\Omega$$

由此得到 500 型普通万用表×1k 电阻挡的电路模型为 10 kΩ 电阻与−1.5 V 电压源的串联。

一般来说,包含独立电源的线性电阻单口网络,其端口电压电流关系是 u-i 平面上的一条不通过原点的倾斜直线,就其端口特性而言,等效为一个线性二端电阻和电压源的串联。

例 2-23 用半导体管特性图示仪测得某半导体二极管的特性曲线如附录 B 中附图 7 所示,由此画出的 VCR 曲线如图 2-41 所示。若用 500 型万用表×100 电阻挡来测量该二极管,问其电压、电流为何值,此时万用表的读数为何值?

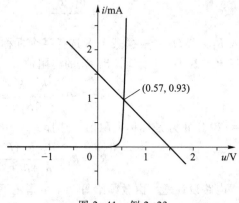

解 就 500 型万用表×100 电阻挡的端口特性而言,等效为一个 1 kΩ 电阻和 1.5 V 电压源的串联,由此可以画出负载线,它是通过 (1.5 V,0) 和 (0,1.5 mA) 两点的直线,如图 2-41 所示。负载线与二极管特性曲线交点的电压约为 0.57 V,电流约为 0.93 mA,即为所求。

图 2-41 例 2-23

此时万用表的电阻读数计算如下

$$0.93\ \mathrm{mA} = \frac{1.5\ \mathrm{V}}{1\ \mathrm{k}\Omega + R_x}$$

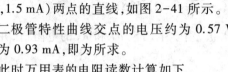

$$R_x = \frac{1.5\ \mathrm{V}}{0.93\ \mathrm{mA}} - 1\ 000\ \Omega = (1\ 613 - 1\ 000)\ \Omega = 613\ \Omega$$

计算表明,万用表在×100 电阻挡的读数为 600 Ω 左右。

练习题 用 500 型万用表×1k 电阻挡测量该二极管时的读数为何值?

思考题 用其他型号的普通万用表×100 电阻挡测量该二极管时的读数为何值?

附录 B 中附图 9 表示某个稳压二极管的 VCR 曲线,稳压二极管正向特性与普通半导体二极管特性相同,其反向特性比较特殊,它具有电流在很大范围变化时,电压变化很小的特性。人们在电子电路设计中,常常利用稳压二极管电压比较稳定的特性,为电路中提供一个比较稳定的电压。

例 2-24 图 2-42(a)表示一个简单稳压电路,某 2CW7B 型稳压二极管的反向特性曲线如图 2-42(b)所示。求(1)二极管电压 u。(2)电压源电压为 8 V 和 12 V 时的电压 u。

解 (1)通过 (10 V,0) 和 (0,3.33 mA) 两点作负载线,与稳压二极管特性曲线交点的电压大约为 4.3 V。

(2)通过 (8 V,0) 和 (0,2.67 mA) 两点作负载线,与稳压二极管特性曲线交点的电压大约为 4.15 V。

(3)通过 (12 V,0) 和 (0,4 mA) 两点作负载线,与稳压二极管特性曲线交点的电压大约为 4.4 V。

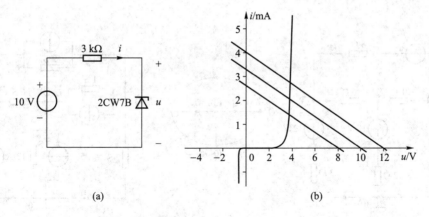

（a）含一个稳压二极管的非线性电阻电路　（b）稳压二极管的反向特性曲线

图 2-42　例 2-24

　　从以上计算结果可以看出,电压源电压从 8 V 增加到 12 V 时,稳压二极管上的电压从4.15 V 变化到 4.4 V,即输入电压变化 4 V,输出电压仅变化了 0.25 V,说明该电路起到了稳定电压的作用。图 2-42(a)所示电路是一个线性电阻与一个非线性电阻的串联分压电路,它与两个线性电阻串联分压电路中某个电阻的电压与输入电压呈正比例关系完全不同。

　　练习题　将 10 V 电压源电压改为 6 V,3 kΩ 电阻改为 2 kΩ 时,求电压 u 值。

　　读者在学习这一节时,可以观看教材 Abook 资源中的"双电源电阻分压电路""普通万用表的 VCR 曲线""稳压电路实验"等实验录像。

　　例 2-25　画出图 2-43(a)所示平面电路的对偶电路,并用计算机程序计算两个电路的支路电压和支路电流。

微视频 2-16:
找对偶电路数据

　　解　画平面对偶电路的方法是:

　　(1) 按照顺时针(或逆时针)方向,列出图 2-43(a)三个网孔的 KVL 方程,将方程中的电压 u 换成电流 i,得到对偶电路的 KCL 方程

$$\begin{cases} u_1 - u_4 + u_5 = 0 \\ u_2 - u_5 - u_6 = 0 \\ u_3 + u_4 + u_6 = 0 \end{cases} \rightarrow \begin{cases} i_1 - i_4 + i_5 = 0 \\ i_2 - i_5 - i_6 = 0 \\ i_3 + i_4 + i_6 = 0 \end{cases}$$

将 KCL 方程写成矩阵形式 $\boldsymbol{AI} = \boldsymbol{0}$

$$\begin{pmatrix} 1 & 0 & 0 & -1 & 1 & 0 \\ 0 & 1 & 0 & 0 & -1 & -1 \\ 0 & 0 & 1 & 1 & 0 & 1 \end{pmatrix} \begin{pmatrix} i_1 \\ i_2 \\ i_3 \\ i_4 \\ i_5 \\ i_6 \end{pmatrix} = \begin{pmatrix} 0 \\ 0 \\ 0 \end{pmatrix}$$

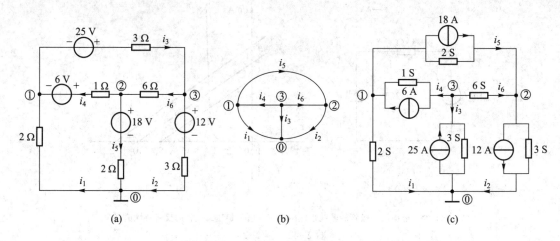

（a）原始电路　（b）对偶电路的有向图　（c）对偶电路

图 2-43　例 2-25

其中的系数矩阵

$$A = \begin{pmatrix} 1 & 0 & 0 & -1 & 1 & 0 \\ 0 & 1 & 0 & 0 & -1 & -1 \\ 0 & 0 & 1 & 1 & 0 & 1 \end{pmatrix}$$

称为电路的节点关联矩阵,它表示支路与节点的连接关系和支路的参考方向。当其元素 $a_{ij}=1$ 时,表示支路 j 离开节点 i,元素 $a_{ij}=-1$ 时,表示支路 j 进入节点 i,例如第 4 列的 $a_{34}=1$,$a_{14}=-1$ 表示第 4 条支路从第 3 个节点③离开,进入第 1 个节点①。再如第 2 列的一个非零元素 $a_{22}=1$ 表示第 2 条支路由第 2 个节点②离开,进入基准节点⓪。对偶电路各支路与节点的连接关系,如表 2-4 所示。

表 2-4　对偶电路各支路与节点的连接关系

支路编号	1	2	3	4	5	6
离开节点	①	②	③	③	①	③
进入节点	⓪	⓪	⓪	①	②	②

微视频 2-17:
对偶电路的电
压电流关系

　　由此可以画出表示电路拓扑结构和支路电压电流关联参考方向的有向图,如图 2-43(b)所示。对图 2-43(b)的网孔列出 KVL 方程,将电压 u 换成电流 i,可以得到图 2-43(b)电路节点①、②、③的 KCL 方程。

　　(2) 将图 2-43(a)支路 VCR 方程中的 u 换成电流 i,电流 i 换成电压 u,电阻 R 换成电导 G,得到对偶电路的支路 VCR 方程

$$\begin{cases} u_1 = (2\ \Omega)\,i_1 \\ u_2 = (3\ \Omega)\,i_2 + 12\ \text{V} \\ u_3 = (3\ \Omega)\,i_3 - 25\ \text{V} \\ u_4 = (1\ \Omega)\,i_4 + 6\ \text{V} \\ u_5 = (2\ \Omega)\,i_3 + 18\ \text{V} \\ u_6 = (6\ \Omega)\,i_6 \end{cases} \rightarrow \begin{cases} i_1 = (2\ \text{S})\,u_1 \\ i_2 = (3\ \text{S})\,u_2 + 12\ \text{A} \\ i_3 = (3\ \text{S})\,u_3 - 25\ \text{A} \\ i_4 = (1\ \text{S})\,u_4 + 6\ \text{A} \\ i_5 = (2\ \text{S})\,u_3 + 18\ \text{A} \\ i_6 = (6\ \text{S})\,u_6 \end{cases}$$

根据对偶电路的 VCR 方程,可以确定对偶电路的支路特性和参数。

（3）根据图 2-43(b)所示有向图和对偶电路的支路特性,可以画出图 2-43(c)所示的对偶电路。

用计算机程序 WDCAP 计算图 2-43(a)和图 2-43(c)电路,计算支路电压和支路电流以及两个电路支路电压(支路电流)乘积代数和,可以得到以下结果。

```
***** 显示两个电路的支路电压和支路电流 *****
     第一个电路的有关数据                 第二个电路的有关数据
TYPE K N1 N2 N3  VAL1    VAL2    TYPE K N1 N2 N3  VAL1    VAL2
 R   1  0  1    2.00     0.00     G   1  1  0    2.00     0.00
 VR  2  3  0    12.0     3.00     IG  2  2  0    12.0     3.00
 VR  3  1  3   -25.0     3.00     IG  3  3  0   -25.0     3.00
 VR  4  2  1    6.00     1.00     IG  4  3  1    6.00     1.00
 VR  5  5       18.0     2.00     IG  5  1  2    18.0     2.00
 R   6  3  2    6.00     0.00     G   6  3  2    6.00     0.00

   支路电压 A          支路电流 A          支路电压 B          支路电流 B
Ua 1=  -2.000      Ia 1=  -1.000      Ub 1=  -1.000      Ib 1=  -2.000
Ua 2=  18.00       Ia 2=   2.000      Ub 2=   2.000      Ib 2=  18.00
Ua 3= -16.00       Ia 3=   3.000      Ub 3=   3.000      Ib 3= -16.00
Ua 4=  10.000      Ia 4=   4.000      Ub 4=   4.000      Ib 4=  10.00
Ua 5=  12.00       Ia 5=  -3.000      Ub 5=  -3.000      Ib 5=  12.00
Ua 6=   6.000      Ia 6=   1.0000     Ub 6=   1.0000     Ib 6=   6.000

   支路电压 A          支路电压 B        支路电压 A * 支路电压 B
Ua 1=  -2.000      Ub 1=  -1.000      Ua*Ub 1=   2.000
Ua 2=  18.00       Ub 2=   2.000      Ua*Ub 2=  36.00
Ua 3= -16.00       Ub 3=   3.000      Ua*Ub 3= -48.00
Ua 4=  10.000      Ub 4=   4.000      Ua*Ub 4=  40.00
Ua 5=  12.00       Ub 5=  -3.000      Ua*Ub 5= -36.00
Ua 6=   6.000      Ub 6=   1.0000     Ua*Ub 6=   6.000
       支路电压 A 与支路电压 B 的乘积之和=  0.5722E-05
   支路电流 A          支路电流 B        支路电流 A * 支路电流 B
Ia 1=  -1.000      Ib 1=  -2.000      Ia*Ib 1=   2.000
Ia 2=   2.000      Ib 2=  18.00       Ia*Ib 2=  36.00
Ia 3=   3.000      Ib 3= -16.00       Ia*Ib 3= -48.00
Ia 4=   4.000      Ib 4=  10.00       Ia*Ib 4=  40.00
```

```
Ia 5=  -3.000      Ib 5=   12.00      Ia*Ib 5=  -36.00
Ia 6=  1.0000      Ib 6=   6.000      Ia*Ib 6=   6.000
          支路电流 A 与支路电流 B 的乘积之和= -0.2861E-05
        ****  特勒根定理 3：两个拓扑对偶的电路， ****
        两个电路的支路电压(或电流)乘积的代数和等于零。
        *****  直流电路分析程序 （ WDCAP 3.01 ） *****
```

计算结果表明,图 2-43(a)电路的支路电压(支路电流)与图 2-43(b)电路的支路电流(电流电压)数值相同,它们的确是对偶电路。由于图 2-43(a)或图 2-43(c)电路支路电压与支路电流乘积的代数和等于零,导致一个电路支路电压(或电流)与其对偶电路支路电压(或电流)乘积的代数和等于零。

有向图对偶的两个集总参数电路,一个电路的支路电压(或支路电流)与另外一个电路相应支路电压(或支路电流)乘积的代数和等于零。

$$\sum_{k=1}^{b} u_{Ak}(t_1)u_{Bk}(t_2) = 0, \quad \sum_{k=1}^{b} i_{Ak}(t_1)i_{Bk}(t_2) = 0$$

式中 b 表示电路的支路数。

对这个问题有兴趣的读者,可以任意改变图 2-43(a)和图 2-43(c)电路的支路特性,用计算机程序 WDCAP 来检验它的正确性。读者可以观看教材 Abook 资源中"例题 2-25 电路的对偶电路"的视频,了解计算机程序 WDCAP 求对偶电路的过程。

读者在学习这一节时,可以观看教材 Abook 资源中的"双电源电阻分压电路""万用电表VCR 曲线""稳压电路实验"等实验录像。

摘   要

1. n 个线性电阻串联时的分压公式和 n 个电阻并联时的分流公式为

$$u_k = \frac{R_k}{\sum\limits_{k=1}^{n} R_k} u_S, \quad i_k = \frac{G_k}{\sum\limits_{k=1}^{n} G_k} i_S$$

两个线性电阻并联时常用电阻参数表示的分流公式进行计算

$$i_1 = \frac{R_2}{R_1+R_2} i_S, \quad i_2 = \frac{R_1}{R_1+R_2} i_S$$

2. 由线性电阻构成的电阻单口网络,就端口特性而言,等效为一个线性电阻,其电阻值为

$$R = \frac{u}{i}$$

式中,u 和 i 是单口网络端口的电压和电流,它们必须采用关联参考方向。

计算线性电阻单口网络等效电阻的基本方法是外加电源法。常用线性电阻串、并联公式来

计算仅由线性电阻所构成单口网络的等效电阻。

3. 由线性电阻、电压源和电流源构成含源电阻单口网络的 VCR 关系可用外加电源法求得

$$u = R_\text{o}i + u_\text{oc}$$

$$i = G_\text{o}u - i_\text{sc}$$

由此得到的等效电路是一个线性电阻和电压源的串联或一个线性电阻和电流源的并联。

4. 两个单口(或多端)网络的端口电压电流关系(VCR)完全相同时,称它们是等效的。网络的等效变换可以简化电路分析,而不会影响电路其余部分的电压和电流。

常用的网络变换除电阻的串、并联等效变换外,还有电阻星形联结与电阻三角形联结的等效变换,线性电阻和电压源串联单口与线性电阻和电流源并联单口的等效变换等。

5. 非线性电阻的特性通常用电压电流关系曲线表示,非线性电阻的串联、并联构成的单口网络,其端口的 VCR 特性曲线可用图解法求得。

6. 对于仅含一个非线性电阻的电路,宜采用曲线相交法求解。此时,应先把非线性电阻以外的线性含源电阻单口网络用线性电阻与电压源串联的等效电路代替。等效电路的电压电流外特性曲线(负载线)与非线性电阻电压电流关系曲线交点的坐标值就是欲求的解答。

7. 为了求得电路中某些电压、电流,可以用网络等效来简化电路分析,值得注意的是简化后的电路已经丢失原来电路中的一些信息,需要回到原来的电路去求得另外的一些电压、电流。

习 题 二

微视频 2-18:
第 2 章习题解
答

§2-1 电阻分压电路和分流电路

2-1 电路如题图 2-1 所示。求电路中的各电压和电流。

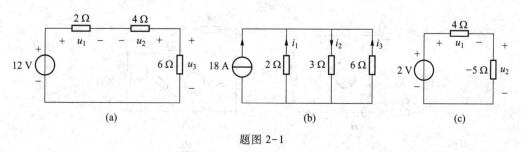

题图 2-1

2-2 电路如题图 2-2 所示。已知电流 $i = 2\,\text{A}$,求电阻 R 值以及 $5\,\Omega$ 电阻吸收的功率。

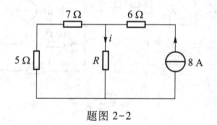

题图 2-2

2-3   电路如题图 2-3 所示。已知电压 $u=6\,\text{V}$，求电阻 R 值以及 3 Ω 电阻吸收的功率。

2-4   电路如题图 2-4 所示。当开关 S 断开或闭合时，求电位器滑动端移动时，a 点电位的变化范围。

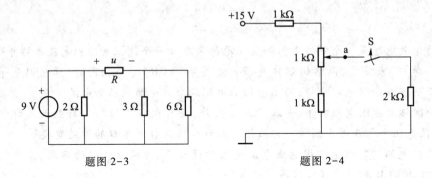

题图 2-3   题图 2-4

2-5   列出题图 2-5 所示两个电路的 $2b$ 方程，说明它们是对偶电路。

微视频 2-19：
习题 2-5 解答
演示

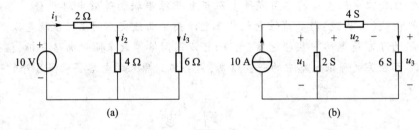

(a)   (b)

题图 2-5

§2-2   电阻单口网络

2-6   电路如题图 2-6 所示。试求连接到独立电源两端电阻单口网络的等效电阻以及电流 i。

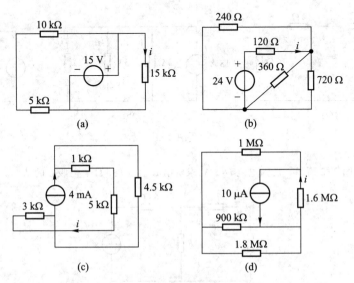

(a)   (b)

(c)   (d)

题图 2-6

2-7　电路如题图 2-7 所示。试求开关断开和闭合时的电流 i。

2-8　求题图 2-8 所示电阻单口的等效电阻 R_{ab}。

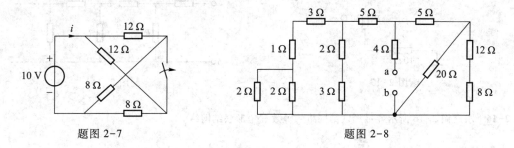

题图 2-7　　　　　　　　　　　　题图 2-8

2-9　欲使题图 2-9 所示电路中电压 $u = 12$ V，问电阻 R 应为何值?

2-10　求题图 2-10 所示电路中的电压 u_{ab}。

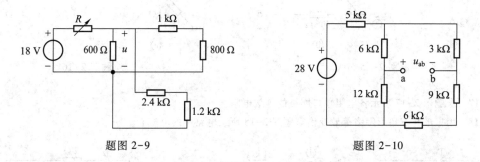

题图 2-9　　　　　　　　　　　　题图 2-10

2-11　求题图 2-11 所示电路中电流 i 和 i_1。

2-12　写出题图 2-12 所示单口网络的电压电流关系，画出等效电路。

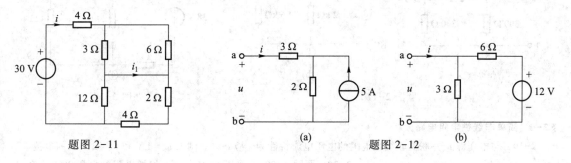

题图 2-11　　　　　　　(a)　　题图 2-12　　(b)

2-13　题图 2-13 是某实际电路的电原理图。若电源电流 I 超过 6 A 时，熔断器会烧断。试问哪个电阻器因损坏而短路时，会烧断熔断器?

2-14　求题图 2-14 所示无限长梯形网络等效电阻 R_{ab}。

§2-3　电阻的星形联结与三角形联结

2-15　求题图 2-15 所示各三角形联结网络的等效星形联结网络。

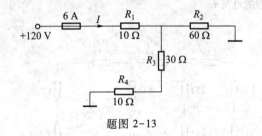

题图 2-13

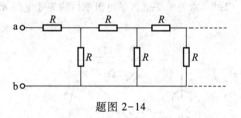

题图 2-14

2-16 求题图 2-16 所示各星形联结网络的等效三角形联结网络。

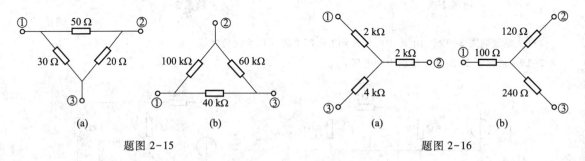

(a)　　　　　　　(b)

题图 2-15

(a)　　　　　　　(b)

题图 2-16

2-17 求题图 2-17 所示各电阻单口网络的等效电阻。

2-18 用星形与三角形网络等效变换求题图 2-18 所示电路中的电流 i_1。

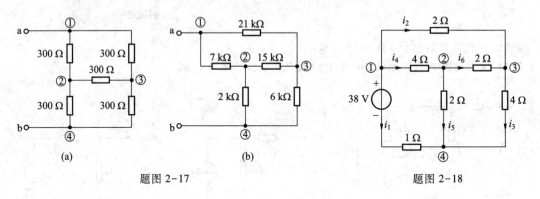

(a)　　　　　　　(b)

题图 2-17

题图 2-18

§2-4 简单非线性电阻电路分析

2-19 与电压源 u_S 并联的非线性电阻的电压电流特性为 $i = 7u + u^2$。试求 $u_S = 1\ \text{V}$ 和 $u_S = 2\ \text{V}$ 时的电流 i。

微视频 2-20：
习题 2-21 解
答演示

微视频 2-21：
习题 2-22 解
答演示

2-20 题图 2-20(a)所示电路中的非线性电阻的电压电流关系，如题图 2-20(b)所示。(1) 若 $u < 10\ \text{V}$，求非线性电阻的电路模型。(2) 若 $u > 10\ \text{V}$，求非线性电阻的电路模型。(3) 若 $u_{oc} = 10\ \text{V}$，$R_o = 5\ \text{k}\Omega$，求电压 u 和电流 i。(4) 若 $u_{oc} = 30\ \text{V}$，$R_o = 5\ \text{k}\Omega$，求电压 u 和电流 i。

2-21 题图 2-21 所示电路中非线性电阻的电压电流特性为 $i = 1.5u + u^2$。当(1) $i_S = 3\ \text{A}$；(2) $i_S = 0\ \text{A}$；(3) $i_S = -1\ \text{A}$ 时，试用曲线相交法和解析

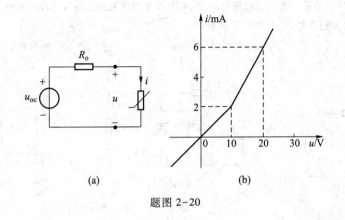

题图 2-20

法求图中 u 和 i。

2-22 题图 2-22 所示电路中非线性电阻的电压电流特性为 $i_1 = -0.25u + 0.25u^2$。试分别利用曲线相交法和解析法求图中 u 和 i。

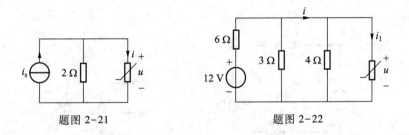

题图 2-21   题图 2-22

2-23 题图 2-23(a)所示非线性电阻单口网络中的稳压二极管的特性如题图 2-23(b)所示,试画出单口网络的特性曲线。

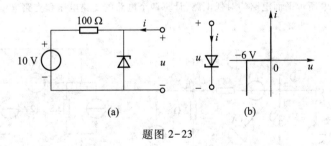

题图 2-23

§2-5 电路设计、电路应用和电路实验实例

2-24 设计一个双电源分压电路,给定+24 V 和-24 V 电压源、20 kΩ 电位器及若干电阻器,要求输出电压的变化范围为-8~+16 V。请确定电路模型和实际电路中各电阻器的阻值及额定功率。

2-25 题图 2-25 表示端接负载电阻 R_L 的双口网络。欲使电阻单口网络的等效电阻 $R_{ab} = R_L = 600$ Ω,试确定电阻器 R_1 和 R_2 的值。

2-26 题图 2-26(a)表示一个简单稳压电路,2CW7B 型半导体稳压二极管的反向特性曲线如题图 2-26(b)所示。求负载电阻 R_L 为何值时,输出电压等于 4 V。

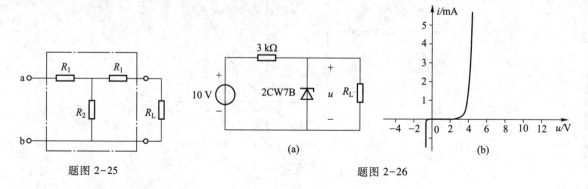

题图 2-25   题图 2-26

2-27 电阻分压电路如题图 2-27 所示,用计算机程序画负载电阻 R_2 的电压和吸收功率随负载电阻值变化的曲线。

2-28 两个并联电阻形成的单口网络如题图 2-28 所示,用计算机程序画单口网络等效电阻随负载电阻 R_2 变化的曲线。

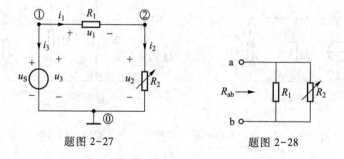

题图 2-27   题图 2-28

2-29 画题图 2-29 所示平面电路的对偶电路,计算两个电路的支路电压和支路电流。

微视频 2-22:
习题 2-29 解
答演示

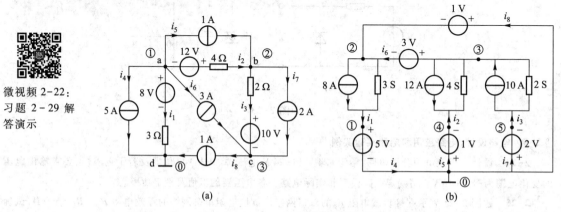

(a)   (b)

题图 2-29

第三章 网孔分析法和节点分析法

第一章介绍的 $2b$ 法、支路电流法和支路电压法可以解决任何线性电阻电路的分析问题。缺点是需要联立求解的方程数目太多,给"笔算"求解带来困难。

在第二章介绍用网络等效概念来简化电路,可以不求解联立方程就得到电路中的某些电压、电流。

本章介绍利用独立电流或独立电压作变量来建立电路方程的分析方法,可以减少联立求解方程的数目,适合于求解稍微复杂一点的线性电阻电路,是"笔算"求解线性电阻电路最常用的分析方法。

§3-1 网孔分析法

在支路电流法一节中已述及,由独立电压源和线性电阻构成的电路,可以用 b 个支路电流变量来建立电路方程。由于支路电流受到 KCL 的约束,在 b 个支路电流中,只有一部分电流是独立电流变量,另一部分电流则可由这些独立电流来确定。若用独立电流变量来建立电路方程,则可进一步减少电路方程数。对于具有 b 条支路和 n 个节点的平面连通电路来说,它的 $(b-n+1)$ 个网孔电流就是一组独立电流变量。用网孔电流作变量建立的电路方程,称为网孔方程。求解网孔方程得到网孔电流后,用 KCL 方程可求出全部支路电流,再用 VCR 方程可求出全部支路电压。

一、网孔电流

下面以图 3-1 所示电路为例来说明网孔电流。若将电压源和电阻串联作为一条支路时,该电路共有 6 条支路和 4 个节点。对任意 3 个节点写出的 KCL 方程是一组线性无关的方程。例如对①、②、③节点写出的 KCL 方程分别为

$$
\left.\begin{array}{r}
i_1 + i_3 - i_4 = 0 \\
-i_1 - i_2 + i_5 = 0 \\
i_2 - i_3 - i_6 = 0
\end{array}\right\} \tag{3-1}
$$

将上式改写为

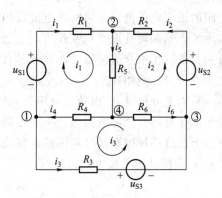

图 3-1 网孔分析法举例

$$\left.\begin{array}{l} i_4 = i_1 + i_3 \\ i_5 = i_1 + i_2 \\ i_6 = i_2 - i_3 \end{array}\right\} \tag{3-2}$$

这表明电流 i_4、i_5 和 i_6 是非独立电流,它们由独立电流 i_1、i_2 和 i_3 的线性组合确定。这种线性组合的关系,可以设想为电流 i_1、i_2 和 i_3 沿每个网孔边界闭合流动而形成,如图 3-1 中箭头所示。这种在网孔内闭合流动的电流,称为网孔电流。对于具有 b 条支路和 n 个节点的平面连通电路来说,共有 $(b-n+1)$ 个网孔电流。一旦在电路图上标明这些网孔电流,就不必列出 KCL 方程,用观察电路图的方法,就能找到各支路电流与网孔电流的关系。

二、网孔方程

以图 3-1 所示网孔电流方向为绕行方向,写出三个网孔的 KVL 方程分别为

$$\left.\begin{array}{l} R_1 i_1 + R_5 i_5 + R_4 i_4 = u_{S1} \\ R_2 i_2 + R_5 i_5 + R_6 i_6 = u_{S2} \\ R_3 i_3 - R_6 i_6 + R_4 i_4 = -u_{S3} \end{array}\right\} \tag{3-3}$$

将式(3-2)代入以上各式,消去 i_4、i_5 和 i_6 整理后得到

$$\left.\begin{array}{l} (R_1 + R_4 + R_5) i_1 + R_5 i_2 + R_4 i_3 = u_{S1} \\ R_5 i_1 + (R_2 + R_5 + R_6) i_2 - R_6 i_3 = u_{S2} \\ R_4 i_1 - R_6 i_2 + (R_3 + R_4 + R_6) i_3 = -u_{S3} \end{array}\right\} \tag{3-4}$$

这就是以网孔电流为变量的网孔方程。写成一般形式为

$$\left.\begin{array}{l} R_{11} i_1 + R_{12} i_2 + R_{13} i_3 = u_{S11} \\ R_{21} i_1 + R_{22} i_2 + R_{23} i_3 = u_{S22} \\ R_{31} i_1 + R_{32} i_2 + R_{33} i_3 = u_{S33} \end{array}\right\}$$

其中 R_{11}、R_{22} 和 R_{33} 称为网孔自电阻,它们分别是各网孔内全部电阻的总和。例如 $R_{11} = R_1 + R_4 + R_5$,$R_{22} = R_2 + R_5 + R_6$,$R_{33} = R_3 + R_4 + R_6$。$R_{kj}(k \neq j)$ 称为网孔 k 与网孔 j 的互电阻,它们是两网孔公共电阻的正值或负值。当两网孔电流以相同方向流过公共电阻时取正号,例如 $R_{12} = R_{21} = R_5$,$R_{13} = R_{31} = R_4$。当两网孔电流以相反方向流过公共电阻时取负号,例如 $R_{23} = R_{32} = -R_6$。u_{S11}、u_{S22}、u_{S33} 分别为各网孔中全部电压源电压升的代数和。绕行方向由 "-" 极到 "+" 极的电压源取正号;反之则取负号。例如 $u_{S11} = u_{S1}$,$u_{S22} = u_{S2}$,$u_{S33} = -u_{S3}$。

从以上分析可见,由独立电压源和线性电阻构成电路的网孔方程很有规律。可理解为各网孔电流在某网孔全部电阻上产生电压降的代数和,等于该网孔全部电压源电压升的代数和。根据以上总结的规律和对电路图的观察,就能直接列出网孔方程。由独立电压源和线性电阻构成具有 m 个网孔的平面电路,其网孔方程的一般形式为

$$
\left.
\begin{aligned}
R_{11}i_1 + R_{12}i_2 + \cdots + R_{1m}i_m &= u_{S11} \\
R_{21}i_1 + R_{22}i_2 + \cdots + R_{2m}i_m &= u_{S22} \\
&\cdots\cdots\cdots \\
R_{m1}i_1 + R_{m2}i_2 + \cdots + R_{mm}i_m &= u_{Smm}
\end{aligned}
\right\}
\tag{3-5}
$$

三、网孔分析法计算举例

网孔分析法的计算步骤如下：

（1）在电路图上标明网孔电流及其参考方向。若全部网孔电流均选为顺时针（或逆时针）方向，则网孔方程的全部互电阻项均取负号。

（2）用观察电路图的方法列出各网孔方程。

（3）求解网孔方程，得到各网孔电流。

（4）假设支路电流的参考方向。根据支路电流与网孔电流的线性组合关系，求得各支路电流。

（5）用 VCR 方程，求得各支路电压。

例 3-1　用网孔分析法求图 3-2 所示电路中各支路电流。

解　选定两个网孔电流 i_1 和 i_2 的参考方向，如图 3-2 所示。用观察法列出网孔方程

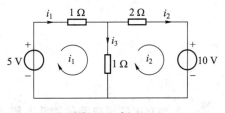

图 3-2　例 3-1

$$
(1\ \Omega + 1\ \Omega)i_1 - (1\ \Omega)i_2 = 5\ \text{V}
$$
$$
-1\ \Omega i_1 + (1\ \Omega + 2\ \Omega)i_2 = -10\ \text{V}
$$

整理为

$$
2i_1 - i_2 = 5\ \text{A}
$$
$$
-i_1 + 3i_2 = -10\ \text{A}
$$

求得

微视频 3-1：
建立和求解网孔方程

$$
i_1 = \frac{\begin{vmatrix} 5 & -1 \\ -10 & 3 \end{vmatrix}}{\begin{vmatrix} 2 & -1 \\ -1 & 3 \end{vmatrix}}\ \text{A} = \frac{5}{5}\ \text{A} = 1\ \text{A}
$$

$$
i_2 = \frac{\begin{vmatrix} 2 & 5 \\ -1 & -10 \end{vmatrix}}{\begin{vmatrix} 2 & -1 \\ -1 & 3 \end{vmatrix}}\ \text{A} = \frac{-15}{5}\ \text{A} = -3\ \text{A}
$$

各支路电流分别为 $i_1 = 1\ \text{A}$，$i_2 = -3\ \text{A}$，$i_3 = i_1 - i_2 = 4\ \text{A}$。

例 3-2　用网孔分析法求图 3-3 所示电路中各支路电流。

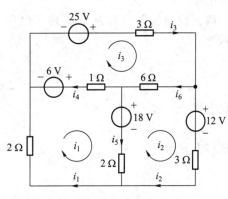

图 3-3　例 3-2

解　选定各网孔电流参考方向,如图 3-3 所示。用观察法列出网孔方程为

$$(2\ \Omega+1\ \Omega+2\ \Omega)i_1-(2\ \Omega)i_2-(1\ \Omega)i_3=6\ \text{V}-18\ \text{V}$$

$$-(2\ \Omega)i_1+(2\ \Omega+6\ \Omega+3\ \Omega)i_2-(6\ \Omega)i_3=18\ \text{V}-12\ \text{V}$$

$$-(1\ \Omega)i_1-(6\ \Omega)i_2+(3\ \Omega+6\ \Omega+1\ \Omega)i_3=25\ \text{V}-6\ \text{V}$$

整理为

$$5i_1-2i_2-i_3=-12\ \text{A}$$

$$-2i_1+11i_2-6i_3=6\ \text{A}$$

$$-i_1-6i_2+10i_3=19\ \text{A}$$

求解得到

$$i_1=-1\ \text{A}$$

$$i_2=2\ \text{A}$$

$$i_3=3\ \text{A}$$

$$i_4=i_3-i_1=4\ \text{A}$$

$$i_5=i_1-i_2=-3\ \text{A}$$

$$i_6=i_3-i_2=1\ \text{A}$$

四、含独立电流源电路的网孔方程

当电路中含有独立电流源时,不能用式(3-5)来建立含电流源网孔的网孔方程,因为该式未考虑电流源的电压。若有电阻与电流源并联单口,则可先等效变换为电压源和电阻串联单口,将电路变为仅由电压源和电阻构成的电路,再用式(3-5)建立网孔方程。若电路中的电流源没有电阻与之并联,则应增加电流源电压作变量来建立这些网孔的网孔方程。此时,由于增加了电压变量,需补充电流源电流与网孔电流关系的方程。

例 3-3　用网孔分析法求图 3-4 所示电路中各支路电流。

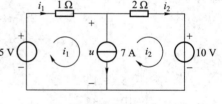

图 3-4　例 3-3

解　设电流源电压为 u,考虑了电压 u 的网孔方程为

$$(1\ \Omega)i_1+u=5\ \text{V}$$

$$(2\ \Omega)i_2-u=-10\ \text{V}$$

补充方程

$$i_1-i_2=7\ \text{A}$$

求解以上方程得到

$$i_1=3\ \text{A}$$

$$i_2=-4\ \text{A}$$

$$u=2\ \text{V}$$

例 3-4　用网孔分析法求解图 3-5 所示电路的网孔电流。

解　当电流源出现在电路外围边界上时,该网孔电流等于电流源电流,成为已知量,此例中为 $i_3 = 2$ A。此时不必列出此网孔的网孔方程。只需计入 1 A 电流源电压 u,列出两个网孔方程和一个补充方程

$$(1\ \Omega)i_1 - (1\ \Omega)i_3 + u = 20\ \text{V}$$

$$(5\ \Omega + 3\ \Omega)i_2 - (3\ \Omega)i_3 - u = 0$$

$$i_1 - i_2 = 1\ \text{A}$$

代入 $i_3 = 2$ A,整理后得到

$$i_1 + 8i_2 = 28\ \text{A}$$

$$i_1 - i_2 = 1\ \text{A}$$

解得 $i_1 = 4$ A,$i_2 = 3$ A 和 $i_3 = 2$ A。

从此例可见,若能选择电流源电流作为某一网孔电流,就能减少联立方程数目。

图 3-5　例 3-4

§3-2　节点分析法

与用独立电流变量来建立电路方程相类似,也可用独立电压变量来建立电路方程。在全部支路电压中,只有一部分电压是独立电压变量,另一部分电压则可由这些独立电压根据 KVL 方程来确定。若用独立电压变量来建立电路方程,也可使电路方程数目减少。对于具有 n 个节点的连通电路来说,它的 $(n-1)$ 个节点对第 n 个节点的电压,就是一组独立电压变量。用这些节点电压作变量建立的电路方程,称为节点方程。这样,只需求解 $(n-1)$ 个节点方程,就可得到全部节点电压,然后根据 KVL 方程可求出各支路电压,根据 VCR 方程可求得各支路电流。

一、节点电压

当用电压表测量电子电路各元件端钮间电压时,常将底板或机壳作为测量基准,把电压表的公共端或"-"端接到底板或机壳上,用电压表的另一端依次测量各元件端钮上的电压。测出各端钮相对基准的电压后,任两端钮间的电压,可用相应两个端钮相对基准电压之差的方法计算出来。与此相似,在具有 n 个节点的连通电路(模型)中,可以选其中一个节点作为基准,其余 $(n-1)$ 个节点相对基准节点的电压,称为节点电压。例如在图 3-6 所示电路中,共有 4 个节点,选节点⓪作

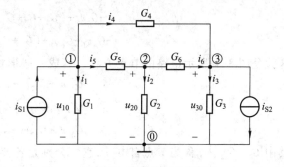

图 3-6　节点分析法举例

基准,用接地符号表示,其余三个节点电压分别为 u_{10}、u_{20} 和 u_{30},如图所示。将基准节点作为电位参考点或零电位点,各节点电压就等于各节点电位,即 $u_{10}=v_1$、$u_{20}=v_2$、$u_{30}=v_3$。这些节点电压不能构成一个闭合路径,不能组成 KVL 方程,不受 KVL 约束,是一组独立的电压变量。任一支路电压是其两端节点电位之差或节点电压之差,由此可求得全部支路电压。

例如图 3-6 所示电路,各支路电压可表示为

$$u_1 = u_{10} = v_1$$
$$u_2 = u_{20} = v_2$$
$$u_3 = u_{30} = v_3$$
$$u_4 = u_{10} - u_{30} = v_1 - v_3$$
$$u_5 = u_{10} - u_{20} = v_1 - v_2$$
$$u_6 = u_{20} - u_{30} = v_2 - v_3$$

二、节点方程

下面以图 3-6 所示电路为例说明如何建立节点方程。对电路的三个独立节点列出 KCL 方程

$$\left.\begin{array}{l} i_1 + i_4 + i_5 = i_{S1} \\ i_2 - i_5 + i_6 = 0 \\ i_3 - i_4 - i_6 = -i_{S2} \end{array}\right\} \qquad (3-6)$$

这是一组线性无关的方程。列出用节点电压表示的电阻 VCR 方程

$$\left.\begin{array}{l} i_1 = G_1 v_1 \\ i_2 = G_2 v_2 \\ i_3 = G_3 v_3 \\ i_4 = G_4(v_1 - v_3) \\ i_5 = G_5(v_1 - v_2) \\ i_6 = G_6(v_2 - v_3) \end{array}\right\} \qquad (3-7)$$

将式(3-7)代入式(3-6)中,经过整理后得到

$$\left.\begin{array}{l} (G_1 + G_4 + G_5)v_1 - G_5 v_2 - G_4 v_3 = i_{S1} \\ -G_5 v_1 + (G_2 + G_5 + G_6)v_2 - G_6 v_3 = 0 \\ -G_4 v_1 - G_6 v_2 + (G_3 + G_4 + G_6)v_3 = -i_{S2} \end{array}\right\} \qquad (3-8)$$

这就是图 3-6 所示电路的节点方程。写成一般形式

$$\left.\begin{array}{l} G_{11}v_1 + G_{12}v_2 + G_{13}v_3 = i_{S11} \\ G_{21}v_1 + G_{22}v_2 + G_{23}v_3 = i_{S22} \\ G_{31}v_1 + G_{32}v_2 + G_{33}v_3 = i_{S33} \end{array}\right\}$$

其中 G_{11}、G_{22}、G_{33} 称为节点自电导,它们分别是各节点全部电导的总和。此例中 $G_{11}=G_1+G_4+G_5$,$G_{22}=G_2+G_5+G_6$,$G_{33}=G_3+G_4+G_6$。$G_{ij}(i\neq j)$ 称为节点 i 和 j 的互电导,是节点 i 和 j 间电导总和的

负值。此例中 $G_{12}=G_{21}=-G_5$，$G_{13}=G_{31}=-G_4$，$G_{23}=G_{32}=-G_6$。i_{S11}、i_{S22}、i_{S33} 是流入该节点全部电流源电流的代数和。此例中 $i_{S11}=i_{S1}$，$i_{S22}=0$，$i_{S33}=-i_{S2}$。

从上可见，由独立电流源和线性电阻构成电路的节点方程，其系数很有规律，可以用观察电路图的方法直接写出节点方程。由独立电流源和线性电阻构成具有 n 个节点的连通电路，其节点方程的一般形式为

$$\left.\begin{array}{l} G_{11}v_1+G_{12}v_2+\cdots+G_{1(n-1)}v_{n-1}=i_{S11} \\ G_{21}v_1+G_{22}v_2+\cdots+G_{2(n-1)}v_{n-1}=i_{S22} \\ \cdots\cdots\cdots\cdots \\ G_{(n-1)1}v_1+G_{(n-1)2}v_2+\cdots+G_{(n-1)(n-1)}v_{n-1}=i_{S(n-1)(n-1)} \end{array}\right\} \tag{3-9}$$

三、节点分析法计算举例

节点分析法的计算步骤如下：

（1）指定连通电路中任一节点为参考节点，用接地符号表示。标出各节点电压，其参考方向总是独立节点为"+"，参考节点为"−"。

（2）用观察法列出 $(n-1)$ 个节点方程。

（3）求解节点方程，得到各节点电压。

（4）选定支路电流和支路电压的参考方向，计算各支路电流和支路电压。

例 3−5　用节点分析法求图 3−7 电路中各电阻支路电流。

解　用接地符号标出参考节点，标出两个节点电压 v_1 和 v_2 的参考方向，如图所示。用观察法列出节点方程

$$\begin{cases} (1S+1S)v_1-(1S)v_2=5\ A \\ -(1S)v_1+(1S+2S)v_2=-10\ A \end{cases}$$

整理得到

$$\begin{cases} 2v_1-v_2=5\ V \\ -v_1+3v_2=-10\ V \end{cases}$$

解得各节点电压为

$$v_1=1\ V$$

$$v_2=-3\ V$$

选定各电阻支路电流参考方向如图所示，可求得

$$i_1=(1S)u_1=(1S)v_1=1\ A$$

$$i_2=(2S)u_2=(2S)v_2=-6\ A$$

$$i_3=(2S)u_3=(1S)(v_1-v_2)=4\ A$$

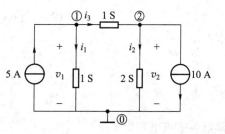

图 3−7　例 3−5

例 3-6 用节点分析法求图 3-8 电路各支路电压。

微视频 3-6：
例题 3-6 节点
电压

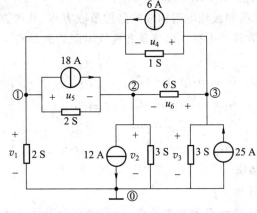

图 3-8 例 3-6

解 参考节点和节点电压如图所示。用观察法列出三个节点方程

$$\begin{cases} (2S+2S+1S)v_1-(2S)v_2-(1S)v_3=6\text{ A}-18\text{ A} \\ -(2S)v_1+(2S+3S+6S)v_2-(6S)v_3=18\text{ A}-12\text{ A} \\ -(1S)v_1-(6S)v_2+(1S+6S+3S)v_3=25\text{ A}-6\text{ A} \end{cases}$$

整理得到

$$\begin{cases} 5v_1-2v_2-v_3=-12\text{ V} \\ -2v_1+11v_2-6v_3=6\text{ V} \\ -v_1-6v_2+10v_3=19\text{ V} \end{cases}$$

解得各节点电压为

$$v_1=-1\text{ V}$$
$$v_2=2\text{ V}$$
$$v_3=3\text{ V}$$

求得另外三个支路电压

$$u_4=v_3-v_1=4\text{ V}$$
$$u_5=v_1-v_2=-3\text{ V}$$
$$u_6=v_3-v_2=1\text{ V}$$

读者可能已经注意到图 3-8 电路与图 3-3 电路存在一种对偶关系。

四、含独立电压源电路的节点方程

当电路中存在独立电压源时,不能用式(3-9)建立含有电压源节点的方程,其原因是没有考虑电压源的电流。若有电阻与电压源串联单口,可以先等效变换为电流源与电阻并联单口后,再用式(3-9)建立节点方程。若没有电阻与电压源串联,则应增加电压源的电流变量来建立节点方程。此时,由于增加了电流变量,需补充电压源电压与节点电压关系的方程。

例3-7 用节点分析法求图 3-9(a)电路的节点电压 v_1 和支路电流 i_1、i_2。

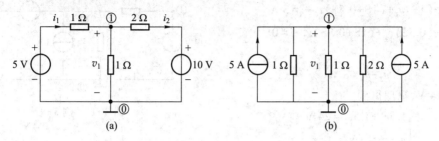

图 3-9 例 3-7

解 先将电压源与电阻串联等效变换为电流源与电阻并联,如图 3-9(b)所示。对节点电压 v_1 来说,图 3-9(b)与图 3-9(a)等效,只需列出一个节点方程。

$$(1S+1S+0.5S)v_1 = 5 \text{ A}+5 \text{ A}$$

解得

$$v_1 = \frac{10 \text{ A}}{2.5S} = 4 \text{ V}$$

按照图 3-9(a)电路可求得电源 i_1 和 i_2

$$i_1 = \frac{5 \text{ V}-4 \text{ V}}{1 \text{ }\Omega} = 1 \text{ A}$$

$$i_2 = \frac{4 \text{ V}-10 \text{ V}}{2 \text{ }\Omega} = -3 \text{ A}$$

例3-8 用节点分析法求图 3-10 电路的节点电压。

解 选定 6 V 电压源电流 i 的参考方向。计入电流变量 i,列出两个节点方程:

$$\begin{cases} (1S)v_1+i=5 \text{ A} \\ (0.5S)v_2-i=-2 \text{ A} \end{cases}$$

补充方程

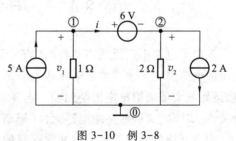

图 3-10 例 3-8

$$v_1-v_2=6 \text{ V}$$

解得

$$v_1 = 4 \text{ V}, \quad v_2 = -2 \text{ V}, \quad i = 1 \text{ A}$$

这种增加电压源电流变量建立的一组电路方程,称为改进的节点方程(modified node equation),它扩大了节点方程适用的范围,为很多计算机电路分析程序采用。

例3-9 用节点分析法求图 3-11 电路的节点电压。

解 由于 14 V 电压源连接到节点①和参考节点之间,节点①的节点电压成为已知量,即

$v_1 = 14$ V,可以不列出节点①的节点方程。考虑
到 8 V 电压源电流 i,列出的两个节点方程为

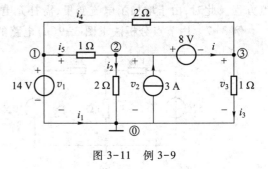

$$\begin{cases} -(1S)v_1 + (1S+0.5S)v_2 + i = 3 \text{ A} \\ -(0.5S)v_1 + (1S+0.5S)v_3 - i = 0 \end{cases}$$

补充方程

$$v_2 - v_3 = 8 \text{ V}$$

代入 $u_1 = 14$ V,整理得到

$$\begin{cases} 1.5v_2 + 1.5v_3 = 24 \text{ V} \\ v_2 - v_3 = 8 \text{ V} \end{cases}$$

解得

$$v_2 = 12 \text{ V}$$
$$v_3 = 4 \text{ V}$$
$$i = -1 \text{ A}$$

图 3-11 例 3-9

由此例可见,当参考节点选在电压源的一端时,电压源另一端的节点电压成为已知量,此时可以
不列该节点的节点方程。例如对于图 3-9(a)所示电路,也可利用两个节点电压为已知量,只列
一个节点方程求得节点电压 v_1

$$\left(\frac{1}{1 \ \Omega} + \frac{1}{1 \ \Omega} + \frac{1}{2 \ \Omega} \right) v_1 - \frac{5 \text{ V}}{1 \ \Omega} - \frac{10 \text{ V}}{2 \ \Omega} = 0$$

§3-3 含受控源的电路分析

在电子电路中广泛使用各种晶体管、运算放大器等多端器件。这些多端器件的某些端钮的
电压或电流受到另一些端钮电压或电流的控制。例如晶体管的集电极电流受到基极电流的控
制,运算放大器的输出电压受到输入电压的控制。为了模拟多端器件各电压、电流间的这种耦
合关系,需要定义一些多端电路元件(模型)。

本节介绍的受控源是一种非常有用的电路元件,常用来模拟含晶体管、运算放大器等多端
器件的电子电路。从事电子、通信类专业的工作人员,应掌握含受控源的电路分析。

一、受控源

受控源又称为非独立源。一般来说,一条支路的电压或电流受本支路以外的其他因素控制
时统称为受控源。本书仅讨论一条支路的电压或电流受电路中另一条支路的电压或电流控制
的情况,这样的受控源是由两条支路组成的一种理想化电路元件。受控源的第一条支路是控制
支路,呈开路或短路状态;第二条支路是受控支路,它是一个电压源或电流源,其电压或电流的
量值受第一条支路电压或电流的控制。这样的受控源可以分成四种类型,分别称为电流控制的

电压源(CCVS)、电压控制的电流源(VCCS)、电流控制的电流源(CCCS)和电压控制的电压源(VCVS),如图 3-12 所示。

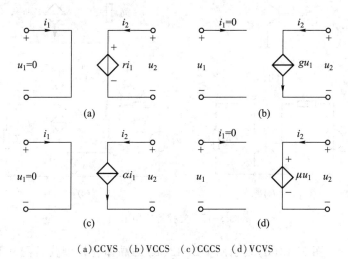

(a)CCVS (b)VCCS (c)CCCS (d)VCVS
图 3-12 四种受控源

如果受控源是线性的,则每种受控源可分别由两个线性代数方程来描述:

$$CCVS: \quad u_1 = 0, \quad u_2 = ri_1 \tag{3-10}$$

$$VCCS: \quad i_1 = 0, \quad i_2 = gu_1 \tag{3-11}$$

$$CCCS: \quad u_1 = 0, \quad i_2 = \alpha_1 i \tag{3-12}$$

$$VCVS: \quad i_1 = 0, \quad u_2 = \mu u_1 \tag{3-13}$$

其中 r 具有电阻量纲,称为转移电阻;g 具有电导量纲,称为转移电导;α 为量纲一的量,称为转移电流比;μ 为量纲一的量,称为转移电压比。当受控源的控制系数 r、g、α 和 μ 为常量时,它们是时不变双口电阻元件。本书只研究线性时不变受控源,并采用菱形符号来表示受控源(不画出控制支路),以便与独立电源相区别。

受控源与独立电源的特性完全不同,它们在电路中所起的作用也完全不同。独立电源是电路的输入或激励,它为电路提供按给定时间函数变化的电压和电流,从而在电路中产生电压和电流。受控源则描述电路中两条支路电压和电流间的一种约束关系,它的存在可以改变电路中的电压和电流,使电路特性发生变化。假如电路中不含独立电源,不能为控制支路提供电压或电流,则线性受控源以及整个线性电阻电路的电压和电流将全部为零。

用图 3-13 举例说明如何使用受控源来模拟电子器件。在一定条件下,图 3-13(a)所示的晶体管可以用图 3-13(b)所示的模型来表示。这个模型由一个受控源和一个电阻构成,这个受控源受与电阻并联的开路电压所控制,控制电压是 u_{be},受控源的控制系数是转移电导 g_m。在这个模型中,受控源是用来表示晶体管的电流 i_c 与电压 u_{be} 成正比的性质,即

$$i_c = g_m u_{be}$$

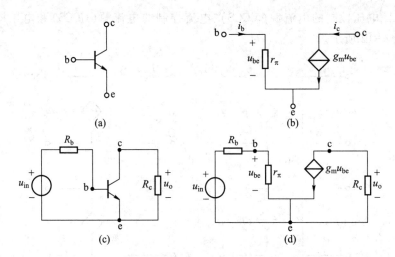

图 3-13 受控源应用举例

其中 g_m 的单位是 S。图 3-13(d)表示用图 3-13(b)的晶体管模型代替图3-13(c)所示电路中的晶体管所得到的一个电路模型。图 3-13(c)所示的晶体管放大器的电压增益定义为

$$A = \frac{u_o}{u_{in}}$$

这个增益可通过分析图 3-13(d)所示电路得到。这类电路的分析方法将在下面讨论。

二、含受控源单口网络的等效电路

在本章第一节中已指明,由若干线性二端电阻构成的电阻单口网络,就端口特性而言,可等效为一个线性二端电阻。由线性二端电阻和线性受控源构成的电阻单口网络,就端口特性而言,也等效为一个线性二端电阻,其等效电阻值常用外加独立电源计算单口 VCR 方程的方法求得。现举例加以说明。

例 3-10 求图 3-14(a)所示单口网络的等效电阻。

解 设想在端口外加电流源 i,写出端口电压 u 的表达式

$$u = \mu u_1 + u_1 = (\mu+1) u_1 = (\mu+1) Ri = R_o i$$

求得单口的等效电阻

$$R_o = \frac{u}{i} = (\mu+1) R$$

等效后电阻见图 3-14(b)。

由于受控电压源的存在,使端口电压增加了 $\mu u_1 = \mu Ri$,导致单口等效电阻增大到$(\mu+1)$倍。若控制系数 $\mu = -2$,则单口等效电阻 $R_o = -R$,这表明该电路可将正电阻变换为一个负电阻。

例 3-11 求图 3-15(a)所示单口网络的等效电阻。

解 设想在端口外加电压源 u,写出端口电流 i 的表达式为

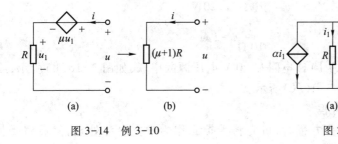

图 3-14 例 3-10   图 3-15 例 3-11

$$i = \alpha i_1 + i_1 = (\alpha+1) i_1 = \frac{\alpha+1}{R} u = G_o u$$

由此求得单口的等效电导为

$$G_o = \frac{i}{u} = (\alpha+1) G$$

等效后电阻见图 3-15(b)。

该电路将电导 G 增大到原值的 $(\alpha+1)$ 倍或将电阻 $R = 1/G$ 变小为原值的 $1/(\alpha+1)$，若 $\alpha = -2$，则 $G_o = -G$ 或 $R_o = -R$，这表明该电路也可将一个正电阻变换为负电阻。但应指出，这两个例子讨论的只是电路模型，其中的受控电源需要晶体管或运算放大器来实现，实际电路将比模型要复杂。

从 §2-2 中已知，由线性电阻和独立电源构成的单口网络，就端口特性而言，可以等效为一个线性电阻和电压源的串联单口，或等效为一个线性电阻和电流源的并联单口。若在这样的单口中还存在受控源，不会改变以上结论。也就是说，由线性受控源、线性电阻和独立电源构成的单口网络，就端口特性而言，可以等效为一个线性电阻和电压源的串联单口，或等效为一个线性电阻和电流源的并联单口。同样，可用外加电源计算端口 VCR 方程的方法，求得单口的等效电路。

例 3-12 求图 3-16(a)所示单口网络的等效电路。

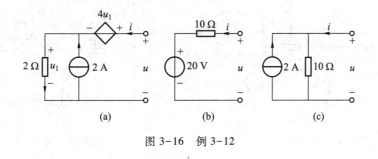

图 3-16 例 3-12

解 用外加电源法，求得单口 VCR 方程为

$$u = 4u_1 + u_1 = 5u_1$$

其中

$$u_1 = (2\ \Omega)(i+2\ A)$$

得到

$$u = (10\ \Omega)\,i + 20\ \text{V}$$

或

$$i = \frac{1}{10\ \Omega}u - 2\ \text{A}$$

以上两式对应的等效电路为 10 Ω 电阻和 20 V 电压源的串联,如图 3-16(b)所示,或 10 Ω 电阻和 2 A 电流源的并联,如图 3-16(c)所示。

三、含受控源电路的网孔方程

在列写含受控源电路的网孔方程时,可先将受控源作为独立电源处理,然后将受控源的控制变量用网孔电流表示,再经过移项整理即可得到如式(3-5)形式的网孔方程。下面举例说明。

例 3-13 列出图 3-17 所示电路的网孔方程。

解 在写网孔方程时,先将受控电压源的电压 ri_3 写在方程右边

$$(R_1 + R_3)\,i_1 - R_3 i_2 = u_\text{S}$$
$$- R_3 i_1 + (R_2 + R_3)\,i_2 = -ri_3$$

将控制变量 i_3 用网孔电流表示,即补充方程

$$i_3 = i_1 - i_2$$

代入上式,移项整理后得到以下网孔方程

$$(R_1 + R_3)\,i_1 - R_3 i_2 = u_\text{S}$$
$$(r - R_3)\,i_1 + (R_2 + R_3 - r)\,i_2 = 0$$

由于受控源的影响,互电阻 $R_{21} = (r - R_3)$ 不再与互电阻 $R_{12} = -R_3$ 相等。自电阻 $R_{22} = (R_2 + R_3 - r)$ 不再是该网孔全部电阻 R_2、R_3 的总和。

例 3-14 在图 3-18 所示电路中,已知 $\mu = 1$,$\alpha = 1$。试求网孔电流。

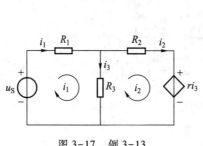

图 3-17　例 3-13

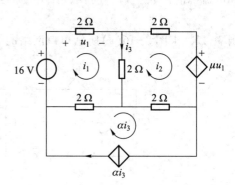

图 3-18　例 3-14

解 以 i_1、i_2 和 αi_3 为网孔电流,用观察法列出网孔 1 和网孔 2 的网孔方程分别为

$$(6\ \Omega)\,i_1 - (2\ \Omega)\,i_2 - (2\ \Omega)\,\alpha i_3 = 16\ \text{V}$$
$$- (2\ \Omega)\,i_1 + (6\ \Omega)\,i_2 - (2\ \Omega)\,\alpha i_3 = -\mu u_1$$

补充两个受控源控制变量与网孔电流 i_1 和 i_2 关系的方程

$$u_1 = (2\ \Omega)i_1$$

$$i_3 = i_1 - i_2$$

代入 $\mu = 1, \alpha = 1$ 和两个补充方程到网孔方程中,移项整理后得到以下网孔方程

$$4i_1 = 16\ \text{A}$$

$$-2i_1 + 8i_2 = 0$$

解得网孔电流 $i_1 = 4\ \text{A}, i_2 = 1\ \text{A}$ 和 $\alpha i_3 = 3\ \text{A}$。

微视频 3-7:
例题 3-14 网
孔电流

四、含受控源电路的节点方程

与建立网孔方程相似,列写含受控源电路的节点方程时,先将受控源作为独立电源处理,然后将控制变量用节点电压表示并移项整理,即可得到如式(3-9)形式的节点方程。现举例加以说明。

例 3-15 列出图 3-19 电路的节点方程。

解 列出节点方程时,将受控电流源 gu_3 写在方程右边

$$\begin{cases}(G_1 + G_3)v_1 - G_3 v_2 = i_S \\ -G_3 v_1 + (G_2 + G_3)v_2 = -gu_3\end{cases}$$

补充控制变量 u_3 与节点电压关系的方程

$$u_3 = v_1 - v_2$$

代入上式并移项整理得到

$$\begin{cases}(G_1 + G_3)v_1 - G_3 v_2 = i_S \\ (g - G_3)v_1 + (G_2 + G_3 - g)v_2 = 0\end{cases}$$

由于受控源的影响,互电导 $G_{21} = (g - G_3)$ 与互电导 $G_{12} = -G_3$ 不再相等。自电导 $G_{22} = (G_2 + G_3 - g)$ 不再是节点②全部电导之和。

例 3-16 电路如图 3-20 所示,已知 $g = 2\text{S}$,求节点电压和受控电流源发出的功率。

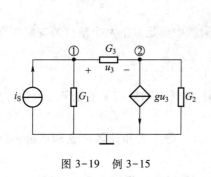

图 3-19 例 3-15

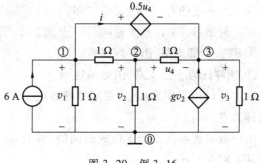

图 3-20 例 3-16

解 当电路中存在受控电压源时,应增加电压源电流变量 i 来建立节点方程。在列写节点方程时,将受控电流源 gv_2 写在方程右边

$$\begin{cases} (2S)v_1-(1S)v_2+i=6\text{ A} \\ -(1S)v_1+(3S)v_2-(1S)v_3=0 \\ -(1S)v_2+(2S)v_3-i=gv_2 \end{cases}$$

补充方程

$$v_1-v_3=0.5u_4=0.5(v_2-v_3)$$

代入 $g=2S$,消去电流 i,经整理得到以下节点方程

$$\begin{cases} 2v_1-4v_2+2v_3=6\text{ V} \\ -v_1+3v_2-v_3=0 \\ v_1-0.5v_2-0.5v_3=0 \end{cases}$$

求解可得 $v_1=4\text{ V}$, $v_2=3\text{ V}$, $v_3=5\text{ V}$。受控源发出的功率等于控制支路和受控支路发出的功率之和,由于控制支路发出的功率为零,受控源发出的功率等于其受控支路发出的功率。图 3-20 所示电路中受控电流源发出的功率为

$$p=v_3(gv_2)=5\times2\times3\text{ W}=30\text{ W}$$

§3-4 回路分析法和割集分析法

本节先介绍利用独立电流或独立电压作变量来建立电路方程的另外两种方法——回路分析法和割集分析法,然后对各种电路分析方法做个总结。

一、图论的几个名词
在介绍回路分析法和割集分析法之前,需要介绍图论的几个名词。

(1) 树(tree)是图论的一个重要概念。图由节点和支路组成,树是连通图中连通全部节点而不形成回路的子图。构成树的支路称为树支,连接树支的支路称为连支。由 b 条支路和 n 个节点构成的连通图有 $(n-1)$ 条树支和 $(b-n+1)$ 条连支。

(2) 割集(cut set)是图论的另一个重要概念,它是连通图中满足以下两个条件的支路集合:

① 移去全部支路,图不再连通。

② 恢复任何一条支路,图必须连通。

KCL 可以用割集来陈述:在集总参数电路中,任一时刻,与任一割集相关的全部支路电流的代数和为零。

由一条树支和几条连支构成的割集,称为基本割集。由一条连支和几条树支构成的回路,称为基本回路。

可以证明,$(n-1)$ 条树支电压是一组独立电压变量,由此可以导出割集分析法。$(b-n+1)$ 条连支电流是一组独立电流变量,由此可以导出回路分析法。

读者阅读教材 Abook 资源中的"回路分析和割集分析",可以获得更多的信息。

二、回路分析法

与网孔分析法相似,也可用$(b-n+1)$个独立回路电流作变量,来建立回路方程。由于回路电流的选择有较大灵活性,当电路存在 m 个电流源时,假如能够让每个电流源支路只流过一个回路电流,就可利用电流源电流来确定该回路电流,从而可以少列写 m 个回路方程。网孔分析法只适用于平面电路,回路分析法是更普遍的分析方法。

例 3-17 用回路分析法重解图 3-5 所示电路,只列一个方程求电流 i_1 和 i_2。

解 为了减少联立方程数目,让 1A 和 2A 电流源支路只流过一个回路电流。例如图 3-21(a)和(b)所选择的回路电流都符合这个条件。假如选择图3-21(a)所示的三个回路电流 i_1、i_3 和 i_4,则 $i_3 = 2$ A,$i_4 = 1$ A 成为已知量,只需用观察法列出电流 i_1 的回路方程

$$(5\ \Omega + 3\ \Omega + 1\ \Omega)i_1 - (1\ \Omega + 3\ \Omega)i_3 - (5\ \Omega + 3\ \Omega)i_4 = 20\ \text{V}$$

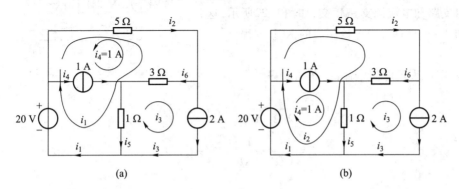

图 3-21 例 3-17

代入 $i_3 = 2$ A,$i_4 = 1$ A,求得电流 i_1

$$i_1 = \frac{20\ \text{V} + 8\ \text{V} + 8\ \text{V}}{5\ \Omega + 3\ \Omega + 1\ \Omega} = 4\ \text{A}$$

根据支路电流与回路电流的关系可以求得其他支路电流

$$i_2 = i_1 - i_4 = 3\ \text{A}$$

$$i_5 = i_1 - i_3 = 2\ \text{A}$$

$$i_6 = i_1 - i_3 - i_4 = 1\ \text{A}$$

假如选择图 3-21(b)所示的三个回路电流 i_2、i_3 和 i_4,由于 $i_3 = 2$ A,$i_4 = 1$ A 成为已知量,只需用观察法列出电流 i_2 的回路方程

$$(3\ \Omega + 5\ \Omega + 1\ \Omega)i_2 - (1\ \Omega + 3\ \Omega) \times 2\ \text{A} + (1\ \Omega) \times 1\ \text{A} = 20\ \text{V}$$

求解方程得到电流 i_2

$$i_2 = \frac{20\ \text{V} + 8\ \text{V} - 1\ \text{V}}{3\ \Omega + 5\ \Omega + 1\ \Omega} = 3\ \text{A}$$

读者还可选择 i_3、i_4 和 i_5 作为三个回路电流,只用一个回路方程求出电流 i_5;选择 i_3、i_4 和 i_6

作为三个回路电流,只用一个回路方程求出电流 i_6。

三、割集分析法

　　与节点分析法用 $(n-1)$ 个节点电压作为变量来建立电路方程类似,也可以用 $(n-1)$ 个树支电压作为变量来建立割集的 KCL 方程。由于选择树支电压有较大的灵活性,当电路存在 m 个独立电压源时,其电压是已知量,若能选择这些树支电压作为变量,就可以少列 m 个电路方程。节点分析法只适用于连通电路,而割集分析法是更普遍的分析方法。

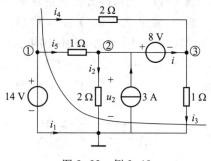

图 3-22　例 3-18

　　例 3-18　用割集分析法重解图 3-11 所示电路,只列一个方程求电压 u_2。

　　解　为了求得电压 u_2,作一个封闭面与支路 2 及其他电阻支路和电流源支路相交,如图3-22所示,这几条支路构成一个割集,列出该割集的 KCL 方程

$$i_4 + i_5 - i_2 - i_3 = -3 \text{ A}$$

代入用电压 u_2 表示电阻电流的 VCR 方程

$$i_4 = \frac{u_4}{2 \text{ }\Omega} = \frac{1}{2 \text{ }\Omega}(14 \text{ V} - u_2 + 8 \text{ V})$$

$$i_5 = \frac{u_5}{1 \text{ }\Omega} = \frac{1}{1 \text{ }\Omega}(14 \text{ V} - u_2)$$

$$i_2 = \frac{u_2}{2 \text{ }\Omega}$$

$$i_3 = \frac{u_3}{1 \text{ }\Omega} = \frac{1}{1 \text{ }\Omega}(-8 \text{ V} + u_2)$$

得到以下方程

$$\frac{1}{2 \text{ }\Omega}(14 \text{ V} - u_2 + 8 \text{ V}) + \frac{1}{1 \text{ }\Omega}(14 \text{ V} - u_2) - \frac{1}{2 \text{ }\Omega}u_2 - \frac{1}{1 \text{ }\Omega}(-8 \text{ V} + u_2) = -3 \text{ A}$$

求解方程得到
$$u_2 = 12 \text{ V}$$

　　以上计算表明,只需列出一个方程,就可求得电压 u_2。用类似方法,也可以只列出一个方程求得图 3-22 所示电路中其他电阻支路的电压。

四、电路分析方法回顾

　　到目前为止,已经介绍了 2b 法、支路电流法及支路电压法、网孔分析法及回路分析法、节点分析法及割集分析法。其核心是用数学方式来描述电路中电压、电流约束关系的一组电路方程,这些方程间的关系如下所示。

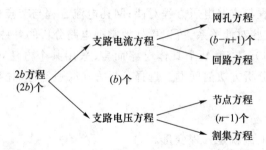

2b 方程是根据 KCL、KVL 和 VCR 直接列出的支路电压和支路电流的约束方程,适用于任何集总参数电路,它是最基本、最原始的一组电路方程,由它可以导出其他几种电路方程。

当电路由独立电压源和流控电阻元件组成时,将流控元件的 VCR 方程$\{u=f(i)\}$代入 KVL 方程中,将支路电压转换为支路电流,从而得到用支路电流表示的$(b-n+1)$个 KVL 方程。这些方程再加上原来的$(n-1)$个 KCL 方程,就构成以 b 个支路电流作为变量的支路电流方程。

由于 b 个支路电流中,只有$(b-n+1)$个独立的电流变量,其他的支路电流是这些独立电流的线性组合。假如将这种线性组合关系代入到支路电流方程组中,就得到以$(b-n+1)$个独立电流为变量的 KVL 方程(网孔方程或回路方程)。假如采用平面电路的$(b-n+1)$个网孔电流作为变量,就得到网孔电流方程;假如采用$(b-n+1)$个回路电流作为变量,就得到回路电流方程。

当电路由独立电流源和压控电阻元件组成时,将压控元件的 VCR 方程$\{i=f(u)\}$代入 KCL 方程中,将支路电流转换为支路电压,从而得到用支路电压表示的$(n-1)$个 KCL 方程。这些方程再加上原来的$(b-n+1)$个 KVL 方程,就构成以 b 个支路电压作为变量的支路电压方程。

由于 b 个支路电压中,只有$(n-1)$个独立的电压变量,其他的支路电压是这些独立电压的线性组合。假如将这种线性组合关系代入到支路电压方程组中,就得到以$(n-1)$个独立电压为变量的 KCL 方程(节点方程或割集方程)。假如采用连通电路的$(n-1)$个节点电压作为变量,就得到节点电压方程;假如采用$(n-1)$个树支电压作为变量,就得到割集方程。

值得注意的是,当电路中含有独立电流源时,在列写支路电流方程、网孔方程和回路方程时,由于独立电流源不是流控元件,不存在流控表达式 $u=f(i)$,这些电流源的电压变量不能从 2b 方程中消去,还必须保留在方程中,成为既有电流和又有电流源电压作为变量的一种混合变量方程。与此相似,当电路中含有独立电压源时,在列写支路电压方程、节点方程和割集方程时,由于独立电压源不是压控元件,不存在压控表达式 $i=f(u)$,这些电压源的电流变量不能从 2b 方程中消去,还必须保留在方程中,成为既有电压和又有电压源电流作为变量的一种混合变量方程。

从 2b 分析法导出的几种分析方法中,存在着一种对偶关系,支路电流分析与支路电压分析对偶;网孔分析与节点分析对偶;回路分析与割集分析对偶。这些方法对应的方程也存在着对偶的关系,即支路电流方程与支路电压方程对偶;网孔电流方程与节点电压方程对偶;回路方程与割集方程对偶。利用这些对偶关系,可以更好地掌握电路分析的各种方法。

由于分析电路有多种方法,就某个具体电路而言,采用某个方法可能比另外一个方法好。在分析电路时,就有选择分析方法的问题。选择分析方法时通常考虑的因素有:

(1) 联立方程数目少。

(2) 列写方程比较容易。

(3) 所求解的电压、电流就是方程变量。

(4) 个人喜欢并熟悉的某种方法。例如 $2b$ 方程的数目虽然最多,但是在已知部分电压、电流的情况下,并不需要写出全部 $2b$ 方程来联立求解,只需观察电路,列出部分 KCL、KVL 和 VCR 方程就能直接求出某些电压、电流,这是从事实际电气工作的人员喜欢采用的一种方法。

常用网孔分析法和节点分析法来分析复杂电路,这些方法的优点是联立求解的方程数目少,并且可以用观察电路的方法直接写出联立方程组。一般来说,当电路只含有独立电压源而没有独立电流源时,用网孔分析法显然更容易;当电路只含有独立电流源而没有独立电压源时,用节点分析法显然更容易。必须记住,网孔分析法只适用于平面电路;节点分析法只适用于连通电路。

以上谈到的是用"笔算"方法分析电路时遇到的几个问题,假若用计算机程序来分析电路,就不必考虑这些问题了,只要将电路元件连接关系和参数的有关数据输入计算机,计算机就能够自动建立电路方程,并求解得到你所需要的各种计算结果。当你用"笔算"分析电路遇到困难和深入研究某些比较复杂电路的特性时,可以利用本教材提供的计算机程序,为你节省大量时间。

§3-5 电路设计和计算机分析电路实例

一、计算机分析电路实例

以前,人们只有用"笔"算方法来分析电路,当电路比较复杂时,列写和求解电路方程都要花费大量时间。现在,可以用各种计算机程序来分析电路,只要将电路元件连接关系和参数的有关数据输入计算机,计算机就能够自动建立电路方程,并求解得到你所需要的各种计算结果,下面举例说明如何用本教材提供的线性电路分析程序 WDCAP 来解算电阻电路习题。

微视频3-8:
例题 3-19 节
点电压

例 3-19 用节点分析法计算图 3-23 电路各节点的电压。

解 运行 WDCAP 程序,读入图 3-23 电路的数据,选择建立节点电压方程的菜单,可以求得以下结果。

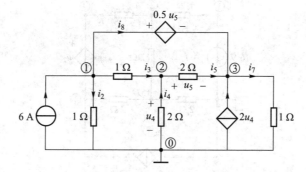

图 3-23　建立节点方程并求解

```
L3-19 Circuit Data
元件  支路  开始  终止  控制    元件      元件
类型  编号  节点  节点  支路    数值      数值
 I    1    0    1            6.0000
 R    2    1    0            1.00000
 R    3    1    2            1.00000
 R    4    2    0            2.0000
 R    5    2    3            2.0000
 VC   6    0    3    4       2.0000
 R    7    3    0            1.00000
 VV   8    1    3    5       0.50000
独立节点数 ＝ 3      支路数 ＝ 8
*****  改进节点方程  *****
 2.00    V1 -1.000  V2 +0.00   V3 +1.000  I8 ＝ 6.00
-1.000   V1 +2.00   V2 -0.500  V3 +0.00   I8 ＝ 0.00
 0.00    V1 -2.50   V2 +1.50   V3 -1.000  I8 ＝ 0.00
 1.000   V1 -0.500  V2 -0.500  V3 +0.00   I8 ＝ 0.00
----- 节点电压和支路电流 -----
V 1＝ 6.000    V 2＝ 4.800    V 3＝ 7.200
I 8＝ -1.200
*****  直流电路分析程序（WDCAP 3.01）*****
```

由于电路中有一个受控电压源,计算机自动增加一个电流 i_8 来建立方程,由于变量的增加,因此要补充一个受控电压源电压的约束方程,所得到的改进节点方程如下所示。

$$\begin{cases} (2\text{S})v_1-(1\text{S})v_2+i_8=6\text{ A} \\ -(1\text{S})v_1+(2\text{S})v_2-(0.5\text{S})v_3=0 \\ -(2.5\text{S})v_2+(1.5\text{S})v_3-i_8=0 \\ (1\text{S})v_1-(0.5\text{S})v_2-(0.5\text{S})v_3=0 \end{cases}$$

求得节点电压 $v_1=6\text{ V}$,$v_2=4.8\text{ V}$,$v_3=7.2\text{ V}$,电流 $i_8=-1.2\text{ A}$。

例 3-20　用网孔分析法求图 3-24 电路的网孔电流。

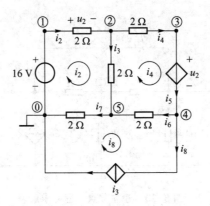

图 3-24　建立网孔方程并求解

　　解　运行 WDCAP 程序,读入图 3-24 电路的数据,选择建立网孔或回路方程后,再选择 1、3、5、6、7 为树支(即 2、4、8 为连支),可以得到以下计算结果。

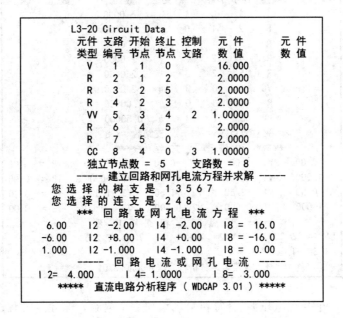

求得网孔方程为

$$\begin{cases} (6\ \Omega)i_2 - (2\ \Omega)i_4 - (2\ \Omega)i_8 = 16\ \text{V} \\ -(6\ \Omega)i_2 + (8\ \Omega)i_4 = -16\ \text{V} \\ i_2 - i_4 - i_8 = 0 \end{cases}$$

求得网孔电流 $i_2 = 4$ A, $i_4 = 1$ A, $i_8 = 3$ A。

二、电路设计——敏感度分析

由于电路元件的容差、环境(温度、湿度、辐射等)的影响以及老化等因素造成元件参数的变化,会改变一个实际电路的特性。在设计实际电路时必须考虑元件参数变化对电路特性的影响,并将其影响减小到一定程度。例如为了评估电阻参数变化对电压的影响,我们可以计算偏微分 $\partial u/\partial R$。对于线性时不变电路,可以计算以下量

$$S_R^u = \lim_{\Delta R \to 0} \frac{\Delta u/u}{\Delta R/R} = \frac{R}{u}\frac{\partial u}{\partial R}$$

其中 S_R^u 称为电压 u 对于电阻参数 R 变化的相对敏感度,简称敏感度(或灵敏度)。

例 3-21　计算图 3-25 电路输出电压 u_L 对于电阻参数变化的敏感度。

解　写出输出电压 u_L 与输入电压 u_S 的关系式

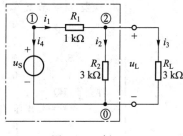

$$u_L = \frac{R_2 R_L}{R_1 R_2 + R_1 R_L + R_2 R_L} u_S$$

计算输出电压 u_L 对于电阻参数 R_1 变化的敏感度

$$S_{R_1}^{u_L} = \frac{R_1}{u_L}\frac{\partial u_L}{\partial R_1} = \frac{-R_1(R_2+R_L)}{R_1 R_2 + R_1 R_L + R_2 R_L}$$

图 3-25　例 3-21

采用例 1-15 中的电阻参数,即 $R_1 = 1\ \text{k}\Omega, R_2 = R_L = 3\ \text{k}\Omega$,则

$$S_{R_1}^{u_L} = \frac{-R_1(R_2+R_L)}{R_1 R_2 + R_1 R_L + R_2 R_L} = \frac{-1\times(3+3)}{3+3+9} = \frac{-6}{15} = -0.4$$

用同样方法计算出输出电压 u_L 对于电阻参数 R_2 和 R_L 变化的敏感度

$$S_{R_2}^{u_L} = \frac{R_1 R_L}{R_1 R_2 + R_1 R_L + R_2 R_L} = \frac{3}{3+3+9} = 0.2$$

$$S_{R_L}^{u_L} = \frac{R_1 R_2}{R_1 R_2 + R_1 R_L + R_2 R_L} = \frac{3}{3+3+9} = 0.2$$

$S_{R_1}^{u_L} = -0.4$ 表示 R_1 增加 1%时,输出电压的相对变化量减小 0.4%。当电阻 R_1 增加 5%时,输出电压变化量大约为

$$\Delta u_L = S_{R_1}^{u_L} \times 5\% \times 12\ \text{V} = -0.4 \times 5\% \times 12\ \text{V} = -0.24\ \text{V}$$

$S_{R_2}^{u_L} = S_{R_L}^{u_L} = 0.2$,表示 R_1 增加 1%时,输出电压的相对变化量增加 0.2%。当电阻 R_2 或 R_L 增加 5%时,输出电压变化量大约为

$$\Delta u_L = 0.2 \times 5\% \times 12\ \text{V} = 0.12\ \text{V}$$

当三个电阻器的容差都是 5%时,在最坏的情况下,输出电压的变化大约为

$$\Delta u_L = (\,|S_{R_1}^{u_L}| + |S_{R_2}^{u_L}| + |S_{R_L}^{u_L}|\,) \times 5\% \times 12\ \text{V} = (0.4+0.2+0.2) \times 5\% \times 12\ \text{V} = 0.48\ \text{V}$$

即输出电压变化范围为 11.52 ~ 12.48 V。

在设计电路时应合理选择电路元件的容差来降低实际电路的成本和提高性价比,对于敏感度低的电阻可以选择容差大的电阻器,而对于敏感度高的电阻可以选择容差小的电阻器。例如电阻 R_1 选择容差 5%的电阻器,R_2 或 R_L 选择容差 10%的电阻器,在最坏的情况下,输出电压的

变化大约为

$$\Delta u_L = (\,|S_{R_1}^{u_L}|\times 5\% + |S_{R_2}^{u_L}|\times 10\% + |S_{R_L}^{u_L}|\times 10\%\,)\times 12\ \text{V} = (2+2+2)\%\times 12\ \text{V} = 0.72\ \text{V}$$

计算电路敏感度的工作可以由计算机来完成,用计算机程序 WDCAP 对图 3-25 电路的计算结果如下所示。

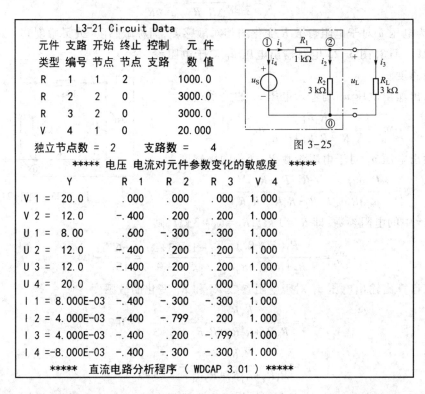

```
              L3-21 Circuit Data
    元件  支路  开始  终止  控制    元 件
    类型  编号  节点  节点  支路    数 值
    R    1    1    2          1000.0
    R    2    2    0          3000.0
    R    3    2    0          3000.0
    V    4    1    0          20.000

    独立节点数 = 2      支路数 =     4
          *****  电压 电流对元件参数变化的敏感度  *****
              Y      R 1     R 2     R 3    V 4
    V 1 =  20.0    .000    .000    .000   1.000
    V 2 =  12.0   -.400    .200    .200   1.000
    U 1 =  8.00    .600   -.300   -.300   1.000
    U 2 =  12.0   -.400    .200    .200   1.000
    U 3 =  12.0   -.400    .200    .200   1.000
    U 4 =  20.0    .000    .000    .000   1.000
    I 1 =  8.000E-03   -.400   -.300   -.300   1.000
    I 2 =  4.000E-03   -.400   -.799    .200   1.000
    I 3 =  4.000E-03   -.400    .200   -.799   1.000
    I 4 =-8.000E-03    -.400   -.300   -.300   1.000
       *****  直流电路分析程序 ( WDCAP 3.01 )  *****
```

图 3-25

一般来说,当电路元件参数发生变化时,将引起电压和电流值的改变。利用敏感度可以评估电路元件参数在微小变化时,电压、电流所发生的变化。从 WDCAP 的计算敏感度的每行数据可以看出各元件参数变化对某电压或电流的影响,从每列数据可以看出某元件参数变化对各电压或电流的影响。显然,各电阻参数变化对各电压、电流的影响是不同的。对于敏感度绝对值越大的电阻器应该选择较小的容差来提高电路的稳定性,而对于敏感度绝对值较小的电阻器可以选择较大的容差来降低成本。

利用以上结果,可以计算出三个电阻器的容差是 5% 的最坏情况下,输出电流的变化大约为

$$\Delta i_3 = (\,|S_{R_1}^{i_3}| + |S_{R_2}^{i_3}| + |S_{R_L}^{i_3}|\,)\times 5\%\times 4\ \text{mA}$$
$$= (0.4+0.2+0.8)\times 5\%\times 4\ \text{mA} = 0.28\ \text{mA}$$

即输出电流变化范围为 3.72~4.28 mA。需要注意的是在电阻参数变化范围很大时,根据敏感度计算的电压或电流变化范围可能会出现误差。

为了观察电路元件参数在大范围变化时,各电压电流以及功率的变化,WDCAP 程序还可以画出电路元件参数在大范围变化时,电压或电流变化的曲线。例如图 3-25 电路中电阻 R_1 变化时,输出电压变化的曲线如下所示。

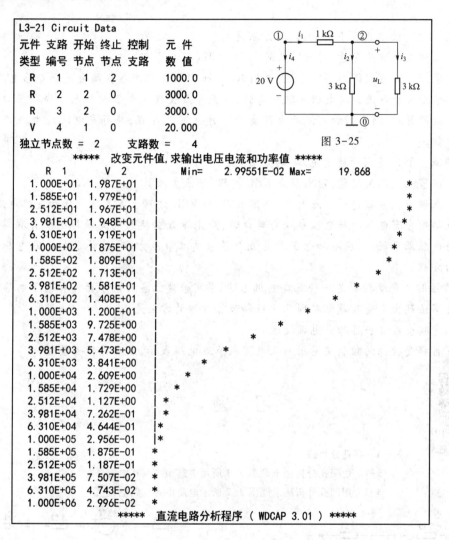

图 3-25

```
L3-21 Circuit Data
元件  支路  开始  终止  控制    元件
类型  编号  节点  节点  支路    数值
R    1    1    2           1000.0
R    2    2    0           3000.0
R    3    2    0           3000.0
V    4    1    0           20.000
独立节点数 = 2      支路数 = 4
        ***** 改变元件值, 求输出电压电流和功率值 *****
    R 1      V 2          Min=   2.99551E-02 Max=      19.868
1.000E+01   1.987E+01  |                                            *
1.585E+01   1.979E+01  |                                            *
2.512E+01   1.967E+01  |                                            *
3.981E+01   1.948E+01  |                                           *
6.310E+01   1.919E+01  |                                          *
1.000E+02   1.875E+01  |                                        *
1.585E+02   1.809E+01  |                                      *
2.512E+02   1.713E+01  |                                   *
3.981E+02   1.581E+01  |                                 *
6.310E+02   1.408E+01  |                             *
1.000E+03   1.200E+01  |                         *
1.585E+03   9.725E+00  |                      *
2.512E+03   7.478E+00  |                   *
3.981E+03   5.473E+00  |                *
6.310E+03   3.841E+00  |             *
1.000E+04   2.609E+00  |          *
1.585E+04   1.729E+00  |       *
2.512E+04   1.127E+00  |     *
3.981E+04   7.262E-01  |    *
6.310E+04   4.644E-01  |  *
1.000E+05   2.956E-01  |  *
1.585E+05   1.875E-01  | *
2.512E+05   1.187E-01  | *
3.981E+05   7.507E-02  | *
6.310E+05   4.743E-02  | *
1.000E+06   2.996E-02  | *
        ***** 直流电路分析程序 (WDCAP 3.01) *****
```

由曲线可见,当电阻 R_1 由 $10\ \Omega$ 增加到 $1\ \mathrm{M\Omega}$ 时,输出电压 u_L 由 $19.868\ \mathrm{V}$ 逐渐减小到 $0.029\ 6\ \mathrm{V}$,电阻 R_1 越大,输出电压越低。当电阻 $R_1 = 100\ \Omega$ 时,输出电压 $u_L = 18.75\ \mathrm{V}$,电阻 $R_1 = 1\ \mathrm{k\Omega}$ 时,输出电压 $u_L = 12\ \mathrm{V}$,电阻 $R_1 = 10\ \mathrm{k\Omega}$ 时,输出电压 $u_L = 2.009\ \mathrm{V}$。

在电路的设计中,必须预先评估实际电路元件参数变化对电路特性的影响,利用计算机程序的敏感度分析可以看出电路元件参数变化对支路电压和支路电流的影响。

摘　　要

1. 网孔分析法适用于平面电路,其方法是:

(1) 以网孔电流为变量,列出网孔的 KVL 方程(网孔方程)。

(2) 求解网孔方程得到网孔电流,再用 KCL 和 VCR 方程求各支路电流和支路电压。

当电路中含有电流源与电阻并联单口时,应先等效变换为电压源与电阻串联单口。若没有电阻与电流源并联,则应增加电流源电压变量来建立网孔方程,并补充电流源电流与网孔电流关系的方程。

2. 节点分析法适用于连通电路,其方法是:

(1) 以节点电压为变量,列出节点 KCL 方程(节点方程)。

(2) 求解节点方程得到节点电压,再用 KVL 和 VCR 方程求各支路电压和支路电流。

当电路中含有电压源与电阻串联的单口时,应先等效变换为电流源与电阻并联单口。若没有电阻与电压源串联,则应增加电压源电流变量来建立节点方程,并补充电压源电压与节点电压关系的方程。

3. 线性时不变受控源是一种双口电阻元件,常用来建立各种电子器件和电子电路的模型。

用观察法列出含受控源电路网孔方程和节点方程的方法是:

(1) 先将受控源当作独立电源处理。

(2) 再将受控源的控制变量用网孔电流或节点电压表示,最后再移项整理。

微视频 3-10:
第 3 章习题解
答

习　题　三

§3-1　网孔分析法

3-1　用网孔分析法求题图 3-1 所示电路中各网孔电流。

3-2　用网孔分析法求题图 3-2 所示电路中各支路电流。

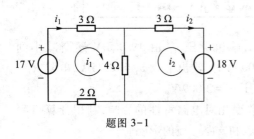

题图 3-1

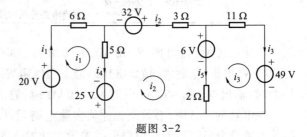

题图 3-2

3-3　用网孔分析法求题图 3-3 所示电路中各支路电流。

3-4 用网孔分析法求题图 3-4 所示电路的网孔电流 i_1 和 i_2,并计算出 6 Ω 电阻吸收的功率。

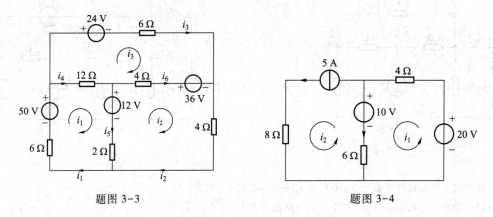

题图 3-3   题图 3-4

3-5 用网孔分析法求题图 3-5 所示电路的网孔电流 i_1 和 i_2。

3-6 用网孔分析法求题图 3-6 所示电路中的网孔电流和电压 u。

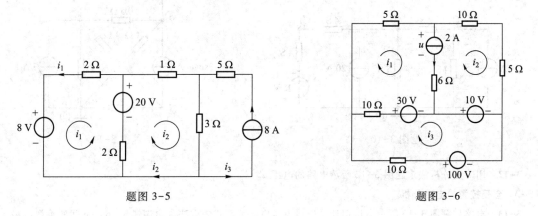

题图 3-5   题图 3-6

§3-2 节点分析法

3-7 用节点分析法求题图 3-7 所示电路的节点电压。

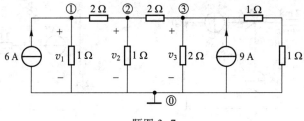

题图 3-7

3-8 用节点分析法求题图 3-8 所示电路的节点电压。

3-9 用节点分析法求题图 3-9 所示电路的节点电压。

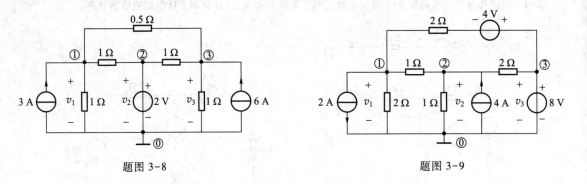

题图 3-8   题图 3-9

3-10 用节点分析法求题图 3-10 所示电路的节点电压。

3-11 用节点分析法求题图 3-11 所示电路的节点电压。

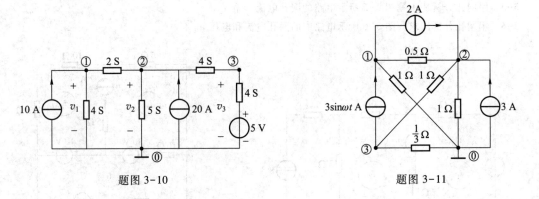

题图 3-10   题图 3-11

3-12 用节点分析法求题图 3-12 所示电路的电压 u_1。

§3-3 含受控源的电路分析

3-13 电路如题图 3-13 所示。试用计算端口电压电流关系式的方法求出端钮 ad、bd、cd 间的等效电路。

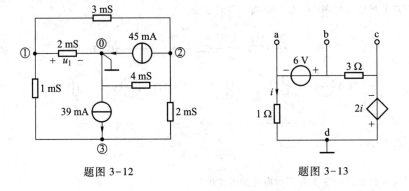

题图 3-12   题图 3-13

3-14 求题图 3-14 所示电路中各电阻单口的等效电阻。

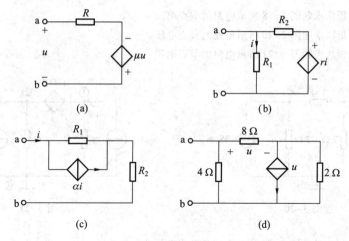

题图 3-14

3-15 用网孔分析法求题图 3-15 所示的电路中的电压 u 和电流 i_1。

3-16 用网孔分析法求题图 3-16 所示电路的网孔电流。

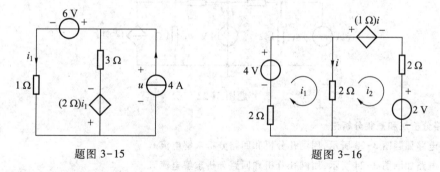

题图 3-15　　　　　　　题图 3-16

3-17 用网孔分析法求题图 3-17 所示电路的网孔电流。

3-18 用网孔分析法求题图 3-18 所示电路的网孔电流。

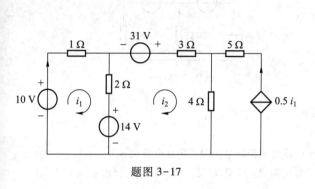

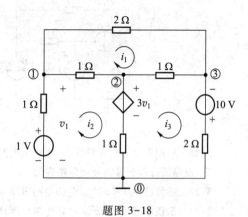

题图 3-17　　　　　　　题图 3-18

3-19 用节点分析法求题图 3-18 所示电路的节点电压 v_1。

3-20 用节点分析法求题图 3-20 所示电路的节点电压。

3-21 用节点分析法求题图 3-21 所示电路的节点电压。

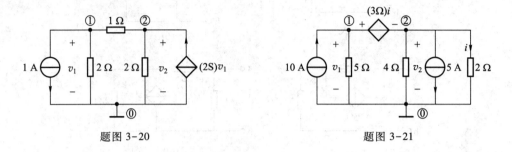

题图 3-20   题图 3-21

3-22 用节点分析法求题图 3-22 所示电路的节点电压和电流 i。

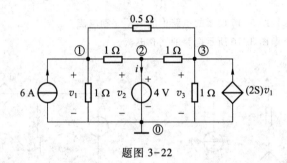

题图 3-22

§3-4 回路分析法和割集分析法

3-23 电路如题图 3-23 所示,用网孔分析和回路分析求解电流 i。

3-24 电路如题图 3-24 所示,用网孔分析和回路分析求解电流 i。

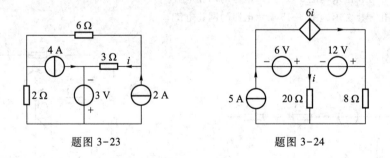

题图 3-23   题图 3-24

3-25 用割集分析法重解图 3-11 所示电路,只列一个方程求电压 u_4。

§3-5 电路设计和计算机分析电路实例

3-26 欲使题图 3-26 所示电路中的电压 $u = 16$ V,求电流控制电流源的转移电流比 α。

3-27 欲使题图 3-27 所示电路中单口网络的等效电阻 $R_{ab} = 3$ Ω,求受控源的转移电流比 α。

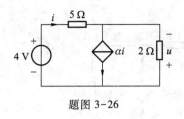

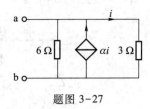

题图 3-26　　　　　　　　　　　　　题图 3-27

3-28　欲使题图 3-28 所示电路中的电压 $u = 0\ \text{V}$ 和 $u = 5\ \text{V}$，求电压源电压 u_S。

3-29　欲使题图 3-29 所示电路中的电流 $i = 1\ \text{A}$，求受控源的转移电流比 α。

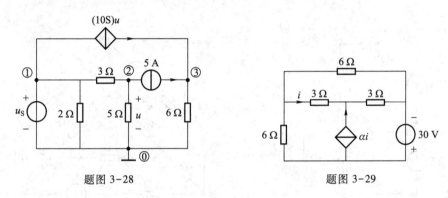

题图 3-28　　　　　　　　　　　　　题图 3-29

3-30　列出题图 3-30 所示电路的网孔方程，求网孔电流 i_1、i_2 和 i_3。

3-31　用计算机程序求题图 3-31 所示电路的各节点电压，各支路电压、电流和吸收功率。

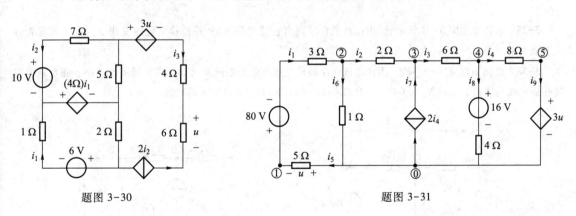

题图 3-30　　　　　　　　　　　　　题图 3-31

3-32　计算题图 3-32 电路中电路元件参数变化 5% 时，节点电压的变化范围。

3-33　双电源分压电路如题图 3-33 电路所示，用计算机程序分析电阻元件参数变化对输出电压的影响。

3-34　电路如题图 3-34 所示，试用网孔分析法计算网孔电流和各支

微视频 3-11：
习题 3-33 敏
感度分析

微视频 3-12：
习题 3-34 网
孔电流

路电流。并用计算机程序来检验计算结果是否正确。

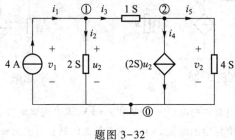

题图 3-32

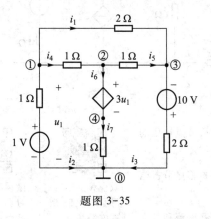

题图 3-33

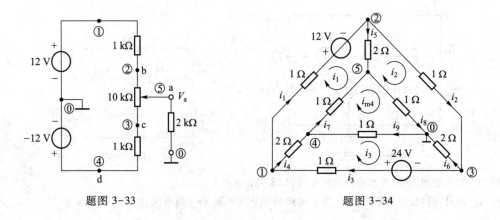

题图 3-34

3-35 电路如题图 3-35 所示,试用计算机程序找出它的对偶电路,并检验它们的支路电压和电流是否存在对偶关系。

3-36 电路如题图 3-36 所示,用计算机程序画出负载电阻的电压 u、电流 i 以及所吸收功率 p 随负载电阻变化的曲线。求负载电阻 R_L 为 $0\ \Omega$、$0.2\ \Omega$、$0.4\ \Omega$、$0.6\ \Omega$、$0.8\ \Omega$、$1.0\ \Omega$ 时 p 的数值。

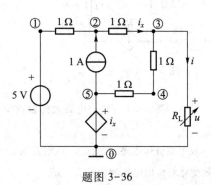

题图 3-35

题图 3-36

3-37 有向图相同的两个电路如题图 3-37(a)和(b)所示,用计算机程序计算支路电压和支路电流,检验特勒根定理。

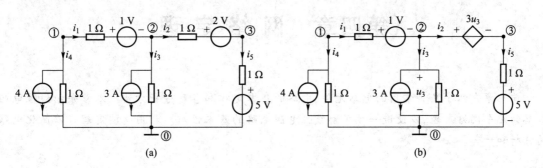

题图 3-37

第四章 网络定理

前几章介绍了几种常用的电路元件,电路的基本定律和各种分析方法。本章介绍线性电阻电路的几个网络定理,以便进一步了解线性电阻电路的基本性质。利用这些定理可以简化电路的分析和计算。

§4-1 叠加定理

由独立电源和线性电阻元件(线性电阻、线性受控源等)组成的电路,称为线性电阻电路。描述线性电阻电路各电压电流关系的各种电路方程,是一组用电压、电流作为变量的线性代数方程。例如网孔方程[式(3-5)]或节点方程[式(3-9)],是以网孔电流或节点电压为变量的一组线性代数方程。作为电路输入或激励的独立电源,其 u_S 和 i_S 总是作为已知量出现在这些方程的右边。求解这些电路方程得到的各支路电流和电压(称为输出或响应)是独立电源 u_S 和 i_S 的线性函数。电路响应与激励之间的这种线性关系称为叠加性,它是线性电路的一种基本性质。现以图 4-1(a)所示双输入电路为例加以说明。

微视频 4-1:
图 4-1 电路电压叠加

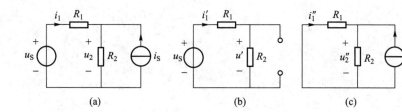

(a)   (b)   (c)

图 4-1 叠加定理举例

列出图 4-1(a)所示电路的网孔方程

微视频 4-2:
图 4-1 电路电流叠加

$$(R_1+R_2)i_1+R_2i_S=u_S \tag{4-1}$$

求解式(4-1)可得到电阻 R_1 的电流 i_1 和电阻 R_2 上的电压 u_2

$$i_1=\frac{1}{R_1+R_2}u_S+\frac{-R_2}{R_1+R_2}i_S=i'_1+i''_1 \tag{4-2}$$

其中

$$i_1' = i_1 \bigg|_{i_S=0} = \frac{1}{R_1+R_2}u_S$$

$$i_1'' = i_1 \bigg|_{u_S=0} = \frac{-R_2}{R_1+R_2}i_S$$

微视频 4-3：
叠加电路实验

$$u_2 = \frac{R_2}{R_1+R_2}u_S + \frac{R_1R_2}{R_1+R_2}i_S = u_2'+u_2'' \tag{4-3}$$

其中

$$u_2' = u_2 \bigg|_{i_S=0} = \frac{R_2}{R_1+R_2}u_S$$

$$u_2'' = u_2 \bigg|_{u_S=0} = \frac{R_1R_2}{R_1+R_2}i_S$$

微视频 4-4：
线性电阻电路
的叠加定理

　　从式(4-2)和式(4-3)可以看到：电流 i_1 和电压 u_2 均由两项相加而成。第一项 i_1' 和 u_2' 是该电路在独立电流源开路($i_S=0$)时，由独立电压源单独作用所产生的 i_1 和 u_2，如图 4-1(b)所示。第二项 i_1'' 和 u_2'' 是该电路在独立电压源短路($u_S=0$)时，由独立电流源单独作用所产生的 i_1 和 u_2，如图 4-1(c)所示。以上叙述表明，由两个独立电源共同产生的响应，等于每个独立电源单独作用所产生的响应之和。线性电路的这种叠加性称为叠加定理。其陈述为：存在唯一解的线性电阻电路中，由全部独立电源在线性电阻电路中产生的任一电压或电流，等于每一个独立电源单独作用所产生的相应电压或电流的代数和。在计算某一独立电源单独作用所产生的电压或电流时，应将电路中其他独立电压源用短路($u_S=0$)代替，而其他独立电流源用开路($i_S=0$)代替。也就是说，只要电路存在唯一解，线性电阻电路中的任一节点电压、支路电压或支路电流均可表示为以下形式

$$y = H_1u_{S1} + H_2u_{S2} + \cdots + H_mu_{Sm} + K_1i_{S1} + K_2i_{S2} + \cdots + K_ni_{Sn} \tag{4-4}$$

式中，$u_{Sk}(k=1,2,\cdots,m)$ 表示电路中独立电压源的电压；$i_{Sk}(k=1,2,\cdots,n)$ 表示电路中独立电流源的电流。$H_k(k=1,2,\cdots,m)$ 和 $K_k(k=1,2,\cdots,n)$ 是表示网络特性的一个常量，它们取决于电路的参数和输出变量的选择，而与独立电源无关。例如，对图 4-1(a)所示电路中的输出变量 i_1 来说，由式(4-2)可得到

$$H_1 = \frac{1}{R_1+R_2}, \quad K_1 = \frac{-R_2}{R_1+R_2}$$

　　对输出变量 u_2 来说，由式(4-3)可得到

$$H_1 = \frac{R_2}{R_1+R_2}, \quad K_1 = \frac{R_1R_2}{R_1+R_2}$$

它们表示单位电压源或电流源单独作用所产生的输出电压或电流。

　　式(4-4)中的每一项 $y(u_{Sk}) = H_ku_{Sk}$ 或 $y(i_{Sk}) = K_ki_{Sk}$ 是该独立电源单独作用，其他独立电源全部置零时的响应。这个线性函数表明 $y(u_{Sk})$ 与输入 u_{Sk} 或 $y(i_{Sk})$ 与输入 i_{Sk} 之间存在正比例关系，这是线性电路具有"齐次性"的一种体现。式(4-4)还表明在线性电阻电路中，由几个独立电源

共同作用产生的响应,等于每个独立电源单独作用产生的响应之和,这是线性电路具有"可叠加性"的一种体现。利用叠加定理反映的线性电路的这种基本性质,可以简化线性电路的分析和计算,在以后的学习中经常用到。

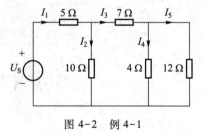

图 4-2 例 4-1

例 4-1 电路如图 4-2 所示。(1) 已知 $I_5 = 1$ A,求各支路电流和电压源电压 U_s。(2) 若已知 $U_s = 120$ V,再求各支路电流。

解 (1) 用 $2b$ 方程,由后向前推算

$$I_4 = \frac{(12\ \Omega)I_5}{4\ \Omega} = 3\ \text{A}$$

$$I_3 = I_4 + I_5 = 4\ \text{A}$$

$$I_2 = \frac{(7\ \Omega)I_3 + (12\ \Omega)I_5}{10\ \Omega} = 4\ \text{A}$$

$$I_1 = I_2 + I_3 = 8\ \text{A}$$

$$U_s = (5\ \Omega)I_1 + (10\ \Omega)I_2 = 80\ \text{V}$$

(2) 当 $U_s = 120$ V 时,它是原来电压 80 V 的 1.5 倍,根据线性电路齐次性可以断言,该电路中各电压和电流均增加到 1.5 倍,即

$$I_1 = 1.5 \times 8\ \text{A} = 12\ \text{A}$$

$$I_2 = I_3 = 1.5 \times 4\ \text{A} = 6\ \text{A}$$

$$I_4 = 1.5 \times 3\ \text{A} = 4.5\ \text{A}$$

$$I_5 = 1.5 \times 1\ \text{A} = 1.5\ \text{A}$$

例 4-2 电路如图 4-3(a) 所示。若已知:(1) $u_{S1} = 5$ V,$u_{S2} = 10$ V;(2) $u_{S1} = 10$ V,$u_{S2} = 5$ V;(3) $u_{S1} = 20\cos \omega t$ V,$u_{S2} = 15\sin 2\omega t$ V。试用叠加定理计算电压 u。

微视频 4-5:
例题 4-2 电阻
电压叠加

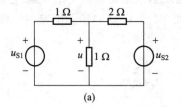

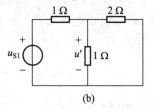

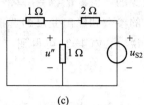

(a)   (b)   (c)

图 4-3 例 4-2

解 画出 u_{S1} 和 u_{S2} 单独作用的电路,如图 4-3(b) 和 (c) 所示,分别求出

$$u' = H_1 u_{S1} = \frac{\dfrac{2}{3}}{1 + \dfrac{2}{3}} u_{S1} = 0.4 u_{S1}$$

$$u'' = H_2 u_{S2} = \frac{0.5}{2+0.5} u_{S2} = 0.2 u_{S2}$$

根据叠加定理

$$u = u' + u'' = 0.4 u_{S1} + 0.2 u_{S2}$$

代入 u_{S1} 和 u_{S2}，分别得到

（1）$u = 0.4 \times 5\ V + 0.2 \times 10\ V = 4\ V$

（2）$u = 0.4 \times 10\ V + 0.2 \times 5\ V = 5\ V$

（3）$u = (0.4 \times 20\cos \omega t + 0.2 \times 15\sin 2\omega t)\ V$

$\qquad = (8\cos \omega t + 3\sin 2\omega t)\ V$

例 4-3　电路如图 4-4(a)所示。已知 $r = 2\ \Omega$，试用叠加定理求电流 i 和电压 u。

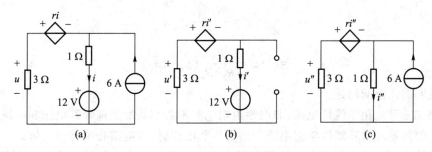

图 4-4　例 4-3

解　画出 12 V 独立电压源和 6 A 独立电流源单独作用的电路，如图 4-4(b)和(c)所示。注意在每个电路内均保留受控源，但控制量分别改为分电路中的相应量。由图 4-4(b)所示电路，列出 KVL 方程

$$(2\ \Omega)i' + (1\ \Omega)i' + 12\ V + (3\ \Omega)i' = 0$$

求得

$$i' = -2\ A$$

$$u' = -(3\ \Omega)i' = 6\ V$$

由图 4-4(c)所示电路，列出 KVL 方程

$$(2\ \Omega)i'' + (1\ \Omega)i'' + (3\ \Omega)(i'' - 6\ A) = 0$$

求得

$$i'' = 3\ A$$

$$u'' = (3\ \Omega)(6\ A - i'') = 9\ V$$

最后得到

$$i = i' + i'' = -2\ A + 3\ A = 1\ A$$

$$u = u' + u'' = 6\ V + 9\ V = 15\ V$$

例 4-4　用叠加定理求图 4-5(a)所示电路中的电压 u。

解　画出独立电压源 u_S 和独立电流源 i_S 单独作用的电路，如图 4-5(b)和(c)所示。由此

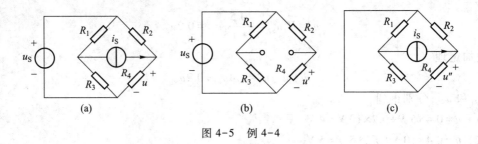

图 4-5 例 4-4

分别求得 u' 和 u''，然后根据叠加定理将 u' 和 u'' 相加得到电压 u，即

$$u' = \frac{R_4}{R_2+R_4} u_S$$

$$u'' = \frac{R_2 R_4}{R_2+R_4} i_S$$

$$u = u'+u'' = \frac{R_4}{R_2+R_4}(u_S+R_2 i_S)$$

需要说明的几个问题是：

（1）叠加定理适用于线性电路，非线性电阻电路不能用叠加定理计算电压和电流。

（2）用叠加定理计算线性电阻电路中的电压和电流时，该电路必须有唯一解。

（3）线性电路中元件的功率并不等于每个独立电源单独产生的功率之和。例如在双输入电路中某元件吸收的功率并不等于每个电源单独作用产生的功率之和，除非出现特殊情况，如下所示。

$$p = ui = (u'+u'')(i'+i'')$$
$$= u'i'+u'i''+u''i'+u''i''$$
$$\neq u'i'+u''i'' = p_1+p_2$$

读者在学习本小节时，可以观看教材 Abook 资源中"叠加定理实验 1""叠加定理实验 2""例题 4-2 电路实验"和"线性与非线性分压电路实验"等实验录像。

§4-2　戴维南定理

前面已介绍了计算含源线性电阻单口网络等效电路的基本方法，即用外加电源求出端口电压电流关系，再得到一个电压源和电阻串联，或一个电流源和电阻并联的等效电路。本章介绍的戴维南定理和诺顿定理是采用叠加定理来计算含源线性电阻单口网络的等效电路，对简化电路的分析十分有用。这两个定理是本章学习的重点。本节先介绍戴维南定理。

在单口网络端口上外加电流源 i，如图 4-6(a)所示，根据叠加定理，端口电压可以分为两部分。一部分是由电流源单独作用（单口内全部独立电源置零）产生的电压 $u' = R_o i$ [图 4-6(b)]，

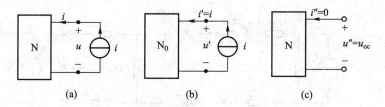

图 4-6　外加电流源求单口网络电压电流关系

另一部分是外加电流源置零($i=0$),即单口网络开路时,由单口网络内部全部独立电源共同作用产生的电压$u''=u_{oc}$[图 4-6(c)]。由此得到

$$u=u'+u''=R_o i+u_{oc} \qquad (4-5)$$

此式表明含源线性电阻单口网络在端口外加电流源存在唯一解的条件下,可以等效为一个电压源u_{oc}和电阻R_o串联的单口网络。

　　戴维南定理:外加电流源存在唯一解的含独立电源的线性电阻单口网络 N,就端口特性而言,可以等效为一个电压源和电阻串联的单口网络[图 4-7(a)]。电压源的电压等于单口网络在负载开路时的电压u_{oc};电阻R_o是单口网络内全部独立电源为零值时所得单口网络 N_0 的等效电阻[图 4-7(b)]。u_{oc}称为开路电压,R_o称为戴维南等效电阻。在电子电路中,当单口网络视为电源时,称此电阻为输出电阻,常用R_o表示;当单口网络视为负载时,则称之为输入电阻,常用R_i或R_n表示。电压源u_{oc}和电阻R_o的串联单口网络,称为戴维南等效电路。

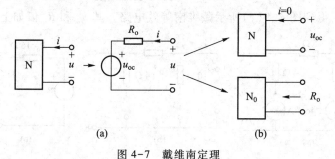

图 4-7　戴维南定理

　　只要分别计算出单口网络 N 的开路电压u_{oc}和单口网络内全部独立电源置零(独立电压源用短路代替及独立电流源用开路代替)时单口网络 N_0 的等效电阻R_o,就可得到单口网络的戴维南等效电路。下面举例说明。

　　例 4-5　求图 4-8(a)所示单口网络的戴维南等效电路。

　　解　在单口网络的端口上标明开路电压u_{oc}的参考方向,注意到$i=0$,可求得

$$u_{oc}=-1\ \text{V}+(2\ \Omega)\times 2\ \text{A}=3\ \text{V}$$

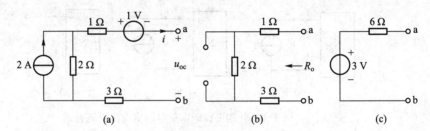

图 4-8 例 4-5

将单口网络内 1 V 电压源用短路代替,2 A 电流源用开路代替,得到图 4-8(b)所示电路,由此求得

$$R_o = 1\ \Omega + 2\ \Omega + 3\ \Omega = 6\ \Omega$$

根据 u_{oc} 的参考方向,即可画出戴维南等效电路,如图 4-8(c)所示。

例 4-6 求图 4-9(a)所示单口网络的戴维南等效电路。

解 在图上标出单口网络开路电压 u_{oc} 的参考方向,用叠加定理求得 u_{oc} 为

$$u_{oc} = (10\ \Omega) \times 2\ A + 10\ V + (15\ \Omega) \times 4e^{-\alpha t}\ A$$
$$= (30 + 60e^{-\alpha t})\ V$$

将单口网络内的 2 A 电流源和 $4e^{-\alpha t}$ A 电流源分别用开路代替,10 V 电压源用短路代替,得到图 4-9(b)所示电路,由此求得戴维南等效电阻为

$$R_o = 10\ \Omega + 5\ \Omega = 15\ \Omega$$

根据所设 u_{oc} 的参考方向,得到图 4-9(c)所示戴维南等效电路。其 u_{oc} 和 R_o 值如上两式所示。

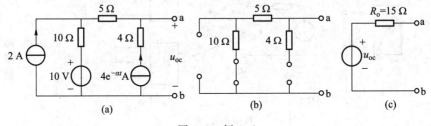

图 4-9 例 4-6

例 4-7 求图 4-10(a)所示单口网络的戴维南等效电路。

解 u_{oc} 的参考方向如图 4-10(b)所示。由于单口网络负载开路后 $i = 0$,使得受控电流源的电流 $3i = 0$,相当于开路,用分压公式可求得 u_{oc} 为

$$u_{oc} = \frac{12\ \Omega}{12\ \Omega + 6\ \Omega} \times 18\ V = 12\ V$$

为求 R_o,将 18 V 独立电压源用短路代替,保留受控源,在 a、b 端口外加电流源 i,得到图 4-10(c)所示电路。通过计算端口电压 u 的表达式可求得电阻 R_o。

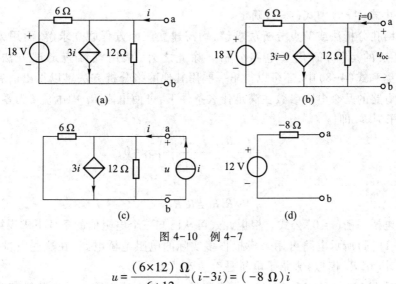

图 4-10 例 4-7

$$u = \frac{(6\times12)\ \Omega}{6+12}(i-3i) = (-8\ \Omega)i$$

$$R_{\mathrm{o}} = \frac{u}{i} = -8\ \Omega$$

该单口的戴维南等效电路如图 4-10(d)所示。

例 4-8　求图 4-11 所示电桥电路中电阻 R_{L} 的电流 i。

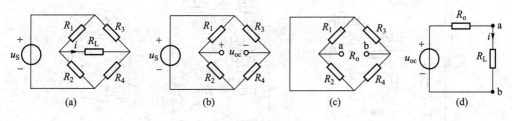

图 4-11 例 4-8

解　断开单口的负载电阻 R_{L},得到图 4-11(b)所示电路,按所设 u_{oc} 的参考方向,用分压公式求得

$$u_{\mathrm{oc}} = \left(\frac{R_2}{R_1+R_2} - \frac{R_4}{R_3+R_4} \right) u_{\mathrm{S}} \tag{4-6}$$

将独立电压源 u_{S} 用短路代替,得到图 4-11(c)所示电路,用电阻串并联公式求得

$$R_{\mathrm{o}} = \frac{R_1 R_2}{R_1+R_2} + \frac{R_3 R_4}{R_3+R_4} \tag{4-7}$$

用单口网络的戴维南等效电路代替单口网络,得到图 4-11(d)所示电路,由此求得

$$i = \frac{u_{\mathrm{oc}}}{R_{\mathrm{o}}+R_{\mathrm{L}}} \tag{4-8}$$

式中,u_{oc}和R_o由式(4-6)和式(4-7)确定。

　　此题若用网孔分析法或节点分析法求解,均需建立三个方程联立求解,而用戴维南定理则避免了这些复杂的运算,简化了电路分析。除此之外,从用戴维南定理方法求解得到的图 4-11(d)电路和式(4-8)中,还可以得出一些用其他网络分析方法难以得出的有用结论。例如要分析电桥电路的几个电阻参数在满足什么条件下,可使电阻 R_L 中电流 i 为零的问题,只需令式(4-8)分子为零,即

$$u_{oc} = \left(\frac{R_2}{R_1+R_2} - \frac{R_4}{R_3+R_4} \right) u_S = 0$$

由此求得

$$R_1 R_4 = R_2 R_3$$

这就是常用的电桥平衡($i=0$)公式。根据此式可从已知三个电阻值的条件下求得第四个未知电阻的值。图 4-11(a)所示电路可用来模拟很多实际的电阻电桥电路,在这些电桥中,常用灵敏度较高的检流计(用 R_L 模拟)来指示电桥是否达到平衡。

　　例 4-9　图 4-12(a)是 MF-30 型万用表测量电阻的电原理图。试用戴维南定理求万用表测量电阻时的电流 I。

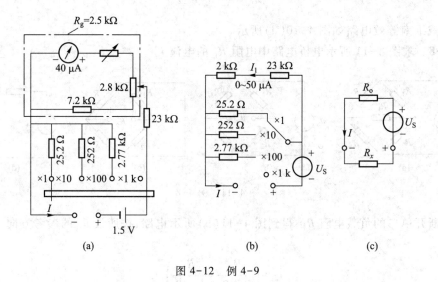

图 4-12　例 4-9

　　解　万用表可用来测量二端器件的直流电阻值。将被测电阻接于万用表两端,其电阻值可根据万用表指针偏转的角度,从万用表的电阻刻度上直接读出。为了便于测量不同的电阻,其量程常分为×1、×10、×100、×1k 等挡,用开关进行转换。图 4-12(a)所示电路是一个含源线性电阻单口网络,可用戴维南定理来简化电路分析。先将图中点画线部分用一个 2 kΩ 电阻来模拟(当 2.8 kΩ 电位器的滑动端位于最上端时,它是 10 kΩ 和 2.5 kΩ 电阻的并联)。图 4-12(b)所示是该万用表的电路模型,可进一步简化为图 4-12(c)所示的电路。由此求得万用表外接电阻

R_x 时的电流

$$I = \frac{U_S}{R_o + R_x} = \frac{R_o}{R_o + R_x} \cdot \frac{U_S}{R_o} = \frac{1}{1 + \dfrac{R_x}{R_o}} \cdot I_{\max}$$

式中,$I_{\max} = U_S / R_o$ 是万用表短路($R_x = 0$)时指针满偏转的电流。上式表明,当被测电阻 R_x 由 ∞ 变化到 0 时,相应的电流 I 则从 0 变化到 $I_{\max}$;当被测电阻与万用表内阻相等($R_x = R_o$)时,$I = 0.5I_{\max}$,即指针偏转一半,停留在万用表刻度的中间位置。当开关处于×1、×10、×100、×1 k 的不同位置时,可以求得电阻 R_o 分别为 25 Ω、250 Ω、2 500 Ω、25 kΩ,相应的满偏转电流 $I_{\max}$ 分别为 50 mA、5 mA、0.5 mA 和 50 μA(设 $U_S = 1.25$ V)。若电池的实际电压 U_S 大于 1.25 V,则可调整 2.8 kΩ电位器的滑动端来改变 $I_{\max}$,使指针停留在 0 Ω 处(称为电阻调零)。

例 4-10 求图 4-13(a)所示电路中电流 I_1 和 I_2。

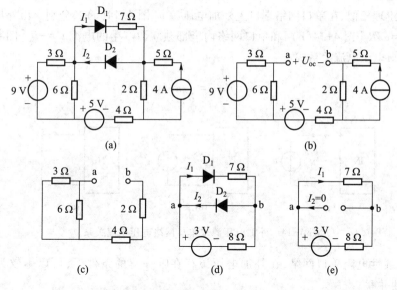

图 4-13 例 4-10

解 图 4-13(a)所示是一个非线性电阻电路,但去掉两个理想二极管支路后的图 4-13(b) 所示电路是一个含源线性电阻单口网络,可用戴维南等效电路代替,由此电路求得开路电压

$$U_{oc} = \frac{6 \text{ Ω}}{3 \text{ Ω} + 6 \text{ Ω}} \times 9 \text{ V} + 5 \text{ V} - (2 \text{ Ω}) \times (4 \text{ A}) = 3 \text{ V}$$

由图 4-13(c)求得等效电阻

$$R_o = \frac{3 \times 6}{3 + 6} \text{ Ω} + 4 \text{ Ω} + 2 \text{ Ω} = 8 \text{ Ω}$$

用 3 V 电压源与 8 Ω 电阻的串联代替图 4-13(b)所示单口网络,得到图 4-13(d)所示等效电路。

由于理想二极管 D_2 是反向偏置,相当于开路,即 $I_2=0$,理想二极管 D_1 是正向偏置,相当于短路,得到图 4-13(e)所示等效电路,由此电路求得

$$I_1 = \frac{3\text{ V}}{8\text{ }\Omega+7\text{ }\Omega} = 0.2\text{ A}$$

读者在学习戴维南定理时,可以观看教材 Abook 资源中"输出电阻测量""低频信号发生器""高频信号发生器""干电池 VCR 曲线""普通万用表的 VCR 曲线"和"函数发生器 VCR 曲线"等实验录像。

§4-3　诺顿定理和含源单口网络的等效电路

一、诺顿定理

与戴维南定理相似,在单口网络端口上外加电压源 u[图 4-14(a)],分别求出外加电压源单独产生的电流 $i'=u/R_o$[图 4-14(b)]和单口网络内全部独立源产生的电流 $i''=-i_{sc}$[图 4-14(c)],然后相加得到端口电压电流关系式

$$i = i'+i'' = \frac{1}{R_o}u-i_{sc} \qquad (4\text{-}9)$$

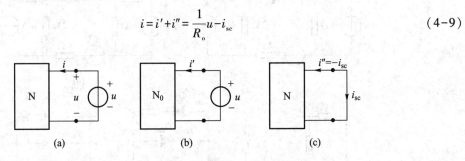

图 4-14　外加电压源求单口网络电压电流关系

此式表明含源线性电阻单口网络,在外加电压源存在唯一解的条件下,可以等效为一个电流源 i_{sc} 和电阻 R_o 的并联。

诺顿定理:外加电压源存在唯一解的含独立电源的线性电阻单口网络 N,就端口特性而言,可以等效为一个电流源和电阻的并联[图 4-15(a)]。电流源的电流等于单口网络从外部短路时的端口电流 i_{sc};电阻 R_o 是单口网络内全部独立源为零值时所得网络 N_0 的等效电阻[图 4-15(b)]。

i_{sc} 称为短路电流,R_o 称为诺顿电阻,也称为输入电阻或输出电阻。电流源 i_{sc} 和电阻 R_o 的并联单口,称为单口网络的诺顿等效电路。只要分别求出单口网络的短路电流 i_{sc} 和单口网络 N_0 的等效电阻 R_o,就可得到诺顿等效电路。

例 4-11　求图 4-16(a)所示单口网络的诺顿等效电路。

解　为求 i_{sc},将单口网络从外部短路,并标明短路电流 i_{sc} 的参考方向,如图 4-16(a)所示。

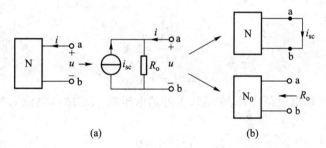

图 4-15 诺顿定理

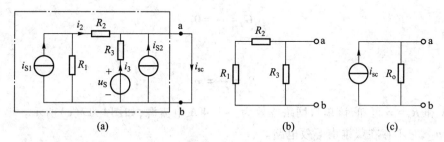

图 4-16 例 4-11

由 KCL 和 VCR 求得

$$i_{sc} = i_2 + i_3 + i_{S2} = \frac{R_1}{R_1 + R_2} i_{S1} + \frac{u_S}{R_3} + i_{S2}$$

为求 R_o,将单口内电压源用短路代替,电流源用开路代替,得到图 4-16(b)所示电路,由此求得

$$R_o = \frac{(R_1 + R_2) R_3}{R_1 + R_2 + R_3}$$

根据所设 i_{sc} 的参考方向,画出诺顿等效电路,如图 4-16(c)所示。若计算 i_{sc} 所采用的参考方向改为由 b 到 a,则诺顿等效电路中电流源电流的参考方向相应改为由 a 到 b。

例 4-12 求图 4-17(a)所示单口网络的诺顿等效电路和戴维南等效电路。

解 为求 i_{sc},将单口网络短路,并设 i_{sc} 的参考方向如图 4-17(a)所示。用欧姆定律先求出

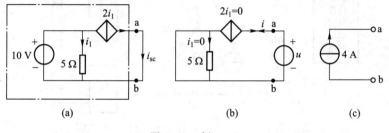

图 4-17 例 4-12

受控源的控制变量 i_1

$$i_1 = \frac{10\,\text{V}}{5\,\Omega} = 2\,\text{A}$$

得到

$$i_{\text{sc}} = 2i_1 = 4\,\text{A}$$

为求 R_0,将 10 V 电压源用短路代替,在端口上外加电压源 u,求端口电流 i,如图 4-17(b)所示。由于 $i_1 = 0$,故

$$i = -2i_1 = 0$$

求得

$$G_0 = \frac{i}{u} = 0$$

或

$$R_0 = \frac{1}{G_0} = \infty$$

由 $i_{\text{sc}} = 4$ A 和 $R_0 = \infty$ 可知,该单口网络等效为一个 4 A 电流源,如图4-17(c)所示。该单口求不出确定的 u_{oc},它不存在戴维南等效电路。

二、含源线性电阻单口网络的等效电路

从戴维南-诺顿定理的学习中知道,含源线性电阻单口网络可以等效为一个电压源和电阻的串联或一个电流源和电阻的并联[图 4-18(b)和(c)]。只要能计算出确定的 u_{oc}、i_{sc} 和 R_0[图 4-18(d)(e)(f)],就能求得这两种等效电路。

计算开路电压 u_{oc} 的一般方法是将单口网络的外部负载断开,用网络分析的任一种方法,算出端口电压 u_{oc},如图 4-18(d)所示。

计算 i_{sc} 的一般方法是将单口网络从外部短路,用网络分析的任一种方法,算出端口的短路电流 i_{sc},如图 4-18(e)所示。

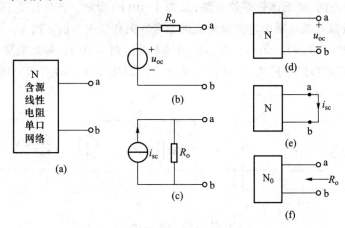

图 4-18 含源单口的等效电路

　　计算 R_o 的一般方法是将单口网络内全部独立电压源用短路代替,独立电流源用开路代替,得到单口网络 N_0,再用外加电源法或电阻串、并联公式计算出电阻 R_o,如图 4-18(f)所示。还可以利用以下公式从 u_{oc}、i_{sc} 和 R_o 中任两个量求出第三个量:

$$\left.\begin{aligned} R_o &= \frac{u_{oc}}{i_{sc}} \\ u_{oc} &= R_o i_{sc} \\ i_{sc} &= \frac{u_{oc}}{R_o} \end{aligned}\right\} \tag{4-10}$$

　　就电路模型来说,含源线性电阻单口网络在端口外加电流源有唯一解时存在戴维南等效电路,而在端口外加电压源有唯一解时存在诺顿等效电路。

　　例 4-13　求图 4-19(a)所示单口网络的戴维南等效电路和诺顿等效电路。

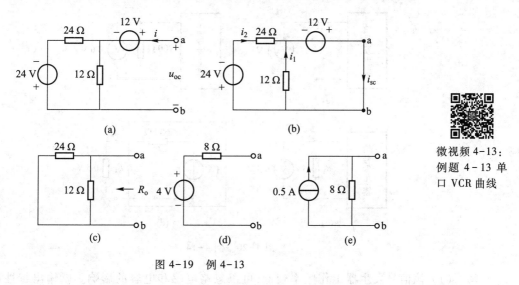

图 4-19　例 4-13

微视频 4-13:
例题 4-13 单
口 VCR 曲线

　　解　为求 u_{oc},设单口开路电压 u_{oc} 的参考方向由 a 指向 b,如图 4-19(a)所示。注意到 $i=0$,由 KVL 求得

$$u_{oc} = 12\ \text{V} + \frac{12\ \Omega}{12\ \Omega + 24\ \Omega} \times (-24\ \text{V}) = 4\ \text{V}$$

为求 i_{sc},将单口短路,并设 i_{sc} 的参考方向由 a 指向 b,如图 4-19(b)所示。由 KCL 和 VCR 求得

$$i_{sc} = i_1 + i_2 = \frac{12\ \text{V}}{12\ \Omega} + \frac{(-24+12)\ \text{V}}{24\ \Omega} = 0.5\ \text{A}$$

为求 R_o,将单口内的电压源用短路代替,得到图 4-19(c)所示电路,用电阻并联公式求得

$$R_o = \frac{12\ \Omega \times 24\ \Omega}{12\ \Omega + 24\ \Omega} = 8\ \Omega$$

根据所设 u_{oc} 和 i_{sc} 的参考方向及求得的 $u_{oc}=4\text{ V}$,$i_{sc}=0.5\text{ A}$,$R_{o}=8\text{ }\Omega$,可得到图 4-19(d)和(e)所示的戴维南等效电路和诺顿等效电路。

本题可以只计算 u_{oc}、i_{sc} 和 R_{o} 中的任两个量,另一个可用式(4-10)计算出来。例如

$$u_{oc}=R_{o}i_{sc}=8\text{ }\Omega\times0.5\text{ V}=4\text{ V}$$

$$i_{sc}=u_{oc}/R_{o}=4\text{ V}/8\text{ }\Omega=0.5\text{ A}$$

$$R_{o}=u_{oc}/i_{sc}=4\text{ V}/0.5\text{ A}=8\text{ }\Omega$$

例 4-14 型号为 XD-22 的低频信号发生器可以产生 1 Hz~1 MHz 频率的正弦信号、脉冲信号和逻辑信号。正弦信号的电压可在 0.05 mV~6 V 间连续调整,现用示波器或高内阻交流电压表测得仪器输出的正弦电压幅度为 1 V,如图 4-20(a)所示。当仪器端接 900 Ω 负载电阻时,输出电压幅度降为 0.6 V,如图 4-20(b)所示。(1)试求信号发生器的输出特性和电路模型。(2)已知仪器端接负载电阻 R_{L} 时的电压幅度为 0.5 V,求电阻 R_{L}。

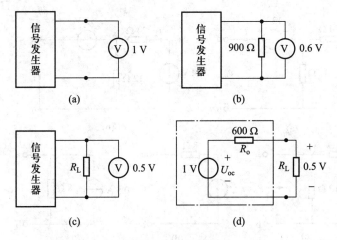

图 4-20 例 4-14

解 (1)该信号发生器工作频率较低,可以忽略电感和电容的影响。就输出特性而言,可视为一个含源电阻单口网络,在线性工作范围内,可以用一个电压源与线性电阻串联电路来近似模拟,如图 4-20(d)所示。仪器端接负载电阻 R_{L} 时的电压为

$$U=\frac{R_{L}}{R_{o}+R_{L}}U_{oc}$$

上式可改写为

$$R_{o}=\frac{U_{oc}-U}{U}R_{L}=\left(\frac{U_{oc}}{U}-1\right)R_{L} \tag{4-11}$$

代入已知条件可求得电阻 R_{o}

$$R_{o}=\frac{1\text{ V}-0.6\text{ V}}{0.6\text{ V}}\times900\text{ }\Omega=600\text{ }\Omega$$

该信号发生器的电路模型为 1 V 电压源与 600 Ω 电阻的串联。

（2）由式（4-11）可求得输出电压幅度为 0.5 V 时的负载电阻

$$R_L = \frac{U}{U_{oc}-U} R_o = \frac{0.5 \text{ V}}{1 \text{ V}-0.5 \text{ V}} \times 600 \text{ Ω} = 600 \text{ Ω}$$

此例指出了求含源线性电阻单口网络输出电阻 R_o 的一种简单方法，即在这些设备的输出端接一个可变电阻器（如电位器），当负载电压降到开路电压一半时，可变电阻器的阻值就是输出电阻。实际上，许多电子设备，例如音响设备，无线电接收机，交、直流电源设备，信号发生器等，在正常工作条件下，对负载来说，均可用戴维南-诺顿电路来近似模拟。

值得注意的是有源与含源的概念是有区别的，即含独立源的电阻单口网络不一定是有源的，而有源的电阻单口网络不一定是包含独立源的（例如包含负值电阻的电阻单口网络也可能是有源的）。

§4-4　最大功率传输定理

本节介绍戴维南定理的一个重要应用。在测量、电子和信息工程的电子设备设计中，常常遇到电阻负载如何从电路获得最大功率的问题。这类问题可以抽象为图 4-21（a）所示的电路模型来分析。

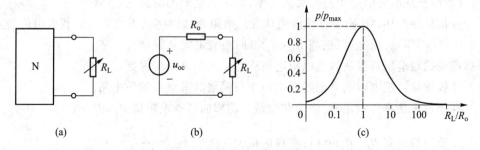

(a)　　　　　　(b)　　　　　　(c)

图 4-21　最大功率传输定理

网络 N 表示供给电阻负载能量的含源线性电阻单口网络，它可用戴维南等效电路来代替，如图 4-21（b）所示。电阻 R_L 表示获得能量的负载。此处要讨论的问题是电阻 R_L 为何值时，可以从单口网络获得最大功率。写出负载 R_L 吸收功率的表达式

微视频 4-14：最大功率传输定理

$$p = R_L i^2 = \frac{R_L u_{oc}^2}{(R_o+R_L)^2}$$

欲求 p 的最大值，应满足 $\mathrm{d}p/\mathrm{d}R_L = 0$，即

$$\frac{\mathrm{d}p}{\mathrm{d}R_L} = \frac{(R_o-R_L)u_{oc}^2}{(R_o+R_L)^3} = 0$$

由此式求得 p 为极大值或极小值的条件是

$$R_L = R_o \qquad (4-12)$$

由于

$$\left.\frac{\mathrm{d}^2 p}{\mathrm{d}R_L^2}\right|_{R_L=R_o} = -\left.\frac{u_{oc}^2}{8R_o^3}\right|_{R_o>0} < 0$$

由此可知,当 $R_o > 0$ 且 $R_L = R_o$ 时,负载电阻 R_L 从单口网络获得最大功率。

最大功率传输定理:含源线性电阻单口网络($R_o > 0$)向可变电阻负载 R_L 传输最大功率的条件是负载电阻 R_L 与单口网络的输出电阻 R_o 相等。满足 $R_L = R_o$ 条件时,称为最大功率匹配,此时负载电阻 R_L 获得的最大功率为

$$p_{max} = \frac{u_{oc}^2}{4R_o} \qquad (4-13)$$

若用诺顿等效电路,则可表示为

$$p_{max} = \frac{i_{sc}^2}{4G_o} \qquad (4-14)$$

满足最大功率匹配条件($R_L = R_o > 0$)时,R_o 吸收的功率与 R_L 吸收的功率相等,对电压源 u_{oc} 而言,功率传输效率为 $\eta = 50\%$。对单口网络 N 中的独立源而言,效率可能更低。电力系统要求尽可能提高效率,以便更充分地利用能源,不能采用功率匹配条件。但是在测量、电子与信息工程中,常常着眼于从微弱信号中获得最大功率,而不看重效率的高低。

用计算机程序 WDCAP 画出负载电阻从含源电阻单口网络获得功率与负载电阻值的关系曲线,如图 4-21(c)所示,由此可见,当 $R_L = R_o > 0$ 时负载电阻获得最大功率。

计算可变二端电阻负载从线性电阻电路获得最大功率的步骤是:

(1)计算连接二端电阻的含源线性电阻单口网络的戴维南等效电路。

(2)利用最大功率传输定理,确定获得最大功率的负载电阻值 $R_L = R_o > 0$。

(3)计算负载电阻 $R_L = R_o > 0$ 时,获得的最大功率值 $p_{max} = \dfrac{u_{oc}^2}{4R_o}$。

例 4-15　电路如图 4-22(a)所示。试求:(1)R_L 为何值时获得最大功率。(2)R_L 获得的最大功率。(3)10 V 电压源的功率传输效率。

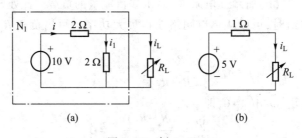

图 4-22　例 4-15

解 （1）断开负载 R_L，求得单口网络 N_1 的戴维南等效电路参数为

$$u_\mathrm{oc} = \frac{2\ \Omega}{2\ \Omega + 2\ \Omega} \times 10\ \mathrm{V} = 5\ \mathrm{V}, \quad R_\mathrm{o} = \frac{2\ \Omega \times 2\ \Omega}{2\ \Omega + 2\ \Omega} = 1\ \Omega$$

如图 4-22(b)所示，由此可知当 $R_\mathrm{L} = R_\mathrm{o} = 1\ \Omega$ 时可获得最大功率。

（2）由式(4-13)求得 R_L 获得的最大功率

$$p_\mathrm{max} = \frac{u_\mathrm{oc}^2}{4R_\mathrm{o}} = \frac{(5\ \mathrm{V})^2}{4 \times 1\ \Omega} = 6.25\ \mathrm{W}$$

（3）先计算 10 V 电压源发出的功率。当 $R_\mathrm{L} = 1\ \Omega$ 时，

$$i_\mathrm{L} = \frac{u_\mathrm{oc}}{R_\mathrm{o} + R_\mathrm{L}} = \frac{5\ \mathrm{V}}{2\ \Omega} = 2.5\ \mathrm{A}$$

$$u_\mathrm{L} = R_\mathrm{L} i_\mathrm{L} = 2.5\ \mathrm{V}$$

$$i = i_1 + i_\mathrm{L} = \left(\frac{2.5}{2} + 2.5\right)\ \mathrm{A} = 3.75\ \mathrm{A}$$

$$p = 10\ \mathrm{V} \times 3.75\ \mathrm{A} = 37.5\ \mathrm{W}$$

10 V 电压源发出 37.5 W 功率，电阻 R_L 吸收 6.25 W 功率，其功率传输效率为

$$\eta = \frac{6.25}{37.5} \times 100\% \approx 16.7\%$$

例 4-16 求图 4-23(a)所示单口网络向外传输的最大功率。

解 为求 u_oc，按图 4-23(b)所示网孔电流的参考方向，列出网孔方程

$$(10\ \Omega)i_1 + (3\ \Omega)i_2 = 12\ \mathrm{V}$$

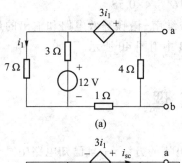

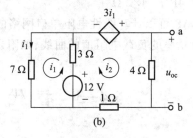

(a)　　　　　　　　(b)

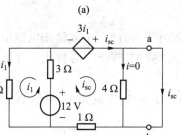

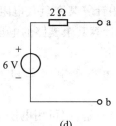

(c)　　　　　　　　(d)

图 4-23 例 4-16

微视频 4-15：例题 4-16 单口开路电压

微视频 4-16：例题 4-16 单口短路电流

微视频 4-17：例题 4-16 单口输出最大功率

微视频 4-18：例题 4-16 单口输出电阻

$$(3\ \Omega)i_1+(8\ \Omega)i_2=12\ \text{V}+(3\ \Omega)i_1$$

整理得到

$$10i_1+3i_2=12\ \text{A}$$
$$8i_2=12\ \text{A}$$

解得

$$i_2=1.5\ \text{A}$$
$$u_{oc}=(4\ \Omega)i_2=6\ \text{V}$$

为求 i_{sc},按图 4-23(c)所示网孔电流的参考方向,列出网孔方程

$$(10\ \Omega)i_1+(3\ \Omega)i_{sc}=12\ \text{V}$$
$$(3\ \Omega)i_1+(4\ \Omega)i_{sc}=12\ \text{V}+(3\ \Omega)i_1$$

整理得到

$$10i_1+3i_{sc}=12\ \text{A}$$
$$4i_{sc}=12\ \text{A}$$

解得

$$i_{sc}=3\ \text{A}$$

为求 R_o,用式(4-10)求得

$$R_o=\frac{u_{oc}}{i_{sc}}=\frac{6\ \text{V}}{3\ \text{A}}=2\ \Omega$$

得到单口网络的戴维南等效电路,如图 4-23(d)所示。由式(4-13)或式(4-14)求得最大功率

$$p_{max}=\frac{u_{oc}^2}{4R_o}=\frac{(6\ \text{V})^2}{4\times2\ \Omega}=4.5\ \text{W}\quad\text{或}\quad p_{max}=\frac{i_{sc}^2}{4G_o}=\frac{(3\ \text{A})^2}{4\times0.5\text{S}}=4.5\ \text{W}$$

计算机程序 WDCAP 可以计算线性电阻单口网络的戴维南-诺顿等效电路和输出的最大功率,画出负载电阻吸收功率的负载电阻值的曲线,如附录 B 中附图 40 所示。

§4-5　替 代 定 理

前面介绍了如何从电路中计算某个负载电阻电压和电流的方法,一旦已知电路中某个电压和电流后,如何从原始电路中计算其余支路的电压和电流呢? 本节介绍的替代定理可以帮助你解决这个问题。

替代定理:如果网络 N 由一个电阻单口网络 N_R 和一个任意单口网络 N_L 连接而成[图 4-24(a)],则

(1) 如果端口电压 u 有唯一解,则可用电压为 u 的电压源来替代单口网络 N_L,只要替代后的网络[图 4-24(b)]仍有唯一解,则不会影响单口网络 N_R 内的电压和电流。

(2) 如果端口电流 i 有唯一解,则可用电流为 i 的电流源来替代单口网络 N_L,只要替代后的

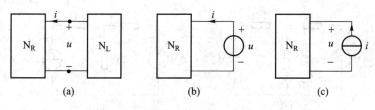

图 4-24 替代定理

网络[图 4-24(c)]仍有唯一解,则不会影响单口网络 N_R 内的电压和电流。

替代定理的价值在于:一旦网络中某支路电压或电流成为已知量时,则可用一个独立源来替代该支路或单口网络 N_L,从而简化电路的分析与计算。替代定理对单口网络 N_L 并无特殊要求,它可以是非线性电阻单口网络和非电阻性的单口网络。

例 4-17 试求图 4-25(a)所示电路在 $I=2$ A 时,20 V 电压源发出的功率。

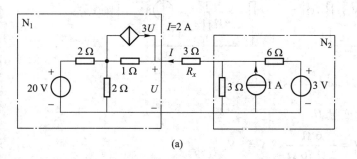
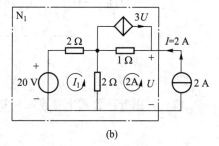

(a) (b)

图 4-25 例 4-17

解 用 2 A 电流源替代图 4-25(a)所示电路中的电阻 R_x 和单口网络 N_2,得到图 4-25(b)所示电路。列出网孔方程

$$(4\ \Omega)I_1-(2\ \Omega)\times2\ A=-20\ V$$

求得

$$I_1=-4\ A$$

20 V 电压源发出的功率为

$$P=-20\ V\times(-4\ A)=80\ W$$

例 4-18 图 4-26(a)所示电路中,已知电容电流 $i_C(t)=2.5e^{-t}$ A,用替代定理求 $i_1(t)$ 和 $i_2(t)$。

解 图 4-26(a)所示电路中包含一个电容,它不是一个电阻电路。用电流为 $i_C(t)=2.5e^{-t}$ A 的电流源替代电容,得到图 4-26(b)所示线性电阻电路,用叠加定理求得

$$i_1(t)=\frac{10\ V}{2\ \Omega+2\ \Omega}+\frac{2\ \Omega}{2\ \Omega+2\ \Omega}\times2.5e^{-t}\ A=(2.5+1.25e^{-t})\ A$$

$$i_2(t)=\frac{10\ V}{2\ \Omega+2\ \Omega}-\frac{2\ \Omega}{2\ \Omega+2\ \Omega}\times2.5e^{-t}\ A=(2.5-1.25e^{-t})\ A$$

此题说明,包含电感和电容的非电阻电路,假如用独立电源替代电感和电容后,就可以变为

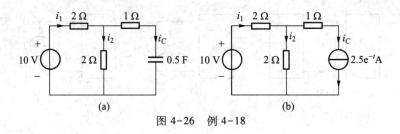

图 4-26 例 4-18

电阻电路来进行分析。

例 4-19 图 4-27(a)所示电路中,$g = 2S$。试求电流 I。

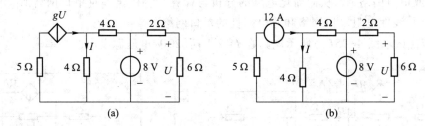

图 4-27 例 4-19

解 先用分压公式求受控源控制变量 U

$$U = \frac{6\ \Omega}{2\ \Omega + 6\ \Omega} \times 8\ \text{V} = 6\ \text{V}$$

用电流为 $gU = 12\ \text{A}$ 的电流源替代受控电流源,得到图 4-27(b)所示电路,该电路不含受控电源,易于用叠加定理或其他网络分析方法求解。求得电流为

$$I = \frac{4\ \Omega}{4\ \Omega + 4\ \Omega} \times 12\ \text{A} + \frac{8\ \text{V}}{4\ \Omega + 4\ \Omega} = 7\ \text{A}$$

由此题可知,在用观察法分析含受控源电路时,可以先求出受控源的控制变量,然后用独立源代替受控源,将电路变为不含受控源的电路来分析。

例 4-20 用各种电路分析方法计算图 4-28(a)电路中的节点电压 v_1 和电流 i_2。

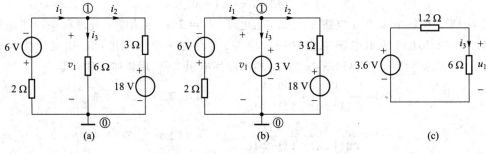

图 4-28 例 4-20

解 （1）支路分析法

用观察法列出支路电流方程

$$\begin{cases} -i_1+i_2+i_3=0 \\ (2\ \Omega)i_1+(6\ \Omega)i_3=-6\ V \\ (3\ \Omega)i_2-(6\ \Omega)i_3=-18\ V \end{cases}$$

求解方程得到支路电流 i_3

$$i_3=\frac{\begin{vmatrix} -1 & 1 & 0 \\ 2 & 0 & -6 \\ 0 & 3 & -18 \end{vmatrix}}{\begin{vmatrix} -1 & 1 & 1 \\ 2 & 0 & 6 \\ 0 & 3 & -6 \end{vmatrix}}A=\frac{-18+36}{6+18+12}A=\frac{18}{36}A=0.5\ A$$

用欧姆定律求得节点电压 $v_1=u_1=6\ \Omega\times i_3=3\ V$。用 3 V 电压源替代 6 Ω 电阻，得到图 4-28（b）所示电路，由此容易求得电流 i_2

$$i_2=\frac{3\ V-18\ V}{3\ \Omega}=-5\ A$$

（2）网孔分析

以支路电流 i_1 和 i_2 作为网孔电流，用观察法列出网孔方程

$$\begin{cases} (2\ \Omega+6\ \Omega)i_1-(6\ \Omega)i_2=-6\ V \\ -(6\ \Omega)i_1+(6\ \Omega+3\ \Omega)i_2=-18\ V \end{cases}$$

求解方程得到支路电流 i_2

$$i_2=\frac{\begin{vmatrix} 8 & -6 \\ -6 & -18 \end{vmatrix}}{\begin{vmatrix} 8 & -6 \\ -6 & 9 \end{vmatrix}}A=\frac{-144-36}{72-36}A=\frac{-180}{36}A=-5\ A$$

用欧姆定律和 KVL 定律求得节点电压 $v_1=3\ \Omega\times i_2+18\ V=3\ V$。

（3）节点分析

将两个电压源与电阻的串联单口等效为电流源与电阻的并联单口，再用观察法列出节点方程

$$\left(\frac{1}{2\ \Omega}+\frac{1}{6\ \Omega}+\frac{1}{3\ \Omega}\right)v_1=\frac{-6\ V}{2\ \Omega}+\frac{18\ V}{3\ \Omega}$$

求解方程得到节点电压

$$v_1=\frac{-3+6}{\frac{1}{2}+\frac{1}{6}+\frac{1}{3}}\ V=3\ V$$

用 3 V 电压源替代 6 Ω 电阻,得到图 4-28(b)所示电路,由此求得电流 $i_2 = -5$ A。

（4）叠加定理

用电阻分压公式分别计算两个电压源单独作用产生的电压 v_1' 和 v_1''

$$v_1' = \frac{\dfrac{6\times3}{6+3}}{2+\dfrac{6\times3}{6+3}} \times (-6\text{ V}) = \frac{2}{4} \times (-6\text{ V}) = -3\text{ V}$$

$$v_1'' = \frac{\dfrac{6\times2}{6+2}}{3+\dfrac{6\times2}{6+2}} \times 18\text{ V} = \frac{1.5}{4.5} \times 18\text{ V} = 6\text{ V}$$

将电压 v_1' 和 v_1'' 相加得到节点电压 v_1

$$v_1 = v_1' + v_1'' = -3\text{ V} + 6\text{ V} = 3\text{ V}$$

用 3 V 电压源替代 6 Ω 电阻,得到图 4-28(b)所示电路,由此求得电流 $i_2 = -5$ A。

（5）戴维南定理

计算连接 6 Ω 电阻的含源电阻单口网络的开路电压 u_{oc} 和输出电阻 R_o。

$$u_{oc} = \frac{3\text{ Ω}}{2\text{ Ω} + 3\text{ Ω}} \times (-6\text{ V} - 18\text{ V}) + 18\text{ V} = 3.6\text{ V}$$

$$R_o = \frac{2\times3}{2+3}\text{ Ω} = 1.2\text{ Ω}$$

用戴维南等效电路代替含源电阻单口网络得到图 4-28(c)电路,由此求得节点电压 v_1

$$v_1 = u_1 = \frac{6\text{ Ω}}{1.2\text{ Ω} + 6\text{ Ω}} \times 3.6\text{ V} = 3\text{ V}$$

一旦求得节点电压 $v_1 = 3$ V 后,用 3 V 电压源替代 6 Ω 电阻,得到图 4-28(b)所示电路,由此求得电流 $i_2 = -5$ A。此例说明读者在分析电路时可以根据电路的具体情况选择一种比较简单和比较熟悉的方法。

§4-6 电路设计、电路应用和计算机分析电路实例

首先介绍用叠加定理分析含受控源电路的特殊方法。再说明如何用计算机程序分析电路和计算线性电阻单口网络的等效电路。然后介绍电阻衰减网络的分析和设计。最后讨论电路的唯一解问题。

一、叠加定理

例 4-21 图 4-29(a)电路与图 4-4(a)相同。试用叠加定理求电流 i。

解 用叠加定理求解含受控源的线性电阻电路时,由于每个电路都包含受控源,计算并不

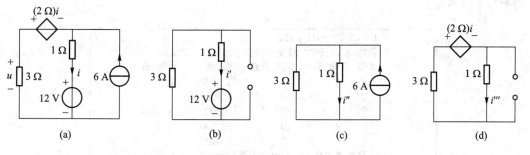

图 4-29　例 4-21

简单。能不能将受控源也当成独立电源来处理呢？根据替代定理,已知一个电压,可以用同一数值的电压源来代替,将图 4-29(a)电路的受控源电压$(2\,\Omega)i$作为已知量,用独立源代替时可以分解为三个电路,如图 4-29(b)(c)和(d)所示,用叠加电路计算电流i

$$i=i'+i''+i'''=\frac{-12\text{ V}}{3\text{ }\Omega+1\text{ }\Omega}+\frac{3}{4}\times 6\text{ A}+\frac{-2\text{ }\Omega}{3\text{ }\Omega+1\text{ }\Omega}\times i=-3\text{ A}+4.5\text{ A}-0.5i$$

求解方程得到电流i

$$i=\frac{-3\text{ A}+4.5\text{ A}}{1+0.5}=1\text{ A}$$

已知电流i容易求得电压u

$$u=3\text{ }\Omega\times(6\text{ A}-i)=3\text{ }\Omega\times 5\text{ A}=15\text{ V}$$

二、计算机辅助电路分析

当电路比较复杂时,利用计算机程序分析电路,可以检验笔算结果是否正确和掌握各种电路的特性,提高分析和解决电路问题的能力。下面举例说明利用 WDCAP 程序可以计算每个独立电源单独作用产生的电压和电流,也可以计算电路任意两个节点之间的戴维南和诺顿等效电路参数。

例 4-22　用叠加定理计算图 4-30 电路中各支路的电压和电流。

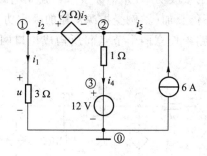

图 4-30　例 4-22

解　运行 WDCAP 程序,正确读入图 4-30 的电路数据,选择叠加定理分析电路的菜单,可以得到以下计算结果。

```
L4-22 Circuit Data
元件  支路 开始 终止 控制   元 件       元 件
类型  编号 节点 节点 支路   数 值       数 值
 R    1   1   0          3.0000
 CV   2   1   2    3     2.0000
 R    3   2   3          1.00000
 V    4   3   0          12.000
 I    5   0   2          6.0000
   独立节点数 = 3     支路数 = 5
   ----- 用 叠 加 定 理 分 析 线 性 电 路 -----
       Y       =    Y(V 4)   +   Y(I 5)
 U 1=  15.0   =     6.00    +   9.00
 U 2=  2.00   =    -4.00    +   6.00
 U 3=  1.000  =    -2.00    +   3.00
 U 4=  12.0   =    12.0     +   0.00
 U 5= -13.0   =   -10.00    +  -3.00
 I 1=  5.00   =     2.00    +   3.00
 I 2= -5.00   =    -2.00    +  -3.00
 I 3=  1.000  =    -2.00    +   3.00
 I 4=  1.000  =    -2.00    +   3.00
 I 5=  6.00   =     0.00    +   6.00
   ***** 请 注 意：功 率 不 能 叠 加 !!! *****
 P 1=  75.0   <>    12.0    +   27.0
 P 2=-10.0    <>     8.00   +  -18.0
 P 3=  1.000  <>     4.00   +   9.00
 P 4=  12.0   <>   -24.00   +   0.00
 P 5= -78.0   <>     0.00   +  -18.0
   ***** 直流电路分析程序（WDCAP 3.01）*****
```

计算结果显示：两个独立电源共同作用所产生的电压或电流等于每个独立电源单独作用产生的电压或电流的代数和,说明线性电阻电路中任一支路的电压和电流可以叠加。一般来说,两个独立电源共同作用的支路的吸收功率,并不等于每个独立电源单独作用支路时吸收功率的代数和,说明支路的吸收功率不能叠加(本例受控源支路的吸收功率属于特殊情况)。

例 4-23 计算图 4-31 电路中任意两个节点间所构成单口网络的诺顿等效电路以及输出的最大功率。

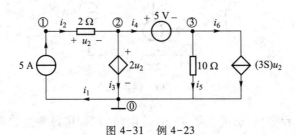

图 4-31 例 4-23

解 运行 WDCAP 程序,正确读入图 4-31 所示的电路数据后,选择计算单口网络等效电路的菜单,可以得到以下计算结果。

```
L4-23 Circuit Data
元件 支路 开始 终止 控制   元 件      元 件
类型 编号 节点 节点 支路   数 值      数 值
 I    1   0    1           5.0000
 R    2   1    2           2.0000
 VV   3   2    0     2     2.0000
 V    4   2    3           5.0000
 R    5   3    0          10.0000
 VC   6   3    0     2     3.0000

独立节点数 = 3    支路数 = 6
----- 任 两 节 点 间 单 口 的 等 效 电 路 -----
      VCR: U = R0*I + Uoc     I = G0*U - Isc

节点编号   开路电压   输入电阻   短路电流   输入电导   最大功率
1 -> 0:   30.00      6.000      5.000      0.1667     37.50
2 -> 0:   20.00      0.000      无诺顿等效电路
3 -> 0:   15.00      0.000      无诺顿等效电路
2 -> 1:  -10.000     2.000     -5.000      0.5000     12.50
3 -> 1:  -15.000     2.000     -7.500      0.5000     28.12
3 -> 2:   -5.000     0.000      无诺顿等效电路
     ***** 直流电路分析程序 ( WDCAP 3.01 ) *****
```

从所得到的单口网络开路电压和输出电阻以及短路电流和输出电导,可以得到戴维南和诺顿等效电路。例如从节点①到节点⓪之间所形成的单口网络,其开路电压 $U_{oc} = 30$ V 和输出电阻 $R_o = 6$ Ω,由此可以得到端口电压电流的关系式为

$$U = R_o I + U_{oc} = (6\ \Omega)I + 30\ V$$

从单口网络的短路电流 $I_{sc} = 5$ A 和输出电导 $G_o = 0.166\ 7$S,可以得到端口电压电流的关系式为

$$I = G_o U - I_{sc} = (0.166\ 7S)U - 5\ A$$

单口网络等效电路计算结果中的最后一个数据,是单口网络端接匹配负载所获得的最大功率。例如在节点①和节点⓪之间接 6 Ω 电阻时,可以获得 37.5W 的最大功率,这也是单口网络向负载电阻输出的最大功率。

值得注意的是并非任何含源单口网络都存在戴维南-诺顿等效电路,例如本电路在节点②和⓪间以及节点③和⓪间外加电压源时都不存在唯一解,故不存在诺顿等效电路。

三、电阻衰减网络设计

例 4-24 图 4-32(a)表示某个低频信号发生器电阻衰减网络的电路模型,各电阻的数值为 $R_1 = 1\ 897.4$ Ω,$R_2 = 1\ 352.8$ Ω,$R_3 = 1\ 707.6$ Ω,$R_4 = 1\ 155.0$ Ω 和

微视频 4-19:
例题 4-24 电
阻衰减网络分
析

$R_5 = 789.7\ \Omega$，每一个节点对基准节点的输出电阻均为 $600\ \Omega$，而每个节点对基准节点的开路电压按 10 dB[①] 衰减，从而可以在保持相同输出电阻（便于和负载匹配）的条件下，得到不同数值的输出电压，便于用户灵活使用。当电压源从 0 到 1 V 连续变化时，该信号发生器的电压可以从 0 到 10 mV，或从 0 到 31.6 mV，或从 0 到 100 mV，或从 0 到 316 mV 连续均匀变化。

微视频 4-20：例题 4-24 电阻衰减网络设计

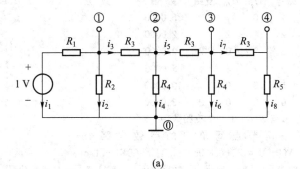

```
Example 4-24
8
VR  1 1 0     1       1897.4
R   2 1 0     1352.8
R   3 1 2     1707.6
R   4 2 0     1155
R   5 2 3     1707.6
R   6 3 0     1155
R   7 3 4     1707.6
R   8 4 0     789.7
```

(a)　　　　　　　　　　　　　　　　(b)

图 4-32　例 4-24

解　运行 WDCAP 程序，正确读入图 4-32(b) 所示电路数据，选择计算单口网络等效电路的菜单，可以得到以下计算结果。

----- 任两节点间单口的等效电路 -----				
VCR：U = R0 * I + Uoc　　I = G0 * U - Isc				
节点编号	开路电压	输入电阻	短路电流	输入电导	最大功率
1 -> 0:	.3162	600.0	5.2704E - 04	1.6667E - 03	4.1665E - 05
2 -> 0:	.1000	600.0	1.6667E - 04	1.6667E - 03	4.1666E - 06
3 -> 0:	3.1623E - 02	600.0	5.2705E - 05	1.6667E - 03	4.1668E - 07
4 -> 0:	9.9999E - 03	600.0	1.6667E - 05	1.6667E - 03	4.1667E - 08

计算结果表明：任一节点对基准节点的输出电阻都是 $600\ \Omega$。各节点对基准节点的开路电压分别为 0.316 2 V、0.1 V、0.031 62 V 和 0.01 V，就 1 V 电压源而言，总衰减量为 40 dB，即增益为 $k = -40$ dB 或 $k = 0.01$ 倍。每一级的衰减量都是 10 dB，增益为 $k = -10$ dB 或 $k = 0.316\ 2$ 倍。为了将电阻衰减网络的总衰减量减少或增加 10 dB，最简单的一个方法是在电路中部减少或增加两个阻值为 R_3 和 R_4 的电阻。

电路设计任务　用图 4-33 所示电路结构设计一个电阻衰减网络，每一挡的衰减量为

---

① 关于分贝(dB)的概念，请看本书第十二章。

10 dB,即 $k = 1/\sqrt{10}$,总衰减量为 40 dB(100 倍)。每一挡的输出电阻 R_o 相同,R_o 的数值可以根据每个学生的班级和学号来确定,例如班级为 3,学号为 15 的学生,指定 $R_o = 315\ \Omega$。设计完成后要求学生用计算机程序检验设计结果是否正确。

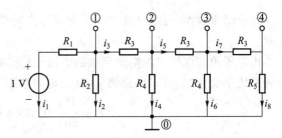

图 4-33 电路设计任务举例

按照每挡衰减量为 10 dB 和 $R_o = 315\ \Omega$ 的要求,用下列公式计算各电阻值。

$$R_1 = \sqrt{10}\,R_o = \sqrt{10} \times 315\ \Omega = 996.12\ \Omega$$

$$R_2 = \frac{10+\sqrt{10}}{9-\sqrt{10}}R_o = \frac{10+\sqrt{10}}{9-\sqrt{10}} \times 315\ \Omega = 710.23\ \Omega$$

$$R_3 = \frac{9}{\sqrt{10}}R_o = \frac{9}{\sqrt{10}} \times 315\ \Omega = 896.51\ \Omega$$

$$R_4 = \frac{11+2\sqrt{10}}{9}R_o = \frac{11+2\sqrt{10}}{9} \times 315\ \Omega = 606.36\ \Omega$$

$$R_5 = \frac{1+\sqrt{10}}{\sqrt{10}}R_o = \frac{1+\sqrt{10}}{\sqrt{10}} \times 315\ \Omega = 414.61\ \Omega$$

为了检验以上电阻值是否正确,用 WDCAP 程序计算各节点对基准节点的戴维南等效电路,得到以下计算结果。

```
L4-24 circuit data
元件  支路 开始 终止 控制   元件       元件
类型  编号 节点 节点 支路   数 值      数 值
 VR    1   1   0    1.00000    996.12
 R     2   1   0    710.23
 R     3   1   2    896.51
 R     4   2   0    606.36
 R     5   2   3    896.51
 R     6   3   0    606.36
 R     7   3   4    896.51
 R     8   4   0    414.61
 独立节点数 = 4    支路数 = 8
 ----- 任 两 节 点 间 单 口 的 等 效 电 路 -----
        VCR: U = R0*I + Uoc      I = G0*U - Isc
 节点编号  开路电压    输入电阻   短路电流    输入电导     最大功率
 1 -> 0: 0.3162       315.0    1.0039E-03  3.1746E-03  7.9365E-05
 2 -> 0: 0.1000       315.0    3.1746E-04  3.1746E-03  7.9365E-06
 3 -> 0: 3.1623E-02   315.0    1.0039E-04  3.1746E-03  7.9364E-07
 4 -> 0: 9.9999E-03   315.0    3.1746E-05  3.1746E-03  7.9363E-08
      *****  直流电路分析程序 ( WDCAP 3.01 ) *****
```

计算结果表明:每级衰减 10 dB,每个节点对基准节点的输出电阻均为 315 Ω,完全符合设计要求。

由电压源和线性二端电阻组成的电路,当全部电阻变化 k 倍时,等效电阻按比例变化,而电压转移比不变化,也可以根据例 4-24 的电阻数据按照 $R_。$ 的比例计算出各电阻值。

$$R_1 = \frac{315}{600} \times 1\ 897.4\ \Omega = 996.135\ \Omega$$

$$R_2 = \frac{315}{600} \times 1\ 352.8\ \Omega = 710.22\ \Omega$$

$$R_3 = \frac{315}{600} \times 1\ 707.6\ \Omega = 896.49\ \Omega$$

$$R_4 = \frac{315}{600} \times 1\ 155\ \Omega = 606.375\ \Omega$$

$$R_5 = \frac{315}{600} \times 789.7\ \Omega = 414.592\ 5\ \Omega$$

练习题　给出每级衰减 k 倍和输出电阻 $R_。$ 的值,推导出计算各电阻值的公式。

读者在学习电阻衰减网络时,可以观看教材 Abook 资源中"电阻衰减网络""低频信号发生器"和"高频信号发生器"等实验录像。

四、电路的唯一解

在学习网络定理时,多次遇到电路的唯一解问题。用叠加定理求解包含多个独立电源电路的电压和电流时,要求电路存在唯一解。求含源线性电阻单口网络的戴维南和诺顿等效电路时,要求单口网络在外加电压源或电流源时,电路存在唯一解。在学习替代定理时,要求电路在用电压源或电流源代替单口网络前和代替后,都必须存在唯一解。

微视频 4-21:
例题 4-25 解
答演示

例 4-25　电路如图 4-34(a)所示。(1)计算支路电流 i_1、i_2 和 i_3。(2)已知 i_3,能否用电流源替代电阻 R_3 计算电流 i_1 和 i_2。(3)已知 u_4,能否用电压源替代电阻 R_4 计算电流 i_1 和 i_2。

解　(1)选择电流 i_1 和 i_2 作为网孔电流,列出网孔方程和 KCL 方程

$$\left.\begin{array}{l}(1\ \Omega+1\ \Omega)i_1-(1\ \Omega+3\ \Omega)\times i_2 = 2\ \text{V} \\ -1\ \Omega \times i_1+(1\ \Omega+2\ \Omega)i_2 = 0 \\ i_1 = i_2+i_3\end{array}\right\}$$

求解方程,得到支路电流 i_1、i_2 和 i_3

$$i_1 = 3\ \text{A}, \quad i_2 = 1\ \text{A}, \quad i_3 = 2\ \text{A}$$

(2)已知 $i_3 = 2$ A,用 2 A 电流源代替电阻 R_3,得到图 4-34(b)所示电路,增加电流源电压 u_3,列出改进的网孔方程和补充方程

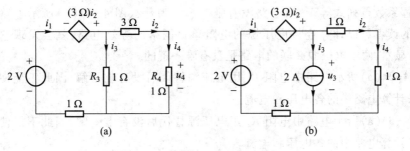

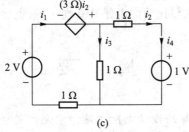

图 4-34 例 4-25

$$(1\ \Omega)i_1 - (3\ \Omega)i_2 + u_3 = 2\ \text{V} \left.\right\}$$
$$2\ \Omega \times i_2 - u_3 = 0$$
$$i_1 - i_2 = 2\ \text{A}$$

消去电流源电压 u_3,并求解电路方程

$$(1\ \Omega)i_1 - (1\ \Omega)i_2 = 2\ \text{V} \left.\right\}$$
$$i_1 - i_2 = 2\ \text{A}$$

$$i_1 = \frac{\begin{vmatrix} 2 & -1 \\ 2 & -1 \end{vmatrix}}{\begin{vmatrix} 1 & -1 \\ 1 & -1 \end{vmatrix}}\ \text{A} = \frac{0}{0},\quad i_2 = \frac{\begin{vmatrix} 1 & 2 \\ 1 & 2 \end{vmatrix}}{\begin{vmatrix} 1 & -1 \\ 1 & -1 \end{vmatrix}}\ \text{A} = \frac{0}{0}$$

由于电路方程系数行列式等于零,电路没有唯一解。为什么图 4-34(b) 所示电路没有唯一解呢?有兴趣的读者可以计算连接电流源的电阻单口网络的等效电路,就会发现它等效为一个 2 A 电流源。显然,两个电流源串联的电路是没有唯一解的。

(3) 已知 $u_4 = R_4 i_4 = 1$ V,用 1 V 电压源代替电阻 R_4,得到图 4-34(c) 所示电路,列出网孔方程

$$(1\ \Omega + 1\ \Omega)i_1 - (1\ \Omega + 3\ \Omega) \times i_2 = 2\ \text{V} \left.\right\}$$
$$-1\ \Omega \times i_1 + (1\ \Omega + 1\ \Omega)i_2 = -1\ \text{V}$$

$$i_1 = \frac{\begin{vmatrix} 2 & -4 \\ -1 & 2 \end{vmatrix}}{\begin{vmatrix} 2 & -4 \\ -1 & 2 \end{vmatrix}}\ \text{A} = \frac{0}{0},\quad i_2 = \frac{\begin{vmatrix} 2 & 2 \\ -1 & -1 \end{vmatrix}}{\begin{vmatrix} 2 & -4 \\ -1 & 2 \end{vmatrix}}\ \text{A} = \frac{0}{0}$$

由于电路方程系数行列式等于零,电路没有唯一解。为什么图 4-34(c)所示电路没有唯一解呢?有兴趣的读者可以计算连接电压源的电阻单口网络的等效电路,就会发现它等效为一个 1 V电压源。显然,两个电压源并联的电路是没有唯一解的。

由于图 4-34(a)所示电路中电阻 R_3 用电流源替代后没有唯一解,因此不能使用电流源替代电阻 R_3 来计算电路中的各电压和电流。

由于图 4-34(a)所示电路中电阻 R_4 用电压源替代后没有唯一解,因此不能使用电压源替代电阻 R_4 来计算电路中的各电压和电流。

此例说明替代定理不仅要求替代前的电路具有唯一解,也要求替代后的电路具有唯一解。

摘　要

1. 叠加定理适用于有唯一解的线性电阻电路。它允许用分别计算每个独立电源产生的电压或电流,然后相加的方法,求得含多个独立电源线性电阻电路的电压或电流。

2. 戴维南定理指出:外加电流源有唯一解的含源线性电阻单口网络,可以等效为一个电压为 u_{oc} 的电压源和电阻 R_o 的串联。u_{oc} 是含源单口网络在负载开路时的端口电压;R_o 是单口网络内全部独立电源置零时的等效电阻。

3. 诺顿定理指出:外加电压源有唯一解的含源线性电阻单口网络,可以等效为一个电流为 i_{oc} 的电流源和电阻 R_o 的并联。i_{sc} 是含源单口网络在负载短路时的端口电流;R_o 是单口网络内全部独立电源置零时的等效电阻。

4. 只要用网络分析的任何方法,分别计算出 u_{oc}、i_{oc} 和 R_o,就能得到戴维南-诺顿等效电路。用戴维南-诺顿等效电路代替含源线性电阻单口网络,不会影响网络其余部分的电压和电流。

5. 最大功率传输定理指出:输出电阻 R_o 大于零的任何含源线性电阻单口网络,向可变电阻负载传输最大功率的条件是 $R_L = R_o$,负载电阻得到的最大功率是

$$p_{max} = \frac{u_{oc}^2}{4R_o} = \frac{i_{sc}^2}{4G_o}$$

式中,u_{oc} 是含源线性电阻单口网络的开路电压,i_{sc} 是含源线性电阻单口网络的短路电流。

6. 替代定理指出:已知电路中某条支路或某个单口网络的端电压或电流时,可用量值相同的电压源或电流源来替代该支路或单口网络,而不影响电路其余部分的电压和电流,只要电路在用独立电源替代前和替代后均存在唯一解。

7. 本章所介绍的几个定理都要求所讨论的电路模型必须存在唯一解,并非任何线性电阻电路模型都适用叠加定理,并非任何线性电阻单口网络模型都存在戴维南和诺顿等效电路,并非任何电路模型都适用替代定理。

微视频 4-22：
第 4 章习题解
答

习 题 四

§4-1　叠加定理

4-1　将图 4-2 所示电路中全部电阻增加 1 000 倍,得到题图 4-1 所示电路。(1)计算
$U_\mathrm{S}=80\ \mathrm{V}$ 时的各电压和电流。(2)计算 $U_\mathrm{S}=40\ \mathrm{V}$ 时的各电压和电流。

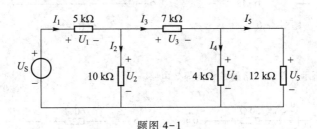

题图 4-1

4-2　电路如题图 4-2 所示。(1)用叠加定理计算电流 I。(2)欲使 $I=0$,问 U_S 应改为何值?

4-3　用叠加定理求题图 4-3 所示电路中的电压 U。

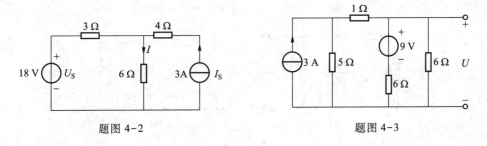

题图 4-2　　　　　　　　　　　　　题图 4-3

4-4　用叠加定理求题图 4-4 所示电路中的电流 i 和电压 u。

4-5　用叠加定理求题图 4-5 所示电路中的电流 i 和电压 u。

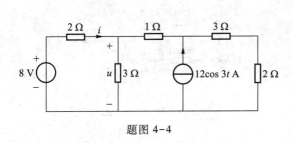

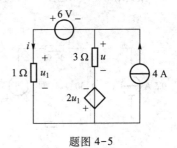

题图 4-4　　　　　　　　　　　　　题图 4-5

4-6　用叠加定理求题图 4-6 所示电路中的电流 i。

4-7　用叠加定理求题图 4-7 所示单口网络的电压电流关系。

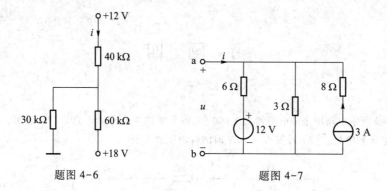

题图 4-6   题图 4-7

§4-2 戴维南定理

4-8 求题图 4-8 所示各单口网络的戴维南等效电路。

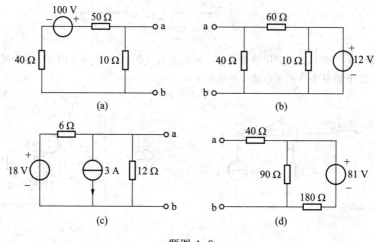

题图 4-8

4-9 用戴维南定理求题图 4-9 所示电路中的电压 u。

4-10 用戴维南定理求题图 4-10 所示电路中的电压 u。

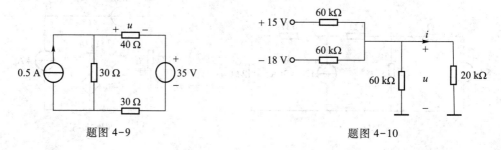

题图 4-9   题图 4-10

4-11 题图 4-11 表示确定含源线性电阻单口网络等效电路的实验电路。已知 $U = 15\text{ V}, I = 4.5\text{ mA}$。求含源线性电阻单口网络的戴维南等效电路。

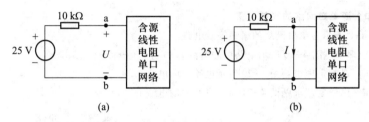

题图 4-11

4-12 题图 4-12 所示是梯形电阻分压网络。试求每个节点对参考点的戴维南等效电路。

4-13 用戴维南定理求题图 4-13 所示电路中的电流 i。若 $R=10\,\Omega$ 时,电流 i 又为何值?

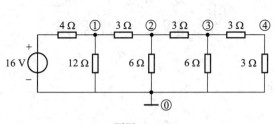

题图 4-12

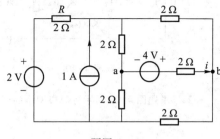

题图 4-13

4-14 用戴维南定理求题图 4-14 所示电路中的电流 i。

4-15 欲使题图 4-15 所示电路中电压 $u=20\,\text{V}$,问电阻 R_L 应为何值?

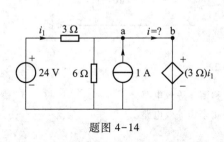

题图 4-14

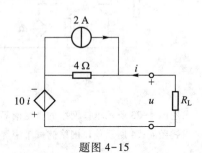

题图 4-15

4-16 求题图 4-16 所示单口网络的戴维南等效电路。

4-17 求题图 4-17 所示单口网络的戴维南等效电路。

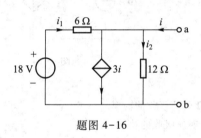

题图 4-16

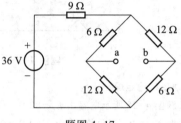

题图 4-17

§4-3 诺顿定理和含源单口网络的等效电路

4-18 求题图 4-8 所示各单口网络的诺顿等效电路。

4-19 用诺顿定理求题图 4-10 所示电路中的电流 i。

4-20 用戴维南-诺顿定理求题图 4-20 所示电路中的电流 I。

4-21 用戴维南-诺顿定理求题图 4-21 所示电路中的电流 i。

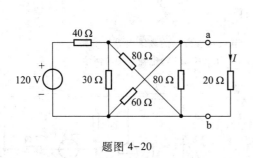

题图 4-20

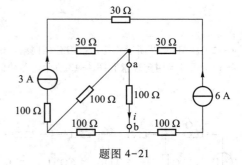

题图 4-21

4-22 求题图 4-22 所示各单口网络的诺顿等效电路。

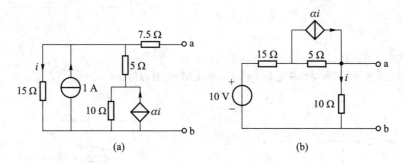

(a)   (b)

题图 4-22

4-23 求题图 4-23 所示单口网络的戴维南等效电路和诺顿等效电路。

4-24 求题图 4-24 所示单口网络的戴维南等效电路和诺顿等效电路。

微视频 4-23：
习题 4-23 单
口等效电路

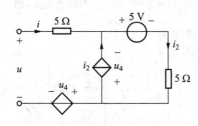

题图 4-23

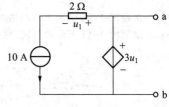

题图 4-24

§4-4 最大功率传输定理

4-25 求题图 4-25 所示电路中 $R_L = 80\ \Omega$、$160\ \Omega$、$240\ \Omega$ 时所吸收的功率。

4-26 求题图 4-26 所示电路中 $R_L = 30\ \Omega$、$60\ \Omega$、$120\ \Omega$ 时所吸收的功率。

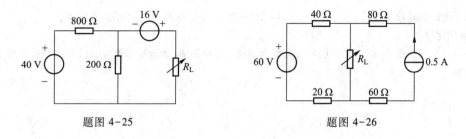

题图 4-25 题图 4-26

4-27 求题图 4-27 所示电路中电阻 R_L 获得的最大功率。

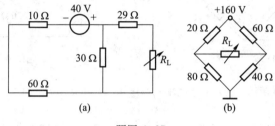

(a) (b)

题图 4-27

4-28 求题图 4-28 所示电路中电阻 R_L 为何值时可获得最大功率。

4-29 求题图 4-29 所示电路中电阻 R_L 为何值时可获得最大功率,并计算最大功率值。

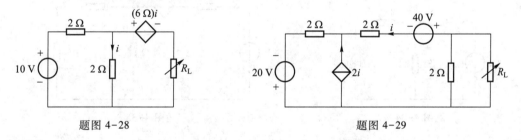

题图 4-28 题图 4-29

4-30 求题图 4-30 所示电路中电阻 R_L 为何值时可获得最大功率,并计算最大功率值。

4-31 求题图 4-31 所示单口网络的戴维南等效电路和电阻 R_L 可获得的最大功率。

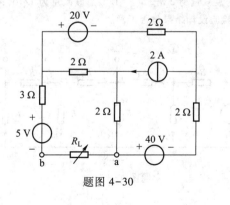

题图 4-30

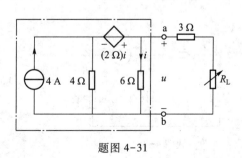

题图 4-31

4-32 电路如题图 4-32 所示。已知 $u_S(t) = 24\cos 2t$ V,求电阻 R_L 可获得的最大功率。

§4-5 替代定理

4-33 电路如题图 4-33 所示。(1)用戴维南定理计算电阻 R_L 的电压和电流。(2)用替代定理求各电阻的吸收功率。

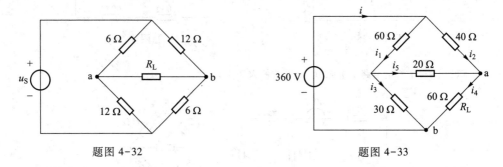

题图 4-32 题图 4-33

4-34 电路如题图 4-34 所示。已知电感电压 $u_L(t) = 4e^{-t}$ V,电流 $i_L(t) = (1.2 - 2.4e^{-t})$ A。试用替代定理求电流 $i_1(t)$ 和电压 $u_2(t)$。

4-35 电路如题图 4-35 所示,已知电流 $i_4 = 2$ A,$u_4 = 2$ V。(1)能否用 2 A 电流源替代该支路来计算电流 i_1 和 i_3?(2)能否用 2 V 电压源替代该支路来计算电流 i_1 和 i_3?

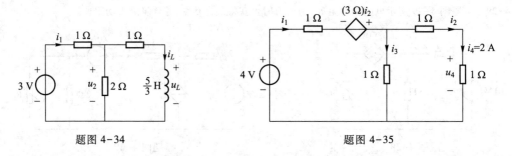

题图 4-34 题图 4-35

4-36 电路如题图 4-36 所示,试用各种方法求负载电阻的电压 u_2 和电流 i_2。

§4-6 电路设计、电路应用和计算机分析电路实例

4-37 电阻衰减网络如题图 4-37 所示。要求每一挡的衰减量为 2 倍,即 $k = 1/2$,总衰减量为 1/16,每一挡的输出电阻 $R_o = 600$ Ω。试确定各电阻值,并用计算机程序检验设计结果是否正确。

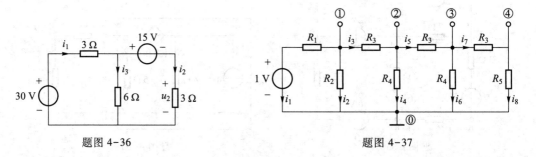

题图 4-36 题图 4-37

4-38 电路如题图 4-38 所示。能否用叠加定理计算电流 i?

4-39 电路如题图 4-39 所示。当受控源的转移电流比 $\alpha = 1$、2、3 时,计算电流 i_1 和 i_4。

微视频 4-24:
习题 4-39 解
答演示

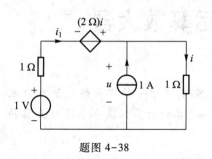

题图 4-38

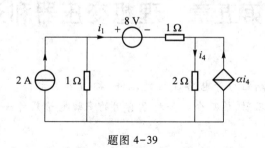

题图 4-39

第五章　理想变压器和运算放大器

具有多个端钮与外电路连接的元件,称为多端元件。本章先介绍一种常用的电阻双口元件——理想变压器,然后介绍一种很有用的多端电子器件——运算放大器以及含运算放大器的电阻电路分析。

§5-1　理想变压器

微视频 5-1:
铁心变压器实
验

电子和电力设备中广泛使用各种变压器,为了得到各种变压器的电路模型,需要定义一种称为理想变压器的电路元件,它是构成各种变压器电路模型的基本电路元件。理想变压器的符号如图 5-1 所示。其中 11′端称为一次侧(旧称初级),22′端称为二次侧(旧称次级)。

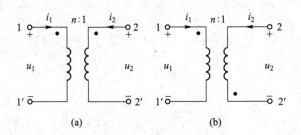

图 5-1　理想变压器

按图 5-1(a)所示电压和电流的参考方向,理想变压器的电压电流关系为

$$u_1 = nu_2 \tag{5-1}$$
$$i_2 = -ni_1 \tag{5-2}$$

按图 5-1(b)所示电压和电流的参考方向,理想变压器的电压电流关系为

$$u_1 = -nu_2 \tag{5-3}$$
$$i_2 = ni_1 \tag{5-4}$$

式中,n 称为变比,是理想变压器的唯一参数。图中标注的一对“·”点是表示变压器一次电压 u_1 和二次电压 u_2 极性关系的符号,称为同名端。实际变压器的同名端由一次绕组和二次绕组的绕法和相对位置来确定,将在第十二章详细叙述。当 u_1 和 u_2 参考方向的“+”端均选在标有“·”点的端钮上时,如图5-1(a)所示,表示 u_1 和 u_2 极性相同,其关系式为 $u_1 = nu_2$。当 u_1 和 u_2 参考方

向的"+"端不同时出现在标有"·"点的端钮上时,如图 5-1(b)所示,表示 u_1 和 u_2 极性相反,其关系式为 $u_1 = -nu_2$。当 i_1 和 i_2 参考方向的箭头同时指向标有"·"点的端钮时,如图 5-1(a)所示,其关系式 $i_1 = -ni_2$,式中的负号表示 i_1 或 i_2 的实际方向与参考方向相反。当 i_1 和 i_2 参考方向的箭头不同时指向标有"·"点的端钮时,如图 5-1(b)所示,其关系式 $i_1 = ni_2$。

表征理想变压器端口特性的 VCR 方程是两个线性代数方程,因而理想变压器是一种线性双口电阻元件。正如二端线性电阻元件不同于实际电阻器,理想变压器这种电路元件也不同于各种实际变压器。例如用线圈绕制的铁心变压器对电压、电流的工作频率有一定限制,而理想变压器则是一种理想化模型。它既可工作于交流又可工作于直流,对电压、电流的频率和波形没有任何限制。将一个含变压器的实际电路抽象为电路模型时,应根据实际电路器件的情况说明该模型适用的范围。

理想变压器有两个基本性质:

(1)理想变压器既不消耗能量,也不储存能量,在任一时刻从一次侧和二次侧进入理想变压器的总功率等于零,即

$$p = u_1 i_1 + u_2 i_2 = nu_2 i_1 - u_2 n i_1 = 0$$

此式说明从一次侧进入理想变压器的功率,全部传输到二次侧的负载中,它本身既不消耗能量,也不储存能量。

(2)当理想变压器二次侧接一个电阻 R 时,一次侧的等效电阻为 $n^2 R$,如图 5-2 所示。

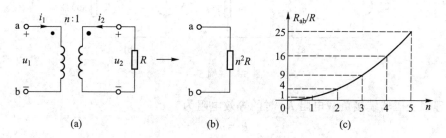

图 5-2　理想变压器变换电阻

用外加电源法求得图 5-2 所示单口网络的等效电阻为

$$R_i = \frac{u_1}{i_1} = \frac{nu_2}{-\dfrac{i_2}{n}} = n^2 \left(\frac{-u_2}{i_2} \right) = n^2 R \tag{5-5}$$

上式表明:理想变压器不仅可以变换电压和电流,也可以变换电阻。可以证明,式(5-5)的结论与理想变压器的同名端位置无关,因此今后在这种情况下可以不标出同名端。用计算机程序 WDCAP 画出图 5-2(a)单口网络的等效电阻 R_{ab} 随变比 n 变化的曲线,如图 5-2(c)所示。

例 5-1　求图 5-3 所示单口网络的等效电阻 R_{ab}。

解　先求理想变压器的二次侧负载的等效电阻,它是 6 kΩ 和 3 kΩ 电阻并联后再与 3 kΩ 电

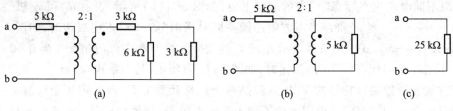

图 5-3　例 5-1

阻的串联,其等效电阻为

$$R_L = 3\ \text{k}\Omega + \frac{6\ \text{k}\Omega \times 3\ \text{k}\Omega}{6\ \text{k}\Omega + 3\ \text{k}\Omega} = 5\ \text{k}\Omega$$

如图 5-3(b)所示,用式(5-5)求得

$$R_{ab} = 5\ \text{k}\Omega + 2^2 \times 5\ \text{k}\Omega = 25\ \text{k}\Omega$$

单口网络的等效电阻 $R_{ab} = 25\ \text{k}\Omega$,如图 5-3(c)所示。

　　例 5-2　电路如图 5-4 所示。欲使负载电阻 $R_L = 8\ \Omega$ 获得最大功率,求理想变压器的变比 n 和负载电阻获得的最大功率。

微视频 5-2:
例题 5-2 解答
演示

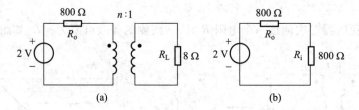

图 5-4　例 5-2

　　解　理想变压器端接负载电阻 R_L 时的等效电阻为

$$R_i = n^2 R_L$$

根据最大功率传输定理,R_i 获得最大功率的条件是

$$R_i = n^2 R_L = R_o$$

求得

$$n = \sqrt{\frac{R_o}{R_L}} \qquad\qquad (5-6)$$

代入数值

$$n = \sqrt{\frac{800}{8}} = 10$$

得到图 5-4(b)所示电路。根据最大功率传输定理,电阻 R_i 获得的最大功率为

$$p_{max} = \frac{u_{oc}^2}{4R_o} = \frac{(2\ \text{V})^2}{4 \times 800\ \Omega} = 1.25\ \text{mW}$$

由于理想变压器不消耗功率,故 R_L 与 R_i 获得的最大功率相同,即也是 1.25 mW。

例 5-3　求图 5-5(a)所示单口网络的等效电阻 R_{ab}。

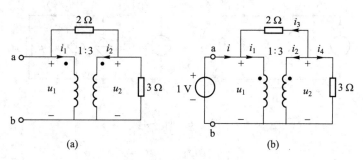

图 5-5　例 5-3

解　由图 5-5(a)所示的电压、电流参考方向,写出理想变压器的 VCR 方程为

$$u_2 = 3u_1$$
$$i_1 = -3i_2$$

用外加电源求端口 VCR 方程的方法求等效电阻。为了计算方便,在端口外加 1 V 电压源,如图 5-5(b)所示,用 KCL、KVL 和 VCR 可求得

$$i_3 = \frac{u_2 - u_1}{2\ \Omega} = \frac{3\ V - 1\ V}{2\ \Omega} = 1\ A$$

$$i_4 = \frac{u_2}{3\ \Omega} = \frac{3\ V}{3\ \Omega} = 1\ A$$

$$i_2 = -i_3 - i_4 = -1\ A - 1\ A = -2\ A$$

$$i_1 = -3i_2 = 6\ A$$

$$i = i_1 - i_3 = 6\ A - 1\ A = 5\ A$$

最后得到等效电阻

$$R_{ab} = \frac{u_1}{i} = \frac{1}{5}\ \Omega = 0.2\ \Omega$$

需要注意的是假如理想变压器一次侧和二次侧没有直接连通,由封闭面的 KCL 可以断定电流 $i_3 = 0$,此时用式(5-5)计算,得到

$$R_{ab} = \frac{1}{3^2} \times 3\ \Omega = \frac{1}{3}\ \Omega$$

例 5-4　用节点分析法再求图 5-5(a)所示单口网络的等效电阻。

解　将图 5-5(a)所示电路图重画于图 5-6(a)中。采用外加电流源计算端口电压的方法求等效电阻。含理想变压器等双口电阻元件的电路[图 5-6(a)]不能用式(3-9)列写节点方程。此时,可采用以下两种方法求解。

解法一　增加理想变压器电流 i_1 和 i_2 变量来列写节点方程

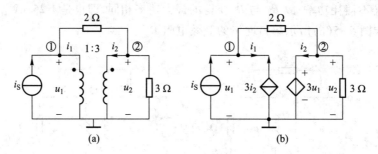

图 5-6　例 5-4

$$\frac{1}{2\ \Omega}u_1 - \frac{1}{2\ \Omega}u_2 + i_1 = i_S$$

$$-\frac{1}{2\ \Omega}u_1 + \left(\frac{1}{2\ \Omega} + \frac{1}{3\ \Omega}\right)u_2 + i_2 = 0$$

补充理想变压器的 VCR 方程

$$u_2 = 3u_1$$

$$i_1 = -3i_2$$

求解以上方程，即可得到

$$R_i = \frac{u_1}{i_S} = 0.2\ \Omega$$

　　解法二　根据理想变压器的 VCR 方程

$$u_2 = 3u_1$$

$$i_1 = -3i_2$$

用两个相应的受控源代替理想变压器的两条支路，得到图 5-6(b)所示电路。列出含受控源电路的节点方程

$$\frac{1}{2\ \Omega}u_1 - \frac{1}{2\ \Omega}u_2 = 3i_2 + i_S$$

$$-\frac{1}{2\ \Omega}u_1 + \left(\frac{1}{2\ \Omega} + \frac{1}{3\ \Omega}\right)u_2 = -i_2$$

代入

$$u_2 = 3u_1$$

可解得

$$R_i = \frac{u_1}{i_S} = 0.2\ \Omega$$

　　读者学习本小节时，可以观看教材 Abook 资源中"铁心变压器的电压波形""铁心变压器变比的测量""铁心变压器的电阻变换"和"铁心变压器的阻抗匹配"等实验录像。

§5-2　运算放大器的电路模型

一、运算放大器

运算放大器简称运放,是一种多端集成电路,通常由数十个晶体管和一些电阻构成。现已有上千种不同型号的集成运放,它是一种价格低廉、用途广泛的电子器件。早期,运放用来完成模拟信号的求和、微分和积分等运算,故称为运算放大器。现在,运放的应用已远远超过运算的范围。它在通信、控制和测量等设备中得到广泛应用。

运放器件的电气图形符号如图 5-7(a)所示,它有两个输入端、一个输出端和两个电源端。图中标有"–"号的输入端,称为反相输入端;标有"+"号的输入端,称为同相输入端。运放在正常工作时,需将一个直流正电源和一个直流负电源与运放的电源端 E_+ 和 E_- 相连[图 5-7(b)],以便给运放内的晶体管建立适当的工作点。两个电源的公共端构成运放的外部接地端。若将电源包括在运放之内,如图 5-7(b)点画线框所示,则运放与外部电路连接的端钮只有四个:两个输入端、一个输出端和一个接地端,这样,运放可看为是一个四端元件。图中 i_- 和 i_+ 分别表示进入反相输入端和同相输入端的电流。i_o 表示进入输出端的电流。u_-、u_+ 和 u_o 分别表示反相输入端、同相输入端和输出端相对接地端的电压。$u_d = u_+ - u_-$ 称为差模输入电压。

运放工作在直流和低频信号的条件下,其输出电压与差模输入电压的典型转移特性曲线 $u_o = f(u_d)$ 如图 5-8 所示。该曲线有三个明显的特点:

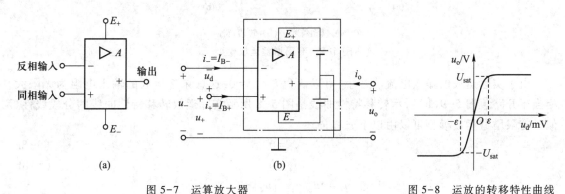

(a)	(b)

图 5-7　运算放大器　　　　　　　　　　　　图 5-8　运放的转移特性曲线

（1）u_o 和 u_d 有不同的比例尺度:u_o 用 V;u_d 用 mV。

（2）在输入信号很小($|u_d| < \varepsilon$)的区域内,曲线近似于一条很陡的直线,即 $u_o = f(u_d) \approx Au_d$。该直线的斜率与 $A = u_o/u_d$ 成比例,A 称为开环电压增益,其量值可高达 $10^5 \sim 10^8$。工作在线性区的运放是一个高增益的电压放大器。

（3）在输入信号较大（$|u_d|>\varepsilon$）的区域，曲线 $f(u_d)$ 饱和于 $u_o=\pm U_{sat}$。U_{sat} 称为饱和电压，其量值比电源电压低 2 V 左右，例如 $E_+=15$ V，$E_-=-15$ V，则 $+U_{sat}=13$ V，$-U_{sat}=-13$ V 左右。工作于饱和区的运放，其输出特性与电压源相似。

综上所述，运放在直流和低频应用时，其端电压和电流关系由以下三个方程描述

$$\left.\begin{array}{c} i_-=I_{B_-} \\ i_+=I_{B_+} \\ u_o=f(u_d) \end{array}\right\} \tag{5-7}$$

式中，I_{B_-} 和 I_{B_+} 是反相输入端和同相输入端的输入偏置电流，其量值非常小，通常小于 10^{-7} A，可以近似认为等于零。$u_o=f(u_d)$ 是输出电压 u_o 对差模输入电压 u_d 的转移特性。

下面介绍运算放大器的两种电路模型。

二、有限增益的运算放大器模型

有限增益运放模型的符号和转移特性曲线如图 5-9 所示。

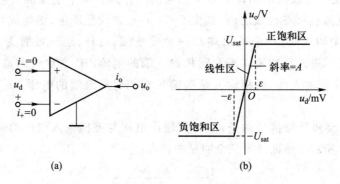

（a）模型符号 （b）转移特性
图 5-9 有限增益运放模型

由于实际运放的输入电流非常小，可以认为 $i_-=i_+=0$，这意味着运放的输入电阻为无限大，相当于开路。图 5-9（b）所示转移特性曲线是图 5-8 所示实际运放转移特性曲线的分段线性近似。有限增益运放模型可以由以下方程描述

$$i_-=0 \tag{5-8a}$$

$$i_+=0 \tag{5-8b}$$

$$\left.\begin{array}{ll} u_o=Au_d, & |u_d|<\varepsilon \\ u_o=U_{sat}, & u_d>\varepsilon \\ u_o=-U_{sat}, & u_d<-\varepsilon \end{array}\right\} \tag{5-8c}$$

随着运放输入信号幅度的不同，有限增益模型可以工作于三个不同的区域。

1. 线性区

当 $|u_d|<\varepsilon$ 时，$u_o=f(u_d)=Au_d$，运放等效为一个电压控制电压源，如图 5-10（a）所示。

2. 正饱和区

当 $u_d > \varepsilon$ 时，$u_o = +U_{sat}$，运放的输出端口等效于一个直流电压源，如图5-10(b)所示。

3. 负饱和区

当 $u_d < -\varepsilon$ 时，$u_o = -U_{sat}$，运放的输出端口等效于一个直流电压源，如图 5-10(c)所示。有限增益运放工作于线性区、正饱和区和负饱和区的电路模型，分别如图 5-10(a)(b)(c)所示。

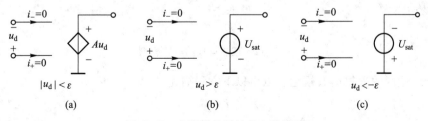

图 5-10　有限增益运放的电路模型

三、理想运算放大器模型

实际运放的开环电压增益非常大（$A = 10^5 \sim 10^8$），可以近似认为 $A = \infty$ 和 $\varepsilon = 0$。此时，有限增益运放模型可以进一步简化为理想运放模型。理想运放模型的符号如图 5-11(a)所示，其转移特性曲线如图 5-11(b)所示。

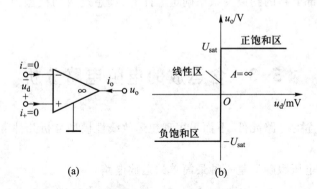

（a）模型符号　（b）转移特性曲线

图 5-11　理想运放模型

理想运放模型可由以下方程描述

$$i_- = 0 \tag{5-9a}$$

$$i_+ = 0 \tag{5-9b}$$

$$\left.\begin{array}{ll} -U_{sat} < u_o < U_{sat}, & u_d = 0 \\ u_o = U_{sat}, & u_d > 0 \\ u_o = -U_{sat}, & u_d < 0 \end{array}\right\} \tag{5-9c}$$

理想运放工作于线性区、正饱和区和负饱和区的电路模型,分别如图 5-12(a)(b)(c)所示。

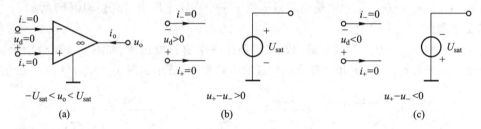

图 5-12 理想运放的电路模型

工作于线性区的理想运放模型可以由以下方程描述

$$i_- = 0 \tag{5-10a}$$

$$i_+ = 0 \tag{5-10b}$$

$$u_d = u_+ - u_- = 0 \tag{5-10c}$$

式(5-10)表明该理想运放的输入端口既像一个开路($i_- = i_+ = 0$),又像一个短路($u_d = 0$),这可等效为一个电流为零的特殊短路,因此,该模型又称为虚短路模型(virtual short-circuit model)。当输入电压 $u_d = 0$ 时,输出电压 u_o 可以为 $-U_{sat} \sim +U_{sat}$ 之间的任何量值,输出电流亦可为任何量值,具体量值则需根据外部电路的约束关系来确定。此时,理想运放的模型为一个增益为无限大的电压控制电压源(VCVS)。

§5-3 含运放的电阻电路分析

运放是一种多用途的电路元件,下面采用理想运放线性模型分析几种常用的运放电路。

1. 电压跟随器

图 5-13(a)所示电压跟随器是一种最简单的运放电路。

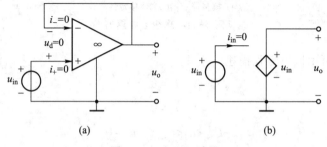

图 5-13 电压跟随器

工作于线性区的理想运放,其差模输入电压 $u_d = 0$,根据 KVL 可求得输出电压 u_o 与输入电

压源电压 u_{in} 的关系为

$$u_o = u_{in} \qquad\qquad (5-11)$$

它等效于增益为 1 的 VCVS[图 5-13(b)]。该电路的输出电压 u_o 将跟随输入电压 u_{in} 变化，故称为电压跟随器。由于该电路的输入电阻 R_i 为无限大($i_{in} = 0$)和输出电阻 R_o 为零，将它插入两个双口网络之间(图 5-14)时，既不会影响网络的转移特性，又能对网络起隔离作用，故又称为缓冲器。

2. 反相放大器

利用理想运放输入端口的虚短路特性($i_- = i_+ = 0$)，写出图 5-15 所示电路中节点①的 KCL 方程

$$i_1 = \frac{u_{in}}{R_1} = i_2 = \frac{-u_o}{R_f}$$

解得

$$u_o = -\frac{R_f}{R_1} u_{in} \qquad\qquad (5-12)$$

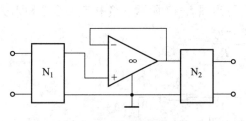

图 5-14　缓冲器的应用

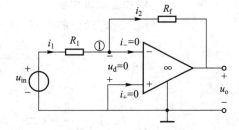

图 5-15　反相放大器

当 $R_f > R_1$ 时，输出电压的幅度比输入电压的幅度大，该电路是一个电压放大器。式(5-12)中的负号表示输出电压与输入电压极性相反，故称为反相放大器。例如 $R_1 = 1\ \mathrm{k\Omega}$，$R_f = 10\ \mathrm{k\Omega}$，$u_{in}(t) = 8\cos \omega t\ \mathrm{mV}$ 时，输出电压为

$$u_o = -\frac{R_f}{R_1} u_{in} = -10 u_{in} = -80\cos \omega t\ \mathrm{mV}$$

为了保证该运放工作于线性区，应使输入电压的幅度限制在一定范围内，即满足以下条件

$$|u_{in}| < \frac{R_1}{R_f} U_{sat}$$

3. 同相放大器

利用理想运放的虚短路特性，写出图 5-16 所示电路中节点①的 KCL 方程

$$i_1 = \frac{u_{in}}{R_1} = i_2 = \frac{u_o - u_{in}}{R_f}$$

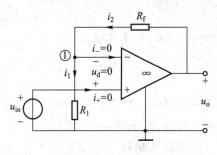

图 5-16　同相放大器

解得

$$u_\text{o} = \left(1 + \frac{R_\text{f}}{R_1}\right) u_\text{in} \tag{5-13}$$

由于输出电压的幅度比输入电压的幅度大,而且极性相同,故称为同相放大器。
例如 $R_1 = 1\ \text{k}\Omega$, $R_\text{f} = 10\ \text{k}\Omega$, $u_\text{in}(t) = 8\cos \omega t\ \text{mV}$ 时,输出电压为

$$u_\text{o} = \left(1 + \frac{R_\text{f}}{R_1}\right) u_\text{in} = 11 u_\text{in} = 88\cos \omega t\ \text{mV}$$

为保证该运放工作在线性区域,应使输入电压的幅度满足以下条件

$$|u_\text{in}| < \frac{R_1}{R_1 + R_\text{f}} U_\text{sat} = \frac{1}{11} U_\text{sat}$$

若输入电压超过此值,$u_\text{o} = \pm U_\text{sat}$,电路不再具有放大电压信号的作用,波形也将产生失真。

4. 加法运算电路

利用理想运放的虚短路特性,写出图 5-17 所示电路中节点①的 KCL 方程

$$\frac{u_\text{S1}}{R_1} + \frac{u_\text{S2}}{R_2} = \frac{-u_\text{o}}{R_3}$$

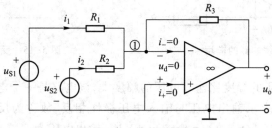

图 5-17 加法电路

解得

$$u_\text{o} = -\left(\frac{R_3}{R_1} u_\text{S1} + \frac{R_3}{R_2} u_\text{S2}\right) \tag{5-14}$$

当 $R_1 = R_2 = R$ 时,上式变为

$$u_\text{o} = -\frac{R_3}{R}(u_\text{S1} + u_\text{S2})$$

该电路输出电压幅度正比于两个输入电压之和,实现了加法运算。当 $R_3 > R_1 = R_2$ 时,还能起反相放大作用,是一种加法放大电路。

5. 负阻变换器

现在讨论图 5-18 所示电路的输入电阻 R_ab。用外加电源法求出 a、b 两端的 VCR 关系,从而

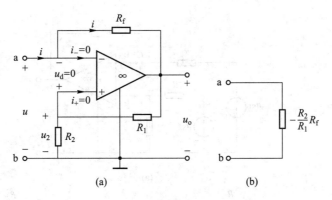

图 5-18 负阻变换器

求得输入电阻 R_{ab}。利用理想运放的虚短路特性,再用观察法列出

$$u = u_2 = \frac{R_2}{R_1 + R_2} u_o \qquad (5-15)$$

得到

$$u_o = \frac{R_1 + R_2}{R_2} u = u + \frac{R_1}{R_2} u$$

代入 KVL 方程

$$u = R_f i + u_o = R_f i + u + \frac{R_1}{R_2} u$$

解得

$$R_{ab} = \frac{u}{i} = -\frac{R_2 R_f}{R_1} \qquad (5-16)$$

当 $R_1 = R_2$ 时

$$R_{ab} = -R_f$$

上式表明该电路可将正电阻 R_f 变换为一个负电阻。为了实现负电阻,要求运放必须工作于线性区,即 $u_o < U_{sat}$,由式(5-15)可求得负电阻上的电压应满足

$$u < \frac{R_2}{R_1 + R_2} U_{sat}$$

例如 $R_1 = R_2 = 1\text{ k}\Omega, R_f = 10\text{ k}\Omega, U_{sat} = 10\text{ V}$,且运放输入端 a、b 两点间电压 $u < 5\text{ V}$ 时,$R_{ab} = -10\text{ k}\Omega$。

按照图 5-18 所示电路模型构成一个实验电路测得的负电阻特性曲线,如附录 B 中附图 18 所示。

例 5-5 图 5-19(a)所示电路中的运放工作于线性区,试用叠加定理计算输出电压 u_o。

微视频 5-7：负阻振荡器实验

微视频 5-8：例题 5-5 解答演示

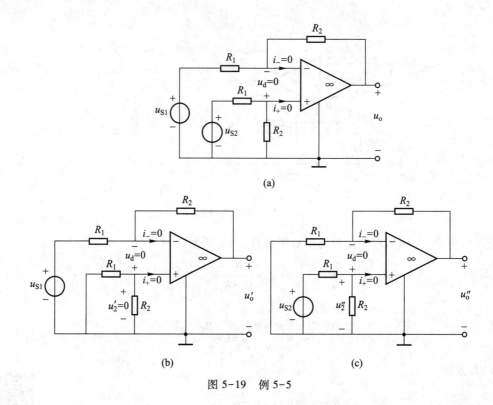

图 5-19 例 5-5

解 工作于线性区的运放模型是线性电阻元件,可以应用叠加定理。u_{S1} 电压源单独作用的电路,如图 5-19(b)所示。这是一个反相放大器,由式(5-12)求得

$$u'_o = -\frac{R_2}{R_1}u_{S1}$$

u_{S2} 单独作用的电路,如图 5-19(c)所示。这是一个同相放大器电路,由式(5-13)求得

$$u''_o = \left(1+\frac{R_2}{R_1}\right)u''_2 = \left(\frac{R_1+R_2}{R_1}\right)\times\frac{R_2}{R_1+R_2}u_{S2} = \frac{R_2}{R_1}u_{S2}$$

根据叠加定理得到

$$u_o = u'_o + u''_o = \frac{R_2}{R_1}(u_{S2}-u_{S1}) \tag{5-17}$$

式(5-17)表明图 5-19(a)所示电路的输出正比于两个输入电压之差,是一个减法放大电路。

学习本小节时,可以观看教材 Abook 资源中"运算放大器实验""运算加法电路""运算减法电路"和"负阻振荡器"等实验录像。附录 B 中附图 17 显示反相放大器的输入和输出电压波形。

§5-4　电路应用和计算机分析电路实例

首先介绍运放跟随器的应用,再介绍用运算放大器实现负阻变换器和回转器,最后介绍一个实际的 AC-DC 变换器。

微视频 5-9:
运放跟随器实验

一、运放跟随器的应用

由运算放大器构成的电压跟随器,其输入电阻为无穷大,输出电阻为零,将它插入在两个网络之间,可以避免它们的互相影响,在实际电路设计中经常采用。下面举例加以说明。

例 5-6　电路如图 5-20 所示,试计算开关接在 a 和 a′位置,以及接在 b 和 b′位置时的转移电压比 u_o/u_{in}。

微视频 5-10:
例题 5-6 解答演示

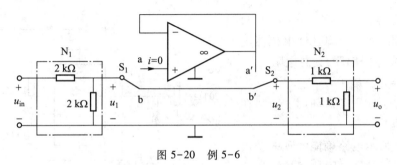

图 5-20　例 5-6

解　网络 N_1 和 N_2 的转移电压比为

$$H_1 = \frac{u_1}{u_{in}} = \frac{2}{2+2} = \frac{1}{2}$$

$$H_2 = \frac{u_o}{u_2} = \frac{1}{1+1} = \frac{1}{2}$$

开关 S_1、S_2 接在 a、a′时,在 N_1 和 N_2 间插入电压跟随器,由于跟随器输入电阻无限大 ($i=0$),不会影响 u_1 和 H_1 的值,又由于跟随器的转移电压比为 1 以及输出电阻为零,N_2 的接入不会影响 u_2 的值,即 $u_1=u_2$。该电路总的转移电压比为

$$H = \frac{u_o}{u_{in}} = \frac{u_1}{u_{in}} \times \frac{u_o}{u_2} = H_1 \times H_2 = \frac{1}{2} \times \frac{1}{2} = \frac{1}{4}$$

电路总的转移电压比等于每一部分电路转移电压比的乘积,即 $H=H_1 \times H_2$。开关 S_1、S_2 接在 b、b′时,N_1 和 N_2 直接相连,由于 N_2 输入电阻对 N_1 的影响,H_1 将会变化,总转移电压比为

$$H = \frac{u_o}{u_{in}} = \frac{\dfrac{2(1+1)}{2+1+1}}{2+\dfrac{2(1+1)}{2+1+1}} \times \frac{1}{1+1} = \frac{1}{3} \times \frac{1}{2} = \frac{1}{6}$$

由此例可见,使用跟随器可以隔离两个电路的相互影响,从而简化了电路的分析与设计。

学习运放跟随器的应用时,请观看教材 Abook 资源中"运放跟随器的应用""RLC 串联电路响应""非正弦波的谐波"等实验录像。

二、负阻变换器的实现和应用

实际电阻器的电阻值是正值,包含晶体管和集成电路的电路模型中会出现受控源,可能得到负电阻。下面根据图 5-18 所示负阻变换器的电路模型,用实验来证明由运算放大器和一些电阻器组成的电路可以实现负电阻。

微视频 5-11:
例题 5-7 解答
演示

例 5-7 试用运放(例如 LM741)、电阻器和电位器构成一个线性电阻器,其阻值在 $-10\sim+10\ \mathrm{k\Omega}$ 之间连续可调。

解 根据图 5-18 所示电路模型,画出图 5-21 所示电原理图。在实验室按图接线,并接通电源,则在 a、d 两点间形成一个 $R_{ad}=-R_f=-10\ \mathrm{k\Omega}$ 的线性电阻器。

为得到一个在 $-10\sim+10\ \mathrm{k\Omega}$ 之间可连续变化的电阻,将一个 20 kΩ 电位器用作可变电阻器与上述负电阻串联,其总电阻为

$$R_{bd}=R_{ab}+R_{ad}$$

当电位器滑动端从 b 点向 c 点移动时,R_{bd} 则在 $-10\sim+10\ \mathrm{k\Omega}$ 连续变化。

为了证实图 5-21 所示电路确能实现一个负电阻器,可以用普通万用表的电阻挡间接测量负电阻 R_{ad}。万用表虽不能直接测量负电阻,但可将万用表接在 b、d 两点间,调整电位器滑动端,令其读数为 0,即 $R_{bd}=0$,由上式得到

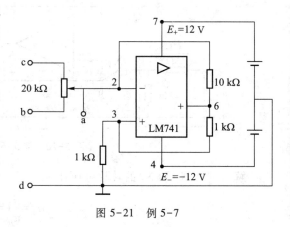

图 5-21 例 5-7

$$R_{ad}=-R_{ab}$$

微视频 5-12:
负阻变换器实验

只需用万用表测量电位器 a、b 两点间的正电阻 R_{ab},就能求得负电阻 R_{ad}。用上述方法,可以确认图 5-21 所示电路 b、d 两点间能实现一个从 $-10\ \mathrm{k\Omega}$ 连续变化到 $+10\ \mathrm{k\Omega}$ 的可变电阻器。还可以用半导体管特性图示仪来观测图 5-21 所示电路 b、d 两点的 VCR 特性曲线,从而说明图 5-21 所示电路可以实现负电阻。

微视频 5-13:
用万用表测量
负电阻

需要指出的是以上分析和实验的结果是运算放大器工作在线性区域条件下得到的,当输入信号幅度足够大,使运算放大器的工作点进入饱和区域时,以上计算结果不再适用。

在学习有关负阻变换器内容时,请观看教材 Abook 资源中"负阻变换器实验""负阻振荡器""负电阻分压电路"等实验录像和附录 B 中附图 13 显示的负阻变换器 VCR 曲线。

三、回转器的实现和应用

回转器(gyrator)的实现是现代网络理论中使用的一种双口电阻元件,其元件符号如图 5-22 所示。

回转器的电压电流关系如式(5-18)所示

$$\left.\begin{array}{c} i_1 = Gu_2 \\ i_2 = -Gu_1 \end{array}\right\} \tag{5-18}$$

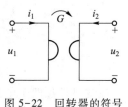

图 5-22　回转器的符号

式中,参数 G 称为回转电导。在回转器的次级端接一个电阻时,如图 5-23(a)所示,其初级的等效电阻为一个电导。

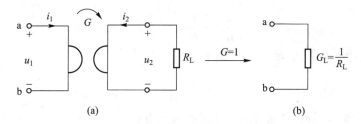

图 5-23　回转器将电阻变换为电导

$$R_{ab} = \frac{u_1}{i_1} = \frac{1}{Gu_2} \times \frac{-i_2}{G} = \frac{1}{G^2} \times \frac{1}{R_L}$$

显然,当回转电导 $G = 1$ S 时,$R_{ab} = G_L \times \Omega^2 = (1/R_L) \times \Omega^2$,例如 $R_L = 10\ \Omega$ 时,$R_{ab} = 0.1\ \Omega$。在第七章中,将证明在回转器二次侧端接一个电容时,其一次侧等效为一个电感。将一个电容变换为一个电感的特性在集成电路设计中得到应用。下面举例说明用两个运算放大器和一些电阻可以实现回转器的特性。

微视频 5-14:回转器变电阻为电导

例 5-8　证明图 5-24 所示电路可以实现一个回转器,其回转电导为 $G = -1/R$。假设运算放大器工作于线性区域。

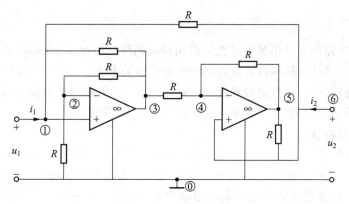

图 5-24　回转器的实现

解 回转电导为 $G = -1/R$ 的回转器,其电压电流关系为

$$\begin{cases} i_1 = Gu_2 = -\dfrac{1}{R}u_2 \\ i_2 = -Gu_1 = \dfrac{1}{R}u_1 \end{cases}, \quad \begin{cases} u_1 = Ri_2 \\ u_2 = -Ri_1 \end{cases}$$

在端口外加两个电流源,计算端口电压电流关系式。注意到运算放大器输入端的虚短路特性导致 $v_2 = v_1 = u_1$,列出节点①和②的节点方程

$$\begin{cases} \dfrac{2}{R}u_1 - \dfrac{1}{R}v_3 - \dfrac{1}{R}u_2 = i_1 \\ \dfrac{2}{R}u_1 - \dfrac{1}{R}v_3 = 0 \end{cases}$$

求解方程得到 $v_3 = 2u_1$ 以及 i_1 和 u_2 关系的方程

$$i_1 = -\frac{1}{R}u_2 \tag{1}$$

注意到 $v_4 = v_6 = u_2$ 和 $v_3 = 2u_1$,列出节点⑥和④的节点方程

$$\begin{cases} \dfrac{2}{R}u_2 - \dfrac{1}{R}u_1 - \dfrac{1}{R}v_5 = i_2 \\ \dfrac{2}{R}u_2 - \dfrac{1}{R}\times 2u_1 - \dfrac{1}{R}v_5 = 0 \end{cases}$$

求解方程得到

$$i_2 = \frac{1}{R}u_1 \tag{2}$$

方程(1)和(2)正好构成了回转电导为 $G = -1/R$ 的回转器电压电流关系。

$$\left.\begin{aligned} i_1 &= -\frac{1}{R}u_2 = Gu_2 \\ i_2 &= \frac{1}{R}u_1 = -Gu_1 \end{aligned}\right\}$$

图 5-24 所示电路的电压电流关系也可以用符号网络分析程序 WSNAP 来计算,在电路的两个端口外加两个电压源,计算端口电流得到电压电流的关系式,与"笔算"结果完全相同。

在学习有关回转器内容时,请观看教材 Abook 资源中"回转器变电阻为电导""回转器变电容为电感""RLC 串联电路响应""回转器电感应用"等实验录像。

四、AC-DC 变换器

便携式电子设备可以用电池工作,也可以用交流电工作。在交流电工作时,它是通过一个 AC-DC 变换器(AC-DC adapter)将交流电变换为直流电提供给电子设备工作的。下面介绍一种供一般半导体收音机使用的 AC 变换器,其电原理图如图 5-25 所示。AC-DC 变换器电路由变压、整流和滤波三部分电路组成。第一部分是用降压变压器将 110 V 或 220 V、50 Hz 或 60 Hz 的

```
L5-8S  Circuit Data
元件 支路 开始 终止 控制 元件  元件
类型 编号 节点 节点 支路 符号  符号
 V    1    0    1              -U1
 V    2    0    6              -U2
 R    3    1    3          R
 R    4    2    0          R
 R    5    2    3          R
 R    6    1    6          R
 OA   7    2    1
      8    3    0
 R    9    3    4          R
 R   10    4    5          R
 R   11    5    6          R
 OA  12    4    6
     13    5    0
  独立节点数目 = 6     支路数目 = 13
  ----- 节 点 电 压 , 支 路 电 压 和 支 路 电 流 -----
```

$$I_1 = \dfrac{-U_2}{R}$$

$$I_2 = \dfrac{U_1}{R}$$

***** 符号网络分析程序（WSNAP 3.01）*****

交流电变换为几伏至十几伏的低压交流电;第二部分是通过四个半导体二极管将双向正弦交流电变换为单向整流波形(请参考第二章例 2-18),这种全波整流波形包含直流分量和谐波分量(请参考第十章第 8 节);第三部分是利用大容量的电解电容器滤除整流波形的谐波分量,得到脉动的直流电,供给电子设备使用(请参考第十二章第 2 节),1456 型变换器可以输出 3 V、4.5 V、6 V、7.5 V、9 V 和 12 V 的直流电压,输出电流可达 300 mA,供半导体收音机等小型电子设备使用。AC 变换器的结构和波形,请观看教材 Abook 资源中的"AC-DC 变换器"录像。

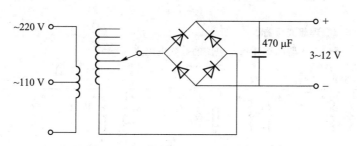

微视频 5-15：
AC-DC 变换器实验

图 5-25　AC-DC 变换器的电原理图

摘　要

1. 理想变压器是一种线性电阻双口元件,它是构成各种实际变压器电路模型的基本元件。理想变压器既不消耗也不储存能量,常用来变换电阻、电压和电流。

2. 理想变压器端口电压、电流采用关联参考方向的情况下,其电压电流关系式由以下两个代数方程描述

$$\begin{cases} u_1 = nu_2 \\ i_2 = -ni_1 \end{cases} \quad 或 \quad \begin{cases} u_1 = -nu_2 \\ i_2 = ni_1 \end{cases}$$

3. 运放是一种多用途的多端电子器件,已得到广泛应用。在直流和低频条件下工作的运放,其电路模型是一个四端电阻元件。运放的工作区分为线性工作区、正饱和区和负饱和区,其电压电流关系由以下三个代数方程描述

$$\begin{cases} u_o = Au_d, & |u_d| < \varepsilon \\ u_o = U_{sat}, & u_d > \varepsilon \\ u_o = -U_{sat}, & u_d < -\varepsilon \end{cases}$$

4. 理想运放模型的电压电流关系由以下三个代数方程描述

$$\begin{cases} -U_{sat} < u_o < U_{sat}, & u_d = 0 \\ u_o = U_{sat}, & u_d > 0 \\ u_o = -U_{sat}, & u_d < 0 \end{cases}$$

采用理想运放模型可以简化含运放电路的分析。

微视频 5-16:
第 5 章习题解
答

习　题　五

§5-1　理想变压器

5-1　求题图 5-1 所示电路的等效电阻 R_{ab}。

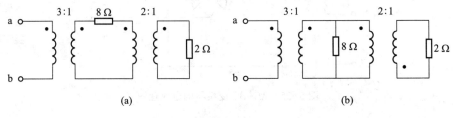

(a)　　　　　　　　　　　(b)

题图 5-1

5-2 求题图 5-2 所示单口网络的等效电路。

5-3 求题图 5-3 所示单口网络的等效电路。

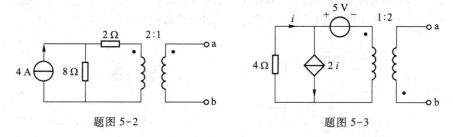

题图 5-2　　　　　　　　　　题图 5-3

5-4 求题图 5-4 所示单口网络的戴维南等效电路和单口网络向外传输的最大功率。

5-5 用网孔分析法求题图 5-5 所示电路的电流 i_1 和 i_2。

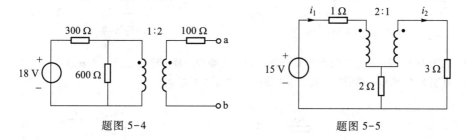

题图 5-4　　　　　　　　　　题图 5-5

5-6 求题图 5-6 所示电路中各节点电压和电阻 R_L 吸收的功率。

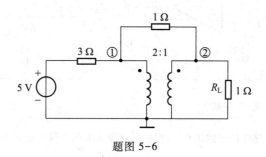

题图 5-6

5-7 试写出题图 5-7 所示双口网络的 VCR 方程。

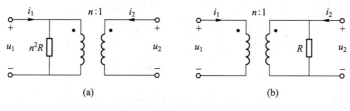

(a)　　　　　　　　　　(b)

题图 5-7

§5-2 运算放大器的电路模型

§5-3 含运放的电阻电路分析

5-8 题图 5-8 所示电路中的运放工作于线性区,求转移电压比 $k = u_o/u_i$。

5-9 题图 5-9 所示电路中的运放工作于线性区,求转移电流比 $\alpha = i_2/i_1$。

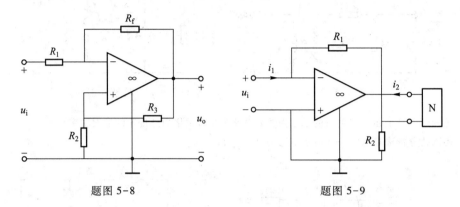

题图 5-8　　　　　　　　题图 5-9

5-10 题图 5-10 所示电路中的运放工作于线性区,用叠加定理求输出电压 u_o 的表达式。

5-11 题图 5-11 所示电路中的运放工作于线性区,求输入电阻 $R_i = u/i$。

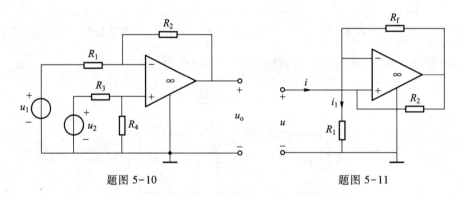

题图 5-10　　　　　　　　题图 5-11

5-12 题图 5-12 所示电路中的运放工作于线性区,试求 a、b 两点间的戴维南等效电路。

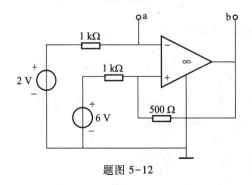

题图 5-12

5-13 题图 5-13 所示电路中的运放工作于线性区,试用叠加定理求输出电压 u_o。

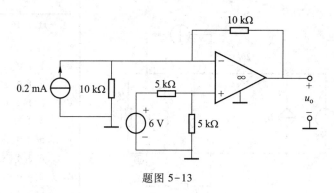

题图 5-13

§5-4 电路应用和计算机分析电路实例

5-14 题图 5-14 所示电路中的运放工作于线性区,试用叠加定理求输出电压 u_o 的表达式。

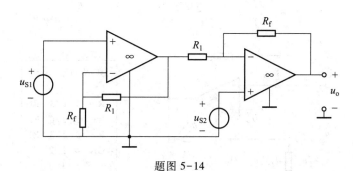

题图 5-14

微视频 5-17:
习题 5-15 解
答演示

5-15 题图 5-15 所示电路中的运算放大器工作于线性区域,试求输入端口的等效电阻 $R_i = u_1/i_1$。

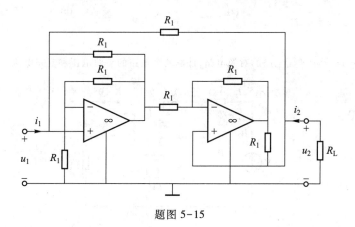

题图 5-15

5-16 用计算机程序计算题图 5-16(a) 所示电路中各节点电压、各支路电压和电流及吸收功率。

5-17 用计算机程序 WSNAP 计算题图 5-17 所示电路的输入电阻的符号表达式。假设运算放大器工作于线性区域。

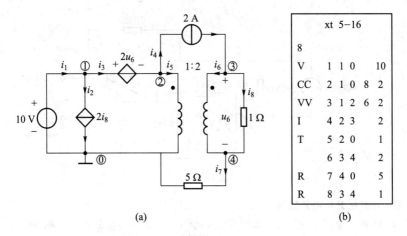

題图 5-16

xt 5-16

8				
V	1	1	0	10
CC	2	1	0	8 2
VV	3	1	2	6 2
I	4	2	3	2
T	5	2	0	1
	6	3	4	2
R	7	4	0	5
R	8	3	4	1

(b)

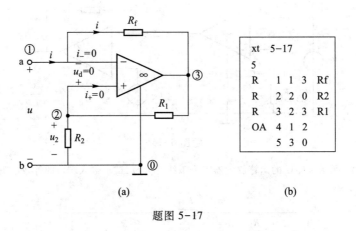

(a)

xt 5-17

5				
R	1	1	3	Rf
R	2	2	0	R2
R	3	2	3	R1
OA	4	1	2	
	5	3	0	

(b)

題图 5-17

5-18 画題图 5-18 所示平面电路的对偶电路,计算两个电路的支路电压和支路电流。

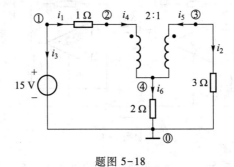

題图 5-18

5-19 有向图相同的两个电路如题图 5-19(a)和(b)所示,用计算机程序计算支路电压和支路电流,检验特勒根定理。

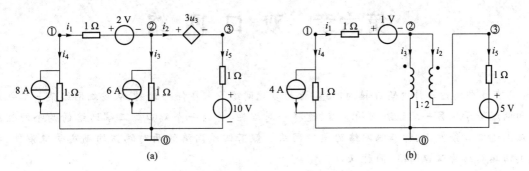

题图 5-19

第六章 双口网络

具有多个端钮与外电路连接的网络,称为多端网络。若在任一时刻,从多端网络某一端钮流入的电流等于从另一端钮流出的电流,这样一对端钮,称为一个端口。二端网络的两个端钮就满足上述端口条件,故称二端网络为单口网络。假若四端网络的两对端钮均满足端口条件,称这类四端网络为双口网络,简称双口。

§6-1 双口网络的电压电流关系

单口网络[图 6-1(a)]有一个端口电压和一个端口电流。不含独立电源的线性电阻单口网络,其端口特性可用联系 u-i 关系的一个方程 $u=R_o i$ 或 $i=G_o u$ 来描述。双口网络[图 6-1(b)]有两个端口电压 u_1、u_2 和两个端口电流 i_1、i_2。其端口特性可用联系 u_1、u_2 和 i_1、i_2 关系的两个方程来描述,共有六种不同组合的表达形式。三端网络可以作为图 6-1(c)所示的接地双口网络处理(例如晶体管常用双口网络参数来描述它的特性)。

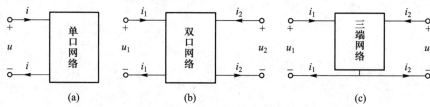

图 6-1 单口网络与双口网络

现介绍不含独立电源线性电阻双口网络的六种表达式。

线性电阻双口网络的流控表达式(即以电流为自变量的表达式)为

$$\begin{cases} u_1 = r_{11}i_1 + r_{12}i_2 \\ u_2 = r_{21}i_1 + r_{22}i_2 \end{cases} \quad \text{或} \quad \begin{pmatrix} u_1 \\ u_2 \end{pmatrix} = \begin{pmatrix} r_{11} & r_{12} \\ r_{21} & r_{22} \end{pmatrix} \begin{pmatrix} i_1 \\ i_2 \end{pmatrix} = \boldsymbol{R} \begin{pmatrix} i_1 \\ i_2 \end{pmatrix} \quad (6\text{-}1)$$

其中 $\boldsymbol{R} = \begin{pmatrix} r_{11} & r_{12} \\ r_{21} & r_{22} \end{pmatrix}$ 称为双口网络的电阻矩阵,或 $\boldsymbol{R}$ 参数矩阵。

线性电阻双口网络的压控表达式为

$$\begin{cases} i_1 = g_{11}u_1 + g_{12}u_2 \\ i_2 = g_{21}u_1 + g_{22}u_2 \end{cases} \quad 或 \quad \begin{pmatrix} i_1 \\ i_2 \end{pmatrix} = \begin{pmatrix} g_{11} & g_{12} \\ g_{21} & g_{22} \end{pmatrix} \begin{pmatrix} u_1 \\ u_2 \end{pmatrix} = G \begin{pmatrix} u_1 \\ u_2 \end{pmatrix} \tag{6-2}$$

其中 $G = \begin{pmatrix} g_{11} & g_{12} \\ g_{21} & g_{22} \end{pmatrix}$ 称为双口网络的电导矩阵,或 G 参数矩阵。

线性电阻双口网络的混合 1 表达式为

$$\begin{cases} u_1 = h_{11}i_1 + h_{12}u_2 \\ i_2 = h_{21}i_1 + h_{22}u_2 \end{cases} \quad 或 \quad \begin{pmatrix} u_1 \\ i_2 \end{pmatrix} = \begin{pmatrix} h_{11} & h_{12} \\ h_{21} & h_{22} \end{pmatrix} \begin{pmatrix} i_1 \\ u_2 \end{pmatrix} = H \begin{pmatrix} i_1 \\ u_2 \end{pmatrix} \tag{6-3}$$

其中 $H = \begin{pmatrix} h_{11} & h_{12} \\ h_{21} & h_{22} \end{pmatrix}$ 称为双口网络的混合参数 1 矩阵,或 H 参数矩阵。

线性电阻双口网络的混合 2 表达式为

$$\begin{cases} i_1 = h'_{11}u_1 + h'_{12}i_2 \\ u_2 = h'_{21}u_1 + h'_{22}i_2 \end{cases} \quad 或 \quad \begin{pmatrix} i_1 \\ u_2 \end{pmatrix} = \begin{pmatrix} h'_{11} & h'_{12} \\ h'_{21} & h'_{22} \end{pmatrix} \begin{pmatrix} u_1 \\ i_2 \end{pmatrix} = H' \begin{pmatrix} u_1 \\ i_2 \end{pmatrix} \tag{6-4}$$

其中 $H' = \begin{pmatrix} h'_{11} & h'_{12} \\ h'_{21} & h'_{22} \end{pmatrix}$ 称为双口网络的混合参数 2 矩阵,或 H' 参数矩阵。

线性电阻双口网络的传输 1 表达式为

$$\begin{cases} u_1 = t_{11}u_2 - t_{12}i_2 \\ i_1 = t_{21}u_2 - t_{22}i_2 \end{cases} \quad 或 \quad \begin{pmatrix} u_1 \\ i_1 \end{pmatrix} = \begin{pmatrix} t_{11} & t_{12} \\ t_{21} & t_{22} \end{pmatrix} \begin{pmatrix} u_2 \\ -i_2 \end{pmatrix} = T \begin{pmatrix} u_2 \\ -i_2 \end{pmatrix} \tag{6-5}$$

其中 $T = \begin{pmatrix} t_{11} & t_{12} \\ t_{21} & t_{22} \end{pmatrix}$ 称为双口网络的传输参数 1 矩阵,或 T 参数矩阵[1]。

线性电阻双口网络的传输 2 表达式为

$$\begin{cases} u_2 = t'_{11}u_1 + t'_{12}i_1 \\ -i_2 = t'_{21}u_1 + t'_{22}i_1 \end{cases} \quad 或 \quad \begin{pmatrix} u_2 \\ -i_2 \end{pmatrix} = \begin{pmatrix} t'_{11} & t'_{12} \\ t'_{21} & t'_{22} \end{pmatrix} \begin{pmatrix} u_1 \\ i_1 \end{pmatrix} = T' \begin{pmatrix} u_1 \\ i_1 \end{pmatrix} \tag{6-6}$$

其中 $T' = \begin{pmatrix} t'_{11} & t'_{12} \\ t'_{21} & t'_{22} \end{pmatrix}$ 称为双口的传输参数 2 矩阵,或 T' 参数矩阵。

以上六种参数矩阵中,R 和 G 互为逆矩阵,H 和 H' 互为逆矩阵,T 和 T' 互为逆矩阵。

$$R = G^{-1}, \quad G = R^{-1} \tag{6-7}$$

$$H = H'^{-1}, \quad H' = H^{-1} \tag{6-8}$$

$$T = T'^{-1}, \quad T' = T^{-1} \tag{6-9}$$

四种受控源和理想变压器等双口电阻元件,其电压电流关系都可用双口网络的矩阵形式表

---

① 有些教材将 t_{11}、t_{12}、t_{21}、t_{22} 记为 A、B、C、D。

示,如下所示:

电流控制电压源(CCVS)
$$\begin{cases} u_1 = 0 \\ u_2 = ri_1 \end{cases} \text{或} \begin{pmatrix} u_1 \\ u_2 \end{pmatrix} = \begin{pmatrix} 0 & 0 \\ r & 0 \end{pmatrix} \begin{pmatrix} i_1 \\ i_2 \end{pmatrix}$$
(6-10)

电压控制电流源(VCCS)
$$\begin{cases} i_1 = 0 \\ i_2 = gu_1 \end{cases} \text{或} \begin{pmatrix} i_1 \\ i_2 \end{pmatrix} = \begin{pmatrix} 0 & 0 \\ g & 0 \end{pmatrix} \begin{pmatrix} u_1 \\ u_2 \end{pmatrix}$$
(6-11)

电流控制电流源(CCCS)
$$\begin{cases} u_1 = 0 \\ i_2 = \alpha i_1 \end{cases} \text{或} \begin{pmatrix} u_1 \\ i_2 \end{pmatrix} = \begin{pmatrix} 0 & 0 \\ \alpha & 0 \end{pmatrix} \begin{pmatrix} i_1 \\ u_2 \end{pmatrix}$$
(6-12)

电压控制电压源(VCVS)
$$\begin{cases} i_1 = 0 \\ u_2 = \mu u_1 \end{cases} \text{或} \begin{pmatrix} i_1 \\ u_2 \end{pmatrix} = \begin{pmatrix} 0 & 0 \\ \mu & 0 \end{pmatrix} \begin{pmatrix} u_1 \\ i_2 \end{pmatrix}$$
(6-13)

理想变压器
$$\begin{cases} u_1 = nu_2 \\ i_2 = -ni_1 \end{cases} \text{或} \begin{pmatrix} u_1 \\ i_2 \end{pmatrix} = \begin{pmatrix} 0 & +n \\ -n & 0 \end{pmatrix} \begin{pmatrix} i_1 \\ u_2 \end{pmatrix}$$
(6-14)

注意到四种受控源在 $\boldsymbol{R}$、$\boldsymbol{G}$、$\boldsymbol{H}$ 和 $\boldsymbol{H}'$ 四种参数中只存在一种网络参数。

§6-2 双口网络参数的计算

不含独立源电阻单口网络的特性由电阻 $R_{\circ}$ 或电导 $G_{\circ}$ 来表征,计算 $R_{\circ}$ 或 $G_{\circ}$ 的一般方法是在端口外加电源求端口电压电流关系。与此相似,不含独立源电阻双口网络的特性由双口参数矩阵来表征,计算双口网络参数的基本方法也是在端口外加电源,用网络分析的任一种方法求端口电压电流关系式,然后得到网络参数。本节介绍计算 $\boldsymbol{R}$、$\boldsymbol{G}$、$\boldsymbol{H}$ 和 $\boldsymbol{T}$ 矩阵的方法。

一、由电压电流关系得到双口网络参数

已知不含独立源线性电阻双口网络的结构和元件参数,可以在端口外加电源,用网络分析的任何一种方法计算端口电压电流关系式,然后得到网络参数,下面举例说明。

例 6-1 求图 6-2(a)所示双口网络的电压电流关系式和相应的网络参数矩阵。

解 在端口外加两个电流源得到图 6-2(b)所示电路,以电流 i_1 和 i_2 作为网孔电流,列出网

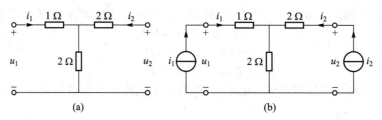

(a)   (b)

图 6-2 例 6-1

孔方程,得到双口网络的流控表达式

$$\begin{cases} u_1 = 3\ \Omega \times i_1 + 2\ \Omega \times i_2 & (6-15) \\ u_2 = 2\ \Omega \times i_1 + 4\ \Omega \times i_2 & (6-16) \end{cases}$$

由此得到电阻参数矩阵

$$\boldsymbol{R} = \begin{pmatrix} 3 & 2 \\ 2 & 4 \end{pmatrix} \Omega$$

求电阻参数矩阵 $\boldsymbol{R}$ 的逆矩阵,得到电导矩阵

$$\boldsymbol{G} = \boldsymbol{R}^{-1} = \dfrac{\begin{pmatrix} 4 & -2 \\ -2 & 3 \end{pmatrix}}{\begin{vmatrix} 3 & 2 \\ 2 & 4 \end{vmatrix}} \text{S} = \dfrac{\begin{pmatrix} 4 & -2 \\ -2 & 3 \end{pmatrix}}{8} \text{S} = \begin{pmatrix} 0.5 & -0.25 \\ -0.25 & 0.375 \end{pmatrix} \text{S}$$

由电导参数矩阵 $\boldsymbol{G}$,得到双口网络的压控表达式

$$\begin{cases} i_1 = 0.5\ \text{S} \times u_1 - 0.25\ \text{S} \times u_2 & (6-17) \\ i_2 = -0.25\ \text{S} \times u_1 + 0.375\ \text{S} \times u_2 & (6-18) \end{cases}$$

由式(6-17)和式(6-16)求得混合参数 1 表达式

$$\begin{cases} u_1 = 2\ \Omega \times i_1 + 0.5 \times u_2 \\ i_2 = -0.5 \times i_1 + 0.25\text{S} \times u_2 \end{cases}$$

由此得到混合参数 1 的 $\boldsymbol{H}$ 参数矩阵

$$\boldsymbol{H} = \begin{pmatrix} 2\ \Omega & 0.5 \\ -0.5 & 0.25\ \text{S} \end{pmatrix}$$

由式(6-18)和式(6-16)求得双口网络的传输参数 1 表达式

$$\begin{cases} u_1 = 1.5 u_2 - 4\ \Omega \times i_2 \\ i_1 = 0.5\text{S} \times u_2 - 2 \times i_2 \end{cases}$$

由此得到传输参数 1 的 $\boldsymbol{T}$ 参数矩阵

$$\boldsymbol{T} = \begin{pmatrix} 1.5 & 4\ \Omega \\ 0.5\ \text{S} & 2 \end{pmatrix}$$

由双口网络电压电流关系计算网络参数的特点是同时求得四个网络参数。

二、用叠加定理计算双口网络参数

已知不含独立源线性电阻双口网络的结构和元件参数,可以在端口上外加两个独立电源,用叠加定理,由一个独立电源单独作用的电路中求得相应的网络参数,其优点是可以从一个比较简单的电路求得某一个网络参数和显示出某个参数的物理意义。

1. 电阻参数矩阵的计算

电阻双口的流控表达式为

$$\begin{cases} u_1 = r_{11}i_1 + r_{12}i_2 \\ u_2 = r_{21}i_1 + r_{22}i_2 \end{cases}$$

方程自变量是 i_1 和 i_2，在端口外加电流为 i_1 和 i_2 的两个电流源，如图 6-3(a) 所示，用叠加定理计算端口电压 u_1 和 u_2。

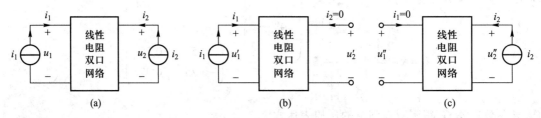

图 6-3   电阻参数的计算

电流源 i_1 单独作用($i_2=0$)时，电路如图 6-3(b)所示，相应的电压电流关系为

$$\begin{cases} u'_1 = r_{11}i_1 \\ u'_2 = r_{21}i_1 \end{cases}$$

由此得到

$$r_{11} = \frac{u'_1}{i_1} = \left.\frac{u_1}{i_1}\right|_{i_2=0}, \qquad r_{21} = \frac{u'_2}{i_1} = \left.\frac{u_2}{i_1}\right|_{i_2=0}$$

其中，r_{11} 是输出端口开路时输入端的驱动点电阻，r_{21} 是输出端口开路时的正向转移电阻。

电流源 i_2 单独作用($i_1=0$)时，电路如图 6-3(c)所示，相应的电压电流关系为

$$\begin{cases} u''_1 = r_{12}i_2 \\ u''_2 = r_{22}i_2 \end{cases}$$

由此得到

$$r_{12} = \frac{u''_1}{i_2} = \left.\frac{u_1}{i_2}\right|_{i_1=0}, \qquad r_{22} = \frac{u''_2}{i_2} = \left.\frac{u_2}{i_2}\right|_{i_1=0}$$

其中，r_{22} 是输入端口开路时输出端的驱动点电阻，r_{12} 是输入端口开路时的反向转移电阻。由于每一个电阻参数均在某一端口开路时求得，故称电阻参数为开路电阻参数。

例 6-2   求图 6-4 所示双口网络的电阻参数矩阵。

解   设想在电阻双口上外加电流源 i_1 和 i_2，由电流源 i_1 单独作用的电路[图 6-4(b)]求得

$$r_{11} = \left.\frac{u_1}{i_1}\right|_{i_2=0} = \frac{1}{2}(2+4)\ \Omega = 3\ \Omega$$

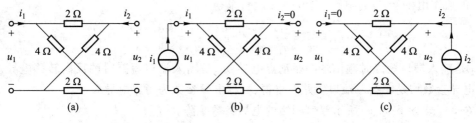

图 6-4 例 6-2

$$r_{21} = \frac{u_2}{i_1}\bigg|_{i_2=0} = \left(\frac{1}{2}\times 4 - \frac{1}{2}\times 2\right)\Omega = 1\ \Omega$$

由电流源 i_2 单独作用的电路[图 6-4(c)]求得

$$r_{12} = \frac{u_1}{i_2}\bigg|_{i_1=0} = \left(\frac{1}{2}\times 4 - \frac{1}{2}\times 2\right)\Omega = 1\ \Omega$$

$$r_{22} = \frac{u_2}{i_2}\bigg|_{i_1=0} = \frac{1}{2}(2+4)\Omega = 3\ \Omega$$

得到电阻矩阵为
$$\boldsymbol{R} = \begin{pmatrix} 3 & 1 \\ 1 & 3 \end{pmatrix}\Omega$$

2. 电导参数矩阵的计算

电阻双口的压控表达式为

$$\begin{cases} i_1 = g_{11}u_1 + g_{12}u_2 \\ i_2 = g_{21}u_1 + g_{22}u_2 \end{cases}$$

方程自变量为 u_1 和 u_2,在端口上外加电压为 u_1 和 u_2 的两个电压源,如图 6-5(a)所示。用叠加定理计算端口电流 i_1 和 i_2。

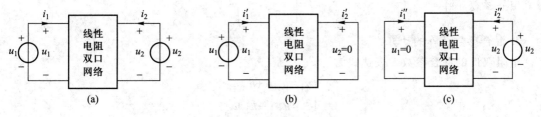

图 6-5 电导参数的计算

从电压源 u_1 单独作用($u_2=0$)的电路[图 6-5(b)]可求得

$$g_{11} = \frac{i_1'}{u_1} = \frac{i_1}{u_1}\bigg|_{u_2=0}, \qquad g_{21} = \frac{i_2'}{u_1} = \frac{i_2}{u_1}\bigg|_{u_2=0}$$

其中,g_{11} 是输出端口短路时输入端的驱动点电导,g_{21} 是输出端口短路时的正向转移电导。从电

压源 u_2 单独作用($u_1=0$)的电路[图6-5(c)]可求得

$$g_{12} = \frac{i_1''}{u_2} = \frac{i_1}{u_2}\bigg|_{u_1=0}, \qquad g_{22} = \frac{i_2''}{u_2} = \frac{i_2}{u_2}\bigg|_{u_1=0}$$

其中,g_{22}是输入端口短路时输出端的驱动点电导,g_{12}是输入端口短路时的反向转移电导。由于每一个电导参数均是在某一端口短路时求得,故称电导参数为短路电导参数。

例6-3 求图6-6(a)所示双口网络的电导参数矩阵。

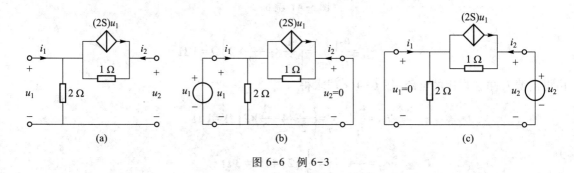

图6-6 例6-3

解 外加电压源 u_1,将双口输出端短路[图6-6(b)],由此求得

$$g_{11} = \frac{i_1}{u_1}\bigg|_{u_2=0} = (2+1+0.5)\,\mathrm{S} = 3.5\,\mathrm{S}$$

$$g_{21} = \frac{i_2}{u_1}\bigg|_{u_2=0} = (-2-1)\,\mathrm{S} = -3\,\mathrm{S}$$

外加电压源 u_2,将双口输入端短路[图6-6(c)],由此求得

$$g_{12} = \frac{i_1}{u_2}\bigg|_{u_1=0} = -1\,\mathrm{S}, \qquad g_{22} = \frac{i_2}{u_2}\bigg|_{u_1=0} = 1\,\mathrm{S}$$

得到电导参数矩阵

$$\boldsymbol{G} = \begin{pmatrix} 3.5 & -1 \\ -3 & 1 \end{pmatrix}\mathrm{S}$$

3. 混合参数矩阵的计算

电阻双口的混合参数1表达式为

$$\begin{cases} u_1 = h_{11}i_1 + h_{12}u_2 \\ i_2 = h_{21}i_1 + h_{22}u_2 \end{cases}$$

方程的自变量是 i_1 和 u_2,在端口1外加电流源 i_1,在端口2外加电压源 u_2,如图6-7(a)所示。用叠加定理计算 u_1 和 i_2。

由电流源 i_1 单独作用($u_2=0$)的电路[图6-7(b)]求得

$$h_{11} = \frac{u_1'}{i_1} = \frac{u_1}{i_1}\bigg|_{u_2=0}, \qquad h_{21} = \frac{i_2'}{i_1} = \frac{i_2}{i_1}\bigg|_{u_2=0}$$

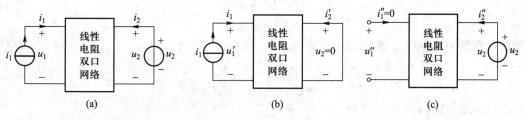

图 6-7 **H** 参数的计算

其中,h_{11} 是输出端口短路时输入端的驱动点电阻,h_{21} 是输出端短路时的正向转移电流比,由电压源 u_2 单独作用($i_1 = 0$)的电路[图 6-7(c)]求得

$$h_{12} = \frac{u_1''}{u_2} = \frac{u_1}{u_2}\bigg|_{i_1=0}, \quad h_{22} = \frac{i_2''}{u_2} = \frac{i_2}{u_2}\bigg|_{i_1=0}$$

其中,h_{22} 是输入端口开路时输出端的驱动点电导,h_{12} 是输入端口开路时的反向转移电压比。各参数分别具有电阻或电导量纲或无量纲,故称为混合参数。

例 6-4 求图 6-8(a)所示双口网络的混合参数 1 矩阵。

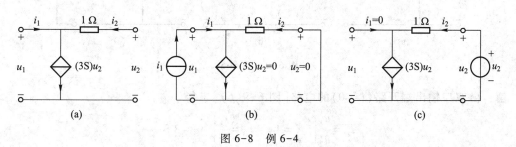

图 6-8 例 6-4

解 外加电流源 i_1 和电压源 u_2,由电流源 i_1 单独作用的电路[图 6-8(b)]求得

$$h_{11} = \frac{u_1}{i_1}\bigg|_{u_2=0} = 1\ \Omega, \quad h_{21} = \frac{i_2}{i_1}\bigg|_{u_2=0} = -1$$

由电压源 u_2 单独作用的电路[图 6-8(c)]求得

$$h_{12} = \frac{u_1}{u_2}\bigg|_{i_1=0} = -3 \times 1 + 1 = -2, \quad h_{22} = \frac{i_2}{u_2}\bigg|_{i_1=0} = 3\text{S}$$

得到混合参数 1 矩阵

$$\boldsymbol{H} = \begin{pmatrix} 1\ \Omega & -2 \\ -1 & 3\text{S} \end{pmatrix}$$

4. 传输参数矩阵的计算

电阻双口的传输参数 1 表达式为

$$\begin{cases} u_1 = t_{11}u_2 - t_{12}i_2 \\ i_1 = t_{21}u_2 - t_{22}i_2 \end{cases}$$

方程的自变量是 u_2 和 i_2。令输出端开路$(i_2=0)$，可求得

$$t_{11} = \frac{u_1}{u_2}\bigg|_{i_2=0}, \qquad t_{21} = \frac{i_1}{u_2}\bigg|_{i_2=0}$$

令输出端短路$(u_2=0)$可求得

$$t_{12} = -\frac{u_1}{i_2}\bigg|_{u_2=0}, \qquad t_{22} = -\frac{i_1}{i_2}\bigg|_{u_2=0}$$

其中，t_{11}是输出开路的反向转移电压比，t_{21}是输出开路的反向转移电导，t_{12}是输出短路的反向转移电阻，t_{22}是输出短路的反向转移电流比。

例 6-5 求图 6-9(a)所示双口网络的传输参数 1 矩阵。

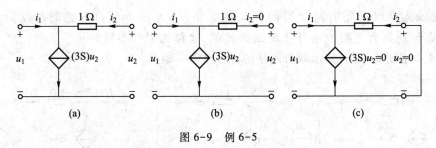

图 6-9 例 6-5

解 由双口输出端开路$(i_2=0)$的电路[图 6-9(b)]求得

$$t_{11} = \frac{u_1}{u_2}\bigg|_{i_2=0} = 1, \qquad t_{21} = \frac{i_1}{u_2}\bigg|_{i_2=0} = 3\ \text{S}$$

由双口输出端短路$(u_2=0)$的电路[图 6-9(c)]求得

$$t_{12} = -\frac{u_1}{i_2}\bigg|_{u_2=0} = 1\ \Omega, \qquad t_{22} = -\frac{i_1}{i_2}\bigg|_{u_2=0} = 1$$

得到传输参数 1 矩阵

$$\boldsymbol{T} = \begin{pmatrix} 1 & 1\ \Omega \\ 3\text{S} & 1 \end{pmatrix}$$

三、已知双口网络某一种参数，求其他参数

若已知双口网络某一种参数，利用各种双口网络参数间的关系，可以求得其余几种双口网络参数。表 6-1 列出计算双口网络参数以及由一种网络参数计算其他网络参数的公式，供读者参考使用。

表 6-1 线性电阻双口网络参数计算和转换公式

	R	G	H	T
R	$\dfrac{u_1}{i_1}\Big|_{i_2=0}$ $\dfrac{u_1}{i_2}\Big|_{i_1=0}$ $\dfrac{u_2}{i_1}\Big|_{i_2=0}$ $\dfrac{u_2}{i_2}\Big|_{i_1=0}$	$\dfrac{g_{22}}{\Delta_g}$ $\dfrac{-g_{12}}{\Delta_g}$ $\dfrac{-g_{21}}{\Delta_g}$ $\dfrac{g_{11}}{\Delta_g}$	$\dfrac{\Delta_h}{h_{22}}$ $\dfrac{h_{12}}{h_{22}}$ $\dfrac{-h_{21}}{h_{22}}$ $\dfrac{1}{h_{22}}$	$\dfrac{t_{11}}{t_{21}}$ $\dfrac{\Delta_t}{t_{21}}$ $\dfrac{1}{t_{21}}$ $\dfrac{t_{22}}{t_{21}}$
G	$\dfrac{r_{22}}{\Delta_r}$ $\dfrac{-r_{12}}{\Delta_r}$ $\dfrac{-r_{21}}{\Delta_r}$ $\dfrac{r_{11}}{\Delta_r}$	$\dfrac{i_1}{u_1}\Big|_{u_2=0}$ $\dfrac{i_1}{u_2}\Big|_{u_1=0}$ $\dfrac{i_2}{u_1}\Big|_{u_2=0}$ $\dfrac{i_2}{u_2}\Big|_{u_1=0}$	$\dfrac{1}{h_{11}}$ $\dfrac{-h_{12}}{h_{11}}$ $\dfrac{h_{21}}{h_{11}}$ $\dfrac{\Delta_h}{h_{11}}$	$\dfrac{t_{22}}{t_{12}}$ $\dfrac{-\Delta_t}{t_{12}}$ $\dfrac{-1}{t_{12}}$ $\dfrac{t_{11}}{t_{12}}$
H	$\dfrac{\Delta_r}{r_{22}}$ $\dfrac{r_{12}}{r_{22}}$ $\dfrac{-r_{21}}{r_{22}}$ $\dfrac{1}{r_{22}}$	$\dfrac{1}{g_{11}}$ $\dfrac{-g_{12}}{g_{11}}$ $\dfrac{g_{21}}{g_{11}}$ $\dfrac{\Delta_g}{g_{11}}$	$\dfrac{u_1}{i_1}\Big|_{u_2=0}$ $\dfrac{u_1}{u_2}\Big|_{i_1=0}$ $\dfrac{i_2}{i_1}\Big|_{u_2=0}$ $\dfrac{i_2}{u_2}\Big|_{i_1=0}$	$\dfrac{t_{12}}{t_{22}}$ $\dfrac{\Delta_t}{t_{22}}$ $\dfrac{-1}{t_{22}}$ $\dfrac{t_{21}}{t_{22}}$
T	$\dfrac{r_{11}}{r_{21}}$ $\dfrac{\Delta_r}{r_{21}}$ $\dfrac{1}{r_{21}}$ $\dfrac{r_{22}}{r_{21}}$	$\dfrac{-g_{22}}{g_{21}}$ $\dfrac{-1}{g_{21}}$ $\dfrac{-\Delta_g}{g_{21}}$ $\dfrac{-g_{11}}{g_{21}}$	$\dfrac{-\Delta_h}{h_{21}}$ $\dfrac{-h_{11}}{h_{21}}$ $\dfrac{-h_{22}}{h_{21}}$ $\dfrac{-1}{h_{21}}$	$\dfrac{u_1}{u_2}\Big|_{i_2=0}$ $\dfrac{-u_1}{i_2}\Big|_{u_2=0}$ $\dfrac{i_1}{u_2}\Big|_{i_2=0}$ $\dfrac{-i_1}{i_2}\Big|_{u_2=0}$

注：$\Delta_r = \det \boldsymbol{R} = r_{11}r_{22}-r_{12}r_{21}$ $\Delta_g = \det \boldsymbol{G} = g_{11}g_{22}-g_{12}g_{21}$

$\Delta_h = \det \boldsymbol{H} = h_{11}h_{22}-h_{12}h_{21}$ $\Delta_t = \det \boldsymbol{T} = t_{11}t_{22}-t_{12}t_{21}$

例 6-6 求图 6-10 所示双口网络的 $\boldsymbol{R}$、$\boldsymbol{G}$、$\boldsymbol{H}$、$\boldsymbol{T}$ 参数矩阵。

解 先求得双口网络的开路电阻参数矩阵为

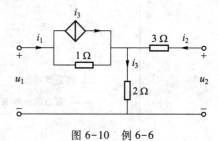

图 6-10 例 6-6

$$r_{11}=\frac{u_1}{i_1}\Big|_{i_2=0}=2\ \Omega,\quad r_{12}=\frac{u_1}{i_2}\Big|_{i_1=0}=(2-1)\,\Omega=1\ \Omega$$

$$r_{21}=\frac{u_2}{i_1}\Big|_{i_2=0}=2\ \Omega,\quad r_{22}=\frac{u_2}{i_2}\Big|_{i_1=0}=5\ \Omega$$

查表 6-1，由 $\boldsymbol{R}$ 参数矩阵变换到 $\boldsymbol{G}$ 参数矩阵的公式求得短路电导参数矩阵

$$g_{11}=\frac{r_{22}}{\Delta_r}=\frac{5}{2\times5-2\times1}\text{S}=\frac{5}{8}\text{S}=0.625\ \text{S},\qquad g_{12}=\frac{-r_{12}}{\Delta_r}=-\frac{1}{8}\text{S}=-0.125\ \text{S}$$

$$g_{21}=\frac{-r_{21}}{\Delta_r}=\frac{-2}{8}\text{S}=-0.25\ \text{S},\qquad g_{22}=\frac{r_{11}}{\Delta_r}=\frac{2}{8}\text{S}=0.25\ \text{S}$$

查表 6-1，按照 $\boldsymbol{R}$ 参数矩阵变换到 $\boldsymbol{H}$ 参数矩阵的公式求得

$$h_{11} = \frac{\Delta_r}{r_{22}} = \frac{2 \times 5 - 2 \times 1}{5}\,\Omega = 1.6\,\Omega, \qquad h_{12} = \frac{r_{12}}{r_{22}} = \frac{1}{5} = 0.2$$

$$h_{21} = \frac{-r_{21}}{r_{22}} = \frac{-2}{5} = -0.4, \qquad\qquad h_{22} = \frac{1}{r_{22}} = \frac{1}{5\,\Omega} = 0.2\,\text{S}$$

查表 6-1，按照 R 参数矩阵变换到 T 参数矩阵的公式求得

$$t_{11} = \frac{r_{11}}{r_{21}} = \frac{2}{2} = 1, \qquad t_{12} = \frac{\Delta_r}{r_{21}} = \frac{2 \times 5 - 2 \times 1}{2}\,\Omega = \frac{8}{2}\,\Omega = 4\,\Omega$$

$$t_{21} = \frac{1}{r_{21}} = \frac{1}{2}\,\text{S} = 0.5\,\text{S}, \qquad t_{22} = \frac{r_{22}}{r_{21}} = \frac{5}{2} = 2.5$$

也可以先计算 G 或 H 或 T 参数矩阵，再求其他参数矩阵。

　　最后还要指出，并非任何双口网络都存在六种表达式和相应的参数矩阵。例如理想变压器就不存在电阻参数和电导参数，这是因为在理想变压器端口上外加两个电流源或两个电压源时，与理想变压器的 VCR 方程发生矛盾，该电路没有唯一解。一般来说，若双口网络外加两个电流源有唯一解，则存在流控表达式和 R 参数矩阵；若双口网络外加两个电压源具有唯一解，则存在压控表达式和 G 参数矩阵；若双口网络外加电流源 i_1 和电压源 u_2 时有唯一解，则存在混合参数 1 表达式和 H 参数矩阵。

　　双口网络参数的计算十分繁杂，可以利用计算机程序来完成。例如将图6-10所示双口网络中元件连接关系和元件参数告诉计算机，WDCAP 程序就能计算出六种网络参数，如下所示。

```
        L6-6  circuit data
   元件   支路   开始   终止   控制      元件         元件
   类型   编号   节点   节点   支路      数值         数值
    R      1     1      2             1.000 0
    CC     2     1      2      3      1.000 0
    R      3     2      0             2.000 0
    R      4     2      3             3.000 0

    独立节点数 = 3          支路数 = 4

    ----- 双口网络的 R G H1 H2 T1 T2 矩阵 -----

 节点编号              双口网络的各种参数           电源向量

 1 〈--〉3      R11 =  2.000         R12 =   1.000
 0 〈--〉0      R21 =  2.000         R22 =   5.000

 1 〈--〉3      G11 =  .625 0        G12 = -.125 0
 0 〈--〉0      G21 = -.250 0        G22 =  .250 0

 1 〈--〉3      H11 =  1.600         H12 =  .200 0
 0 〈--〉0      H21 = -.400 0        H22 =  .200 0
```

1 〈 -- 〉 3	h11 = .500 0	h12 = - .500 0
0 〈 -- 〉 0	h21 = 1.000	h22 = 4.000
1 〈 -- 〉 3	T11 = 1.000	T12 = 4.000
0 〈 -- 〉 0	T21 = .500 0	T22 = 2.500
1 〈 -- 〉 3	t11 = 5.000	t12 = - 8.000
0 〈 -- 〉 0	t21 = - 1.000	t22 = 2.000

从以上计算可见,利用计算机程序 WDCAP 也可以从已知双口网络的某一种网络参数求得另外五种网络参数。

一个实际电阻双口网络的网络参数可以用实验方法求得,具体的实验方法和过程请观看教材 Abook 资源中的"双口电阻参数测量""双口电导参数测量""双口混合参数测量"和"双口传输参数测量"的实验录像。附录 B 中附图 42 表示用 WDCAP 程序计算习题 6-12 所示双口网络的六种网络参数。

§6-3　互易双口和互易定理

一、互易定理

仅含线性时不变二端电阻和理想变压器的双口网络,称为互易双口网络。

互易定理:对于互易双口网络,存在以下关系。

$$r_{12} = r_{21} \tag{6-19}$$
$$g_{12} = g_{21} \tag{6-20}$$
$$h_{12} = -h_{21} \tag{6-21}$$
$$\Delta t = t_{11} t_{22} - t_{12} t_{21} = 1 \tag{6-22}$$

微视频 6-3:
互易定理实验

由式(6-19)可以断言:图 6-11(a)所示的电压 $u_2 = r_{21} i_S$ 与图 6-11(b)所示的电压 $u_1 = r_{12} i_S$ 相同。也就是说,在互易网络中电流源与电压表互换位置,电压表读数不变。

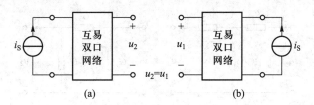

图 6-11　电流源与电压表互换

由式(6-20)可以断言:图 6-12(a)所示的电流 $i_2 = g_{21} u_S$ 与图 6-12(b)所示的电流 $i_1 = g_{12} u_S$ 相同。也就是说互易网络中电压源与电流表互换位置,电流表读数不变。

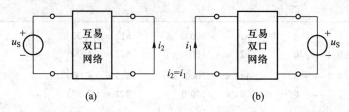

图 6-12 电压源与电流表互换

例 6-7 用互易定理求图 6-13(a) 所示电路中的电流 i。

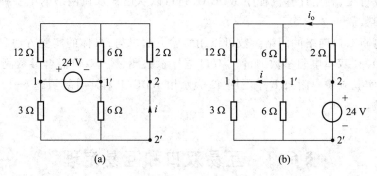

图 6-13 互易定理的应用

解 根据互易定理, 图 6-13(a) 和 (b) 所示电路中电流 i 相同。从图6-13(b)中易于求得

$$i_{\text{o}} = \cfrac{24\ \text{V}}{2\ \Omega + \cfrac{6\ \Omega \times 12\ \Omega}{6\ \Omega + 12\ \Omega} + \cfrac{3\ \Omega \times 6\ \Omega}{3\ \Omega + 6\ \Omega}} = 3\ \text{A}$$

$$i = \cfrac{12\ \Omega}{6\ \Omega + 12\ \Omega} i_{\text{o}} - \cfrac{3\ \Omega}{3\ \Omega + 6\ \Omega} i_{\text{o}} = 1\ \text{A}$$

二、互易双口的等效电路

由互易定理知道,互易双口只有三个独立参数,这就可以用图 6-14 所示由三个电阻构成的 T 形或 Π 形网络等效。

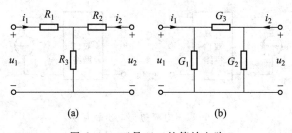

图 6-14 互易双口的等效电路

图 6-14(a) 所示电路的网孔方程为

$$u_1 = (R_1 + R_3) i_1 + R_3 i_2$$

$$u_2 = R_3 i_1 + (R_2 + R_3) i_2$$

与双口流控表达式(6-1)对比,令其对应系数相等可以得到

$$r_{11} = R_1 + R_3$$

$$r_{22} = R_2 + R_3$$

$$r_{12} = r_{21} = R_3$$

由此求得 T 形网络的等效条件为

$$\left.\begin{array}{l} R_1 = r_{11} - r_{12} \\ R_2 = r_{22} - r_{21} \\ R_3 = r_{12} = r_{21} \end{array}\right\} \tag{6-23}$$

用类似方法,可求得 Π 形网络[图6-14(b)]的等效条件为

$$\left.\begin{array}{l} G_1 = g_{11} + g_{12} \\ G_2 = g_{22} + g_{21} \\ G_3 = -g_{12} = -g_{21} \end{array}\right\} \tag{6-24}$$

已知互易双口的电阻参数或电导参数,可用 T 形或 Π 形等效电路代替双口网络,以便简化电路分析。

例 6-8　已知图6-15(a)所示电路中互易双口网络的电阻参数为 $r_{11} = 5\ \Omega, r_{22} = 7\ \Omega, r_{12} = 3\ \Omega,$ $r_{21} = 3\ \Omega$,试求 i_1 和 u_2。

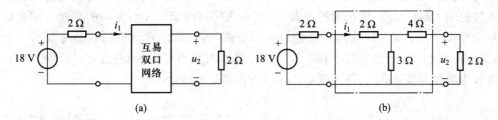

图 6-15　例 6-8

解　用 T 形等效电路代替互易双口网络,得到图6-15(b)所示电路,由此求得

$$i_1 = \cfrac{18\ \mathrm{V}}{2\ \Omega + 2\ \Omega + \cfrac{3\ \Omega(4\ \Omega + 2\ \Omega)}{3\ \Omega + 4\ \Omega + 2\ \Omega}} = 3\ \mathrm{A}$$

$$u_2 = (2\ \Omega) \times \frac{3\ \Omega}{3\ \Omega + 6\ \Omega} \times i_1 = 2\ \mathrm{V}$$

例 6-9　求图6-16(a)所示双口网络的 Π 形等效电路。

解　先求出图6-16(a)所示双口网络的

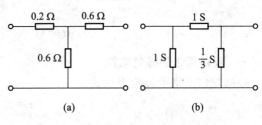

图 6-16　例 6-9

电阻参数矩阵

$$R = \begin{pmatrix} 0.8 & 0.6 \\ 0.6 & 1.2 \end{pmatrix} \Omega$$

用矩阵求逆方法得到电导参数矩阵

$$G = R^{-1} = \begin{pmatrix} 2 & -1 \\ -1 & \dfrac{4}{3} \end{pmatrix} S$$

由式（6-24）求得

$$G_1 = g_{11} + g_{12} = 1S$$

$$G_2 = g_{22} + g_{21} = \frac{1}{3}S$$

$$G_3 = -g_{12} = -g_{21} = 1S$$

得到 Π 形等效电路如图 6-16(b)所示。此题也可以用星形与三角形联结的等效变换公式求解。

读者学习本小节时，请观看教材 Abook 资源中的"互易定理实验"录像。

§6-4 含双口网络的电路分析

在电子工程、通信和测量设备中，常用双口网络来选择、变换、放大和传输各种电信号。通常在双口的输入端接信号，输出端接负载，如图 6-17(a)所示。人们关心的是输入端和输出端的电压和电流。为了便于计算输入端的电压和电流，可以将端接负载的双口等效为一个电阻 R_i，得到图 6-17(b)所示的等效电路。为方便计算输出端的电压和电流，可以将端接信号源的双口等效为戴维南等效电路，得到图 6-17(c)所示等效电路。

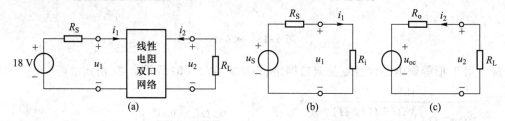

图 6-17 含双口网络的电路

一、双口网络的等效电路

根据双口网络的流控表达式

$$\begin{cases} u_1 = r_{11}i_1 + r_{12}i_2 \\ u_2 = r_{21}i_1 + r_{22}i_2 \end{cases}$$

可以得到图 6-18(b)所示的等效电路,由于受控源的方向与电流的参考方向有关,在等效电路上应该标明两个电流的参考方向。

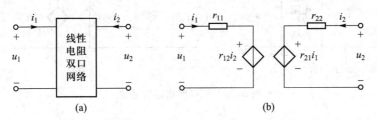

图 6-18 双口网络的等效电路

二、双口网络端接负载时的输入电阻

计算图 6-19(a)所示双口网络端接负载电阻 R_L 时的输入电阻 R_i,可以用图 6-18(b)所示等效电路代替双口网络,得到图 6-19(b)所示电路。

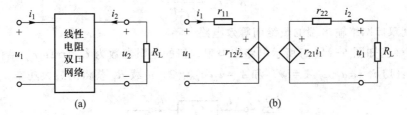

图 6-19 双口网络端接负载

选择电流 i_1 和 i_2 作为网孔电流,列出网孔方程,并求得电流 i_1

$$\begin{cases} r_{11}i_1 + r_{12}i_2 = u_1 \\ r_{21}i_1 + (r_{22} + R_L)i_2 = 0 \end{cases}$$

$$i_1 = \frac{r_{22} + R_L}{r_{11}r_{22} + r_{11}R_L - r_{12}r_{21}}u_1$$

由此求得输入电阻的公式

$$R_i = \frac{r_{11}r_{22} + r_{11}R_L - r_{12}r_{21}}{r_{22} + R_L} = r_{11} - \frac{r_{12}r_{21}}{r_{22} + R_L} \tag{6-25}$$

三、双口网络端接信号源的戴维南等效电路

计算图 6-20(a)所示双口网络输入端接电源时,输出端的戴维南等效电路,可以用图 6-18(b)所示等效电路代替双口网络,得到图 6-20(b)所示电路。

计算双口网络输出端开路时($i_2 = 0$),输出端的开路电压 u_{oc}。选择电流 i_1 和 i_2 作为网孔电流,列出网孔方程

$$\begin{cases} (R_S + r_{11})i_1 = u_S \\ r_{21}i_1 = u_2 \end{cases}$$

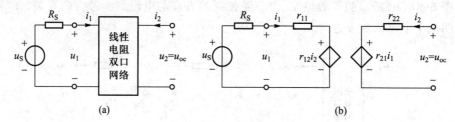

图 6-20 双口网络端信号源

求解方程得到开路电压

$$u_{oc} = u_2 = r_{21}i_1 = r_{21} \times \frac{u_S}{R_S + r_{11}} \tag{6-26}$$

将电压源用短路代替,用求输入电阻相似的方法,得到输出电阻

$$R_o = r_{22} - \frac{r_{12}r_{21}}{r_{11} + R_S} \tag{6-27}$$

由此可以得到双口网络输出端的戴维南等效电路。

例 6-10 已知图 6-21(a)所示电路中电阻双口的电阻参数为 $r_{11} = 6\ \Omega$, $r_{12} = 4\ \Omega$, $r_{21} = 5\ \Omega$ 和 $r_{22} = 8\ \Omega$,试求:(1) i_1、i_2、u_1、u_2、$A_i = i_2/i_1$ 和 $A_u = u_2/u_1$。(2) 负载 R_L 获得的最大功率 p_{max}。

微视频 6-4:
例题 6-10 电
压传输比

微视频 6-5:
例题 6-10 电
流传输比

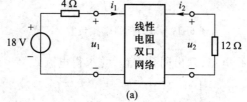

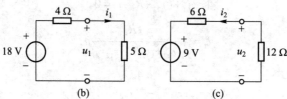

图 6-21 例 6-10

微视频 6-6:
例题 6-10 负
载吸收功率

解 (1)先求双口端接 $R_L = 12\ \Omega$ 负载的输入电阻

$$R_i = r_{11} - \frac{r_{12}r_{21}}{r_{22} + R_L} = 6\ \Omega - \frac{4\ \Omega \times 5\ \Omega}{8\ \Omega + 12\ \Omega} = 5\ \Omega$$

得到图 6-21(b)所示输入端等效电路,由此求得

$$i_1 = \frac{u_S}{R_S + R_i} = \frac{18\text{V}}{4\ \Omega + 5\ \Omega} = 2\ \text{A}$$

$$u_1 = \frac{R_i}{R_S + R_i} u_S = \frac{5 \ \Omega}{4 \ \Omega + 5 \ \Omega} \times 18 \ V = 10 \ V$$

再求双口网络输出端的等效电路,得到

$$u_{oc} = \frac{r_{21}}{R_S + r_{11}} u_S = \frac{5 \ \Omega}{4 \ \Omega + 6 \ \Omega} \times 18 \ V = 9 \ V$$

$$R_o = r_{22} - \frac{r_{12} r_{21}}{r_{11} + R_S} = 8 \ \Omega - \frac{4 \ \Omega \times 5 \ \Omega}{6 \ \Omega + 4 \ \Omega} = 6 \ \Omega$$

如图 6-21(c)所示,由此电路求得输出端的电压和电流为

$$i_2 = \frac{-u_{oc}}{R_o + R_L} = \frac{-9 \ V}{6 \ \Omega + 12 \ \Omega} = -0.5 \ A$$

$$u_2 = -R_L i_2 = -(12 \ \Omega) \times (-0.5 \ A) = 6 \ V$$

求得 $A_i = i_2 / i_1$ 和 $A_u = u_2 / u_1$ 为

$$A_i = \frac{i_2}{i_1} = \frac{-0.5 \ A}{2 \ A} = -0.25$$

$$A_u = \frac{u_2}{u_1} = \frac{6 \ V}{10 \ V} = 0.6$$

(2) 当 $R_L = R_o = 6 \ \Omega$ 时,负载电阻获得的最大功率为

$$p_{max} = \frac{u_{oc}^2}{4 R_o} = \frac{(9V)^2}{4 \times 6 \ \Omega} = 3.375 \ W$$

§6-5　含独立源双口网络的等效电路

前面讨论了不包含独立源线性电阻双口网络参数的计算。当双口网络包含独立源时,如图 6-22(a)所示,这些独立电源在端口会产生开路电压和短路电流。

图 6-22(a)所示双口网络的流控表达式为

$$\left. \begin{array}{l} u_1 = r_{11} i_1 + r_{12} i_2 + u_{oc1} \\ u_2 = r_{21} i_1 + r_{22} i_2 + u_{oc2} \end{array} \right\} \tag{6-28}$$

相应的等效电路如图 6-22(b)所示。

图 6-22(a)所示双口网络的压控表达式为

$$\left. \begin{array}{l} i_1 = g_{11} u_1 + g_{12} u_2 + i_{sc1} \\ i_2 = g_{21} u_1 + g_{22} u_2 + i_{sc2} \end{array} \right\} \tag{6-29}$$

相应的等效电路如图 6-22(c)所示。

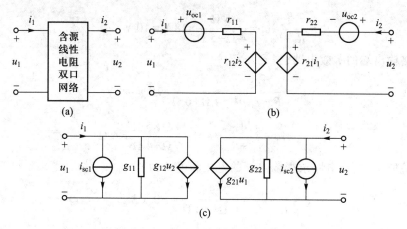

图 6-22 含独立源双口网络

§6-6 电路实验和计算机分析电路实例

一、计算机辅助电路分析

双口网络参数的计算是十分繁杂的事情,可以利用计算机程序来计算。下面举例说明用 WDCAP 程序可以计算包含独立源双口网络的参数和等效电路。

例 6-11 求图 6-23(a)所示含独立电源双口网络的等效电路。

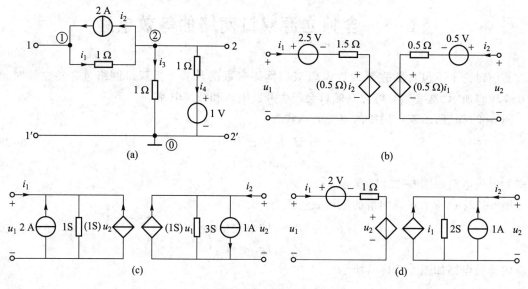

图 6-23 例 6-11

解　运行 WDCAP 程序,计算图 6-23(a)所示含独立电源双口网络的参数,得到以下结果。

```
L6-11 Circuit Data
元件 支路 开始 终止 控制    元  件      元  件
类型 编号 节点 节点 支路    数  值      数  值
  R    1    1    2         1.00000
  I    2    2    1         2.0000
  R    3    2    0         1.00000
 VR    4    2    0         1.00000    1.00000
       独立节点数 ＝ 2     支路数 ＝ 4
  ***** 双口的 各种矩阵 和 电源向量 *****
节点编号           双口网络的各种参数              电源向量

1 <--> 2   R11=  1.500   R12= 0.5000   Uoc1=  2.500
0 <--> 0   R21= 0.5000   R22= 0.5000   Uoc2= 0.5000

1 <--> 2   G11= 1.0000   G12=-1.0000   Isc1= -2.000
0 <--> 0   G21=-1.0000   G22= 3.000    Isc2= 1.0000

1 <--> 2   H11= 1.0000   H12= 0.5000   Uoc1=  2.000
0 <--> 0   H21=-1.0000   H22= 2.000    Isc2=-1.0000

1 <--> 2   h11= 0.6667   h12=-0.3333   Isc1= -1.667
0 <--> 0   h21= 0.3333   h22= 0.3333   Uoc2=-0.3333
 ***** 直流 电路 分析 程序 ( WDCAP 3.01 ) *****
```

根据求得的双口网络流控表达式可以画出相应的等效电路,如图 6-23(b)所示。根据双口网络压控表达式可以画出相应的等效电路,如图 6-23(c)所示。根据双口网络混合参数 1 表达式可以画出相应的等效电路,如图 6-23(d)所示。读者可以根据双口网络混合参数 2 表达式画出相应的等效电路。

下面举例说明 WDCAP 程序可以计算包含双口网络的电路参数。

例 6-12　已知图 6-24 所示电路中双口网络的电压电流关系为

$$\begin{cases} i_3 = 2u_3 - u_4 \\ i_4 = u_3 + u_4 \end{cases}$$

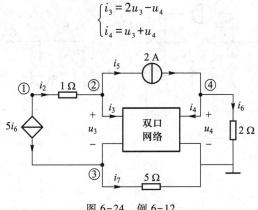

图 6-24　例 6-12

求电路中的各支路电压、电流和吸收功率。

　　解　已知双口网络的电压电流关系式,可以得到它的电导参数,在电路数据文件中,字母 TY 开始的两行数据表示双口网络,其参数分别为 $g_{11}=2\text{ S}, g_{12}=-1\text{ S}$ 和 $g_{21}=1\text{ S}, g_{22}=1\text{ S}$。运行 WDCAP 程序所得到的计算结果如下所示。

```
                    L6-12  Circuit Data
            元件  支路  开始  终止  控制    元件        元件
            类型  编号  节点  节点  支路    数值        数值
             CC    1    1    3    6    5.0000
             R     2    2    1         1.00000
             TY    3    2    3         2.0000    -1.00000
                   4    4    0         1.00000    1.00000
             I     5    2    4         2.0000
             R     6    4    0         2.0000
             R     7    3    0         5.0000
                独立节点数 = 4    支路数 = 7
       编号  类型   数值      支路电压        支路电流        支路吸收功率
        1    CC    5.000    U 1= -14.00    I 1=  10.000    P 1= -140.0
        2    R     1.0000   U 2=  10.000   I 2=  10.000    P 2=  100.00
        3    TY    2.000    U 3=  -4.000   I 3= -12.00     P 3=  48.00
        4    R     1.000    U 4=   4.000   I 4=   0.000    P 4=   0.000
        5    I     2.000    U 5= -18.00    I 5=   2.000    P 5= -36.00
        6    R     2.000    U 6=   4.000   I 6=   2.000    P 6=   8.000
        7    R     5.000    U 7= -10.000   I 7=  -2.000    P 7=  20.00
                                        各支路吸收功率之和 P =  0.000
   *****  直 流 电 路 分 析 程 序 （ WDCAP 3.01 ） *****
```

下面举例说明利用双口网络的等效电路可以简化电路分析。

　　例 6-13　电路如图 6-25(a)所示,试用双口网络等效电路简化电路分析,求负载电阻的电压和电流以及电压源电流。

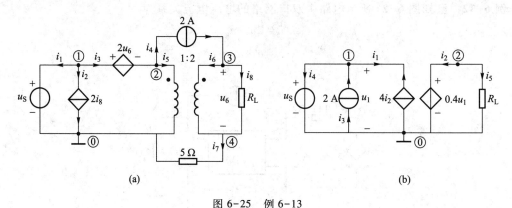

(a)　　　　　　　　　　　　　　(b)

图 6-25　例 6-13

　　解　利用计算机程序 WDCAP,求得图 6-25(a)电路除电压源和负载电阻外双口网络的混合参数表达式。

```
L6-13  circuit  data
元件 支路 开始 终止 控制    元 件        元 件
类型 编号 节点 节点 支路    数 值        数 值
OC   1   1   0
CC   2   1   0    8    2.0000
VV   3   1   2    6    2.0000
I    4   2   3         2.0000
T    5   2   0         1.00000
     6   3   4         2.0000
R    7   4   0         5.0000
OC   8   3   4
独立节点数 = 4    支路数 = 8
***** 双口的 各种矩阵 和 电源向量 *****
节点编号          双口网络的各种参数              电源向量
  ***   无唯一解! R矩阵不存在   ***
  ***   无唯一解! G矩阵不存在   ***
1 <--> 3   H11= 0.000   H12= 2.500   Uoc1= 0.000
0 <--> 4   H21=-0.5000  H22= 0.000   Isc2=-1.0000

1 <--> 3   h11= 0.000   h12= -2.000  Isc1= -2.000
0 <--> 4   h21= 0.4000  h22= 0.000   Uoc2= 0.000
***** 直 流 电 路 分 析 程 序 ( WDCAP 3.01 ) *****
```

根据求得的混合参数 2 表达式,可以列出双口网络的电压电流关系式

$$\begin{cases} i_1 = -4i_2 - 2\text{A} \\ u_2 = 0.4u_1 \end{cases}$$

根据此式画出图 6-25(b)所示等效电路。由此容易求得负载电阻的电压 u_5 和电流 i_5

$$u_5 = u_2 = 0.4u_1 = 0.4u_S$$

$$i_5 = \frac{0.4u_S}{R_L}$$

求得电流 i_1 以及电压源电流 i_4

$$i_1 = -4i_2 = 4i_5 = \frac{1.6u_S}{R_L}$$

$$i_4 = -i_1 + 2\text{A} = -\frac{1.6u_S}{R_L} + 2\text{A}$$

一旦已知 u_S、R_L,例如 $u_S = 10$ V,$R_L = 1$ Ω 时,容易求得 $u_5 = 4$ V,$i_5 = 4$ A,$i_4 = -14$ A。读者可以利用双口网络混合参数 1 的矩阵关系式,求得相应等效电路来进行计算。

二、电路实验设计

一个实际双口网络的参数可以通过实验来测量,下面以图 6-26 所示网络为例说明用实验方法测量四种双口网络参数的方法。具体实验方法和过程在教材 Abook 资源的"双口电阻参数测量""双口电导参数测量""双口混合参数测量"和"双口传输参数测量"实验录像中说明。

微视频 6-7：
双口电阻参数

微视频 6-8：
双口电导参数

微视频 6-9：
双口混合参数

微视频 6-10：
双口传输参数

图 6-26 所示电阻双口网络用计算机程序 WDCAP 可以求得以下网络参数。

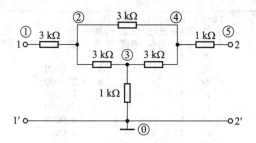

图 6-26　电阻双口网络

```
tu6-26  Circuit Data

元件   支路   开始   终止   控制   元件        元件
类型   编号   节点   节点   支路   数值        数值
R     1     1      2                300 0.0
R     2     2      3                300 0.0
R     3     3      4                300 0.0
R     4     2      3                300 0.0
R     5     3      0                100 0.0
R     6     4      5                100 0.0

独立节点数 =5              支路数 =6
----- 双口网络的 R G H1 H2 T1 T2 矩阵 -----
```

节点编号	双口网络的各种参数		电源相量
1 〈--〉5	R11 = 600 0.	R12 = 200 0.	
0 〈--〉0	R21 = 200 0.	R22 = 400 0.	
1 〈--〉5	G11 = 2.000 0E-04	G12 = -1.000 0E-04	
0 〈--〉0	G21 = -1.000 0E-04	G22 = 3.000 0E-04	
1 〈--〉5	H11 = 500 0.	H12 = .500 0	
0 〈--〉0	H21 = -.500 0	H22 = 2.500 0E-04	
1 〈--〉5	h11 = 1.666 7E-04	h12 = -.333 3	
0 〈--〉0	h21 = .333 3	h22 = 333 3.	
1 〈--〉5	T11 = 3.000	T12 = 1.000 0E+04	
0 〈--〉0	T21 = 5.000 0E-04	T22 = 2.000	
1 〈--〉5	t11 = 2.000	t12 = -1.000 0E+04	
0 〈--〉0	t21 = -5.000 0E-04	t22 = 3.000	

***** 直流电路分析程序 （WDCAP 3.01）*****

摘　　要

1. 双口网络有两个端口电压和两个端口电流。线性电阻双口网络的电压电流关系由两个线性代数方程来描述。

2. 已知电阻双口网络，可以用网络分析的任何一种方法计算端口电压和电流的关系式，然后得到双口网络参数。对于线性电阻双口网络，可以外加两个独立电源，用叠加定理计算出双口网络参数矩阵。并非任何双口网络都同时存在六种网络参数。

3. 由线性时不变二端电阻和理想变压器构成的互易双口网络，可以用由三个二端电阻构成的 T 形和 Π 形电路来等效。

习　题　六

微视频 6-11：
第 6 章习题解
答

§6-1 双口网络的电压电流关系

§6-2 双口网络参数的计算

6-1 求题图 6-1 所示双口网络的电阻参数和电导参数。

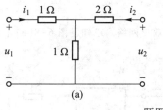

题图 6-1

微视频 6-12：
习题 6-2 双口
电阻参数

6-2 求题图 6-2 所示双口网络的 **R** 参数、**G** 参数、**H** 参数和 **T** 参数。

6-3 求题图 6-2 所示双口网络的 T 形等效电路和 Π 形等效电路。

6-4 求题图 6-4 所示双口网络的电阻参数和电导参数，并画出 T 形等效电路和 Π 形等效电路。

微视频 6-13：
习题 6-2 双口
电导参数

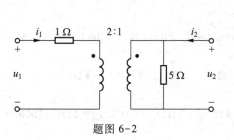

题图 6-2

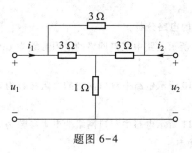

题图 6-4

微视频 6-14：
习题 6-2 双口
混合参数

微视频 6-15：
习题 6-2 双口
传输参数

6-5 求题图 6-5 所示双口网络的 **H** 参数和 **T** 参数。

6-6 求题图 6-6 所示双口网络的 **R** 参数、**G** 参数、**H** 参数和 **T** 参数。

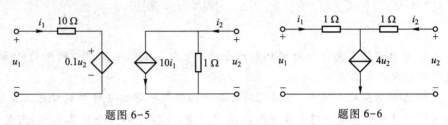

题图 6-5 题图 6-6

§6-3 互易双口和互易定理

6-7 题图 6-7(a)和(b)所示电路中的双口网络为同一互易双口网络。已知题图 6-7(a)中 $i_1 = 0.5$ A，$i_2 = 5$ A。试求题图 6-7(b)所示电路的戴维南等效电路。

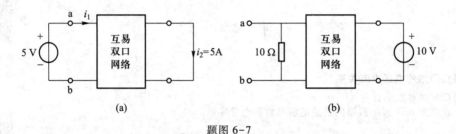

题图 6-7

6-8 题图 6-8(a)和(b)所示电路中的双口网络为同一互易双口网络。已知题图 6-8(a)中 $u_1 = 2$ V，$u_2 = 1$ V。试求题图 6-8(b)所示电路中 3 Ω 电阻的吸收功率。

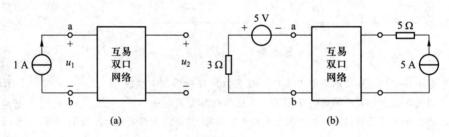

题图 6-8

§6-4 含双口网络的电路分析

6-9 题图 6-9 所示电路中双口网络的电阻参数为 $r_{11} = 1$ kΩ，$r_{12} = r_{21} = 500$ Ω 和 $r_{22} = 200$ Ω。试求电流 i_1 和电压 u_2。

6-10 题图 6-10 所示电路中双口网络的电阻参数为 $r_{11} = 6$ Ω，$r_{12} = 4$ Ω，$r_{21} = 5$ Ω 和 $r_{22} = 8$ Ω，求 i_1、i_2、u_1、u_2、$A_i = i_2/i_1$ 和 $A_u = u_2/u_1$。

6-11 题图 6-11 所示电路中双口网络的电阻参数为 $r_{11} = 4$ Ω，$r_{12} = 2$ Ω，$r_{21} = 8$ Ω 和 $r_{22} = 2$ Ω。试求电压 u 和 6 Ω 电阻的吸收功率。

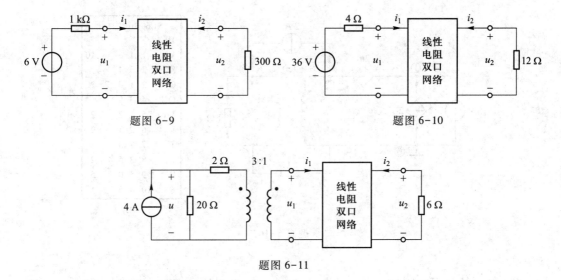

题图 6-9   题图 6-10

题图 6-11

§6-5 含独立源双口网络的等效电路

6-12 求题图 6-12 所示含源电阻双口网络的压控表达式,画出相应的等效电路。

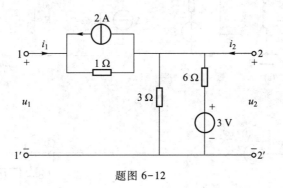

题图 6-12

§6-6 电路实验和计算机分析电路实例

6-13 用计算程序计算题图 6-6 所示双口网络的 **R** 参数、**G** 参数、**H** 参数和 **T** 参数。

6-14 用计算机程序计算题图 6-9 所示电路,求电流 i_1 和电压 u_2。

6-15 用计算机程序计算题图 6-11 所示电路,求电压 u 和 6 Ω 电阻的吸收功率。

6-16 用双口网络代替题图 6-16 电路中的受控源和理想变压器,用计算机程序计算电路中节点电压、支路电压、支路电流和吸收功率。

6-17 有向图相同的两个电路如题图 6-17(a) 和 (b) 所示,用计算机程序计算支路电压和支路电流,检验特勒根定理。

6-18 电路如题图 6-18(a) 和 (b) 所示,用计算机程序计算两个电路的支路电压和支路电流,检验它们是否为对偶电路。

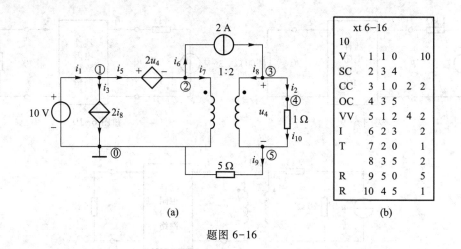

xt 6-16				
10				
V	1	1	0	10
SC	2	3	4	
CC	3	1	0	2 2
OC	4	3	5	
VV	5	1	2	4 2
I	6	2	3	2
T	7	2	0	1
	8	3	5	2
R	9	5	0	5
R	10	4	5	1

(a)　　　　　　　　　　　(b)

题图 6-16

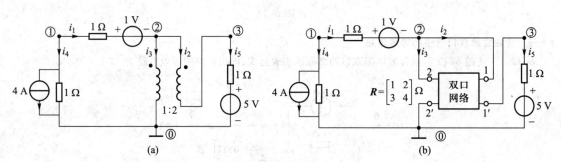

(a)　　　　　　　　　　　(b)

题图 6-17

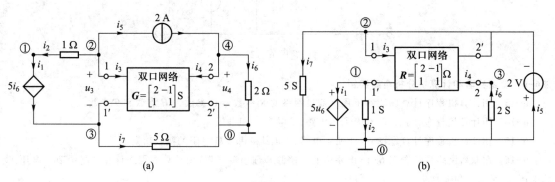

(a)　　　　　　　　　　　(b)

题图 6-18

第二部分

动态电路分析

第七章 电容元件和电感元件

前几章讨论了电阻电路,即由独立电源和电阻、受控源、理想变压器等电阻元件构成的电路。描述这类电路电压电流约束关系的电路方程是代数方程。但在实际电路的分析中,往往还需要采用电容元件和电感元件去建立电路模型。这些元件的电压电流关系涉及电压、电流对时间的微分或积分,称为动态元件。含动态元件的电路称为动态电路,描述动态电路的方程是微分方程。本章先介绍两种储能元件——电容元件和电感元件。再介绍简单动态电路微分方程的建立。第八、九章讨论一阶电路和二阶电路的时域分析,第十四章讨论线性时不变动态电路的频域分析。

§7-1 电 容 元 件

一、电容元件

集总参数电路中与电场有关的物理过程集中在电容元件中进行,电容元件是构成各种电容器的电路模型所必需的一种理想电路元件。电容元件的定义是:如果一个二端元件在任一时刻,其电荷与电压之间的关系由 u-q 平面上一条曲线所确定,则称此二端元件为电容元件。电容元件的符号和特性曲线如图 7-1(a)和(b)所示。

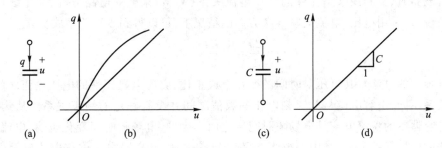

(a)电容元件的符号 (b)电容元件的特性曲线
(c)线性时不变电容元件的符号 (d)线性时不变电容元件的特性曲线
图 7-1 电容元件的符号及特性曲线

电容元件的分类与电阻元件的分类相似。其特性曲线是通过坐标原点的一条直线的电容元件称为线性电容元件,否则称为非线性电容元件。其特性曲线不随时间变化的电容元件称为时不变电容元件,否则称为时变电容元件。线性

微视频 7-1:
高频 Q 表测电
感和电容

时不变电容元件的符号与特性曲线如图7-1(c)和(d)所示,它的特性曲线是一条通过原点不随时间变化的直线,其数学表达式为

$$q = Cu \tag{7-1}$$

式中的系数 C 为常量,与直线的斜率成正比,称为电容,单位是法[拉],用 F 表示。本书主要讨论线性时不变电容元件,为叙述方便,简称为电容。今后提到"电容"一词时,可能指线性时不变电容元件,也可能指线性时不变电容元件的参数(C),请读者注意区别。

实际电路中使用的电容器类型很多,电容的范围变化很大,例如高频电路中使用的陶瓷电容器的容量可以小到几个皮法[pF(1 pF = 10^{-12} F)],低频滤波电路中使用的电解电容器,其容量可以大到几万个微法[μF(1 μF = 10^{-6} F)]。电容器除了标明它的标称电容量之外,还必须说明它能够承受的工作电压,供用户根据实际情况选择使用。电解电容器还必须标明它的极性,以便用户在使用时容易识别。大多数电容器的漏电很小,在工作电压低的情况下,可以用一个电容作为它的电路模型。当其漏电不能忽略时,则需要用一个电阻与电容的并联作为它的电路模型。在工作频率很高的情况下,由于电容卷绕的结构,还需要增加一个电感来构成电容器的电路模型,如图 7-2 所示。

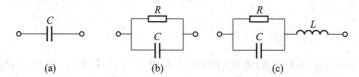

图 7-2 电容器的几种电路模型

二、电容元件的电压电流关系

在分析电路时,要利用电路元件的电压电流关系(VCR)来建立电路方程,对于线性时不变电容元件来说,在采用电压、电流关联参考方向的情况下,可以得到以下关系式

$$i(t) = \frac{\mathrm{d}q}{\mathrm{d}t} = \frac{\mathrm{d}(Cu)}{\mathrm{d}t} = C\frac{\mathrm{d}u}{\mathrm{d}t} \tag{7-2}$$

此式表明电容中的电流与其电压对时间的变化率成正比,它与电阻元件的电压电流之间存在确定的约束关系不同,电容电流与此时刻电压的数值之间并没有确定的约束关系。从物理上讲,这是因为电容器中的位移电流是电场随时间变化而产生的,电场随时间变化越快,电流就越大,假如电容器的电压保持常量,其中的电场不随时间变化时,电容器中的位移电流以及电容器端钮中的传导电流为零。因此可以说,在直流电源激励的电路模型中,当各电压、电流均不随时间变化的情况下,电容元件相当于一个开路($i = 0$)。

在已知电容电压 $u_C(t)$ 的条件下,用式(7-2)容易求出其电流 $i_C(t)$。例如已知 $C = 1$ μF 电容上的电压为 $u_C(t) = 10\sin 5t$ V,其波形如图 7-3(a)所示,与电压参考方向关联的电容电流为

$$i_C(t) = C\frac{\mathrm{d}u_C}{\mathrm{d}t} = \left[10^{-6} \times \frac{\mathrm{d}(10\sin 5t)}{\mathrm{d}t}\right] \mathrm{A} = 50 \times 10^{-6}\cos 5t \ \mathrm{A} = 50\cos 5t \ \mu\mathrm{A}$$

电容电流 $i_c(t) = 50\cos 5t$ μA 的波形如图 7-3(b)所示。从这两个波形图上可以看出,某个时刻的电容电流值与此时刻电容电压对时间的变化率(曲线在该点的斜率)成正比,当电容电压经过 0 点时,正弦波形曲线的斜率最大,电容电流的绝对值最大;当电容电压经过最大值时,正弦波形曲线的斜率为零,电容电流值为零。从图 7-3(a)和(b)正弦波形曲线可见,电容电流的相位超前于电容电压 90°。电容电流的数值与电容电压的数值之间并无确定的关系,例如将电容电压增加一个常量 k,变为 $u_C(t) = k+10\sin 5t$ V 时,电容电流不会改变,这说明电容元件并不具有电阻元件在电压电流之间有确定关系的特性。

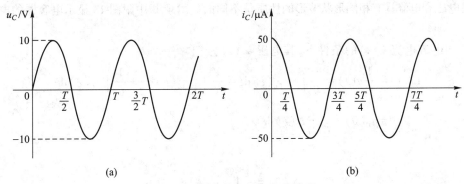

图 7-3　电容的电压和电流波形

例 7-1　已知 $C = 0.5$ μF 电容上的电压波形如图 7-4(a)所示,试求电压、电流采用关联参考方向时的电流 $i_C(t)$,并画出波形图。

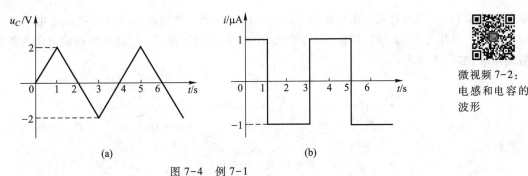

图 7-4　例 7-1

微视频 7-2:
电感和电容的
波形

解　根据图 7-4(a)波形的具体情况,按照时间分段来进行计算

(1) 当 $0 \leq t \leq 1$ s 时,$u_C(t) = 2t$,根据式(7-2)可以得到

$$i_C(t) = C\frac{\mathrm{d}u_C}{\mathrm{d}t} = 0.5 \times 10^{-6}\frac{\mathrm{d}(2t)}{\mathrm{d}t} = 1 \times 10^{-6}\mathrm{A} = 1\ \mu\mathrm{A}$$

(2) 当 1 s $\leq t \leq 3$ s 时,$u_C(t) = 4-2t$,根据式(7-2)可以得到

$$i_C(t) = C\frac{\mathrm{d}u_C}{\mathrm{d}t} = 0.5 \times 10^{-6}\frac{\mathrm{d}(4-2t)}{\mathrm{d}t} = -1 \times 10^{-6}\mathrm{A} = -1\ \mu\mathrm{A}$$

(3) 当 $3\text{ s}\leqslant t\leqslant 5\text{ s}$ 时,$u_c(t)=-8+2t$,根据式(7-2)可以得到

$$i_c(t)=C\frac{\mathrm{d}u_c}{\mathrm{d}t}=0.5\times10^{-6}\frac{\mathrm{d}(-8+2t)}{\mathrm{d}t}=1\times10^{-6}\text{A}=1\ \mu\text{A}$$

(4) 当 $5\text{ s}\leqslant t$ 时,$u_c(t)=12-2t$,根据式(7-2)可以得到

$$i_c(t)=C\frac{\mathrm{d}u_c}{\mathrm{d}t}=0.5\times10^{-6}\frac{\mathrm{d}(12-2t)}{\mathrm{d}t}=-1\times10^{-6}\text{A}=-1\ \mu\text{A}$$

根据以上计算结果,画出相应的波形,如图 7-4(b)所示。电容电压为三角波形,其电流为矩形波形。这与电阻电压和电流具有相同形状波形的性质是不同的。附录 B 中附图 18 显示电容器的电压和电流波形。

在已知电容电流 $i_c(t)$ 的条件下,其电压 $u_c(t)$ 为

$$u_c(t)=\frac{1}{C}q(t)=\frac{1}{C}\int_{-\infty}^{t}i_c(\xi)\mathrm{d}\xi=\frac{1}{C}\int_{-\infty}^{0}i_c(\xi)\mathrm{d}\xi+\frac{1}{C}\int_{0}^{t}i_c(\xi)\mathrm{d}\xi$$
$$=u_c(0)+\frac{1}{C}\int_{0}^{t}i_c(\xi)\mathrm{d}\xi \tag{7-3}$$

其中

$$u_c(0)=\frac{1}{C}\int_{-\infty}^{0}i_c(\xi)\mathrm{d}\xi$$

称为电容电压的初始值,它是从 $t=-\infty$ 到 $t=0$ 时间范围内流过电容的电流在电容上积累电荷所产生的电压,式中 $q(0)=\int_{-\infty}^{0}i_c(\xi)\mathrm{d}\xi$ 表示 $t=0$ 时刻电容的电荷量。式(7-3)表示 $t>0$ 某时刻电容电压 $u_c(t)$ 等于电容电压的初始值 $u_c(0)$ 加上 $t=0$ 到 t 时刻范围内电容电流在电容上积累电荷所产生电压之和,就端口特性而言,等效为一个直流电压源 $u_c(0)$ 和一个初始电压为零的电容的串联,如图 7-5 所示。

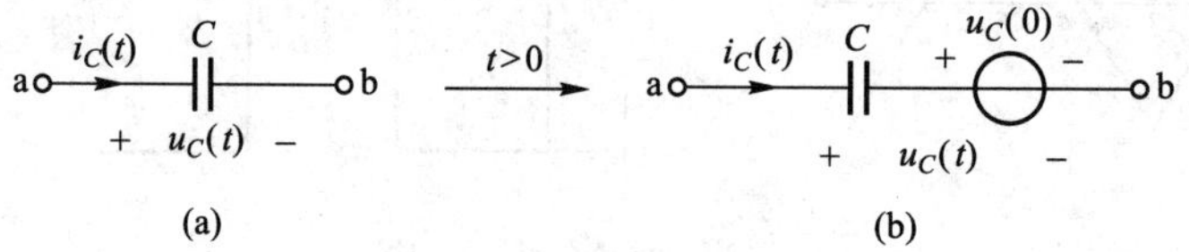

图 7-5   电容的等效电路

从式(7-3)可以看出电容具有两个基本的性质。

1. 电容电压的记忆性

从式(7-3)可见,任意时刻 T 电容电压的数值 $u_c(T)$,要由从 $-\infty$ 到时刻 T 之间的全部电流 $i_c(t)$ 来确定。也就是说,此时刻以前流过电容的任何电流对时刻 T 的电压都有一定的贡献。这与电阻元件的电压或电流仅仅取决于此时刻的电流或电压完全不同,所以说电容是一种记忆元件。

例 7-2   电路如图 7-6(a)所示,已知电容电流波形如图 7-6(b)所示,试求电容电压 $u_c(t)$,

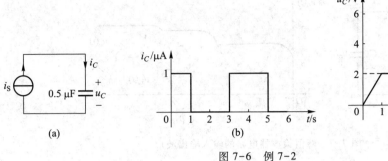
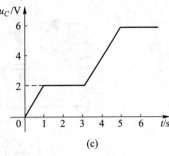

图 7-6 例 7-2

并画出波形图。

解 根据图 7-6(b)波形的具体情况,按照时间分段来进行计算

(1) 当 $t \leqslant 0$ 时,$i_c(t) = 0$,根据式(7-3)可以得到

$$u_c(t) = \frac{1}{C} \int_{-\infty}^{t} i_c(\xi) \, \mathrm{d}\xi = 2 \times 10^6 \int_{-\infty}^{t} 0 \mathrm{d}\xi = 0$$

(2) 当 $0 \leqslant t < 1$ s 时,$i_c(t) = 1$ μA,根据式(7-3)可以得到

$$u_c(t) = u_c(0) + \frac{1}{C} \int_{0}^{t} i_c(\xi) \, \mathrm{d}\xi = u_c(0) + 2 \times 10^6 \int_{0}^{t} 10^{-6} \mathrm{d}\xi = 0 + 2t = 2t$$

当 $t = 1$ s 时,$u_c(1 \text{ s}) = 2$ V。

(3) 当 $1 \text{ s} \leqslant t < 3$ s 时,$i_c(t) = 0$,根据式(7-3)可以得到

$$u_c(t) = u_c(1) + \frac{1}{C} \int_{1}^{t} i_c(\xi) \, \mathrm{d}\xi = u_c(1) + 2 \times 10^6 \int_{1}^{t} 0 \mathrm{d}\xi = 2\text{V} + 0 = 2 \text{ V}$$

当 $t = 3$ s 时,$u_c(3 \text{ s}) = 2$ V。

(4) 当 $3 \text{ s} \leqslant t < 5$ s 时,$i_c(t) = 1$ μA,根据式(7-3)可以得到

$$u_c(t) = u_c(3) + \frac{1}{C} \int_{3}^{t} i_c(\xi) \, \mathrm{d}\xi = u_c(3) + 2 \times 10^6 \int_{3}^{t} 10^{-6} \mathrm{d}\xi = 2\text{V} + 2(t - 3)$$

当 $t = 5$ s 时,$u_c(5 \text{ s}) = 2$ V $+ 4$ V $= 6$ V。

(5) 当 $5 \text{ s} \leqslant t$ 时,$i_c(t) = 0$,根据式(7-3)可以得到

$$u_c(t) = u_c(5) + \frac{1}{C} \int_{5}^{t} i_c(\xi) \, \mathrm{d}\xi = u_c(5) + 2 \times 10^6 \int_{5}^{t} 0 \mathrm{d}\xi = 6 \text{ V} + 0 = 6 \text{ V}$$

根据以上计算结果,可以画出电容电压的波形如图 7-6(c)所示,由此可见,任意时刻电容电压的数值与此时刻以前的全部电容电流均有关系。例如,当 $1 \text{ s} < t < 3$ s 时,电容电流 $i_c(t) = 0$,但是电容电压并不等于零,电容上的 2 V 电压是 $0 < t < 1$ s 时间内电流作用的结果。

图 7-7(a)所示的峰值检波器电路,就是利用电容的记忆性,使输出电压波形[如图 7-7(b)中实线所示]保持输入电压 $u_{\text{in}}(t)$ 波形[如图 7-7(b)中虚线所示]中的峰值。

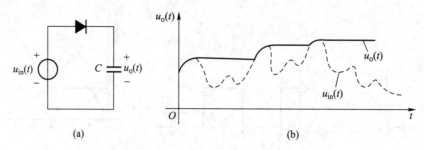

图 7-7 峰值检波器电路的输入输出波形

2. 电容电压的连续性

从例 7-2 的计算结果可以看出,电容电流的波形是不连续的矩形波,而电容电压的波形是连续的。从这个平滑的电容电压波形可以看出电容电压连续的一般性质,即电容电流在闭区间 $[t_1,t_2]$ 有界时,电容电压在开区间 (t_1,t_2) 内是连续的。这可以从电容电压、电流的积分关系式中得到证明。将 $t=T$ 和 $t=T+dt$ 代入式(7-3)中,其中 $t_1<T<t_2$ 和 $t_1<T+dt\leqslant t_2$ 得到

$$\Delta u = u_C(T+dt) - u_C(T) = \frac{1}{C}\int_T^{T+dt} i_C(\xi)\,d\xi\,\Big|_{dt\to 0}\to 0, \quad \text{当 } i(\xi) \text{ 有界时}$$

因为 $i_C(t)$ 在 $[t_1,t_2]$ 内有界,其 $|i_C(t)|<M$,其中的 M 是一个有限的常数。在 $i_C(t)$ 曲线下面从 T 到 $T+dt$ 之间形成的面积 Mdt 是一个有限值,它随着 $dt\to 0$ 而趋于零。由此得到当 $dt\to 0$ 时,则有 $u_C(T+dt)\to u_C(T)$,这意味着波形 $u_C(t)$ 在 $t=T$ 处是连续的结论。

当电容电流有界时,电容电压不能突变的性质,常用下式表示

$$u_C(t_+) = u_C(t_-)$$

对于初始时刻 $t=0$ 来说,上式表示为

$$u_C(0_+) = u_C(0_-) \tag{7-4}$$

为什么电容电压不能轻易跃变呢?电容电压由电流在电容上积累的电荷所产生,而电荷的积累

是需要时间的,因此在电流有限的情况下电容电压连续变化,不可能发生跃变。人们可以利用电容电压的连续性来确定电路中开关发生作用后一瞬间的电容电压值,下面举例说明。

例 7-3 图 7-8 所示电路的开关闭合已久,求开关在 $t=0$ 时刻断开瞬间电容电压的初始值 $u_C(0_+)$。

解 由于开关闭合已久,由直流电源驱动的电路中,各电压、电流均为不随

时间变化的恒定值,造成电容电流 $i_C(t) = C\dfrac{du_C}{dt}$ 等于零,电容相当于开路。此时电容电压为

$$u_C(0_-) = \frac{6\ \Omega}{2\ \Omega + 6\ \Omega} \times 8\ \text{V} = 6\ \text{V}$$

当开关断开时,由于电阻不为零,电容电流为有限值,电容电压不能跃变,由此得到

$$u_C(0_+) = u_C(0_-) = 6 \text{ V}$$

在电容电流无界的情况下,电容电压则可以发生跃变,以下举例加以说明。

例 7-4　电路如图 7-9 所示。已知两个电容在开关闭合前一瞬间的电压分别为 $u_{C1}(0_-) = 0$ V, $u_{C2}(0_-) = 6$ V,试求在开关闭合后一瞬间,电容电压 $u_{C1}(0_+)$、$u_{C2}(0_+)$。

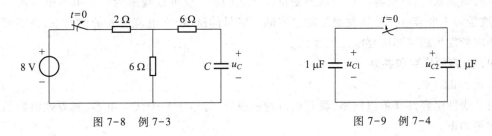

图 7-8　例 7-3　　　　　　　　　图 7-9　例 7-4

解　开关闭合后,两个电容并联,按照 KVL 的约束,两个电容电压必须相等,得到以下方程

$$u_{C1}(0_+) = u_{C2}(0_+)$$

再根据开关闭合前、后节点的总电荷相等的电荷守恒定律,可以得到以下方程

$$C_1 u_{C1}(0_+) + C_2 u_{C2}(0_+) = C_1 u_{C1}(0_-) + C_2 u_{C2}(0_-)$$

联立求解以上两个方程,代入数据后得到

$$u_{C1}(0_+) = u_{C2}(0_+) = 3 \text{ V}$$

两个电容的电压都发生了变化,$u_{C1}(t)$ 由 0 V 升高到 3 V,$u_{C2}(t)$ 则由 6 V 降低到 3 V。从物理上讲,这是因为电容 C_2 上有 3 μC 的电荷移动到 C_1 上所形成的结果,由于导线和开关都是理想的电路元件,其电阻为零,在这种理想的情况下,电荷的移动可以迅速完成而不需要时间,从而形成无穷大的电流,造成电容电压可以发生跃变。就实际电路来说,开关和导线的电阻不可能等于零,但是在电阻非常小的情况下,电荷的移动可以形成极大的电流,以至于在非常短的时间内完成电容电压的跃变。

三、电容的储能

在电压、电流采用关联参考方向的情况下,电容的吸收功率为

$$p(t) = u(t)i(t) = u(t)C\frac{\mathrm{d}u}{\mathrm{d}t}$$

由此式可以看出,电容吸收功率 p 既可大于零,也可小于零。当 $p>0$ 时,电容吸收功率,电容储存的电场能量增加;当 $p<0$ 时,电容发出功率,电容释放出它存储的能量。电容是一种储能元件,它在从初始时刻 t_0 到任意时刻 t 时间内得到的能量为

$$W(t_0, t) = \int_{t_0}^{t} p(\xi)\mathrm{d}\xi = C\int_{t_0}^{t} u(\xi)\frac{\mathrm{d}u}{\mathrm{d}\xi}\mathrm{d}\xi = C\int_{u(t_0)}^{u(t)} u\,\mathrm{d}u = \frac{1}{2}C[u^2(t) - u^2(t_0)]$$

若电容的初始储能为零,即 $u(t_0) = 0$,则任意时刻储存在电容中的能量为

$$W_C(t) = \frac{1}{2}Cu_C^2(t) \qquad (7-5)$$

此式说明某时刻电容的储能取决于该时刻电容的电压值,与电容的电流值无关。电容电压的绝对值增大时,电容储能增加;电容电压的绝对值减小时,电容储能减少。当 $C>0$ 时,$W(t)$ 不可能为负值,电容不可能放出多于它存储的能量,这说明电容是一种储能元件。由于电容电压确定了电容的储能状态,称电容电压为状态变量。从式(7-5)也可以理解为什么电容电压不能轻易跃变,这是因为电容电压的跃变要伴随电容储存能量的跃变,在电流有界的情况下,是不可能造成电场能量发生跃变和电容电压发生跃变的。

四、电容的串联和并联

1. 电容的并联

两个线性电容并联单口网络,就其端口特性而言,等效于一个线性电容,其等效电容的计算公式推导如下。

列出图 7-10(a)所示单口网络的 KCL 方程,代入电容的电压电流关系,得到端口的电压电流关系

$$i(t) = i_1(t) + i_2(t) = C_1\frac{\mathrm{d}u}{\mathrm{d}t} + C_2\frac{\mathrm{d}u}{\mathrm{d}t} = (C_1+C_2)\frac{\mathrm{d}u}{\mathrm{d}t} = C\frac{\mathrm{d}u}{\mathrm{d}t}$$

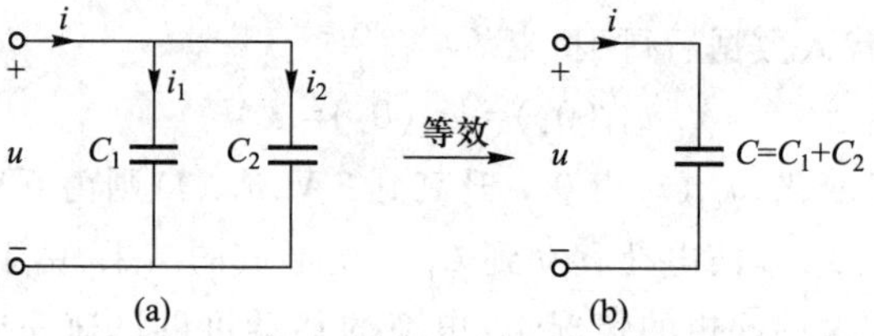

图 7-10 两个线性电容并联单口网络

其中

$$C = C_1 + C_2 \qquad (7-6)$$

以上计算表明,两个电容并联的等效电容等于两个电容之代数和。一般来说,n 个电容并联的等效电容等于 n 个电容的代数和。

2. 电容的串联

两个线性电容串联单口网络,就其端口特性而言,等效于一个线性电容,其等效电容的计算公式推导如下。

列出图 7-11(a)所示单口网络的 KVL 方程,代入电容的电压电流关系,得到端口的电压电流关系

$$u(t) = u_1(t) + u_2(t) = \frac{1}{C_1}\int_{-\infty}^{t} i(\xi)\,\mathrm{d}\xi + \frac{1}{C_2}\int_{-\infty}^{t} i(\xi)\,\mathrm{d}\xi = \frac{1}{C}\int_{-\infty}^{t} i(\xi)\,\mathrm{d}\xi$$

其中

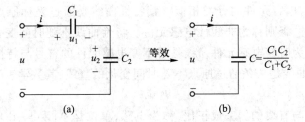

图 7-11　两个线性电容串联单口网络

$$\frac{1}{C} = \frac{1}{C_1} + \frac{1}{C_2}$$

由此得到两个电容串联等效电容的计算公式为

$$C = \frac{C_1 C_2}{C_1 + C_2} \qquad (7\text{-}7)$$

一般来说，n 个电容串联等效电容的计算公式为

$$\frac{1}{C} = \frac{1}{C_1} + \frac{1}{C_2} + \cdots + \frac{1}{C_n} \qquad (7\text{-}8)$$

读者学习本小节时，请观看教材 Abook 资源中"电容的电压电流波形"的实验录像。

§7-2　电 感 元 件

一、电感元件

集总参数电路中与磁场有关的物理过程集中在电感元件中进行，电感元件是构成各种线圈的电路模型所必需的一种理想电路元件。如果一个二端元件在任一时刻，其全磁通与电流之间的关系由 i-Ψ 平面上一条曲线所确定，则称此二端元件为电感元件。电感元件的符号和特性曲线如图 7-12(a) 和 (b) 所示。

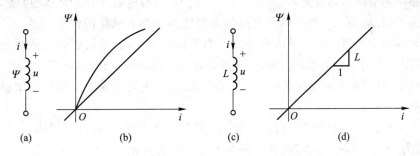

（a）电感元件的符号　（b）电感元件的特性曲线
（c）线性时不变电感元件的符号　（d）线性时不变电感元件的特性曲线
图 7-12　电感元件的符号及特性曲线

电感元件的分类与电容元件的分类相似。其特性曲线是通过坐标原点的一条直线的电感元件称为线性电感元件,否则称为非线性电感元件。特性曲线不随时间变化的电感元件称为时不变电感元件,否则称为时变电感元件。线性时不变电感元件的符号与特性曲线如图7-12(c)和(d)所示,它的特性曲线是一条通过原点不随时间变化的直线,其数学表达式为

$$\Psi = Li \tag{7-9}$$

式中的系数 L 为常量,与直线的斜率成正比,称为电感,单位是亨[利],用 H 表示。本书主要讨论线性时不变电感元件,为叙述方便,简称为电感。今后提到"电感"一词时,可能指线性时不变电感元件,也可能指线性时不变电感元件的参数(L),请读者注意区别。

实际电路中使用的电感线圈类型很多,电感的范围变化很大,例如高频电路中使用的线圈容量可以小到几个微亨[$\mu H(1\ \mu H = 10^{-6}H)$],低频滤波电路中使用扼流圈的电感可以大到几亨。电感线圈可用一个电感或一个电感与电阻的串联作为它的电路模型。在工作频率很高的情况下,还需要增加一个电容来构成线圈的电路模型,如图7-13所示。关于用实验方法确定电路模型参数的问题,请观看微视频12-13例题12-11解答演示和教材 Abook 资源中的"线圈的电路模型"录像。

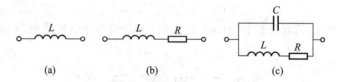

图 7-13   电感器的几种电路模型

二、电感的电压电流关系

在分析电路时,需要知道电路元件的电压电流关系,对于线性时不变电感元件来说,在采用电压、电流关联参考方向的情况下,可以得到

$$u(t) = \frac{\mathrm{d}\Psi}{\mathrm{d}t} = \frac{\mathrm{d}(Li)}{\mathrm{d}t} = L\frac{\mathrm{d}i}{\mathrm{d}t} \tag{7-10}$$

此式表明电感中的电压与其电流对时间的变化率成正比,与电阻元件的电压、电流之间存在确定的约束关系不同,电感电压与此时刻电流的数值之间并没有确定的约束关系。从物理上讲,这是因为电感线圈中的感应电压是由磁场随时间变化而产生的,磁场随时间变化越快,感应电压就越大,假如电感线圈的电流保持常量,其中的磁场不随时间变化时,电感线圈的感应电压为零。因此可以说,在直流电源激励的电路中,当各电压、电流均不随时间变化的情况下,电感相当于一个短路($u=0$)。

在已知电感电流 $i(t)$ 的条件下,用式(7-10)容易求出其电压 $u(t)$。例如 $L = 1$ mH 的电感上,施加电流为 $i_L(t) = 10\sin 5t$ A 时,其关联参考方向的电压为

$$u_L(t) = L\frac{\mathrm{d}i_L}{\mathrm{d}t} = \left[10^{-3} \times \frac{\mathrm{d}(10\sin 5t)}{\mathrm{d}t}\right] V = 50 \times 10^{-3}\cos 5t\ V = 50\cos 5t\ mV$$

电感电压的数值与电感电流的数值之间并无确定的关系,例如将电感电流增加一个常量 k,变为 $i_L(t) = k + 10\sin 5t$ A 时,电感电压不会改变,这说明电感元件并不具有电阻元件在电压、电流之间有确定关系的特性。

例 7-5 电路如图 7-14(a)所示,已知电感电流波形如图 7-14(b)所示,试求电感电压 $u(t)$,并画出波形图。

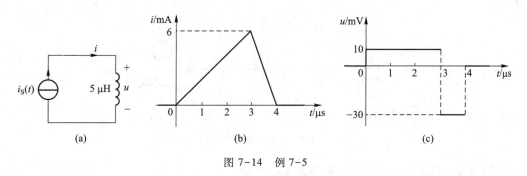

图 7-14 例 7-5

解 根据图 7-14(b)波形的具体情况,按照时间分段来进行计算

(1) 当 $t \leq 0$ 时,$i(t) = 0$,根据式(7-10)可以得到

$$u(t) = L\frac{\mathrm{d}i}{\mathrm{d}t} = 5 \times 10^{-6}\frac{\mathrm{d}(0)}{\mathrm{d}t} = 0$$

(2) 当 $0 \leq t \leq 3$ μs 时,$i(t) = 2 \times 10^3 t$,根据式(7-10)可以得到

$$u(t) = L\frac{\mathrm{d}i}{\mathrm{d}t} = 5 \times 10^{-6}\frac{\mathrm{d}(2 \times 10^3 t)}{\mathrm{d}t}\text{V} = 10 \times 10^{-3}\text{ V} = 10\text{ mV}$$

(3) 当 3 μs $\leq t \leq 4$ μs 时,$i(t) = 24 \times 10^{-3} - 6 \times 10^3 t$,根据式(7-10)可以得到

$$u(t) = L\frac{\mathrm{d}i}{\mathrm{d}t} = 5 \times 10^{-6}\frac{\mathrm{d}(24 \times 10^{-3} - 6 \times 10^3 t)}{\mathrm{d}t} = -30 \times 10^{-3}\text{ mV} = -30\text{ mV}$$

(4) 当 4 μs $\leq t$ 时,$i(t) = 0$,根据式(7-10)可以得到

$$u(t) = L\frac{\mathrm{d}i}{\mathrm{d}t} = 5 \times 10^{-6}\frac{\mathrm{d}(0)}{\mathrm{d}t} = 0$$

根据以上计算结果,画出相应的波形,如图 7-14(c)所示。这说明电感电流为三角波形时,其电感电压为矩形波形。

在已知电感电压 $u_L(t)$ 的条件下,其电流 $i_L(t)$ 为

$$i_L(t) = \frac{1}{L}\Psi(t) = \frac{1}{L}\int_{-\infty}^{t} u_L(\xi)\,\mathrm{d}\xi = \frac{1}{L}\int_{-\infty}^{0} u_L(\xi)\,\mathrm{d}\xi + \frac{1}{L}\int_{0}^{t} u_L(\xi)\,\mathrm{d}\xi$$

$$= i_L(0) + \frac{1}{L}\int_{0}^{t} u_L(\xi)\,\mathrm{d}\xi \tag{7-11}$$

其中

$$i_L(0) = \frac{1}{L}\int_{-\infty}^{0} u_L(\xi)\,\mathrm{d}\xi$$

称为电感电流的初始值,它是从 $t = -\infty$ 到 $t = 0$ 时间范围内电感电压作用于电感所产生的电流,式中 $\Psi(0) = \int_{-\infty}^{0} u_L(\xi) \mathrm{d}\xi$ 表示 $t = 0$ 时刻电感的全磁通。式(7-11)表示 $t > 0$ 的某时刻电感电流 $i_L(t)$ 等于电感电流的初始值 $i_L(0)$ 加上 $t = 0$ 到 t 时刻范围内电感电压在电感中所产生电流之和,就端口特性而言,等效为一个直流电流源 $i_L(0)$ 和一个初始电流为零的电感的并联,如图 7-15 所示。

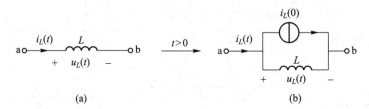

图 7-15 电感的等效电路

从式(7-11)可以看出电感具有两个基本的性质。

1. 电感电流的记忆性

从式(7-11)可见,任意时刻 T 电感电流的数值 $i_L(T)$,要由从 $-\infty$ 到时刻 T 之间的全部电压来确定。也就是说,此时刻以前在电感上的任何电压对时刻 T 的电感电流都有一份贡献。这与电阻元件的电压或电流仅仅取决于此时刻的电流或电压完全不同,所以说电感是一种记忆元件。

例 7-6 电路如图 7-16(a)所示,已知 $L = 0.5$ mH 的电感电压波形如图 7-16(b)所示,试求电感电流 $i_L(t)$,并画出波形图。

解 根据图 7-16(b)所示波形的具体情况,按照时间分段来进行积分运算。

微视频 7-5:
例题 7-6 解答
演示

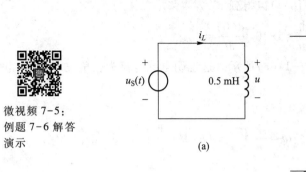

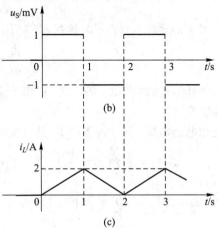

图 7-16 例 7-6

（1）当 $t<0$ 时，$u(t)=0$，根据式（7-11）可以得到

$$i_L(t)=\frac{1}{L}\int_{-\infty}^{t}u(\xi)\,\mathrm{d}\xi=2\times10^3\int_{-\infty}^{t}0\mathrm{d}\xi=0$$

（2）当 $0\leqslant t\leqslant1$ s 时，$u(t)=1$ mV，根据式（7-11）可以得到

$$i_L(t)=i_L(0)+\frac{1}{L}\int_{0}^{t}u(\xi)\,\mathrm{d}\xi=i_L(0)+2\times10^3\int_{0}^{t}10^{-3}\mathrm{d}\xi=0+2t=2t$$

当 $t=1$ s 时，$i_L(1\text{ s})=2$ A。

（3）当 1 s $\leqslant t\leqslant2$ s 时，$u(t)=-1$ mV，根据式（7-11）可以得到

$$i_L(t)=i_L(1)+\frac{1}{L}\int_{1}^{t}u(\xi)\,\mathrm{d}\xi=i_L(1)+2\times10^3\int_{1}^{t}-10^{-3}\mathrm{d}\xi=2\text{ A}-2(t-1)$$

当 $t=2$ s 时，$i_L(2\text{ s})=0$。

（4）当 2 s $\leqslant t\leqslant3$ s 时，$u(t)=1$ mV，根据式（7-11）可以得到

$$i_L(t)=i_L(2)+\frac{1}{L}\int_{2}^{t}u(\xi)\,\mathrm{d}\xi=i_L(2)+2\times10^3\int_{2}^{t}10^{-3}\mathrm{d}\xi=0+2(t-2)$$

当 $t=3$ s 时，$i_L(3\text{ s})=2$ A。

（5）当 3 s $\leqslant t\leqslant4$ s 时，$u(t)=-1$ mV，根据式（7-11）可以得到

$$i_L(t)=i_L(3)+\frac{1}{L}\int_{3}^{t}u(\xi)\,\mathrm{d}\xi=i_L(3)+2\times10^3\int_{3}^{t}(-10^{-3})\mathrm{d}\xi=2\text{A}-2(t-3)$$

当 $t=4$ s 时，$i_L(4\text{ s})=0$。

根据以上计算结果，可以画出电感电流的波形如图 7-16（c）所示，由此可见，任意时刻电感电流的数值与此时刻以前的电感电压均有关系。读者学习此例题时可以观看教材 Abook 资源中的"电感的电压电流波形"录像。

2. 电感电流的连续性

从电感电压电流的积分关系式可以看出电感电流具有连续性，即电感电压在闭区间 $[t_1,t_2]$ 有界时，电感电流在开区间 (t_1,t_2) 内是连续的。这是因为电感电压 u 有界时，积分上、下限趋近于相同时，电感电流的增量为零

$$\Delta i=i_L(t_+)-i_L(t_-)=\frac{1}{L}\int_{t_-}^{t_+}u_L(\xi)\,\mathrm{d}\xi\to0,\quad\text{当 }u_L(\xi)\text{ 有界时}$$

也就是说，当电感电压有界时，电感电流不能跃变，只能连续变化，即存在以下关系

$$i_L(t_+)=i_L(t_-)$$

对于初始时刻 $t=0$ 来说，上式表示为

$$i_L(0_+)=i_L(0_-)\tag{7-12}$$

电感电流在其电压有界时不能跃变可以从例 7-6 中看出来，尽管图 7-16（b）中电感电压发生跃变，但是图 7-16（c）所示电感电流总是连续变化的。利用电感电流的连续性，可以确定电路中开关发生作用后一瞬间的电感电流值，下面举例加以说明。

例 7-7　图 7-17(a)所示电路的开关闭合已久,求开关在 $t=0$ 断开时电容电压和电感电流的初始值 $u_C(0_+)$ 和 $i_L(0_+)$。

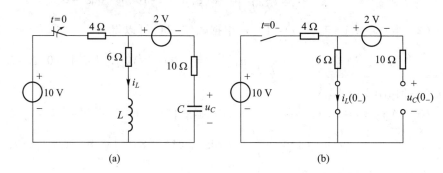

图 7-17　例 7-7

解　由于开关闭合已久,由直流电源驱动的电路中,各电压电流均为不随时间变化的恒定值,造成电感电压 $u_L=L(\mathrm{d}i_L/\mathrm{d}t)$ 等于零,电感相当于短路;造成电容电流 $i_C=C(\mathrm{d}u_C/\mathrm{d}t)$ 等于零,电容相当于开路,如图 7-17(b)所示。此时电感电流为

$$i_L(0_-)=\frac{10\text{ V}}{4\text{ Ω}+6\text{ Ω}}=1\text{ A}$$

$$u_C(0_-)=\frac{6\text{ Ω}}{4\text{ Ω}+6\text{ Ω}}\times10\text{ V}-2\text{ V}=4\text{ V}$$

当开关断开时,由于电路中电压源的电压仅为 2 V,使电感电压为有限值,因此电感电流不能跃变;由于电路中 6 Ω 和 10 Ω 电阻的存在,使电容电流为有限值,因此电容电压不能跃变。由此得到

$$i_L(0_+)=i_L(0_-)=1\text{ A},\quad u_C(0_+)=u_C(0_-)=4\text{ V}$$

三、电感的储能

在电压、电流采用关联参考方向的情况下,电感的吸收功率为

$$p(t)=u(t)i(t)=i(t)L\frac{\mathrm{d}i}{\mathrm{d}t}$$

当 $p>0$ 时,电感吸收功率;当 $p<0$ 时,电感发出功率。它在从初始时刻 t_0 到任意时刻 t 时间内得到的能量为

$$W(t_0,t)=\int_{t_0}^{t}p(\xi)\mathrm{d}\xi=L\int_{t_0}^{t}i(\xi)\frac{\mathrm{d}i(\xi)}{\mathrm{d}\xi}\mathrm{d}\xi=L\int_{i(t_0)}^{i(t)}i\mathrm{d}i=\frac{1}{2}L[i^2(t)-i^2(t_0)]$$

若电感的初始储能为零,即 $i(t_0)=0$,则任意时刻储存在电感中的能量为

$$W_L(t)=\frac{1}{2}Li_L^2(t)\tag{7-13}$$

此式说明某时刻电感的储能取决于该时刻电感的电流值,与电感的电压值无关。电感电流的绝

对值增大时,电感储能增加;电感电流的绝对值减小时,电感储能减少。由于电感电流确定了电感的储能状态,称电感电流为状态变量。从式(7-13)也可以理解为什么电感电流不能轻易跃变,这是因为电感电流的跃变要伴随电感储存能量的跃变,在电压有界的情况下,是不可能造成磁场能量发生突变和电感电流发生跃变的。

例如图 7-17 电路中,若电感 $L = 1$ H,在开关断开前一瞬间和开关断开后一瞬间的电感储能具有相同的数值

$$W_L(0_-) = \frac{1}{2} Li^2(0_-) = 0.5 \times 1 \text{ H} \times (1 \text{ A})^2 = 0.5 \text{ J}$$

$$W_L(0_+) = \frac{1}{2} Li^2(0_+) = 0.5 \times 1 \text{ H} \times (1 \text{ A})^2 = 0.5 \text{ J}$$

四、电感的串联和并联

1. 电感的串联

两个线性电感串联单口网络,就其端口特性而言,等效于一个线性电感,其等效电感的计算公式推导如下。

列出图 7-18(a)单口网络的 KVL 方程,代入电感的电压电流关系,得到端口电压电流关系

$$u(t) = u_1(t) + u_2(t) = L_1 \frac{di}{dt} + L_2 \frac{di}{dt} = (L_1 + L_2) \frac{di}{dt} = L \frac{di}{dt}$$

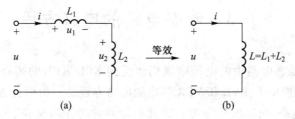

图 7-18　线性电感串联单口网络

其中

$$L = L_1 + L_2 \tag{7-14}$$

以上计算表明两个电感串联的等效电感等于两个电感的代数和。一般来说,n 个电感串联的等效电感等于 n 个电感的代数和。

2. 电感的并联

两个线性电感并联单口网络,就其端口特性而言,等效于一个线性电感,其等效电感的计算公式推导如下。

列出图 7-19(a)所示单口网络的 KCL 方程,代入电感的电压电流关系,得到端口的电压电流关系

$$i(t) = i_1(t) + i_2(t) = \frac{1}{L_1} \int_{-\infty}^{t} u(\xi) d\xi + \frac{1}{L_2} \int_{-\infty}^{t} u(\xi) d\xi = \frac{1}{L} \int_{-\infty}^{t} u(\xi) d\xi$$

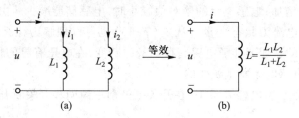

图 7-19 线性电感并联单口网络

其中

$$\frac{1}{L} = \frac{1}{L_1} + \frac{1}{L_2}$$

两个电感并联等效电感的计算公式为

$$L = \frac{L_1 L_2}{L_1 + L_2} \tag{7-15}$$

n 个电感并联等效电感的计算公式为

$$\frac{1}{L} = \frac{1}{L_1} + \frac{1}{L_2} + \cdots + \frac{1}{L_n} \tag{7-16}$$

§7-3 动态电路的电路方程

含有储能元件的动态电路中的电压电流仍然受到 KCL、KVL 的拓扑约束和元件特性 VCR 的约束。一般来说,根据 KCL、KVL 和 VCR 写出的电路方程是一组微分方程。由一阶微分方程描述的电路称为一阶电路,由二阶微分方程描述的电路称为二阶电路,由 n 阶微分方程描述的电路称为 n 阶电路。下面举例说明如何建立动态电路的微分方程。

例 7-8 列出图 7-20 所示电路的一阶微分方程。

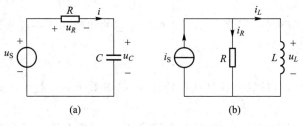

图 7-20 例 7-8

解 对于图 7-20(a) 所示 RC 串联电路,根据 KVL 和电阻的 VCR 关系可以写出以下方程

$$u_S(t) = u_R(t) + u_C(t) = Ri(t) + u_C(t)$$

代入电容的 VCR 方程

$$i(t) = C \frac{\mathrm{d}u_c(t)}{\mathrm{d}t}$$

得到以下微分方程

$$RC \frac{\mathrm{d}u_c(t)}{\mathrm{d}t} + u_c(t) = u_\mathrm{s}(t) \qquad (7-17)$$

这是一个常系数非齐次一阶微分方程,由此可以确定图 7-20(a)所示 RC 串联电路是一阶电路。

对于图 7-20(b)所示 RL 并联电路,根据 KCL 和电阻的 VCR 关系可以写出以下方程

$$i_\mathrm{s}(t) = i_R(t) + i_L(t) = Gu_L(t) + i_L(t)$$

代入电感的 VCR 方程

$$u_L(t) = L \frac{\mathrm{d}i_L(t)}{\mathrm{d}t}$$

得到以下微分方程

$$GL \frac{\mathrm{d}i_L(t)}{\mathrm{d}t} + i_L(t) = i_\mathrm{s}(t) \qquad (7-18)$$

这是一个常系数非齐次一阶微分方程。由此可以确定图 7-20(b)所示 RL 并联电路是一阶电路。

例 7-9 电路如图 7-21(a)所示,以 $i_L(t)$ 为变量列出电路的微分方程。

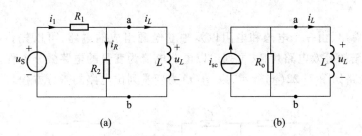

图 7-21 例 7-9

解法一 以 $i_1(t)$ 和 $i_L(t)$ 为网孔电流,列出网孔方程[①]

$$\begin{cases} (R_1 + R_2) i_1 - R_2 i_L = u_\mathrm{s} & (1) \\ -R_2 i_1 + L \frac{\mathrm{d}i_L}{\mathrm{d}t} + R_2 i_L = 0 & (2) \end{cases}$$

由式(2)求得 $i_1(t)$ 的表达式为

---

① 为了方便起见,方程中的 $u(t)$、$i(t)$ 等时间函数常常用 u、i 表示。

$$i_1 = \frac{L}{R_2} \cdot \frac{\mathrm{d}i_L}{\mathrm{d}t} + i_L$$

将 $i_1(t)$ 代入式(1)中得到

$$\frac{(R_1+R_2)L}{R_2} \frac{\mathrm{d}i_L}{\mathrm{d}t} + (R_1+R_2)i_L - R_2 i_L = u_{\mathrm{S}}$$

整理后得到以 $i_L(t)$ 为变量的微分方程

$$\frac{(R_1+R_2)L}{R_2} \frac{\mathrm{d}i_L}{\mathrm{d}t} + R_1 i_L = u_{\mathrm{S}} \tag{7-19}$$

解法二 将连接电感的含源电阻单口网络用诺顿等效电路代替,得到图7-21(b)所示电路,其中

$$R_{\mathrm{o}} = \frac{R_1 R_2}{R_1 + R_2}$$

$$i_{\mathrm{sc}} = \frac{u_{\mathrm{S}}}{R_1}$$

图7-21(b)所示电路与图7-20(b)所示电路完全相同,用相同方法或直接引用式(7-18)可以得到以下微分方程

$$\frac{(R_1+R_2)L}{R_1 R_2} \frac{\mathrm{d}i_L}{\mathrm{d}t} + i_L = \frac{u_{\mathrm{S}}}{R_1}$$

此方程与式(7-19)相同,是一个常系数非齐次一阶微分方程,说明图7-21(a)所示电路是一阶电路。

从此例可以看出,由一个电感和电阻以及独立电源组成的电路,可以先将除电感外的含源电阻单口网络用诺顿等效电路代替,再列出以电感电流为变量的电路微分方程。

例7-10 电路如图7-22(a)所示,以 $u_C(t)$ 为变量列出电路的微分方程。

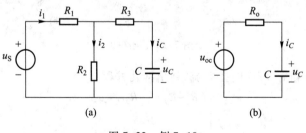

图7-22 例7-10

解法一 以 $i_1(t)$ 和 $i_C(t)$ 为网孔电流,列出网孔方程

$$\begin{cases} (R_1+R_2)i_1 - R_2 i_C = u_{\mathrm{S}} \\ -R_2 i_1 + (R_2+R_3)i_C + u_C = 0 \end{cases}$$

补充电容的 VCR 方程

$$i_C = C \frac{\mathrm{d}u_C}{\mathrm{d}t}$$

得到以 $i_1(t)$ 和 $u_C(t)$ 为变量的方程

$$
\begin{cases}
(R_1 + R_2) i_1 - R_2 C \dfrac{\mathrm{d}u_C}{\mathrm{d}t} = u_\mathrm{s} & (1) \\[3mm]
-R_2 i_1 + (R_2 + R_3) C \dfrac{\mathrm{d}u_C}{\mathrm{d}t} + u_C = 0 & (2)
\end{cases}
$$

从式(2)中写出 $i_1(t)$ 的表达式

$$i_1 = \frac{(R_2 + R_3) C}{R_2} \frac{\mathrm{d}u_C}{\mathrm{d}t} + \frac{1}{R_2} u_C$$

将 $i_1(t)$ 代入式(1),并加以整理后得到以下方程

$$\left(R_3 + \frac{R_1 R_2}{R_1 + R_2} \right) C \frac{\mathrm{d}u_C}{\mathrm{d}t} + u_C = \frac{R_2}{R_1 + R_2} u_\mathrm{s} \qquad (7\text{-}20)$$

这是以电容电压作为变量的一阶微分方程。

解法二　将连接电容的含源电阻单口网络用戴维南等效电路代替,得到图7-22(b)所示电路,其中

$$R_\mathrm{o} = R_3 + \frac{R_1 R_2}{R_1 + R_2}, \qquad u_\mathrm{oc} = \frac{R_2}{R_1 + R_2} u_\mathrm{s}$$

图 7-22(b)所示电路与图 7-20(a)所示电路相同,用相同的方法或直接引用式(7-17)所得到的微分方程与式(7-20)表示的微分方程完全相同,这说明图 7-22(a)所示电路是一阶电路。

从此例可以看出,由一个电容和电阻以及独立电源组成的电路,可以先将除电容外的含源电阻单口网络用戴维南等效电路代替,再列出以电容电压为变量的电路微分方程。

例 7-11　电路如图 7-23 所示,以 $u_C(t)$ 为变量列出电路的微分方程。

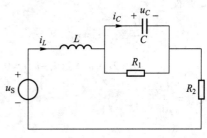

图 7-23　例 7-11

解　以 $i_L(t)$ 和 $i_C(t)$ 为网孔电流,列出网孔方程

$$
\begin{cases}
L \dfrac{\mathrm{d}i_L}{\mathrm{d}t} + (R_1 + R_2) i_L - R_1 i_C = u_\mathrm{s} \\[3mm]
-R_1 i_L + R_1 i_C + u_C = 0
\end{cases}
$$

代入电容的 VCR 方程

$$i_C = C \frac{\mathrm{d}u_C}{\mathrm{d}t}$$

得到以 $i_L(t)$ 和 $u_C(t)$ 为变量的方程

$$\begin{cases} L \dfrac{\mathrm{d}i_L}{\mathrm{d}t} + (R_1 + R_2) i_L - R_1 C \dfrac{\mathrm{d}u_C}{\mathrm{d}t} = u_S & (1) \\[3mm] -R_1 i_L + R_1 C \dfrac{\mathrm{d}u_C}{\mathrm{d}t} + u_C = 0 & (2) \end{cases}$$

从式(2)得到 $i_L(t)$ 的表达式

$$i_L = C \frac{\mathrm{d}u_C}{\mathrm{d}t} + \frac{1}{R_1} u_C$$

将 $i_L(t)$ 代入式(1)中,消去变量 $i_L(t)$ 得到仅以 $u_C(t)$ 为变量的微分方程

$$LC \frac{\mathrm{d}^2 u_C}{\mathrm{d}t^2} + \frac{L}{R_1} \frac{\mathrm{d}u_C}{\mathrm{d}t} + (R_1 + R_2) C \frac{\mathrm{d}u_C}{\mathrm{d}t} + \frac{R_1 + R_2}{R_1} u_C - R_1 C \frac{\mathrm{d}u_C}{\mathrm{d}t} = u_S$$

经过整理得到以下微分方程

$$LC \frac{\mathrm{d}^2 u_C}{\mathrm{d}t^2} + \left(\frac{L}{R_1} + R_2 C \right) \frac{\mathrm{d}u_C}{\mathrm{d}t} + \frac{R_1 + R_2}{R_1} u_C = u_S$$

这是一个常系数非齐次二阶微分方程,说明图 7-23 所示电路是一个二阶电路。

例 7-12 电路如图 7-24 所示,列出以 $i_L(t)$ 为变量的电路微分方程。

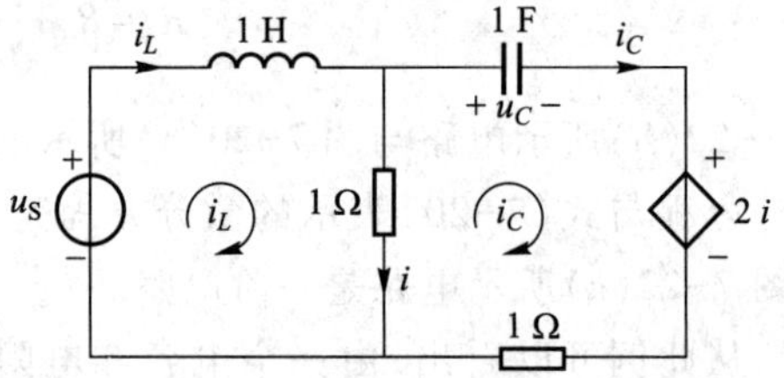

解 以 $i_L(t)$ 和 $i_C(t)$ 为变量列出两个网孔的 KVL 方程

图 7-24 例 7-12

$$\begin{cases} \dfrac{\mathrm{d}i_L}{\mathrm{d}t} + i_L - i_C = u_S \\[2mm] -i_L + 2i_C + u_C + 2(i_L - i_C) = 0 \end{cases}$$

代入 $i_C = \dfrac{\mathrm{d}u_C}{\mathrm{d}t}$,有

$$\begin{cases} \dfrac{\mathrm{d}i_L}{\mathrm{d}t} + i_L - \dfrac{\mathrm{d}u_C}{\mathrm{d}t} = u_S \\[2mm] i_L + u_C = 0 \end{cases}$$

求解方程得到以 $i_L(t)$ 为变量的微分方程

$$2 \frac{\mathrm{d}i_L}{\mathrm{d}t} + i_L = u_S$$

这是一阶微分方程,说明图 7-24 所示电路是一阶电路。此例说明包含一个电感和一个电容的动态电路不一定都是二阶电路。

§7-4　电路应用、电路实验和计算机分析电路实例

　　首先证明端接电容器的回转器等效为一个电感,再介绍由两个运算放大器构成的回转器可以将一个 $0.2\ \mu\mathrm{F}$ 电容变为 $0.2\ \mathrm{H}$ 的电感,然后介绍利用计算机程序来建立动态电路的微分方程,最后介绍用双踪示波器观察电容和电感电压、电流波形的实验方法。

一、回转器的应用

　　在第五章中介绍了回转器的电压电流关系以及回转器可以将电阻变换为电导,现在介绍回转器可以将电容变换为电感,这在集成电路设计中十分有用。

　　例 7-13　证明图 7-25 所示单口网络等效为一个电感。

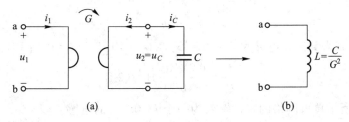

图 7-25　例 7-13

　　解　列出回转器的电压电流关系

$$\begin{cases} i_1 = Gu_2 \\ i_2 = -Gu_1 \end{cases}$$

列出电容的电压电流关系

$$i_2 = -i_C = -C\,\frac{\mathrm{d}u_C}{\mathrm{d}t} = -C\,\frac{\mathrm{d}u_2}{\mathrm{d}t}$$

$$u_2 = -\frac{1}{C}\int_{-\infty}^{t} i_2\,\mathrm{d}\xi$$

微视频 7-8：
回转器变电容
为电感

联立求解以上方程得到单口网络的电压电流关系

$$i_1 = Gu_2 = -\frac{G}{C}\int_{-\infty}^{t} i_2\,\mathrm{d}\xi = \frac{G^2}{C}\int_{-\infty}^{t} u_1\,\mathrm{d}\xi = \frac{1}{L}\int_{-\infty}^{t} u_1\,\mathrm{d}\xi$$

　　以上计算证明了回转器输出端接一个电容,其输入端的特性等效为一个电感,其电感值为

$$L = \frac{C}{G^2} \tag{7-21}$$

当回转电导值等于 1 时,电感值与电容值相同。

　　例 7-14　含运算放大器的单口网络如图 7-26 所示,假如运算放大器工作于线性区域,证明单口网络的特性等效为一个 $L = 0.2\ \mathrm{H}$ 的电感。

微视频 7-9：
例题 7-14 解
答演示

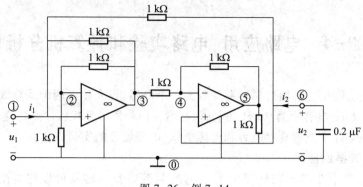

图 7-26　例 7-14

解　在例 5-8 中已经证明了图 7-26 中的双口网络可以实现回转器的特性，其回转电导为

$$G = -\frac{1}{R}$$

将 $R = 1\ \mathrm{k\Omega}$ 代入上式得到回转电导为 $G = -10^{-3}\mathrm{S}$，将 $G = -10^{-3}\mathrm{S}$ 和 $C = 0.2\ \mathrm{\mu F}$ 代入式（7-21）

$$L = \frac{C}{G^2} = \frac{0.2 \times 10^{-6}}{10^{-6}}\mathrm{H} = 0.2\ \mathrm{H}$$

计算表明图 7-26 所示单口网络的特性等效为一个 $L = 0.2\ \mathrm{H}$ 的电感。

对此问题有兴趣的读者可以观看教材 Abook 资源中提供的"回转器变电容为电感"和"RLC 串联电路的阶跃响应"等录像。

二、计算机辅助电路分析

动态电路分析的基本方法是建立并求解微分方程，而用"笔算"方法列出高阶动态电路的微分方程是十分困难的事情。符号网络分析程序 WSNAP 可以计算动态电路电压、电流的频域表达式，由此可以写出电路的微分方程，下面举例说明。

例 7-15　利用 WSNAP 程序列出图 7-27(a) 所示电路的微分方程。

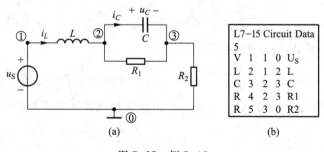

(a)　　　　　　　　　(b)

图 7-27　例 7-15

解　运行 WSNAP 程序，读入图 7-27(b) 所示电路数据，计算电容电压、电感电流和电感电压，得到以下结果。

```
L7 – 15   Circuit Data
元件   支路   开始   终止   控制   元件   元件
类型   编号   节点   节点   支路   符号   符号
 V     1      1      0             Us
 L     2      1      2             L
 C     3      2      3             C
 R     4      2      3             R1
 R     5      3      0             R2
独立节点数目 = 3      支路数目 = 5
········节点电压, 支路电压和支路电流········
          R1Us
U3(S) = ─────────────────────────────────
        R1SCSL + R1R2SC + SL + R2 + R1
        R1SCUs + Us
I2(S) = ─────────────────────────────────
        R1SCSL + R1R2SC + SL + R2 + R1
        R1SCSLUs + SLUs
U2(S) = ─────────────────────────────────
        R1SCSL + R1R2SC + SL + R2 + R1
*****  符号网络分析程序 ( WSNAP 3.01 )  *****
```

WSNAP 程序可以计算电压和电流的频域表达式(参考第十四章有关内容),通过频域表达式可以写出动态电路的微分方程。例如图 7-27 所示电路中电容电压的频域表达式为

$$U_C(s) = \frac{R_1 U_S}{R_1 LCs^2 + (R_1 R_2 C + L)s + R_1 + R_2}$$

将频域表达式中的 s 作为微分算子 $\dfrac{\mathrm{d}}{\mathrm{d}t}$ 进行数学运算可以得到以下微分方程

$$R_1 LC \frac{\mathrm{d}^2 u_c}{\mathrm{d}t^2} + (R_1 R_2 C + L) \frac{\mathrm{d}u_c}{\mathrm{d}t} + (R_1 + R_2) = R_1 u_S$$

这是以电容电压为变量的二阶微分方程,与例 7-11 用"笔算"的结果完全相同。与此相似,根据电感电流的频域表达式

$$I_L(s) = \frac{(R_1 Cs + 1) U_S}{R_1 LCs^2 + (R_1 R_2 C + L)s + R_1 + R_2}$$

得到以电感电流作为变量的二阶微分方程

$$R_1 LC \frac{\mathrm{d}^2 i_L}{\mathrm{d}t^2} + (R_1 R_2 C + L) \frac{\mathrm{d}i_L}{\mathrm{d}t} + (R_1 + R_2) = R_1 C \frac{\mathrm{d}u_S}{\mathrm{d}t} u_S + u_S$$

由此例题可以看出,由于电路中各电压、电流频域表达式的分母多项式完全相同,用不同电压、电流作为变量列出的微分方程系数也完全相同。

练习题　根据电感电压的频域表达式,列出以电感电压作为变量的二阶微分方程。

三、电路实验设计

1. 用双踪示波器观测电容器的电压和电流波形

示波器是一种观测电压波形的仪器,不能直接测量电流,可以利用线性电阻电压和电流的波形相同的特性,用观测电阻电压的方法来间接观测电流的波形。例如为了观测电容器的电压和电流波形,可以用一个阻值很小的电阻器与电容器串联,如图7-28所示。用一个双踪示波器同时测量 RC 串联电路的总电压 u_1 和电阻器电压 u_R,当电阻器阻值很小时,总电压 $u_1(t)$ 与电容电压 $u_C(t)$ 波形基本相同[①],用此方法可以观测到电容的电压、电流波形。有兴趣的读者可以观看教材 Abook 资源中的"电容的电压电流波形"实验录像。

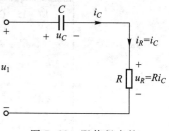

图 7-28 阻值很小的
电阻与电容串联

2. 用双踪示波器观测电感器的电压和电流波形

与观测电容电压和电流波形的方法相似,也可以用一个阻值很小的电阻器与电感器串联的方法来观测电感的电压和电流。有兴趣的读者可以观看教材 Abook 资源中的"电感的电压电流波形"实验录像。在这个实验中还采用运算放大器构成的电压跟随器来降低信号发生器的输出电阻,使它接近一个理想的电压源。其实验电路如图 7-29 所示,实验过程请观看教材 Abook 资源中的"电感的电压电流波形"实验录像。

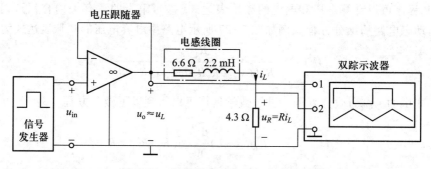

图 7-29 阻值很小的电阻与电感串联

摘　要

1. 线性时不变电容元件的特性曲线是通过 u-q 平面坐标原点的一条直线,该直线方程为

$$q = Cu$$

电容的电压电流关系由以下微分或积分方程描述

---

① 读者学习第十章正弦稳态分析时就会知道,当满足 $R \ll \dfrac{1}{\omega C}$ 条件时,$u_1(t) \approx u_C(t)$。

$$i_C(t) = C\frac{\mathrm{d}u_C(t)}{\mathrm{d}t}, \quad u_C(t) = \frac{1}{C}\int_{-\infty}^{t} i_C(\xi)\mathrm{d}\xi$$

由上式可见,电容电压随时间变化时才有电容电流。若电容电压不随时间变化,则电容电流等于零,电容相当于开路。因此电容是一种动态元件。它是一种有记忆的元件,又是一种储能元件。电容的储能为

$$W_C(t) = \frac{1}{2}Cu_C^2(t)$$

电容的储能取决于电容的电压,与电容电流值无关。

2. 线性时不变电感元件的特性曲线是通过 i-Ψ 平面坐标原点的一条直线,该直线方程为

$$\Psi = Li$$

电感的电压电流关系由以下微分或积分方程描述

$$u_L(t) = L\frac{\mathrm{d}i_L(t)}{\mathrm{d}t}, \quad i_L(t) = \frac{1}{L}\int_{-\infty}^{t} u_L(\xi)\mathrm{d}\xi$$

由上式可见,电感电流随时间变化时才有电感电压。若电感电流不随时间变化,则电感电压等于零,电感相当于短路。因此电感是一种动态元件。它是一种有记忆的元件,又是一种储能元件。电感的储能为

$$W_L(t) = \frac{1}{2}Li_L^2(t)$$

电感的储能取决于电感的电流,与电感电压值无关。

3. 电容和电感的一个重要性质是连续性,其内容是:若电容电流 $i_C(t)$ 在闭区间 $[t_1, t_2]$ 内有界,则电容电压 $u_C(t)$ 在开区间 (t_1, t_2) 内是连续的。例如电容电流 $i_C(t)$ 在闭区间 $[0_-, 0_+]$ 内有界,则有

$$u_C(0_+) = u_C(0_-)$$

若电感电压 $u_L(t)$ 在闭区间 $[t_1, t_2]$ 内有界,则电感电流 $i_L(t)$ 在开区间 (t_1, t_2) 内是连续的。例如电感电压 $u_L(t)$ 在闭区间 $[0_-, 0_+]$ 内有界,则有

$$i_L(0_+) = i_L(0_-)$$

利用电容电压和电感电流的连续性,可以确定电路中开关转换(称为换路)时,电容电压和电感电流的初始值。初始值是在下一章求解微分方程时必须知道的数据。

4. 二端电阻、二端电容和二端电感是三种最基本的电路元件。它们是用两个电路变量之间的关系来定义的。也就是说:电压和电流间存在确定关系的元件是电阻元件;电荷和电压间存在确定关系的元件是电容元件;磁链和电流间存在确定关系的元件是电感元件。这些关系从图 7-30 可以清楚地看到。在四个基本变量间定义的另外两个关系是

$$i(t) = \frac{\mathrm{d}q(t)}{\mathrm{d}t}, \quad u(t) = \frac{\mathrm{d}\Psi(t)}{\mathrm{d}t}$$

从图 7-30 可以看出,还应该存在一种由电荷和磁链关系确定的第四种电路基本元件,这种

元件由 $f(q,\Psi)=0$ 关系确定，称为忆阻元件。由 q-Ψ 平面上通过原点的一条直线确定的元件，磁链与电荷的关系为 $\Psi=kq$ 时，其电压电流关系为

$$u(t)=\frac{\mathrm{d}\Psi(t)}{\mathrm{d}t}=\frac{\mathrm{d}[Kq(t)]}{\mathrm{d}t}=K\frac{\mathrm{d}q(t)}{\mathrm{d}t}=Ki(t)$$

由此式可见，这是一种线性时不变电阻元件，称为线性忆阻元件。

5. 含动态元件的电路称为动态电路。根据 KCL、KVL 和元件 VCR 方程可以列出动态电路的微分方程。由一阶微分方程描述的电路，称为一阶电路。由二阶微分方程描述的电路，称为二阶电路。一般来说，由 n 阶微分方程描述的电路，称为 n 阶电路。

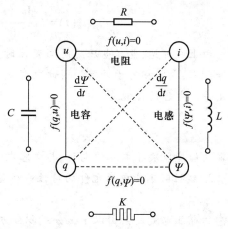

图 7-30 四个基本电路变量之间的关系

微视频 7-10：第 7 章习题解答

习 题 七

§7-1 电容元件
§7-2 电感元件

7-1 已知电容 $C=1$ mF，无初始储能，通过电容的电流波形如题图7-1所示。试求与电流参考方向关联的电容电压，并画出波形图。

7-2 已知电容 $C=1$ μF 上的电压波形如题图 7-2 所示。试求电容电流，并画出波形图。

7-3 已知电感 $L=0.5$ H 上的电流波形如题图 7-3 所示。试求电感电压，并画出波形图。

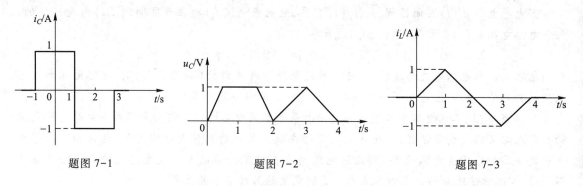

题图 7-1　　　　　题图 7-2　　　　　题图 7-3

7-4 电容 $C=1$ mF 中的电流波形如题图 7-4 所示，已知 $t=0$ 时的电容电压等于零，试求电容电压，并画出波形。

7-5 电容 $C=2$ pF 中的电流波形如题图 7-5 所示，已知 $u_C(0_-)=-1$ mV，试求电容电压，并画出波形。

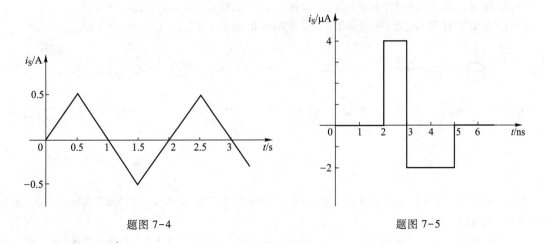

题图 7-4   题图 7-5

7-6 题图 7-6 所示电路处于直流稳态。计算电容和电感储存的能量。

7-7 题图 7-7 所示电路处于直流稳态。试选择电阻 R 的电阻值,使得电容和电感储存的能量相同。

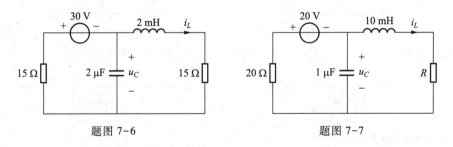

题图 7-6   题图 7-7

7-8 题图 7-8(a)所示单口网络可以等效为题图 7-8(b)所示的单口网络,试求等效电感 L 和等效电容 C 的数值。

7-9 题图 7-9 所示电路中的开关闭合已经很久,$t=0$ 时,断开开关。试求 $u_C(0_+)$ 和 $u(0_+)$。

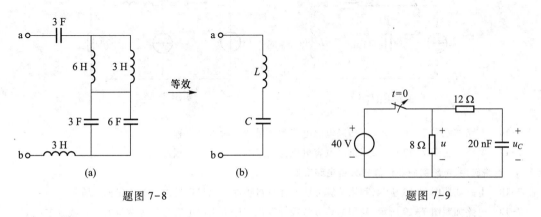

题图 7-8   题图 7-9

7-10 题图 7-10 所示电路中的开关闭合已经很久, $t=0$ 时, 断开开关。试求 $i_L(0_-)$ 和 $i_L(0_+)$。

7-11 题图 7-11 所示电路中的开关闭合已经很久, $t=0$ 时, 断开开关, 试求 $u_C(0_+)$ 和 $i_L(0_+)$。

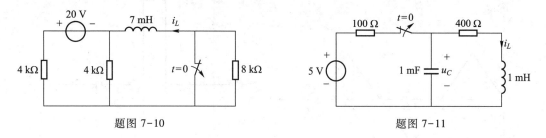

题图 7-10   题图 7-11

7-12 题图 7-12 所示电路中的开关闭合已经很久, $t=0$ 时, 断开开关, 试求开关转换前和转换后瞬间的电容电压和电容电流。

7-13 题图 7-13 所示电路中的开关闭合已经很久, $t=0$ 时, 断开开关, 试求开关转换前和转换后瞬间的电容电压和电感电流。

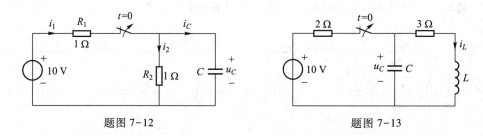

题图 7-12   题图 7-13

§7-3 动态电路的电路方程

7-14 电路如题图 7-14 所示, 列出以电感电压为变量的一阶微分方程。

7-15 电路如题图 7-15 所示, 列出以电感电流为变量的一阶微分方程。

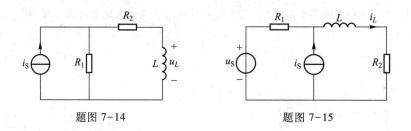

题图 7-14   题图 7-15

7-16 电路如题图 7-16 所示, 列出以电感电流为变量的一阶微分方程。

7-17 电路如题图 7-17 所示, 列出以电容电流为变量的一阶微分方程。

§7-4 电路应用、电路实验和计算机分析电路实例

7-18 电路如题图 7-18 所示, 利用笔算方法或计算机程序求出以电容电压为变量的二阶微分方程。

7-19 电路如题图 7-19 所示, 利用笔算方法或计算机程序求出以电容电压为变量的二阶微分方程。

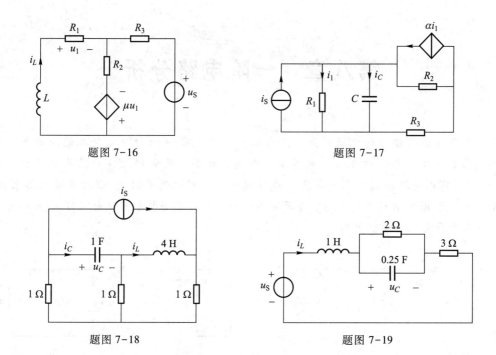

题图 7-16

题图 7-17

题图 7-18

题图 7-19

7-20 电路如题图 7-20 所示,利用笔算方法或计算机程序求出以电容电压或电感电流为变量的二阶微分方程。

7-21 电路如题图 7-21 所示,利用笔算方法或计算机程序求出以电容电压或电感电流为变量的二阶微分方程。

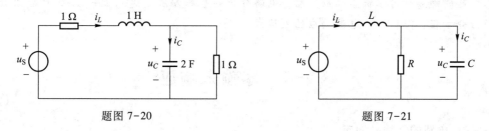

题图 7-20

题图 7-21

第八章 一阶电路分析

由一阶微分方程描述的电路称为一阶电路。本章主要讨论由直流电源驱动的含一个动态元件的线性一阶电路。由含一个电感或一个电容加上一些电阻元件和独立电源组成的线性一阶电路,可以将连接到电容或电感的线性电阻单口网络用戴维南-诺顿等效电路来代替,得到如图 8-1 和图 8-2 所示的电路。下面重点讨论一个电压源与电阻及电容串联,或一个电流源与电阻及电感并联的一阶电路。

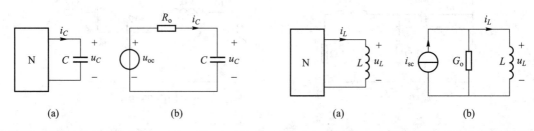

图 8-1 含一个电容的一阶电路   图 8-2 含一个电感的一阶电路

与电阻电路的电压、电流仅仅由独立电源所产生不同,动态电路的完全响应则由独立电源和动态元件的储能共同产生。仅仅由动态元件初始条件引起的响应称为零输入响应;仅仅由独立电源引起的响应称为零状态响应。动态电路分析的基本方法是建立微分方程,然后用数学方法求解微分方程,得到电压、电流响应的表达式。

§8-1 零输入响应

一、RC 电路的零输入响应

图 8-3(a)所示电路中的开关原来连接在 1 端,直流电压源 U_0 通过电阻 R_0 对电容充电,假设在开关转换以前,电容电压已经达到 U_0。在 $t=0$ 时,开关迅速由 1 端转换到 2 端,已经充电的电容脱离电压源而与电阻 R 并联,如图 8-3(b)所示。

下面先定性分析 $t>0$ 后电容电压的变化过程。当开关倒向 2 端的瞬间,电容电压不能跃变,即

$$u_C(0_+) = u_C(0_-) = U_0$$

由于电容与电阻并联,这使得电阻电压与电容电压相同,即

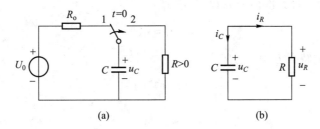

图 8-3　*RC* 电路的零输入响应

$$u_R(0_+) = u_C(0_+) = U_0$$

根据电阻欧姆定律求得电阻的电流为

$$i_R(0_+) = \frac{U_0}{R}$$

该电流在电阻中引起的功率和能量为

$$p(t) = Ri_R^2(t), \quad W_R(t) = R\int_0^t i_R^2(\xi)\,\mathrm{d}\xi$$

电容中的能量为

$$W_C(t) = \frac{1}{2}Cu_C^2(t)$$

随着时间的增长,电阻消耗的能量需要电容来提供,这造成了电容电压的下降。电容电压的降低会引起电阻电流的减小和功率减小,使电容电压的降低变得缓慢。但是只要电容上有电压和储存有能量,电阻中就有电流,并且消耗能量,一直到电容上电压变为零和电容放出全部存储的能量为止。综上所述,图8-3(b)所示电路是电容中储存的全部电场能量 $W_C(0_+) = 0.5CU_0^2$ 逐渐释放出来消耗在电阻元件的过程,与此相应的是电容电压从初始值 $u_C(0_+) = U_0$ 逐渐减小到零的变化过程,这一过程变化的快慢取决于电阻消耗能量的速率,电容电压和电流的具体变化规律需要建立和求解电路的微分方程才能求得。

　　为了建立图 8-3(b)所示电路的一阶微分方程,由 KVL 得到

$$-u_R + u_C = 0$$

由 KCL 和电阻以及电容的 VCR 方程得到

$$u_R = Ri_R = -Ri_C = -RC\frac{\mathrm{d}u_C}{\mathrm{d}t}$$

代入上式得到以下方程

$$RC\frac{\mathrm{d}u_C}{\mathrm{d}t} + u_C = 0 \quad (t \geqslant 0) \tag{8-1}$$

微视频 8-1:
电容器充放电波形

这是一个常系数线性一阶齐次微分方程,其通解为

$$u_C(t) = Ke^{st}$$

代入式(8-1)中,得到特征方程

$$RCs + 1 = 0 \qquad\qquad (8-2)$$

其解为

$$s = -\frac{1}{RC} \qquad\qquad (8-3)$$

称为电路的固有频率。于是电容电压变为

$$u_C(t) = Ke^{-\frac{t}{RC}}$$

式中 K 是一个常量,由初始条件确定。当 $t=0_+$ 时上式变为

$$u_C(0_+) = Ke^{-\frac{t}{RC}} = K$$

根据初始条件

$$u_C(0_+) = u_C(0_-) = U_0$$

求得

$$K = U_0$$

最后得到图 8-3(b)所示电路的零输入响应为

$$u_C(t) = U_0 e^{-\frac{t}{RC}} \qquad\qquad (t \geq 0) \qquad (8\text{-}4\text{a})$$

$$i_C(t) = C\frac{du_C}{dt} = -\frac{U_0}{R}e^{-\frac{t}{RC}} \qquad (t > 0) \qquad (8\text{-}4\text{b})$$

$$i_R(t) = -i_C(t) = \frac{U_0}{R}e^{-\frac{t}{RC}} \qquad (t > 0) \qquad (8\text{-}4\text{c})$$

从式(8-4)可见,各电压、电流均以相同的指数规律变化,变化的快慢取决于 R 和 C 的乘积。令 $\tau = RC$,由于 τ 具有时间的量纲[①],故称它为 RC 电路的时间常数。引入 τ 后,式(8-4)表示为

$$u_C(t) = U_0 e^{-\frac{t}{\tau}} \qquad\qquad (t \geq 0) \qquad (8\text{-}5\text{a})$$

$$i_C(t) = C\frac{du_C}{dt} = -\frac{U_0}{R}e^{-\frac{t}{\tau}} \qquad (t > 0) \qquad (8\text{-}5\text{b})$$

$$i_R(t) = -i_C(t) = \frac{U_0}{R}e^{-\frac{t}{\tau}} \qquad (t > 0) \qquad (8\text{-}5\text{c})$$

---

① 由于电阻 R 的单位是欧[姆][(Ω)],电容 C 的单位是法[拉][(F)],由此可以得到 $\tau = RC$ 的单位为秒(s),如下所示:

$$[\tau] = 欧 \cdot 法 = 欧 \cdot \frac{库}{伏} = \frac{欧 \cdot 安 \cdot 秒}{伏} = \frac{欧 \cdot 秒}{欧} = 秒$$

下面以电容电压为例,说明电压的变化与时间常数的关系。当 $t=0$ 时,$u_C(0)=U_0$,当 $t=\tau$ 时,$u_C(\tau)=0.368U_0$。表 8-1 列出 t 等于 0、τ、2τ、3τ、4τ、5τ 时的电容电压值,根据这些数据画出电容电压 $u_C(t)$、电容电流 $i_C(t)$、电阻电流 $i_R(t)$ 的波形,如图 8-4 所示。由于波形衰减很快,实际上只要经过 $4\tau \sim 5\tau$ 的时间就可以认为放电过程基本结束。

表 8-1　t 为不同值时电容电压 u_C 的值

t	0	τ	2τ	3τ	4τ	5τ	∞
$u_C(t)$	U_0	$0.368U_0$	$0.135U_0$	$0.050U_0$	$0.018U_0$	$0.007U_0$	0

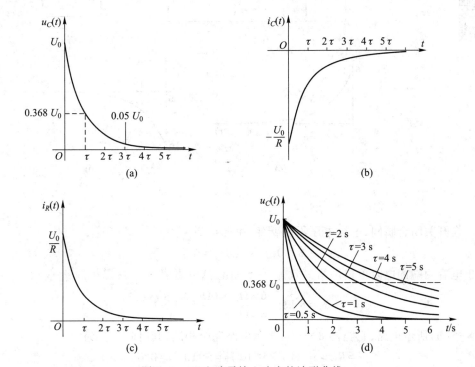

图 8-4　RC 电路零输入响应的波形曲线

画出时间常数 $\tau=0.5$ s、1 s、2 s、3 s、4 s、5 s 时电容电压随时间变化的曲线,如图 8-4(d) 所示,由此可见,时间常数越大,电压衰减越慢。

电阻在电容放电过程中消耗的全部能量为

$$W_R = \int_0^\infty i_R^2(t) R \, \mathrm{d}t = \int_0^\infty \left(\frac{U_0}{R} \mathrm{e}^{-\frac{t}{RC}} \right)^2 R \, \mathrm{d}t = \frac{1}{2} C U_0^2$$

计算结果证明了电容在放电过程中释放的能量的确全部转换为电阻消耗的能量。电阻消耗能量的速率直接影响电容电压衰减的快慢,可以从能量消耗的角度来说明放电过程的快慢。例如在电容电压初始值 U_0 不变的条件下,增加电容 C,就增加电容的初始储能,使放电过程的时间加长;若增加电阻 R,电阻电流减小,电阻消耗能量减少,使放电过程的时间加长。这就可以解释当时间常数 $\tau = RC$ 变大,电容放电过程会加长的原因。

例 8-1 电路如图 8-5(a)所示,$t=0$ 时开关由 1 倒向 2,求 $t>0$ 的电容电压和电容电流。

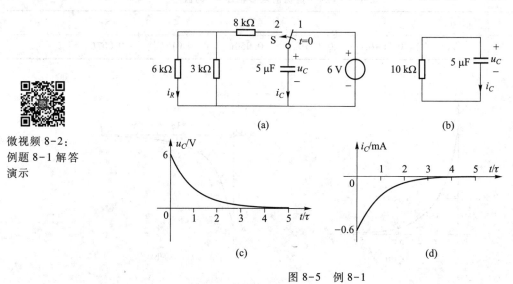

图 8-5 例 8-1

解 在开关闭合瞬间,电容电压不能跃变,由此得到

$$u_C(0_+) = u_C(0_-) = 6 \text{ V}$$

将连接于电容两端的电阻单口网络等效为一个电阻,其电阻值为

$$R_o = 8 \text{ k}\Omega + \frac{6 \text{ k}\Omega \times 3 \text{ k}\Omega}{6 \text{ k}\Omega + 3 \text{ k}\Omega} = 10 \text{ k}\Omega$$

得到图 8-5(b)所示电路,它与图 8-3(b)所示电路完全相同,其时间常数为

$$\tau = RC = 10 \times 10^3 \times 5 \times 10^{-6} \text{s} = 5 \times 10^{-2} \text{s} = 0.05 \text{ s}$$

根据式(8-5)得到

$$u_C(t) = U_0 e^{-\frac{t}{\tau}} = 6e^{-20t} \text{V} \quad (t \geqslant 0)$$

$$i_C(t) = C\frac{\mathrm{d}u_C}{\mathrm{d}t} = -\frac{U_0}{R}e^{-\frac{t}{\tau}} = -\frac{6}{10 \times 10^3}e^{-20t} \text{A} = -0.6e^{-20t} \text{mA} \quad (t>0)$$

假如还要计算图 8-5(a)所示电路中 6 kΩ 电阻中的电流 $i_R(t)$,可以用与 $i_C(t)$ 同样数值的电流源代替电容后得到的电阻电路中,用电阻并联的分流公式求得 $i_R(t)$

$$i_R(t) = -\frac{3 \text{ k}\Omega}{3 \text{ k}\Omega + 6 \text{ k}\Omega}i_C(t) = \frac{1}{3} \times 0.6e^{-20t} \text{mA} = 0.2e^{-20t} \text{mA}$$

用计算机程序 WDCAP 画出电容电压和电容电流的波形,如图 8-5(c)和(d)所示。

二、*RL* 电路的零输入响应

下面以图 8-6(a)所示电路为例来说明 *RL* 电路零输入响应的计算过程。

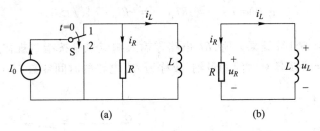

图 8-6　*RL* 电路的零输入响应

图 8-6(a)所示电路中的开关连接于 1 端已经很久,电感中的电流等于电流源的电流 I_0,电感中储存一定的磁场能量,在 $t=0$ 时开关由 1 端倒向 2 端,换路后的电路如图 8-6(b)所示。在开关转换瞬间,由于电感电压有界,电感电流不能跃变,即 $i_L(0_+)=i_L(0_-)=I_0$,这个电感电流通过正电阻 R 时要引起能量的消耗,而电阻消耗的能量要由电感储存的能量 $W_L(t)=0.5Li^2(t)$ 来提供,这就会造成电感电流的不断减少,直到电感放出全部初始储能为止。综上所述,图8-6(b)所示 *RL* 电路是电感中的初始储能 $W_L(0_+)=0.5LI_0^2$ 逐渐释放出来消耗在电阻中的过程。与能量变化过程相应的是各电压、电流从初始值,逐渐减小到零的过程。*RL* 电路的零输入响应的变化规律,可以通过下面的数学计算得到。

列出 KCL 方程

$$i_R+i_L=\frac{u_R}{R}+i_L=0$$

代入电感 VCR 方程

$$u_R=u_L=L\frac{\mathrm{d}i_L}{\mathrm{d}t}$$

得到以下微分方程

$$\frac{L}{R}\frac{\mathrm{d}i_L}{\mathrm{d}t}+i_L=0 \qquad\qquad (8-6)$$

这个微分方程与式(8-1)相似,其通解为

$$i_L(t)=Ke^{-\frac{R}{L}t} \quad (t\geqslant0)$$

代入初始条件 $i_L(0_+)=I_0$ 求得

$$K=I_0$$

最后得到电感电流和电感电压的表达式为

$$i_L(t) = I_0 \mathrm{e}^{-\frac{R}{L}t} = I_0 \mathrm{e}^{-\frac{t}{\tau}} \quad (t \geqslant 0) \tag{8-7a}$$

$$u_L(t) = L\frac{\mathrm{d}i_L}{\mathrm{d}t} = -RI_0 \mathrm{e}^{-\frac{R}{L}t} = -RI_0 \mathrm{e}^{-\frac{t}{\tau}} \quad (t > 0) \tag{8-7b}$$

其波形如图 8-7 所示。计算结果表明,RL 电路零输入响应也是按指数规律衰减,衰减的快慢取决于常数 τ。由于 $\tau = L/R$ 具有时间的量纲,故称为 RL 电路的时间常数。

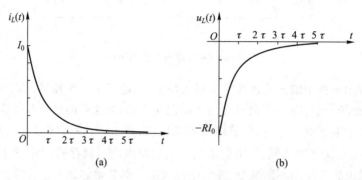

图 8-7 RL 电路零输入响应的波形曲线

例 8-2 电路如图 8-8(a)所示,开关 S_1 连接至 1 端已经很久,$t = 0$ 时开关 S_1 由 1 端倒向 2 端。求 $t \geqslant 0$ 时的电感电流 $i_L(t)$、电感电压 $u_L(t)$ 和电阻电流 $i_R(t)$,并画出波形。

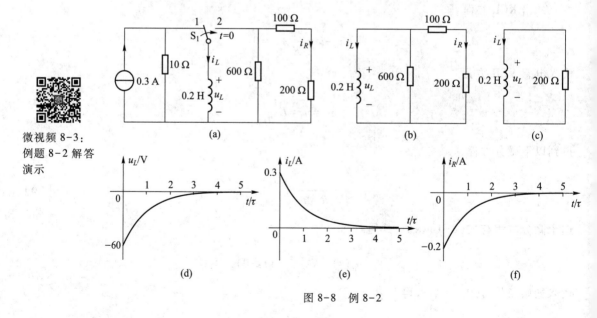

图 8-8 例 8-2

解 开关转换瞬间,电感电压有界,电感电流不能跃变,故

$$i_L(0_+) = i_L(0_-) = 0.3 \text{ A}$$

画出开关转换后的电路,如图8-8(b)所示,将连接到电感的电阻单口网络等效为一个200 Ω的电阻,得到图8-8(c)所示电路。该电路的时间常数为

$$\tau = \frac{L}{R} = \frac{0.2 \text{ H}}{200 \text{ Ω}} = 10^{-3}\text{s} = 1 \text{ ms}$$

根据式(8-7)得到电感电流和电感电压为

$$i_L(t) = I_0 e^{-\frac{t}{\tau}} = 0.3 e^{-10^3 t}\text{A} \quad (t \geqslant 0)$$

$$u_L(t) = L\frac{\mathrm{d}i_L}{\mathrm{d}t} = -0.2 \times 0.3 \times 10^3 e^{-10^3 t}\text{V} = -60 e^{-10^3 t}\text{V} \quad (t > 0)$$

计算出电感电流 $i_L(t)$ 后,根据图8-8(b)电路,可用电阻并联分流公式计算出电阻电流 $i_R(t)$

$$i_R(t) = \frac{-600}{600+300}i_L(t) = -0.2 e^{-10^3 t}\text{A} \quad (t > 0)$$

通过对 *RC* 和 *RL* 一阶电路零输入响应的分析和计算表明,电路中各电压、电流均从其初始值开始,按照指数规律衰减到零,一般表达式为

$$f(t) = f(0_+) e^{-\frac{t}{\tau}}$$

这是因为在没有独立电源的情况下,当电容或电感在非零初始状态时具有初始储能,各元件有初始电压、电流存在,由于电阻有电流存在时,它就要消耗能量,一直要将储能元件的储能消耗完,各电压电流均变为零为止。

用计算机程序 WDCAP 画出电感电压 $u_L(t)$、电感电流 $i_L(t)$ 和电阻电流 $i_R(t)$ 的波形,如图8-8(d)(e)和(f)所示。

读者学习本小节时,可以观看教材 Abook 资源中"电容器的放电过程""电容器放电的波形"等实验录像。

§8-2 零状态响应

初始状态为零,仅仅由独立电源(称为激励或输入)引起的响应,称为零状态响应。本节讨论由直流电源引起的零状态响应。

一、*RC* 电路的零状态响应

图8-9(a)所示电路中的电容原来未充电,$u_C(0_-) = 0$。$t = 0$ 时开关闭合,*RC* 串联电路与直流电压源连接,电压源通过电阻对电容充电。由于开关转换瞬间,电容电流有界,电容电压不能跃变,$u_C(0_+) = u_C(0_-) = 0$,此时直流电压源的电压全部加在电阻上,使电流由零跃变为 U_0/R。该电流通

过电容使电容电压和电场能量逐渐增加,电流逐渐减小,直到电容电压等于电压源电压,电流变为零,充电结束,电路达到稳定状态。电压、电流的具体变化规律,可以通过以下计算求得。

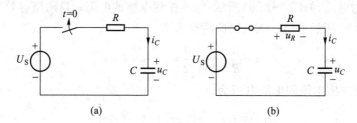

(a) $t<0$ 的电路　(b) $t>0$ 的电路

图 8-9　RC 电路的零状态响应

以电容电压为变量,列出图 8-9(b)所示电路的微分方程

$$RC\frac{\mathrm{d}u_C}{\mathrm{d}t}+u_C=U_\mathrm{s} \tag{8-8}$$

这是一个常系数线性非齐次一阶微分方程。由高等数学可以知道,其解答由两部分组成,即

$$u_C(t)=u_{C\mathrm{h}}(t)+u_{C\mathrm{p}}(t) \tag{8-9}$$

式中的 $u_{C\mathrm{h}}(t)$ 是与式(8-8)相应的齐次微分方程的通解,其形式与零输入响应相同,即

$$u_{C\mathrm{h}}(t)=Ke^{st}=Ke^{-\frac{t}{RC}} \quad (t\geqslant 0)$$

式(8-9)中的 $u_{C\mathrm{p}}(t)$ 是式(8-8)所示非齐次微分方程的一个特解。一般来说,它的模式与输入函数相同。对于直流电源激励的电路,它是一个常数,令

$$u_{C\mathrm{p}}(t)=Q$$

将它代入式(8-8)中求得

$$u_{C\mathrm{p}}(t)=Q=U_\mathrm{s}$$

因而

$$u_C(t)=u_{C\mathrm{h}}(t)+u_{C\mathrm{p}}(t)=Ke^{-\frac{t}{RC}}+U_\mathrm{s} \tag{8-10}$$

式中的常数 K 由初始条件确定。在 $t=0_+$ 时

$$u_C(0_+)=K+U_\mathrm{s}=u_C(0_-)=0$$

由此求得

$$K=-U_\mathrm{s}$$

代入式(8-10)中得到零状态响应为

$$u_C(t)=U_\mathrm{s}(1-e^{-\frac{t}{RC}})=U_\mathrm{s}(1-e^{-\frac{t}{\tau}}) \quad (t\geqslant 0) \tag{8-11a}$$

$$i_C(t) = C\frac{\mathrm{d}u_C}{\mathrm{d}t} = \frac{U_\mathrm{s}}{R}\mathrm{e}^{-\frac{t}{RC}} = \frac{U_\mathrm{s}}{R}\mathrm{e}^{-\frac{t}{\tau}} \quad (t>0) \tag{8-11b}$$

时间常数 $\tau>0$ 的 RC 一阶电路零状态响应的波形,如图 8-10 所示,图 8-10(c) 和(d)表示时间常数 $\tau=0.5$ s、1 s、2 s、3 s、4 s、5 s 时电容电压和电容电流随时间变化的曲线。

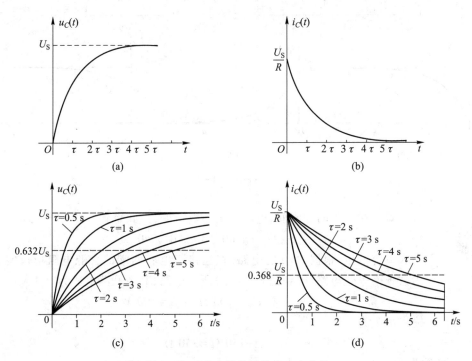

图 8-10 RC 电路的零状态响应曲线

从式(8-11)和图 8-10 的曲线可见,电容电压的零状态响应由零开始以指数规律上升到 U_s,经过一个时间常数变化到 $(1-0.368)U_\mathrm{s}=0.632U_\mathrm{s}$,经过 $(4\sim5)\tau$ 时间后电容电压实际上达到 U_s。电容电流则从初始值 U_s/R 以指数规律衰减到零。零状态响应变化的快慢也取决于时间常数 $\tau=RC$。时间常数 τ 越大,充电过程就越长。当电阻趋于零(时间常数 τ 趋于零)时,电流 U_s/R 趋于无穷大,电容电压发生阶跃,从零跃变到电源电压 U_s。

从理论上讲,若 $\tau>0$,当 $t\to\infty$ 时

$$u_C(\infty) = K\mathrm{e}^{-\frac{\infty}{\tau}} + U_\mathrm{s} = 0 + U_\mathrm{s} = U_\mathrm{s}$$

电路才达到稳定状态。注意到直流电源激励的 RC 一阶电路,电容电压的特解就是 $t\to\infty$ 时的电容电压,即 $u_{C\mathrm{p}}(t)=u_C(\infty)$。只要求得电容电压的 $u_C(\infty)$ 值和电路的时间常数,就可以写出电容电压零状态响应的表达式和画出相应的波形曲线。

例 8-3 电路如图 8-11(a)所示,已知电容电压 $u_C(0_-)=0$。$t=0$ 时打开开关,求 $t\geqslant0$ 的电容电压 $u_C(t)$、电容电流 $i_C(t)$ 以及电阻电流 $i_1(t)$,并画出波形。

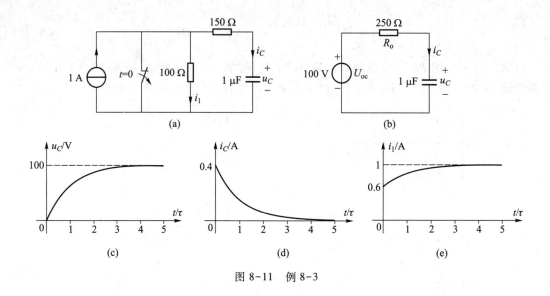

图 8-11 例 8-3

微视频 8-4:
例题 8-3 解答
演示

解 在开关断开瞬间,电容电压不能跃变,由此得到

$$u_C(0_+) = u_C(0_-) = 0$$

先求电容电压,根据 $t \geq 0$ 的电路,将连接于电容两端的含源电阻单口网络等效为戴维南等效电路,得到图 8-11(b) 所示电路,其中开路电压为

$$U_{oc} = 100\ \Omega \times 1\ A = 100\ V$$

输出电阻为

$$R_o = 100\ \Omega + 150\ \Omega = 250\ \Omega$$

电路的时间常数为

$$\tau = R_o C = 250\ \Omega \times 10^{-6}\ F = 250 \times 10^{-6}\ s = 250\ \mu s$$

当电路达到新的稳定状态时,电容相当开路,由此求得

$$u_C(\infty) = U_{oc} = 100\ V$$

按照式(8-11)可以得到

$$u_C(t) = U_{oc}\left(1 - e^{-\frac{t}{\tau}}\right) = 100\left(1 - e^{-4 \times 10^3 t}\right)\ V \quad (t \geq 0)$$

$$i_C(t) = C\frac{\mathrm{d}u_C}{\mathrm{d}t} = 10^{-6} \times 100 \times 4 \times 10^3 e^{-4 \times 10^3 t}\ A = 0.4 e^{-4 \times 10^3 t}\ A \quad (t > 0)$$

根据图 8-11(a) 所示电路,用 KCL 方程求得开关断开后的电流 $i_1(t)$ 为

$$i_1(t) = I_S - i_C(t) = (1 - 0.4 e^{-4 \times 10^3 t})\ A \quad (t > 0)$$

用计算机程序 WDCAP 画出电容电压 $u_C(t)$ 和电容电流 $i_C(t)$ 以及电阻电流 $i_1(t)$ 的波形,如图 8-11(d)(e)和(f)所示。

二、RL 电路的零状态响应

RL 一阶电路的零状态响应与 RC 一阶电路相似。图 8-12(a)所示电路在开关转换前,电感电流为零,即 $i_L(0_-)=0$。当 $t=0$ 时开关由 1 倒向 2,由于电感电压有界时,电感电流不能跃变,即 $i_L(0_+)=i_L(0_-)=0$。此时,电流源的电流全部流过电阻,使电感电压由零跃变为 RI_S。因为电感电压对时间的积分得到电流,随着时间的增加,电感电流由零逐渐增加,直到等于电流源电流,电路达稳定状态。RL 一阶电路的零状态响应的计算如下。

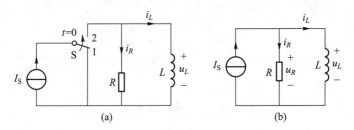

图 8-12 RL 电路的零状态响应

以电感电流作为变量,对图 8-12(b)所示电路列出电路方程

$$\frac{L}{R}\frac{di_L}{dt}+i_L=I_S \quad (t\geqslant 0) \tag{8-12}$$

这是常系数非齐次一阶微分方程,与式(8-8)相似。其解答与 RC 电路相似,即

$$i_L(t)=i_{Lh}(t)+i_{Lp}(t)=Ke^{-\frac{R}{L}t}+I_S=Ke^{-\frac{t}{\tau}}+I_S \tag{8-13}$$

式中 $\tau=L/R$ 是该电路的时间常数。常数 K 由初始条件确定,即由下式

$$i_L(0_+)=i_L(0_-)=K+I_S=0$$

求得

$$K=-I_S$$

最后得到 RL 一阶电路的零状态响应为

$$i_L(t)=I_S(1-e^{-\frac{R}{L}t})=I_S(1-e^{-\frac{t}{\tau}}) \quad (t\geqslant 0) \tag{8-14a}$$

$$u_L(t)=L\frac{di_L}{dt}=RI_Se^{-\frac{R}{L}t}=RI_Se^{-\frac{t}{\tau}} \quad (t>0) \tag{8-14b}$$

其波形曲线如图 8-13 所示。

从式(8-14)和图 8-13 的曲线可见,电感电流的零状态响应由零开始以指数规律上升到 I_S,经过一个时间常数变化到 $(1-0.368)I_S=0.632I_S$,经过 $(4\sim5)\tau$ 时间后电感电流实际上达到 I_S。电感电压则从初始值 RI_S 以指数规律衰减到零。零状态响应变化的快慢也取决于时间常数 $\tau=L/R$。时间常数 τ 越大,变化过程就越长。

从理论上讲,若 $\tau>0$,当 $t\to\infty$ 时,$i_L(\infty)=I_S$,电路才达到稳定状态。注意到直流电源激励的 RL 一阶电路,电感电流的特解就是 $t\to\infty$ 时的电感电流,即 $i_{Lp}(t)=i_L(\infty)$。只要求得电感电流的 $i_L(\infty)$ 值和电路的时间常数,就可以写出电感电流零状态响应的表达式和画出相应的波形曲线。

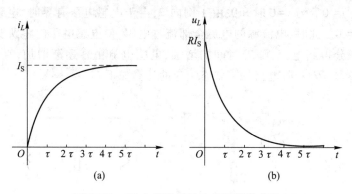

图 8-13 *RL* 电路零状态响应的波形曲线

例 8-4 电路如图 8-14(a)所示,已知电感电流 $i_L(0_-)=0$。$t=0$ 时闭合开关,求 $t \geqslant 0$ 的电感电流和电感电压。

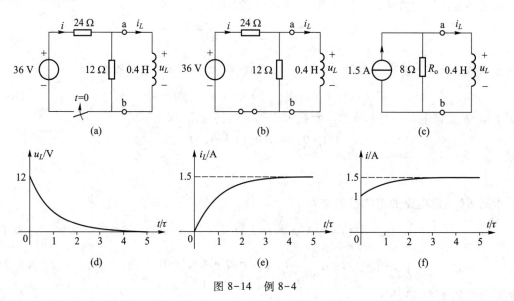

图 8-14 例 8-4

微视频 8-5:
例题 8-4 解答
演示

解 开关闭合后的电路如图 8-14(b)所示,由于开关闭合瞬间电感电压有界,电感电流不能跃变,即

$$i_L(0_+) = i_L(0_-) = 0$$

将图 8-14(b)所示电路中连接电感的含源电阻单口网络用诺顿等效电路代替,得到图 8-14(c)所示电路。由此电路求得时间常数为

$$\tau = \frac{L}{R_o} = \frac{0.4 \text{ H}}{8 \text{ }\Omega} = 0.05 \text{ s}$$

按照式(8-14)可以得到

$$i_L(t) = 1.5(1-e^{-20t})\,A \quad (t \geqslant 0)$$

$$u_L(t) = L\frac{di_L}{dt} = 0.4 \times 1.5 \times 20e^{-20t}\,V = 12e^{-20t}\,V \quad (t>0)$$

假如还要计算电阻中的电流 $i(t)$,可以根据图 8-14(b) 所示电路,用欧姆定律求得

$$i(t) = \frac{36\ V - u_L(t)}{24\ \Omega} = \frac{36\ V - 12e^{-20t}\ V}{24\ \Omega} = (1.5 - 0.5e^{-20t})\,A$$

用计算机程序 WDCAP 画出电感电压和电感电流以及电阻电流 $i(t)$ 的波形,如图 8-14(d)(e) 和(f)所示。

读者学习本小节时,可以观看教材 Abook 资源中"电容器的充、放电过程""电容器充电的波形"和"直流电压源对电容器充电"等实验录像。

§8-3 完 全 响 应

由储能元件的初始储能和独立电源共同引起的响应,称为全响应。下面讨论 RC 串联电路在直流电压源作用下的全响应。电路如图 8-15(a)所示,开关连接在 1 端为时已经很久, $u_C(0_-) = U_0$ 。 $t=0$ 时,开关倒向 2 端。 $t>0$ 时的电路如图 8-15(b)所示。

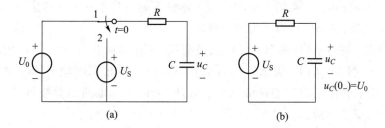

(a)   (b)

图 8-15 *RC* 电路的完全响应

为了求得电容电压的全响应,以电容电压 $u_C(t)$ 为变量,列出图 8-15(b)所示电路的微分方程

$$RC\frac{du_C}{dt} + u_C = U_S \quad (t \geqslant 0) \tag{8-15}$$

其解为

$$u_C(t) = u_{Ch}(t) + u_{Cp}(t) = Ke^{-\frac{t}{RC}} + U_S$$

代入初始条件 $u_C(0_+) = u_C(0_-) = U_0$,可以得到

$$u_C(0_+) = U_0 = K + U_S$$

求得

$$K = U_0 - U_S$$

于是得到电容电压以及电容电流的表达式

$$u_C(t) = u_{Ch}(t) + u_{Cp}(t) = (U_0 - U_S) e^{-\frac{t}{RC}} + U_S$$

$$u_C(t) = (U_0 - U_S) e^{-\frac{t}{\tau}} + U_S \quad (t \geq 0) \tag{8-16}$$

全响应 = 固有响应 + 强制响应

全响应 = 瞬态响应 + 稳态响应

式中,第一项是对应微分方程的通解 $u_{Ch}(t)$,称为电路的固有响应或自由响应,其变化规律取决于电路结构参数,与输入无关,其系数 K 由初始状态与初始时刻的输入值共同确定。若时间常数 $\tau > 0$,固有响应将随时间增长而按指数规律衰减到零,在这种情况下,称它为瞬态响应。

响应的第二项是微分方程的特解 $u_{Cp}(t)$,其变化规律一般与输入相同,称为强制响应。若时间常数 $\tau > 0$,当 $t \to \infty$ 时,$u_{Ch}(t) \to 0$,则 $u_C(t) = u_{Cp}(t)$,即只剩下强制响应。在直流输入时,这个强制响应称为直流稳态响应。

式(8-16)可以改写为以下形式

$$u_C(t) = U_0 e^{-\frac{t}{\tau}} + U_S(1 - e^{-\frac{t}{\tau}}) \quad (t \geq 0) \tag{8-17}$$

全响应 = 零输入响应 + 零状态响应

式中,第一项为初始状态单独作用引起的零输入响应,第二项为输入(独立电源)单独作用引起的零状态响应。也就是说,电路的完全响应等于零输入响应与零状态响应之和。这是线性动态电路的一个基本性质,是响应可以叠加的一种体现。

图 8-16(a)表示固有响应(瞬态响应)$u_{Ch}(t)$ 与强制响应(稳态响应)$u_{Cp}(t)$ 相加得到全响应 $u_C(t)$ 的波形曲线;图 8-16(b)表示零输入响应 $u'_C(t)$ 与零状态响应 $u''_C(t)$ 相加得到全响应 $u_C(t)$ 的波形曲线。利用全响应的这两种分解方法,可以简化电路的分析计算,实际电路存在的是电压、电流的完全响应。

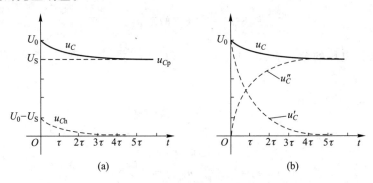

(a) 全响应分解为固有响应与强制响应之和

(b) 全响应分解为零输入响应与零状态响应之和

图 8-16 全响应的两种分解

例 8-5 图 8-17(a)所示电路原来处于稳定状态。$t=0$ 时,开关断开,求 $t \geq 0$ 的电感电流 $i_L(t)$ 和电感电压 $u_L(t)$。

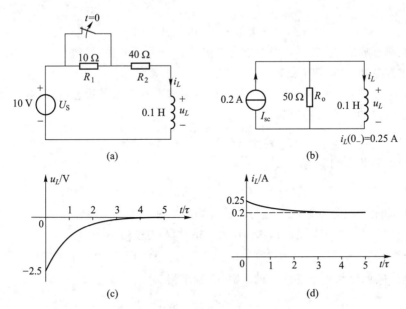

图 8-17 例 8-5

解 在 $t<0$ 时,电阻 R_1 被开关短路,电感电流的初始值为

$$i_L(0_-) = \frac{U_S}{R_2} = \frac{10\ \text{V}}{40\ \Omega} = 0.25\ \text{A}$$

在 $t>0$ 时的电路中,用诺顿等效电路代替连接电感的含源电阻单口网络,得到图 8-17(b)所示电路,其中短路电流 $I_{sc} = 0.2$ A,输出电阻 $R_o = 50$ Ω,该电路的微分方程为

$$\frac{L}{R_o}\frac{di_L}{dt} + i_L = I_{sc} \quad (t \geq 0)$$

其全解为

$$i_L(t) = i_{Lh}(t) + i_{Lp}(t) = Ke^{-\frac{t}{\tau}} + i_{Lp}(t)$$

式中

$$\tau = \frac{L}{R_o} = \frac{0.1\ \text{H}}{50\ \Omega} = 0.002\ \text{s} = 2\ \text{ms}$$

$$i_{Lp}(t) = I_{sc} = 0.2\ \text{A}$$

代入上式得到

$$i_L(t) = Ke^{-\frac{t}{\tau}} + 0.2\ \text{A}$$

微视频 8-6:
例题 8-5-1 解
答演示

微视频 8-7:
例题 8-5-2 解
答演示

代入初始条件 $i_L(0_+) = i_L(0_-) = 0.25$ A,可以得到

$$K = 0.25 \text{ A} - 0.2 \text{ A} = 0.05 \text{ A}$$

于是得到

$$i_L(t) = (0.05e^{-500t} + 0.2) \text{ A} \quad (t \geqslant 0)$$

其中,第一项是瞬态响应,第二项是稳态响应。电路在开关断开后,经过 $(4\sim5)\tau$ 的时间,即经过 $(8\sim10)$ ms 的过渡时期,就达到了稳态。

电感电流 $i_L(t)$ 的全响应也可以用分别计算出零输入响应和零状态响应,然后相加的方法求得。电感电流 $i_L(t)$ 的零输入响应为

$$i'_L(t) = i_L(0_+)e^{-\frac{t}{\tau}} = 0.25e^{-500t} \text{ A}$$

电感电流 $i_L(t)$ 的零状态响应为

$$i''_L(t) = i_{Lp}(1 - e^{-\frac{t}{\tau}}) = 0.2(1 - e^{-500t}) \text{ A}$$

电感电流 $i_L(t)$ 的全响应为零输入响应与零状态响应之和

$$i_L(t) = i'_L(t) + i''_L(t) = 0.25e^{-500t} \text{A} + 0.2(1 - e^{-500t}) \text{ A}$$
$$= (0.05e^{-500t} + 0.2) \text{ A} \quad (t \geqslant 0)$$

电感电压的全响应可以利用电感元件的 VCR 方程求得

$$u_L(t) = L\frac{\mathrm{d}i_L}{\mathrm{d}t} = -2.5e^{-500t} \text{V} \quad (t > 0)$$

用计算机程序 WDCAP 画出电感电压和电感电流的波形,如图 8-17(c) 和 (d) 所示。

例 8-6 电路如图 8-18(a) 所示。已知 $u_C(0_-) = 4$ V,$u_S(t) = (2 + e^{-2t})$ V,求电容电压 $u_C(t)$ 的全响应。

微视频 8-8:
例题 8-6-1 解
答演示

微视频 8-9:
例题 8-6-2 解
答演示

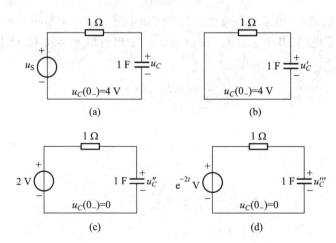

图 8-18 例 8-6

解　将全响应分解为(零输入响应)+(2 V 电压源引起的零状态响应)+(e^{-2t}V 电压源引起的零状态响应)。现在分别计算响应的几个分量然后相加得到全响应。

首先列出图 8-18(a)所示电路的微分方程和初始条件

$$\left.\begin{aligned}\frac{\mathrm{d}u_C}{\mathrm{d}t}+u_C=(2+\mathrm{e}^{-2t})\mathrm{V}\quad(t\geqslant0)\\u_C(0_+)=4\mathrm{~V}\end{aligned}\right\}\qquad(8\text{-}18)$$

(1)求电路的零输入响应[如图 8-18(b)所示电路]

列出齐次微分方程和初始条件

$$\left.\begin{aligned}\frac{\mathrm{d}u'_C}{\mathrm{d}t}+u'_C=0\quad(t\geqslant0)\\u'_C(0_+)=4\mathrm{~V}\end{aligned}\right\}\qquad(8\text{-}19)$$

求得

$$\tau=RC=1\ \Omega\times1\ \mathrm{F}=1\ \mathrm{s}$$

$$u'_C(t)=u'_C(0_+)\mathrm{e}^{-\frac{t}{\tau}}=4\mathrm{e}^{-t}\mathrm{V}$$

(2)求 2 V 电压源引起的零状态响应[如图 8-18(c)所示电路]

列出微分方程和初始条件

$$\left.\begin{aligned}\frac{\mathrm{d}u''_C}{\mathrm{d}t}+u''_C=2\mathrm{~V}\quad(t\geqslant0)\\u''_C(0_+)=0\end{aligned}\right\}\qquad(8\text{-}20)$$

由此求得

$$u''_C(t)=U_\mathrm{S}(1-\mathrm{e}^{-\frac{t}{\tau}})=2(1-\mathrm{e}^{-t})\mathrm{V}$$

(3)求 e^{-2t}V 电压源引起的零状态响应[如图 8-18(d)所示电路]

列出微分方程和初始条件

$$\left.\begin{aligned}\frac{\mathrm{d}u'''_C}{\mathrm{d}t}+u'''_C=\mathrm{e}^{-2t}\mathrm{V}\quad(t\geqslant0)\\u'''_C(0_+)=0\end{aligned}\right\}\qquad(8\text{-}21)$$

其解为

$$u'''_C(t)=u'''_{Ch}(t)+u'''_{Cp}(t)=K\mathrm{e}^{-t}+u'''_{Cp}(t)$$

设 $u'''_{Cp}(t)=A\mathrm{e}^{-2t}$ 并将它代入式(8-21)中,可以得到

$$-2A\mathrm{e}^{-2t}+A\mathrm{e}^{-2t}=\mathrm{e}^{-2t}$$

由此求得

$$A=-1$$

$$u_{Cp}(t)=-1\mathrm{e}^{-2t}\mathrm{V}$$

代入上式
$$u'''_C(t) = Ke^{-t} - 1e^{-2t}$$

代入初始条件, $t = 0$ 时, $u'''_C(0) = K - 1 = 0$, 由此得到
$$K = 1$$

最后求得零状态响应
$$u'''_C(t) = (e^{-t} - e^{-2t})\,\mathrm{V}$$

（4）最后求得全响应如下

$$u_C(t) = u'_C(t) + u''_C(t) + u'''_C(t)$$

$$= 4e^{-t}\mathrm{V} + (2 - 2e^{-t})\,\mathrm{V} + (e^{-t} - e^{-2t})\,\mathrm{V}$$

$$= \underbrace{4e^{-t}\mathrm{V}}_{\text{零输入响应}} + \underbrace{(2 - e^{-t} - e^{-2t})\,\mathrm{V}}_{\text{零状态响应}}$$

$$= \underbrace{3e^{-t}\mathrm{V}}_{\text{固有响应}} + \underbrace{(2 - e^{-2t})\,\mathrm{V}}_{\text{强制响应}} = \underbrace{(3e^{-t} - e^{-2t})\,\mathrm{V}}_{\text{瞬态响应}} + \underbrace{2\mathrm{V}}_{\text{稳态响应}}$$

前面几节介绍求解线性时不变一阶电路全响应的一般方法是以电容电压或电感电流为变量建立微分方程,求解微分方程得到电容电压和电感电流后,再应用替代定理,用电压源代替电容和用电流源代替电感得到一个电阻电路,从中求得其他电压和电流。

读者学习本小节时,可以观看教材 Abook 资源中"RC 和 RL 电路的响应"等实验录像。

§8-4 三 要 素 法

上一节讨论了求解一阶电路全响应的一般方法。本节专门讨论由直流电源驱动的只含一个动态元件的一阶电路全响应的一般表达式,并在此基础上推导出三要素,再举例说明如何用三要素法求解包含多个开关的直流一阶电路以及由分段恒定信号激励的一阶电路。

一、三要素法

仅含一个电感或电容的线性一阶电路,将连接动态元件的线性电阻单口网络用戴维南和诺顿等效电路代替后,可以得到如图 8-19(a) 和 (b) 所示的等效电路。

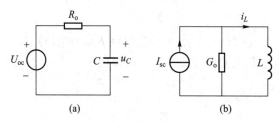

（a）RC 一阶电路　（b）RL 一阶电路

图 8-19　含电感或电容的一阶电路

图 8-19(a)所示电路的微分方程和初始条件为

$$
\left.
\begin{aligned}
R_{o}C\,\frac{\mathrm{d}u_{C}(t)}{\mathrm{d}t}+u_{C}(t)=U_{oc} \quad (t\geqslant 0)\\[2mm]
u_{C}(0_{+})=U_{0}
\end{aligned}
\right\}
\tag{8-22}
$$

图 8-19(b)所示电路的微分方程和初始条件为

$$
\left.
\begin{aligned}
G_{o}L\,\frac{\mathrm{d}i_{L}(t)}{\mathrm{d}t}+i_{L}(t)=I_{sc} \quad (t\geqslant 0)\\[2mm]
i_{L}(0_{+})=I_{0}
\end{aligned}
\right\}
\tag{8-23}
$$

若用 $f(t)$ 来表示电容电压 $u_{C}(t)$ 和电感电流 $i_{L}(t)$，上述两个电路的微分方程可以表示为具有统一形式的微分方程

$$
\left.
\begin{aligned}
\tau\,\frac{\mathrm{d}f(t)}{\mathrm{d}t}+f(t)=A \quad (t\geqslant 0)\\[2mm]
f(0_{+})
\end{aligned}
\right\}
\tag{8-24}
$$

式中，$f(0_{+})$ 表示电容电压的初始值 $u_{C}(0_{+})$ 或电感电流的初始值 $i_{L}(0_{+})$；τ 表示 RC 一阶电路的时间常数 $\tau=R_{o}C$ 或 RL 电路的时间常数 $\tau=G_{o}L=L/R_{o}$；A 表示电压源的电压 U_{oc} 或电流源的电流 I_{sc}。式(8-24)的通解为

$$
f(t)=f_{h}(t)+f_{p}(t)=K\mathrm{e}^{-\frac{t}{\tau}}+A
$$

如果 $\tau>0$，在直流输入的情况下，$t\to\infty$ 时，$f_{h}(t)\to 0$，则有

$$
f_{p}(t)=A=f(\infty)
$$

因而得到

$$
f(t)=K\mathrm{e}^{-\frac{t}{\tau}}+f(\infty)
$$

由初始条件 $f(0_{+})$，可以求得

$$
K=f(0_{+})-f(\infty)
$$

于是得到全响应的一般表达式

$$
f(t)=[f(0_{+})-f(\infty)]\mathrm{e}^{-\frac{t}{\tau}}+f(\infty) \quad (t\geqslant 0)
\tag{8-25}
$$

其中　　　　　　　　　　　　　　$\tau=R_{o}C$ 　 或 　 $\tau=L/R_{o}$

这就是直流激励下一阶电路中电容电压和电感电流的一般表达式。用替代定理和线性电阻电路的叠加定理可以证明[①]，直流激励的 RC 一阶电路和 RL 中的任一响应的变化规律与式(8-25)形式完全相同。式(8-25)的波形曲线如图8-20所示。由此可见，直流激励下一阶电路中任一

---

① 先将电路中的电容用电压源替代或电感用电流源替代，得到一个电阻电路，再用叠加定理将响应分解为电容电压或电感电流单独作用引起的响应和原有的直流电源单独作用引起的响应之和，前者引起的响应与式(8-25)形式相同，后者引起的响应是一个恒定分量。两者相加后的形式仍然与式(8-25)相同。

响应总是从初始值 $f(0_+)$ 开始,按照指数规律增长或衰减到稳态值 $f(\infty)$,响应变化的快慢取决于电路的时间常数 τ。

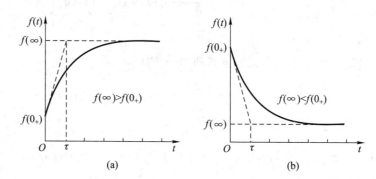

图 8-20 直流激励下一阶电路全响应的波形曲线

从式(8-25)和图 8-20 的曲线可以看出,直流激励下一阶电路的全响应取决于 $f(0_+)$、$f(\infty)$ 和 τ 这三个要素。只要分别计算出这三个要素,就能够确定全响应,也就是说,根据式(8-25)可以写出响应的表达式以及画出图 8-20 那样的全响应曲线,而不必建立和求解微分方程。这种计算直流激励下一阶电路响应的方法称为三要素法。

用三要素法计算含一个电容或一个电感的直流激励一阶电路响应的一般步骤如下:

(1)初始值 $f(0_+)$ 的计算:

① 根据 $t<0$ 的电路,计算出 $t=0_-$ 时刻的电容电压 $u_C(0_-)$ 或电感电流 $i_L(0_-)$。

② 根据电容电压和电感电流的连续性,即 $u_C(0_+)=u_C(0_-)$ 和 $i_L(0_+)=i_L(0_-)$,确定电容电压或电感电流初始值。

③ 假如还要计算其他非状态变量的初始值,可以从用数值为 $u_C(0_+)$ 的电压源替代电容或用数值为 $i_L(0_+)$ 的电流源替代电感后所得到的电阻电路中计算出来。

(2)稳态值 $f(\infty)$ 的计算。根据 $t>0$ 的电路,将电容用开路代替或电感用短路代替,得到一个直流电阻电路,再从此电路中计算出稳态值 $f(\infty)$。

(3)时间常数 τ 的计算。先计算与电容或电感连接的线性电阻单口网络的输出电阻 R_o,然后用公式 $\tau=R_oC$ 或 $\tau=L/R_o$ 计算出时间常数。

(4)将 $f(0_+)$、$f(\infty)$ 和 τ 代入式(8-25),得到响应的一般表达式和画出图 8-20 那样的波形曲线。

一旦用三要素法求得某个电压或电流响应后,可以应用替代定理,用电压源替代电容或用电流源替代电感,得到一个电阻电路,由此电阻电路求得其他电压和电流的响应。

例 8-7 图 8-21(a)所示电路原处于稳定状态。$t=0$ 时,开关闭合,求 $t\geqslant0$ 的电容电压 $u_C(t)$ 和电流 $i(t)$,并画出波形图。

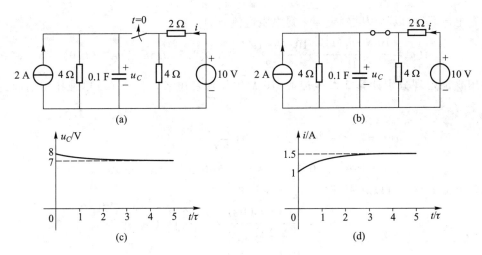

图 8-21 例 8-7

解 (1) 计算初始值 $u_C(0_+)$

开关闭合前,图 8-21(a)所示电路已经稳定,电容相当于开路,电流源电流全部流入 4 Ω 电阻中,此时电容电压与电阻电压相同

$$u_C(0_-) = 4 \ \Omega \times 2 \ A = 8 \ V$$

由于开关转换时,电容电流有界,电容电压不能跃变,故

$$u_C(0_+) = u_C(0_-) = 8 \ V$$

(2) 计算稳态值 $u_C(\infty)$

开关闭合后,电路如图 8-21(b)所示,经过一段时间,重新达到稳定状态,电容相当于开路,根据用开路代替电容得到一个电阻电路,运用叠加定理求得

$$u_C(\infty) = \cfrac{1}{\cfrac{1}{4} + \cfrac{1}{4} + \cfrac{1}{2}} \times 2 \ V + \cfrac{\cfrac{4 \times 4}{4+4}}{2 + \cfrac{4 \times 4}{4+4}} \times 10 \ V = 2 \ V + 5 \ V = 7 \ V$$

(3) 计算时间常数 τ

计算与电容相连接的电阻单口网络的输出电阻,它是 3 个电阻的并联

$$R_o = \cfrac{1}{\cfrac{1}{4} + \cfrac{1}{4} + \cfrac{1}{2}} \ \Omega = 1 \ \Omega$$

时间常数为 $\qquad \tau = R_o C = 1 \ \Omega \times 0.1 \ F = 0.1 \ s$

(4) 将 $u_C(0_+) = 8 \ V$,$u_C(\infty) = 7 \ V$ 和 $\tau = 0.1 \ s$ 代入式(8-25),得到响应的一般表达式

$$u_C(t) = [(8-7)e^{-10t} + 7] V = [7 + 1e^{-10t}] V \quad (t \geqslant 0)$$

求得电容电压后,可以利用欧姆定律求得电阻电流 $i(t)$

$$i(t) = \frac{10\ \text{V} - u_C(t)}{2\ \Omega} = \frac{10 - (7 + 1\text{e}^{-10t})}{2}\text{A} = (1.5 - 0.5\text{e}^{-10t})\ \text{A} \quad (t>0)$$

也可以用叠加定理分别计算 2 A 电流源、10 V 电压源和电容电压 $u_C(t)$ 单独作用引起的响应之和

$$i(t) = i'(t) + i''(t) + i'''(t) = 0 + \frac{10\ \text{V}}{2\ \Omega} - \frac{u_C(t)}{2\ \Omega}$$

$$= (5 - 3.5 - 0.5\text{e}^{-10t})\ \text{A} = (1.5 - 0.5\text{e}^{-10t})\ \text{A} \quad (t>0)$$

电阻电流 $i(t)$ 还可以利用三要素法直接求得

$$i(0_+) = \frac{10\ \text{V} - u_C(0_+)}{2\ \Omega} = \frac{10 - 8}{2}\text{A} = 1\ \text{A}$$

$$i(\infty) = \frac{10\ \text{V} - u_C(\infty)}{2\ \Omega} = \frac{10 - 7}{2}\text{A} = 1.5\ \text{A}$$

由于电路中每个响应具有相同的时间常数,不必重新计算,用三要素公式得到

$$i(t) = \left[(1 - 1.5)\text{e}^{-10t} + 1.5\right]\text{A} = (1.5 - 0.5\text{e}^{-10t})\ \text{A} \quad (t>0)$$

电阻电流 $i(t)$ 的计算结果与前面计算的结果相同。值得注意的是,该电阻电流在开关转换时发生了跃变,$i(0_+) = 1\ \text{A} \neq i(0_-) = 1.667\ \text{A}$,因而在电流表达式中,标明的时间范围是 $t>0$,而不像电容电压表达式中标明的是 $t \geq 0$。用计算机程序 WDCAP 画出电容电压和电阻电流的波形,如图 8-21(c) 和图 8-21(d) 所示。

例 8-8 图 8-22(a) 所示电路中,开关转换前电路已处于稳态,$t=0$ 时,开关由 1 端接至 2 端,求 $t>0$ 时的电感电流 $i_L(t)$,电阻电流 $i_2(t)$、$i_3(t)$ 和电感电压 $u_L(t)$。

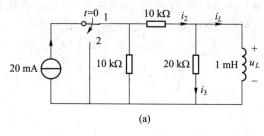

(a)

微视频 8-12:
例题 8-8 解答
演示

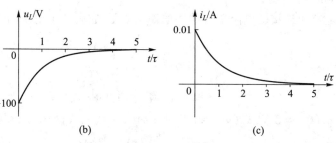

(b)　　　　　　　　(c)

图 8-22 例 8-8

解　用三要素法计算电感电流。

（1）计算电感电流的初始值 $i_L(0_+)$

直流稳态电路中,电感相当于短路,此时电感电流为

$$i_L(0_-) = \frac{20 \text{ mA}}{2} = 10 \text{ mA}$$

开关转换时,电感电压有界,电感电流不能跃变,即

$$i_L(0_+) = i_L(0_-) = 10 \text{ mA}$$

（2）计算电感电流的稳态值 $i_L(\infty)$

开关转换后,电感与电流源脱离,电感储存的能量释放出来消耗在电阻中,达到新的稳态时,电感电流为零,即

$$i_L(\infty) = 0$$

（3）计算时间常数 τ

与电感连接的电阻单口网络的等效电阻以及时间常数为

$$R_o = \frac{20 \text{ k}\Omega(10 \text{ k}\Omega + 10 \text{ k}\Omega)}{20 \text{ k}\Omega + 10 \text{ k}\Omega + 10 \text{ k}\Omega} = 10 \text{ k}\Omega, \quad \tau = \frac{10^{-3}\text{H}}{10 \times 10^3 \, \Omega} = 1 \times 10^{-7}\text{s}$$

（4）计算 $i_L(t)$、$u_L(t)$、$i_2(t)$ 和 $i_3(t)$

将 $i_L(0_+) = 10\text{mA}$, $i_L(\infty) = 0$ 和 $\tau = 1 \times 10^{-7}\text{s}$ 代入式（8-25）,得到电感电流的表达式

$$i_L(t) = \left[(10 \times 10^{-3} - 0)e^{-10^7 t} + 0 \right] \text{A} = 10e^{-10^7 t}\text{mA} \quad (t \geq 0)$$

然后根据 KCL、KVL 和 VCR 求出其他电压、电流

$$u_L(t) = L\frac{di_L}{dt} = -10^{-3} \times 10 \times 10^{-3} \times 10^7 e^{-10^7 t}\text{V} = -100e^{-10^7 t}\text{V} \quad (t > 0)$$

$$i_3(t) = \frac{u_L(t)}{20 \text{ k}\Omega} = \frac{-100e^{-10^7 t}\text{V}}{20 \times 10^3 \, \Omega} = -5e^{-10^7 t}\text{mA} \quad (t > 0)$$

$$i_2(t) = i_L(t) + i_3(t) = 10e^{-10^7 t}\text{mA} - 5e^{-10^7 t}\text{mA} = 5e^{-10^7 t}\text{mA} \quad (t > 0)$$

用计算机程序 WDCAP 画出电感电压和电感电流的波形,如图 8-22（b）和（c）所示。

二、包含开关序列的直流一阶电路

本小节讨论的直流一阶电路包含在不同时刻转换的开关,在开关没有转换的时间间隔内,它是一个直流一阶电路,可以用三要素法来计算。对于这一类电路,可以按照开关转换的先后次序,从时间上分成几个区间,分别用三要素法来求解电路的响应。

例 8-9　图 8-23（a）所示电路中,电感电流 $i_L(0_-) = 0$, $t = 0$ 时,开关 S_1 闭合,经过 0.1 s,再闭合开关 S_2,同时断开 S_1。试求电感电流 $i_L(t)$,并画出波形图。

微视频 8-13:
例题 8-9 解答
演示

解　由于电路中存在两个在不同时刻作用的开关,可以从时间上分成两段来进行计算。

（1）在 $0 \leq t \leq 0.1$ s 时间范围内响应的计算

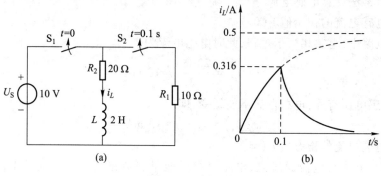

图 8-23　例 8-9

在 S_1 闭合前,已知 $i_L(0_-)=0$。S_1 闭合后,电感电流不能跃变,$i_L(0_+)=i_L(0_-)=0$,处于零状态,电感电流为零状态响应。可以用三要素法求解

$$i_L(\infty)=\frac{U_s}{R_2}=\frac{10\ \text{V}}{20\ \Omega}=0.5\ \text{A}$$

$$\tau_1=\frac{L}{R_2}=\frac{2\ \text{H}}{20\ \Omega}=0.1\ \text{s}$$

根据三要素公式(8-25)得到

$$i_L(t)=0.5(1-e^{-10t})\ \text{A} \quad (0.1\ \text{s}\geqslant t\geqslant 0)$$

(2) 在 $t\geqslant 0.1\ \text{s}$ 时间范围内响应的计算

仍然用三要素法,先求 $t=0.1\ \text{s}$ 时刻的初始值。根据前一段时间范围内电感电流的表达式可以求出在 $t=0.1\ \text{s}$ 时刻前一瞬间的电感电流

$$i_L(0.1\ \text{s}_-)=0.5(1-e^{-10\times0.1})\ \text{A}=0.316\ \text{A}$$

在 $t=0.1\ \text{s}$ 时,闭合开关 S_2,同时断开开关 S_1,由于电感电流不能跃变,保持原来的数值

$$i_L(0.1\ \text{s}_+)=i_L(0.1\ \text{s}_-)=0.316\ \text{A}$$

此后的电感电流属于零输入响应,$i_L(\infty)=0$。在此时间范围内电路的时间常数为

$$\tau_2=\frac{L}{R_1+R_2}=\frac{2\ \text{H}}{10\ \Omega+20\ \Omega}=\frac{2}{30}\text{s}=0.066\ 7\ \text{s}$$

根据三要素公式(8-25)得到

$$i_L(t)=i_L(0.1\ \text{s}_+)e^{\frac{t-0.1}{\tau_2}}=0.316e^{-15(t-0.1\ \text{s})}\ \text{A} \quad (t\geqslant 0.1\ \text{s})$$

电感电流 $i_L(t)$ 的波形曲线如图 8-23(b)所示。在 $t=0$ 时,它从零开始,以时间常数 $\tau_1=0.1\ \text{s}$ 确定的指数规律增加到最大值 0.316 A 后,再以时间常数 $\tau_2=0.066\ 7\ \text{s}$ 确定的指数规律衰减到零。

三、分段恒定信号激励的一阶电路

前面讨论的电路包含各种开关,通过这些开关的作用,可以将一个直流电源接通到某些电

路中,它们所起的作用等效于一个分段恒定信号的时变电源。例如图 8-24(a)所示包含开关的电路,开关在 1 端时,其输出电压 $u(t)$ 为零;在 $t=0$ 时刻,开关由 1 端转换到 2 端,其输出电压 $u(t)$ 等于 U_0。它等效于图 8-24(b)所示的一个时变电压源,其电压波形如图 8-24(c)所示。假如 $t=t_0$ 时刻开关再由 2 端转换到 1 端,使其输出电压为零,此时图 8-24(a)电路等效于产生图 8-24(d)所示脉冲波形的时变电压源。

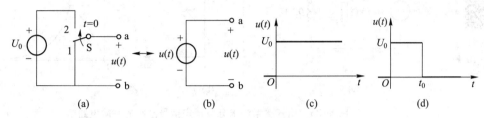

图 8-24 利用开关的转换产生分段恒定信号

对于图 8-24(c)和(d)所示这类分段恒定信号激励的一阶电路来说,它在信号保持恒定的时间区间内等效于直流电源激励的一阶电路,仍然可以用三要素法来计算它的响应。可以按照时间的先后次序分别用三要素法来计算相应区间的响应。因为电路其他部分的元件参数和电路结构没有变化,在整个分析过程中,电路的时间常数没有改变。

从一个子区间到另一个子区间,其初始值和稳态值会发生变化。可以利用上一个子区间结束时的电感电流和电容电压数值 $f(t_{j_-})$ 来计算下一个子区间的电感电流和电容电压初始值 $f(t_{j_+})$。

例如对于图 8-25(a)所示 RC 串联电路,在图 8-25(b)所示阶跃波形的作用下,用三要素法容易画出 $i_C(t)$ 和 $u_C(t)$ 的波形,如图 8-25(c)和(d)所示。注意到电容电压的波形是连续的,而电容电流波形在 $t=0$ 时是不连续的。

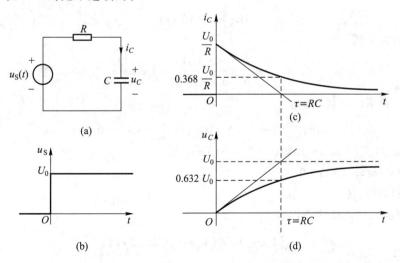

图 8-25 用三要素法求分段恒定信号激励的一阶电路响应

例 8-10　电路如图 8-26(a)所示,独立电流源的波形如图 8-26(b)所示,求电感电流的响应,并画出波形曲线。

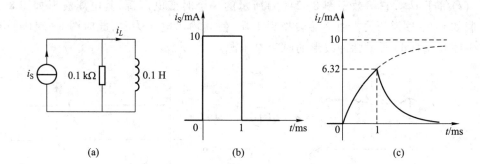

(a)　　　　　　(b)　　　　　　(c)

图 8-26　用三要素法求分段恒定信号激励的一阶电路响应

解　按照波形的具体情况,从时间上分三段用三要素法求电感电流的响应。

(1) $t \leqslant 0, i_s(t) = 0$

由此得到　　　　　　　　　　　　$i_L(t) = 0 \quad (t \leqslant 0)$

(2) $0 \leqslant t \leqslant 1$ ms,$i_s(t) = 10$ mA

① 计算初始值 $i_L(0_+)$。

根据电感电流的连续性质得到

$$i_L(0_+) = i_L(0_-) = 0$$

② 计算稳态值 $i_L(\infty)$。

由于电路达到直流稳态后,电感相当于短路,用短路代替电感后求得电感电流等于电流源电流,即

$$i_L(\infty) = 10 \text{ mA}$$

③ 计算时间常数

$$\tau = \frac{L}{R} = \frac{0.1 \text{ H}}{0.1 \times 10^3 \Omega} = 1 \text{ ms}$$

④ 利用三要素公式得到

$$i_L(t) = 10 \times 10^{-3}(1 - e^{-\frac{t}{\tau}}) \text{A} = 10(1 - e^{-10^3 t}) \text{mA} \quad (0 \leqslant t \leqslant 1 \text{ ms})$$

当 $t = 1$ ms 时,$i_L(1 \text{ ms}) = 10 \times 10^{-3}(1 - e^{-1}) \text{A} = 6.32$ mA。

(3) $1 \text{ ms} \leqslant t \leqslant \infty, i_s(t) = 0$

① 计算初始值 $i_L(1 \text{ ms}_+)$。

根据电感电流的连续性质得到

$$i_L(1 \text{ ms}_+) = i_L(1 \text{ ms}_-) = 6.32 \text{ mA}$$

② 计算稳态值 $i_L(\infty)$。

由于电流源电流等于零,属于零输入响应,电路达到稳态后,电感电流等于零

$$i_L(\infty) = 0$$

③ 时间常数相同,即

$$\tau = 1 \text{ ms}$$

④ 根据三要素公式得到

$$i_L(t) = 6.32 \mathrm{e}^{-\frac{t-1 \text{ ms}}{\tau}} \text{mA} = 6.32 \mathrm{e}^{-10^3(t-10^{-3})} \text{mA} \quad (t > 1 \text{ ms})$$

根据以上计算结果,画出电感电流的波形曲线,如图 8-26(c)所示。

§8-5　阶跃函数和阶跃响应

在前面的讨论中,了解到直流一阶电路中的各种开关,可以起到将直流电压源和电流源接入电路或脱离电路的作用,这种作用可以描述为分段恒定信号对电路的激励。随着电路规模的增大和计算工作量的增加,有必要引入阶跃函数来描述这些物理现象,以便更好地建立电路的物理模型和数学模型,有利于用计算机分析和设计电路。

一、阶跃函数

单位阶跃函数 $\varepsilon(t)$ 的定义为

$$\varepsilon(t) = \begin{cases} 0, & t < 0 \\ 1, & t > 0 \end{cases} \tag{8-26}$$

其波形如图 8-27(a)所示。当 $t < 0$ 时,$\varepsilon(t) = 0$;当 $t > 0$ 时,$\varepsilon(t) = 1$;当 $t = 0$ 时,$\varepsilon(t)$ 从 0 跃变到 1。当跃变量不是一个单位,而是 k 个单位时,可以用阶跃函数 $k\varepsilon(t)$ 来表示,其波形如图 8-27(b)所示。当跃变不是发生在 $t = 0$ 时刻,而是发生在 $t = t_0$ 时刻,可以用延迟阶跃函数 $\varepsilon(t - t_0)$ 表示,其波形如图 8-27(c)所示。显然,函数 $\varepsilon(-t)$ 表示 $t < 0$ 时,$\varepsilon(-t) = 1$;$t > 0$ 时,$\varepsilon(-t) = 0$,如图 8-27(d)所示。

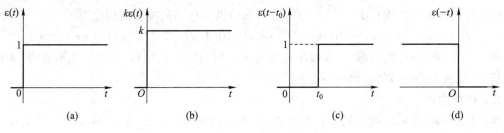

图 8-27　阶跃函数

当直流电压源或直流电流源通过一个开关将电压或电流施加到某个电路时,可以表示为一个阶跃电压或一个阶跃电流作用于该电路。引入阶跃电压源和阶跃电流源可以省去电路中的

开关,使电路的分析研究变得更加方便。

阶跃函数可以用来表示时间上分段恒定的电压或电流信号。对于线性电路来说,这种表示方法的好处在于可以应用叠加定理来计算电路的零状态响应,在此基础上,采用积分的方法还可以求出电路在任意波形激励时的零状态响应。

例 8-11 用阶跃函数表示方波信号,重解例 8-10 电路,求电感电流的响应,并画出波形曲线。

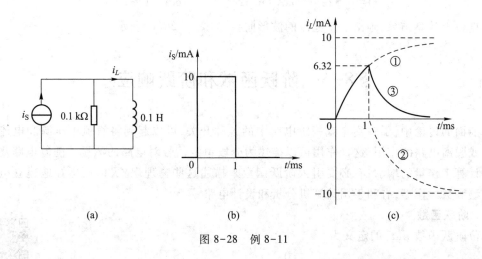

图 8-28 例 8-11

解 图 8-28(b)所示时间上分段恒定的方波电流信号,可以用两个阶跃函数 $i_S(t) = 10\varepsilon(t) - 10\varepsilon(t-1 \text{ ms}) \text{ mA}$ 表示。由于该电路是线性电路,根据动态电路的叠加定理,其零状态响应等于 $10\varepsilon(t)$ 和 $-10\varepsilon(t-1 \text{ ms})$ 两个阶跃电源单独作用引起的零状态响应之和。

(1) 阶跃电流源 $10\varepsilon(t) \text{ mA}$ 单独作用时,用三要素法计算得到的响应为

$$i'_L(t) = 10(1 - e^{-1\,000t})\varepsilon(t) \text{ mA}$$

(2) 阶跃电流源 $-10\varepsilon(t-1 \text{ ms}) \text{ mA}$ 单独作用时,用三要素法计算得到的响应为

$$i''_L(t) = -10(1 - e^{-1\,000(t-1 \text{ ms})})\varepsilon(t-1 \text{ ms}) \text{ mA}$$

(3) 应用叠加定理求得 $10\varepsilon(t)$ 和 $-10\varepsilon(t-1 \text{ ms})$ 共同作用的零状态响应为

$$i_L(t) = i'_L(t) + i''_L(t) = \{10(1 - e^{-1\,000t})\varepsilon(t) - 10(1 - e^{-1\,000(t-1 \text{ ms})})\varepsilon(t-1 \text{ ms})\} \text{ mA}$$

分别画出 $i'_L(t)$ 和 $i''_L(t)$ 的波形,如曲线①和②所示。然后它们相加得到 $i_L(t)$ 波形曲线,如曲线③所示,它与图 8-26(c)所示曲线完全相同。

二、阶跃响应

单位阶跃信号作用下电路的零状态响应,称为电路的单位阶跃响应,用符号 $s(t)$ 表示。它可以利用三要素法计算出来。对于图 8-29(a)所示 RC 串联电路,其初始值 $u_C(0_+) = 0$,稳态值 $u_C(\infty) = 1$,时间常数为 $\tau = RC$。用三要素公式得到电容电压 $u_C(t)$ 的单位阶跃响应为

$$s(t) = (1 - e^{-\frac{t}{RC}})\varepsilon(t)$$

对于图 8-29(b)所示 RL 并联电路,其初始值 $i_L(0_+)=0$,稳态值 $i_L(\infty)=1$,时间常数为 $\tau=L/R$。利用三要素公式得到电感电流 $i_L(t)$ 的单位阶跃响应为

$$s(t)=\left(1-\mathrm{e}^{-\frac{R}{L}t}\right)\varepsilon(t)$$

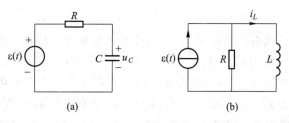

图 8-29 RC 串联电路和 RL 并联电路

RC 串联电路和 RL 并联电路的单位阶跃响应可以用下式表示

$$s(t)=\left(1-\mathrm{e}^{-\frac{t}{\tau}}\right)\varepsilon(t) \tag{8-27}$$

其中,时间常数 $\tau=RC$ 或 $\tau=L/R$。

已知电路的单位阶跃响应,利用叠加定理容易求得在任意分段恒定信号激励下线性时不变电路的零状态响应,例如图 8-30(b)所示信号作用于图 8-30(a)所示 RC 串联电路,可以将图 8-30(b)所示信号分解为若干个延迟的阶跃信号的叠加,再用叠加定理计算零状态响应。

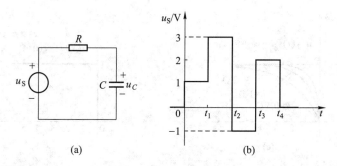

图 8-30 RC 串联电路在分段恒定信号激励下的零状态响应

图 8-30(b)所示信号可以表示为

$$u_S(t)=\varepsilon(t)+2\varepsilon(t-t_1)-4\varepsilon(t-t_2)+3\varepsilon(t-t_3)-2\varepsilon(t-t_4)$$

其电容电压 $u_C(t)$ 的零状态响应则可以表示为

$$u_C(t)=s(t)+2s(t-t_1)-4s(t-t_2)+3s(t-t_3)-2s(t-t_4)$$

其中 $s(t)=\left(1-\mathrm{e}^{-\frac{t}{RC}}\right)\varepsilon(t),\qquad s(t-t_1)=\left(1-\mathrm{e}^{-\frac{t-t_1}{RC}}\right)\varepsilon(t-t_1)$

$s(t-t_2)=\left(1-\mathrm{e}^{-\frac{t-t_2}{RC}}\right)\varepsilon(t-t_2),\qquad s(t-t_3)=\left(1-\mathrm{e}^{-\frac{t-t_3}{RC}}\right)\varepsilon(t-t_3)$

$s(t-t_4)=\left(1-\mathrm{e}^{-\frac{t-t_4}{RC}}\right)\varepsilon(t-t_4)$

*§8-6 冲激函数和冲激响应

一、冲激函数

微视频 8-16：
冲激响应演示

在现代电路理论中,常采用冲激函数来描述快速变化的电压和电流。在介绍冲激函数定义之前,先看图 8-31(a)所示电路,开关原来倒向 a 点,由 2 V 电压源对电容 C_1 充电,使其电压达到 2 V,电容上有 2 C 电荷。开关在 $t=0$ 时刻倒向 b 点后,电路如图 8-31(b)所示,将有 1 C 电荷从电容 C_1 上移动到电容 C_2 上,使电容上的电压逐渐达到 $u_{C1}(\infty)=u_{C2}(\infty)=1$ V。当电阻 R 为不同数值时,电容电压 $u_{C2}(t)$ 以及电荷移动所形成的电容电流 $i_C(t)$,如图8-31(c)和(e)所示。

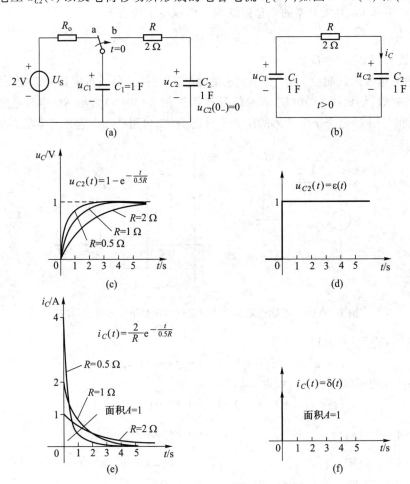

图 8-31 冲激函数

由此可见,当图 8-31(b)所示电路中的电阻分别为 $R=2\ \Omega$、$1\ \Omega$、$0.5\ \Omega$ 时,电容电压 $u_{C2}(t)$ 分别按照时间常数 $\tau=1\ \text{s}$、$0.5\ \text{s}$、$0.25\ \text{s}$ 的指数规律由 0 增长到 1 V。而电容电流 $i_C(t)$ 的波形则分别由初始值 $i_C(0_+)=1\ \text{A}$、$2\ \text{A}$、$4\ \text{A}$,按照时间常数 $\tau=1\ \text{s}$、$0.5\ \text{s}$、$0.25\ \text{s}$ 的指数规律衰减到零。注意到电容 C_1 上移动到电容 C_2 上的电荷量,即电容电流对时间的积分(电容电流对时间轴之间的面积)均为 1 个单位,即

$$Q=\int_0^\infty i_C(t)\,\mathrm{d}t=\int_0^\infty \frac{U_\text{s}}{R}\mathrm{e}^{-\frac{t}{0.5R}}\mathrm{d}t=0.5\times2\ \text{C}=1\ \text{C}$$

它不随电阻值的改变而变化。

当图 8-31(b)所示电路中电阻 R 趋于零时,电容电压 $u_{C2}(t)$ 波形趋于一个单位阶跃,如图 8-31(d)所示。而电容电流 $i_C(t)$ 的波形将变为初始值 $i_C(0_+)$ 趋于无限大,时间常数无限小(波形的宽度趋于零),而面积(电荷量)为一个单位的脉冲,这个极限的波形称为单位冲激电流,用 $\delta(t)$ 表示。因为单位冲激是无界的,今后用一个实心箭头来表示,如图 8-31(f)所示。下面对冲激函数给出更精确的定义。

当且仅当其满足以下两个性质时,一个无界的信号 $\delta(t)$ 称为单位冲激函数

$$\left.\begin{array}{l}\delta(t)=\begin{cases}\text{奇异值},&t=0\\0,&t\neq0\end{cases}\\[2mm]\int_{-\varepsilon_2}^{\varepsilon_1}\delta(t)\,\mathrm{d}t=1,\quad \varepsilon_1>0,\ \varepsilon_2>0\end{array}\right\}\tag{8-28}$$

当图 8-31(a)所示电路中电压源的电压增大时,从电容 C_1 上移动到电容 C_2 的电荷量以及相应的电流脉冲的面积 A 也将增加,此时图 8-31(f)得到的冲激电流为 $A\delta(t)$。例如电压源电压 $U_\text{s}=20\ \text{V}$,开关在 $t=5\ \text{s}$ 时刻由 a 点倒向 b 点,则冲激电流发生在 $t=5\ \text{s}$ 时刻,根据式(8-28),所产生的冲激电流应该表示为

$$i_\text{s}(t)=10\delta(t-5)\ \text{A}$$

这个冲激电流使电容 C_2 在 $t=5\ \text{s}$ 时刻迅速获得 10 C 的电荷,使 1 F 电容 C_2 的电压发生 10 V 的跃变,由 $u_{C2}(5_-)=0\ \text{V}$ 跃变到 $u_{C2}(5_+)=10\ \text{V}$。

如果这个延迟冲激电流 $i_\text{s}(t)=10\delta(t-5)\ \text{A}$[如图 8-32(b)所示]通过 $C=5\ \text{F}$ 的电容[如图 8-32(a)所示],其电容电压的波形为 $u_C(t)=\dfrac{q(t)}{C}=\dfrac{1}{5}\displaystyle\int_{-\infty}^t i_\text{s}(t)\,\mathrm{d}t=2\varepsilon(t-5)\ \text{V}$,这是一个延迟的阶跃,如图 8-32(c)所示。由于冲激电流在 $t=5\ \text{s}$ 时刻将 10 C 电荷迅速投到 5 F 电容的极板上,使电容电压发生 2 V 的跃变,由 $u_C(5_-)=0\ \text{V}$ 跃变到 $u_C(5_+)=2\ \text{V}$。

从以上叙述中可以看出,单位阶跃函数与单位冲激函数之间存在以下关系

$$\delta(t)=\frac{\mathrm{d}\varepsilon(t)}{\mathrm{d}t}\tag{8-29}$$

$$\varepsilon(t)=\int_{-\infty}^t\delta(\xi)\,\mathrm{d}\xi\tag{8-30}$$

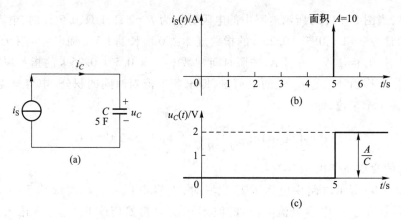

图 8-32 冲激电流通过电容引起电容电压发生阶跃

二、冲激响应

单位冲激信号作用下电路的零状态响应,称为电路的单位冲激响应,用符号 $h(t)$ 表示。计算任何线性时不变电路冲激响应的一个方法是先求出电路的单位阶跃响应 $s(t)$,再将它对时间求导,即可得到单位冲激响应,即利用下式由电路的单位阶跃响应计算出电路的单位冲激响应

$$h(t) = \frac{\mathrm{d}s(t)}{\mathrm{d}t} \tag{8-31}$$

例如图 8-33 所示 RC 串联电路的单位阶跃响应为

$$s(t) = (1 - \mathrm{e}^{-\frac{t}{RC}}) \varepsilon(t)$$

其单位冲激响应为

$$h(t) = \frac{\mathrm{d}s(t)}{\mathrm{d}t} = \frac{\mathrm{d}\left[(1 - \mathrm{e}^{-\frac{t}{RC}}) \varepsilon(t)\right]}{\mathrm{d}t} = (1 - \mathrm{e}^{-\frac{t}{RC}}) \delta(t) + \frac{1}{RC} \mathrm{e}^{-\frac{t}{RC}} \varepsilon(t) = \frac{1}{RC} \mathrm{e}^{-\frac{t}{RC}} \varepsilon(t)$$

由于 $t=0$ 时,$(1 - \mathrm{e}^{-\frac{t}{RC}}) = 0$;而 $t \neq 0$ 时,$\delta(t) = 0$,因此得到 $(1 - \mathrm{e}^{-\frac{t}{RC}}) \delta(t) = 0$,最后得到图 8-33 所示 RC 串联电路电容电压的单位冲激响应。

与此相似,可以得到图 8-34 所示 RL 并联电路中电感电流的单位冲激响应。

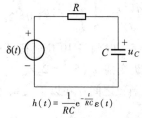

图 8-33 RC 串联电路电容
电压的单位冲激响应

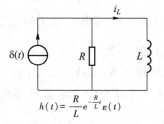

图 8-34 RL 并联电路中电感
电流的单位冲激响应

以上两种情况的单位冲激响应可以用一个表达式表示如下

$$h(t) = \frac{1}{\tau} e^{-\frac{1}{\tau}t} \varepsilon(t) \qquad (8-32)$$

计算冲激响应的另一种方法是先求出面积为 1 个单位的矩形脉冲的响应,然后求脉冲宽度趋于零的极限,现在举例加以说明。考虑图 8-35(a)所示 RC 串联电路和图 8-35(b)所示 RL 并联电路。电路的激励 $u_S(t)$ 或 $i_S(t)$ 是宽度为 Δ、高度为 $1/\Delta$ 的矩形脉冲 $P_\Delta(t)$,如图 8-35(c)所示。假如电路处于零状态,即 $u_C(0_-) = 0$,$i_L(0_-) = 0$,则电容电压 $u_C(t)$ 和电感电流 $i_L(t)$ 的波形相同,如图 8-35(d)所示,其中 $\tau = RC$ 或 $\tau = L/R$。其波形的峰值为

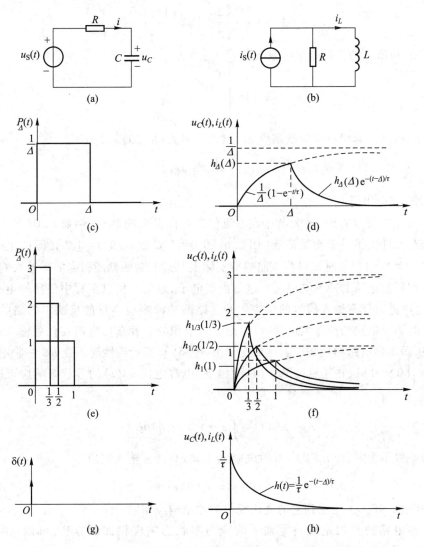

图 8-35　随着 $\Delta \to 0$ 矩形脉冲趋于单位冲激,相应的响应趋于冲激响应

$$h_\Delta(\Delta) = \frac{1-e^{\frac{-\Delta}{\tau}}}{\Delta} = \frac{f(\Delta)}{g(\Delta)} \tag{8-33}$$

当 $\Delta = 1$、$1/2$ 和 $1/3$ 时，激励和响应的波形如图 8-35(e)和(f)所示。当 $\Delta \to 0$ 时，$P_\Delta(t)$ 趋向于单位冲激，如图 8-35(g)所示，即

$$\lim_{\Delta \to 0} P_\Delta(t) = \delta(t) \tag{8-34}$$

注意到，响应波形的峰值 $h_\Delta(\Delta)$ 将随 Δ 减小而增加，用罗比塔法则求 $h_\Delta(\Delta)$ 在 $\Delta \to 0$ 时的极限为

$$\lim_{\Delta \to 0} h_\Delta(\Delta) = \lim_{\Delta \to 0} \frac{f'(\Delta)}{g'(\Delta)} = \lim_{\Delta \to 0} \frac{(1/\tau)e^{\frac{-\Delta}{\tau}}}{1} = \frac{1}{\tau} \tag{8-35}$$

因此，图 8-35(f)所示的波形趋于指数波形

$$h(t) = \begin{cases} \dfrac{1}{\tau}e^{-\frac{t}{\tau}}, & t>0 \\ 0, & t<0 \end{cases} \tag{8-36}$$

如图 8-35(h)所示。利用单位阶跃函数 $\varepsilon(t)$，可以将式(8-36)写为下式

$$h(t) = \frac{1}{\tau}e^{-\frac{t}{\tau}}\varepsilon(t) \tag{8-37}$$

它与式(8-32)完全相同。

从以上讨论中可以看出，冲激电压或电流仅在冲激发生的时刻（例如 $t=0$）起作用，它的作用就是给动态元件提供一个初始储能[例如 $u_c(0_+) = 1/C$ 或 $i_L(0_+) = 1/L$]，即产生一个初始条件[例如 $f(0_+) = 1/\tau$]。此时刻以后电路响应实际上是这些初始储能引起的零输入响应。

为什么要研究电路的冲激响应呢？这是由于电子、通信与信息工程中使用的电信号十分复杂，需要知道电路对任意输入信号的反应。而电路的冲激响应不仅能反映出电路的特性，而且在知道线性时不变电路的冲激响应后，可以通过一个积分运算求出电路在任意输入波形时的零状态响应，从而求出电路的全响应。例如对于图 8-36(a)所示线性时不变 RC 一阶电路，初始条件为零，即 $u_c(0) = 0$ 时，在任意波形 $u_s(t)$ 激励下，电容电压 $u_c(t)$ 的零状态响应可以通过以下积分求得

$$u'_C(t) = \int_0^t \frac{1}{\tau}e^{\frac{-(t-\xi)}{\tau}}u_S(\xi)\,d\xi \tag{8-38}$$

考虑到初始条件不为零，即 $u_c(0) \neq 0$ 时电容电压 $u_c(t)$ 的零输入响应

$$u''_C(t) = u_C(0)e^{\frac{-t}{\tau}} \tag{8-39}$$

式中，时间常数 $\tau = R_o C$。注意到它的变化规律与冲激响应相同。

根据线性电路的叠加定理将零输入响应与零状态响应相加的方法，可以求得电容电压 $u_c(t)$ 的全响应为

$$u_C(t) = u''_C(t) + u'_C(t) = u_C(0)e^{\frac{-t}{\tau}} + \int_0^t \frac{1}{\tau}e^{\frac{-(t-\xi)}{\tau}}u_S(\xi)\,d\xi \tag{8-40}$$

与此相似,如图 8-36(c)和(d)所示的 *RL* 并联一阶电路在任意波形电流源 $i_S(t)$ 作用下,其电感电流的全响应为

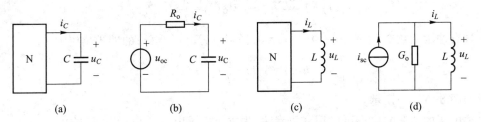

(a)(b)含一个电容的一阶电路　　(c)(d)含一个电感的一阶电路

图 8-36　线性时不变一阶电路

$$i_L(t) = i_L(0)e^{\frac{-t}{\tau}} + \int_0^t \frac{1}{\tau}e^{\frac{-(t-\xi)}{\tau}}i_S(\xi)\,d\xi \tag{8-41}$$

其中,第一项是电感电流 $i_L(t)$ 的零输入响应,第二项是电感电流 $i_L(t)$ 的零状态响应,时间常数是 $\tau = G_o L = L/R_o$。

值得指出的是,电路的冲激响应除了用以上方法计算得到外,也可以用实际测量的方法得到。这里介绍了有关电路冲激响应的一些基本概念,更深入的讨论已经超出本课程的范围,请在其他课程中研究。

例 8-12　电路如图 8-37(a)所示,试求电感电流和电感电压的阶跃响应和冲激响应。

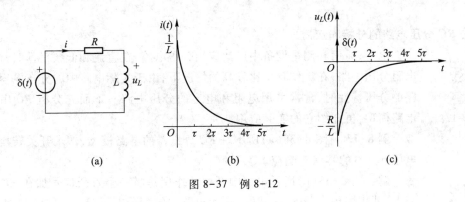

图 8-37　例 8-12

解　用三要素法先求出电感电流 $i_L(t)$ 的阶跃响应

$$s(t) = \frac{1}{R}\left(1 - e^{-\frac{R}{L}t}\right)\varepsilon(t)$$

将电感电流 $i_L(t)$ 的阶跃响应对时间求导,得到电感电流 $i_L(t)$ 的冲激响应

$$h(t) = \frac{\mathrm{d}s(t)}{\mathrm{d}t} = \frac{1}{R}(1 - \mathrm{e}^{-\frac{R}{L}t})\delta(t) + \frac{1}{L}\mathrm{e}^{-\frac{R}{L}t}\varepsilon(t) = \frac{1}{L}\mathrm{e}^{-\frac{R}{L}t}\varepsilon(t)$$

其波形如图 8-37(b)所示。

利用电感电压电流关系,可以求出电感电压 $u_L(t)$ 的冲激响应

$$u_L(t) = L\frac{\mathrm{d}i_L(t)}{\mathrm{d}t} = \mathrm{e}^{-\frac{R}{L}t}\delta(t) - \frac{R}{L}\mathrm{e}^{-\frac{R}{L}t}\varepsilon(t)$$

令含有冲激函数 $\delta(t)$ 的第一项中的 $t = 0$,得到电感电压 $u_L(t)$ 的冲激响应为

$$h(t) = \delta(t) - \frac{R}{L}\mathrm{e}^{-\frac{R}{L}t}\varepsilon(t)$$

其波形如图 8-37(c)所示。

电感电压的冲激响应也可以用三要素法,先求出电感电压 $u_L(t)$ 的阶跃响应

$$s(t) = \mathrm{e}^{-\frac{R}{L}t}\varepsilon(t)$$

然后再对时间求导,得到电感电压 $u_L(t)$ 的冲激响应

$$h(t) = \frac{\mathrm{d}s(t)}{\mathrm{d}t} = \mathrm{e}^{-\frac{R}{L}t}\delta(t) - \frac{R}{L}\mathrm{e}^{-\frac{R}{L}t}\varepsilon(t) = \delta(t) - \frac{R}{L}\mathrm{e}^{-\frac{R}{L}t}\varepsilon(t)$$

§8-7 电路应用、电路实验和计算机分析电路实例

首先介绍 RC 分压电路的分析和应用,再介绍计算机程序 WDCAP 可以按照三要素法计算包含一个动态元件的直流激励一阶电路,最后对一个电感器和电阻器串联电路的波形进行分析研究。

一、RC 分压电路的分析和应用

微视频 8-17:
例题 8-13 解
答演示

微视频 8-18:
示波器探头调
整

电子、通信和测量设备中广泛应用分压电路,在直流和低频工作时常常使用电阻分压电路,在工作频率比较高的情况下,由于实际电路中的分布电容影响电路的分压特性时,常常采用电阻和电容的分压电路。下面先分析 RC 串联分压电路模型,再介绍它的实际应用。

例 8-13 图 8-38(a)所示是 RC 分压器的电路模型,试求开关转换后输出电压 $u_{C2}(t)$ 的零状态响应。

解 图 8-38(a)所示电路中开关的作用是将一个阶跃信号加在 RC 分压电路上,其作用相当于图 8-38(b)所示电路中的阶跃电压源 $U_s\varepsilon(t)$。将电路中的电压源用短路代替后,电容 C_1 和 C_2 并联等效于一个电容,说明该电路是一阶电路,其时间常数为

$$\tau = RC = \frac{R_1R_2}{R_1 + R_2}(C_1 + C_2)$$

在 $t>0$ 时,该电路是由直流电压源激励的一阶电路,可以用三要素法计算。当 $t \to \infty$ 电路达到直流稳态时,电容相当开路,输出电压按照两个电阻串联的分压公式计算,其稳态值为

$$u_{C2}(\infty) = \frac{R_2}{R_1+R_2} \times U_{\mathrm{S}}$$

现在计算初始值 $u_{C2}(0_+)$。在 $t<0$ 时,$\varepsilon(t)=0$,电路处于零状态,$u_{C1}(0_-) = u_{C2}(0_-) = 0$。在 $t=0_+$ 时刻,两个电容电压应该满足以下 KVL 方程

$$u_{C1}(0_+) + u_{C2}(0_+) = U_{\mathrm{S}}$$

此式说明电容电压在 $t=0_+$ 时刻的初始值不为零,它要发生跃变,其原因在于阶跃发生的时刻,电容相当于短路,电容中通过了一个非常大的电流,它可以使电容电压发生跃变。为了计算出 $u_{C2}(0_+)$,需要应用电荷守恒定律,即在跃变的瞬间,一个节点的总电荷量保持恒定(此例中总电荷为零),由此得到以下方程

$$-C_1 u_{C1}(0_+) + C_2 u_{C2}(0_+) = 0$$

由以上两个方程求解得到

$$u_{C2}(0_+) = \frac{C_1}{C_1+C_2} \times U_{\mathrm{S}}$$

从此式可以看出,输出电压跃变后的初始值与两个电容的比值有关。

用三要素公式得到输出电压的表达式为

$$u_{C2}(t) = \left[\frac{R_2}{R_1+R_2} + \left(\frac{C_1}{C_1+C_2} - \frac{R_2}{R_1+R_2} \right) \mathrm{e}^{-\frac{t}{\tau}} \right] U_{\mathrm{S}} \varepsilon(t)$$

由上式可以看出,输出电压的初始值由电容的比值确定,其稳态分量由两个电阻的比值确定。改变电容 C_1 可以得到三种情况。当 $R_1 C_1 < R_2 C_2$ 时,输出电压的初始值比稳态值小,瞬态分量不为零,输出电压由初始值逐渐增加到稳态值,称为欠补偿,其波形如图 8-38(c)所示;当 $R_1 C_1 = R_2 C_2$ 时,输出电压的初始值与稳态值相同,瞬态分量为零,输出电压马上达到稳态值,这种情况称为完全补偿,其波形如图 8-38(d)所示;当 $R_1 C_1 > R_2 C_2$ 时,输出电压的初始值比稳态值大,瞬态分量不为零,输出电压由初始值逐渐衰减达到稳态值,称为过补偿,其波形如图 8-38(e)所示。这就是在很多高频测量仪器的输入 RC 分压电路(例如示波器的探头)中设置一个微调电容器的原因,用户可以调节这个电容器来改变时间常数,令 $R_1 C_1 = R_2 C_2$,得到完全补偿,使输出波形与输入波形相同,得到没有失真的输出波形。

示波器是一种测量电压波形的电子仪器,为了能够测量不同频率、不同幅度和各种形状的电信号,在它的输入端有一系列 RC 分压电路,例如在示波器探头中有一个 RC 分压电路,其中有一个可调电容器,供用户改变 RC 分压电路时间常数,以便在各种使用情况下能够正确观测电信号的波形。有兴趣的读者可以观看教材 Abook 资源中的"RC 分压电路的响应"的实验录像,附录 B 中附图 19、20 和 21 显示改变示波器探头中 RC 分压电路的电容值时,观

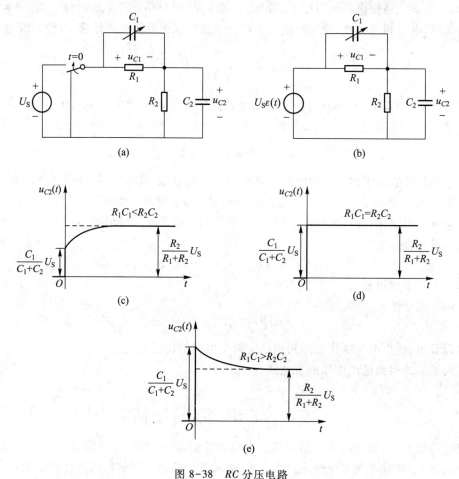

图 8-38 *RC* 分压电路

察到的三种波形。

二、计算机辅助电路分析

本章介绍了计算直流激励一阶电路的三要素法,它是通过计算几个直流电阻电路求得响应的初始值、稳态值和电路的时间常数的方法来确定电路中的任一电压和电流。人们可以根据三要素法,利用任何一个分析直流电路的计算机程序来计算只含一个电感和电容的直流一阶电路的响应。本书 Abook 资源中的 WDCAP 程序就是利用这种算法来编写的程序。下面举例说明。

例 8-14 图 8-39(a)所示电路原来已经稳定,*t*=0 时闭合开关 S₁,断开开关 S₂,求各电压、电流的响应。

解 用 WDCAP 程序分析图 8-39(a)电路的数据文件如图 8-39(b)所示,其中 OS 表示原来断开的开关 S₁ 在 *t*=0 时闭合;CS 表示原来闭合的开关 S₂ 在 *t*=0 时断开。运行 WDCAP 程

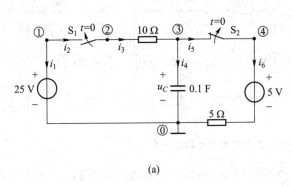
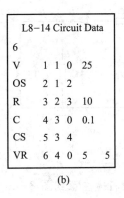

图 8-39 用三要素法求直流一阶电路的响应

序,读入电路数据后,选用直流一阶电路的菜单,计算结果如下所示。

```
        L8-14 Circuit Data
        元件  支路  开始  终止  控制    元件        元件
        类型  编号  节点  节点  支路    数 值       数 值
         V    1    1    0         25.000
         OS   2    1    2
         R    3    2    3        10.0000
         C    4    3    0        1.00000E-01  0.0000
         CS   5    3    4
         VR   6    4    0         5.0000      5.0000
         独立节点数 = 4    支路数 = 6
        ----- 直 流 一 阶 电 路 分 析 -----
        本程序用三要素法计算含一个动态元件的直流一阶电路
     时间常数 τ =C*R0 = 1.000E-01* 10.00  = 1.000    s
    -- f(t) =   f(∞)+[f(0+)-f(∞)]*exp( -t / τ ) --
         v 1 =    25.0     +0.00   *exp (-1.000   t)
         v 2 =    25.0     +0.00   *exp (-1.000   t)
         v 3 =    25.0     -20.0   *exp (-1.000   t)
         v 4 =    5.00     +0.00   *exp (-1.000   t)
    V    u 1 =    25.0     +0.00   *exp (-1.000   t)
    OS   u 2 =    0.00     +0.00   *exp (-1.000   t)
    R    u 3 =    0.00     +20.0   *exp (-1.000   t)
    C    u 4 =    25.0     -20.0   *exp (-1.000   t)
    CS   u 5 =    20.0     -20.0   *exp (-1.000   t)
    VR   u 6 =    5.00     +0.00   *exp (-1.000   t)
    V    i 1 =    0.00     -2.00   *exp (-1.000   t)
    OS   i 2 =    0.00     +2.00   *exp (-1.000   t)
    R    i 3 =    0.00     +2.00   *exp (-1.000   t)
    C    i 4 =    0.00     +2.00   *exp (-1.000   t)
    CS   i 5 =    0.00     +0.00   *exp (-1.000   t)
    VR   i 6 =    0.00     +0.00   *exp (-1.000   t)
    ***** 直流电路分析程序 ( WDCAP 3.01 ) *****
```

例 8-15 用计算机程序计算图 8-40 所示电路 $t \geqslant 0$ 的支路电压和电流,检验特勒根定理。

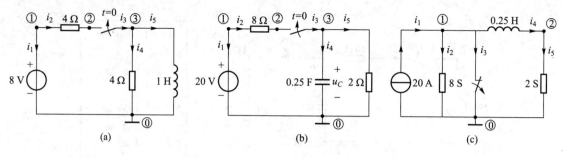

图 8-40 检验特勒根定理的三个电路

解 读者应注意到图 8-40(a) 电路与图 8-40(b) 电路的有向图相同,支路特性不相同。图 8-40(b) 电路与图 8-40(c) 电路是对偶电路。图 8-40(a) 电路与图 8-40(c) 电路是有向图对偶、支路特性不对偶的电路.

用 WDCAP 程序计算图 8-40(a)、图 8-40(b)、图 8-40(c) 所示电路的支路电压和电流(计算过程请参考教材 Abook 资源),如表 8-2 所示。

表 8-2 图 8-40(a)(b)(c) 三个电路的支路电压和电流

电路	图 8-40(a)	图 8-40(b)	图 8-40(c)
$u_1(t)/\text{V}$	8	20	$-2-0.5e^{-2.5t}$
$u_2(t)/\text{V}$	$8-4e^{-2t}$	$16+4e^{-2.5t}$	$2+0.5e^{-2.5t}$
$u_3(t)/\text{V}$	0	0	$2+0.5e^{-2.5t}$
$u_4(t)/\text{V}$	$4e^{-2t}$	$4-4e^{-2.5t}$	$2.5e^{-2.5t}$
$u_5(t)/\text{V}$	$4e^{-2t}$	$4-4e^{-2.5t}$	$2-2e^{-2.5t}$
$i_1(t)/\text{A}$	$-2+e^{-2t}$	$-2-0.5e^{-2.5t}$	20
$i_2(t)/\text{A}$	$2-e^{-2t}$	$2+0.5e^{-2.5t}$	$16+4e^{-2.5t}$
$i_3(t)/\text{A}$	$2-e^{-2t}$	$2+0.5e^{-2.5t}$	0
$i_4(t)/\text{A}$	e^{-2t}	$2.5e^{-2.5t}$	$4-4e^{-2.5t}$
$i_5(t)/\text{A}$	$2-2e^{-2t}$	$2-2e^{-2t}$	$4-4e^{-2.5t}$

计算图 8-40(a) 电路支路电压(支路电流)与图 8-40(b) 电路支路电流(支路电压)乘积的代数和

$$\sum_{k=1}^{5} u'_{Ak}(t) i''_{Bk}(t) = 8 \times (-2 - 0.5e^{-2.5t}) + (8 - 4e^{-2t}) \times (2 + 0.5e^{-2.5t}) + 0 +$$

$$4e^{-2t} \times 2.5e^{-2.5t} + 4e^{-2t} \times (2 - 2e^{-2.5t})$$

$$= -16 - 4e^{-2.5t} + 16 + 4e^{-2.5t} - 8e^{-2t} - 2e^{-4.5t} +$$

$$10e^{-4.5t} + 8e^{-2t} - 8e^{-4.5t} = 0$$

$$\sum_{k=1}^{5} u''_{Bk}(t) i'_{Ak}(t) = 20 \times (-2 + e^{-2t}) + (16 + 4e^{-2.5t}) \times (2 - e^{-2t}) + 0 +$$

$$(4 - 4e^{-2.5t}) \times e^{-2t} + (4 - 4e^{-2.5t}) \times (2 - 2e^{-2t})$$

$$= -40 + 20e^{-2t} + 32 - 16e^{-2t} + 8e^{-2.5t} - 4e^{-4.5t} + 4e^{-2t} -$$

$$4e^{-4.5t} + 8 - 8e^{-2t} - 8e^{-2.5t} + 8e^{-4.5t} = 0$$

计算结果为零,证明了特勒根定理关于两个拓扑结构相同、采用相同关联参考方向的电路,其中一个电流的支路电压与另外一个电路支路电流乘积的代数和等于零的结论。

从表 8-2 可见,图 8-40(b)的支路电压(支路电流)与图 8-40(c)电路的支路电流(支路电压)数值相同,说明它们的确是对偶电路。由于图 8-40(b)与图 8-40(c)是对偶电路,以上计算表明图 8-40(a)电路与图 8-40(c)电路的支路电压(或支路电流)乘积的代数和等于零。

$$\sum_{k=1}^{n} u_{Ak}(t) i_{Bk}(t) = 0, \quad \sum_{k=1}^{n} u_{Ak}(t) u_{Ck}(t) = 0, \quad \sum_{k=1}^{n} u_{Ak}(t) i_{Bk}(t) = 0, \quad \sum_{k=1}^{b} u_{Ak}(t) u_{Ck}(t) = 0$$

n 为电路中的支路数。

下面讨论图 8-40(a)和图 8-40(b)两个有向图相同的电路电压、电流以及它们对时间导数之间的关系。列出图 8-40(a)支路电压及其对时间的一阶导数,图 8-40(b)支路电流及其对时间的一阶导数,如表 8-3 所示。

表 8-3 图 8-40(a)和(b)电路的支路电压电流及其对时间的一阶导数

	图 8-40(a)电路			图 8-40(b)电路	
k	$u_{Ak}(t)/\text{V}$	$\dfrac{\mathrm{d}u_{Ak}}{\mathrm{d}t}$	k	$i_{Bk}(t)/\text{A}$	$\dfrac{\mathrm{d}i_{Bk}}{\mathrm{d}t}$
1	8	0	1	$-2-0.5e^{-2.5t}$	$-1.25e^{-2.5t}$
2	$8-4e^{-2t}$	$8e^{-2t}$	2	$2+0.5e^{-2.5t}$	$1.25e^{-2.5t}$
3	0	0	3	$2+0.5e^{-2.5t}$	$1.25e^{-2.5t}$
4	$4e^{-2t}$	$-8e^{-2t}$	4	$2.5e^{-2.5t}$	$6.25e^{-2.5t}$
5	$4e^{-2t}$	$-8e^{-2t}$	5	$2-2e^{-2.5t}$	$-5e^{-2.5t}$

计算图 8-40(a)电路支路电压与图 8-40(b)电路支路电流对时间一阶导数乘积的代数和

$$\sum_{k=1}^{5} u_{Ak} \times \frac{\mathrm{d}i_{Bk}}{\mathrm{d}t} = 8 \times (-1.25e^{-2.5t}) + (8 - 4e^{-2t}) \times 1.25e^{-2.5t} + 4e^{-2t} \times (6.25e^{-2.5t} - 5e^{-2.5t})$$

$$= -10e^{-2.5t} + 10e^{-2.5t} - 5e^{-4.5t} + 5e^{-4.5t} = 0$$

计算图 8-40(b)电路支路电压与图 8-40(a)电路支路电流对时间一阶导数乘积的代数和

$$\sum_{k=1}^{5} u_{Bk} \times \frac{\mathrm{d}i_{Ak}}{\mathrm{d}t} = 20 \times (-2e^{-2t}) + (16 + 4e^{-2.5t}) \times (2e^{-2t}) + (4 - 4e^{-2.5t}) \times (-2e^{-2t} + 4e^{-2t})$$

$$= -40e^{-2t} + 32e^{-2t} + 8e^{-4.5t} + 8e^{-2t} - 8e^{-4.5t} = 0$$

计算结果为零令人十分惊奇,由此导出特勒根定理的一个新内容:两个有向图相同的集总参数电路,一个电路的支路电压与另外一个电路支路电流对时间一阶导数乘积的代数和等于零。

有兴趣的读者可以继续计算图 8-40(a)支路电压对时间的 m 阶导数与图 8-40(b)电路支路电流对时间的 n 阶导数乘积的代数和,检验它们是否为零,即

$$\sum_{k=1}^{b} \frac{\mathrm{d}^m u_{Ak}}{\mathrm{d}t^m} \times \frac{\mathrm{d}^n i_{Bk}}{\mathrm{d}t^n} = 0$$

三、电路实验设计与分析

从事电路设计的工程师必须解决两个问题,一个是如何从实际电路中抽象出简单而足够精确的电路模型,第二个问题是如何根据电路模型来制成电气性能良好的实际电路。下面举一个简单的实例,说明如何从实际电路抽象出电路模型。

例 8-16 在电路实验中,常用一个方波信号发生器和示波器来观察 RC 一阶电路的波形,能不能用这种方法来观察一个 2.2 mH 电感器和 100 kΩ 电阻器串联电路的波形呢? 现在用图 8-41 所示实验电路来做实验,示波器观测电阻电压的波形如图 8-41(b)所示,为什么会得到这样的波形呢?

微视频 8-19:
电路实验分析

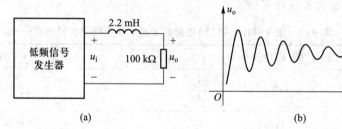

(a)   (b)

图 8-41 用示波器观察 RL 串联电路的波形

解 为了对问题有更清楚的认识,请观看教材 Abook 资源中电路实验分析录像,在录像中可以看到,当电阻值比较小时,电阻电压基本上按照指数规律变化,而在电阻值比较大时,电阻电压波形出现振荡情况,如图 8-41(b)所示,与 RL 串联一阶电路模型理论分析的结果相差甚远,这是什么原因呢? 问题在于当电阻值很大时,该实验电路不能用 RL 串联一阶电路来模拟。一个实际电感器是用导线在磁心上绕制而成的,它的电路模型由电感、电阻和电容组合而成,如图 7-13 所示,不能简单地用一个电感来模拟。用实验方法测得该电感器的电阻为 30 Ω,电容为 30 pF,考虑到该信号发生器有 600 Ω 的输出电阻和示波器有 1 MΩ 输入电阻以及 30 pF 的输入电容,得到该实验电路更为精确的电路模型,如图 8-41 所示。

显然这个电路已经不是一阶电路了,在学习高阶电路分析方法以前,我们可以用计算机程序 WDNAP 对图 8-42 所示电路模型进行分析,计算结果表明该电路是一个三阶电路,它有三个固有频率,其中有一对共轭复数,它意味着有衰减振荡波形的分量存在。

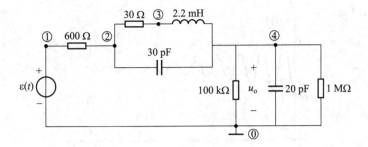

图 8-42 *RL* 串联实验电路的电路模型

```
L8-16 Circuit Data
元件 支路 开始 终止 控制    元件      元件
类型 编号 节点 节点 支路    数值      数值

 V1   1    1    0         1.0000
 R    2    1    2         600.00
 R    3    2    3         30.000
 L    4    3    4         2.20000E-03   .00000
 C    5    2    4         3.00000E-11   .00000
 R    6    4    0         1.00000E+05
 C    7    4    0         2.00000E-11   .00000
 R    8    4    0         1.00000E+06

独立节点数目 = 4    支路数目 = 8
<<<  网 络 的 特 征 多 项 式   >>>
  1.00       S**3 +1.395E+08 S**2 +4.761E+13 S    +1.271E+21
<<<  网 络 的 自 然 频 率   >>>
    S 1 = -1.3822E+05 +j -3.0193E+06rad/s
    S 2 = -1.3822E+05 +j  3.0193E+06rad/s
    S 3 = -1.3918E+08              rad/s
        ***** 完 全 响 应 *****
v4 (t) = ε(t)*( -.197    +j -.394E-01) *exp( -.138E+06+j -.302E+07)t
     + ε(t)*( -.197    +j  .394E-01) *exp( -.138E+06+j  .302E+07)t
     + ε(t)*( -.600    +j -.753E-09) *exp( -.139E+09+j  .000  )t
     + ε(t)*(  .993    +j  .000  ) *exp(  .000   +j  .000  )t
v4 (t) = ε(t)*[(  .401   )* exp ( -.138E+06t)]cos(  .302E+07t +168.7  )
     + ε(t)*( -.600    +j -.753E-09) *exp( -.139E+09+j  .000  )t
     + ε(t)*(  .993    +j  .000  ) *exp(  .000   +j  .000  )t
```

采用 1 μs 步长画出电压 $v_4(t)$ 的波形如图 8-43 所示,它与示波器观测的波形近似。

此例说明一个电感元件和一个电阻元件串联的电路模型是一阶电路,而一个电感器和一个电阻器串联的电路可能是高阶电路,希望读者学会用电路模型的思想,利用计算机程序,对实际电路的特性进行分析研究,不要仅仅用实验误差来解释实验结果。附录 B 中附图 22 显示电阻器和电感器串联电路中电阻器的电压波形。

电路实验分析任务 用示波器观测 10 kΩ 电阻器和 2.2 mH 电感器串联电路电感的波形,

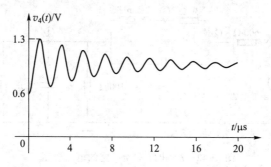

图 8-43 计算机画出的电阻电压波形

通过实验测量电路元件的参数,画出电路模型用计算机程序进行分析,将计算机画出的波形与示波器测量的波形进行比较与分析。

摘 要

1. 动态电路的完全响应由独立电源和储能元件的初始状态共同产生。仅由初始状态引起的响应称为零输入响应;仅由独立电源引起的响应称为零状态响应。线性动态电路的全响应等于零输入响应与零状态响应之和。

2. 动态电路的电路方程是微分方程。其时域分析的基本方法是建立电路的微分方程,并利用初始条件求解。对于线性 n 阶非齐次微分方程来说,其通解为

$$f(t) = f_h(t) + f_p(t)$$

$f_h(t)$ 是对应齐次微分方程的通解,称为电路的固有响应,它与外加电源无关。$f_p(t)$ 是非齐次微分方程的特解,其变化规律与激励信号的规律相同,称为电路的强制响应。

由一阶微分方程描述的电路称为一阶电路。对于直流激励下的一阶电路来说,其固有响应为 $f_h(t) = Ke^{st}$。若 $s < 0$ 时,当 $t \to \infty$ 时,$f_h(t) = Ke^{st} \to 0$,此时 $f_p(t) = f(t)\big|_{t=\infty} = f(\infty)$。此时固有响应 $f_h(t)$ 称为瞬态响应,强制响应 $f_p(t)$ 称为稳态响应。

3. 直流激励下一阶电路中任一响应的通用表达式为

$$f(t) = [f(0_+) - f(\infty)]e^{-\frac{t}{\tau}} + f(\infty) \quad (t>0)$$

其中 $$\tau = R_\circ C \quad \text{或} \quad \tau = L/R_\circ$$

只要能够计算出某个响应的初始值 $f(0_+)$、稳态值 $f(\infty)$ 和电路的时间常数 τ 这三个要素,利用以上通用公式,就能得到该响应的表达式,并画出波形曲线。对于仅含有一个电容或一个电感的一阶电路来说,只需要求解几个直流电阻电路,即可得到这三个要素的数值。这种计算一阶电路响应的方法,称为三要素法。

4. 三要素法还可以用来求解分段恒定信号激励的一阶电路以及含有几个开关的一阶电路。

5. 阶跃响应是电路在单位阶跃电压或电流激励下的零状态响应,一阶电路的阶跃响应可以用三要素法求得。

6. 冲激响应是电路在单位冲激电压或电流激励下的零状态响应,线性时不变电路的冲激响应可以用阶跃响应对时间求导数的方法求得。

习 题 八

微视频 8-20:
第 8 章习题解答

§ 8-1 零输入响应

8-1 题图 8-1 所示电路中,开关闭合已经很久,$t=0$ 时断开开关,试求 $t \geqslant 0$ 时的电感电流 $i_L(t)$。

8-2 题图 8-2 所示电路中,开关在 a 点为时已久,$t=0$ 时开关倒向 b 点,试求 $t \geqslant 0$ 时的电容电压 $u_C(t)$。

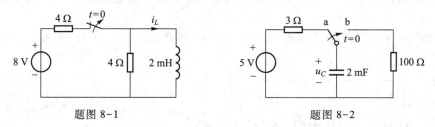

题图 8-1   题图 8-2

8-3 题图 8-3 所示电路中,开关在 a 点为时已久,$t=0$ 时开关倒向 b 点,在 $t=0.25$ s 时的电容电压等于 189 V。试求电容 C 的值。

8-4 题图 8-4 所示电路中,开关闭合已经很久,$t=0$ 时断开开关,试求 $t \geqslant 0$ 的 4 Ω 电阻电压 $u(t)$。

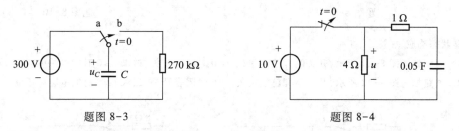

题图 8-3   题图 8-4

8-5 题图 8-5 所示电路中,开关闭合已经很久,$t=0$ 时断开开关,试求 $t \geqslant 0$ 的电流 $i(t)$。

8-6 题图 8-6 所示电路中,开关在 a 点为时已久,$t=0$ 时开关倒向 b 点,试求 $t \geqslant 0$ 时的电容电压 $u_C(t)$。

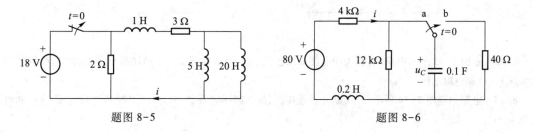

题图 8-5   题图 8-6

8-7 题图 8-7 所示电路中,开关在 a 点为时已久,$t=0$ 时开关倒向 b 点,试求 $t>0$ 时的电压 $u(t)$。

8-8 题图 8-8 所示电路中,开关断开已经很久,$t=0$ 时闭合开关,试求 $t>0$ 的电容电流 $i(t)$。

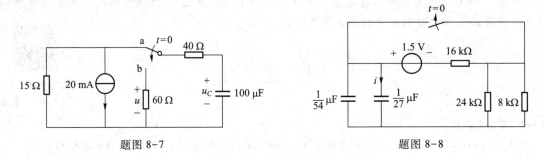

题图 8-7　　　　　　　　　　　　　题图 8-8

8-9 题图 8-9 所示电路中,开关在 a 点为时已久,$t=0$ 时开关倒向 b 点,试求 $t \geqslant 0$ 时的电容电压 $u_C(t)$ 和电感电流 $i_L(t)$。

8-10 题图 8-10 所示电路中,开关闭合已经很久,$t=0$ 时断开开关,试求 $t>0$ 的电阻电流 $i(t)$。

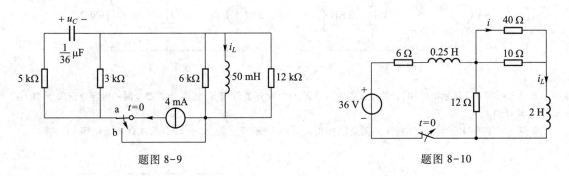

题图 8-9　　　　　　　　　　　　　题图 8-10

§8-2 零状态响应

8-11 电路如题图 8-11 所示,开关断开已经很久,$t=0$ 时闭合开关,试求 $t \geqslant 0$ 时的电感电流 $i_L(t)$。

8-12 电路如题图 8-12 所示,开关断开已经很久,$t=0$ 时闭合开关,试求 $t \geqslant 0$ 时的电容电压 $u_C(t)$。

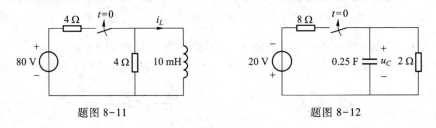

题图 8-11　　　　　　　　　　　　　题图 8-12

8-13 题图 8-13 所示电路中,开关闭合在 a 端已经很久,$t=0$ 时开关从 a 端转换至 b 端,试求 $t \geqslant 0$ 时的电容电压 $u_C(t)$ 和电阻电流 $i(t)$。

8-14 电路如题图 8-14 所示,开关断开已经很久,$t=0$ 时闭合开关,试求 $t \geqslant 0$ 时的电感电流 $i_L(t)$ 和电阻电压 $u(t)$。

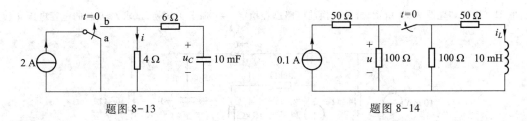

题图 8-13 题图 8-14

8-15 题图 8-15 所示电路为一个延时电路。已知 $U_s = 20$ V，$t = 0$ 时接入 $-U_s$。试计算电容电压 $u_C(t_0) = -4.5$ V 需要经过多少时间。

8-16 电路如题图 8-16 所示，开关断开已经很久，$t = 0$ 时闭合开关，求 $t \geqslant 0$ 时的电感电压 $u_L(t)$。

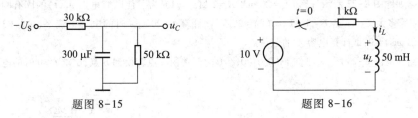

题图 8-15 题图 8-16

§ 8-3 完全响应

8-17 电路如题图 8-17 所示，开关断开已经很久，$t = 0$ 时闭合开关，试求 $t \geqslant 0$ 时的电感电流 $i_L(t)$。

8-18 电路如题图 8-18 所示，已知 $u_C(0_-) = 12$ V，$t = 0$ 时闭合开关，试求 $t \geqslant 0$ 时的电容电压 $u_C(t)$。

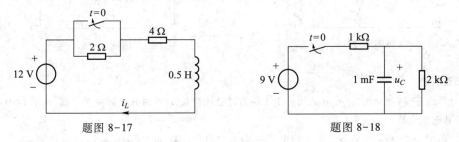

题图 8-17 题图 8-18

8-19 电路如题图 8-19 所示，开关转换前电路已经稳定，$t = 0$ 时开关转换到 b 点，$t = 40$ s 时开关又转换到 a 点，试求 $t \geqslant 0$ 时的电容电压 $u_C(t)$。

8-20 电路如题图 8-20 所示，开关转换前电路已经稳定，$t = 0$ 时开关 S_1 闭合，$t = 3$ s 时，开关 S_2 断开，试求 $t \geqslant 0$ 时的电感电流 $i_L(t)$。

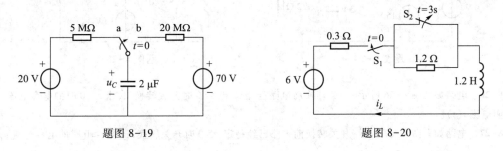

题图 8-19 题图 8-20

8-21 电路如题图 8-21 所示,开关转换前电路已经稳定,$t=0$ 时开关转换,试求 $t \geqslant 0$ 时的电容电压 $u_C(t)$。

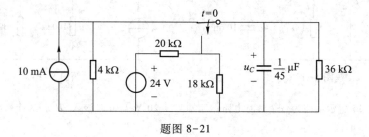

题图 8-21

8-22 电路如题图 8-22 所示,已知 $I_S = 20$ mA,$R = 2$ kΩ。(1) 为了使电容电压 $u_C(t)$ 的固有响应为零,电容电压的初始值应为多大?(2) 若 $C = 1$ μF,$u_C(0) = 20$ V,试计算 $t = 200$ μs 时的电容电流 $i_C(t)$。(3) 若 $u_C(0) = -10$ V,欲使 $u_C(1 \text{ ms}) = 0$,试计算电容 C 的数值。

8-23 电路如题图 8-23 所示,已知 $u_2(0_-) = 0$,$t = 0$ 时开关由 a 点转换到 b 点,试求 $t \geqslant 0$ 时的电容电压 $u_1(t)$ 和 $u_2(t)$。

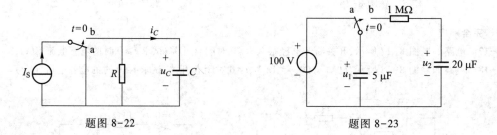

题图 8-22　　　　　　　　　　　　题图 8-23

§8-4　三要素法

8-24 题图 8-24 所示电路中,开关闭合于 1 端为时已经很久,$t = 0$ 时开关转换至 2 端,试求 $t \geqslant 0$ 时的电容电压 $u_C(t)$ 和电流 $i(t)$。

8-25 题图 8-25 所示电路原来处于稳定状态,$t = 0$ 时闭合开关,试求 $t > 0$ 时的 $i_1(t)$ 和 $i_2(t)$。

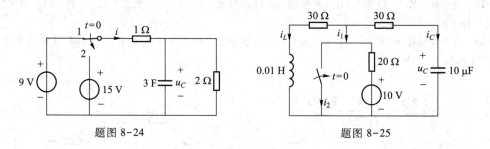

题图 8-24　　　　　　　　　　　　题图 8-25

8-26 电路如题图 8-26 所示,开关转换前电路已经稳定,$t = 0$ 时开关转换,试求 $t \geqslant 0$ 时的电容电压 $u_C(t)$ 和电阻电流 $i(t)$。

8-27 电路如题图 8-27 所示,开关转换前电路已经稳定,$t = 0$ 时开关转换,试求 $t \geqslant 0$ 时的电容电压 $u_C(t)$。

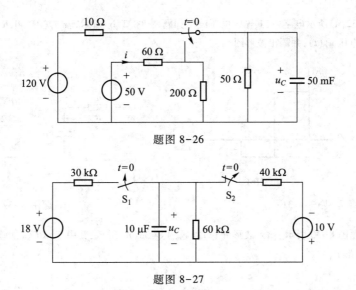

题图 8-26

题图 8-27

8-28 电路如题图 8-28 所示,开关断开已经很久,$t=0$ 时开关转换,试求 $t>0$ 时的电流 $i(t)$。

8-29 电路如题图 8-29 所示,开关断开已经很久,$t=0$ 时开关转换,试求 $t\geq0$ 时的电感电流 $i_L(t)$。

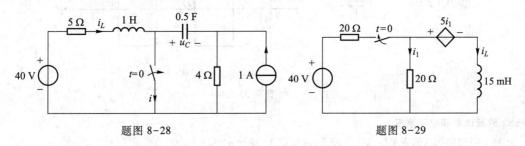

题图 8-28　　　　　　题图 8-29

8-30 题图 8-30(a)所示电路中,电压 $u_S(t)$ 的波形如题图 8-30(b)所示,已知脉冲的宽度 $T=RC$ 和 $u_C(0)=0$。试求使电压 $u_C(t)$ 在 $t=2T$ 时仍能回到零状态所需负脉冲的幅度 U_2。

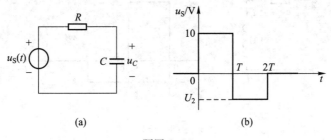

(a)　　　　　　(b)

题图 8-30

8-31 题图 8-31(a)所示电路中,已知 $R=5\ \Omega$,$L=1\ H$,输入电压波形如题图 8-31(b)所示,试求电感电流 $i_L(t)$。

8-32 题图 8-32(a)所示电路中,其输入电压波形如题图 8-32(b)所示,若 $u_C(0)=0$,$R=50$ kΩ,$C=200$ pF,$t_1=20$ μs,试求电容电压 $u_C(t)$,并画出波形图。

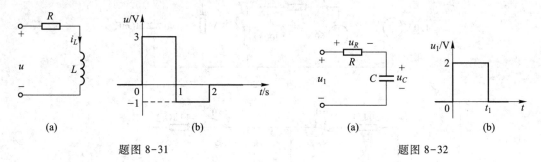

题图 8-31 　　　　　　　　　　　　　 题图 8-32

8-33 电路如题图 8-33 所示,输入波形 $u_s(t)$ 如题图 8-33(b)所示,其中 $T=RC$。试画出达到稳定状态时输出电压 $u_C(t)$ 的波形。

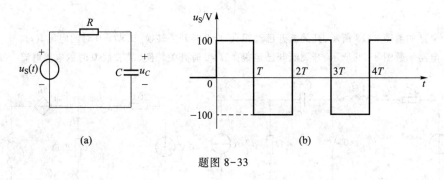

题图 8-33

§8-5　阶跃函数和阶跃响应

8-34 利用阶跃函数表示输入电压波形,求题图 8-34 所示电路中的电感电流 $i_L(t)$。

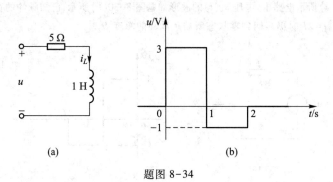

题图 8-34

8-35 题图 8-35(a)所示电路中,电流 $i_s(t)$ 的波形如题图 8-35(b)所示,试求输出电压 $u_o(t)$。

8-36 电路如题图 8-36 所示,输入为单位阶跃电流,已知 $u_C(0_-)=1$ V,$i_L(0_-)=2$ A。试求 $t>0$ 时的输出电压 $u(t)$。

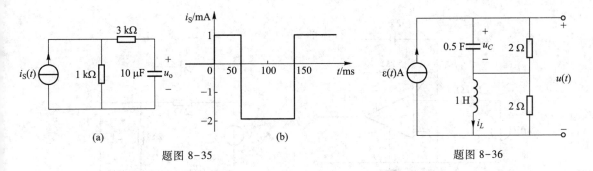

题图 8-35   题图 8-36

8-37 题图 8-37 所示 RC 分压电路中,当电容 $C_1 = 1$ F、2 F、4 F 时,求输出电压 $u_{C2}(t)$,并画出波形。

*§8-6   **冲激函数和冲激响应**

8-38 电路如题图 8-38 所示,试求输出电压 $u_o(t)$ 的冲激响应。

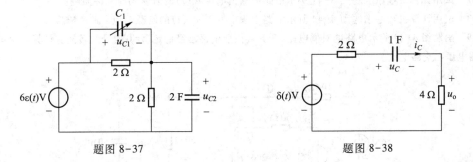

题图 8-37   题图 8-38

8-39 电路如题图 8-39 所示,试求输出电压 $u_o(t)$ 的冲激响应。

8-40 电路如题图 8-40 所示,试求输出电流 $i_o(t)$ 的冲激响应。

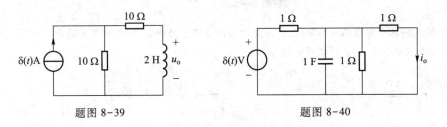

题图 8-39   题图 8-40

微视频 8-21:
习题 8-39 解
答演示

8-41 题图 8-41 所示电路中的运放工作于线性区域,试求输出电压 $u_o(t)$ 的冲激响应。

8-42 题图 8-42 所示 RC 分压电路中,当电容 $C_1 = 1$ F、2 F、4 F 时,求输出电压 $u_{C2}(t)$ 的冲激响应。

微视频 8-22:
习题 8-41 解
答演示

§8-7   **电路应用、电路实验和计算机分析电路实例**

8-43 试用计算机程序求题图 8-29 所示电路中的电感电流 $i_L(t)$。

8-44 试用计算机程序求题图 8-38 所示电路中输出电压 $u_o(t)$ 的阶跃响应和冲激响应。

8-45 试用计算机程序求题图 8-39 所示电路中输出电压 $u_o(t)$ 的阶跃响应和冲激响应。

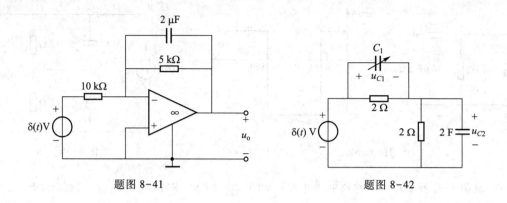

题图 8-41   题图 8-42

8-46 试用计算机程序求题图 8-40 所示电路中输出电流 $i_o(t)$ 的阶跃响应和冲激响应。

8-47 试用计算机程序求题图 8-41 所示电路中输出电压 $u_o(t)$ 的阶跃响应和冲激响应。

8-48 试用计算机程序求题图 8-42 所示电路中输出电压 $u_{C2}(t)$ 的阶跃响应和冲激响应。

8-49 画题图 8-49 所示电路的对偶电路,开关转换前电路已经稳定,$t=0$ 时开关转换。计算两个电路 $t \geqslant 0$ 时的支路电压和支路电流。

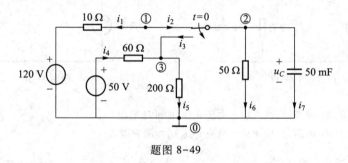

题图 8-49

8-50 题图 8-50 所示两个电路的有向图相同,开关转换前电路已经稳定,$t=0$ 时开关转换。计算两个电路 $t \geqslant 0$ 时的支路电压和支路电流,检验特勒根定理。

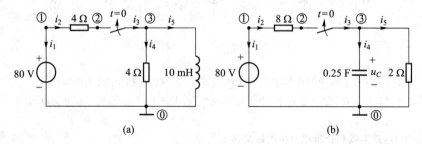

(a)   (b)

题图 8-50

第九章　二阶电路分析

　　由二阶微分方程描述的电路称为二阶电路。分析二阶电路的方法仍然是建立二阶微分方程，并利用初始条件求解得到电路的响应。本章主要讨论含两个动态元件的线性二阶电路，重点是讨论电路的零输入响应。最后介绍如何利用计算机程序分析高阶动态电路。

§9-1　*RLC* 串联电路的零输入响应

一、*RLC* 串联电路的微分方程

　　为了得到图 9-1 所示 *RLC* 串联电路的微分方程，先列出 KVL 方程

$$u_R(t) + u_L(t) + u_C(t) = u_S(t)$$

　　列出 KCL 方程和代入电容、电阻和电感的 VCR 方程

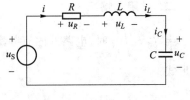

图 9-1　*RLC* 串联二阶电路

$$i(t) = i_L(t) = i_C(t) = C\frac{du_C}{dt}$$

$$u_R(t) = Ri(t) = RC\frac{du_C}{dt}$$

$$u_L(t) = L\frac{di}{dt} = LC\frac{d^2u_C}{dt^2}$$

得到以下微分方程

$$LC\frac{d^2u_C}{dt^2} + RC\frac{du_C}{dt} + u_C = u_S(t) \tag{9-1}$$

这是一个常系数非齐次线性二阶微分方程。为了得到电路的零输入响应，令电压源电压 $u_S(t) = 0$，得到以下二阶齐次微分方程

$$LC\frac{d^2u_C}{dt^2} + RC\frac{du_C}{dt} + u_C = 0 \tag{9-2}$$

其特征方程为

$$LCs^2 + RCs + 1 = 0 \tag{9-3}$$

由此求解得到特征根

微视频 9-1：
RLC 串联电路
响应

微视频 9-2：
RLC 串联电路
阶跃响应

$$s_{1,2} = -\frac{R}{2L} \pm \sqrt{\left(\frac{R}{2L}\right)^2 - \frac{1}{LC}} \qquad (9-4)$$

电路微分方程的特征根,称为电路的固有频率。当电路元件参数 R、L、C 的量值不同时,特征根可能出现以下三种情况:

(1) $R > 2\sqrt{\dfrac{L}{C}}$ 时,s_1、s_2 为两个不相等的实根。

(2) $R = 2\sqrt{\dfrac{L}{C}}$ 时,s_1、s_2 为两个相等的实根。

(3) $R < 2\sqrt{\dfrac{L}{C}}$ 时,s_1、s_2 为共轭复数根。

当两个特征根为不相等的实数根时,称电路处于过阻尼情况;当两个特征根为相等的实数根时,称电路处于临界阻尼情况;当两个特征根为共轭复数根时,称电路处于欠阻尼情况。以下分别讨论这三种情况。

二、过阻尼情况

当 $R > 2\sqrt{\dfrac{L}{C}}$ 时,电路的固有频率 s_1、s_2 为两个不相同的实数,齐次微分方程的解答具有下面的形式

$$u_C(t) = K_1 e^{s_1 t} + K_2 e^{s_2 t} \qquad (9-5)$$

式中的两个常数 K_1、K_2 由初始条件 $i_L(0)$ 和 $u_C(0)$ 确定。令式(9-5)中的 $t = 0$,得到

$$u_C(0) = K_1 + K_2 \qquad (9-6)$$

对式(9-5)求导,再令 $t = 0$,得到

$$\left.\frac{\mathrm{d}u_C(t)}{\mathrm{d}t}\right|_{t=0} = K_1 s_1 + K_2 s_2 = \frac{i_L(0)}{C} \qquad (9-7)$$

联立求解以上两个方程,可以得到 K_1、K_2,将它们代入式(9-5)得到电容电压的零输入响应,再利用 KCL 方程和电容的 VCR 可以得到电感电流的零输入响应。

例 9-1 电路如图 9-1 所示,已知 $R = 3\ \Omega$,$L = 0.5\ \mathrm{H}$,$C = 0.25\ \mathrm{F}$,$u_C(0) = 2\ \mathrm{V}$,$i_L(0) = 1\ \mathrm{A}$,求电容电压和电感电流的零输入响应。

解 将 R、L、C 的量值代入式(9-4)中,计算出固有频率的数值

$$s_{1,2} = -\frac{R}{2L} \pm \sqrt{\left(\frac{R}{2L}\right)^2 - \frac{1}{LC}} = -3 \pm \sqrt{3^2 - 8} = -3 \pm 1 = \begin{cases} -2 \\ -4 \end{cases}$$

微视频 9-3:
例题 9-1 解答
演示

将两个不相等的固有频率 $s_1 = -2$ 和 $s_2 = -4$ 代入式(9-5)中,得到

$$u_C(t) = K_1 e^{-2t} + K_2 e^{-4t} \qquad (t \geqslant 0)$$

利用电容电压的初始值 $u_C(0) = 2\ \mathrm{V}$ 和电感电流的初始值 $i_L(0) = 1\ \mathrm{A}$ 得到以下两个方程

$$u_C(0) = K_1 + K_2 = 2$$

$$\left.\frac{\mathrm{d}u_C(t)}{\mathrm{d}t}\right|_{t=0} = -2K_1 - 4K_2 = \frac{i_L(0)}{C} = 4$$

求解以上两个方程得到常数 $K_1 = 6$ 和 $K_2 = -4$，最后得到电容电压的零输入响应为

$$u_C(t) = (6e^{-2t} - 4e^{-4t})\,\mathrm{V} \quad (t \geqslant 0)$$

利用 KCL 和电容的 VCR 方程得到电感电流的零输入响应

$$i_L(t) = i_C(t) = C\frac{\mathrm{d}u_C}{\mathrm{d}t} = (-3e^{-2t} + 4e^{-4t})\,\mathrm{A} \quad (t \geqslant 0)$$

　　用计算机程序 WDNAP 可以求得这些响应，并画出电容电压和电感电流的波形曲线，如图 9-2 所示。从波形曲线可以看出，在 $t>0$ 以后，随着电感电流的减小，电感放出它储存的磁场能量，一部分为电阻消耗，另一部分转变为电场能量，使电容电压增加。到电感电流变为零时，电容电压达到最大值，此时电感放出全部磁场能量。以后，电容放出电场能量，一部分为电阻消耗，另一部分转变为磁场能量。到电感电流达到负的最大值后，电感和电容均放出能量供给电阻消耗，直到电阻将电容和电感的初始储能全部消耗完为止。

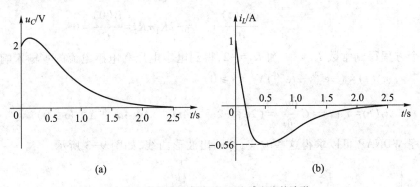

(a) 电容电压的波形　(b) 电感电流的波形

图 9-2　过阻尼情况

三、临界情况

当 $R = 2\sqrt{\dfrac{L}{C}}$ 时，电路的固有频率 s_1、s_2 为两个相同的实数 $s_1 = s_2 = s$。齐次微分方程的解答具有下面的形式

$$u_C(t) = K_1 e^{st} + K_2 t e^{st} \tag{9-8}$$

式中的两个常数 K_1、K_2 由初始条件 $i_L(0)$ 和 $u_C(0)$ 确定。令式(9-8)中的 $t=0$ 得到

$$u_C(0) = K_1 \tag{9-9}$$

对式(9-8)求导,再令 $t=0$ 得到

$$\frac{du_c(t)}{dt}\bigg|_{t=0} = K_1 s + K_2 = \frac{i_L(0)}{C} \tag{9-10}$$

联立求解可以得到 K_1、K_2,将它们代入式(9-8)中得到电容电压的零输入响应,再利用 KCL 方程和电容的 VCR 可以得到电感电流的零输入响应。

例 9-2 电路如图 9-1 所示。已知 $R=1\ \Omega$,$L=0.25\ \text{H}$,$C=1\ \text{F}$,$u_c(0)=-1\ \text{V}$,$i_L(0)=0\ \text{A}$,求电容电压和电感电流的零输入响应。

解 将 R、L、C 的量值代入式(9-4)中计算出固有频率的数值

$$s_{1,2} = -\frac{R}{2L} \pm \sqrt{\left(\frac{R}{2L}\right)^2 - \frac{1}{LC}} = -2 \pm \sqrt{2^2-4} = -2 \pm 0 \begin{cases} -2 \\ -2 \end{cases}$$

微视频 9-4:例题 9-2 解答演示

将两个相等的固有频率 $s_1=s_2=-2$ 代入式(9-8)中得到

$$u_c(t) = K_1 e^{-2t} + K_2 t e^{-2t} \quad (t \geq 0)$$

利用电容电压的初始值 $u_c(0)=-1\ \text{V}$ 和电感电流的初始值 $i_L(0)=0$,得到以下两个方程

$$u_c(0) = K_1 = -1$$

$$\frac{du_c(t)}{dt}\bigg|_{t=0} = -2K_1 + K_2 = \frac{i_L(0)}{C} = 0$$

求解以上两个方程得到常数 $K_1=-1$ 和 $K_2=-2$,得到电容电压和电感电流的零输入响应

$$u_c(t) = (-e^{-2t} - 2te^{-2t})\ \text{V} \quad (t \geq 0)$$

$$i_L(t) = i_c(t) = C\frac{du_c}{dt} = (2e^{-2t} - 2e^{-2t} + 4te^{-2t})\ \text{A} = 4te^{-2t}\ \text{A} \quad (t \geq 0)$$

用计算机程序 WDNAP 可以求得这些响应,并画出波形曲线,如图 9-3 所示。

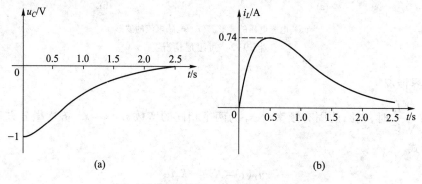

（a）电容电压的波形 （b）电感电流的波形

图 9-3 临界阻尼情况

四、欠阻尼情况

当 $R<2\sqrt{\dfrac{L}{C}}$ 时,电路的固有频率 s_1、s_2 为两个共轭复数根,它们可以表示为[①]

$$s_{1,2}=-\frac{R}{2L}\pm\sqrt{\left(\frac{R}{2L}\right)^2-\frac{1}{LC}}=-\alpha\pm\text{j}\sqrt{\omega_0^2-\alpha^2}=-\alpha\pm\text{j}\omega_\text{d}$$

其中

$$\alpha=\frac{R}{2L} \qquad \text{称为衰减系数}$$

$$\omega_0=\frac{1}{\sqrt{LC}} \qquad \text{称为谐振角频率}$$

$$\omega_\text{d}=\sqrt{\omega_0^2-\alpha^2} \qquad \text{称为衰减谐振角频率}$$

齐次微分方程的解答具有下面的形式

$$u_C(t)=\text{e}^{-\alpha t}(K_1\cos\,\omega_\text{d}t+K_2\sin\,\omega_\text{d}t)$$

$$=K\text{e}^{-\alpha t}\cos(\omega_\text{d}t+\varphi) \tag{9-11}$$

式中

$$K=\sqrt{K_1^2+K_2^2}, \qquad \varphi=-\arctan\frac{K_2}{K_1}$$

两个常数 K_1、K_2 由初始条件 $i_L(0)$ 和 $u_C(0)$ 确定后,代入式(9-11)中得到电容电压的零输入响应,再利用 KCL 和电容 VCR 方程得到电感电流的零输入响应的表达式。

例 9-3　电路如图 9-1 所示。已知 $R=6\ \Omega$,$L=1\ \text{H}$,$C=0.04\ \text{F}$,$u_C(0)=3\ \text{V}$,$i_L(0)=0.28\ \text{A}$,求电容电压和电感电流的零输入响应。

解　将 R、L、C 的量值代入式(9-4)中,计算出固有频率的数值

$$s_{1,2}=-\frac{R}{2L}\pm\sqrt{\left(\frac{R}{2L}\right)^2-\frac{1}{LC}}=-3\pm\sqrt{3^2-5^2}=-3\pm\text{j}4$$

微视频 9-5:
例题 9-3 解答
演示

将两个不相等的固有频率 $s_1=-3+\text{j}4$ 和 $s_2=-3-\text{j}4$ 代入式(9-11)中,得到

$$u_C(t)=\text{e}^{-3t}(K_1\cos\,4t+K_2\sin\,4t) \qquad (t\geqslant0)$$

利用电容电压的初始值 $u_C(0)=3\ \text{V}$ 和电感电流的初始值 $i_L(0)=0.28\ \text{A}$ 得到以下两个方程

$$u_C(0)=K_1=3$$

$$\left.\frac{\text{d}u_C(t)}{\text{d}t}\right|_{t=0}=-3K_1+4K_2=\frac{i_L(0)}{C}=7$$

---

① 　$\text{j}=\sqrt{-1}$ 即数学中的 i,由于电路分析中用 i 表示电流,故用 j 表示 $\sqrt{-1}$。

求解以上两个方程得到常数 $K_1 = 3$ 和 $K_2 = 4$,得到电容电压和电感电流的零输入响应

$$u_C(t) = e^{-3t}(3\cos 4t + 4\sin 4t)\,\mathrm{V} = 5e^{-3t}\cos(4t - 53.1°)\,\mathrm{V} \quad (t \geq 0)$$

$$i_L(t) = C\frac{\mathrm{d}u_C}{\mathrm{d}t} = 0.04e^{-3t}(7\cos 4t - 24\sin 4t)\,\mathrm{A} = e^{-3t}\cos(4t + 73.74°)\,\mathrm{A} \quad (t \geq 0)$$

用计算机程序 WDNAP 可以求得这些响应,并画出波形曲线,如图 9-4(a)和(b)所示。

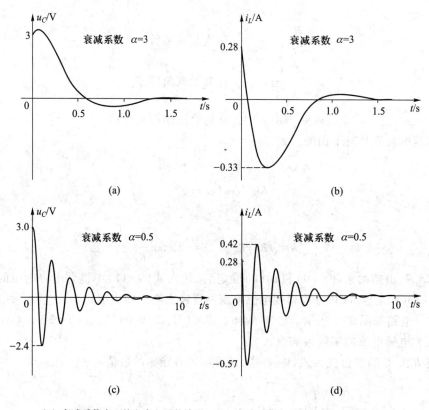

(a) 衰减系数为 3 的电容电压的波形　　(b) 衰减系数为 3 的电感电流的波形
(c) 衰减系数为 0.5 的电容电压的波形　　(d) 衰减系数为 0.5 的电感电流的波形

图 9-4　欠阻尼情况

　　从式(9-11)和图 9-4 波形曲线可以看出,欠阻尼情况的特点是能量在电容与电感之间交换,形成衰减振荡。电阻越小,单位时间消耗能量越少,曲线衰减越慢。当例 9-3 中电阻由 $R = 6\,\Omega$ 减小到 $R = 1\,\Omega$,衰减系数由 3 变为 0.5 时,用计算机程序 WDNAP 得到的电容电压和电感电流的波形曲线,如图 9-4(c)和(d)所示,由此可以看出曲线衰减明显变慢。假如电阻等于零,使衰减系数为零时,电容电压和电感电流将形成无衰减的等幅振荡。

　　例 9-4　电路如图 9-1 所示。已知 $R = 0, L = 1\,\mathrm{H}, C = 0.04\,\mathrm{F}, u_C(0) = 3\,\mathrm{V}, i_L(0) = 0.28\,\mathrm{A}$,求电容电压和电感电流的零输入响应。

解　将 R、L、C 的量值代入式(9-4)中,计算出固有频率的数值

$$s_{1,2} = -\frac{R}{2L} \pm \sqrt{\left(\frac{R}{2L}\right)^2 - \frac{1}{LC}} = \pm\sqrt{-5^2} = \pm j5$$

将两个不相等的固有频率 $s_1 = j5$ 和 $s_2 = -j5$ 代入式(9-11)中,得到

$$u_C(t) = (K_1\cos 5t + K_2\sin 5t) \quad (t \geq 0)$$

利用电容电压的初始值 $u_C(0) = 3$ V 和电感电流的初始值 $i_L(0) = 0.28$ A 得到以下两个方程

$$u_C(0) = K_1 = 3$$

$$\frac{du_C(t)}{dt}\bigg|_{t=0} = 5K_2 = \frac{i_L(0)}{C} = 7$$

求解以上两个方程得到常数 $K_1 = 3$ 和 $K_2 = 1.4$,得到电容电压和电感电流的零输入响应

$$u_C(t) = (3\cos 5t + 1.4\sin 5t)\,V = 3.31\cos(5t - 25°)\,V \quad (t \geq 0)$$

$$i_L(t) = C\frac{du_C}{dt} = 0.04(-15\sin 5t + 7\cos 5t)\,A = 0.66\cos(5t + 65°)\,A \quad (t \geq 0)$$

用计算机程序 WDNAP 可以求得这些响应,并画出的电容电压和电感电流的波形曲线,如图 9-5 所示。

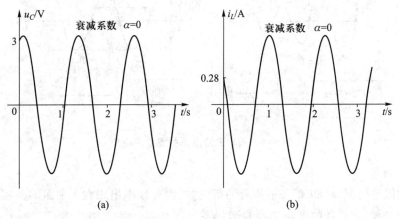

（a）电容电压的波形　（b）电感电流的波形

图 9-5　无阻尼情况

　　由电容电压和电感电流的表达式及波形曲线可见,由于电路中没有损耗,能量在电容和电感之间交换,总能量不会减少,形成等幅振荡。电容电压和电感电流的相位差为 90°,当电容电压为零,电场储能为零时,电感电流达到最大值,全部能量储存于磁场中;而当电感电流为零,磁场储能为零时,电容电压达到最大值,全部能量储存于电场中。

　　从以上分析计算的结果可以看出,RLC 二阶电路的零输入响应的形式与其固有频率密切相关,响应的几种情况如图 9-6 所示。

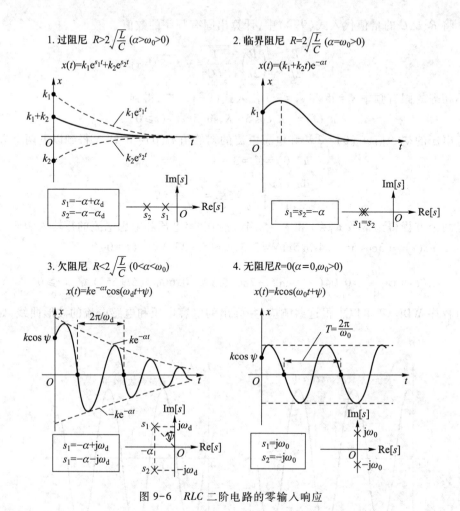

图 9-6 RLC 二阶电路的零输入响应

由图 9-6 可见:

(1) 在过阻尼情况,s_1 和 s_2 是不相等的负实数,固有频率出现在 s 平面的负实轴上,响应是两项指数衰减之和,它将随时间增加而衰减到零。

(2) 在临界阻尼情况,$s_1 = s_2$ 是相等的负实数,固有频率出现在 s 平面的负实轴上,响应将随时间增加而衰减到零。

(3) 在欠阻尼情况,s_1 和 s_2 是共轭复数,固有频率出现在 s 平面的左半平面上,响应是振幅随时间衰减的正弦振荡,其振幅随时间按指数规律衰减,衰减系数 α 越大,衰减越快。衰减振荡的角频率 ω_d 越大,振荡周期越小,振荡越快。图中按 $Ke^{-\alpha t}$ 画出的虚线称为包络线,它限定了振幅的变化范围。

(4) 在无阻尼情况,s_1 和 s_2 是共轭虚数,固有频率出现在 s 平面的虚轴上,衰减系数为零,振幅不再衰减,形成角频率为 ω_0 的等幅振荡。

显然,当固有频率的实部为正时,响应的振幅将随时间增加,电路是不稳定的。由此可知,当一个电路的全部固有频率均处于 s 平面的左半平面上时,电路是稳定的。

§9-2　直流激励下 *RLC* 串联电路的响应

对于图 9-1 所示直流激励的 *RLC* 串联电路,当 $u_s(t) = U_s$ 时,利用初始条件 $u_c(0) = U_0$ 和 $i_L(0) = I_0$ 求解以下非齐次微分方程,可以得到电路的全响应

$$LC \frac{\mathrm{d}^2 u_c}{\mathrm{d} t^2} + RC \frac{\mathrm{d} u_c}{\mathrm{d} t} + u_c = U_s \quad (t \geqslant 0) \tag{9-12}$$

电路的全响应由对应齐次微分方程的通解与微分方程的特解之和组成

$$u_c(t) = u_{C\mathrm{h}}(t) + u_{C\mathrm{p}}(t)$$

电路的固有频率为

$$s_{1,2} = -\frac{R}{2L} \pm \sqrt{\left(\frac{R}{2L}\right)^2 - \frac{1}{LC}}$$

当电路的固有频率 $s_1 \neq s_2$ 时,对应齐次微分方程的通解为

$$u_{C\mathrm{h}}(t) = K_1 \mathrm{e}^{s_1 t} + K_2 \mathrm{e}^{s_2 t}$$

微分方程的特解为　　　　　　　　　　$u_{C\mathrm{p}}(t) = U_s$

全响应为

$$u_c(t) = u_{C\mathrm{h}}(t) + u_{C\mathrm{p}}(t) = K_1 \mathrm{e}^{s_1 t} + K_2 \mathrm{e}^{s_2 t} + U_s \tag{9-13}$$

利用两个初始条件 $u_c(0)$,$\left. \dfrac{\mathrm{d} u_c(t)}{\mathrm{d} t} \right|_{t=0} = \dfrac{i_L(0)}{C}$ 得到

$$u_c(0) = K_1 + K_2 + U_s$$

对式(9-13)求导,再令 $t = 0$ 得到

$$\left. \frac{\mathrm{d} u_c(t)}{\mathrm{d} t} \right|_{t=0} = K_1 s_1 + K_2 s_2 = \frac{i_L(0)}{C}$$

联立求解以上两个代数方程,得到常数 K_1 和 K_2 后,就可得到电容电压的全响应,再利用 KCL 和电容元件 VCR 可以求得电感电流的全响应。下面举例加以说明。

例 9-5　电路如图 9-1 所示。已知 $R = 4\ \Omega$,$L = 1\ \mathrm{H}$,$C = 1/3\ \mathrm{F}$,$u_s(t) = 2\ \mathrm{V}$,$u_c(0) = 6\ \mathrm{V}$,$i_L(0) = 4\ \mathrm{A}$。求 $t > 0$ 时,电容电压和电感电流的响应。

解　先计算固有频率

微视频 9-6:
例题 9-5 解答
演示

$$s_{1,2} = -\frac{R}{2L} \pm \sqrt{\left(\frac{R}{2L}\right)^2 - \frac{1}{LC}} = -2 \pm \sqrt{4-3} = -2 \pm 1 = \begin{cases} -1 \\ -3 \end{cases}$$

这是两个不相等的负实根,其通解为

$$u_{Ch}(t) = K_1 e^{-t} + K_2 e^{-3t}$$

特解为

$$u_{Cp}(t) = 2V$$

全响应为

$$u_C(t) = u_{Ch}(t) + u_{Cp}(t) = K_1 e^{-t} + K_2 e^{-3t} + 2V$$

利用初始条件得到

$$u_C(0) = K_1 + K_2 + 2 = 6$$

$$\left.\frac{du_C(t)}{dt}\right|_{t=0} = -K_1 - 3K_2 = \frac{i_L(0)}{C} = 12$$

联立求解以上两个方程,得到

$$K_1 = 12, K_2 = -8$$

最后得到电容电压和电感电流的全响应

$$u_C(t) = (12e^{-t} - 8e^{-3t} + 2)V \quad (t \geq 0)$$

$$i_L(t) = i_C(t) = C\frac{du_C}{dt} = (-4e^{-t} + 8e^{-3t})A \quad (t \geq 0)$$

例 9-6　电路如图 9-1 所示。已知 $R=6\,\Omega, L=1\,H, C=0.04\,F, u_S(t) = \varepsilon(t)V$。求 $t>0$ 时,电容电压的零状态响应。

解　$\varepsilon(t)$ 是单位阶跃函数,$t>0$ 时,$\varepsilon(t) = 1\,V$,可以作为直流激励处理。首先计算电路的固有频率

$$s_{1,2} = -\frac{R}{2L} \pm \sqrt{\left(\frac{R}{2L}\right)^2 - \frac{1}{LC}} = -3 \pm \sqrt{3^2 - 5^2} = -3 \pm j4$$

将两个不相等的固有频率 $s_1 = -3+j4$ 和 $s_2 = -3-j4$ 代入式(9-13),可以得到

$$u_C(t) = e^{-3t}(K_1 \cos 4t + K_2 \sin 4t) + 1V \quad (t \geq 0)$$

利用电容电压的初始值 $u_C(0) = 0$ 和电感电流的初始值 $i_L(0) = 0$,得到以下两个方程

$$u_C(0) = K_1 + 1 = 0$$

$$\left.\frac{du_C(t)}{dt}\right|_{t=0} = -3K_1 + 4K_2 = 0$$

求解以上两个方程,得到常数 $K_1 = -1$ 和 $K_2 = -0.75$,则电容电压的零状态响应

$$u_C(t) = [e^{-3t}(-\cos 4t - 0.75\sin 4t) + 1]V$$

$$= [1.25e^{-3t}\cos(4t + 143.1°) + 1]V \quad (t \geq 0)$$

用计算机程序 WDNAP 画出的电容电压和电感电流零状态响应的波形如图9-7(a)和(b)所示。当例 9-6 中电阻由 $R=6\,\Omega$ 减小到 $R=1\,\Omega$,衰减系数由 3 变为 0.5 时,用计算机程序 WDNAP 得到的电容电压和电感电流零状态响应的波形曲线,如图9-7(c)和(d)所示。

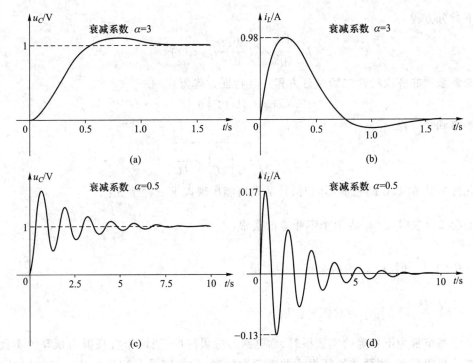

(a)　(b)

(c)　(d)

（a）衰减系数为 3 的电容电压的波形　（b）衰减系数为 3 的电感电流的波形
（c）衰减系数为 0.5 的电容电压的波形　（d）衰减系数为 0.5 的电感电流的波形

图 9-7　电容电压和电感电流的波形

　　附录 B 中附图 25 显示 *RLC* 串联电路在改变电阻值时电容电压和电感电流全响应波形的变化。

§9-3　*RLC* 并联电路的响应

RLC 并联电路如图 9-8 所示，为了得到电路的二阶微分方程，列出 KCL 方程

$$i_R(t) + i_L(t) + i_C(t) = i_S(t)$$

代入电容、电阻和电感的 VCR 方程

$$u(t) = u_L(t) = u_C(t) = L\frac{\mathrm{d}i_L}{\mathrm{d}t}$$

$$i_R(t) = Gu(t) = GL\frac{\mathrm{d}i_L}{\mathrm{d}t}$$

$$i_C(t) = C\frac{\mathrm{d}u}{\mathrm{d}t} = LC\frac{\mathrm{d}^2 i_L}{\mathrm{d}t^2}$$

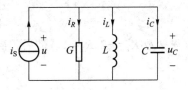

图 9-8　*RLC* 并联二阶电路

得到以下微分方程

$$LC\frac{\mathrm{d}^2 i_L}{\mathrm{d}t^2}+GL\frac{\mathrm{d}i_L}{\mathrm{d}t}+i_L=i_\mathrm{S}(t) \tag{9-14}$$

这是一个常系数非齐次线性二阶微分方程。其特征方程为

$$LCs^2+GLs+1=0$$

由此求解得到特征根

$$s_{1,2}=-\frac{G}{2C}\pm\sqrt{\left(\frac{G}{2C}\right)^2-\frac{1}{LC}} \tag{9-15}$$

当电路元件参数 G、L、C 的量值不同时,特征根可能出现以下三种情况:

(1) $G>2\sqrt{\dfrac{C}{L}}$ 时,s_1、s_2 为两个不相等的实根。

(2) $G=2\sqrt{\dfrac{C}{L}}$ 时,s_1、s_2 为两个相等的实根。

(3) $G<2\sqrt{\dfrac{C}{L}}$ 时,s_1、s_2 为共轭复数根。

当两个特征根为不相等的实数根时,称电路是过阻尼的;当两个特征根为相等的实数根时,称电路是临界阻尼的;当两个特征根为共轭复数根时,称电路是欠阻尼的。这三种情况响应的计算与 RLC 串联电路相似,下面举例说明。

例 9-7 电路如图 9-8 所示。已知 $G=3\,\mathrm{S}$,$L=0.25\,\mathrm{H}$,$C=0.5\,\mathrm{F}$,$i_\mathrm{S}(t)=\varepsilon(t)\,\mathrm{A}$。求 $t>0$ 时,电感电流和电容电压的零状态响应。

解 将 G、L、C 的量值代入式(9-15),计算出固有频率的数值

$$s_{1,2}=-\frac{G}{2C}\pm\sqrt{\left(\frac{G}{2C}\right)^2-\frac{1}{LC}}=-3\pm\sqrt{3^3-8}=-3\pm1=\begin{cases}-2\\-4\end{cases}$$

电感电流为

$$i_L(t)=K_1\mathrm{e}^{-2t}+K_2\mathrm{e}^{-4t}+1\,\mathrm{A} \quad (t\geqslant 0)$$

利用电容电压的初始值 $u_C(0)=0$ 和电感电流的初始值 $i_L(0)=0$ 得到以下两个方程

$$i_L(0)=K_1+K_2+1=0$$

$$\frac{\mathrm{d}i_L(t)}{\mathrm{d}t}\bigg|_{t=0}=-2K_1-4K_2=\frac{u_C(0)}{L}=0$$

求得常数 $K_1=-2$,$K_2=1$。最后得到电感电流和电容电压

$$i_L(t)=(-2\mathrm{e}^{-2t}+\mathrm{e}^{-4t}+1)\,\mathrm{A} \quad (t\geqslant 0)$$

$$u_C(t)=u_L(t)=L\frac{\mathrm{d}i_L}{\mathrm{d}t}=(\mathrm{e}^{-2t}-\mathrm{e}^{-4t})\,\mathrm{V} \quad (t>0)$$

例 9-8 电路如图 9-8 所示,已知 $G=0.1\,\mathrm{S}$,$L=1\,\mathrm{H}$,$C=1\,\mathrm{F}$,$i_\mathrm{S}(t)=\varepsilon(t)\,\mathrm{A}$。求 $t>0$ 时,电感

电流的零状态响应。

解 首先计算固有频率

$$s_{1,2} = -\frac{G}{2C} \pm \sqrt{\left(\frac{G}{2C}\right)^2 - \frac{1}{LC}} = -\frac{1}{20} \pm \sqrt{\frac{1}{400} - 1} = -0.05 \pm j1$$

微视频 9-8：
例题 9-8 解答
演示

这是共轭复数,其响应为

$$i_L(t) = e^{-0.05t}(K_1 \cos t + K_2 \sin t) + 1 \text{ A}$$

利用零初始条件,得到

$$i_L(0) = K_1 + 1 = 0$$

$$\left.\frac{di_L(t)}{dt}\right|_{t=0} = -0.05K_1 + K_2 = \frac{u_C(0)}{L} = 0$$

由此可得

$$K_1 = -1, \quad K_2 = -0.05$$

最后得到电感电流为

$$i_L(t) = \left[1 - e^{-0.05t}(\cos t + 0.05 \sin t)\right] \text{A}$$

$$\approx \left[1 - e^{-0.05t} \cos t\right] \text{A} \quad (t>0)$$

用计算机程序 WDNAP 画出的电感电流波形如图 9-9 所示。

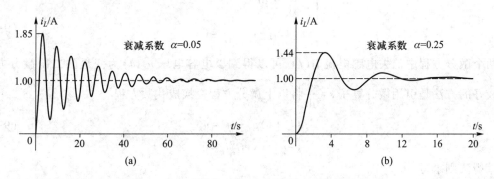

图 9-9 衰减系数为 0.05 和 0.25 的电感电流的波形

附录 B 中附图 26 显示 RLC 并联电路在改变电阻值时电容电压和电感电流全响应波形的变化。

§9-4 一般二阶电路分析

除了 RLC 串联和并联二阶电路以外,还有很多由两个储能元件以及一些电阻构成的二阶电路。本节讨论这些电路的分析方法,关键的问题是如何建立电路的二阶微分方程以及确定相应的初始条件。现在举例加以说明。

例 9-9 图 9-10(a)所示电路在开关转换前已经达到稳态,$t=0$ 时转换开关。试求 $t \geq 0$ 时

电容电压 $u_c(t)$ 的全响应。

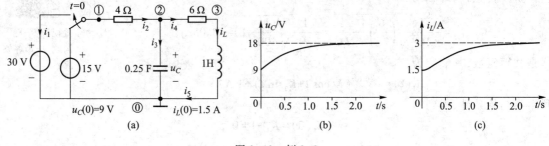

图 9-10 例 9-9

解 先求出电容电压和电感电流的初始值为

$$u_c(0_+) = u_c(0_-) = \frac{6}{4+6} \times 15 \text{ V} = 9 \text{ V}, \quad i_L(0_+) = i_L(0_-) = \frac{15 \text{ V}}{(4+6)\Omega} = 1.5 \text{ A}$$

（1）用"笔算"方法求解

以电容电压 $u_c(t)$ 和电感电流 $i_L(t)$ 为变量，对 $t \geq 0$ 的电路列出两个网孔的 KVL 方程

$$\begin{cases} 4\left(\frac{1}{4} \cdot \frac{du_c}{dt} + i_L \right) + u_c = u_s & (9\text{-}16) \\[2mm] -u_c + 6i_L + 1 \cdot \frac{di_L}{dt} = 0 & (9\text{-}17) \end{cases}$$

从这两个微分方程中消去电感电流 $i_L(t)$，可以得到以电容电压 $u_c(t)$ 为变量的二阶微分方程。

一种较好的方法是引用微分算子 $s = \dfrac{d}{dt}$ 将以上微分方程变换成代数方程

$$\begin{cases} (s+1)u_c + 4i_L = u_s & (9\text{-}18) \\ -u_c + (s+6)i_L = 0 & (9\text{-}19) \end{cases}$$

用克莱姆法则求得

$$u_c = \frac{(s+6)u_s}{(s+1)(s+6)+4} = \frac{(s+6)u_s}{s^2+7s+10} \tag{9-20}$$

将上式改写为

$$(s^2+7s+10)u_c = (s+6)u_s$$

最后将微分算子反变换得到以电容电压为变量的二阶微分方程

$$\frac{d^2u_c}{dt^2} + 7\frac{du_c}{dt} + 10u_c = \frac{du_s}{dt} + 6u_s$$

从特征方程 $\qquad\qquad\qquad (s^2+7s+10) = 0$

求得特征根，即电路的固有频率为

$$s_1 = -2, \quad s_2 = -5$$

电容电压 $u_C(t)$ 的暂态响应为 $u_{Ch}(t) = K_1 e^{-2t} + K_2 e^{-5t}$,电容电压 $u_C(t)$ 的稳态响应为 $u_{Cp}(t) = 18\ \mathrm{V}$,电容电压 $u_C(t)$ 的全响应为

$$u_C(t) = u_{Ch}(t) + u_{Cp}(t) = K_1 e^{-2t} + K_2 e^{-5t} + 18\ \mathrm{V}$$

现在利用初始条件确定常数 K_1 和 K_2。将 $u_C(0_+) = 9\ \mathrm{V}$ 代入上式得到

$$u_C(0_+) = K_1 + K_2 + 18 = 9 \tag{9-21}$$

另外一个初始条件 $\dfrac{\mathrm{d}u_C}{\mathrm{d}t}(0_+)$,可从式(9-18)代数方程中求得

$$\frac{\mathrm{d}u_C}{\mathrm{d}t}(0_+) = u_S(0_+) - 4i_L(0_+) - u_C(0_+) = 30 - 6 - 9 = 15$$

电容电压 $u_C(t)$ 对时间求导得到

$$\frac{\mathrm{d}u_C}{\mathrm{d}t}(0_+) = -2K_1 - 5K_2 = 15 \tag{9-22}$$

联立求解式(9-21)和式(9-22)得到

$$K_1 = -10, \quad K_2 = 1$$

最后得到电容电压 $u_C(t)$ 的全响应表达式

$$u_C(t) = (-10e^{-2t} + e^{-5t} + 18)\ \mathrm{V} \quad (t \geqslant 0)$$

从以上计算过程可以看出,采用微分算子将微分方程变换成代数方程,再用代数运算的方法求得微分方程和初始条件。

建立二阶微分方程的主要步骤如下:

① 以 $u_C(t)$ 和 $i_L(t)$ 为变量列出两个微分方程。

② 利用微分算子 $s = \dfrac{\mathrm{d}}{\mathrm{d}t}$ 和 $\dfrac{1}{s} = \displaystyle\int \mathrm{d}t$ 将微分方程变换为两个代数方程。

③ 联立求解两个代数方程得到解答 $x = P(s)/Q(s)$,其中 x 表示电容电压 $u_C(t)$ 或电感电流 $i_L(t)$,$P(s)$、$Q(s)$ 是 s 的多项式。

④ 将 $x = P(s)/Q(s)$ 改写为 $Q(s)x = P(s)$ 的形式,再反变换列出二阶微分方程。

(2)利用动态网络分析程序 WDNAP 求解

用 WDNAP 程序分析电路时,只需将电路元件连接关系和参数告诉计算机,计算机能够自动建立表格方程,列出 n 阶微分方程,求解方程得到各电压电流的时域表达式,并可以画出波形图。对本题的计算结果如下所示。

元件类型	支路编号	开始节点	终止节点	控制支路	元件数值	元件数值
\multicolumn{7}{l}{L9-9　Circuit Data}						
V1	1	1	0		30.000	
R	2	1	2		4.0000	
C	3	2	0		.25000	9.0000
R	4	2	3		6.0000	
L	5	3	0		1.0000	1.5000

```
                独立节点数目 = 3      支路数目 = 5
                <<< ----- 微 分 方 程 ----- >>>
                       D = (dx/dt) -> 微 分 算 子
   1.000        D**2(u3) +7.00        D   (u3) +10.00        (u3)
                        = 1.000      D   (v1) +6.00         (v1)
   1.000        D**2(i5) +7.00        D   (i5) +10.00        (i5)
                        = 1.000      D   (v1)               (v1)
                   ***** 完 全 响 应 *****
   u3 (t) =ε(t)* (-10.00     +j  0.00    )*exp( -2.00    +j  0.00    )t
         +ε(t)* ( 1.000     +j  0.00    )*exp( -5.00    +j  0.00    )t
         +ε(t)* ( 18.0      +j  0.00    )*exp(  0.00    +j  0.00    )t
   i5 (t) =ε(t)* ( -2.50    +j  0.00    )*exp( -2.00    +j  0.00    )t
         +ε(t)* ( 1.000     +j  0.00    )*exp( -5.00    +j  0.00    )t
         +ε(t)* ( 3.00      +j  0.00    )*exp(  0.00    +j  0.00    )t
            ***** 动态网络分析程序 （ WDNAP 3.01 ） *****
```

求得以电容电压 $u_C(t)$ 和电感电流 $i_L(t)$ 为变量的二阶微分方程

$$\frac{\mathrm{d}^2 u_C}{\mathrm{d}t^2} + 7\frac{\mathrm{d}u_C}{\mathrm{d}t} + 10u_C = \frac{\mathrm{d}u_\mathrm{s}}{\mathrm{d}t} + 6u_\mathrm{s}$$

$$\frac{\mathrm{d}^2 i_L}{\mathrm{d}t^2} + 7\frac{\mathrm{d}i_L}{\mathrm{d}t} + 10i_L = u_\mathrm{s}$$

求得电容电压 $u_C(t)$ 和电感电流 $i_L(t)$

$$u_C(t) = (-10\mathrm{e}^{-2t} + \mathrm{e}^{-5t} + 18)\,\varepsilon(t)\,\mathrm{V}$$

$$i_L(t) = (-2.5\mathrm{e}^{-2t} + \mathrm{e}^{-5t} + 3)\,\varepsilon(t)\,\mathrm{A}$$

计算机程序 WDNAP 画出的波形如图 9-10(b) 和图 9-10(c) 所示。

§9-5　电路实验和计算机分析电路实例

　　首先介绍用计算机程序 WDNAP 来建立动态电路的微分方程和计算电压、电流的全响应。再介绍一种观测 RLC 串联二阶电路阶跃响应的实验方法。

一、计算机辅助电路分析

　　对于二阶以及三阶以上的动态电路,建立微分方程和确定相应的初始条件都十分困难。建立和求解 n 阶微分方程工作可以用计算机来完成。我们用动态电路分析程序 WDNAP,只需要将电路元件的连接关系、元件类型和参数、动态元件的初始值以及支路关联参考方向告诉计算机,就可以得到电路的微分方程、固有频率、电压电流的频域和时域解答,并可以画出波形曲线。现在举例加以说明。

　　例 9-10　电路如图 9-11 所示,已知 $u_\mathrm{s}(t) = 8\varepsilon(t)\,\mathrm{V}$,$i_L(0) = 6\,\mathrm{A}$,$u_C(0) = 4\,\mathrm{V}$。用计算机程序求转移电阻 $r = 1\,\Omega$、$2\,\Omega$、$4\,\Omega$ 时电感电流的零输入响应、零状态响应和完全响应。

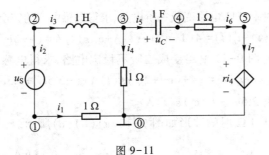

图 9-11

解 用动态网络分析程序 WDNAP 求转移电阻 $r=1\ \Omega$ 时的电感电流如下所示。

```
L9-10-1 Circuit Data
元件  支路  开始  终止  控制     元件          元件
类型  编号  节点  节点  支路     数 值          数 值
 R    1    1    0            1.00000
 V1   2    2    1            8.0000
 L    3    2    3            1.00000      6.0000
 R    4    3    0            1.00000
 C    5    3    4            1.00000      4.0000
 R    6    4    5            1.00000
 CV   7    5    0    4       1.00000
 独立节点数目 = 5     支路数目 = 7
 << 阶 跃 电 源  V 2 (t)= 8.00   ε(t)单 独 作 用 >>
i3 (t) =ε(t)* ( 0.00   +j 0.00  )*exp(-1.000  +j 0.00  )t
    +ε(t)* ( -4.00  +j 0.00  )*exp( -2.00  +j 0.00  )t
    +ε(t)* ( 4.00   +j 0.00  )*exp( 0.00   +j 0.00  )t
 << 初 始 状 态 I 3(0)= 6.00     单 独 作 用 >>
    +ε(t)* ( 0.00   +j 0.00  )*exp(-1.000  +j 0.00  )t
    +ε(t)* ( 6.00   +j 0.00  )*exp( -2.00  +j 0.00  )t
 << 初 始 状 态 Vc 5(0)= 4.00     单 独 作 用 >>
    +ε(t)* ( -4.00  +j 0.00  )*exp(-1.000  +j 0.00  )t
    +ε(t)* ( 4.00   +j 0.00  )*exp( -2.00  +j 0.00  )t
 ***** 完 全 响 应 *****
i3 (t) =ε(t)* ( -4.00  +j 0.00  )*exp(-1.000  +j 0.00  )t
    +ε(t)* ( 6.00   +j 0.00  )*exp( -2.00  +j 0.00  )t
    +ε(t)* ( 4.00   +j 0.00  )*exp( 0.00   +j 0.00  )t
 ***** 动态网络分析程序（ WDNAP 3.01 ）*****
```

计算表明,当转移电阻 $r=1\ \Omega$ 时图 9-11 电路是一个二阶电路,其电感电流的完全响应等于零状态响应 $i_L'(t)$ 与零输入响应 $i_L''(t)$ 之和。

$$i_L(t) = i_L'(t) + i_L''(t) = 4(1-e^{-2t})\varepsilon(t)\,\text{A} + (-4e^{-t}+10e^{-2t})\varepsilon(t)\,\text{A}$$

$$= (4-4e^{-t}+6e^{-2t})\varepsilon(t)\,\text{A}$$

当转移电阻 $r=2\,\Omega$ 时图 9-11 电路变成一阶电路,求得电感电流的完全响应为

$$i_L(t) = i'_L(t) + i''_L(t) = 4(1-e^{-t})\varepsilon(t)\,\text{A} + e^{-t}\varepsilon(t)\,\text{A} = (4-3e^{-t})\varepsilon(t)\,\text{A}$$

当转移电阻 $r=4\,\Omega$ 时图 9-11 电路变成二阶不稳定电路,求得电感电流的完全响应为

$$i_L(t) = i'_L(t) + i''_L(t) = (4-6e^{-t}+2e^{t})\varepsilon(t)\,\text{A} + (-3.5e^{-t}+2.5e^{t})\varepsilon(t)\,\text{A}$$
$$= (4-2.5e^{-t}+4.5e^{t})\varepsilon(t)\,\text{A}$$

转移电阻 $r=1\,\Omega$、$2\,\Omega$、$4\,\Omega$ 时的波形如图 9-12(a)(b)(c)所示。

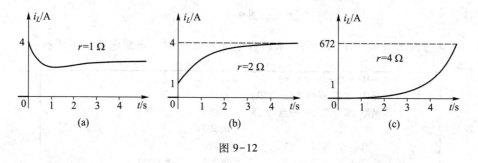

图 9-12

图 9-11 所示电路中转移电阻 $r=2\,\Omega$ 和 $r=4\,\Omega$ 时的响应,请看教材 Abook 资源。

例 9-11 电路如图 9-13 所示,已知 $u_S(t)=6\varepsilon(t)\,\text{V}$,电容电压 $u_{C1}(0)=2\,\text{V}$,$u_{C2}(0)=3\,\text{V}$,试以电容电压 $u_{C1}(t)$ 为变量建立微分方程和计算电路的固有频率,并求电容电压 $u_{C1}(t)$ 的零输入响应、零状态响应和全响应。

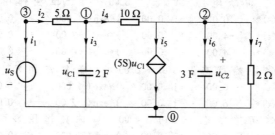

图 9-13 例 9-11

解 用动态网络分析程序 WDNAP 计算图 9-13 电路,可以得到以下计算结果。

```
L9-11  Circuit Data

元件  支路 开始 终止 控制    元件        元件
类型  编号 节点 节点 支路    数值        数值

V1    1    3    0          6.0000
R     2    1    3          5.0000
C     3    1    0          2.0000      2.0000
R     4    1    2          10.0000
VC    5    2    0    3     5.0000
```

```
      C    6    2    0         3.0000        3.0000
      R    7    2    0         2.0000
   独立节点数目 = 3    支路数目 = 7
   <<< 网 络 的 特 征 多 项 式   >>>
   1.000    S**2 +0.350    S    +0.112
   <<< 网 络 的 自 然 频 率   >>>
        S 1 = -0.1750    +j -0.2847    rad/s
        S 2 = -0.1750    +j 0.2847    rad/s
   <<< ----- 微 分 方 程 ----- >>>
       D = (dx/dt) -> 微 分 算 子
   1.000    D**2(u3) +0.350    D    (u3) +0.112    (u3)
             = 1.000E-01 D   (v1) +2.000E-02    (v1)
   << 阶 跃 电 源  V 1(t)= 6.00    ε(t) 单 独 作 用 >>
 u3 (t) = ε(t)* (-0.537    +j 0.724 )*exp(-0.175    +j-0.285 )t
        +ε(t)* (-0.537    +j-0.724 )*exp(-0.175    +j 0.285 )t
        +ε(t)* ( 1.07    +j 0.00  )*exp( 0.00    +j 0.00  )t
   << 初 始 状 态 Vc 3(0)= 2.00    单 独 作 用 >>
        +ε(t)* ( 1.000    +j 0.878E-01)*exp(-0.175    +j-0.285 )t
        +ε(t)* ( 1.000    +j-0.878E-01)*exp(-0.175    +j 0.285 )t
   << 初 始 状 态 Vc 6(0)= 3.00    单 独 作 用 >>
        +ε(t)* ( 0.00    +j 0.263 )*exp(-0.175    +j-0.285 )t
        +ε(t)* ( 0.00    +j-0.263 )*exp(-0.175    +j 0.285 )t
         *****  完 全 响 应  *****
 u3 (t) = ε(t)* ( 0.463    +j 1.07  )*exp(-0.175    +j-0.285 )t
        +ε(t)* ( 0.463    +j -1.07 )*exp(-0.175    +j 0.285 )t
        +ε(t)* ( 1.07    +j 0.00  )*exp( 0.00    +j 0.00  )t
 u3 (t) = ε(t)* [( 2.34    )* exp (-0.175    t)]cos( 0.285    t -66.71°)
        +ε(t)* ( 1.07    +j 0.00  )*exp( 0.00    +j 0.00  )t
       *****  动态网络分析程序 ( WDNAP 3.01 ) *****
```

式中 D 表示微分算子,求得微分方程如下所示。

$$\frac{\mathrm{d}^2 u_{C1}}{\mathrm{d}t^2} + 0.35\frac{\mathrm{d}u_{C1}}{\mathrm{d}t} + 0.112u_{C1} = 0.1\frac{\mathrm{d}u_S}{\mathrm{d}t} + 0.02u_S$$

求得电路的固有频率为共轭复数,即 $s_1 = -0.175 - \mathrm{j}0.284\,7$,$s_2 = -0.175 + \mathrm{j}0.284\,7$。

求得阶跃电压源 $u_S(t) = 6\varepsilon(t)$ 单独作用引起电容电压 $u_{C1}(t)$ 的零输入响应为

$$u_3(t) = \left[1.07 + (-0.537 + \mathrm{j}0.724)\mathrm{e}^{-(0.175+\mathrm{j}0.285)t} + (-0.537 - \mathrm{j}0.724)\mathrm{e}^{-(0.175-\mathrm{j}0.285)t} \right]\varepsilon(t)$$

电容电压 $u_{C1}(0) = 2\,\text{V}$ 单独作用引起电容电压 $u_{C1}(t)$ 的零状态响应为

$$u_3(t) = \left[(1+\mathrm{j}0.087\,8)\mathrm{e}^{-(0.175+\mathrm{j}0.285)t} + (1-\mathrm{j}0.087\,8)\mathrm{e}^{-(0.175-\mathrm{j}0.285)t} \right]\varepsilon(t)$$

电容电压 $u_{C2}(0) = 3\,\text{V}$ 单独作用引起电容电压 $u_{C1}(t)$ 的零状态响应为

$$u_3(t) = \left[\mathrm{j}0.263\mathrm{e}^{-(0.175+\mathrm{j}0.285)t} - \mathrm{j}0.263\mathrm{e}^{-(0.175-\mathrm{j}0.285)t} \right]\varepsilon(t)$$

电容电压 $u_{C1}(t)$ 全响应为零输入响应与两个零状态响应的和

$$u_3(t) = [1.07 + (0.463 + j1.07)e^{-(0.175+j0.285)t} + (0.465 - j1.07)e^{-(0.175-j0.285)t}]\varepsilon(t)$$
$$= [1.07 + 2.34e^{-0.175t}\cos(0.285t - 66.71°)]\varepsilon(t)$$

计算机计算电容电压 $u_{C1}(t)$ 全响应一系列数值和用字符方式画出的波形曲线如下所示。

```
***** 画 u3 (t) 的 波 形 *****
Time (s)    u3 (t)      Min=  .8829              Max=   2.440
0.000E+00   2.000E+00                                   *
2.000E+00   2.440E+00                                          *
4.000E+00   2.236E+00                                       *
6.000E+00   1.775E+00                              *
8.000E+00   1.330E+00                      *
1.000E+01   1.029E+00            *
1.200E+01   8.942E-01  *
1.400E+01   8.829E-01  *
1.600E+01   9.367E-01    *
1.800E+01   1.006E+00      *
2.000E+01   1.062E+00        *
2.200E+01   1.093E+00         *
2.400E+01   1.103E+00         *
2.600E+01   1.099E+00         *
2.800E+01   1.090E+00         *
3.000E+01   1.080E+00        *
3.200E+01   1.074E+00        *
3.400E+01   1.071E+00        *
3.600E+01   1.071E+00        *
3.800E+01   1.072E+00        *
4.000E+01   1.073E+00        *
***** 动态网络分析程序 （ WDNAP 3.01 ） *****
```

计算机用图形方式在屏幕上画出的波形曲线如图 9-14 所示。

二、电路实验设计

用实验方法观察 RLC 串联电路阶跃响应的时候, 由于信号发生器的输出电阻和电感线圈电阻的影响, 观察不到回路电阻很小时的振荡波形。下面举例说明如何减小 RLC 串联电路回路总电阻的实验方法, 可以观察到等幅振荡的正弦波形。

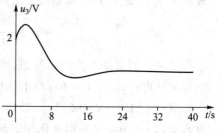

图 9-14 电容电压 $u_{C1}(t)$ 全响应的波形曲线

例 9-12 试用电压跟随器和回转器构成一个 RLC 串联电路, 观察电阻变化时电感电压阶跃响应波形的变化。

解　观察 *RLC* 串联电路阶跃响应的实验方法是将方波信号加在电路的输入端,用示波器观察电感或电容的电压。由于信号发生器的输出电阻和电感线圈的电阻的影响,观察不到回路电阻很小时的振荡情况。此时可以采用两种方法来减小回路的总电阻:一个方法是在信号发生器的输出端接一个运放电压跟随器,使其输出电阻接近于零;第二个方法是不采用导线绕制的电感线圈,而采用回转器电感(即由回转器变换电容得到的电感)。采用这两种方法就可以观察到等幅振荡的波形。实验电路的模型如图 9-15 所示,其中电压跟随器部分,请参考第五章第三节的有关内容,其中回转器将 0.2 μF 电容变换为 0.2 H 的电感,请参考第七章例7-13的内容。具体的实验过程和实验结果请观看教材 Abook 资源中提供的"*RLC* 串联电路的响应"实验录像。

微视频 9-10:
例题 9-12 解
答演示

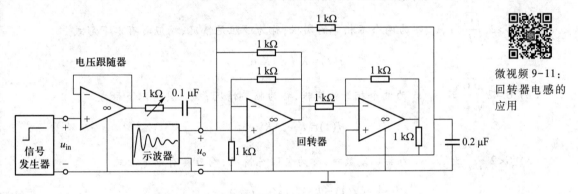

图 9-15　观察 *RLC* 串联电路阶跃响应的实验电路

微视频 9-11:
回转器电感的
应用

摘　　要

1. *RLC* 串联电路的零输入响应与电路的固有频率(特征根)密切相关,其固有频率的公式为

$$s_{1,2} = -\frac{R}{2L} \pm \sqrt{\left(\frac{R}{2L}\right)^2 - \frac{1}{LC}}$$

随着 *R*、*L*、*C* 参数的变化,可能出现以下三种情况:

(1) $R > 2\sqrt{\dfrac{L}{C}}$ 时,s_1、s_2 为两个不相等的实根,称为过阻尼情况,响应具有以下形式

$$f(t) = K_1 e^{s_1 t} + K_2 e^{s_2 t}$$

(2) $R = 2\sqrt{\dfrac{L}{C}}$ 时,s_1、s_2 为两个相等的实根,称为临界情况,响应具有以下形式

$$f(t) = K_1 e^{st} + K_2 t e^{st}$$

（3）$R<2\sqrt{\dfrac{L}{C}}$ 时，s_1、s_2 为共轭复数根，称为欠阻尼情况，响应具有以下形式

$$f(t)=Ke^{-\alpha t}\cos(\omega_d t+\varphi)$$

这是一种衰减的振荡。当电阻 $R=0$ 时，电路中没有损耗，响应变成等幅振荡。

2. RLC 并联电路的零输入响应与电路的固有频率（特征根）密切相关，其固有频率的公式为

$$s_{1,2}=-\frac{G}{2C}\pm\sqrt{\left(\frac{G}{2C}\right)^2-\frac{1}{LC}}$$

随着 G、C、L 参数的变化，可能出现以下三种情况：

（1）$G>2\sqrt{\dfrac{C}{L}}$ 时，s_1、s_2 为两个不相等的实根，称为过阻尼情况，响应具有以下形式

$$f(t)=K_1e^{s_1t}+K_2e^{s_2t}$$

（2）$G=2\sqrt{\dfrac{C}{L}}$ 时，s_1、s_2 为两个相等的实根，称为临界情况，响应具有以下形式

$$f(t)=K_1e^{st}+K_2te^{st}$$

（3）$G<2\sqrt{\dfrac{C}{L}}$ 时，s_1、s_2 为共轭复数根，称为欠阻尼情况，响应具有以下形式

$$f(t)=Ke^{-\alpha t}\cos(\omega_d t+\varphi)$$

这是一种衰减的振荡。当电导 $G=0$ 时，电路中没有损耗，响应变成等幅振荡。

3. 含源线性二阶电路的全响应等于固有响应与强制响应之和，其中固有响应是对应齐次微分方程的通解 $f_h(t)$；强制响应是非齐次微分方程的特解 $f_p(t)$。

线性含源二阶电路的全响应也等于零输入响应与零状态响应之和。其中零输入响应是仅由初始状态引起的响应；零状态响应是仅由独立电源引起的响应。

4. 用时域方法分析求解 n 阶动态电路响应 $f(t)$ 的一般方法如下：

（1）列出以 $f(t)$ 为变量的 n 阶微分方程。

（2）找出确定待定常数所需要的初始条件 $f(0_+)$，$\dfrac{\mathrm{d}f}{\mathrm{d}t}(0_+)$，$\cdots$，$\dfrac{\mathrm{d}^{n-1}f}{\mathrm{d}t^{n-1}}(0_+)$。

（3）求出对应齐次微分方程的通解 $f_h(t)$ 和非齐次微分方程的特解 $f_p(t)$，然后将它们相加得到完全响应。

$$f(t)=f_h(t)+f_p(t)$$

（4）利用初始条件 $f(0_+)$，$\dfrac{\mathrm{d}f}{\mathrm{d}t}(0_+)$，$\cdots$，$\dfrac{\mathrm{d}^{n-1}f}{\mathrm{d}t^{n-1}}(0_+)$ 确定响应 $f(t)$ 中的待定常数，得到响应的表达式。

动态电路的完全响应由独立电源和储能元件的初始状态共同产生。仅由初始状态引起的响应称为零输入响应；仅由独立电源引起的响应称为零状态响应。线性动态电路的全响应等于

零输入响应与零状态响应之和。

习　题　九

§ 9-1　*RLC* 串联电路的零输入响应

9-1　题图 9-1 所示电路中，已知 $u_C(0)=1$ V，$i_L(0)=1$ A，试求 $t \geqslant 0$ 时的电容电压 $u_C(t)$ 和电感电流 $i_L(t)$ 的零输入响应，并画出波形。

微视频 9-12：第 9 章习题解答

9-2　题图 9-2 所示电路中，已知 $u_C(0)=-2$ V，$i_L(0)=0.6$ A，试求 $t \geqslant 0$ 时的电容电压 $u_C(t)$ 和电感电流 $i_L(t)$ 的零输入响应，并画出波形。

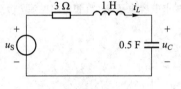

题图 9-1

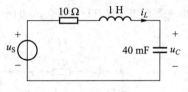

题图 9-2

9-3　题图 9-3 所示电路中，已知 $u_C(0)=6$ V，$i_L(0)=0$，试求 $t \geqslant 0$ 时电容电压 $u_C(t)$ 和电感电流 $i_L(t)$ 的零输入响应，并画出波形。

9-4　题图 9-4 所示电路中，已知 $u_C(0)=8$ V，$i_L(0)=1.2$ A，试求 $t \geqslant 0$ 时电容电压 $u_C(t)$ 和电感电流 $i_L(t)$ 的零输入响应，并画出波形。

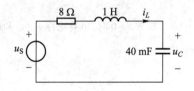

题图 9-3

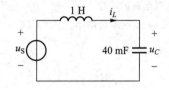

题图 9-4

9-5　题图 9-5 所示电路中，试求 $t \geqslant 0$ 时电容电压 $u_C(t)$ 和电感电流 $i_L(t)$ 的零输入响应。

9-6　题图 9-6 所示电路中，开关闭合已经很久，$t=0$ 时断开开关，试求 $t \geqslant 0$ 时电容电压 $u_C(t)$ 和电感电流 $i_L(t)$ 的零输入响应。

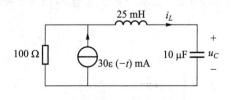

题图 9-5

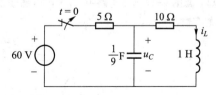

题图 9-6

§9-2 直流激励下 *RLC* 串联电路的响应

9-7 题图 9-7 所示电路原来处于零状态，$t=0$ 时闭合开关。试求 $t \geqslant 0$ 时电容电压 $u_C(t)$ 和电感电流 $i_L(t)$ 的零状态响应。

9-8 电路如题图 9-8 所示，试求电容电压 $u_C(t)$ 和电感电流 $i_L(t)$ 的响应。

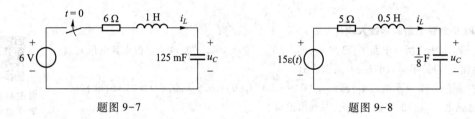

题图 9-7　　　　　　　　　　　　　题图 9-8

9-9 电路如题图 9-9 所示，开关断开已经很久，$t=0$ 闭合开关。试求电容电压 $u_C(t)$ 和电感电流 $i_L(t)$ 的全响应。

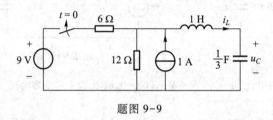

题图 9-9

9-10 电路如题图 9-10 所示。试求电容电压 $u_C(t)$ 和电感电流 $i_L(t)$ 的阶跃响应。

§9-3 *RLC* 并联电路的响应

9-11 题图 9-11 所示电路中，已知 $u_C(0)=2 \text{ V}$，$i_L(0)=1 \text{ A}$。试求 $t \geqslant 0$ 时，电容电压 $u_C(t)$ 和电感电流 $i_L(t)$ 的零输入响应。

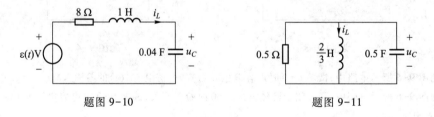

题图 9-10　　　　　　　　　　　　　题图 9-11

9-12 题图 9-12 所示电路中，开关闭合已经很久，$t=0$ 断开开关。试求 $t \geqslant 0$ 时，电容电压 $u_C(t)$ 和电感电流 $i_L(t)$ 的零输入响应。

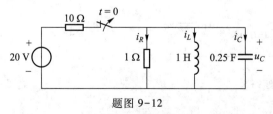

题图 9-12

9-13 电路如题图 9-13 所示。试求电容电压 $u_C(t)$ 和电感电流 $i_L(t)$ 的单位阶跃响应。

9-14 电路如题图 9-14 所示。试求冲激电源引起电容电压 $u_C(t)$ 和电感电流 $i_L(t)$ 的零状态响应。

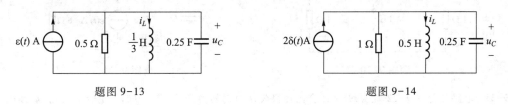

题图 9-13　　　　　　　　　　　　　题图 9-14

9-15 题图 9-15 所示电路中,开关闭合已经很久,$t=0$ 断开开关。试求 $t \geqslant 0$ 时,电容电压 $u_C(t)$ 和电感电流 $i_L(t)$ 的零输入响应。

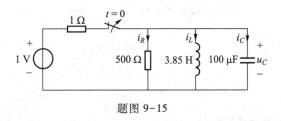

题图 9-15

§9-4 一般二阶电路分析

9-16 电路如题图 9-16 所示,试求电路的特征方程和固有频率。

9-17 电路如题图 9-17 所示,试求电路的特征方程和固有频率。

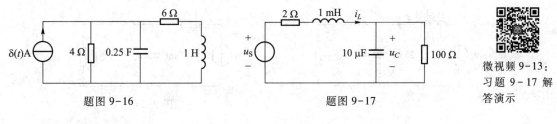

题图 9-16　　　　　　　　　　　　　题图 9-17

微视频 9-13:
习题 9-17 解
答演示

9-18 电路如题图 9-18 所示,试以电容电压 $u_C(t)$ 为变量建立微分方程。

9-19 电路如题图 9-19 所示,试以电容电压 $u_C(t)$ 为变量建立微分方程,并求电路的固有频率。

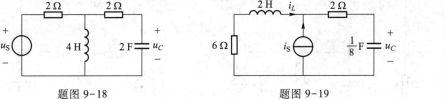

题图 9-18　　　　　　　　　　　　　题图 9-19

微视频 9-14:
习题 9-19 解
答演示

9-20 电路如题图 9-20 所示,已知 $i_1(0) = i_2(0) = 11\ \text{A}$,求 $t > 0$ 时的电感电流 $i_1(t)$、$i_2(t)$。

9-21 电路如题图 9-21 所示,当 (1) $C = 0.1\ \text{F}$;(2) $C = \dfrac{1}{18}\text{F}$;(3) $C = \dfrac{1}{20}\text{F}$ 时,求 $t > 0$ 时的电容电压 $u_C(t)$。

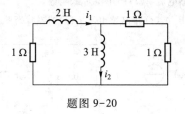
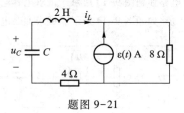

题图 9-20 　　　　　　　　　　　题图 9-21

9-22 电路如题图 9-22 所示,开关闭合已经很久,$t>0$ 时转换开关,求 $t>0$ 时的电容电压 $u_c(t)$ 和电感电流 $i_L(t)$。

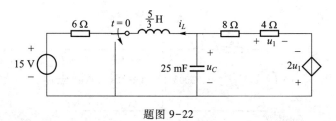

题图 9-22

§9-5 电路实验和计算机分析电路实例

9-23 电路如题图 9-23 所示,利用计算机程序建立以电感电流为变量的微分方程,并求电路的固有频率。

9-24 电路如题图 9-24 所示,利用计算机程序建立以电容电压为变量的微分方程,并求电路的固有频率和电容电压 $u_c(t)$。

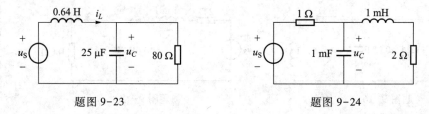

题图 9-23 　　　　　　　　　　　题图 9-24

9-25 电路如题图 9-25 所示,已知 $u_c(0_-)=-10\,\text{V}$,$i_L(0_-)=1\,\text{A}$。利用计算机程序求 $t>0$ 时的电容电压 $u_c(t)$ 和电感电流 $i_L(t)$。

9-26 电路如题图 9-26 所示,利用计算机程序建立以电容电压 $u_c(t)$ 和电感电流 $i_L(t)$ 为变量的微分方程。

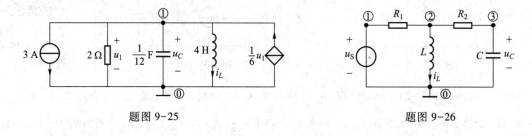

题图 9-25 　　　　　　　　　　　题图 9-26

9-27 电路如题图9-27所示,利用计算机程序建立以电容电压 $u_c(t)$ 和电感电流 $i_L(t)$ 为变量的微分方程。

9-28 电路如题图9-28所示,当(1) $\mu = 1.5$;(2) $\mu = 2$;(3) $\mu = 3$ 时,利用计算机程序建立以电容电压 $u_c(t)$ 为变量的微分方程,并计算电容电压的单位阶跃响应。

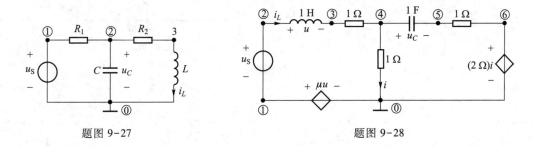

题图 9-27 题图 9-28

9-29 电路如题图9-29所示,已知 $u_s(t) = 8\varepsilon(t)\,\mathrm{V}$, $i_L(0) = 6\,\mathrm{A}$, $u_c(0) = 4\,\mathrm{V}$。试画出题图9-29所示电路的对偶电路,计算两个电路的支路电压和支路电流。

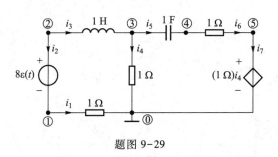

题图 9-29

微视频 9-15:
习题 9-29 解
答演示

9-30 电路如题图9-30所示,计算两个电路的支路电压和支路电流,检验两个电路支路电压(电流)乘积的代数和是否为零。

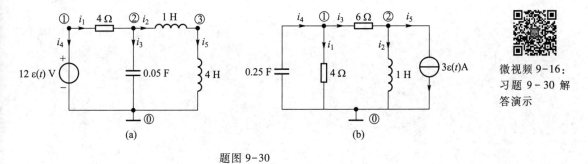

(a) (b)

题图 9-30

微视频 9-16:
习题 9-30 解
答演示

9-31 有向图相同的两个电路如题图9-31(a)和(b)所示,用计算机程序计算支路电压和支路电流,检验特勒根定理。

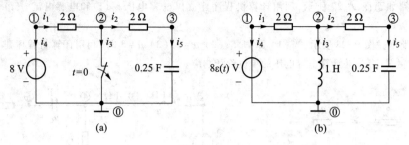

(a)　　　　　　　　　(b)

题图 9-31

第十章 正弦稳态分析

从本章开始,将研究线性动态电路在正弦电源激励下的响应。线性时不变动态电路在角频率为 ω 的正弦电压源和电流源激励下,随着时间的增长,当瞬态响应消失,只剩下正弦稳态响应,电路中全部电压、电流都是角频率为 ω 的正弦波时,称电路处于正弦稳态。满足这类条件的动态电路通常称为正弦电流电路或正弦稳态电路。正弦稳态分析的重要性在于:(1) 很多实际电路都工作于正弦稳态。例如电力系统的大多数电路。(2) 用相量法分析正弦稳态十分有效。(3) 已知电路的正弦稳态响应,可以得到任意波形信号激励下的稳态响应。

本章先介绍正弦电压、电流和正弦稳态产生的条件,然后介绍分析正弦稳态的一种有效方法——相量法,最后采用相量法来分析正弦电流电路。

§10-1 正弦电压和电流

一、正弦电压和电流

量值和(或)方向随时间变化的电压(电流),称为时变电压(电流)。其中随时间作周期性变化的时变电压(电流),称为周期电压(电流)。在一个周期内平均值为零的周期电压(电流),称为交流电压(电流)。按照正弦规律随时间变化的电压(或电流)称为正弦电压(或电流),它是使用最广泛的一种交流电压(电流),常称为交流电,用 AC 或 ac 表示。常用函数式和波形图表示正弦电压和电流,例如振幅为 I_m,角频率为 ω,初相位为 ψ_i 的正弦电流的函数表达式如式(10-1)所示,其波形如图 10-1 所示。

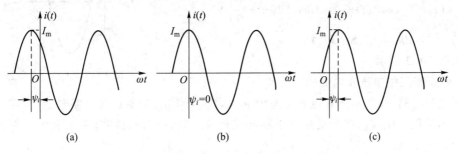

(a) 初相 $\psi > 0$ 的情况　(b) 初相 $\psi = 0$ 的情况　(c) 初相 $\psi < 0$ 的情况

图 10-1 正弦电流的波形

$$i(t) = I_m \cos(\omega t + \psi_i) \tag{10-1}$$

式中，I_m 是正弦电流的最大值，称为正弦电流的振幅（取正值）。ω 表示单位时间变化的弧度数，称为正弦电流的角频率，其单位为弧度/秒（rad/s）。由于正弦量的一个周期对应 2π 弧度，角频率与周期 T 和频率 f 的关系为[①]

$$\omega = \frac{2\pi}{T} = 2\pi f$$

我国供电系统使用的正弦交流电，其频率 $f = 50$ Hz（赫[兹]），周期 $T = \frac{1}{f} = 20$ ms。式（10-1）中的 $(\omega t + \psi_i)$ 称为正弦电流的相位，其中 $\psi_i = (\omega t + \psi_i)|_{t=0}$ 是 $t = 0$ 时刻的相位，称为初相。初相的取值范围通常在 $-\pi \sim +\pi$ 之间，其数值决定正弦电流波形起点的位置。例如图 10-1(a) 表示 $\psi > 0$（即初相为正值）的正弦电流的波形，波形的起点（指余弦函数的正最大值）超前时间坐标零点的角度为 ψ。图 10-1(c) 表示 $\psi < 0$ 的正弦电流的波形，波形的起点滞后时间坐标零点的角度为 $|\psi|$。由于已知振幅 I_m、角频率 ω 和初相 ψ_i，就能够完全确定一个正弦电流，称它们为正弦电流的三要素。与正弦电流类似，正弦电压的三要素为振幅 U_m、角频率 ω 和初相 ψ_u，其函数表达式为

$$u(t) = U_m \cos(\omega t + \psi_u) \tag{10-2}$$

由于正弦电压电流的数值随时间 t 变化，它在任一时刻的数值称为瞬时值，因此式（10-1）和式（10-2）又称为正弦电流和正弦电压的瞬时值表达式。

微视频 10-1：正弦电路的相位差

例 10-1 已知正弦电压的振幅为 10 V，周期为 100 ms，初相为 $\frac{\pi}{6}$。试写出正弦电压的函数表达式，并画出波形图。

解 先计算正弦电压的角频率

$$\omega = \frac{2\pi}{T} = \frac{2\pi\,\text{rad}}{100 \times 10^{-3}\,\text{s}} = 20\pi\,\text{rad/s} \approx 62.8\ \text{rad/s}$$

正弦电压的函数表达式为

$$u(t) = U_m \cos(\omega t + \psi_u) = 10\cos\left(20\pi t + \frac{\pi}{6}\right)\,\text{V}$$

$$= 10\cos(62.8t + 30°)\,\text{V}$$

其波形如图 10-2 所示。

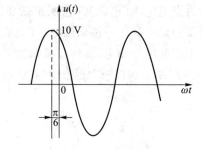

图 10-2　正弦电压的波形

二、同频率正弦电压和电流的相位差

正弦电流电路中，各电压和电流都是频率相同的正弦量，分析这些电路时，常常需要将这些正弦量的相位进行比较。两个正弦电压和电流相位之差，称为相位差，用 φ 表示。例如有两个同频率的正弦电流

[①]　角频率 ω 与频率 f 的单位不同，为方便起见，有时将角频率也称为频率，请读者注意加以区别。

$$i_1(t) = I_{1\mathrm{m}}\cos(\omega t + \psi_1)$$

$$i_2(t) = I_{2\mathrm{m}}\cos(\omega t + \psi_2)$$

电流 $i_1(t)$ 与电流 $i_2(t)$ 之间的相位差为

$$\varphi = (\omega t + \psi_1) - (\omega t + \psi_2) = \psi_1 - \psi_2 \qquad (10\text{-}3)$$

上式表明,两个同频率正弦量在任意时刻的相位差均等于它们初相之差,与时间 t 无关。相位差 φ 的量值反映出电流 $i_1(t)$ 与电流 $i_2(t)$ 在时间上的超前和滞后关系,当 $\varphi = \psi_1 - \psi_2 > 0$ 时,表明 $i_1(t)$ 超前于电流 $i_2(t)$,超前的角度为 φ,超前的时间为 φ/ω。当 $\varphi = \psi_1 - \psi_2 < 0$ 时,表明 $i_1(t)$ 滞后于电流 $i_2(t)$,滞后的角度为 $|\varphi|$,滞后的时间为 $|\varphi|/\omega$。图 10-3(a)表示电流 $i_1(t)$ 超前于电流 $i_2(t)$ 的情况,图 10-3(b)表示电流 $i_1(t)$ 滞后于电流 $i_2(t)$ 的情况。

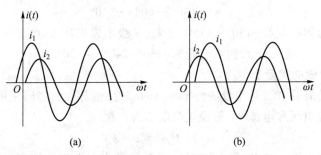

(a)电流 i_1 超前于电流 i_2 (b)电流 i_1 滞后于电流 i_2

图 10-3 同频率正弦电流的相位差

同频率正弦电压和电流的相位差有几种特殊的情况。如果相位差 $\varphi = \psi_1 - \psi_2 = 0$,称电流 $i_1(t)$ 与电流 $i_2(t)$ 同相,如图 10-4(a)所示;如果相位差 $\varphi = \psi_1 - \psi_2 = \pm\dfrac{\pi}{2}$,称电流 $i_1(t)$ 与电流 $i_2(t)$ 正交,如图 10-4(b)所示,图中电流 $i_1(t)$ 超前电流 $i_2(t)$ 一个 $\pi/2$ 或 $90°$;如果相位差 $\varphi = \psi_1 - \psi_2 = \pm\pi$,称电流 $i_1(t)$ 与电流 $i_2(t)$ 反相,如图 10-4(c)所示。

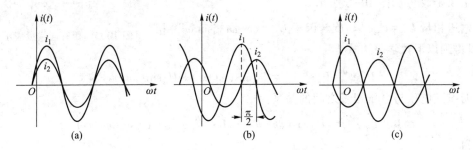

(a)同相 (b)正交 (c)反相

图 10-4 同频率正弦量相位差的三种特殊情况

值得特别提出的是,角频率不相同的两个正弦间的相位差为

$$\varphi(t) = (\omega_1 t + \psi_1) - (\omega_2 t + \psi_2) = (\omega_1 - \omega_2)t + (\psi_1 - \psi_2)$$

它是时间 t 的函数,不再等于其初相之差。

例 10-2 已知正弦电压 $u(t)$ 和电流 $i_1(t)$、$i_2(t)$ 的瞬时值表达式为

$$u(t) = 311\cos(\omega t - 180°)\,\text{V}$$

$$i_1(t) = 5\cos(\omega t - 45°)\,\text{A}$$

$$i_2(t) = 10\cos(\omega t + 60°)\,\text{A}$$

试求电压 $u(t)$ 与电流 $i_1(t)$ 和 $i_2(t)$ 的相位差。

解 电压 $u(t)$ 与电流 $i_1(t)$ 的相位差为

$$\varphi = (-180°) - (-45°) = -135°$$

电压 $u(t)$ 与电流 $i_2(t)$ 的相位差为

$$\varphi = (-180°) - 60° = -240°$$

习惯上将相位差的范围控制在 $-180° \sim +180°$ 之间,一般不说电压 $u(t)$ 与电流 $i_2(t)$ 的相位差为 $-240°$,而说电压 $u(t)$ 与电流 $i_2(t)$ 的相位差为 $(360° - 240°) = 120°$。

三、正弦电压电流的相量表示

分析正弦稳态的有效方法是相量法(phasor method),相量法的基础是用一个称为相量的向量或复数来表示正弦电压和电流[1]。假设正弦电压为

$$u(t) = U_\text{m}\cos(\omega t + \psi)$$

利用它的振幅 U_m 和初相 ψ 来构成一个复数,复数的模表示电压的振幅,其辐角表示电压的初相,即

$$\dot{U}_\text{m} = U_\text{m}\text{e}^{\text{j}\psi} = U_\text{m}\underline{/\psi}$$

它在复数平面上可以用一个有向线段来表示,如图 10-5 所示。这种用来表示正弦电压和电流的复数,称为相量。

设想电压相量以角速度 ω 沿逆时针方向旋转,它在实轴投影为 $U_\text{m}\cos(\omega t + \psi)$,在虚轴上投影为 $U_\text{m}\sin(\omega t + \psi)$,它们都是时间的正弦函数[2],如图 10-6 所示。

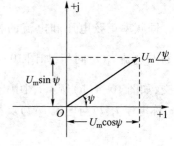

图 10-5 用有向线段表示 U_m

将电压相量 $\dot{U}_\text{m} = U_\text{m}\text{e}^{\text{j}\psi}$ 与旋转因子 $\text{e}^{\text{j}\omega t} = \cos\omega t + \text{j}\sin\omega t$[3] 相乘,可以得到以下数学表达式

$$\dot{U}_\text{m}\text{e}^{\text{j}\omega t} = U_\text{m}\text{e}^{\text{j}(\omega t + \psi)} = U_\text{m}\cos(\omega t + \psi) + \text{j}U_\text{m}\sin(\omega t + \psi)$$

上式表明正弦电压与电压相量之间的关系为

$$\text{Re}[\dot{U}_\text{m}\text{e}^{\text{j}\omega t}] = U_\text{m}\cos(\omega t + \psi), \quad \text{Im}[\dot{U}_\text{m}\text{e}^{\text{j}\omega t}] = U_\text{m}\sin(\omega t + \psi)$$

由此可得

---

[1] 复数公式:$c = a + \text{j}b = r\text{e}^{\text{j}\theta}$,$a = r\cos\theta$,$b = r\sin\theta$,$r = \sqrt{a^2 + b^2}$,$\theta = \arctan(b/a)$,$\text{j} = \sqrt{-1}$。

[2] 本书采用 $U_\text{m}\cos(\omega t + \psi)$ 作为标准来表示正弦电压、电流,有些教材则采用 $U_\text{m}\sin(\omega t + \psi)$ 作为标准。

[3] 这里利用了欧拉公式 $\text{e}^{\text{j}\theta} = \cos\theta + \text{j}\sin\theta$。

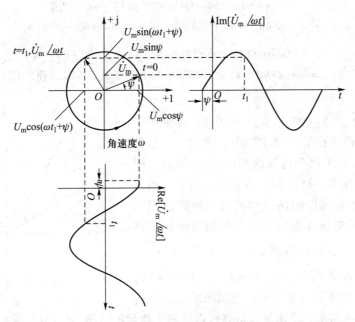

图 10-6　旋转相量及其在实轴和虚轴上的投影

$$u(t) = U_m\cos(\omega t+\psi) = \text{Re}(\dot{U}_m e^{j\omega t})$$

由上述可见,一个随时间按正弦规律变化的电压和电流,可以用一个称为相量的复数来表示。已知正弦电压、电流的瞬时值表达式,可以得到相应的电压、电流相量。反过来,已知电压和电流相量,也就知道正弦电压和电流的振幅和初相,再加上正弦电压和电流的角频率,就能够写出正弦电压和电流的瞬时值表达式。即

$$u(t) = U_m\cos(\omega t+\psi_u) \longleftrightarrow \dot{U}_m = U_m\,\underline{/\psi_u}$$

$$i(t) = I_m\cos(\omega t+\psi_i) \longleftrightarrow \dot{I}_m = I_m\,\underline{/\psi_i}$$

读者应该注意,不要将式中的符号($\longleftrightarrow$)写成等号(=),因为相量是与时间无关的常数。

例 10-3　已知正弦电流 $i_1(t) = 5\cos(314t+60°)$ A,$i_2(t) = -10\sin(314t+60°)$ A。写出这两个正弦电流的电流相量,画出相量图,并求出 $i(t) = i_1(t) + i_2(t)$。

解　已知正弦电流 $i_1(t) = 5\cos(314t+60°)$ A,根据以下关系

$$i_1(t) = 5\cos(314t+60°)\,\text{A} = \text{Re}\left[5e^{j60°}e^{j314t}\right]\text{A} = \text{Re}\left[\dot{I}_{1m}e^{j314t}\right]\text{A}$$

可以得到表示正弦电流 $i_1(t) = 5\cos(314t+60°)$ A 的相量为

$$\dot{I}_{1m} = 5e^{j60°}\,\text{A} = 5\,\underline{/60°}\,\text{A}$$

正弦电流与其电流相量的关系可以简单表示为

$$i_1(t) = 5\cos(314t+60°)\,\text{A} \longrightarrow \dot{I}_{1m} = 5e^{j60°}\,\text{A} = 5\,\underline{/60°}\,\text{A}$$

与此相似,对于正弦电流 $i_2(t) = -10\sin(314t+60°)$ A 可以得到以下结果[①]

$$i_2(t) = -10\sin(314t+60°)\text{ A} = -10\cos(314t+60°-90°)\text{ A}$$

$$= 10\cos(314t-30°+180°)\text{ A} \longrightarrow \dot{I}_{2m} = 10\underline{/150°}\text{ A}$$

这里利用三角公式 $\sin x = \cos(x-90°)$ 将 sin 函数变为 cos 函数后,再得到电流相量,因为在同一问题中只能采用一个标准。

　　将电流相量 $\dot{I}_{1m} = 5\underline{/60°}$ A, $\dot{I}_{2m} = 10\underline{/150°}$ A 画在一个复数平面上,就得到相量图,如图 10-7 所示。从相量图上容易看出各正弦电压和电流的相位关系,例如从图 10-7 上容易看出电流 $i_1(t)$ 滞后于电流 $i_2(t)$ 90°。相量图的另外一个好处是可以用向量和复数的运算法则求得几个同频率正弦电压或电流之和。例如用向量运算的平行四边形作图法则可以得到电流相量 $\dot{I}_m = \dot{I}_{1m} + \dot{I}_{1m} \approx 12\underline{/124°}$ A,从而知道电流 $i(t) = I_m\cos(314t+\psi)$ 的振幅大约为 12 A,初相大约为 124°。作图法的优点是简单直观,缺点是不够精确。采用复数运算可以得到更精确的结果,其计算过程如下

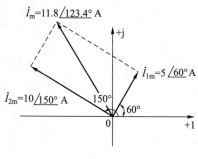

图 10-7　相量图

$$\dot{I}_m = \dot{I}_{1m} + \dot{I}_{2m} = 5\underline{/60°}\text{ A} + 10\underline{/150°}\text{ A} = (2.5+j4.33)\text{ A} + (-8.66+j5)\text{ A}$$

$$= (-6.16+j9.33)\text{ A} = 11.8\underline{/123.4°}\text{ A}$$

根据计算得到的电流相量 $\dot{I}_m = 11.8\underline{/123.4°}$ A 和正弦电流的角频率 $\omega = 314$ rad/s,可以写出电流的瞬时值的表达式为

$$i(t) = i_1(t) + i_2(t) = I_m\cos(314t+\psi) = 11.8\cos(314t+123.4°)\text{ A}$$

四、正弦电压和电流的有效值

在电路分析中,人们经常关心电流通过电阻时,电阻吸收的功率和能量。现在将直流电流 I 和正弦电流 $i(t)$ 通过电阻 R 时的功率和能量做一比较,由此导出正弦电压和电流的有效值,它是一个十分有用的量。

微视频 10-2:
正弦波的有效值

直流电流 I 通过电阻 R 时,电阻吸收的功率 $P = RI^2$ 是一个与时间无关的常量,它在时间 T 内获得的能量为 $W = PT = RI^2T$。

正弦电流 $i(t) = I_m\cos(\omega t+\psi)$ 通过电阻 R 时,电阻吸收的功率 $p(t) = Ri^2(t)$ 是时间的函数,它在正弦电流一个周期的时间 T 内获得的能量为

$$W = \int_0^T Ri^2(t)\,\mathrm{d}t$$

当直流电流 I 或者正弦电流 $i(t) = I_m\cos(\omega t+\psi)$ 通过同一电阻 R 时,假设它们在正弦电流一个周期的时间内获得相同的能量,即

---

① 三角公式:$\sin\omega t = \cos(\omega t-90°)$,$\cos\omega t = \sin(\omega t+90°)$。

$$W = RI^2 T = \int_0^T Ri^2(t)\, dt$$

由此解得

$$I = \sqrt{\frac{1}{T}\int_0^T i^2(t)\, dt} \tag{10-4}$$

用此式计算出正弦电流 $i(t) = I_{\mathrm{m}}\cos(\omega t + \psi)$ 的方均根值,称为正弦电流的有效值。具体计算如下[①]

$$I = \sqrt{\frac{1}{T}\int_0^T i^2(t)\, dt} = \sqrt{\frac{1}{T}\int_0^T I_{\mathrm{m}}^2\cos^2(\omega t + \psi)\, dt}$$

$$= \sqrt{\frac{1}{T}\int_0^T I_{\mathrm{m}}^2 \frac{1}{2}[\,1 + \cos(2\omega t + 2\psi)\,]\, dt} = \frac{I_{\mathrm{m}}}{\sqrt{2}} = 0.707 I_{\mathrm{m}} \tag{10-5}$$

计算结果表明,振幅为 I_{m} 的正弦电流与数值为 $I = 0.707 I_{\mathrm{m}}$ 的直流电流,在一个周期内,对电阻 R 提供相同的能量。也就是说正弦电压和电流的有效值为振幅值的 0.707 倍,或者说正弦电压和电流的振幅是其有效值的 $\sqrt{2}$ 倍。

与此相似,正弦电压 $u(t) = U_{\mathrm{m}}\cos(\omega t + \psi)$ 的有效值为

$$U = \sqrt{\frac{1}{T}\int_0^T u^2(t)\, dt} = \sqrt{\frac{1}{T}\int_0^T U_{\mathrm{m}}^2\cos^2(\omega t + \psi)\, dt} = \frac{U_{\mathrm{m}}}{\sqrt{2}} = 0.707 U_{\mathrm{m}} \tag{10-6}$$

有效值的概念在电力工程上非常有用,常用的交流电压表和电流表都是用有效值来进行刻度的,当用交流电压表或普通万用表测量正弦电压的读数为 220 V 时,就是指该电压的有效值为 220 V,振幅值为 $\sqrt{2} \times 220\ \mathrm{V} = 311\ \mathrm{V}$。

由于正弦电压、电流的振幅值与有效值间存在 $\sqrt{2}$ 的关系,今后除了使用前面介绍的振幅相量 $\dot{U}_{\mathrm{m}} = U_{\mathrm{m}}\underline{/\psi_u}$ 和 $\dot{I}_{\mathrm{m}} = I_{\mathrm{m}}\underline{/\psi_i}$ 外,更多使用的是有效值相量 $\dot{U} = U\underline{/\psi_u}$ 和 $\dot{I} = I\underline{/\psi_i}$。正弦时间函数与有效值相量之间的关系如下

$$u(t) = U\sqrt{2}\cos(\omega t + \psi_u) \longleftrightarrow \dot{U} = U\underline{/\psi_u}$$

$$i(t) = I\sqrt{2}\cos(\omega t + \psi_i) \longleftrightarrow \dot{I} = I\underline{/\psi_i}$$

值得特别指出的是,有效值的概念以及式(10-4)不仅适用于正弦电压、电流,还适用于任何周期性的电压、电流。已知周期函数的具体表达式,用式(10-4)计算其方均根值,就可以得到其有效值和振幅值的关系。

例如对于图 10-8(a)所示的三角波形,将瞬时值表达式 $g(t) = \frac{A}{T}t$ 代入式(10-4)中,可得

$$G = \sqrt{\frac{1}{T}\int_0^T g^2(t)\, dt} = \sqrt{\frac{1}{T}\int_0^T \left(\frac{A}{T}t\right)^2 dt} = \sqrt{\frac{1}{T} \cdot \frac{A^2}{T^2} \cdot \frac{1}{3}(t^3)\Big|_0^T} = \frac{A}{\sqrt{3}}$$

---

① 三角公式: $2\cos^2\theta = 1 + \cos 2\theta,\ 2\sin^2\theta = 1 - \cos 2\theta$。

计算结果表明,该三角波形的有效值是振幅值的$\dfrac{1}{\sqrt{3}}$倍,或者说其振幅值是有效值的$\sqrt{3}$倍。

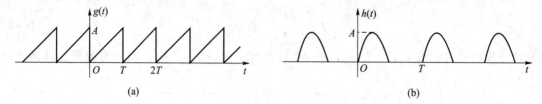

（a）三角波形

(a) 三角波形　(b) 半波整流波形
图 10-8　三角波形和半波整流波形

对于图 10-8(b)所示半波整流波形,将其瞬时值表达式 $h(t) = A\sin \omega t$ $(0<t<T/2)$ 代入式 (10-4) 中,可以得到半波整流波形的有效值是振幅值的$\dfrac{1}{2}$倍,或者说其振幅值是有效值的 2 倍的结论,具体计算过程如下

$$H = \sqrt{\frac{1}{T}\int_0^T h^2(t)\,\mathrm{d}t} = \sqrt{\frac{1}{T}\int_0^{T/2} A^2\sin^2 \omega t\,\mathrm{d}t}$$

$$= \sqrt{\frac{A^2}{T}\int_0^{T/2}\frac{1}{2}\left[1 - \cos 2\omega t\right]\mathrm{d}t} = \frac{A}{2} = 0.5\,A$$

读者学习这一小节时,可以观看教材 Abook 资源中"正弦波的相位差"和"正弦波的有效值"等实验录像。

§10-2　正弦稳态响应

一、正弦电流激励的 *RC* 电路分析

现在讨论图 10-9(a)所示 *RC* 电路,电路原来已经达到稳定状态,在 $t=0$ 时刻断开开关,正弦电流 $i_\mathrm{S}(t) = I_\mathrm{Sm}\cos(\omega t+\psi_i)$ 作用于 *RC* 电路,求电容电压 $u_C(t)$ 的响应。

首先建立 $t>0$ 电路的微分方程如下

$$C\frac{\mathrm{d}u_C}{\mathrm{d}t} + \frac{1}{R}u_C = I_\mathrm{Sm}\cos(\omega t+\psi_i) \quad (t\geqslant 0) \tag{10-7}$$

响应由对应齐次微分方程的通解 $u_{Ch}(t)$ 和非齐次微分方程的特解 $u_{Cp}(t)$ 组成。其中的通解为

$$u_{Ch}(t) = Ke^{st} = Ke^{-\frac{t}{RC}}$$

式中,s 是特征方程的根,称为电路的固有频率。微分方程特解 $u_{Cp}(t)$ 的形式与电流源相同,为同一频率的正弦时间函数,即

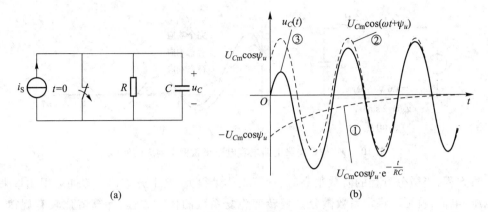

图 10-9　正弦电流作用于 RC 电路的响应

$$u_{Cp}(t) = U_{Cm}\cos(\omega t + \psi_u)$$

为了确定 U_{Cm} 和 ψ_u,可以将上式代入式(10-7)中,得

$$-\omega C U_{Cm}\sin(\omega t + \psi_u) + \frac{1}{R}U_{Cm}\cos(\omega t + \psi_u) = I_{Sm}\cos(\omega t + \psi_i)$$

求解此三角方程(计算过程略),可以得到

$$U_{Cm} = \frac{I_{Sm}}{\sqrt{\omega^2 C^2 + (1/R)^2}} \tag{10-8}$$

$$\psi_u = \psi_i - \arctan(\omega CR) \tag{10-9}$$

微分方程的完全解为

$$u_C(t) = Ke^{-\frac{t}{RC}} + U_{Cm}\cos(\omega t + \psi_u) \quad (t \geqslant 0) \tag{10-10}$$

常数 K 可以利用初始条件 $u_C(0)$ 求得。令上式中 $t=0$,可以求得

$$K = u_C(0) - U_{Cm}\cos\psi_u$$

最后得到电容电压 $u_C(t)$ 的全响应为

$$u_C(t) = \underbrace{[u_C(0) - U_{Cm}\cos\psi_u] \cdot e^{-\frac{t}{RC}}}_{\text{瞬态响应}} + \underbrace{U_{Cm}\cos(\omega t + \psi_u)}_{\text{正弦稳态响应}} \quad (t \geqslant 0) \tag{10-11}$$

图 10-10(a)电路的初始条件为零,属于零状态响应,其波形如图 10-10(b)所示。曲线①表示通解,它是电路的自由响应,当 $RC>0$ 的条件下,它将随着时间的增加而按指数规律衰减到零,称为瞬态响应。曲线②表示特解,它按照正弦规律变化,其角频率与激励电源的角频率相同,当瞬态响应衰减为零后,它就是电路的全部响应,称为正弦稳态响应。曲线③是全响应。

　　读者可以观看电路演示程序 CAP 中的 RLC 串联电路正弦稳态响应的演示过程,下面是它的一个截图。附录 B 中附图 27 显示 WINCAP 程序演示正弦稳态响应的一个截图。

二、用相量法求微分方程的特解

　　从上一节中可以看到,求解正弦电流激励电路全响应的关键是求微分方程的特解,这需要

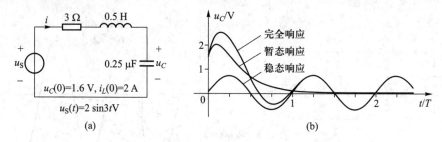

图 10-10　RLC 串联电路电容电压正弦稳态响应的波形

求解三角方程,当微分方程的阶数很高时,计算工作量很大,又十分繁琐。假如能用相量来表示正弦电压、电流,就可以将常系数微分方程转变为复系数的代数方程,计算就比较有规律,并便于使用各种计算工具。现将这种相量法介绍如下。

先将式(10-7)所示微分方程中的正弦激励电流和电容电压特解用相应的相量表示

$$i_S(t) = I_{Sm}\cos(\omega t + \psi_i) = \mathrm{Re}(\dot{I}_{Sm}\mathrm{e}^{\mathrm{j}\omega t})$$

$$u_{Cp}(t) = U_{Cm}\cos(\omega t + \psi_u) = \mathrm{Re}(\dot{U}_{Cm}\mathrm{e}^{\mathrm{j}\omega t})$$

将它们代入式(10-7)中

$$C\frac{\mathrm{d}}{\mathrm{d}t}\left[\mathrm{Re}(\dot{U}_{Cm}\mathrm{e}^{\mathrm{j}\omega t})\right] + \frac{1}{R}\mathrm{Re}(\dot{U}_{Cm}\mathrm{e}^{\mathrm{j}\omega t}) = \mathrm{Re}(\dot{I}_{Sm}\mathrm{e}^{\mathrm{j}\omega t})$$

将取实部与微分运算的次序交换,可以得到以下方程

$$\mathrm{Re}\left[(\mathrm{j}\omega C\,\dot{U}_{Cm}\mathrm{e}^{\mathrm{j}\omega t})\right] + \frac{1}{R}\mathrm{Re}(\dot{U}_{Cm}\mathrm{e}^{\mathrm{j}\omega t}) = \mathrm{Re}(\dot{I}_{Sm}\mathrm{e}^{\mathrm{j}\omega t})$$

$$\mathrm{Re}\left[\left(\mathrm{j}\omega C + \frac{1}{R}\right)\dot{U}_{Cm}\mathrm{e}^{\mathrm{j}\omega t}\right] = \mathrm{Re}(\dot{I}_{Sm}\mathrm{e}^{\mathrm{j}\omega t})$$

由于方程在任何时刻相等,其方程的复数部分应该相等,由此得到一个复系数的代数方程

$$\left(\mathrm{j}\omega C + \frac{1}{R}\right)\dot{U}_{Cm} = \dot{I}_{Sm} \tag{10-12}$$

求解此代数方程得到的电容电压相量为

$$\dot{U}_{Cm} = \frac{\dot{I}_{Sm}}{\mathrm{j}\omega C + 1/R} = U_{Cm}\underline{/\psi_u}$$

电容电压的振幅和初相分别为

$$U_{Cm} = \frac{I_{Sm}}{\sqrt{\omega^2 C^2 + (1/R)^2}}$$

$$\psi_u = \psi_i - \arctan(\omega CR)$$

这与式(10-8)和式(10-9)完全相同。计算出电容电压的振幅和初相,就能够写出稳态响应

$$u_{Cp}(t) = U_{Cm}\cos(\omega t + \psi_u)$$

从以上叙述可知,用相量表示正弦电压电流后,可将微分方程转换为复系数代数方程,求解此方程得到特解的相量后,易于写出正弦稳态响应的瞬时值表达式。

以上求特解的方法可以推广到一般情况,对于由正弦信号激励的任意线性时不变动态电路,先写出 n 阶常系数微分方程,再用相量表示同频率的各正弦电压、电流,将微分方程转变为复系数代数方程,再求解代数方程得到电压、电流相量,就能写出特解的瞬时值表达式。

例 10-4　图 10-9(a)所示电路中,已知 $R=1\ \Omega$,$C=2\ \text{F}$,$i_{\text{s}}(t)=2\cos(3t+45°)\ \text{A}$。试用相量法求解电容电压 $u_C(t)$ 的特解。

解　写出电路的微分方程

$$2\frac{\mathrm{d}u_C}{\mathrm{d}t}+u_C=2\cos(3t+45°)$$

将正弦电流用相量表示

$$i_{\text{s}}(t)=2\cos(3t+45°)=\text{Re}(2\mathrm{e}^{\mathrm{j}45°}\mathrm{e}^{\mathrm{j}3t})$$

$$u_{C\text{p}}(t)=U_{Cm}\cos(3t+\psi_u)=\text{Re}(\dot{U}_{Cm}\mathrm{e}^{\mathrm{j}3t})$$

将它们代入微分方程,可以得到以下复系数代数方程

$$(\mathrm{j}6+1)\dot{U}_{Cm}=2\ \underline{/45°}$$

求解此代数方程得到电容电压相量

$$\dot{U}_{Cm}=\frac{2\ \underline{/45°}}{(1+\mathrm{j}6)}\text{V}=\frac{2\ \underline{/45°}}{6.08\ \underline{/80.5°}}\text{V}=0.329\ \underline{/-35.5°}\ \text{V}$$

由此得到电容电压的瞬时值表达式

$$u_{C\text{p}}(t)=0.329\cos(3t-35.5°)\ \text{V}$$

这是图 10-9(a)所示电路中电容电压 $u_C(t)$ 的特解,也是电容电压 $u_C(t)$ 的正弦稳态响应。

例 10-5　图 10-11 所示 *RLC* 串联电路中,已知 $u_{\text{s}}(t)=2\cos(2t+30°)\ \text{V}$,$R=1\ \Omega$,$L=1\ \text{H}$,$C=0.5\ \text{F}$。试用相量法求电容电压 $u_C(t)$ 和电感电流 $i_L(t)$ 的特解。

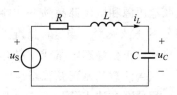

图 10-11　*RLC* 串联电路响应的特解

解　以电容电压为变量列出电路的微分方程

$$LC\frac{\mathrm{d}^2 u_C}{\mathrm{d}t^2}+RC\frac{\mathrm{d}u_C}{\mathrm{d}t}+u_C=u_{\text{s}}$$

将方程中的 $u_{\text{s}}(t)=2\cos(2t+30°)\ \text{V}$ 和 $u_C(t)$ 用相量 $\dot{U}_{Sm}=2\ \underline{/30°}\ \text{V}$ 和 $\dot{U}_{Cm}$ 表示

$$LC\frac{\mathrm{d}^2}{\mathrm{d}t^2}[\text{Re}(\dot{U}_{Cm}\mathrm{e}^{\mathrm{j}\omega t})]+RC\frac{\mathrm{d}}{\mathrm{d}t}[\text{Re}(\dot{U}_{Cm}\mathrm{e}^{\mathrm{j}\omega t})]+\text{Re}(\dot{U}_{Cm}\mathrm{e}^{\mathrm{j}\omega t})=\text{Re}(\dot{U}_{Sm}\mathrm{e}^{\mathrm{j}\omega t})$$

对方程先求导,再取实部

$$LC\text{Re}[(\mathrm{j}\omega)^2\dot{U}_{Cm}\mathrm{e}^{\mathrm{j}\omega t}]+RC\text{Re}[(\mathrm{j}\omega)\dot{U}_{Cm}\mathrm{e}^{\mathrm{j}\omega t}]+\text{Re}(\dot{U}_{Cm}\mathrm{e}^{\mathrm{j}\omega t})=\text{Re}(\dot{U}_{Sm}\mathrm{e}^{\mathrm{j}\omega t})$$

得到复系数代数方程为

微视频 10-3:
例题 10-5 解答演示

$$LC(\mathrm{j}\omega)^2 \dot{U}_{Cm} + RC(\mathrm{j}\omega)\dot{U}_{Cm} + \dot{U}_{Cm} = \dot{U}_{Sm}$$

代入 $R = 1\ \Omega, L = 1\ \mathrm{H}, C = 0.5\ \mathrm{F}$ 得到

$$[0.5(\mathrm{j}\omega)^2 + 0.5(\mathrm{j}\omega) + 1]\dot{U}_{Cm} = 2\underline{/30°}\ \mathrm{V}$$

求解代数方程,注意到 $\omega = 2\ \mathrm{rad/s}$ 和 $\mathrm{j}^2 = -1$,得到电容电压相量

$$\dot{U}_{Cm} = \frac{2\underline{/30°}}{[0.5(\mathrm{j}\omega)^2 + 0.5(\mathrm{j}\omega) + 1]}\mathrm{V} = \frac{2\underline{/30°}}{-1 + \mathrm{j}1}\mathrm{V} = \sqrt{2}\underline{/-105°}\ \mathrm{V}$$

根据 $\dot{U}_{Cm} = \sqrt{2}\underline{/-105°}\ \mathrm{V}$ 和 $\omega = 2\ \mathrm{rad/s}$ 得到电容电压的瞬时值表达式

$$u_C(t) = \sqrt{2}\cos(2t - 105°)\ \mathrm{V}$$

由电容的 VCR 关系求得电容电流和电感电流的瞬时值表达式

$$i_L(t) = i_C(t) = 0.5\frac{\mathrm{d}}{\mathrm{d}t}[\sqrt{2}\cos(2t - 105°)]\ \mathrm{A} = \sqrt{2}\cos(2t - 15°)\ \mathrm{A}$$

由于此二阶电路的两个固有频率都具有负实部,瞬态响应将随着时间的增加而衰减到零,以上计算的电容电压和电感电流的特解,也就是电路的正弦稳态响应。

三、正弦稳态响应

上面讨论了正弦信号激励的 *RC* 和 *RLC* 电路的正弦稳态响应,现推广到一般动态电路。讨论由具有相同频率 ω 的一个或几个正弦信号激励的线性时不变动态电路,响应 $x(t)$ 可表示为如下形式

$$x(t) = x_h(t) + x_p(t) = K_1\mathrm{e}^{s_1 t} + K_2\mathrm{e}^{s_2 t} + \cdots + K_n\mathrm{e}^{s_n t} + X_m\cos(\omega t + \psi) \tag{10-13}$$

式中,K_1、K_2、$\cdots$、K_n 是取决于初始状态的常数;s_1、s_2、$\cdots$、s_n 是 n 阶动态电路的固有频率。如果全部固有频率具有负实部(即处于左半开复平面上),则对于任何初始条件,在具有相同频率 ω 的正弦电压源和电流源激励下,电路中全部电压和全部电流随着 $t \to \infty$ 将按指数规律趋于相同频率 ω 的正弦波形。当这种情况发生时,称电路处于正弦稳态。通常将产生正弦稳态响应的这种电路称为正弦稳态电路或正弦电流电路,而将分析研究正弦稳态响应的工作称为正弦稳态分析。值得注意的是正弦稳态与电路的初始条件无关。

用什么方法来分析正弦稳态呢? 可以将前面介绍的求微分方程特解的相量法加以推广,用来分析一般电路的正弦稳态响应。

1. 相量法求微分方程特解的方法与步骤

(1) 用 KCL、KVL 和 VCR 写出电路方程(例如 $2b$ 方程、网孔方程、节点方程等),以感兴趣的电压、电流为变量,写出 n 阶微分方程。

(2) 用相量表示正弦电压、电流,将 n 阶微分方程转换为复系数代数方程。

(3) 求解复系数代数方程得到所感兴趣电压或电流的相量表达式。

(4) 根据所得到的相量,写出正弦电压或电流的瞬时值表达式。

以上步骤中,列出以某个电压或电流为变量的 n 阶微分方程,并将它转换为复系数代数方程是最困难的工作,电路越复杂,工作量越大。能不能像分析直流激励的电阻电路那样,用观察

电路的方法,根据 KCL、KVL 和 VCR 直接写出复系数的代数方程呢? 回答是肯定的,只要能够导出相量形式的 KCL、KVL 和 VCR 方程,就可以用观察电路相量模型的方法直接写出相量形式的电路方程。

2. 用相量法求解电路正弦稳态响应的方法和步骤

(1) 画出电路的相量模型,用相量形式的 KCL,KVL 和 VCR 直接列出电路的复系数代数方程。

(2) 求解复系数代数方程得到所感兴趣的各个电压和电流的相量表达式。

(3) 根据所得到的各个相量,写出相应的电压和电流的瞬时值表达式。

3. 用相量法分析正弦稳态响应的优点

(1) 不需要列出并求解电路的 n 阶微分方程。

(2) 可以用分析电阻电路的各种方法和类似公式来分析正弦稳态电路。

(3) 读者采用所熟悉的求解线性代数方程的方法,就能求得正弦电压、电流的相量以及它们的瞬时值表达式。

(4) 便于读者使用计算器和计算机等计算工具来辅助电路分析。

读者学习本小节时,可以观看 CAP 和 WINCAP 程序中关于正弦稳态的动画演示。

§10-3　基尔霍夫定律的相量形式

本节介绍基尔霍夫定律的相量形式,下一节再介绍二端元件电压电流关系的相量形式,并引入阻抗和导纳的概念。

一、基尔霍夫电流定律的相量形式

基尔霍夫电流定律(KCL)叙述为:对于任何集总参数电路中的任一节点,在任何时刻,流出该节点的全部支路电流的代数和等于零。其数学表达式为

$$\sum_{k=1}^{n} i_k(t) = 0$$

假设电路中全部电流都是相同频率 ω 的正弦电流,则可以将它们用振幅相量或有效值相量表示为以下形式

$$i_k(t) = \mathrm{Re}\left[\dot{I}_{km} \mathrm{e}^{\mathrm{j}\omega t} \right] = \mathrm{Re}\left[\sqrt{2}\, \dot{I}_k \mathrm{e}^{\mathrm{j}\omega t} \right]$$

代入 KCL 方程中得到

$$\sum_{k=1}^{n} i_k(t) = \sum_{k=1}^{n} \mathrm{Re}\left[\dot{I}_{km} \mathrm{e}^{\mathrm{j}\omega t} \right] = 0$$

$$\sum_{k=1}^{n} i_k(t) = \sum_{k=1}^{n} \mathrm{Re}\left[\sqrt{2}\, \dot{I}_k \mathrm{e}^{\mathrm{j}\omega t} \right] = 0$$

由于上式适用于任何时刻 t,其相量关系也必须成立,即

$$\sum_{k=1}^{n} \dot{I}_{km} = 0 \tag{10-14}$$

$$\sum_{k=1}^{n} \dot{I}_{k} = 0 \tag{10-15}$$

这就是相量形式的 KCL 定律,它表示对于具有相同频率的正弦电流电路中的任一节点,流出该节点的全部支路电流相量的代数和等于零。在列写相量形式 KCL 方程时,对于参考方向流出节点的电流取"+"号,流入节点的电流取"−"号。

值得特别注意的是,流出任一节点的全部支路电流振幅(或有效值)的代数和并不一定等于零,即一般来说

$$\sum_{k=1}^{n} I_{km} \neq 0, \quad \sum_{k=1}^{n} I_{k} \neq 0$$

例 10-6 电路如图 10-12(a)所示,已知 $i_1(t) = 10\sqrt{2}\cos(\omega t + 60°)$ A, $i_2(t) = 5\sqrt{2}\sin \omega t$ A。试求电流 $i(t)$ 及其有效值相量 $\dot{I}$ 。

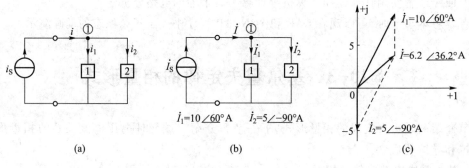

图 10-12　例 10-6

解 根据图 10-12(a)所示电路的时域模型,画出图 10-12(b)所示的相量模型,图中各电流参考方向均与时域模型相同,仅将时域模型中各电流符号 i_S、i、i_1、i_2 用相应的相量符号 $\dot{I}_S$、$\dot{I}$、$\dot{I}_1$、$\dot{I}_2$ 表示,并计算出电流相量 $\dot{I}_1$、$\dot{I}_2$

$$\dot{I}_1 = 10 \underline{/60°} \text{ A}, \quad \dot{I}_2 = 5 \underline{/-90°} \text{ A}$$

列出图 10-12(b)所示相量模型中节点①的 KCL 方程,其相量形式为

$$-\dot{I} + \dot{I}_1 + \dot{I}_2 = 0$$

其中,电流参考方向流出节点的电流 $\dot{I}_1$、$\dot{I}_2$ 取"+"号,流入节点的电流 $\dot{I}$ 取"−"号。由此可得

$$\dot{I} = \dot{I}_1 + \dot{I}_2 = 10 \underline{/60°} \text{ A} + 5 \underline{/-90°} \text{ A}$$

$$= (5 + j8.66 - j5) \text{ A} = (5 + j3.66) \text{ A} = 6.2 \underline{/36.2°} \text{ A}$$

根据求得的电流相量 $\dot{I} = 6.2 \underline{/36.2°}$ A,写出相应的电流瞬时值表达式

$$i(t) = 6.2\sqrt{2}\cos(\omega t + 36.2°) \text{ A}$$

本题也可以用作图的方法求解。在复数平面上,画出已知的电流相量 $\dot{I}_1$、$\dot{I}_2$,再用向量运算的平行四边形法则,求得电流相量 $\dot{I}$,如图 10-12(c)所示。相量图简单直观,虽然不够精确,还是可以用来检验复数计算的结果是否基本正确。相量图的另外一个好处是能清楚地看出各正弦电压和电流的相位关系,例如从相量图上容易看出电流 i 超前于电流 i_2,超前的角度为 36.2°+90° = 126.2°。值得特别提出的是,在正弦电流电路中流出任一节点的全部电流有效值的代数和并不一定等于零,例如本题中的 $I = 6.2$ A $\neq I_1 + I_2 = 10$ A+5 A = 15 A。

二、基尔霍夫电压定律的相量形式

基尔霍夫电压定律(KVL)叙述为:对于任何集总参数电路中的任一回路,在任何时刻,沿该回路的全部支路电压的代数和等于零。其数学表达式为

$$\sum_{k=1}^{n} u_k(t) = 0$$

假设电路中全部电压都是相同频率 ω 的正弦电压,则可以将它们用有效值相量表示如下

$$u_k(t) = \text{Re}[\dot{U}_{km}e^{j\omega t}] = \text{Re}[\sqrt{2}\,\dot{U}_k e^{j\omega t}]$$

代入 KVL 方程中,得到

$$\sum_{k=1}^{n} u_k(t) = \sum_{k=1}^{n} \text{Re}[\dot{U}_{km}e^{j\omega t}] = 0$$

$$\sum_{k=1}^{n} u_k(t) = \sum_{k=1}^{n} \text{Re}[\sqrt{2}\,\dot{U}_k e^{j\omega t}] = 0$$

由于上式适用于任何时刻 t,其相量关系也必须成立,即

$$\sum_{k=1}^{n} \dot{U}_{km} = 0 \tag{10-16}$$

$$\sum_{k=1}^{n} \dot{U}_k = 0 \tag{10-17}$$

这就是相量形式的 KVL 定律,它表示对于具有相同频率的正弦电流电路中的任一回路,沿该回路的全部支路电压相量的代数和等于零。在列写相量形式 KVL 方程时,对于参考方向与回路绕行方向相同的电压取"+"号,相反的电压取"-"号。

值得特别注意的是,沿任一回路的全部支路电压振幅(或有效值)的代数和并不一定等于零,即

$$\sum_{k=1}^{n} U_{km} \neq 0, \qquad \sum_{k=1}^{n} U_k \neq 0$$

例 10-7 电路如图 10-13(a)所示,试求电压源电压 $u_S(t)$ 和相应的电压相量 $\dot{U}_S$,并画出相量图。已知 $u_1(t) = -6\sqrt{2}\cos\omega t$ V,$u_2(t) = 8\sqrt{2}\cos(\omega t + 90°)$ V,$u_3(t) = 12\sqrt{2}\cos\omega t$ V。

解 根据图 10-13(a)所示电路的时域模型,画出图 10-13(b)所示的相量模型,图中各电压参考方向均与时域模型相同,仅将时域模型中各电压符号 u_S、u_1、u_2、u_3 用相应的相量符号 $\dot{U}_S$、$\dot{U}_1$、$\dot{U}_2$、$\dot{U}_3$ 表示,并计算出电压相量 $\dot{U}_1$、$\dot{U}_2$、$\dot{U}_3$。

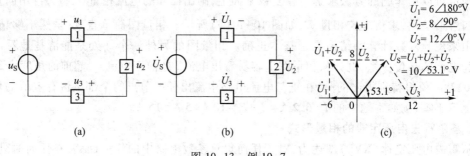

图 10-13 例 10-7

$$\dot{U}_1 = 6\underline{/180°}\text{ V}, \quad \dot{U}_2 = 8\underline{/90°}\text{ V}, \quad \dot{U}_3 = 12\underline{/0°}\text{ V}$$

对于图 10-13(b)所示相量模型中的回路,以顺时针为绕行方向,列出的相量形式 KVL 方程

$$-\dot{U}_S + \dot{U}_1 + \dot{U}_2 + \dot{U}_3 = 0$$

其中,电压参考方向与绕行方向相同的电压 $\dot{U}_1$、$\dot{U}_2$、$\dot{U}_3$ 取"+"号,电压参考方向与绕行方向相反的电压 $\dot{U}_S$ 取"−"号。由此可求得

$$\dot{U}_S = \dot{U}_1 + \dot{U}_2 + \dot{U}_3 = 6\underline{/180°}\text{ V} + 8\underline{/90°}\text{ V} + 12\underline{/0°}\text{ V}$$
$$= (-6 + j8 + 12)\text{ V} = (6 + j8)\text{ V} = 10\underline{/53.1°}\text{ V}$$

根据求得的电压相量 $\dot{U}_S = 10\underline{/53.1°}$ V,写出相应的电压瞬时值表达式

$$u_S(t) = 10\sqrt{2}\cos(\omega t + 53.1°)\text{ V}$$

相量图如图 10-13(c)所示,从相量图上容易看出各正弦电压的相位关系。也可以用作图的方法求得电压源电压相量,用向量和的方法先画出 $(\dot{U}_1 + \dot{U}_2)$ 相量,然后再用向量和的方法画出 $\dot{U}_S = \dot{U}_1 + \dot{U}_2 + \dot{U}_3$ 相量。值得注意的是回路中全部电压有效值的代数和并不一定等于零,本题中的 $U_S = 10$ V $\neq U_1 + U_2 + U_3 = 6$ V + 8 V + 12 V = 26 V。

§10-4　R、L、C 元件电压电流关系的相量形式

本节介绍二端元件电压电流关系的相量形式,并引入阻抗和导纳的概念。下一节介绍画电路相量模型的方法和如何用相量法分析各种电路的正弦稳态响应,并导出一些有用的公式和结论。

一、电阻元件电压电流关系的相量形式

线性电阻的电压电流关系服从欧姆定律,在电压、电流采用关联参考方向时,其电压电流关系表示为

$$u(t) = Ri(t) \tag{10-18}$$

它适用于按照任何规律变化的电压、电流,当其电流 $i(t) = I_\mathrm{m}\cos(\omega t + \psi_i)$ 随时间按正弦规律变化时,电阻上电压电流关系如下

$$u(t) = U_\mathrm{m}\cos(\omega t + \psi_u) = Ri(t) = RI_\mathrm{m}\cos(\omega t + \psi_i)$$

此式表明,线性电阻的电压和电流是同一频率的正弦时间函数。其振幅或有效值之间服从欧姆定律,其相位差为零(同相),即

$$U_\mathrm{m} = RI_\mathrm{m} \quad 或 \quad U = RI \tag{10-19}$$

$$\psi_u = \psi_i \tag{10-20}$$

线性电阻元件的时域模型如图 10-14(a)所示,反映电压电流瞬时值关系的波形图如图 10-14(b)所示。由此图可见,在任一时刻,电阻电压的瞬时值是电流瞬时值的 R 倍,电压的相位与电流的相位相同,即电压、电流波形同时达到最大值,同时经过零点。

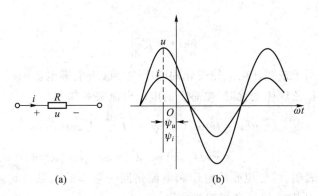

图 10-14　正弦电流电路中电阻元件的电压电流瞬时值关系

由于电阻元件的电压电流都是频率相同的正弦时间函数,可以用相量分别表示如下

$$u(t) = \mathrm{Re}[\dot{U}_\mathrm{m}\mathrm{e}^{\mathrm{j}\omega t}] = \mathrm{Re}[\sqrt{2}\,\dot{U}\,\mathrm{e}^{\mathrm{j}\omega t}] \tag{10-21}$$

$$i(t) = \mathrm{Re}[\dot{I}_\mathrm{m}\mathrm{e}^{\mathrm{j}\omega t}] = \mathrm{Re}[\sqrt{2}\,\dot{I}\,\mathrm{e}^{\mathrm{j}\omega t}] \tag{10-22}$$

将以上两式代入式(10-18)中,得到

$$u(t) = \mathrm{Re}[\sqrt{2}\,\dot{U}\,\mathrm{e}^{\mathrm{j}\omega t}] = R \cdot \mathrm{Re}[\sqrt{2}\,\dot{I}\,\mathrm{e}^{\mathrm{j}\omega t}]$$

由此得到线性电阻电压电流关系的相量形式为

$$\dot{U} = R\dot{I} \tag{10-23}$$

这是一个复数方程,它同时提供振幅之间和相位之间的两个关系:电阻电压有效值等于电阻乘以电流的有效值,即 $U = RI$;电阻电压与其电流的相位相同,即 $\psi_u = \psi_i$,见式(10-19)和式(10-20)。

线性电阻元件的相量模型如图 10-15(a)所示,反映电压电流相量关系的相量图如图 10-15(b)所示,由此图可以清楚地看出,电阻电压的相位与电阻电流的相位相同。

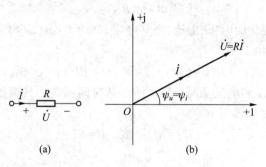

图 10-15 正弦电流电路中电阻元件的电压电流相量关系

二、电感元件电压电流关系的相量形式

线性电感的电压电流关系服从电磁感应定律,在电压、电流采用关联参考方向时,其电压电流关系表示为

$$u(t) = L\frac{\mathrm{d}i}{\mathrm{d}t} \tag{10-24}$$

微视频 10-4:
正弦电路的电
压电流关系

它适用于按照任何规律变化的电压、电流,当电感电流 $i(t) = I_\mathrm{m}\cos(\omega t + \psi_i)$ 随时间按正弦规律变化时,电感上的电压电流关系如下

$$u(t) = U_\mathrm{m}\cos(\omega t + \psi_u) = L\frac{\mathrm{d}}{\mathrm{d}t}\left[I_\mathrm{m}\cos(\omega t + \psi_i)\right]$$

$$= -\omega LI_\mathrm{m}\sin(\omega t + \psi_i) = \omega LI_\mathrm{m}\cos(\omega t + \psi_i + 90°)$$

此式表明,线性电感的电压和电流是同一频率的正弦时间函数。其振幅或有效值之间的关系以及电压电流相位之间的关系为

$$U_\mathrm{m} = \omega LI_\mathrm{m} \quad 或 \quad U = \omega LI \tag{10-25}$$

$$\psi_u = \psi_i + 90° \tag{10-26}$$

电感元件的时域模型如图 10-16(a)所示,反映电压电流瞬时值关系的波形图如图 10-16(b)所示。由此可以看出,电感电压超前于电感电流 90°,当电感电流由负值增加经过零点时,其电压

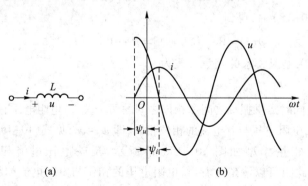

图 10-16 正弦电流电路中电感元件的电压电流瞬时值关系

达到正最大值。同时可以看出电感电压与电感电流瞬时值之间并不存在确定的关系。

由于电感元件的电压、电流都是频率相同的正弦时间函数,可以用相量分别表示,如式(10-21)和式(10-22)所示,将它们代入式(10-24)中,得到

$$u(t)=\mathrm{Re}[\sqrt{2}\,\dot{U}\,\mathrm{e}^{\mathrm{j}\omega t}]=L\frac{\mathrm{d}}{\mathrm{d}t}[\,\mathrm{Re}(\sqrt{2}\,\dot{I}\,\mathrm{e}^{\mathrm{j}\omega t})\,]=\mathrm{Re}[\,\mathrm{j}\omega L\sqrt{2}\,\dot{I}\,\mathrm{e}^{\mathrm{j}\omega t}]$$

由此得到电感元件电压相量和电流相量的关系式

$$\dot{U}=\mathrm{j}\omega L\,\dot{I} \tag{10-27}$$

这个复数方程包含振幅之间以及辐角之间的关系,与式(10-25)和式(10-26)相同。电感元件的相量模型如图 10-17(a)所示,反映电压电流相量关系的相量图如图 10-17(b)所示。由此可以清楚地看出电感电压的相位超前于电感电流的相位 90°。

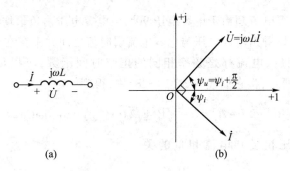

图 10-17 正弦电流电路中电感元件的电压电流相量关系

三、电容元件电压电流关系的相量形式

线性电容的电压电流关系服从位移电流定律,在电压、电流采用关联参考方向时,其电压电流关系表示为

$$i(t)=C\frac{\mathrm{d}u}{\mathrm{d}t} \tag{10-28}$$

它适用于按照任何规律变化的电压、电流,当电容电压 $u(t)=U_{\mathrm{m}}\cos(\omega t+\psi_{u})$ 随时间按正弦规律变化时,电容上电压电流关系如下

$$i(t)=I_{\mathrm{m}}\cos(\omega t+\psi_{i})=C\frac{\mathrm{d}}{\mathrm{d}t}[\,U_{\mathrm{m}}\cos(\omega t+\psi_{u})\,]$$

$$=-\omega C U_{\mathrm{m}}\sin(\omega t+\psi_{u})=\omega C U_{\mathrm{m}}\cos(\omega t+\psi_{u}+90°)$$

此式表明,线性电容的电压和电流是同一频率的正弦时间函数。其振幅或有效值之间的关系以及电压电流相位之间的关系为

$$I_{\mathrm{m}}=\omega C U_{\mathrm{m}} \quad 或 \quad I=\omega C U \tag{10-29}$$

$$\psi_{i}=\psi_{u}+90° \tag{10-30}$$

电容元件的时域模型如图 10-18(a)所示,反映电压电流瞬时值关系的波形图如图 10-18(b)所

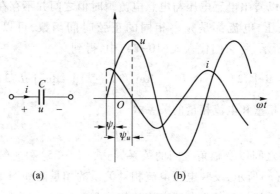

(a)   (b)

图 10-18　正弦电流电路中电容元件的电压电流瞬时值关系

示。由此图可以看出电容电流超前于电容电压 90°,当电容电压由负值增加经过零点时,其电流达到正最大值。同时可以看出电容电压与电容电流瞬时值之间并不存在确定的关系。

由于电容元件的电压、电流都是频率相同的正弦时间函数,可以用相量分别表示,如式(10-21)和式(10-22)所示,将它们代入式(10-28)中,得到

$$i(t) = \mathrm{Re}[\sqrt{2}\,\dot{I}\,\mathrm{e}^{\mathrm{j}\omega t}] = C\frac{\mathrm{d}}{\mathrm{d}t}[\,\mathrm{Re}(\sqrt{2}\,\dot{U}\,\mathrm{e}^{\mathrm{j}\omega t})\,] = \mathrm{Re}[\,\mathrm{j}\omega C\sqrt{2}\,\dot{U}\,\mathrm{e}^{\mathrm{j}\omega t}\,]$$

由此得到电容元件电压相量和电流相量的关系式

$$\dot{I} = \mathrm{j}\omega C\,\dot{U} \qquad (10\text{-}31)$$

这个复数方程包含的振幅之间以及辐角之间的关系,与式(10-29)和式(10-30)相同。电容元件的相量模型如图 10-19(a)所示,其相量关系如图 10-19(b)所示。

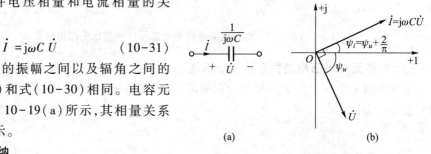

(a)   (b)

图 10-19　正弦电流电路中电容元件的电压电流相量关系

四、阻抗与导纳

前面导出了 RLC 元件电压电流的相量关系,现将它们列写如下:

$\dot{U}_R = R\dot{I}_R$	$\dfrac{\dot{U}_R}{\dot{I}_R} = R$	称为电阻
$\dot{U}_L = \mathrm{j}\omega L\,\dot{I}_L$	$\dfrac{\dot{U}_L}{\dot{I}_L} = \mathrm{j}\omega L$	称为电感的电抗,简称为感抗
$\dot{U}_C = \dfrac{1}{\mathrm{j}\omega C}\dot{I}_C$	$\dfrac{\dot{U}_C}{\dot{I}_C} = \dfrac{1}{\mathrm{j}\omega C}$	称为电容的电抗,简称为容抗

可以看到,RLC 元件电压相量与电流相量之间的关系类似欧姆定律,电压相量与电流相量之比是一个与时间无关的量,对于电阻元件来说,这个量是 R,称为电阻;对于电感元件来说,这个量是 $j\omega L$,称为电感的电抗,简称为感抗;对于电容元件来说,这个量是 $\frac{1}{j\omega C}$,称为电容的电抗,简称为容抗。为了使用方便,用大写字母 Z 来表示这个量,它是一个复数,称为阻抗。其定义为电压相量与电流相量之比,即

$$Z = \frac{\dot{U}}{\dot{I}} = \begin{cases} R \\ j\omega L \\ \dfrac{1}{j\omega C} \end{cases}$$

引入阻抗后,可以将以上三个关系式用一个式子来表示。

$$\dot{U} = Z\dot{I} , \quad \frac{\dot{U}}{\dot{I}} = Z \tag{10-32}$$

式(10-32)常称为相量形式的欧姆定律。

与上相似,RLC 元件电压电流的相量关系也可以写成以下形式:

$\dot{I}_R = G\dot{U}_R \qquad \dfrac{\dot{I}_R}{\dot{U}_R} = G \qquad$ 称为电导

$\dot{I}_L = \dfrac{1}{j\omega L}\dot{U}_L \qquad \dfrac{\dot{I}_L}{\dot{U}_L} = \dfrac{1}{j\omega L} \qquad$ 称为电感的电纳,简称为感纳

$\dot{I}_C = j\omega C\dot{U}_C \qquad \dfrac{\dot{I}_C}{\dot{U}_C} = j\omega C \qquad$ 称为电容的电纳,简称为容纳

可以注意到,RLC 元件电流相量与电压相量之比是一个与时间无关的量,对于电阻元件来说,这个量是 G,称为电导;对于电感元件来说,这个量是 $\frac{1}{j\omega L}$,称为电感的电纳,简称为感纳;对于电容元件来说,这个量是 $j\omega C$,称为电容的电纳,简称为容纳。用大写字母 Y 来表示这个量,它是一个复数,称为导纳。其定义为电流相量与电压相量之比,即

$$Y = \frac{\dot{I}}{\dot{U}} = \begin{cases} G \\ j\omega C \\ \dfrac{1}{j\omega L} \end{cases}$$

引入导纳后,可以将以上三个关系式用一个式子来表示。

$$\dot{I} = Y\dot{U} , \quad \frac{\dot{I}}{\dot{U}} = Y \tag{10-33}$$

式(10-33)是相量形式欧姆定律的另外一种表达式。显然,同一个二端元件的阻抗与导纳互为倒数关系,即

$$Z = \frac{1}{Y}, \quad Y = \frac{1}{Z}$$

值得注意的是阻抗和导纳都是在采用电压、电流关联参考方向条件下定义的,其相量形式的欧姆定律为 $\dot{U} = Z\dot{I}$ 和 $\dot{I} = Y\dot{U}$。在二端元件电压、电流采用非关联参考方向的条件下,欧姆定律应该出现一个负号,即 $\dot{U} = -Z\dot{I}$ 和 $\dot{I} = -Y\dot{U}$。

感抗和容抗以及感纳和容纳随频率变化的曲线,如图 10-20 所示。

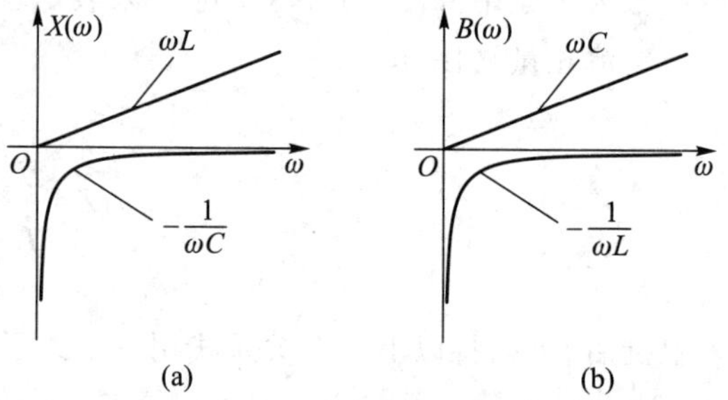

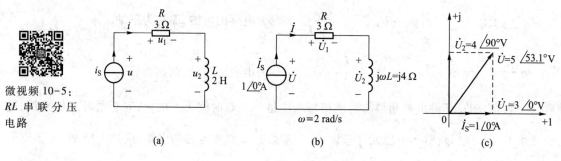

图 10-20 电抗和电纳随频率变化的曲线

电路分析的基本依据是电路中电压、电流的两类约束关系,上面介绍的 KCL、KVL 和 VCR 的相量形式,就是用相量法分析正弦稳态电路的基本依据。

例 10-8 电路如图 10-21(a)所示,已知 $R = 3\ \Omega$, $L = 2\ \text{H}$, $i_s(t) = \sqrt{2}\cos \omega t\ \text{A}$, $\omega = 2\ \text{rad/s}$。试求电压 $u_1(t)$、$u_2(t)$、$u(t)$ 及其有效值相量 $\dot{U}_1$、$\dot{U}_2$、$\dot{U}$。

微视频 10-5:
RL 串联分压电路

(a) (b) (c)

图 10-21 例 10-8

解 根据图 10-21(a)所示电路的时域模型,画出图 10-21(b)所示的相量模型,图中各电压、电流参考方向均与时域模型相同,仅将时域模型中各电压、电流符号 i_s、i、u_1、u_2、u 用相应的相量符号 $\dot{I}_s$、$\dot{I}$、$\dot{U}_1$、$\dot{U}_2$、$\dot{U}$ 表示,根据相量形式的 KCL 求出电流相量 $\dot{I}$

$$\dot{I} = \dot{I}_s = 1\ \underline{/0°}\ \text{A} = 1\ \text{A}$$

根据相量形式的 VCR 方程[式(10-23)和式(10-27)]计算出电压

$$\dot{U}_1 = R\dot{I} = R\dot{I}_s = 3\ \Omega \times 1\ \underline{/0°}\ \text{A} = 3\ \underline{/0°}\ \text{V}$$

$$\dot{U}_2 = \text{j}\omega L\dot{I} = \text{j}\omega L\dot{I}_s = \text{j}2\ \text{rad/s} \times 2\ \text{H} \times 1\ \underline{/0°}\ \text{A} = \text{j}4\ \text{V} = 4\ \underline{/90°}\ \text{V}$$

根据相量形式的 KVL 方程式(10-17)得到

$$\dot{U} = \dot{U}_1 + \dot{U}_2 = (3+\text{j}4)\ \text{V} = 5\ \underline{/53.1°}\ \text{V}$$

根据所求得的各电压相量得到相应电压的瞬时值表达式

$$u_1(t) = 3\sqrt{2}\cos 2t\ \text{V}$$

$$u_2(t) = 4\sqrt{2}\cos(2t+90°)\ \text{V}$$

$$u(t) = 5\sqrt{2}\cos(2t+53.1°)\ \text{V}$$

根据所求得的各电压、电流相量画出相量图,如图 10-21(c)所示。由此图可以看出电压 $u(t)$ 超前于电流 $i(t)$ 的角度为 53.1°。此例中,$U = 5\ \text{V} \neq U_1 + U_2 = 3\ \text{V} + 4\ \text{V} = 7\ \text{V}$,再次说明正弦电流电路中任一回路的全部电压有效值的代数和并不一定等于零。

例 10-9 电路如图 10-22(a)所示,已知 $R = 4\ \Omega$,$C = 0.1\ \text{F}$,$u_\text{S}(t) = 10\sqrt{2}\cos\omega t\ \text{V}$,$\omega = 5\ \text{rad/s}$。试求电流 $i_1(t)$、$i_2(t)$、$i(t)$ 及其有效值相量 $\dot{I}_1$、$\dot{I}_2$、$\dot{I}$。

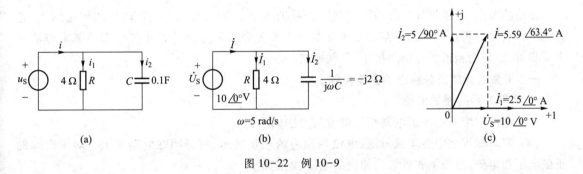

图 10-22 例 10-9

解 根据图 10-22(a)所示电路的时域模型,画出图 10-22(b)所示的相量模型,图中各电压、电流参考方向均与时域模型相同,仅将时域模型中各电压、电流符号 u_S、i、i_1、i_2 用相应的相量符号 $\dot{U}_\text{S}$、$\dot{I}$、$\dot{I}_1$、$\dot{I}_2$ 表示,并计算出电压相量 $\dot{U}_\text{S} = 10\ \underline{/0°}\ \text{V}$。根据 RLC 元件相量形式的 VCR 方程[(式 10-23)和式(10-31)]计算出电流

$$\dot{I}_1 = \frac{\dot{U}_\text{S}}{R} = \frac{10\ \underline{/0°}}{4}\text{A} = 2.5\ \underline{/0°}\ \text{A} = 2.5\ \text{A}$$

$$\dot{I}_2 = \frac{\dot{U}_\text{S}}{\dfrac{1}{\text{j}\omega C}} = \frac{10\ \underline{/0°}}{-\text{j}\dfrac{1}{5\times 0.1}}\text{A} = \frac{10\ \underline{/0°}}{-\text{j}2}\text{A} = \text{j}5\ \text{A} = 5\ \underline{/90°}\ \text{A}$$

根据相量形式的 KCL 方程式(10-15)得到

$$\dot{I} = \dot{I}_1 + \dot{I}_2 = (2.5+\text{j}5)\ \text{A} = 5.59\ \underline{/63.4°}\ \text{A}$$

根据所求得的各电流相量得到相应电流的瞬时值表达式

$$i_1(t) = 2.5\sqrt{2}\cos 5t \ \text{A}$$

$$i_2(t) = 5\sqrt{2}\cos(5t+90°) \ \text{A}$$

$$i(t) = 5.59\sqrt{2}\cos(5t+63.4°) \ \text{A}$$

根据所求得的各电压、电流相量画出相量图,如图 10-22(c)所示。由此图可以看出电流 $i(t)$ 超前于电压 $u_s(t)$ 的角度为 63.4°。此例中,$I = 5.59 \ \text{A} \neq I_1 + I_2 = 2.5 \ \text{A} + 5 \ \text{A} = 7.5 \ \text{A}$,再次说明正弦电流电路中流出任一节点的全部电流有效值的代数和并不一定等于零。

读者学习这一小节时,可以观看教材 Abook 资源中"*RLC* 元件的相位差"和"*RC* 和 *RL* 电路的相位差"等实验录像。

§10-5 正弦稳态的相量分析

在前两节中,已经推导出反映两类约束关系的 KCL、KVL 和二端元件 VCR 的相量形式,它们是用相量法分析正弦稳态电路的基本依据。本节先介绍相量法分析正弦稳态的基本方法和主要步骤,然后用相量法分析阻抗串、并联电路。

一、相量法分析正弦稳态的主要步骤

1. 画出电路的相量模型

根据电路时域模型画出电路相量模型的方法如下:

(1) 将时域模型中各正弦电压、电流用相应的相量表示,并标明在电路图上。对于已知的正弦电压和电流,按照下式计算出相应的电压、电流相量。

时域形式   相量形式

正弦电压 $u(t) = U\sqrt{2}\cos(\omega t + \psi_u)$ $\rightarrow$ $\dot{U} = Ue^{j\psi_u} = U\underline{/\psi_u}$

正弦电流 $i(t) = I\sqrt{2}\cos(\omega t + \psi_i)$ $\rightarrow$ $\dot{I} = Ie^{j\psi_i} = I\underline{/\psi_i}$

(2) 根据时域模型中 *RLC* 元件的参数,用相应的阻抗(或导纳)表示,并标明在电路图上。对于已知的 R、L、C 参数,按照下式计算出相应的阻抗(或导纳)。

时域形式   相量形式

电阻 R $\longrightarrow$ R 或 G

电感 L $\longrightarrow$ $j\omega L$ 或 $\dfrac{1}{j\omega L}$

电容 C $\longrightarrow$ $\dfrac{1}{j\omega C}$ 或 $j\omega C$

2. 根据 KCL、KVL 和元件 VCR 相量形式,建立复系数电路方程或写出相应公式,并求解得到电压、电流的相量表达式。

基尔霍夫电流定律
$$\sum_{k=1}^{n} \dot I_k = 0$$

基尔霍夫电压定律
$$\sum_{k=1}^{n} \dot U_k = 0$$

欧姆定律
$$\dot U = Z\dot I \ , \quad \dot I = Y\dot U$$

3. 根据所计算得到的电压相量和电流相量,写出相应的瞬时值表达式。

相量形式　　　　　　　　时域形式

正弦电压　$\dot U = Ue^{j\psi_u} = U\underline{/\psi_u} \xrightarrow{\omega} u(t) = U\sqrt2\cos(\omega t + \psi_u)$

正弦电流　$\dot I = Ie^{j\psi_i} = I\underline{/\psi_i} \xrightarrow{\omega} i(t) = I\sqrt2\cos(\omega t + \psi_i)$

例 10-10 电路如图 10-23(a)所示,已知电感电流 $i_L(t) = \sqrt2\cos\omega t$ A,$\omega = 10$ rad/s。试用相量法求电流 $i(t)$、电压 $u_C(t)$ 和 $u_S(t)$。

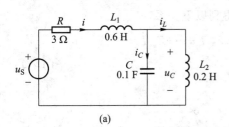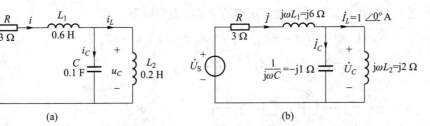

图 10-23 例 10-10

解 (1)画出电路图 10-23(a)所示的相量模型,如图 10-23(b)所示。其中

$$\dot I_L = 1\underline{/0°}\text{ A} = 1\text{ A}$$
$$Z_{L1} = j\omega L_1 = j10\times0.6\ \Omega = j6\ \Omega$$
$$Z_{L2} = j\omega L_2 = j10\times0.2\ \Omega = j2\ \Omega$$
$$Z_C = \frac{1}{j\omega C} = -j\frac{1}{10\times0.1}\Omega = -j1\ \Omega$$

(2)观察相量模型,用相量形式的 KVL 和电感 VCR 方程求出电感电压和电容电压相量

$$\dot U_C = \dot U_L = j\omega L_2\dot I_L = j2\times1\text{ V} = j2\text{ V}$$

根据相量形式的电容 VCR 方程求出电容电流相量

$$\dot I_C = \frac{\dot U_C}{\dfrac{1}{j\omega C}} = \frac{j2}{-j1}\text{A} = -2\underline{/0°}\text{ A} = -2\text{ A}$$

根据相量形式的 KCL 方程求出电阻电流相量

$$\dot I = \dot I_L + \dot I_C = 1\text{ A} - 2\text{ A} = -1\text{ A}$$

根据相量形式的 KVL 方程和电阻及电感 VCR 方程,求出电压源电压相量

$$\dot{U}_s = R\dot{I} + j\omega L_1\dot{I} + \dot{U}_C = 3\ \Omega \times (-1\ A) + j6\ \Omega \times (-1\ A) + j2\ V$$

$$= (-3 - j4)\ V = 5\ \underline{/-126.9°}\ V$$

根据电流相量 $\dot{I} = -1\ A$,电容电压相量 $\dot{U}_C = j2\ V$ 和电压相量 $\dot{U}_s = 5\ \underline{/-126.9°}\ V$ 以及角频率 $\omega = 10\ rad/s$,求得电流 $i(t)$、电压 $u_C(t)$ 和 $u_s(t)$ 的瞬时值表达式为

$$i(t) = \sqrt{2}\cos(10t + 180°)\ A$$

$$u_C(t) = 2\sqrt{2}\cos(10t + 90°)\ V$$

$$u_s(t) = 5\sqrt{2}\cos(10t - 126.9°)\ V$$

二、阻抗串联和并联电路分析

1. 阻抗串联电路分析

图 10-24(a)所示相量模型,n 个阻抗相串联,流过每个阻抗的电流相同,根据相量形式的基尔霍夫电压定律 $\sum\dot{U}_k = 0$ 和相量形式的欧姆定律 $\dot{U} = Z\dot{I}$ 得到以下关系

$$\dot{U} = \dot{U}_1 + \dot{U}_2 + \dot{U}_3 + \cdots + \dot{U}_n = Z_1\dot{I} + Z_2\dot{I} + Z_3\dot{I} + \cdots + Z_n\dot{I}$$

$$= (Z_1 + Z_2 + Z_3 + \cdots + Z_n)\dot{I} = Z\dot{I} \tag{10-34}$$

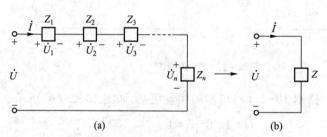

图 10-24 阻抗的串联

以上计算结果表明,n 个阻抗串联组成的单口网络,就端口特性来说,等效于一个阻抗,如图 10-24(b)所示,其等效阻抗值等于各串联阻抗之和,即

$$Z = \frac{\dot{U}}{\dot{I}} = Z_1 + Z_2 + Z_3 + \cdots + Z_n = \sum_{k=1}^{n} Z_k \tag{10-35}$$

从式(10-34)还可以得到 n 个阻抗串联的电流相量与其端口电压相量的关系为

$$\dot{I} = \frac{\dot{U}}{Z_1 + Z_2 + Z_3 + \cdots + Z_n} = \frac{\dot{U}}{\sum_{k=1}^{n} Z_k} \tag{10-36}$$

由此求得第 k 个阻抗上的电压相量与端口电压相量的关系为

$$\dot{U}_k = Z_k \dot{I} = \frac{Z_k}{Z_1 + Z_2 + Z_3 + \cdots + Z_n} \dot{U} = \frac{Z_k}{\sum\limits_{k=1}^{n} Z_k} \dot{U} \qquad (10\text{-}37)$$

这个公式称为 n 个阻抗串联时的分压公式。两个阻抗串联时的分压公式为

$$\dot{U}_1 = \frac{Z_1}{Z_1 + Z_2} \dot{U}, \quad \dot{U}_2 = \frac{Z_2}{Z_1 + Z_2} \dot{U} \qquad (10\text{-}38)$$

读者可以看出,以上几个公式与 n 个电阻串联时得到的公式相类似。

微视频 10-7:
RC 串 联 分 压
电路

对于图 10-25(a)所示电阻与电感串联电路,电感电压相量等于

$$\dot{U}_L = \frac{\mathrm{j}\omega L}{R + \mathrm{j}\omega L} \dot{U}_S$$

其中

$$U_L = \frac{\omega L}{\sqrt{R^2 + \omega^2 L^2}} U_S, \quad \psi_L = \psi_S + 90° - \arctan\frac{\omega L}{R}$$

微视频 10-8:
RC 正 弦 分 压
电路

由上式可见,随着电感由零逐渐增加,电感电压由零逐渐增加到电源电压 U_S,相位差 $\varphi = \psi_L - \psi_S$ 由 90° 逐渐减小到零。为了直观地看出电感电压随电感参数变化的规律,用计算机程序画出电感电压以及电阻电压幅度和相位随电感增加而变化的曲线,如图 10-25(b)和(c)及表 10-1 所示。例如,当 $L = R/\omega$,即 $\omega L = R$ 时,$U_L = 0.707 U_S$,$\varphi = 45°$;当 $\omega L = 2R$ 时,$U_L = 0.894 U_S$,$\varphi = 26.6°$,这与两个相同性质元件串联电路的分压关系是不同的。

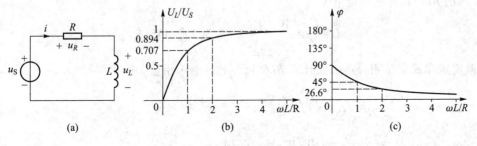

微视频 10-9:
R 与 *RLC* 串联
电路

图 10-25　电阻与电感串联电路

表 10-1　*RL* 串联电路电感电压随电感变化的规律

$\omega L/R$	0	1	2	3	4	5
U_L/U_S	0	0.707	0.894	0.949	0.970	0.981
$\varphi = \psi_L - \psi_S$	90°	45°	26.6°	18.4°	14°	11.3°

例 10-11　已知图 10-26(a)所示电路的 $u_S(t) = 10\sqrt{2}\cos 2t$ V,$R = 2\ \Omega$,$L = 2$ H,$C = 0.25$ F。试用相量方法计算电路中的 $i(t)$、$u_R(t)$、$u_L(t)$、$u_C(t)$。

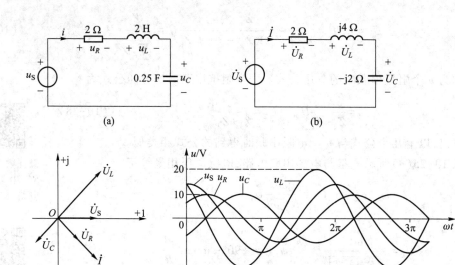

图 10-26 *RLC* 串联电路分析

微视频 10-10：
例题 10-11 解
答演示

解 图 10-26(a)所示电路的相量模型,如图 10-26(b)所示。求出 *RLC* 串联电路的等效阻抗

$$Z = Z_R + Z_L + Z_C = 2\ \Omega + \text{j}4\ \Omega - \text{j}2\ \Omega = (2+\text{j}2)\ \Omega = 2\sqrt{2}\ \underline{/45°}\ \Omega$$

求出 *RLC* 元件的相量电流

$$\dot{I} = \frac{\dot{U}}{Z} = \frac{10\ \underline{/0°}}{2\sqrt{2}\ \underline{/45°}}\text{A} = 2.5\sqrt{2}\ \underline{/-45°}\ \text{A}$$

用 *RLC* 元件的欧姆定律或直接用分压公式计算 *RLC* 元件上的电压相量

$$\dot{U}_R = \frac{2}{2\sqrt{2}\ \underline{/45°}} \times 10\ \underline{/0°}\ \text{V} = 7.07\ \underline{/-45°}\ \text{V}$$

$$\dot{U}_L = \frac{\text{j}4}{2\sqrt{2}\ \underline{/45°}} \times 10\ \underline{/0°}\ \text{V} = 14.14\ \underline{/45°}\ \text{V}$$

$$\dot{U}_C = \frac{-\text{j}2}{2\sqrt{2}\ \underline{/45°}} \times 10\ \underline{/0°}\ \text{V} = 7.07\ \underline{/-135°}\ \text{V}$$

根据以上电压、电流相量得到相应的瞬时值表达式

$$i(t) = 2.5\sqrt{2} \times \sqrt{2}\cos(2t-45°)\ \text{A} = 5\cos(2t-45°)\ \text{A}$$

$$u_R(t) = 7.07\sqrt{2}\cos(2t-45°)\ \text{V} = 10\cos(2t-45°)\ \text{V}$$

$$u_L(t) = 14.14\sqrt{2}\cos(2t+45°)\ \text{V} = 20\cos(2t+45°)\ \text{V}$$

$$u_C(t) = 7.07\sqrt{2}\cos(2t-135°)\ \text{V} = 10\cos(2t-135°)\ \text{V}$$

各电压、电流的相量图如图 10-26(c)所示。从相量图上清楚地看出各电压电流的相量关系,例如从端口电压 $u(t)$ 的相位超前于端口电流相位 $i(t)$ 45°,表明该 RLC 串联单口网络的端口特性等效于一个电阻与电感的串联,即单口网络具有电感性。从相量图还可以看出 $U = 10\text{ V} \neq U_R + U_L + U_C = (7.07 + 14.14 + 7.07)\text{V} = 28.28\text{ V}$,其中电感电压 $U_L = 14.14\text{ V}$ 比总电压 $U = 10\text{ V}$ 还要大,这再次表明电压有效值之间不服从 KVL 定律。

2. 导纳并联电路分析

图 10-27(a)所示相量模型,n 个导纳相并联,每个导纳的电压相同,根据相量形式的基尔霍夫电流定律 $\sum \dot{I}_k = 0$ 和欧姆定律 $\dot{I} = Y\dot{U}$ 得到以下关系

$$\dot{I} = \dot{I}_1 + \dot{I}_2 + \cdots + \dot{I}_n = Y_1\dot{U} + Y_2\dot{U} + \cdots + Y_n\dot{U}$$

$$= (Y_1 + Y_2 + \cdots + Y_n)\dot{U} = Y\dot{U} \tag{10-39}$$

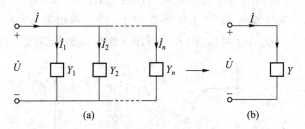

图 10-27 导纳的并联

以上计算结果表明,n 个导纳并联组成的单口网络,就端口特性来说,等效于一个导纳,如图 10-27(b)所示,其等效导纳值等于各并联导纳之和,即

$$Y = \frac{\dot{I}}{\dot{U}} = Y_1 + Y_2 + \cdots + Y_n = \sum_{k=1}^{n} Y_k \tag{10-40}$$

从式(10-39)还可以得到 n 个导纳并联的电压相量与其端口电流相量的关系为

$$\dot{U} = \frac{\dot{I}}{Y_1 + Y_2 + \cdots + Y_n} = \frac{\dot{I}}{\sum\limits_{k=1}^{n} Y_k} \tag{10-41}$$

由此求得第 k 个导纳中的电流相量与端口电流相量的关系为

$$\dot{I}_k = Y_k\dot{U} = \frac{Y_k}{Y_1 + Y_2 + \cdots + Y_n}\dot{I} = \frac{Y_k}{\sum\limits_{k=1}^{n} Y_k}\dot{I} \tag{10-42}$$

这个公式称为 n 个导纳并联时的分流公式。常用的两个阻抗并联时的分流公式为

$$\dot{I}_1 = \frac{Z_2}{Z_1 + Z_2}\dot{I} \ , \quad \dot{I}_2 = \frac{Z_1}{Z_1 + Z_2}\dot{I} \tag{10-43}$$

读者可以看出以上几个公式与 n 个电导并联时得到的公式相类似。

对于图 10-28(a)所示电阻与电感并联电路,电感电流相量等于

$$\dot{I}_L = \frac{R}{R+j\omega L}\dot{I}_s$$

其中

$$I_L = \frac{R}{\sqrt{R^2+\omega^2L^2}}I_s, \qquad \psi_L = \psi_s - \arctan\frac{\omega L}{R}$$

由上式可见,当 $L=0$ 时,$I_L=I_s$,$\varphi=\psi_L-\psi_s=0$;当 $L=R/\omega$,即 $\omega L=R$ 时,$I_L=0.707I_s$,$\varphi=-45°$;当 $L=\infty$ 时,$I_L=0$,$\varphi=-90°$。随着电感由零逐渐增加到 ∞,电感电流由最大值 I_s 逐渐减小到零,相位差 $\varphi=\psi_L-\psi_s$ 由零逐渐变化到 $-90°$。已知图 10-28(a)电路中 $R=1\ \Omega$,$C=1\ F$,$i_s(t)=\sqrt{2}\cos t\ A$,用计算机程序画出电感电流幅度和相位随电感增加而变化的曲线,如图 10-28(b)所示。电阻电流幅度和相位差随电阻增加而变化的曲线,如图 10-28(c)所示。由此可见,随着电阻由零逐渐增加到 ∞,电阻电流由最大值 I_s 逐渐减小到零,相位差 $\varphi=\psi_R-\psi_s$ 由零逐渐增加到 $90°$。当 $R=\omega L$ 时,$I_R=0.707I_s$,$\varphi=45°$。读者可以用分流公式解释其变化规律。

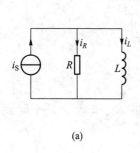
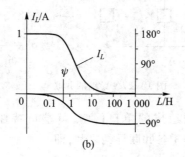
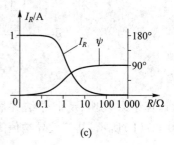

(a) (b) (c)

图 10-28 电阻与电感并联电路

例 10-12 已知图 10-29(a)所示电路的 $i_s(t)=15\sqrt{2}\cos 2t\ A$,$R=1\ \Omega$,$L=2\ H$,$C=0.5\ F$。试用相量方法计算电路中的 $u(t)$、$i_R(t)$、$i_L(t)$、$i_C(t)$。

解 图 10-29(a)所示电路的相量模型,如图 10-29(b)所示。求出 *RLC* 并联电路的等效导纳

$$Y = Y_R + Y_L + Y_C = 1\ S - j\frac{1}{4}S + j1\ S = (1+j0.75)S = 1.25\ \underline{/36.9°}\ S$$

求出 *RLC* 元件的相量电压

$$\dot{U} = \frac{\dot{I}}{Y} = \frac{15\ \underline{/0°}}{1.25\ \underline{/36.9°}}V = 12\ \underline{/-36.9°}\ V$$

用 *RLC* 元件的欧姆定律或直接用分流公式计算 *RLC* 元件上的电流相量

$$\dot{I}_R = \frac{1}{1.25\ \underline{/36.9°}}\times 15\ \underline{/0°}\ A = 12\ \underline{/-36.9°}\ A$$

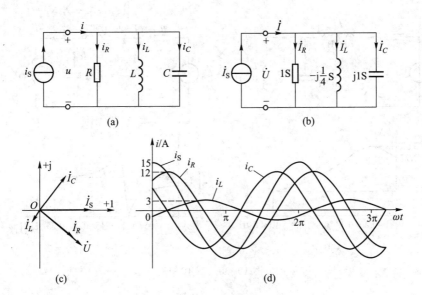

图 10-29　*RLC* 并联电路

$$\dot{I}_L = \frac{-j0.25}{1.25\ \underline{/36.9°}} \times 15\ \underline{/0°}\ \text{A} = 3\ \underline{/-126.9°}\ \text{A}$$

$$\dot{I}_C = \frac{j1}{1.25\ \underline{/36.9°}} \times 15\ \underline{/0°}\ \text{A} = 12\ \underline{/53.1°}\ \text{A}$$

根据以上电压、电流相量得到相应的瞬时值表达式

$$u(t) = 12\sqrt{2}\cos(2t - 36.9°)\ \text{V}$$

$$i_R(t) = 12\sqrt{2}\cos(2t - 36.9°)\ \text{A}$$

$$i_L(t) = 3\sqrt{2}\cos(2t - 126.9°)\ \text{A}$$

$$i_C(t) = 12\sqrt{2}\cos(2t + 53.1°)\ \text{A}$$

各电压、电流的波形图和相量图如图 10-29(c)所示。从相量图上清楚地看出各电压电流的相量关系,例如端口电流的相位超前于端口电压相位 36.9°,表明该 *RLC* 并联单口网络的端口特性等效于一个电阻与电容的并联,该单口网络具有电容性。从计算结果和相量图均可以看出 $I=$ 15 A $\neq I_R + I_L + I_C = (12 + 3 + 12)$ A $= 27$ A。再次表明电流有效值之间不服从 KCL 定律。

例 10-13　图 10-30 所示电路与例 10-10 中讨论的图 10-23 完全相同。已知电压源电压为 $u_S(t) = 10\sqrt{2}\cos\omega t$ V,$\omega = 10$ rad/s。试求各电压、电流。

解　该电路既有阻抗的串联,又有阻抗的并联,可以用阻抗串联和并联的等效阻抗公式,求出连接于电压源的阻抗混联单口网络的等效阻抗

$$Z = 3\ \Omega + j6\ \Omega + \frac{j2 \times (-j1)}{j2 - j1}\ \Omega = 3\ \Omega + j6\ \Omega - j2\ \Omega = (3 + j4)\ \Omega = 5\ \underline{/53.1°}\ \Omega$$

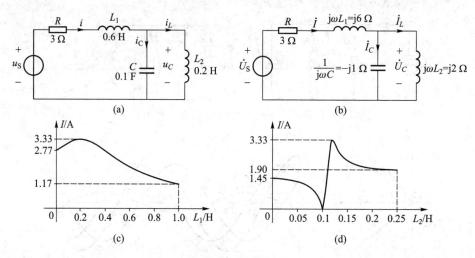

图 10-30 例 10-13

计算出电流相量 $\dot{I}$

$$\dot{I} = \frac{\dot{U}}{Z} = \frac{10\ \underline{/0°}}{5\ \underline{/53.1°}}\text{A} = 2\ \underline{/-53.1°}\ \text{A}$$

用两个阻抗并联的分流公式,计算出 $\dot{I}_c$、$\dot{I}_L$

$$\dot{I}_c = \frac{Z_L}{Z_L + Z_c}\dot{I} = \frac{\text{j}2}{\text{j}2 - \text{j}1} \times 2\ \underline{/-53.1°}\ \text{A} = 4\ \underline{/-53.1°}\ \text{A}$$

$$\dot{I}_L = \frac{Z_c}{Z_L + Z_c}\dot{I} = \frac{-\text{j}1}{\text{j}2 - \text{j}1} \times 2\ \underline{/-53.1°}\ \text{A} = 2\ \underline{/126.9°}\ \text{A}$$

用相量形式的欧姆定律,求出电容电压和电感电压相量

$$\dot{U}_c = Z_c \dot{I}_c = -\text{j}1 \times 4\ \underline{/-53.1°}\ \text{V} = 4\ \underline{/-143.1°}\ \text{V}$$

$$\dot{U}_L = Z_L \dot{I}_L = \text{j}2 \times 2\ \underline{/126.9°}\ \text{V} = 4\ \underline{/+216.9°}\ \text{V} = 4\ \underline{/-143.1°}\ \text{V}$$

由于电容与电感并联,电容电压与电感电压应该相同。

假如需要用改变电感来改变电流 I 的数值,可以利用计算机程序 WACAP 画出图 10-30(c) 和(d)所示电流 I 随电感变化的曲线。由图 10-30(c)可见,当电感 L_1 由零增加到 0.2 H 时,电流 I 由 2.77 A 逐渐增加到 3.33 A:当电感 L_1 由 0.2 H 增加到 1 H 时,电流 I 由 3.33 A 逐渐减小到 1.77 A。由图 10-30(d)可见,当电感 L_2 由零增加到 0.1 H 时,电流 I 由 1.45 A 逐渐减小到零;当电感 L_2 由 0.1 H 增加到 0.12 H 时,电流 I 由零增加到 3.33 A:当电感 L_2 由 0.12 H 逐渐增加到 0.25 H 时,电流 I 又减小到 1.9 A。

本题也可以利用线性电路的叠加定理(在一个独立电压源作用的线性电路中各电压、电流是电压源电压的线性函数)来计算各电压、电流。因为本题电压源电压幅度是图 10-23 所示电路中电压幅度的 2 倍,初相增加 126.9°,现将图 10-23 所示电路中各电压、电流幅度增加到 2 倍,初相增加 126.9°,即可得到本题的电压、电流。例如图 10-23 所示电路中电容电压为

$$\dot{U}_C = \text{j}2 \text{ V} = 2\ \underline{/90°}\ \text{V}$$

$$u_C(t) = 2\sqrt{2}\cos(10t+90°)\text{ V}$$

本题中的电容电压为

$$\dot{U}_C = 2×2\ \underline{/(90°+126.9°)}\ \text{V} = 4\ \underline{/216.9°}\ \text{V} = 4\ \underline{/-143.1°}\ \text{V}$$

$$u_C(t) = 2×2\sqrt{2}\cos(10t+90°+126.9°)\text{ V} = 4\sqrt{2}\cos(10t-143.1°)\text{ V}$$

读者学习这一小节时,可以观看教材 Abook 资源中"*RC* 正弦电路的电压关系"和"*RC* 和 *RL* 电路的相位差"等实验录像。

用相量法分析正弦稳态涉及复数的各种运算,现在将几个常用的公式列举如下:

(1)假设复数 $r\ \underline{/\theta} = a+\text{j}b$,则有

$$r = \sqrt{a^2+b^2}, \quad \theta = \arctan\frac{b}{a}, \quad a = r\cos\theta, \quad b = r\sin\theta$$

(2)假设复数 $c_1 = r_1\ \underline{/\theta_1}, c_2 = r_2\ \underline{/\theta_2}$,则有

$$c_1 c_2 = r_1 r_2\ \underline{/\theta_1+\theta_2}, \quad \frac{c_1}{c_2} = \frac{r_1}{r_2}\ \underline{/\theta_1-\theta_2}$$

(3)假设复数 $c_1 = a_1+\text{j}b_1, c_2 = a_2+\text{j}b_2$,则有

$$c_1+c_2 = (a_1+a_2)+\text{j}(b_1+b_2), \quad c_1-c_2 = (a_1-a_2)+\text{j}(b_1-b_2)$$

(4)假设复数 $c = a+\text{j}b$ 及其共轭复数 $c^* = a-\text{j}b$,则有

$$cc^* = (a+\text{j}b)(a-\text{j}b) = a^2+b^2$$

(5)数学中采用符号 $i = \sqrt{-1}$,电路分析中用符号 i 表示电流,而改用符号 $\text{j} = \sqrt{-1}$。应用欧拉公式 $e^{\text{j}\theta} = \cos\theta+\text{j}\sin\theta$ 可以得到:

因为 $e^{\text{j}90°} = \cos 90°+\text{j}\sin 90° = \text{j}$　　所以 $\text{j} = \sqrt{-1} = e^{\text{j}90°} = 1\ \underline{/90°}$

因为 $e^{-\text{j}90°} = \cos(-90°)+\text{j}\sin(-90°) = -\text{j}$　　所以 $-\text{j} = \dfrac{1}{\text{j}} = e^{-\text{j}90°} = 1\ \underline{/-90°}$

因为 $e^{\text{j}180°} = \cos 180°+\text{j}\sin 180° = -1$　　所以 $-1 = \text{j}^2 = e^{\text{j}180°} = 1\ \underline{/180°}$

微视频 10-13:
WACAP 程序
的复数运算

微视频 10-14:
求解复系数代
数方程

§10-6　一般正弦稳态电路分析

从以上几节讨论中可以看到,由于相量形式的基尔霍夫定律和欧姆定律与电阻电路中同一定律的形式完全相同,分析线性电阻电路的一些公式和方法完全可以用到正弦稳态电路的分析中来。其差别仅仅在于电压、电流用相应的相量替换,电阻和电导用阻抗和导纳替换。本节将举例说明支路分析、网孔分析、节点分析、叠加定理和戴维南-诺顿定理在正弦稳态分析中的

应用。

例 10-14　图 10-31(a)所示电路中,已知 $u_{S1}(t)=3\sqrt{2}\cos\omega t$ V, $u_{S2}(t)=4\sqrt{2}\sin\omega t$ V, $\omega=2$ rad/s。试求电流 $i_1(t)$。

微视频 10-15:
例题 10-14 解
答演示

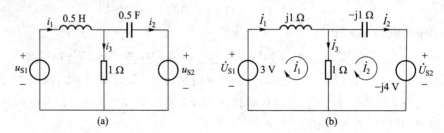

图 10-31　例 10-14

解　先画出电路的相量模型,如图 10-31(b)所示,其中 $\dot{U}_{S1}=3\underline{/0°}$ V, $\dot{U}_{S2}=-\mathrm{j}4$ V = $4\underline{/-90°}$ V, $\mathrm{j}\omega L=\mathrm{j}1$ Ω, $\dfrac{1}{\mathrm{j}\omega C}=-\mathrm{j}1$ Ω。

(1) 支路分析

以支路电流 $\dot{I}_1$、$\dot{I}_2$、$\dot{I}_3$ 作为变量,列出图 10-31(b)所示相量模型的 KCL 和 KVL 方程

$$\left.\begin{array}{l} -\dot{I}_1+\dot{I}_2+\dot{I}_3=0 \\ \mathrm{j}\dot{I}_1+\dot{I}_3=3\underline{/0°} \\ -\mathrm{j}\dot{I}_2-\dot{I}_3=\mathrm{j}4 \end{array}\right\}$$

求解得到

$$\dot{I}_1=\frac{\begin{vmatrix} 0 & 1 & 1 \\ 3 & 0 & 1 \\ \mathrm{j}4 & -\mathrm{j} & -1 \end{vmatrix}}{\begin{vmatrix} -1 & 1 & 1 \\ \mathrm{j} & 0 & 1 \\ 0 & -\mathrm{j} & -1 \end{vmatrix}}\mathrm{A}=\frac{\mathrm{j}4-\mathrm{j}3+3}{1-\mathrm{j}+\mathrm{j}}\mathrm{A}=(3+\mathrm{j}1)\mathrm{A}=3.162\underline{/18.43°}\mathrm{A}$$

由电流相量 $\dot{I}_1$ 得到相应的瞬时值表达式

$$i_1(t)=3.162\sqrt{2}\cos(2t+18.43°)\mathrm{A}$$

(2) 网孔分析

假设网孔电流 $\dot{I}_1$、$\dot{I}_2$ 如图 10-31(b)所示,用观察法列出网孔电流方程

$$\left.\begin{array}{l} (1+\mathrm{j}1)\dot{I}_1-\dot{I}_2=3\underline{/0°} \\ -\dot{I}_1+(1-\mathrm{j}1)\dot{I}_2=\mathrm{j}4 \end{array}\right\}$$

求解得到

$$\dot{I}_1 = \frac{\begin{vmatrix} 3 & -1 \\ j4 & 1-j1 \end{vmatrix}}{\begin{vmatrix} 1+j1 & -1 \\ -1 & 1-j1 \end{vmatrix}} \mathrm{A} = \frac{3-j3+j4}{2-1} \mathrm{A} = (3+j1)\,\mathrm{A} = 3.162\,\underline{/18.43°}\,\mathrm{A}$$

由电流相量 $\dot{I}_1$ 得到相应的瞬时值表达式

$$i_1(t) = 3.162\sqrt{2}\cos(2t+18.43°)\,\mathrm{A}$$

（3）节点分析

为了便于列写电路的节点电压方程，画出采用

导纳参数的相量模型，如图 10-32 所示，其中 $\dfrac{1}{j\omega L} =$

$-j1\,\mathrm{S}$，$j\omega C = j1\,\mathrm{S}$。

选择参考节点如图 10-32 所示，用观察法列出
节点电压方程

$$(1-j1+j1)\dot{U}_1 - (-j1)\dot{U}_{S1} - j1\dot{U}_{S2} = 0$$

求解得到

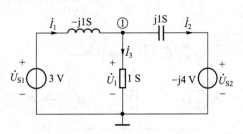

图 10-32　用节点分析法分析正弦稳态

$$\dot{U}_1 = -j1\dot{U}_{S1} + j1\dot{U}_{S2} = -j1\times3\,\mathrm{V} + j1\times(-j4)\,\mathrm{V} = (4-j3)\,\mathrm{V} = 5\,\underline{/-36.9°}\,\mathrm{V}$$

最后求得电流 $\dot{I}_1$

$$\dot{I}_1 = -j1\times(\dot{U}_{S1} - \dot{U}_1) = -j1\times(3-4+j3)\,\mathrm{A} = (3+j1)\,\mathrm{A} = 3.162\,\underline{/18.43°}\,\mathrm{A}$$

（4）叠加定理

叠加定理适用于线性电路，也可以用于正弦稳态分析。画出两个独立电压源单独作用的电
路，如图 10-33 所示。

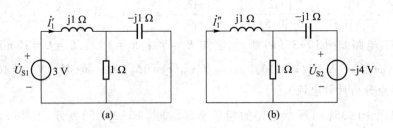

图 10-33　用叠加定理分析正弦稳态电路

用分别计算每个独立电压源单独作用产生的电流相量，然后相加得到电流相量 $\dot{I}_1$

$$\dot{I}_1 = \dot{I}_1' + \dot{I}_1'' = \frac{\dot{U}_{S1}}{j1\,\Omega + \dfrac{1\times(-j1)}{1-j1}\,\Omega} + \frac{-\dot{U}_{S2}}{-j1\,\Omega + \dfrac{1\times j1}{1+j1}\,\Omega} \times \frac{1}{1+j1}$$

$$= \frac{3}{j1+0.5-j0.5}\text{A}+\frac{j4}{1+j1-j1}\text{A}=(3+j1)\text{A}=3.162\underline{/18.43°}\text{ A}$$

（5）戴维南定理

戴维南定理说明：含独立源的单口网络相量模型可用一个电压源 $\dot{U}_{oc}$ 和阻抗 Z_o 的串联电路代替，而不会影响电路其余部分的电压和电流相量。

先求出连接电感的单口网络的戴维南等效电路。断开电感支路得到图 10-34（a）所示电路，由此求端口的开路电压 $\dot{U}_{oc}$

$$\dot{U}_{oc}=\dot{U}_{S1}-\frac{1}{1-j1}\times\dot{U}_{S2}=3\text{ V}-\frac{-j4}{1-j1}\text{V}=3\text{ V}-(2-j2)\text{ V}=(1+j2)\text{ V}$$

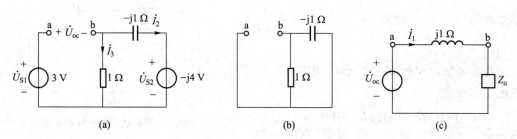

图 10-34　用戴维南定理分析正弦稳态

将图 10-34（a）所示电路中两个独立电压源用短路代替，得到图 10-34（b）所示电路，由此求得单口网络的输出阻抗

$$Z_o=\frac{1\times(-j1)}{1-j1}\Omega=\frac{-j1\times(1+j1)}{2}\Omega=(0.5-j0.5)\Omega$$

用戴维南电路代替单口网络得到图 10-34（c）所示电路，由此求得电流 $\dot{I}_1$

$$\dot{I}_1=\frac{\dot{U}_{oc}}{Z_o+j1\text{ }\Omega}=\frac{1+j2}{0.5-j0.5+j1}\text{A}=\frac{1+j2}{0.5+j0.5}\text{A}=(3+j1)\text{A}=3.162\underline{/18.43°}\text{ A}$$

例 10-15　电路如图 10-35（a）所示，已知 $R_1=5\text{ }\Omega$，$R_2=10\text{ }\Omega$，$L_1=L_2=10\text{ mH}$，$C=100\text{ }\mu\text{F}$，$i_{S1}(t)=\sqrt{2}\cos(\omega t+30°)\text{ A}$，$u_{S2}(t)=10\sqrt{2}\cos\omega t\text{ V}$，$u_{S3}(t)=15\sqrt{2}\cos(\omega t+45°)\text{ V}$，$\omega=10^3\text{ rad/s}$。试用网孔分析和节点分析计算电流 $i_2(t)$。

解　画出图 10-35（a）所示电路的相量模型，如图 10-35（b）所示，其中 $\dot{I}_{S1}=1\underline{/30°}\text{ A}$，$\dot{U}_{S2}=10\underline{/0°}\text{ V}$，$\dot{U}_{S3}=15\underline{/45°}\text{ V}$，$j\omega L_1=j\omega L_2=j10\text{ }\Omega$，$\frac{1}{j\omega C}=-j10\text{ }\Omega$。

（1）网孔分析

设两个网孔电流 $\dot{I}_1$、$\dot{I}_2$，如图 10-35（b）所示。用观察法直接列出网孔电流方程

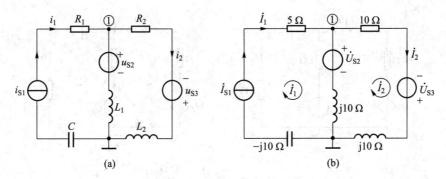

图 10-35　例 10-15

$$\begin{cases} \dot{I}_1 = 1 \, \underline{/30°} \ \text{A} \\ -\text{j}10\dot{I}_1 + (10+\text{j}20)\dot{I}_2 = 15 \, \underline{/45°} + 10 \, \underline{/0°} \end{cases}$$

求解得到

$$\dot{I}_2 = 1.109 \, \underline{/-12.44°} \ \text{A}$$

$$i_2(t) = 1.109\sqrt{2}\cos(10^3 t - 12.44°) \ \text{A}$$

（2）节点方程

为了便于列出节点方程,先将图 10-35(b)所示相量模型中电压源 $\dot{U}_{S2} = 10 \, \underline{/0°}$ V 和阻抗 j10 Ω 的串联单口等效变换为电流源 $\dot{I}_{S2} = \dfrac{10 \, \underline{/0°}}{\text{j}10}$ 和阻抗 j10 Ω 的并联单口网络,电压源 $\dot{U}_{S3} =$ 15 $\underline{/45°}$V 和阻抗(10+j10) Ω 的串联单口等效变换为电流源 $\dot{I}_{S3} = \dfrac{15 \, \underline{/45°}}{10+\text{j}10}$ 和阻抗(10+j10) Ω 的并联单口网络。再用观察法直接列出节点电压方程

$$\left(\frac{1}{\text{j}10} + \frac{1}{10+\text{j}10}\right)\dot{U}_1 = 1 \, \underline{/30°} + \frac{10 \, \underline{/0°}}{\text{j}10} - \frac{15 \, \underline{/45°}}{10+\text{j}10}$$

求解得到

$$\dot{U}_1 = 3.39 \, \underline{/-39.7°} \ \text{V}$$

再用相量形式的 KVL 方程求出电流

$$\dot{I}_2 = \frac{\dot{U}_1 + \dot{U}_{S3}}{R_2 + \text{j}\omega L_2} = \frac{3.39 \, \underline{/-39.7°} + 15 \, \underline{/45°}}{10+\text{j}10} \text{A} = 1.109 \, \underline{/-12.44°} \ \text{A}$$

$$i_2(t) = 1.109\sqrt{2}\cos(10^3 t - 12.44°) \ \text{A}$$

例 10-16　电路如图 10-36(a)所示,已知 $u_S(t) = 5\sqrt{2}\cos(\omega t + 30°)$ V, $\omega =$ 10^6 rad/s。试用网孔分析、节点分析和戴维南定理计算电流 $i_2(t)$。

解　画出图 10-36(a)的相量模型,如图 10-36(b)所示,其中 $\dot{U}_S =$

微视频 10-16:
例题 10-16 解
答演示

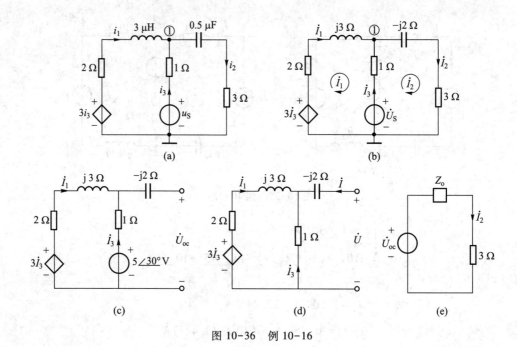

图 10-36 例 10-16

$5 \underline{/30°} V$。

（1）网孔分析

设两个网孔电流 $\dot{I}_1$、$\dot{I}_2$，用观察法直接列出网孔电流方程

$$\begin{cases}(3+j3)\dot{I}_1 - \dot{I}_2 = 3\dot{I}_3 - 5\underline{/30°} \\ -\dot{I}_1 + (4-j2)\dot{I}_2 = 5\underline{/30°}\end{cases}$$

代入
$$\dot{I}_3 = \dot{I}_2 - \dot{I}_1$$

得到以下方程

$$\begin{cases}(6+j3)\dot{I}_1 - 4\dot{I}_2 = -5\underline{/30°} \\ -\dot{I}_1 + (4-j2)\dot{I}_2 = 5\underline{/30°}\end{cases}$$

求解得到

$$\dot{I}_2 = 1.121\underline{/60.96°} \text{ A}$$

$$i_2(t) = 1.121\sqrt{2}\cos(10^6 t + 60.96°) \text{ A}$$

（2）节点分析

列出节点电压方程

$$\left(\frac{1}{2+j3} + 1 + \frac{1}{3-j2}\right)\dot{U}_1 = \frac{3\dot{I}_3}{2+j3} + \frac{5\underline{/30°}}{1}$$

代入

$$\dot{I}_3 = \frac{\dot{U}_S - \dot{U}_1}{1} = 5\underline{/30°} - \dot{U}_1$$

求解得到

$$\dot{U}_1 = 4.043\underline{/27.27°}\text{ V}$$

$$\dot{I}_2 = \frac{\dot{U}_1}{3 - \text{j}2} = 1.12\underline{/60.96°}\text{ A}$$

（3）用戴维南定理求解

① 由图 10-36(c)所示电路求端口的开路电压 $\dot{U}_{oc}$。先用网孔方程求电流 $\dot{I}_3$

$$(3 + \text{j}3)\dot{I}_3 + 3\dot{I}_3 = 5\underline{/30°}$$

求解得到
$$\dot{I}_3 = \frac{5\underline{/30°}}{6 + \text{j}3}\text{A}$$

$$\dot{U}_{oc} = -\dot{I}_3 + \dot{U}_S = \frac{5 + \text{j}3}{6 + \text{j}3} \times 5\underline{/30°}\text{ V} = 4.346\underline{/34.4°}\text{ V}$$

② 用外加电流源 $\dot{I}$ 求端口电压 $\dot{U}$ 的方法，由图 10-36(d)所示电路求输出阻抗 Z_o。列出支路电流方程

$$\begin{cases} \dot{I}_1 + \dot{I}_3 + \dot{I} = 0 & (1) \\ (2 + \text{j}3)\dot{I}_1 - \dot{I}_3 - 3\dot{I}_3 = 0 & (2) \\ -\text{j}2\dot{I} - \dot{I}_3 = \dot{U} & (3) \end{cases}$$

由式（1）和（2）得到

$$\dot{I}_3 = \frac{-(2 + \text{j}3)}{6 + \text{j}3}\dot{I}$$

代入式（3）得到

$$\dot{U} = -\text{j}2\dot{I} + \frac{2 + \text{j}3}{6 + \text{j}3}\dot{I} = \frac{8 - \text{j}9}{6 + \text{j}3}\dot{I}$$

$$Z_o = \frac{\dot{U}}{\dot{I}} = \frac{8 - \text{j}9}{6 + \text{j}3}\Omega = 1.795\underline{/-74.93°}\ \Omega$$

由图 10-36(e)求得 $\dot{I}_2$

$$\dot{I}_2 = \frac{\dot{U}_{oc}}{Z_o + 3\ \Omega} = \frac{5 + \text{j}3}{26} \times 5\underline{/30°}\text{ A} = 1.12\underline{/60.96°}\text{ A}$$

例 10-17　图 10-37(a)所示双口网络的相量模型中,已知双口网络参数为 $z_{11} = 3\ \Omega$, $z_{12} = -\text{j}6\ \Omega$, $z_{21} = 2\ \Omega$, $z_{22} = -\text{j}3\ \Omega$。求电流 $\dot{I}_1$ 和电压 $\dot{U}_2$。

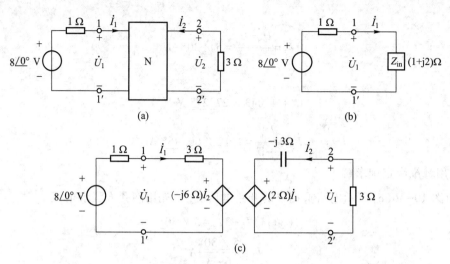

图 10-37 例 10-17

解法一 用类似于式(6-25)的公式计算端接 3 Ω 负载双口网络的输入阻抗

$$Z_{in} = z_{11} - \frac{z_{12}z_{21}}{z_{22}+z_L} = 3 \ \Omega - \frac{-j6\times 2}{-j3+3} \ \Omega = (3-2+j2) \ \Omega = (1+j2) \ \Omega$$

得到图 10-37(b)所示等效电路,由此求得

$$\dot{I}_1 = \frac{8}{1+1+j2} A = 2\sqrt{2} \underline{/-45°} \ A$$

为了求电压 $\dot{U}_2$,可以先求出连接负载电阻 3 Ω 的戴维南等效电路,其开路电压和输出阻抗为

$$\dot{U}_{oc} = \dot{U}_2 \mid_{i_2=0} = z_{21} \dot{I}_1 \mid_{i_2=0} = z_{21} \times \frac{8 \underline{/0°}}{1 \ \Omega + z_{11}} V = 2 \times \frac{8 \underline{/0°}}{1+3} V = 4 \underline{/0°} \ V$$

$$Z_o = z_{22} - \frac{z_{12}z_{21}}{z_{11}+Z_S} = -j3 \ \Omega - \frac{-j6\times 2}{3+1} \Omega = 0$$

这是一个电压源,最后得到 $\dot{U}_2 = \dot{U}_{oc} = 4 \underline{/0°}$ V。

解法二 用双口网络等效电路代替双口网络,得到图 10-37(c)所示电路,列出网孔方程

$$\begin{cases} (1 \ \Omega + 3 \ \Omega) \ \dot{I}_1 + (-j6 \ \Omega) \ \dot{I}_2 = 8 \ V \\ (2 \ \Omega) \ \dot{I}_1 + (3 \ \Omega - j3 \ \Omega) \ \dot{I}_2 = 0 \end{cases}$$

求解方程得到电流 $\dot{I}_1$ 和电压 $\dot{U}_2$

$$\dot{I}_1 = \frac{\begin{vmatrix} 8 & -j6 \\ 0 & 3-j3 \end{vmatrix}}{\begin{vmatrix} 4 & -j6 \\ 2 & 3-j3 \end{vmatrix}} A = \frac{8\times(3-j3)}{12} A = (2-j2) \ A = 2\sqrt{2} \underline{/-45°} \ A$$

$$\dot{I}_2 = \frac{\begin{vmatrix} 4 & 8 \\ 2 & 0 \end{vmatrix}}{\begin{vmatrix} 4 & -j6 \\ 2 & 3-j3 \end{vmatrix}}A = \frac{-16}{12}A = -\frac{4}{3}A$$

$$\dot{U}_2 = -3\ \Omega \times \dot{I}_2 = -3\ \Omega \times \frac{-4}{3}A = 4\ V$$

计算机程序 AC 可以计算正弦稳态的电压电流相量,绘制相量图和波形图,使用十分方便,对学习正弦稳态很有帮助,附录 B 中附图 45 显示求解例 10-14 所示电路的计算结果。

§10-7　单口网络的相量模型

与电阻单口网络的等效相类似,两个单口网络相量模型的端口电压电流关系相同时,称此两个单口网络等效。本节先定义不含独立源单口网络相量模型的等效阻抗和等效导纳,讨论阻抗和导纳的等效变换,最后讨论含独立源单口网络相量模型的等效电路。

一、阻抗和导纳

通过前几节学习,已经知道阻抗和导纳是正弦稳态分析中的两个重要概念,它们可以用来表示 RLC 元件以及由这些元件组成的单口网络的特性。现在将这两个概念推广到一般单口网络的相量模型,正式给出它们的定义。

图 10-38(a)表示不含独立电源的单口网络(由电阻、电感、电容、受控源、理想变压器和运算放大器等线性时不变电路元件组成)。假设端口电压与电流相量采用关联的参考方向,其电压相量与电流相量之比为一个常量,这个常量称为阻抗,即

$$Z = \frac{\dot{U}}{\dot{I}} = R + jX = |Z| \underline{/\varphi} \tag{10-44}$$

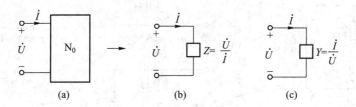

图 10-38　阻抗与导纳的定义

阻抗是一个复数,其实部 R 称为电阻分量,虚部 X 称为电抗分量,阻抗的辐角 $\varphi = \psi_u - \psi_i$ 称为阻抗角,它表示端口正弦电压 $u(t)$ 与正弦电流 $i(t)$ 的相位差。上式可以改写为以下形式

$$\dot{U} = Z\dot{I} \tag{10-45}$$

此式表明,不含独立电源单口网络的相量模型,就其端口特性而言,等效于一个阻抗 Z。

与阻抗相似,在端口电压与电流相量采用关联参考方向的条件下,其电流相量与电压相量之比为一个常量,这个常量称为导纳,即

$$Y = \frac{\dot{I}}{\dot{U}} = G + jB = |Y| \underline{/-\varphi} \tag{10-46}$$

导纳是一个复数,其实部 G 称为电导分量,虚部 B 称为电纳分量,导纳的辐角 $-\varphi = \psi_i - \psi_u$ 表示端口正弦电流 $i(t)$ 与正弦电压 $u(t)$ 的相位差。上式可以改写为以下形式

$$\dot{I} = Y\dot{U} \tag{10-47}$$

此式表明,不含独立电源单口网络的相量模型,就其端口特性而言,等效于一个导纳 Y。

从以上几个公式中可以得到以下关系

$$\dot{U} = Z\dot{I} = R\dot{I} + jX\dot{I}, \quad \dot{I} = Y\dot{U} = G\dot{U} + jB\dot{U}$$

此式表明,就不含独立电源单口网络的相量模型的端口特性而言,可以用一个电阻和电抗元件的串联电路或用一个电导和电纳元件的并联电路来等效。

根据式(10-45)和式(10-47)可以看出:同一个单口网络相量模型的阻抗与导纳之间存在倒数关系,即

$$Z = \frac{1}{Y}, \quad Y = \frac{1}{Z} \tag{10-48}$$

已知单口网络可以用外加电源计算端口电压电流关系的方法求出等效阻抗和等效导纳。对于 RLC 串联和并联电路,也可以用阻抗串联和并联的公式来计算。现在举例加以说明。

例 10-18 单口网络如图 10-39(a)所示,试计算该单口网络在 $\omega = 1$ rad/s 和 $\omega = 2$ rad/s 时的等效阻抗和相应的等效电路。

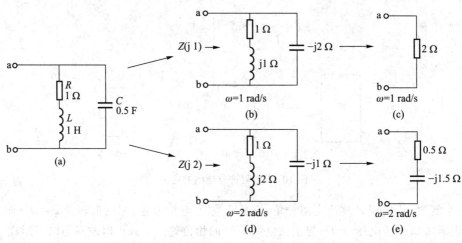

图 10-39 单口网络的等效阻抗

解 根据图 10-39(a)所示时域模型,画出 $\omega=1$ rad/s 时的相量模型如图 10-39(b)所示,用阻抗串、并联公式求得单口等效阻抗为

$$Z(\mathrm{j}1)=\frac{(1+\mathrm{j}1)(-\mathrm{j}2)}{1+\mathrm{j}1-\mathrm{j}2}\Omega=\frac{2-\mathrm{j}2}{1-\mathrm{j}}\Omega=2\ \Omega$$

计算结果表明,等效阻抗为一个 2 Ω 电阻,其等效电路如图 10-39(c)所示。与此相似,画出 $\omega=2$ rad/s 时的相量模型如图 10-39(d)所示,用阻抗串、并联公式求得等效阻抗为

$$Z(\mathrm{j}2)=\frac{(1+\mathrm{j}2)(-\mathrm{j}1)}{1+\mathrm{j}2-\mathrm{j}1}\Omega=\frac{2-\mathrm{j}1}{1+\mathrm{j}1}\Omega=\frac{1-\mathrm{j}3}{2}\Omega=(0.5-\mathrm{j}1.5)\Omega$$

计算结果表明,等效阻抗为一个 0.5 Ω 电阻与 $-\mathrm{j}1.5$ Ω 容抗的串联,其等效电路如图 10-39(e)所示,其相应的时域等效电路为一个 0.5 Ω 电阻与 $\frac{1}{3}$ F 电容的串联。

例 10-19 单口网络如图 10-40 所示,已知 $\omega=100$ rad/s。试计算该单口网络相量模型等效阻抗和相应的等效电路。

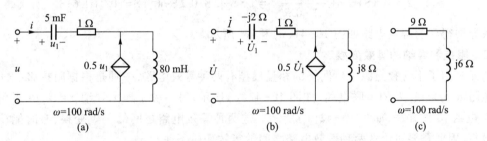

图 10-40 含受控源单口网络相量模型的等效阻抗

解 画出图 10-40(a)所示电路的相量模型,如图 10-40(b)所示。设想在端口外加电流源产生电流相量 $\dot{I}$,用相量形式 KVL 方程计算端口电压相量 $\dot{U}$

$$\dot{U}=-\mathrm{j}2\dot{I}+1\dot{I}+\mathrm{j}8(\dot{I}+0.5\dot{U}_1)=-\mathrm{j}2\dot{I}+1\dot{I}+\mathrm{j}8\dot{I}+$$
$$\mathrm{j}8\times0.5\times(-\mathrm{j}2\dot{I})=(9+\mathrm{j}6)\dot{I}$$

由此求得单口网络的等效阻抗为

$$Z=\frac{\dot{U}}{\dot{I}}=(9+\mathrm{j}6)\Omega$$

其等效电路为一个 9 Ω 电阻和 j6 Ω 感抗的串联,如图 10-40(c)所示。

例 10-20 试求图 10-41(a)所示单口网络在 $\omega=1$ rad/s 和 $\omega=2$ rad/s 时的等效导纳。

解 图 10-41(a)所示单口网络在 $\omega=1$ rad/s 和 $\omega=2$ rad/s 时的相量模型如图 10-41(b)和(d)所示,由此可求出相应的等效导纳

$$Y(\mathrm{j}1)=0.5\ \mathrm{S}+\mathrm{j}1\ \mathrm{S}+\frac{1\times(-\mathrm{j}1)}{1-\mathrm{j}1}\mathrm{S}=0.5\ \mathrm{S}+\mathrm{j}1\ \mathrm{S}+0.5\ \mathrm{S}-\mathrm{j}0.5\ \mathrm{S}=(1+\mathrm{j}0.5)\ \mathrm{S}$$

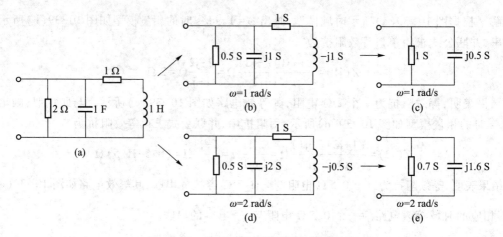

图 10-41 单口网络相量模型的等效导纳

$$Y(\mathrm{j}2)= 0.5\ \mathrm{S}+\mathrm{j}2\ \mathrm{S}+\frac{1\times(-\mathrm{j}0.5)}{1-\mathrm{j}0.5}\mathrm{S}= 0.5\ \mathrm{S}+\mathrm{j}2\ \mathrm{S}+0.2\ \mathrm{S}-\mathrm{j}0.4\ \mathrm{S}= (0.7+\mathrm{j}1.6)\mathrm{S}$$

由等效导纳得到的等效电路如图 10-41(c)和(e)所示。

二、阻抗和导纳的等效变换

前面介绍了不含独立源单口网络的相量模型有两种等效电路,一种是根据阻抗 $Z = R+\mathrm{j}X$ 得到的电阻 R 与电抗 $\mathrm{j}X$ 的串联电路,如图 10-42(c)所示;另一种是根据导纳 $Y = G+\mathrm{j}B$ 得到的电导 G 与电纳 $\mathrm{j}B$ 的并联,如图 10-42(e)所示。这两种等效电路之间的等效变换,有时能简化电路的分析,因此需要讨论这两种等效电路之间的等效变换条件。

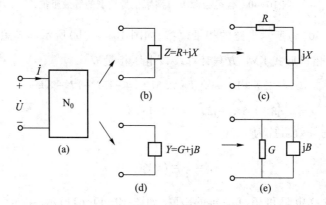

图 10-42 单口网络相量模型的两种等效电路

已知单口网络的阻抗和串联等效电路,求其导纳和并联等效电路。根据阻抗和导纳的倒数关系可以得到[1]

---

[1] 数学公式:$(R+\mathrm{j}X)(R-\mathrm{j}X) = R^2+X^2$。

$$Y = G+\mathrm{j}B = \frac{1}{Z} = \frac{1}{R+\mathrm{j}X} = \frac{1}{R+\mathrm{j}X} \times \frac{R-\mathrm{j}X}{R-\mathrm{j}X} = \frac{R}{R^2+X^2} + \frac{-\mathrm{j}X}{R^2+X^2}$$

由此得到由阻抗变换为导纳的公式

$$G = \frac{R}{R^2+X^2}, \quad B = \frac{-X}{R^2+X^2} \tag{10-49}$$

已知单口网络的导纳和并联等效电路,求其阻抗和串联等效电路。根据阻抗和导纳的倒数关系可以得到

$$Z = R+\mathrm{j}X = \frac{1}{Y} = \frac{1}{G+\mathrm{j}B} = \frac{1}{G+\mathrm{j}B} \times \frac{G-\mathrm{j}B}{G-\mathrm{j}B} = \frac{G}{G^2+B^2} + \frac{-\mathrm{j}B}{G^2+B^2}$$

由此得到由导纳变换为阻抗的公式

$$R = \frac{G}{G^2+B^2}, \quad X = \frac{-B}{G^2+B^2} \tag{10-50}$$

读者应该注意到,在阻抗与导纳等效变换时,一般情况下,电阻 R 与电导 G 之间并不是简单的倒数关系;电抗 $\mathrm{j}X$ 与电纳 $\mathrm{j}B$ 之间也不是简单的倒数关系。

例 10-21　电路如图 10-43 所示。(1) 根据图 10-43(a) 所示电阻和电抗串联单口网络,求图 10-43(b) 所示电导和电纳并联的等效电路。(2) 根据图 10-43(b) 所示电导和电纳并联单口网络,求图 10-43(a) 所示电阻和电抗串联等效电路。

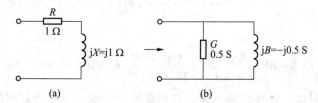

(a)　　　　　　(b)

图 10-43　阻抗与导纳的等效变换

解　用式(10-49)求得并联等效电路的电导 G 与电纳 $\mathrm{j}B$ 如下

$$G = \frac{R}{R^2+X^2} = \frac{1}{1+1}\mathrm{S} = 0.5\ \mathrm{S}, \quad B = \frac{-X}{R^2+X^2} = \frac{-1}{1+1}\mathrm{S} = -0.5\ \mathrm{S}$$

由此可以得到图 10-43(b) 所示的并联等效电路。

用式(10-50)求得串联等效电路的电阻 R 与电抗 $\mathrm{j}X$ 如下

$$R = \frac{G}{G^2+B^2} = \frac{0.5}{0.5^2+0.5^2}\Omega = 1\ \Omega, \quad X = \frac{-B}{G^2+B^2} = \frac{0.5}{0.5^2+0.5^2}\Omega = 1\ \Omega$$

由此可以得到图 10-43(a) 所示的串联等效电路。

从以上计算中也可以看出,$R = 1\ \Omega \neq \dfrac{1}{G} = \dfrac{1}{0.5\ \mathrm{S}} = 2\ \Omega$,即电阻 R 与电导 G 不是倒数关系;$\mathrm{j}X =$

$\mathrm{j}1 \neq \dfrac{1}{\mathrm{j}B} = \dfrac{1}{-\mathrm{j}0.5\ \mathrm{S}} = \mathrm{j}2\ \Omega$,即电抗 $\mathrm{j}X$ 与电纳 $\mathrm{j}B$ 不是倒数关系。

例 10-22 将图 10-44(a) 所示电阻 $R = 100\ \Omega$ 和电感 L 串联单口网络,等效变换为图 10-44(b) 所示电阻 $R' = 1\ 000\ \Omega$ 和电感 L' 并联单口网络,试求电感 L 的值。

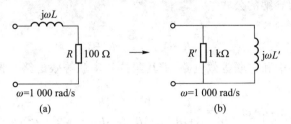

图 10-44 例 10-22

解 用阻抗等效变换为导纳的公式

$$Y = \frac{1}{R'} + \frac{1}{\mathrm{j}\omega L'} = \frac{1}{R + \mathrm{j}\omega L} = \frac{R}{R^2 + (\omega L)^2} + \frac{-\mathrm{j}\omega L}{R^2 + (\omega L)^2}$$

令实部相等,可以求得

$$\omega L = \sqrt{RR' - R^2} = \sqrt{10^5 - 10^4}\ \Omega = \sqrt{9 \times 10^4}\ \Omega = 300\ \Omega$$

最后求得电感值为

$$L = \frac{300\ \Omega}{\omega} = \frac{300}{10^3}\mathrm{H} = 0.3\ \mathrm{H}$$

此时的等效导纳为

$$Y = G + \mathrm{j}B = \frac{R - \mathrm{j}\omega L}{R^2 + (\omega L)^2} = \frac{100 - \mathrm{j}300}{10^4 + 9 \times 10^4}\ \mathrm{S} = (10^{-3} - \mathrm{j}3 \times 10^{-3})\ \mathrm{S}$$

从电导分量来看,说明以上计算结果正确。假如在端口并联一个适当数值的电容 $(C = 3\ \mu\mathrm{F})$ 来抵消电感的作用,可以使单口网络等效为一个 $1\ 000\ \Omega$ 的纯电阻。

三、含源单口网络相量模型的等效电路

与电阻电路中学过的戴维南定理相类似,包含独立电源的线性单口网络相量模型,就其端口特性而言,可以等效为一个独立电压源 $\dot{U}_{\mathrm{oc}}$ 与阻抗 Z_{o} 的串联。电压源的电压 $\dot{U}_{\mathrm{oc}}$ 是单口网络相量模型的开路电压;阻抗 Z_{o} 是单口网络相量模型中全部独立电源置零时的等效阻抗。

与电阻电路中学过的诺顿定理相类似,包含独立电源的线性单口网络相量模型,就其端口特性而言,可以等效为一个独立电流源 $\dot{I}_{\mathrm{sc}}$ 与阻抗 Z_{o} 的并联。电流源的电流 $\dot{I}_{\mathrm{sc}}$ 是单口网络相量模型的短路电流;阻抗 Z_{o} 是单口网络相量模型中全部独立电源置零时的等效阻抗。含源单口网络相量模型的这两种等效电路,如图 10-45 所示。

例 10-23 求图 10-46(a) 所示单口网络的戴维南和诺顿等效电路。

解 计算单口网络相量模型端口的开路电压 $\dot{U}_{\mathrm{oc}}$

$$\dot{U}_{\mathrm{oc}} = 4\dot{U}_1 = 4 \times 2 \times 10\ \mathrm{V} = 80\ \underline{/0°}\ \mathrm{V}$$

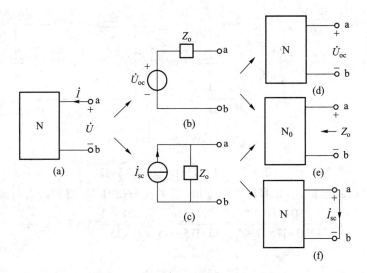

图 10-45 含源单口网络相量模型的两种等效电路

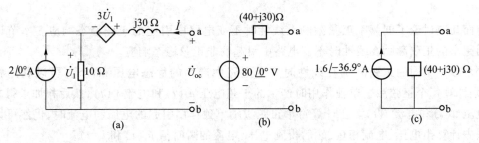

图 10-46 例 10-23

将单口网络中的电流源用开路代替后,用外加电流源求端口电压的方法求得输出阻抗

$$Z_o = \frac{j30\dot{I} + 3\dot{U}_1 + 10\dot{I}}{\dot{I}} = \frac{j30\dot{I} + 3 \times 10\dot{I} + 10\dot{I}}{\dot{I}} = (40 + j30)\ \Omega$$

用开路电压和输出阻抗求得短路电流

$$\dot{I}_{sc} = \frac{\dot{U}_{oc}}{Z_o} = \frac{80\ \underline{/0°}}{40 + j30}\text{A} = \frac{80\ \underline{/0°}}{50\ \underline{/36.9°}}\text{A} = 1.6\ \underline{/-36.9°}\ \text{A}$$

最后作出戴维南和诺顿等效电路,如图 10-46(b)和(c)所示。

例 10-24 电路如图 10-47(a)所示。问负载阻抗 Z_c 应该为何值时,电流 $\dot{I}$ 达到最大值。

解 将连接负载阻抗 Z_c 的单口网络用戴维南等效电路代替。先求开路电压 $\dot{U}_{oc}$

$$\dot{U}_{oc} = 5 \times 10\ \underline{/0°}\ \text{V}$$

利用理想变压器的阻抗变换性质,求得单口网络的输出阻抗

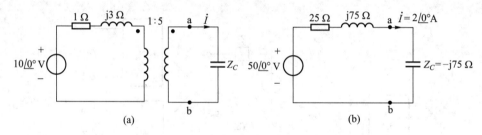

图 10-47 例 10-24

$$Z_o = 5^2 \times (1+j3)\,\Omega = (25+j75)\,\Omega$$

得到图 10-47(b) 所示电路,由此容易可以看出,当 $Z_C = -j75\,\Omega$ 时,得到最大电流为

$$\dot{I} = \frac{50\ \underline{/0^\circ}\ \text{V}}{25\ \Omega + j75\ \Omega + Z_C} = \frac{50\ \underline{/0^\circ}}{25+j75-j75}\text{A} = \frac{50\ \underline{/0^\circ}}{25}\text{A} = 2\ \underline{/0^\circ}\ \text{A}$$

§10-8 正弦稳态响应的叠加

前面几节讨论了同频率正弦激励在线性时不变电路中引起的正弦稳态响应。本节讨论几个不同频率的正弦激励在线性时不变电路中引起的非正弦稳态响应。

几个频率不同的正弦激励在线性时不变电路中产生的稳态电压和电流,可以利用叠加定理,分别计算每个正弦激励单独作用时产生的正弦电压 $u_k(t)$ 和电流 $i_k(t)$,然后相加求得非正弦稳态电压 $u(t)$ 和电流 $i(t)$。在计算每个正弦激励单独作用引起的电压和电流时,仍然可以使用相量法先计算出电压、电流相量,然后得到电压、电流的瞬时值 $u_k(t)$ 和 $i_k(t)$。

例 10-25 图 10-48(a) 所示电路中,已知电压源电压 $u_s(t) = 20\cos(100t+10^\circ)\,\text{V}$,电流源电流 $i_s(t) = \sqrt{2}\cos(200t+50^\circ)\,\text{A}$。试用叠加定理求稳态电压 $u(t)$。

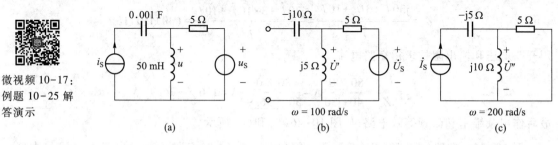

微视频 10-17: 例题 10-25 解答演示

图 10-48 例 10-25

解 (1) 计算 $u_s(t) = 20\cos(100t+10^\circ)\,\text{V}$ 单独作用时产生的电压 $u'(t)$。

将电流源 $i_s(t)$ 以开路代替,得到图 10-48(b) 所示相量模型,由此求得

$$\dot{U}' = \frac{\mathrm{j}5}{5+\mathrm{j}5}\dot{U}_s = \frac{\mathrm{j}5}{5+\mathrm{j}5} \times 10\sqrt{2}\underline{/10°}\ \mathrm{V} = 10\underline{/55°}\ \mathrm{V}$$

由相量 $\dot{U}'$ 写出相应的瞬时值表达式

$$u'(t) = 10\sqrt{2}\cos(100\,t+55°)\ \mathrm{V}$$

（2）计算 $i_s(t) = \sqrt{2}\cos(200t+50°)\ \mathrm{A}$ 单独作用时产生的电压 $u''(t)$。

将电压源 $u_s(t)$ 用短路代替，得到图 10-48（c）所示相量模型，由此求得

$$\dot{U}'' = \frac{\mathrm{j}50}{5+\mathrm{j}10}\dot{I}_s = \frac{\mathrm{j}50}{5+\mathrm{j}10} \times 1\underline{/50°}\ \mathrm{V} = 4.47\underline{/76.6°}\ \mathrm{V}$$

由相量 $\dot{U}''$ 写出相应的瞬时值表达式

$$u''(t) = 4.47\sqrt{2}\cos(200\,t+76.6°)\ \mathrm{V}$$

（3）根据叠加定理求稳态电压 $u(t)$。

将每个正弦电源单独作用时产生的电压瞬时值相加，得到非正弦稳态电压 $u(t)$

$$u(t) = u'(t)+u''(t) = 10\sqrt{2}\cos(100t+55°)\ \mathrm{V}+4.47\sqrt{2}\cos(200t+76.6°)\ \mathrm{V}$$

$u'(t)$ 和 $u''(t)$ 以及 $u(t) = u'(t)+u''(t)$ 的波形如图 10-49 所示。由此可见，两个不同频率的正弦波相加得到一个非正弦周期波形。附录 B 中附图 28 显示这两个正弦电压波形叠加得到的非正弦电压波形，在电路分析演示程序 WCAP2 中可以看到图 10-48（a）所示电路在元件参数变化和频率变化时电感电压波形的变化。

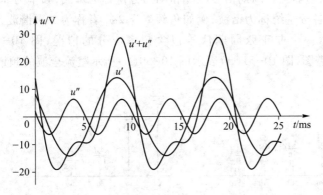

图 10-49　两个不同频率的正弦波形的叠加

微视频 10-18：正弦波叠加为矩形波

微视频 10-19：正弦波叠加为三角波

微视频 10-20：正弦波叠加为整流波

对于周期性非正弦信号在线性时不变电路中引起的稳态响应，也可应用叠加定理，按不同频率正弦激励下响应的计算方法求得。为此，先用傅里叶级数把非正弦周期信号分解为直流分量和一系列不同频率正弦分量之和。

例如图 10-50（a）（b）（c）所示三种非正弦周期信号的傅里叶级数分别为

$$f(t) = \frac{4\,A}{\pi}\left(\sin\omega_1 t+\frac{1}{3}\sin 3\omega_1 t+\frac{1}{5}\sin 5\omega_1 t+\cdots\right)$$

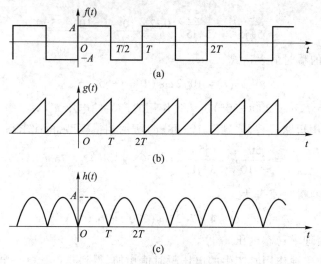

图 10-50 三种非正弦周期信号

微视频 10-21：
非正弦波的谐
波分量

$$g(t)=\frac{A}{2}-\frac{A}{\pi}\left(\sin\ \omega_1 t+\frac{1}{2}\sin\ 2\omega_1 t+\frac{1}{3}\sin\ 3\omega_1 t+\cdots\right)$$

$$h(t)=\frac{4A}{\pi}\left(\frac{1}{2}-\frac{1}{3}\cos\ \omega_1 t-\frac{1}{15}\cos\ 2\omega_1 t-\frac{1}{35}\cos\ 3\omega_1 t+\cdots\right)$$

在各分量中，与非正弦周期信号频率相同的分量称为基波，频率为非正弦信号频率整数倍的各分量统称为谐波，例如角频率为 $2\omega_1$ 者称为 2 次谐波，依此类推。

频谱图可以直观地表示一个非正弦周期信号包含频率成分的情况，图 10-51(a)表示图 10-50(a)所示方波的频谱图，图 10-51(b)表示图 10-50(c)所示整流全波的频谱图。

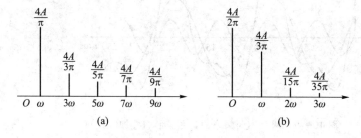

图 10-51 方波和整流全波的频谱图

微视频 10-22：
例题 10-26 解
答演示

由图 10-51 所示的频谱图可见，方波与整流全波相比，方波包含的频率成分丰富，谐波振幅衰减很慢。当一个方波信号通过一个放大器时，要求放大器有足够宽的频率特性使所有频率成分得到同样的放大，输出信号才不会失真。

例 10-26 图 10-52(a)所示幅度 $A=10$ V，周期 $T=6.28$ ms 周期方波电压信号 $u_\mathrm{S}(t)$ 作用于图 10-52(b)所示电路。试求电阻上的稳态电压 $u(t)$。

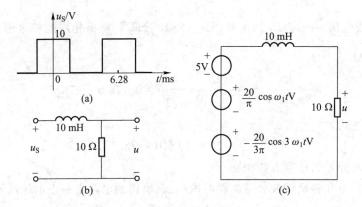

图 10-52 例 10-26

解法一 频域分析:利用正弦稳态叠加的方法计算电阻上的稳态电压 $u(t)$。

图 10-52(a)所示方波信号的傅里叶级数为

$$u_S(t) = \frac{A}{2} + \frac{2A}{\pi}\left(\cos \omega_1 t - \frac{1}{3}\cos 3\omega_1 t + \frac{1}{5}\cos 5\omega_1 t - \cdots\right)$$

$$= \left(5 + \frac{20}{\pi}\cos \omega_1 t - \frac{20}{3\pi}\cos 3\omega_1 t + \frac{4}{\pi}\cos 5\omega_1 t - \cdots\right) \text{V}$$

这相当于图 10-52(c)所示直流电压源和频率为 ω_1、$3\omega_1$、$5\omega_1$、$\cdots$ 的一系列正弦电压源的共同作用。下面分别计算每个电压源单独作用时产生的响应。

(1) 5 V 直流电压源作用时,由于 $\omega = 0$,在直流稳态条件下,电感相当于短路,所以

$$u_0(t) = U_0 = 5 \text{ V}$$

(2) 基波电压 $\frac{20}{\pi}\cos \omega_1 t$ 作用时,$\omega_1 = \frac{2\pi}{T} = 10^3 \text{ rad/s}$,根据相应的相量模型可以计算出相应的相量电压分量

$$\dot{U}_1 = \frac{R}{R + j\omega_1 L}\dot{U}_{S1} = \frac{10}{10 + j10} \times \frac{20}{\pi\sqrt{2}} \text{V} = 3.183 \angle -45° \text{ V}$$

相应的瞬时值表达式为

$$u_1(t) = 4.5\cos(10^3 t - 45°) \text{ V}$$

(3) 3 次谐波电压 $\frac{20}{3\pi}\cos 3\omega_1 t$ 作用时,$3\omega_1 = 3 \times 10^3 \text{ rad/s}$,根据相应的相量模型可以计算出相应的相量电压分量

$$\dot{U}_3 = \frac{R}{R + j3\omega_1 L}\dot{U}_{S3} = \frac{10}{10 + j30} \times \frac{-20}{3\pi\sqrt{2}} \text{V} = 0.475 \angle 108.4° \text{ V}$$

相应的瞬时值表达式为

$$u_3(t) = 0.671\cos(3 \times 10^3 t + 108.4°) \text{ V}$$

（4）5 次谐波电压 $\dfrac{4}{\pi}\cos 5\omega_1 t$ 作用时，$5\omega_1 = 5\times10^3 \text{ rad/s}$，根据相应的相量模型可以计算出相应的相量电压分量

$$\dot{U}_5 = \frac{R}{R+j5\omega_1 L}\dot{U}_{S5} = \frac{10}{10+j50}\times\frac{4}{\pi\sqrt{2}}\text{V} = 0.176\,6\,\underline{/\,-78.7°}\text{ V}$$

相应的瞬时值表达式为

$$u_5(t) = 0.25\cos(5\times10^3 t - 78.7°)\text{ V}$$

（5）其余谐波分量的计算方法相同。

最后将直流分量和各次谐波分量的瞬时值相加，就得到电阻上稳态电压的瞬时值

$$u(t) = u_0(t) + u_1(t) + u_3(t) + u_5(t) + \cdots$$
$$= [5+4.5\cos(10^3 t - 45°) + 0.67\cos(3\times10^3 t + 108.4°) +$$
$$0.25\cos(5\times10^3 t - 78.7°) + \cdots]\text{ V}$$

注意：在用叠加法计算几种不同频率的正弦激励在电路中引起的非正弦稳态响应时，只能将电压、电流的瞬时值相加，绝不能将不同频率正弦电压的相量相加。

从上面的讨论可以看出，已知线性电路对任意频率正弦信号的响应，可以用叠加方法求得电路对任意周期信号的响应。这种计算容易由计算机来完成，例如本题用计算机程序 WACAP 求得输出电压的前 24 项，如下所示。

```
L10-26  Circuit Data
元件 支路 开始 终止 控制  元件      元件      元件      元件
类型 编号 节点 节点 支路  数值1     数值2     数值3     数值4
 V    1    1    0        10.0000    0.0000
 L    2    1    2        1.00000E-02
 R    3    2    0        10.0000
    独立节点数 = 2    支路数 = 3 角频率 ω= 1000.00    rad/s
         ----- 非正弦稳态分析 -----

     |_| |_| |_ 方波信号
         ----- 支路电压瞬时值 u(t) -----
u 3(t)=   5.00    Cos(  0.00    t  +0.00)  +  4.50     Cos( 1.000E+03t -45.00)
      + 0.671     Cos( 3.000E+03t+108.43)  +  0.250    Cos( 5.000E+03t -78.69)
      + 0.129     Cos( 7.000E+03t +98.13)  +  7.811E-02Cos( 9.000E+03t -83.66)
      + 5.240E-02Cos( 1.100E+04t +95.19)  +  3.756E-02Cos( 1.300E+04t -85.60)
      + 2.823E-02Cos( 1.500E+04t +93.81)  +  2.199E-02Cos( 1.700E+04t -86.63)
      + 1.761E-02Cos( 1.900E+04t +93.01)  +  1.442E-02Cos( 2.100E+04t -87.27)
      + 1.202E-02Cos( 2.300E+04t +92.49)  +  1.018E-02Cos( 2.500E+04t -87.71)
      + 8.727E-03Cos( 2.700E+04t +92.12)  +  7.565E-03Cos( 2.900E+04t -88.03)
      + 6.621E-03Cos( 3.100E+04t +91.85)  +  5.843E-03Cos( 3.300E+04t -88.26)
      + 5.195E-03Cos( 3.500E+04t +91.64)  +  4.649E-03Cos( 3.700E+04t -88.45)
      + 4.184E-03Cos( 3.900E+04t +91.47)  +  3.786E-03Cos( 4.100E+04t -88.60)
      + 3.442E-03Cos( 4.300E+04t +91.33)  +  3.143E-03Cos( 4.500E+04t -88.73)
         *****  正弦稳态分析程序 (WACAP 3.01 ) *****
```

计算机程序画出输出电压的波形如图 10-53 所示。

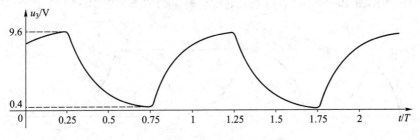

图 10-53 电阻电压波形

解法二 时域分析:利用一阶电路的三要素方法计算电阻电压的全响应。

图 10-52(b) 电路是一阶电路,其时间常数为 1 ms,图 10-52(a) 所示方波信号是分段恒定信号,可以用三要素法分段求解。假设电感电流的初始值为零,则电阻电压的初始值也为零,即 $u_R(0_+) = Ri_L(0_+) = 0$,用三要素法计算如下。

(1) 当 $0 < t \leqslant 0.25T = 1.57$ ms 时,电阻电压的表达式为

$$u_R(t) = 10(1 - e^{-1\,000t}) \text{ V}$$

$$u_R(0.25T) = 10(1 - e^{-1.57}) \text{ V} = 7.919\,5 \text{ V}$$

(2) 当 $0.25T < t \leqslant 0.75T = 4.85$ ms 时,电阻电压的表达为

$$u_R(t) = 7.919\,5e^{-1\,000(t-0.25T)} \text{ V}$$

$$u_R(0.75T) = 7.919\,5e^{-3.14} \text{ V} = 0.342\,8 \text{ V}$$

(3) 当 $0.75T < t \leqslant 1.25T = 7.85$ ms 时,电阻电压的表达式为

$$u_R(t) = (0.342\,8 - 10)e^{-1\,000(t-0.75T)} \text{ V} + 10 \text{ V}$$

$$u_R(1.25T) = (0.342\,8 - 10)e^{-3.14} \text{ V} + 10 \text{ V} = 9.582 \text{ V}$$

(4) 当 $1.25T < t \leqslant 1.75T$ 时,电阻电压的表达式为

$$u_R(t) = 9.682e^{-1\,000(t-1.25T)} \text{ V}$$

$$u_R(1.75T) = 9.582e^{-3.14} \text{ V} = 0.414\,74 \text{ V}$$

(5) 当 $1.25T < t \leqslant 2.25T$ 时,电阻电压的表达式为

$$u_R(t) = (0.414\,74 - 10)e^{-1\,000(t-1.75T)} \text{ V} + 10 \text{ V}$$

$$u_R(2.25T) = (0.414\,74 - 10)e^{-3.14} \text{ V} + 10 \text{ V} = 9.585\,1 \text{ V}$$

(6) 当 $2.25T < t \leqslant 2.75T$ 时,电阻电压的表达式为

$$u_R(t) = 9.585\,1e^{-1\,000(t-2.25T)} \text{ V}$$

$$u_R(2.75T) = 9.585\,1e^{-3.14} \text{ V} = 0.414\,87 \text{ V}$$

继续计算表明电阻电压波形达到稳定状态,即

$$u_R(2.75T) = u_R(3.75T) = u_R(4.75T) = \cdots\cdots = 0.414\,87 \text{ V}$$

$$u_R(2.25T) = u_R(3.25T) = u_R(4.25T) = \cdots\cdots = 9.585\ 1\ \text{V}$$

计算机程序画出图 10-52(b) 电路电阻电压全响应的波形如图 10-54 所示。

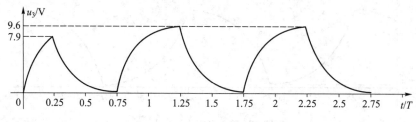

图 10-54　电阻电压全响应的波形

解法三　时域分析：利用阶跃信号叠加的方法计算电阻电压的全响应。

图 10-49(a) 所示方波信号是分段恒定信号，可以用一系列阶跃信号构成，其表达式为

$$u_S(t) = 10[\varepsilon(t) - \varepsilon(t-0.25T) + \varepsilon(t-0.75T) - \varepsilon(t-1.25T) + \varepsilon(t-1.75T) - \cdots]\text{V}$$

用叠加方法求得电阻电压全响应为

$$u_R(t) = 10[s(t) - s(t-0.25T) + s(t-0.75T) - s(t-1.25T) + s(t-1.75T) - \cdots]\text{V}$$

其中 $s(t)$ 表示单位阶跃响应，电阻与电感串联电路中电阻电压的阶跃响应为

$$s(t) = (1 - e^{-\frac{t}{\tau}})\,\varepsilon(t)$$

用计算机程序 CAP2 画出电阻电压全响应的波形如图 10-54 所示，与用三要素法画出的波形相同，经过若干周期后，波形达到稳定状态，与频域分析结果相同。读者观看 CAP2 程序的例题 10-26 的有关部分，对本题介绍的三种方法可以得到更深刻的认识。

读者学习这一小节时，可以观看 WINCAP 程序中有关一系列正弦波叠加可以得到方波、三角波、整流半波和整流全波的动画演示，也可以观看教材 Abook 资源中"方波的谐波分量"和"非正弦波的谐波"等实验录像，说明实际方波、三角波和整流半波信号的确包含傅里叶级数中的哪些谐波分量。附录 B 中附图 29 显示一系列正弦波的叠加可以得到方波波形。

§10-9　电路实验和计算机分析电路实例

首先介绍用正弦稳态分析程序 WACAP 来解算正弦稳态各种习题的方法，再介绍一种观测非正弦电压波形谐波分量的实验方法。

一、计算机辅助电路分析

正弦稳态的相量分析中，涉及大量的复数运算，常常花费很多时间，又很容易发生错误。可以用正弦电路分析程序 WACAP 来解算正弦稳态电路中的各种习题，帮助读者用比较少的时间掌握正弦稳态电路的特性，下面举例说明。

例 10-27　图 10-55 所示电路中，已知 $i_{S1}(t) = 5\cos 500t$ A，$i_{S2}(t) = 12\cos(500t - 30°)$ A。用

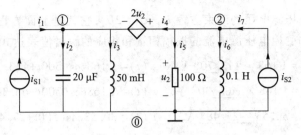

图 10-55　建立节点方程并求解

节点分析法计算电路节点电压相量 $\dot{U}_1$、$\dot{U}_2$。

　　解　运行 WACAP 程序, 读入图 10-55 的电路数据后, 屏幕上可以显示出以下计算结果。

```
              L10-27 Circuit Data
元件 支路 开始 终止 控制  元件       元件        元件        元件
类型 编号 节点 节点 支路  数 值 1     数 值 2      数 值 3      数 值 4
 I    1    0    1        5.0000      0.0000
 C    2    1    0        2.00000E-05
 L    3    1    0        5.00000E-02
 VV   4    2    1    5   2.0000
 R    5    2    0        100.000
 L    6    2    0        1.00000E-01
 I    7    0    2        12.000      -30.000
  独立节点数 = 2    支路数 = 7 角频率 ω= 500.00    rad/s
          *****  改 进 节 点 方 程 *****
  ( 0.00  +j-3.000E-02)( 0.00   +j 0.00  )(-1.000  +j 0.00 )
  ( 0.00  +j 0.00  )( 1.000E-02+j-2.000E-02)( 1.000  +j 0.00 )
  (-1.000  +j 0.00 )(-1.000   +j 0.00  )( 0.00   +j 0.00 )
        ***** 方 程 变 量 和 等 效 电 源 向 量 *****
              (V 1)     ( 5.00    +j 0.00  )
              (V 2)     ( 10.4    +j -6.00 )
              (I 4)     ( 0.00    +j 0.00  )
          ----- 节 点 电 压 和 支 路 电 流 -----
           实部          虚部         模           幅角
  V 1=( -469.6   +j 1070.  ) = 1168.    exp(j 113.70 )
  V 2=( 469.6    +j -1070. ) = 1168.    exp(j -66.30 )
  I 4=( 27.09    +j 14.09  ) = 30.53    exp(j 27.48 )
        ***** 正弦稳态分析程序 (WACAP 3.01 ) *****
```

　　从以上计算结果得到的改进节点方程为

$$\begin{cases} -j0.03\dot{U}_1 - \dot{I}_4 = 5 \\ (0.01 - j0.02)\dot{U}_2 + \dot{I}_4 = 10.4 - j6 \\ -\dot{U}_1 - \dot{U}_2 = 0 \end{cases}$$

由于电路中有一个受控电压源, 计算机自动增加一个电流 $\dot{I}_4$ 来建立方程, 由于变量的增加, 因此要补充一个受控电压源电压的约束方程 $\dot{U}_2-\dot{U}_1=2\dot{U}_2$，它就是上面方程组中的最后一个方程。所求得的节点电压和受控电压源电流的振幅相量和相应的瞬时值表达式为

$$\dot{U}_{1m}=1\,168\,\underline{/\,113.70°}\,\text{V}, \quad u_1(t)=1\,168\cos(500t+113.70°)\,\text{V}$$

$$\dot{U}_{2m}=1\,168\,\underline{/\,-66.30°}\,\text{V}, \quad u_2(t)=1\,168\cos(500t-66.30°)\,\text{V}$$

$$\dot{I}_{4m}=30.53\,\underline{/\,27.48°}\,\text{A}, \quad i_4(t)=30.53\cos(500t+27.48°)\,\text{A}$$

例 10-28 电路如图 10-56 所示，已知 $u_S(t)=10\sqrt{2}\cos(100t+45°)\,\text{V}$。求电路中各支路电压和支路电流相量。

微视频 10-23：
例题 10-28 解
答演示

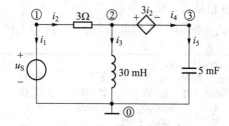

图 10-56 电压电流相量和功率的计算

解 运行 WACAP 程序，读入图 10-56 的电路数据后，选择电压电流功率菜单，可以得到以下计算结果。

```
L10-28 Circuit Data
元件 支路 开始 终止 控制 元件      元件        元件        元件
类型 编号 节点 节点 支路 数值1     数值2       数值3       数值4
V    1    1    0         10.0000   45.000
R    2    1    2         3.0000
L    3    2    0         3.00000E-02
CV   4    2    3    2    3.0000
C    5    3    0         5.00000E-03
独立节点数 = 3    支路数 = 5 角频率 ω = 100.000    rad/s
----- 支 路 电 压 相 量 -----
U 1=(   7.071    +j   7.071   ) = 10.000    exp(j  45.00°)V
U 2=(   0.7071   +j   2.121   ) =  2.236    exp(j  71.57°)V
U 3=(   6.364    +j   4.950   ) =  8.062    exp(j  37.87°)V
U 4=(   0.7071   +j   2.121   ) =  2.236    exp(j  71.57°)V
U 5=(   5.657    +j   2.828   ) =  6.325    exp(j  26.57°)V
----- 支 路 电 流 相 量 -----
I 1=(  -0.2357   +j  -0.7071  ) =  0.7454   exp(j-108.43°)A
I 2=(   0.2357   +j   0.7071  ) =  0.7454   exp(j  71.57°)A
I 3=(   1.650    +j  -2.121   ) =  2.687    exp(j  -52.13°)A
I 4=(  -1.414    +j   2.828   ) =  3.162    exp(j  116.57°)A
I 5=(  -1.414    +j   2.828   ) =  3.162    exp(j  116.57°)A
***** 正弦稳态分析程序（WACAP 3.01 ）*****
```

例 10-29 求图 10-57 所示单口网络相量模型的等效阻抗与等效导纳。

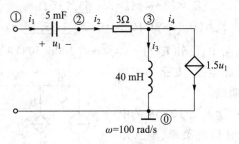

图 10-57 单口网络的等效阻抗和导纳

解 运行 WACAP 程序,读入图 10-57 的电路数据,选择计算单口等效电路的菜单,可以得到以下计算结果。

```
        L10-29 Circuit Data
元件 支路 开始 终止 控制  元 件      元 件       元 件       元 件
类型 编号 节点 节点 支路  数 值1     数 值2      数 值3      数 值4
C    1    1    2         5.00000E-03
R    2    2    3         3.0000
L    3    3    0         4.00000E-02
VC   4    3    0    1    1.5000
    独立节点数 = 3    支路数 = 4 角频率 ω = 100.000   rad/s
        ----- 任 两 节 点 间 单 口 的 等 效 电 路 -----
1 -> 0
            实部           虚部            模             幅角
    Uoc=(  0.000    +j  0.000    )  =    0.000    exp(j   0.00)
    Z0 =( -9.000    +j  2.000    )  =    9.220    exp(j 167.47)
    Isc=(  0.000    +j  0.000    )  =    0.000    exp(j   0.00)
    Y0 =( -0.1059   +j -2.3529E-02)  =   0.1085   exp(j-167.47)
    单口网络的功率因数等于 -0.9762
2 -> 0
            实部           虚部            模             幅角
    Uoc=(  0.000    +j  0.000    )  =    0.000    exp(j   0.00)
    Z0 =(  3.000    +j  4.000    )  =    5.000    exp(j  53.13)
    Isc=(  0.000    +j  0.000    )  =    0.000    exp(j   0.00)
    Y0 =(  0.1200   +j -0.1600   )  =    0.2000   exp(j -53.13)
    Pmax=  0.000   (电源用有效值时)Pmax=   0.000   (电源用振幅值时)
    单口网络的功率因数等于  0.6000
        ***** 正弦稳态分析程序 (WACAP 3.01 ) *****
```

从以上计算结果可以得到,不含独立电源单口网络等效为一个阻抗,在节点①和⓪之间的等效阻抗和等效导纳为

$$Z_o = (-9+j2)\ \Omega = 9.22\ \underline{/\ 167.47°}\ \Omega$$

$$Y_o = (-0.105\ 9 - j0.023\ 529)\ S = 0.108\ 5\ \underline{/\ -167.47°}\ S$$

在节点②和①之间的等效阻抗和等效导纳为

$$Z_o = (3+j4)\ \Omega = 5\ \underline{/53.13°}\ \Omega$$

$$Y_o = (0.12-j0.16)\ S = 0.2\ \underline{/-53.1°}\ S$$

例 10-30 图 10-58 电路中,已知 $i_s(t) = 10\sqrt{2}\cos(100t+30°)$ A, $u_s(t) = 100\sqrt{2}\cos 1\,000t$ V。求各节点电压、支路电压、支路电流、支路功率和画出节点电压 $v_1(t)$ 的波形曲线。

解 运行 WACAP 程序,读入图 10-58 的电路数据后,选择非正弦稳态分析的菜单,输入电流源和电压源的角频率。计算机计算出的节点电压和支路电流的瞬时值和画出的节点电压 $v_1(t)$ 的波形曲线如图 10-59 所示。

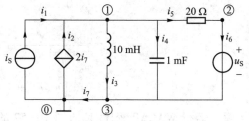

图 10-58 例 10-30

```
            L10-30 Circuit Data
元件  支路  开始  终止  控制   元件       元件        元件        元件
类型  编号  节点  节点  支路  数 值1     数 值2      数 值3      数 值4
 I    1    0    1        10.0000    30.000
 CC   2    0    1    7   2.0000
 L    3    1    3        1.00000E-02
 C    4    1    3        1.00000E-03
 R    5    1    3        20.0000
 V    6    2    3        100.000    0.0000
 SC   7    3    0

    独立节点数 = 3      支路数 = 7 角频率 ω= 0.0000    rad/s
             -----非 正 弦 稳 态 分 析 -----
             *** 电源的幅度必须用有效值 ***
             电 源 的 角 频 率 I 1        ω 1= 100.0
             电 源 的 角 频 率 V 6        ω 2= 1.000E+03
          ----- 节 点 电 压 瞬 时 值 v(t) -----
v 1(t)=  15.7    Cos( 100.0   t -63.18)  + 7.84   Cos( 1.000E+03t -86.82)
v 2(t)= 1.349E-06Cos( 100.0   t+180.00)  + 141.   Cos( 1.000E+03t  +0.00)
v 3(t)=  0.00    Cos( 100.0   t +0.00)   + 0.00   Cos( 1.000E+03t  +0.00)
          ----- 支 路 电 压 瞬 时 值 u(t) -----
u 1(t)=  15.7    Cos( 100.0   t+116.82)  + 7.84   Cos( 1.000E+03t +93.18)
u 2(t)=  15.7    Cos( 100.0   t+116.82)  + 7.84   Cos( 1.000E+03t +93.18)
u 3(t)=  15.7    Cos( 100.0   t -63.18)  + 7.84   Cos( 1.000E+03t -86.82)
u 4(t)=  15.7    Cos( 100.0   t -63.18)  + 7.84   Cos( 1.000E+03t -86.82)
u 5(t)=  15.7    Cos( 100.0   t -63.18)  + 141.   Cos( 1.000E+03t-176.82)
u·6(t)= 1.349E-06Cos( 100.0   t+180.00)  + 141.   Cos( 1.000E+03t  +0.00)
u 7(t)=  0.00    Cos( 100.0   t +0.00)   + 0.00   Cos( 1.000E+03t  +0.00)
          ----- 支 路 电 流 瞬 时 值 i(t) -----
i 1(t)=  14.1    Cos( 100.0   t +30.00)  + 0.00   Cos( 1.000E+03t  +0.00)
i 2(t)=  28.3    Cos( 100.0   t-150.00)  + 0.00   Cos( 1.000E+03t  +0.00)
i 3(t)=  15.7    Cos( 100.0   t-153.18)  + 0.784  Cos( 1.000E+03t-176.82)
i 4(t)=  1.57    Cos( 100.0   t +26.82)  + 7.84   Cos( 1.000E+03t  +3.18)
i 5(t)=  0.784   Cos( 100.0   t -63.18)  + 7.06   Cos( 1.000E+03t-176.82)
i 6(t)=  0.784   Cos( 100.0   t -63.18)  + 7.06   Cos( 1.000E+03t-176.82)
i 7(t)=  14.1    Cos( 100.0   t-150.00)  + 0.00   Cos( 1.000E+03t  +0.00)
          *****  正 弦 稳 态 分 析 程 序 (WACAP 3.01 ) *****
```

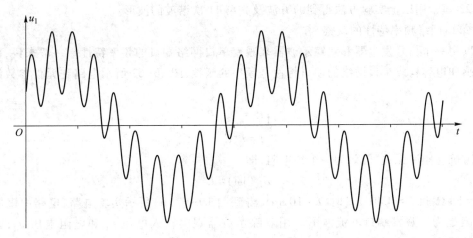

图 10-59　节点电压 $v_1(t)$ 的波形曲线

二、电路实验设计

1. 非正弦波谐波分量的观察

从数学上已经知道一个非正弦周期波形可以分解为很多谐波分量的代数和，从教材 Abook 资源的演示程序中可以观测到将这些谐波分量叠加起来的确可以得到一个非正弦周期波形。另外一个问题是一个实际的非正弦波形是否正好包含傅里叶级数所计算出的那些谐波分量呢？可以利用一个带通滤波电路来提取非正弦波形谐波分量的实验方法来证实这个问题，实验方案如图 10-60 所示。

可以利用 *RLC* 串联谐振电路的带通滤波特性来构成一个频率滤波电路，为了提高滤波电路的选择性，实验电路中采用运放构成的电压跟随器和负阻变换器来提高电路的品质因数（请参考第十二章有关内容），实验原理电路如图 10-61 所示。

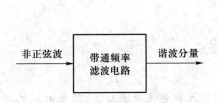

图 10-60　非正弦波形谐波分量的观测

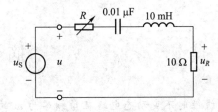

图 10-61　非正弦波形谐波分量的观测

具体的实验过程请观看教材 Abook 资源中的"方波的谐波分量"和"非正弦波的谐波"实验录像。实验开始时先调整信号发生器输出的方波信号频率，当示波器显示输出电压波形幅度最大时，表示电路发生谐振，其谐振频率约为 14.7 kHz。当连续降低方波的频率，再次发现输出波形幅度最大时的频率约为 5 kHz 时，表示方波存在 3 次谐波。继续降低方波频率时，可以观察到方波存在 5、7、9、11 等次谐波。用同样方法可以观察三角波和整流半波的谐波分量。附录 B

中附图 23 显示用以上实验方法得到的方波及其第 11 次谐波的波形。

2. 单口网络频率特性的观察

可以用一个信号发生器和双踪示波器来观察单口网络端口的频率特性。一般来说,由电阻以及电感和电容构成单口网络的端口特性是频率的函数,图 10-62 所示电路在元件参数满足以下条件时

$$\begin{cases} R_1 = R_2 = R \\ L = R^2 C \end{cases}$$

其等效阻抗与频率无关,等效为一个纯电阻,即

$$Z_{ab}(j\omega) = R$$

例如 $R = 1\ \text{k}\Omega$ 和 $C = 0.01\ \mu\text{F}$ 时,$L = 10\ \text{mH}$,得到图 10-62(b) 所示实验电路,电路中串联一个 10 Ω 电阻是为了观察端口电流波形。用双踪示波器观察输入电压 u_1 和电阻电压 u_2,就能看到单口网络电压和电流的波形。读者会发现正弦电压信号的频率在很大范围变化时,电压和电流的相位差始终保持为零,而电压波形的幅度不发生变化,说明该单口网络的等效阻抗为纯电阻,与频率无关。具体的实验过程,请观看教材 Abook 资源中的"习题 10-53 电路实验"录像。

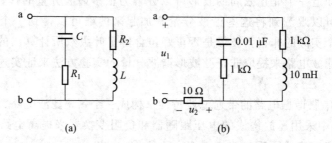

图 10-62 等效阻抗为纯电阻的电路

摘 要

1. 线性时不变动态电路在角频率为 ω 的正弦电压源和电流源激励下,随着时间的增长,当瞬态响应消失,只剩下正弦稳态响应,电路中全部电压、电流都是角频率为 ω 的正弦波时,称电路处于正弦稳态。满足这类条件的动态电路通常称为正弦电流电路或正弦稳态电路。分析研究正弦稳态响应的工作称为正弦稳态分析。

2. 常用函数式和波形图来表示正弦电压、电流,正弦电压、电流的瞬时值表达式是

$$u(t) = U_m \cos(\omega t + \psi_u) = \sqrt{2}\, U \cos(\omega t + \psi_u)$$

$$i(t) = I_m \cos(\omega t + \psi_i) = \sqrt{2}\, I \cos(\omega t + \psi_i)$$

确定一个正弦电压(或电流)的是振幅 U_m(或 I_m)、角频率 ω 和初相 ψ,它们称为正弦量的三要素。正弦电压、电流的有效值 U、I 与振幅 U_m、I_m 间的关系为

$$U=\frac{U_m}{\sqrt{2}},\quad U_m=\sqrt{2}\,U$$

$$I=\frac{I_m}{\sqrt{2}},\quad I_m=\sqrt{2}\,I$$

3. 正弦电压和电流可以用一个称为相量的复数表示,相量的模是正弦电压和电流的振幅(或有效值),相量的辐角是正弦电压和电流的初相。电压相量与正弦电压时间函数的关系是

$$u(t)=U_m\cos(\omega t+\psi_u)=\mathrm{Re}(\dot{U}_m e^{j\omega t})$$
$$=\sqrt{2}\,U\cos(\omega t+\psi_u)=\mathrm{Re}(\sqrt{2}\,\dot{U}\,e^{j\omega t})$$

其中　　　　　$$\dot{U}_m=U_m e^{j\psi_u},\quad \dot{U}=U e^{j\psi_u}$$

电流相量与正弦电流时间函数的关系是

$$i(t)=I_m\cos(\omega t+\psi_i)=\mathrm{Re}(\dot{I}_m e^{j\omega t})$$
$$=\sqrt{2}\,I\cos(\omega t+\psi_i)=\mathrm{Re}(\sqrt{2}\,\dot{I}\,e^{j\omega t})$$

其中　　　　　$$\dot{I}_m=I_m e^{j\psi_i},\quad \dot{I}=I e^{j\psi_i}$$

4. 分析正弦稳态的有效方法是相量法,相量法的基础在于用相量表示相同频率的各正弦电压和电流。相量法分析正弦稳态的主要步骤是:

(1) 画出电路的相量模型。根据电路的时域模型画出电路的相量模型的方法是:

① 将时域模型中各正弦电压、电流,用相应的相量表示,并标明在电路图上。对于已知的正弦电压和电流,计算出相应的电压、电流相量。

② 根据时域模型中 RLC 元件的参数,按照下式计算出相应的阻抗(或导纳),并标明在电路图上。

	时域形式		相量形式	
电阻	R	$\longrightarrow$	R 或	G
电感	L	$\longrightarrow$	$j\omega L$ 或	$\dfrac{1}{j\omega L}$
电容	C	$\longrightarrow$	$\dfrac{1}{j\omega C}$ 或	$j\omega C$

(2) 根据下列 KCL、KVL 和二端元件 VCR 相量形式,建立复系数电路方程或写出相应公式,并求解得到电压、电流的相量表达式。

基尔霍夫电流定律　　　　　$$\sum_{k=1}^{n}\dot{I}_k=0$$

基尔霍夫电压定律　　　　　$$\sum_{k=1}^{n}\dot{U}_k=0$$

欧姆定律
$$\dot{U} = Z\dot{I}, \quad \dot{I} = Y\dot{U}$$

（3）根据所计算得到的电压相量和电流相量，写出相应的瞬时值表达式。

5. 不含独立电源单口网络相量模型等效于一个阻抗或导纳

$$Z = \frac{\dot{U}}{\dot{I}} = R + jX \quad \text{阻抗}$$

$$Y = \frac{\dot{I}}{\dot{U}} = G + jB \quad \text{导纳}$$

其等效电路是一个电阻和一个感抗（$X>0$）或容抗（$X<0$）的串联，或者是一个电导和一个容纳（$B>0$）或感纳（$B<0$）的并联。这两种等效电路之间的转换公式是

$$Z = R + jX = \frac{1}{Y} = \frac{G}{G^2 + B^2} + j\frac{-B}{G^2 + B^2}$$

$$Y = G + jB = \frac{1}{Z} = \frac{R}{R^2 + X^2} + j\frac{-X}{R^2 + X^2}$$

6. 包含独立电源单口网络相量模型的端口电压电流关系为

$$\dot{U} = Z_o\dot{I} + \dot{U}_{oc}$$

$$\dot{I} = \frac{1}{Z_o}\dot{U} - \dot{I}_{sc}$$

这表明含源单口网络相量模型等效于一个电压源和阻抗的串联或一个电流源和导纳的并联。

7. 可以利用叠加定理来计算几种不同频率正弦激励的非正弦稳态响应，其方法是用相量法分别计算每种频率分量的响应相量，分别得到响应的正弦时间函数，然后相加得到包含几种不同频率的非正弦稳态响应的瞬时值表达式。

微视频 10-24：
第 10 章习题
解答

习　题　十

§10-1　正弦电压和电流

10-1　已知正弦电压和电流为 $u(t) = 311\cos\left(314\,t - \dfrac{\pi}{6}\right)$ V，$i(t) = 0.2\cos\left(2\pi \times 465 \times 10^3\,t + \dfrac{\pi}{3}\right)$ A。（1）求正弦电压和电流的振幅、角频率、频率和初相。（2）画出正弦电压和电流的波形图。

10-2　已知正弦电压的振幅为 100 V，$t=0$ 时刻的瞬时值为 10 V，周期为 1 ms。试写出该电压的表达式。

10-3　某正弦电流的表达式为 $i(t) = 300\sqrt{2}\cos(1\,200\pi t + 55°)$ A。试求频率和 $t=2$ ms 时刻的瞬时值。

10-4　已知正弦电压和电流为 $u(t) = 220\sqrt{2}\cos(314t - 50°)$ V，$i(t) = 10\sqrt{2}\cos(314t - 90°)$ A。（1）求正弦电压与电流的相位差，说明它们超前、滞后的关系，画出波形图。（2）假设将正弦电压的初相改变为零，求此时正弦电流的表达式。

10-5　已知几个同频率正弦电压的波形如题图 10-5 所示。（1）试写出它们的瞬时值表达式。（2）假设

电流 $i(t)$ 与 $u_1(t)$ 同相,问 $i(t)$ 与 $u_2(t)$、$u_3(t)$ 的相位关系如何?(3)假设电流 $i(t)$ 与 $u_1(t)$ 反相,问 $i(t)$ 与 $u_2(t)$、$u_3(t)$ 的相位关系如何?

10-6 已知正弦电流 $i_1(t)=10\cos 4t$ A,$i_2(t)=20(\cos 4t+\sqrt{3}\sin 4t)$ A。问 $i_1(t)$ 与 $i_2(t)$ 的相位关系如何?

10-7 已知某个电路元件上的电压和电流为 $u(t)=3\cos 3t$ V,$i(t)=-2\sin(3t+10°)$ A。求电压与电流的相位差。

10-8 已知正弦电流 $i_1(t)=4\cos(\omega t-80°)$ A,$i_2(t)=10\cos(\omega t+20°)$ A,$i_3(t)=8\sin(\omega t-20°)$ A。试求其相量。

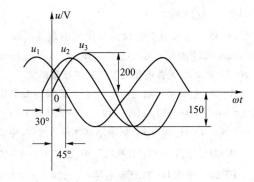

题图 10-5

10-9 已知正弦电压的相量为 $\dot{U}_1=10\underline{/140°}$ V,$\dot{U}_2=(80+\text{j}75)$ V。试写出正弦电压的瞬时值表达式。

10-10 一个周期为 $T=10^{-6}$ s 的正弦电压的相量为 $\dot{U}=(100-\text{j}50)$ V。求其瞬时值表达式。

§10-2 正弦稳态响应

10-11 题图 10-11 所示电路中,已知 $u_S(t)=200\sqrt{2}\cos 100t$ V。试建立电路微分方程,并用相量法求正弦稳态电流 $i(t)$。

10-12 题图 10-12 所示电路中,已知 $i_S(t)=10\sqrt{2}\cos 100t$ A。试建立电路微分方程,用相量法求正弦稳态电压 $u_C(t)$。

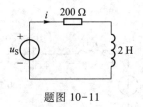

题图 10-11

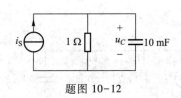

题图 10-12

10-13 写出 $\dfrac{(5\underline{/36.9°})(10\underline{/-45°})}{(4+\text{j}3)+(6-\text{j}8)}$ 的极坐标形式。

10-14 求下式的极坐标形式和直角坐标形式。

$$(5\underline{/81.87°})\left(4-\text{j}3+\frac{3\sqrt{2}\underline{/-45°}}{7-\text{j}1}\right)$$

10-15 求 $(6\underline{/120°})(-4+\text{j}3+2e^{\text{j}15°})=a+\text{j}b$ 中的 a 和 b。

10-16 求下式中的 a、b 和 A。

(1)$Ae^{\text{j}120°}+\text{j}b=-4+\text{j}3$

(2)$(a+\text{j}4)\times\text{j}2=2+Ae^{\text{j}60°}$

§10-3 基尔霍夫定律的相量形式

10-17 已知两个串联元件上的电压为 $u_1(t)=3\sqrt{2}\cos(2t+60°)$ V,$u_2(t)=8\sqrt{2}\cos(2t-22.5°)$ V。试用相量方法求正弦稳态电压 $u(t)=u_1(t)+u_2(t)$。

10-18 已知两个串联元件上的电压为 $u_1(t)=2\sqrt{2}\sin 4t$ V,$u_2(t)=10\cos(4t+30°)$ V。试用相量方法求正弦

稳态电压 $u(t) = u_1(t) + u_2(t)$。

10-19 已知两个并联元件中的电流为 $i_1(t) = 150\sqrt{2}\cos(377t - 30°)$ A，$\dot{I}_2 = 200\ \underline{/\ 60°}$ A，角频率为 $\omega = 377$ rad/s。试用相量方法求正弦稳态电流 $i(t) = i_1(t) + i_2(t)$。

§10-4 *R*、*L*、*C* 元件电压电流关系的相量形式

10-20 已知某二端元件的电压、电流采用关联参考方向，其瞬时值表达式为（1）$u(t) = 15\cos(400t + 30°)$ V，$i(t) = 3\sin(400t + 30°)$ A；（2）$u(t) = 8\sin(500t + 50°)$ V，$i(t) = 2\sin(500t + 140°)$ A；（3）$u(t) = 8\cos(250t + 60°)$ V，$i(t) = 5\sin(250t + 150°)$ A。试确定该元件是电阻、电感或电容，并确定其元件数值。

10-21 题图 10-21 所示电路中，已知 $i(t) = 5\sqrt{2}\cos(10^3 t + 20°)$ A。求电压 $u_R(t)$、$u_L(t)$、$u_S(t)$ 的相量。

10-22 题图 10-22 所示电路中，已知 $u(t) = 5\sqrt{2}\cos(314\,t + 20°)$ V。求电流 $i_R(t)$、$i_C(t)$、$i_S(t)$ 的相量。

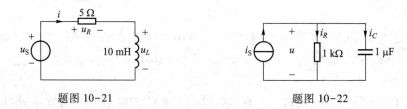

题图 10-21　　　　　　　　　　　　题图 10-22

10-23 题图 10-23 所示电路中，已知电压 $u_S(t) = 1.5\sqrt{2}\cos(10^5 t + 60°)$ V。求电流 $i_R(t)$、$i_L(t)$、$i_C(t)$、$i(t)$ 的相量。

10-24 题图 10-24 所示电路中，已知电流 $i(t) = 1\cos(10^7 t + 90°)$ A。求电压 $u_R(t)$、$u_L(t)$、$u_C(t)$、$u_S(t)$ 的相量。

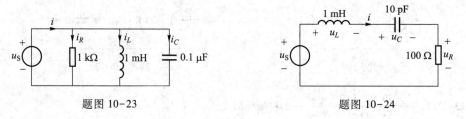

题图 10-23　　　　　　　　　　　　题图 10-24

§10-5 正弦稳态的相量分析

10-25 求题图 10-25 所示各单口网络的等效阻抗和等效导纳。

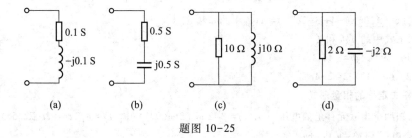

題图 10-25

10-26 题图 10-26 所示电路中,已知电压表 ⓥ₁ 的读数为 3 V,ⓥ₂ 的读数为 4 V。问电压表读数 ⓥ₃ 等于多少?

10-27 题图 10-27 所示电路中,已知电流表 Ⓐ₁ 的读数为 1 A,Ⓐ₂ 的读数为 2 A。问电流表读数 Ⓐ₃ 等于多少?

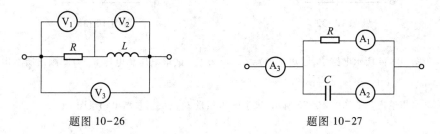

题图 10-26   题图 10-27

10-28 题图 10-28 所示电路中,已知 $I_1 = I_2 = I_3 = 2$ A。求 $\dot{I}$、$\dot{U}_{ab}$,并画出相量图。

10-29 题图 10-29 所示电路中,已知 $u_S(t) = 10\cos(314t + 50°)$ V。试用相量法求电流 $i(t)$ 和电压 $u_L(t)$、$u_C(t)$。

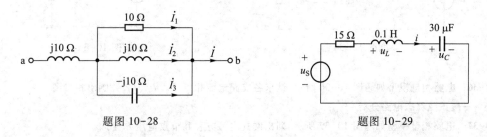

题图 10-28   题图 10-29

10-30 题图 10-30 所示电路中,已知 $I_S = 5$ A,$I_R = 4$ A,$I_L = 10$ A。求电容电流 I_C。

10-31 题图 10-31 所示电路中,已知 $u_C(t) = 20\cos(10^5 t - 40°)$ V,$R = 10^3$ Ω,$L = 10$ mH,$C = 0.02$ μF。求电压相量 $\dot{U}$。

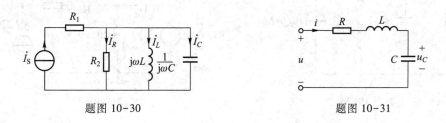

题图 10-30   题图 10-31

10-32 题图 10-32 所示电路中,已知 $R = 100$ kΩ,$C = 100$ pF,$U_1 = 1$ V。求(1) $\omega = 10^5$ rad/s 时的电压 U_2。(2) $\omega = 10^{10}$ rad/s 时的电压 U_2。

10-33 题图 10-33 所示电路中,已知 $R = 1$ kΩ,$u_1(t) = 5\cos(3\,000t + 50°)$ V。试问:为了使输出电压 u_2 滞后输入电压 u_1 70°,C 应为何值?此时输出电压 U_2 为何值?

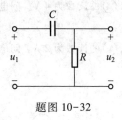

题图 10-32

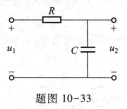

题图 10-33

10-34 题图 10-34 所示电路中,已知 $u_C(t)=\sqrt{2}\cos 2t$ V。试求电压源电压 $u_S(t)$。画出所有电压、电流的相量图。

10-35 电路相量模型如题图 10-35 所示,试求电压相量 $\dot U_{ab}$、$\dot U_{bc}$,并画出相量图。

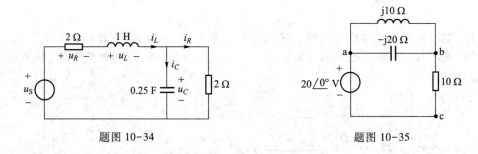

题图 10-34

题图 10-35

10-36 电路相量模型如题图 10-36 所示,试求各支路电流相量 $\dot I_R$、$\dot I_C$、$\dot I_L$,并画出相量图。

§10-6 一般正弦稳态电路分析

10-37 电路相量模型如题图 10-37 所示,列出网孔电流方程和节点电压方程。

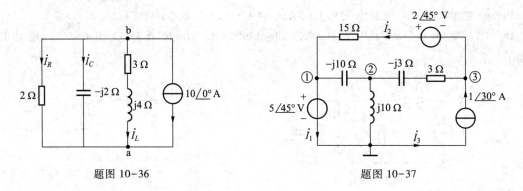

题图 10-36

题图 10-37

10-38 电路相量模型如题图 10-38 所示,已知 $Z_1=(10+\text{j}20)\,\Omega$,$Z_2=(20+\text{j}50)\,\Omega$,$Z_3=(40+\text{j}30)\,\Omega$,列出网孔电流方程。

10-39 电路的相量模型如题图 10-39 所示,试用节点分析求电压 $\dot U_C$。

10-40 题图 10-40 所示相量模型中,$\dot U_S=24\ \underline{/60^\circ}$ V,$\dot I_S=6\ \underline{/0^\circ}$ A。试用网孔分析法求 $\dot I_1$、$\dot I_2$。

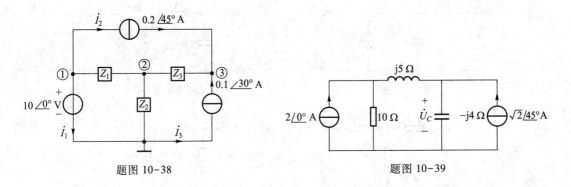

题图 10-38　　　　　　　　题图 10-39

10-41　题图 10-41 所示相量模型中,已知 $\dot{U}_s = 10\underline{/30°}$ V,$Z_1 = 50\underline{/30°}\,\Omega$,$Z_2 = 100\underline{/50°}\,\Omega$,$R_L = 350\,\Omega$。试用戴维南定理求 $\dot{I}_L$。

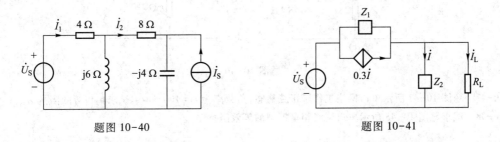

题图 10-40　　　　　　　　题图 10-41

10-42　题图 10-42 所示相量模型中,$\dot{U}_s = 10\underline{/0°}$ V,$\mu = 0.5$。试用节点分析法和网孔分析法求电压 $\dot{U}_2$。

10-43　题图 10-43 所示双口网络工作于正弦稳态,角频率为 $\omega = 1$ rad/s。求双口网络的 **Z** 参数和 **Y** 参数。

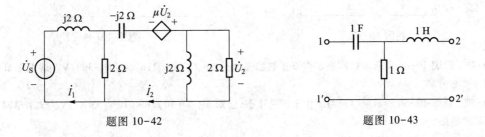

题图 10-42　　　　　　　　题图 10-43

　　10-44　题图 10-44 所示双口网络工作于正弦稳态,角频率为 $\omega = 1\,000$ rad/s。求双口网络的 **Z** 参数、**H** 参数、**T** 参数。

　　10-45　题图 10-45 所示双口网络工作于正弦稳态,角频率为 $\omega = 1$ rad/s。求双口网络的 **Z** 参数、**H** 参数和 **T** 参数。

§10-7　单口网络的相量模型

　　10-46　题图 10-46 所示各单口网络工作于正弦稳态,角频率为 ω。试求各单口网络的等效阻抗 Z_{ab},并说明这些单口网络在所有频率都是等效的。

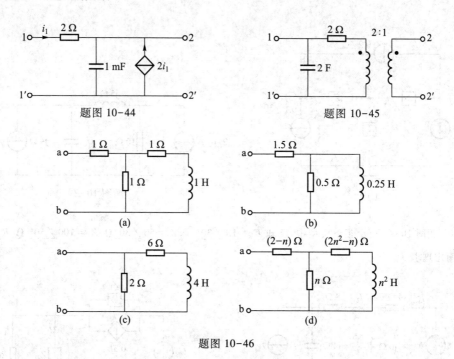

题图 10-44　　　　　　　　　　题图 10-45

(a)　　　　　　　　　　(b)

(c)　　　　　　　　　　(d)

题图 10-46

10-47　题图 10-47 所示单口网络工作于正弦稳态,角频率为 $\omega = 100$ rad/s。试求单口等效阻抗 Z_{ab}。

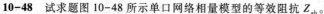

10-48　试求题图 10-48 所示单口网络相量模型的等效阻抗 Z_{ab}。

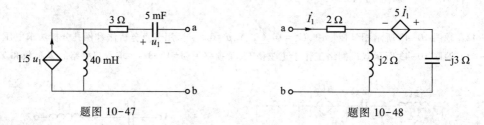

题图 10-47　　　　　　　　　　题图 10-48

10-49　题图 10-49 所示单口网络工作于正弦稳态,已知 $u_S(t) = 5\sqrt{2}\cos(4\,000t - 30°)$ V。试求单口网络的戴维南等效电路。

10-50　题图 10-50 所示单口网络工作于正弦稳态,已知 $u_S(t) = 10\sqrt{2}\cos(10^4 t + 53.1°)$ V。试求单口网络的戴维南等效电路。

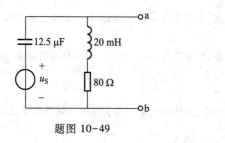
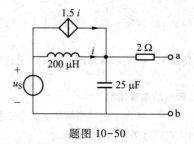

题图 10-49　　　　　　　　　　题图 10-50

10-51　题图 10-51 所示电路工作于正弦稳态,已知 $\dot{I}_s = 3\ \underline{/30°}$ A。试用戴维南定理求 $\dot{I}$。

10-52　题图 10-52 所示电路工作于正弦稳态,已知 $i_s(t) = 30\sqrt{2}\cos 20t$ A。试用戴维南定理求 $u_k(t)$。

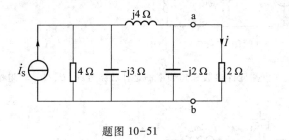

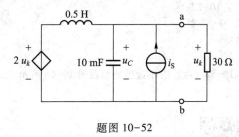

题图 10-51　　　　　　　　　　　题图 10-52

10-53　题图 10-53 所示电路工作于正弦稳态。试求电路元件参数满足什么条件时,等效阻抗在任何频率下均为纯电阻。

§10-8　正弦稳态响应的叠加

10-54　题图 10-54 所示电路中,已知 $u_s(t) = 3 + 5\sqrt{2}\cos(4×10^4 t + 45°)$ V。求稳态电流 $i(t)$。

微视频 10-25:
习题 10-53 解
答演示

微视频 10-26:
习题 10-53、
57、58 电路实
验

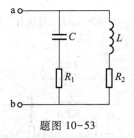

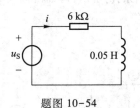

题图 10-53　　　　　　　　　题图 10-54

10-55　题图 10-55 所示电路中,已知 $u_{s1}(t) = 12\sqrt{2}\cos(4×10^4 t + 45°)$ V,$u_{s2}(t) = 5\sqrt{2}\sin 2×10^4 t$ V。求稳态电流 $i(t)$。

10-56　题图 10-56 所示电路中,已知 $i_s(t) = 10\sqrt{2}\cos 100t$ A,$u_s(t) = 100\sqrt{2}\cos 1\,000t$ V。求电感电流 $i_L(t)$。

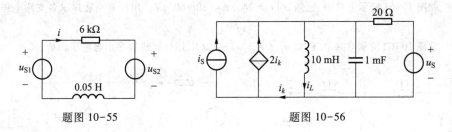

题图 10-55　　　　　　　　　　　题图 10-56

§10-9　电路实验和计算机分析电路实例

10-57　电路的相量模型如题图 10-57 所示。欲使电阻 R 变化时,电流 I 不变化,求 L 与 C 应该满足什么关系。

微视频 10-27：
习题 10-57 解
答演示

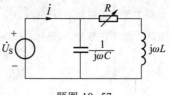

题图 10-57

10-58 电路的相量模型如题图 10-58 所示。试求电路元件参数和角频率满足什么条件时，$\dot{U}_1/\dot{U}_2$ 与阻抗 Z 无关。

微视频 10-28：
习题 10-58 解
答演示

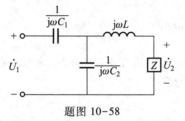

题图 10-58

10-59 电路如题图 10-59 所示，已知 $u_S(t)=\sqrt{2}\sin(100t+135°)$ V，$i_S(t)=4\cos(100t+30°)$ A。用计算机程序计算各节点电压、支路电压和支路电流相量。

10-60 电路如题图 10-60 所示，已知 $i_1(t)=\cos 100t$ A，$i_2(t)=0.5\sin 100t$ A。用计算机程序列出节点方程，求节点电压 $\dot{U}_1$ 和 $\dot{U}_2$。

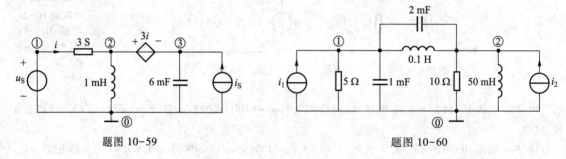

题图 10-59　　　　　　　　题图 10-60

10-61 题图 10-61 所示电路中，已知 $u_S(t)=24\sqrt{2}\cos(10t+60°)$ V。用计算机程序求各支路电压和支路电流相量。

10-62 题图 10-62 所示电路中，已知 $u_S(t)=30\sqrt{2}\cos 2t$ V，用计算机程序求各电压相量。

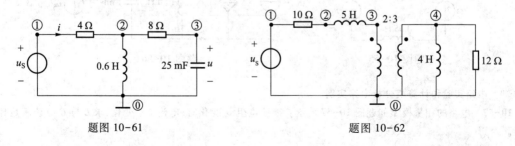

题图 10-61　　　　　　　　题图 10-62

10-63 题图 10-63 所示电路中,已知 $u_S(t) = \sqrt{2}\cos 10^3 t$ V,用计算机程序求运放输出电压相量 $\dot{U}_o$。

10-64 用计算机程序求题图 10-64 所示单口网络相量模型的戴维南等效电路。

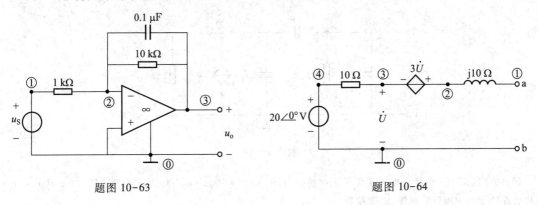

题图 10-63   题图 10-64

10-65 题图 10-65 所示电路中,已知 $u_S(t) = 9\sqrt{2}\cos 500t$ V。用计算机程序求单口网络相量模型的戴维南等效电路。

10-66 题图 10-66 所示电路中,已知 $u_S(t) = 10\sqrt{2}\cos(10^4 t + 53.1°)$ V。用计算机程序求单口网络相量模型的戴维南等效电路。

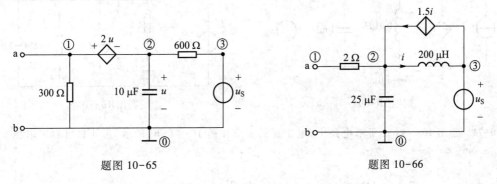

题图 10-65   题图 10-66

10-67 题图 10-67 所示电路中,已知双口网络的 **H** 参数为 $h_{11} = 2\ \Omega, h_{12} = 0, h_{21} = -10, h_{22} = 0.2$ S,电压源的电压为 $u_S(t) = 10\sqrt{2}\cos t$ V。用计算机程序求单口网络相量模型的戴维南等效电路。

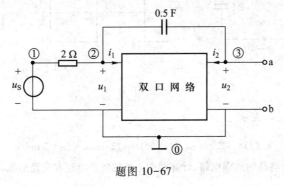

题图 10-67

10-68 题图 10-68 所示双口网络工作于正弦稳态，$\omega=1$ rad/s。用计算机程序求双口网络相量模型六种网络参数。

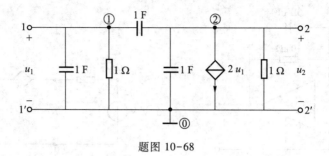

题图 10-68

10-69 题图 10-69 所示电路工作于正弦稳态，已知 $i_S(t)=10\sqrt{2}\cos 100t$ A，$u_S(t)=100\sqrt{2}\cos 100t$ V，用计算机程序的叠加定理计算电压、电流相量。

10-70 题图 10-70 所示电路中，已知 $u_S(t)=[10+10\sqrt{2}\cos(5t+40°)]$ V，$i_S(t)=4\sqrt{2}\cos(10t-30°)$ A。用计算机程序求稳态电流 $i_1(t)$、$i_2(t)$。

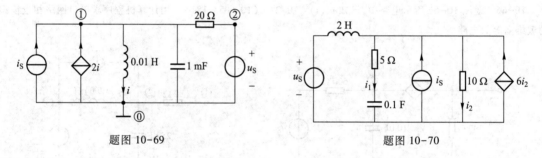

题图 10-69   题图 10-70

10-71 题图 10-71(a) 所示电路中，电压源的波形如图 10-71(b) 所示，用计算机程序求稳态电压 $u_R(t)$、$u_C(t)$。

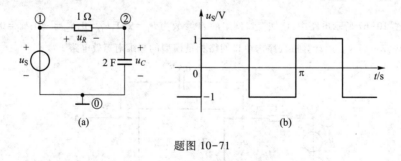

(a)   (b)

题图 10-71

10-72 电路如题图 10-72 所示，已知

$$u_{S1}(t)=3\sqrt{2}\cos \omega t \text{ V}, u_{S2}(t)=4\sqrt{2}\sin \omega t \text{ V}, \omega=2 \text{ rad/s}$$

画题图 10-72 所示平面电路的对偶电路，计算两个电路的支路电压和支路电流。

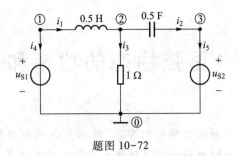

题图 10-72

10-73 电路如题图 10-73 所示,已知题图 10-73(b)所示正弦稳态电路的电压源

$$u_{S1}(t) = 6\sqrt{2}\cos \omega t \text{ V}, u_{S2}(t) = 8\sqrt{2}\sin \omega t \text{ V}, \omega = 2 \text{ rad/s}$$

用计算机程序求两个电路的支路电压和支路电流,计算其中一个电路的支路电压(电流)与另一个电路的支路电流(电压)乘积的代数和。

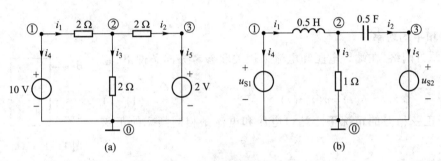

(a)　　　　　　　　　　(b)

微视频 10-29:
习题 10-73 解
答演示

题图 10-73

第十一章 正弦稳态的功率和三相电路

本章先讨论正弦稳态单口网络的瞬时功率、平均功率和功率因数,再讨论正弦稳态单口网络向可变负载传输最大功率的问题以及非正弦稳态平均功率的计算,最后介绍三相电路的基本概念。

§11-1 瞬时功率和平均功率

一、瞬时功率和平均功率

图 11-1 所示单口网络,在端口电压和电流采用关联参考方向条件下,它吸收的功率为

$$p(t) = u(t)i(t) \tag{11-1}$$

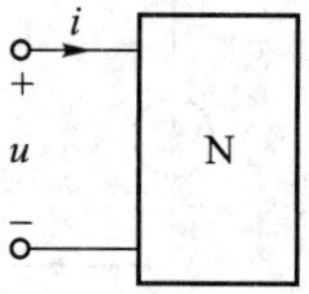

在单口网络工作于正弦稳态的情况下。端口电压和电流是相同频率的正弦电压和电流,即

$$u(t) = U_{\mathrm{m}}\cos(\omega t + \psi_u) = \sqrt{2}\,U\cos(\omega t + \psi_u)$$

$$i(t) = I_{\mathrm{m}}\cos(\omega t + \psi_i) = \sqrt{2}\,I\cos(\omega t + \psi_i)$$

图 11-1 单口
网络

其瞬时功率为[①]

$$
\begin{aligned}
p(t) = u(t)i(t) &= U_{\mathrm{m}}\cos(\omega t + \psi_u)\, I_{\mathrm{m}}\cos(\omega t + \psi_i)\\
&= \frac{1}{2} U_{\mathrm{m}} I_{\mathrm{m}} \big[\cos(\psi_u - \psi_i) + \cos(2\omega t + \psi_u + \psi_i)\big]\\
&= UI\cos\varphi + UI\cos(2\omega t + 2\psi_u - \varphi)
\end{aligned}
\tag{11-2}
$$

其中 $\varphi = \psi_u - \psi_i$ 是电压与电流的相位差。由此式可知,瞬时功率由一个恒定分量和一个角频率为 2ω 的正弦分量两部分组成,它随时间作周期性变化,当 $p(t) > 0$ 时,单口网络吸收功率,从外部获得能量;当 $p(t) < 0$ 时,单口网络发出功率,向外部输出能量。瞬时功率的波形如图 11-2 所示。

周期性变化的瞬时功率在一个周期内的平均值,称为平均功率,用 P 表示,其定义是

$$P = \frac{1}{T}\int_0^T p(t)\,\mathrm{d}t$$

---

① 数学公式:$\cos x \cdot \cos y = \dfrac{1}{2}\big[\cos(x-y) + \cos(x+y)\big]$。

$$= \frac{1}{T} \int_0^T \left[UI\cos\varphi + UI\cos(2\omega t + \psi_u + \psi_i) \right] \mathrm{d}t$$

$$= UI\cos\varphi \qquad\qquad (11\text{-}3)$$

由此式看出正弦稳态的平均功率不仅与电压、电流有效值乘积 UI 有关,还与电压、电流的相位差 $\varphi = \psi_u - \psi_i$ 有关,式中的因子 $\cos\varphi$ 称为功率因数。平均功率是一个重要的概念,得到广泛使用,通常说某个家用电器消耗多少瓦的功率,就是指它的平均功率,简称为功率。

下面讨论单口网络的几种特殊情况。

（1）单口网络是一个电阻,或其等效阻抗为一个电阻。

此时单口网络电压与电流相位相同,即 $\varphi = \psi_u - \psi_i = 0$, $\cos\varphi = 1$,式（11-2）变为

$$p(t) = UI + UI\cos(2\omega t + 2\psi_u)$$

其波形如图 11-3 所示。从瞬时功率的曲线可见,瞬时功率 $p(t)$ 在任何时刻均大于或等于零,电阻始终吸收功率和消耗能量。

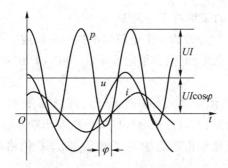

图 11-2 正弦稳态单口网络的瞬时
功率和平均功率

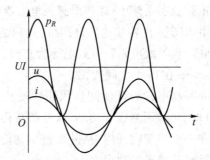

图 11-3 电阻的瞬时功率和平均功率

此时平均功率的表达式（11-3）变为

$$P = UI = RI^2 = \frac{U^2}{R} \qquad\qquad (11\text{-}4)$$

由此式可见,在正弦稳态分析中,采用电压、电流有效值后,计算电阻消耗的平均功率公式,与直流电路中相同。

（2）单口网络是一个电感或电容,或其等效阻抗为一个电抗。

此时单口网络电压与电流相位为正交关系,即 $\varphi = \psi_u - \psi_i = \pm 90°$, $\cos\varphi = 0$,式（11-2）变为

$$p_L(t) = UI\cos(2\omega t + 2\psi_u - 90°) = UI\sin(2\omega t + 2\psi_u)$$

$$p_C(t) = UI\cos(2\omega t + 2\psi_u + 90°) = UI\sin(2\omega t + 2\psi_u + 180°)$$

其波形如图 11-4（a）和（b）所示。其特点是在 $p(t) > 0$ 的半个周期时间内,电感或电容吸收功率,获得能量;在 $p(t) < 0$ 的另外半个周期内,电感或电容发出功率,释放出它所获得的全部能量。

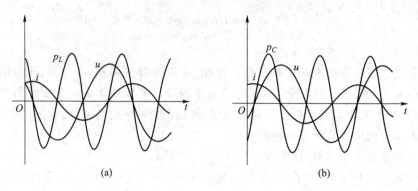

图 11-4   电感和电容的瞬时功率和平均功率

此时平均功率的表达式(11-3)变为

$$P = UI\cos(\pm 90°) = 0 \qquad (11-5)$$

这说明在正弦稳态电路中,任何电感或电容吸收的平均功率均为零。

(3) 由 RLC 元件构成的单口网络,其相量模型等效为一个电阻与电抗的串联或一个电导与电纳的并联。当等效电阻和等效电导为正时,其电压、电流的相位差 φ 在 $-90°$ ~ $+90°$ 之间变化,功率因数 $\cos\varphi$ 在 0 ~ 1 之间变化。

此时瞬时功率 $p(t)$ 随时间作周期性变化,其函数如式(11-2)所示,波形如图 11-2 所示。当 $p(t)>0$ 时,单口网络吸收功率,从外部获得能量;当 $p(t)<0$ 时,单口网络发出功率,向外部输出能量。在一个周期时间内,从外部获得的能量比输出的能量多,总的说来,单口网络还是获得能量的。所吸收的平均功率为

$$P = UI\cos\varphi = I^2\mathrm{Re}(Z) = U^2\mathrm{Re}(Y) \qquad (11-6)$$

式中的 $\mathrm{Re}(Z)$ 是单口网络等效阻抗的电阻分量,因为单口网络相量模型等效于一个电阻与电抗的串联,由于电抗元件吸收的平均功率为零,因此电阻分量消耗的平均功率,就是单口网络吸收的平均功率。与此相似,式中的 $\mathrm{Re}(Y)$ 是单口网络等效导纳的电导分量,因为单口网络相量模型等效于一个电导与电纳的串联,由于电抗元件吸收的平均功率为零,因此电导分量消耗的平均功率,就是单口网络吸收的平均功率。

当单口网络中包含有独立电源和受控源时,计算平均功率的式(11-3)仍然适用,但此时的电压与电流的相位差 φ 可能在 $+90°$ ~ $+270°$ 之间变化,功率因数 $\cos\varphi$ 在 0 ~ -1 之间变化,导致平均功率为负值,这意味着单口网络向外提供能量。

值得注意的是,在用 $UI\cos\varphi$ 计算单口网络吸收的平均功率时,一定要采用电压、电流的关联参考方向,否则会影响相位差 φ 的数值,从而影响到功率因数 $\cos\varphi$ 以及平均功率的正、负。

二、功率因数

从式(11-3)可见,在单口网络电压、电流有效值的乘积 UI 一定的情况下,单口网络吸收的平均功率 P 与 $\cos\varphi$ 的大小密切相关,$\cos\varphi$ 表示功率的利用程度,称为功率因数,记为 λ,它与 P

和 UI 的关系为

$$\lambda = \cos\varphi = \frac{P}{UI} \qquad (11-7)$$

功率因数 $\cos\varphi$ 的值与单口网络电压与电流间的相位差密切相关,故称 $\varphi = \psi_u - \psi_i$ 为功率因数角。当单口网络呈现纯电阻时,功率因数角 φ 为 0 以及功率因数 $\cos\varphi = 1$,功率利用程度最高。当单口网络等效为一个电阻与电感或电容连接时,即单口呈现电感性或电容性时,功率因数角 $\dot\varphi = 0 \sim \pm 90°$ 以及功率因数 $\cos\varphi < 1$,以至于 $P < UI$。为了提高电能的利用效率,电力部门采用各种措施力求提高功率因数。例如使用镇流器的日光灯电路,它等效于一个电阻和电感的串联,其功率因数小于 1,它要求线路提供更大的电流。为了提高日光灯电路的功率因数,一个常用的方法是在它的输入端并联一个适当数值的电容来抵消电感分量,使其端口特性接近一个纯电阻以便使功率因数接近于 1。下面举一个简单的电路模型来说明。

例 11-1　图 11-5(a)所示电路表示电压源向一个电感性负载供电的电路模型,试用并联电容的方法来提高负载的功率因数。

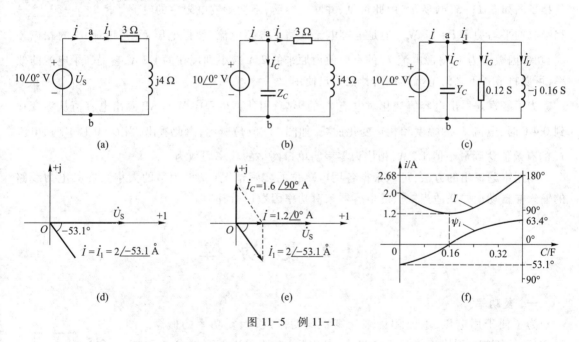

图 11-5　例 11-1

解　图 11-5(a)所示电路中的电流为

$$\dot{I} = \dot{I}_1 = \frac{\dot{U}_S}{Z} = \frac{10\angle 0°\text{ V}}{(3+\text{j}4)\,\Omega} = 2\angle -53.1°\text{ A}$$

电压 $\dot{U}_S$ 与电流 $\dot{I}$ 的相位差为 53.1°,其相量图如图 11-5(d)所示。

单口网络吸收的平均功率为

微视频 11-1:
例题 11-1 解
答演示

$$P = UI\cos\varphi = 10\ \text{V} \times 2\ \text{A} \times \cos(53.1°) = 12\ \text{W}$$

此时的功率因数 $\lambda = \cos\varphi = 0.6$,功率的利用效率很低。为了提高功率因数,可以在 a、b 两端并联一个电容,如图 11-5(b)所示。为分析方便,先将电阻与电感的串联等效变换为电阻和电感的并联,如图 11-5(c)所示,其电导和电纳值由下式确定

$$Y = G + \mathrm{j}B = \frac{1}{3+\mathrm{j}4}\text{S} = \frac{3-\mathrm{j}4}{3^2+4^2}\text{S} = (0.12 - \mathrm{j}0.16)\ \text{S}$$

从此式可见,所并联的电容的导纳应该为 $Y_c = \mathrm{j}\omega C = +\mathrm{j}0.16\ \text{S}$,以便使单口网络呈现为纯电阻,其电导值为 $Y = G = 0.12\ \text{S}$。也就是说,在端口并联电容值为 $C = 0.16/\omega$ 的电容后,可以使功率因数提高到 1,即效率达到 100%。并联电容后,图 11-5(b)和(c)所示电路端口的电流变为

$$\dot{I} = \dot{I}_1 + \dot{I}_C = (\dot{I}_G + \dot{I}_L) + \dot{I}_C = (G\dot{U}_S + Y_L\dot{U}_S) + Y_C\dot{U}_S$$
$$= (1.2 - \mathrm{j}1.6)\ \text{A} + \mathrm{j}1.6\ \text{A} = 1.2\ \underline{/\ 0°}\ \text{A}$$

其相量图如图 11-5(e)所示,由此可见,并联电容后,不会影响电阻中的电流 $\dot{I}_1 = 2\ \underline{/\ -53.1°}\ \text{A}$ 和吸收的平均功率 $P = 12\ \text{W}$。但是电容电流抵消了电感电流,使得电压 $\dot{U}_S$ 与电流 $\dot{I}$ 的相位相同,功率因数变为 1,电源电流 $\dot{I}$ 的有效值由原来的 2 A 减小到现在的 1.2 A,它提高了电源的效率,可以将节省下来的电流提供给其他用户使用。

为了能直观看出电容值变化对电流 $\dot{I}$ 的影响,用计算机程序 WACAP 画出电容值从零变化到 0.4 F 时,电流 $\dot{I}$ 的幅度和相位变化曲线,如图 11-5(f)所示,由此看出,当 $C = 0.16\ \text{F}$ 时,电流 $\dot{I}$ 的有效值达到最小值 1.2 A,相位为零表明单口网络的功率因数为 1。

利用本题提出的方法,可以根据各用电单位的实际情况(功率因数的大小),在其电力线路的输入端自动地并联适当数值的电容器来对功率因数进行补偿。

§11-2 复 功 率

一、复功率

为了便于用电压、电流相量来计算平均功率,引入复功率的概念。图 11-6 所示的单口网络工作于正弦稳态,其电压、电流采用关联的参考方向,假设电压和电流的有效值相量分别为

$$\dot{U} = U\ \underline{/\ \psi_u}$$

$$\dot{I} = I\ \underline{/\ \psi_i}$$

图 11-6

电流相量的共轭复数为 $\dot{I}^* = I\ \underline{/\ -\psi_i}$,则单口网络吸收的复功率为

$$\widetilde{S} = \dot{U}\,\dot{I}^{\,*} = UI\ \underline{/\ \psi_u - \psi_i} = UI\ \underline{/\ \varphi} = UI(\cos\varphi + \mathrm{j}\sin\varphi) = P + \mathrm{j}Q \qquad (11\text{-}8)$$

其中,复功率 $\widetilde{S}$ 的实部 $P = UI\cos\varphi$ 称为有功功率,它是单口网络吸收的平均功率,单位为瓦(W)。复功率 $\widetilde{S}$ 的虚部 $Q = UI\sin\varphi$ 称为无功功率,它反映电源和单口网络内储能元件之间的能量交换情况,为与平均功率相区别,单位为乏(var)。复功率 $\widetilde{S}$ 的模 $\left|\widetilde{S}\right| = UI$ 称为视在功率,它表示一个电气设备的容量,是单口网络所吸收平均功率的最大值,为与其他功率相区别,以伏安(V·A)为单位。例如说某个发电机的容量为 100 kV·A,而不说其容量为 100 kW。

二、复功率守恒

复功率守恒定理:对于工作于正弦稳态的电路来说,由每个独立电源发出的复功率的总和等于电路中其他电路元件所吸收复功率的总和。可以用数学式表示如下

$$\sum \widetilde{S}_{发出} = \sum \widetilde{S}_{吸收} \qquad (11\text{-}9)$$

由复功率守恒定理可以导出一个正弦稳态电路的有功功率和无功功率也是守恒的结论。即在一个正弦稳态电路中,由每个独立电源发出的有功功率的总和等于电路中其他电路元件所吸收的有功功率的总和;由每个独立电源发出的无功功率的总和等于电路中其他电路元件所吸收的无功功率的总和。可以用数学式表示如下

$$\sum P_{发出} = \sum P_{吸收}, \qquad \sum Q_{发出} = \sum Q_{吸收}$$

由此可以得出,单口网络吸收的有功功率等于该单口网络内每个电阻吸收的平均功率总和的结论。值得注意的是,一个正弦稳态电路中的视在功率并不守恒。

以上叙述表明,正弦稳态电路各支路电压相量和支路电流相量共轭复数乘积的代数和等于零。

根据特勒根定理,拓扑结构相同的两个正弦稳态电路 A 和 B,支路电压、电流采用相同关联参考方向,其中一个电路的支路电压相量与另外一个电路支路电流相量共轭复数乘积的代数和等于零,即

$$\sum_{k=1}^{b} \dot{U}_{Ak}\dot{I}_{Bk}^{\,*} = 0$$

例 11-2　图 11-7(a)所示电路工作于正弦稳态,已知电压源电压为 $u_S(t) = 2\sqrt{2}\cos t$ V,试求该电压源发出的平均功率。

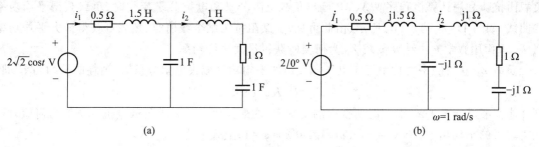

图 11-7　例 11-2

解 图 11-7(a)所示电路的相量模型,如图 11-7(b)所示。先求出连接电压源单口网络的等效阻抗

$$Z = 0.5 \ \Omega + \text{j}1.5 \ \Omega + \frac{(-\text{j}1)(\text{j}1+1-\text{j}1)}{1-\text{j}1}\Omega$$

$$= (0.5+\text{j}1.5+0.5-\text{j}0.5) \ \Omega = (1+\text{j}1) \ \Omega$$

用欧姆定律求出电流 $\dot{I}_1$

$$\dot{I}_1 = \frac{\dot{U}_S}{Z} = \frac{2 \ \angle 0° \text{ V}}{(1+\text{j}1) \ \Omega} = \sqrt{2} \ \angle -45° \text{ A}$$

用分流公式求出电流 $\dot{I}_2$

$$\dot{I}_2 = \frac{-\text{j}1}{1-\text{j}1} \times \dot{I}_1 = \frac{-\text{j}1}{\sqrt{2} \ \angle -45°} \times \sqrt{2} \ \angle -45° \text{ A} = -\text{j}1 \text{ A} = 1 \ \angle -90° \text{ A}$$

求出各电压电流相量后,可用以下几种方法计算电压源发出的平均功率。

(1) $P_{发出} = U_S I_1 \cos \varphi = 2 \times \sqrt{2} \times \cos 45° \text{ W} = 2 \text{ W}$

(2) $\tilde{S} = \dot{U}_S \dot{I}_1^* = 2 \text{ V} \times \sqrt{2} \ \angle 45° \text{ A} = 2 \text{ W} + \text{j}2 \text{var} \rightarrow P = \text{Re}(\tilde{S}) = 2 \text{ W}$

(3) $P_{发出} = R_1 I_1^2 + R_2 I_2^2 = 0.5 \ \Omega \times (\sqrt{2} \text{A})^2 + 1 \ \Omega \times (1\text{A})^2 = 2 \text{ W}$

(4) $P_{发出} = \text{Re}(Z) I_1^2 = \text{Re}(1 \ \Omega + \text{j}1 \ \Omega) I_1^2 = 2 \text{ W}$

§11-3 最大功率传输定理

本节讨论在正弦稳态电路中,含独立电源单口网络向可变负载传输最大平均功率的问题。将图 11-8(a)所示含独立电源单口网络用戴维南等效电路代替,得到图 11-8(b)所示电路。其中,$\dot{U}_{oc}$ 是含源单口网络的开路电压相量,$Z_o = R_o + \text{j}X_o$ 是含源单口网络的输出阻抗,$Z_L = R_L + \text{j}X_L$ 是负载阻抗。利用计算机程序 WACAP 画出负载电阻分量和电抗分量变化时,负载获得平均功率的曲线,如图 11-8(c)和(d)所示,由此可见,负载阻抗为某个数值时,负载可获得最大平均功率 $P_{\max}$。下面用数学方法计算负载 Z_L 为何值时获得最大平均功率。

负载 Z_L 获得的平均功率等于电压源发出的平均功率减去电阻分量 R_o 消耗的平均功率,即

$$P_L = U_{oc} I \cos \varphi - R_o I^2$$

现在求负载 $Z_L = R_L + \text{j}X_L$ 变化时所获得的功率 P_L 的最大值。首先求负载电抗分量变为何值时可获得较大的平均功率,令 $X_L = -X_o$,功率因数 $\cos \varphi = 1$,上式变为

$$P_L = U_{oc} I - R_o I^2$$

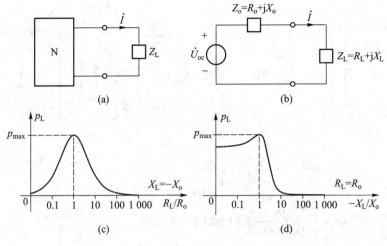

微视频 11-3：最大功率传输定理

图 11-8　求负载获得最大功率

再求负载电阻为何值时可获得最大平均功率,将上式对电流 I 求导数,并令其等于零

$$\frac{\mathrm{d}P_{\mathrm{L}}}{\mathrm{d}I} = U_{\mathrm{oc}} - 2R_{\mathrm{o}}I = 0$$

得到极大值或极小值的条件是 $R_{\mathrm{L}} = R_{\mathrm{o}}$。再对电流 I 求一次导数,并令其小于零

$$\frac{\mathrm{d}^2 P_{\mathrm{L}}}{\mathrm{d}I^2} = -2R_{\mathrm{o}} < 0$$

上式表明在 $R_{\mathrm{o}} > 0$ 的前提下,负载获得最大功率的条件是

$$Z_{\mathrm{L}} = R_{\mathrm{L}} + \mathrm{j}X_{\mathrm{L}} = Z_{\mathrm{o}}^* = R_{\mathrm{o}} - \mathrm{j}X_{\mathrm{o}} \tag{11-10}$$

所获得的最大平均功率为

$$P_{\max} = \frac{U_{\mathrm{oc}}^2}{4R_{\mathrm{o}}} \tag{11-11}$$

最大功率传输定理:工作于正弦稳态的单口网络向一个可变负载 $Z_{\mathrm{L}} = R_{\mathrm{L}} + \mathrm{j}X_{\mathrm{L}}$ 供电,如果该单口网络可用戴维南等效电路(其中 $Z_{\mathrm{o}} = R_{\mathrm{o}} + \mathrm{j}X_{\mathrm{o}}$,$R_{\mathrm{o}} > 0$)代替,则在负载阻抗等于含源单口网络输出阻抗的共轭复数(即 $Z_{\mathrm{L}} = Z_{\mathrm{o}}^*$)时,负载可以获得最大平均功率 $P_{\max} = \frac{U_{\mathrm{oc}}^2}{4R_{\mathrm{o}}}$。

通常将满足 $Z_{\mathrm{L}} = Z_{\mathrm{o}}^*$ 条件的匹配,称为共轭匹配。在通信和电子设备的设计中,常常要求满足共轭匹配,以便使负载得到最大功率。在负载不能任意变化的情况下,可以在含源单口网络与负载之间插入一个匹配网络来满足负载获得最大功率的条件,现举例加以说明。

例 11-3　图 11-9(a)所示电路中,为使 $R_{\mathrm{L}} = 1\,000\,\Omega$ 负载电阻从单口网络中获得最大功率,试设计一个由电抗元件组成的网络来满足匹配条件。

解　(1)假如不用匹配网络,将 $1\,000\,\Omega$ 负载电阻与电源直接相连时,负载电阻获得的平均

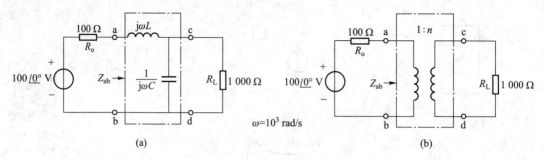

图 11-9 例 11-3

功率为

$$P_\mathrm{L} = \left(\frac{100}{100+1\,000}\right)^2 \times 1\,000\ \mathrm{W} = 8.26\ \mathrm{W}$$

（2）假如采用匹配网络将 1 000 Ω 负载电阻变换为 100 Ω 电阻来满足匹配条件，负载电阻可能获得的最大平均功率为

$$P_\mathrm{L} = \left(\frac{100}{100+100}\right)^2 \times 100\ \mathrm{W} = 25\ \mathrm{W}$$

通过以上计算可以看出，采用共轭匹配网络后，负载获得的平均功率将大大增加。

（3）设计一个由电感和电容元件构成的网络来满足共轭匹配条件，以便使负载获得最大功率。图 11-9(a)所示 LC 网络是可以满足上述条件的一种方案，下面计算电感和电容的数值。

为分析方便，将电容和电阻并联单口等效变换为串联单口，再写出由 LC 匹配网络和负载电阻共同形成单口网络的输入阻抗，并令它等于含源单口网络输出阻抗的共轭复数

$$Z_\mathrm{ab} = \mathrm{j}\omega L + \frac{\dfrac{1}{R_\mathrm{L}}}{\dfrac{1}{R_\mathrm{L}^2}+(\omega C)^2} - \mathrm{j}\,\frac{\omega C}{\dfrac{1}{R_\mathrm{L}^2}+(\omega C)^2} = Z_\mathrm{o}^{*} = R_\mathrm{o} - \mathrm{j}X_\mathrm{o} \qquad (11\text{-}12)$$

令上式的实部相等可以求得

$$\omega C = \frac{1}{R_\mathrm{L}}\sqrt{\frac{R_\mathrm{L}}{R_\mathrm{o}}-1} \qquad (11\text{-}13)$$

代入电阻值得到

$$\omega C = \frac{1}{1\,000}\sqrt{10-1}\ \mathrm{S} = 3\ \mathrm{mS}$$

$$C = \frac{3\ \mathrm{mS}}{\omega} = 3\ \mu\mathrm{F}$$

令式(11-12)的虚部等于零可以求得

$$\omega L = \frac{\omega C}{\dfrac{1}{R_{\rm L}^2} + (\omega C)^2} = \omega C R_{\rm L} R_{\rm o} \tag{11-14}$$

代入电阻和电容值得到

$$\omega L = \omega C R_{\rm L} R_{\rm o} = 3 \times 10^{-3} \times 10^3 \times 10^2\ \Omega = 300\ \Omega$$

$$L = \frac{\omega L}{\omega} = \frac{300}{1\,000}\,{\rm H} = 0.3\ {\rm H}$$

通过以上计算表明,如果选择 $L = 0.3$ H,$C = 3$ μF,图 11-9(a)所示电路中,a、b 两端以右单口网络的输入阻抗等于 100 Ω,它可以获得 25 W 的最大功率,由于匹配网络中的电感和电容平均功率为零,根据平均功率守恒定理,25 W 功率将为 $R_{\rm L} = 1\,000$ Ω 的负载全部吸收。

从式(11-13)可以看出,采用图 11-9(a)所示的 LC 网络的结构,可以使 $R_{\rm L} > R_{\rm o}$ 的任何电路达到匹配,使负载电阻获得最大功率。读者可以自己设计出其他结构的 LC 匹配网络。

也可以采用理想变压器来作为匹配网络使负载电阻 $R_{\rm L} = 1\,000$ Ω 获得最大功率,如图 11-9(b)所示。此时理想变压器的变比的计算公式如下

$$n = \sqrt{\frac{R_{\rm L}}{R_{\rm o}}} = \sqrt{\frac{1\,000}{100}} = \sqrt{10} = 3.162$$

根据理想变压器的阻抗变换性质,变比 $n = 3.162$ 的变压器将 $1\,000$ Ω 的电阻变换为 100 Ω 来满足阻抗匹配条件,由于理想变压器不消耗功率,根据平均功率守恒定理,25 W 的最大功率将全部为负载电阻 $R_{\rm L} = 1\,000$ Ω 所吸收。

§11-4 平均功率的叠加

本节讨论几种不同频率正弦信号激励的非正弦稳态的平均功率。图 11-10 所示单口网络,在端口电压和电流采用关联参考方向的条件下,假设其电压和电流为

$$u(t) = U_{\rm 1m}\cos(\omega_1 t + \psi_{u1}) + U_{\rm 2m}\cos(\omega_2 t + \psi_{u2})$$
$$i(t) = I_{\rm 1m}\cos(\omega_1 t + \psi_{i1}) + I_{\rm 2m}\cos(\omega_2 t + \psi_{i2})$$

且

$$\omega_1 \neq \omega_2$$

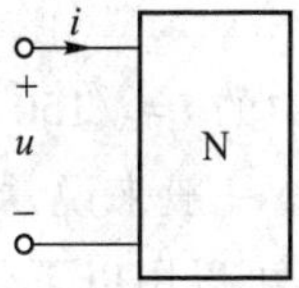

单口网络的瞬时功率为

$$\begin{aligned}
p(t) &= u(t)i(t) \\
&= U_{\rm 1m}\cos(\omega_1 t + \psi_{u1})I_{\rm 1m}\cos(\omega_1 t + \psi_{i1}) + \\
&\quad U_{\rm 2m}\cos(\omega_2 t + \psi_{u2})I_{\rm 2m}\cos(\omega_2 t + \psi_{i2}) + \\
&\quad U_{\rm 1m}\cos(\omega_1 t + \psi_{u1})I_{\rm 2m}\cos(\omega_2 t + \psi_{i2}) + \\
&\quad U_{\rm 2m}\cos(\omega_2 t + \psi_{u2})I_{\rm 1m}\cos(\omega_1 t + \psi_{i1})
\end{aligned}$$

图 11-10 非正弦稳态的单口网络

瞬时功率随时间作周期性变化,它在一个周期内的平均功率为[①]

$$P = \frac{1}{T}\int_0^T p(t)\,\mathrm{d}t = U_1 I_1 \cos\varphi_1 + U_2 I_2 \cos\varphi_2 + 0 + 0 = P_1 + P_2$$

这说明两种不同频率正弦信号激励的单口网络所吸收的平均功率等于每种正弦信号单独引起的平均功率之和。

一般来说,n 种不同频率正弦信号作用于单口网络引起的平均功率等于每种频率正弦信号单独引起的平均功率之和,即

$$P = P_1 + P_2 + P_3 + \cdots + P_n \tag{11-15}$$

其中
$$P_k = U_k I_k \cos(\psi_{uk} - \psi_{ik}) = U_k I_k \cos\varphi_k$$

例 11-4　已知图 11-10 所示单口网络的电压和电流为 $u(t) = (100 + 100\cos t + 50\cos 2t + 30\cos 3t)\,\mathrm{V}$,$i(t) = 10\cos(t-60°)\,\mathrm{A} + 2\cos(3t-135°)\,\mathrm{A}$。试求单口网络吸收的平均功率。

解　分别计算每种频率正弦信号单独作用产生的平均功率

$$P_0 = 0$$

$$P_1 = \frac{100 \times 10}{2}\cos 60°\ \mathrm{W} = 250\ \mathrm{W}$$

$$P_2 = 0$$

$$P_3 = \frac{30 \times 2}{2}\cos 135°\ \mathrm{W} = -21.2\ \mathrm{W}$$

将这些平均功率相加,得到单口网络吸收的平均功率

$$P = P_0 + P_1 + P_2 + P_3 = (0 + 250 + 0 - 21.2)\,\mathrm{W} = 228.8\ \mathrm{W}$$

例 11-5　已知流过 5 Ω 电阻的电流为 $i(t) = (5 + 10\sqrt{2}\cos t + 5\sqrt{2}\cos 2t)\,\mathrm{A}$,试求电阻吸收的平均功率。

解　分别计算各种频率成分的平均功率,再相加,即

$$P = P_0 + P_1 + P_2 = (5^2 \times 5 + 10^2 \times 5 + 5^2 \times 5)\,\mathrm{W} = (125 + 500 + 125)\,\mathrm{W} = 750\ \mathrm{W}$$

或
$$P = (5^2 + 10^2 + 5^2) \times 5\ \mathrm{W} = (\sqrt{150})^2 \times 5\ \mathrm{W} = 750\ \mathrm{W}$$

式中的 $I = \sqrt{150}$ A 是周期性非正弦电流的有效值。

一般来说,周期性非正弦电压和电流,用傅里叶级数分解出它的直流分量和各种谐波分量后,可以用以下公式计算其有效值

$$I = \sqrt{I_0^2 + I_1^2 + I_2^2 + \cdots + I_n^2} \tag{11-16}$$

$$U = \sqrt{U_0^2 + U_1^2 + U_2^2 + \cdots + U_n^2} \tag{11-17}$$

---

① 数学公式:$\int_0^T \cos(\omega_1 t + \psi_1)\cos(\omega_2 t + \psi_2) = 0$,$\omega_1 \neq \omega_2$。

引入周期性非正弦电压和电流的有效值后,可以用以下公式计算电阻的平均功率

$$P = RI^2 = \frac{U^2}{R} \tag{11-18}$$

特别注意的是,电路在频率相同的几个正弦信号激励时,不能用平均功率叠加的方法来计算正弦稳态的平均功率。应该先计算出总的电压和电流后,再用公式 $P = UI\cos\varphi$ 来计算平均功率。

例 11-6　图 11-11(a)所示电路中,已知 $u(t) = [10\sqrt{2}\cos t + 5\sqrt{2}\cos(2t)]$ V。试求该单口网络向外传输的最大平均功率。

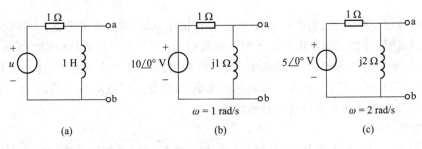

图 11-11　例 1-6

解　分别计算出每个频率成分正弦信号所输出的最大平均功率,然后相加。

(1) $u_1(t) = 10\sqrt{2}\cos t$ V 单独作用时,画出 $\omega_1 = 1$ rad/s 的相量模型,如图 11-11(b)所示。此时含源单口网络的开路电压相量和输出阻抗为

$$\dot{U}_{oc} = \frac{j1}{1+j1} \times 10 \underline{/0°} \text{ V} = 5\sqrt{2} \underline{/45°} \text{ V}$$

$$Z_o = \frac{j1}{1+j1} \Omega = (0.5 + j0.5) \Omega$$

当负载阻抗 $Z_L = Z_o^* = (0.5 - j0.5) \Omega$ 时,含源单口网络输出的最大平均功率为

$$P_{1max} = \frac{U_{oc}^2}{4R_o} = \frac{50}{4 \times 0.5} \text{W} = 25 \text{ W}$$

(2) $u_2(t) = 5\sqrt{2}\cos(2t)$ V 单独作用时,画出 $\omega_2 = 2$ rad/s 的相量模型,如图 11-11(c)所示。此时含源单口网络的开路电压相量和输出阻抗为

$$\dot{U}_{oc} = \frac{j2}{1+j2} \times 5 \underline{/0°} \text{ V} = 2\sqrt{5} \underline{/26.6°} \text{ V}$$

$$Z_o = \frac{j2}{1+j2} \Omega = (0.8 + j0.4) \Omega$$

当负载阻抗 $Z_L = Z_o^* = (0.8 - j0.4) \Omega$ 时,含源单口网络输出的最大平均功率为

$$P_{2\max} = \frac{U_{oc}^2}{4R_o} = \frac{20}{4 \times 0.8} \text{W} = 6.25 \text{ W}$$

（3）将不同频率成分正弦信号产生的平均功率叠加,得到单口网络向外传输的最大平均功率为

$$P_{\max} = P_{1\max} + P_{2\max} = 25 \text{ W} + 6.25 \text{ W} = 31.25 \text{ W}$$

§11-5 三 相 电 路

由三相电源供电的电路,称为三相电路。三相供电系统具有很多优点,为各国广泛采用。在发电方面,相同尺寸的三相发电机比单相发电机的功率大,在三相负载相同的情况下,发电机转矩恒定,有利于发电机的工作;在传输方面,三相系统比单相系统节省传输线,三相变压器比单相变压器经济;在用电方面,三相电容易产生旋转磁场使三相电动机平稳转动。本节介绍三相电路的一些基本概念和简单三相电路的计算。

一、三相电源

三相供电系统的三相电源是三相发电机,三相发电机由定子和转子两大部分组成。定子铁心的内圆周的槽中对称地安放着三个绕组,它们在空间上彼此间隔120°。转子是旋转的电磁铁,它的铁心上绕有励磁绕组。选择合适的铁心端面形状和励磁绕组分布规律,使励磁绕组中通以直流时,产生在转子和定子间气隙中的磁感应强度,沿圆周按正弦规律分布。当转子恒速旋转时,三个绕组的两端将分别感应振幅相等、频率相同、相位相差120°的三个正弦电压 $u_A(t)$、$u_B(t)$、$u_C(t)$。若以 $\dot{U}_A$ 作为参考相量,这三个电压相量为

$$\dot{U}_A = U_P \angle 0°$$

$$\dot{U}_B = U_P \angle -120°$$

$$\dot{U}_C = U_P \angle 120°$$

它们的相量图和波形图分别如图 11-12（a）和（b）所示。这样三个振幅相等、频率相同、相位依次相差 120°的一组正弦电源称为对称三相正弦电源。它们分别称为 A 相、B 相和 C 相,每相的电压称为相电压。按照各相电压经过正峰值的先后次序来说,它们的相序是 A、B、C,称为正序;如果各相电压到达正峰值的次序为 $u_A(t)$、$u_C(t)$、$u_B(t)$,称为负序。用户可以改变三相电源与三相电动机的连接方式来改变相序,从而改变三相电动机的旋转方向。

三相电源有两种基本连接方式:星形联结和三角形联结。星形联结（又称 Y 形联结）是将三相电源的末端 X、Y、Z 接在一起,形成一个节点,记为 N,称为中性点,将各相的首端 A、B、C 以及中性点 N 与四根输电线（分别称为相线和中性线）连接,如图 11-13（a）所示。与传输线相连的负载,可以从相线与中性线之间得到三个相电压,用 $\dot{U}_A$、$\dot{U}_B$、$\dot{U}_C$ 表示,也可以从三根相线之间得到三个线电压,用 $\dot{U}_{AB}$、$\dot{U}_{BC}$、$\dot{U}_{CA}$ 表示。线电压与相电压之间的关系可以从图 11-13（b）所示

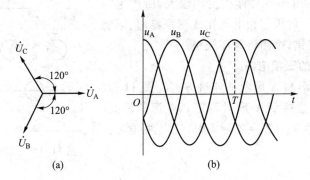

(a)　　　　　　　　(b)

图 11-12　对称三相电压源的相量图和波形图

相量图中计算出来,即

$$\dot{U}_{AB} = \dot{U}_A - \dot{U}_B = \sqrt{3}\, U_P \angle 30°$$

$$\dot{U}_{BC} = \dot{U}_B - \dot{U}_C = \sqrt{3}\, U_P \angle -90°$$

$$\dot{U}_{CA} = \dot{U}_C - \dot{U}_A = \sqrt{3}\, U_P \angle 150°$$

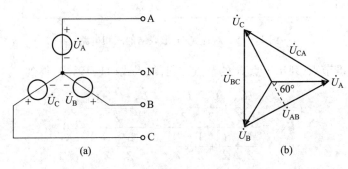

(a)　　　　　　　　(b)

图 11-13　三相电压源的星形联结

从上式可以看出,线电压是相电压的 $\sqrt{3}$ 倍,即 $U_L = \sqrt{3}\, U_P$[①]。例如人们日常生活用电是 220 V 相电压,相应的线电压则是 380 V。从相量图上可以看出,三个对称相电压以及三个对称线电压之间存在以下关系

$$\dot{U}_A + \dot{U}_B + \dot{U}_C = 0 \tag{11-19}$$

$$\dot{U}_{AB} + \dot{U}_{BC} + \dot{U}_{CA} = 0 \tag{11-20}$$

在星形联结中,流过相线的线电流等于流过每相电源的相电流,即 $I_L = I_P$。

对称三相电源可以采用三角形联结(又称 Δ 形联结),它是将三相电源各相的始端和末端依次相连,再由 A、B、C 引出三根相线与负载相连,如图11-14所示。将三相电源作三角形联结时,

---

① L 是 line 的第一个字母,U_L 表示线电压;P 是 phase 的第一个字母,U_P 表示相电压。

要求三绕组的电压对称,如不对称程度比较大,所产生的环路电流将烧坏绕组。对称三相电源在 Δ 形联结时,不能将各电源的始、末端接错,否则将烧坏绕组。

二、Y-Y 形联结的三相电路

三相负载也有 Y 形和 Δ 形两种连接方式。图 11-15 所示为 Y 形三相负载连接到 Y 形对称三相电源的情况。当三相负载相同时,即 $Z_A = Z_B = Z_C = Z$ 时,该电路是对称三相电路。

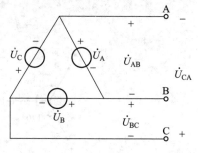

图 11-14 三相电源的三角形联结

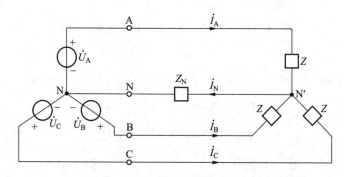

图 11-15 对称 Y-Y 形联结的三相电路

选择 N 作为基准节点,列出节点 N′ 的节点方程,代入式(11-19)中,得到

$$\dot{U}_{NN'} = \frac{\dfrac{\dot{U}_A}{Z} + \dfrac{\dot{U}_B}{Z} + \dfrac{\dot{U}_C}{Z}}{\dfrac{1}{Z} + \dfrac{1}{Z} + \dfrac{1}{Z} + \dfrac{1}{Z_N}} = \frac{\dfrac{\dot{U}_A + \dot{U}_B + \dot{U}_C}{Z}}{\dfrac{3}{Z} + \dfrac{1}{Z_N}} = 0$$

由于 $\dot{U}_{NN'} = 0$,相当于中性线短路,每相负载上的电压是相电压,其电流可以单独计算如下

$$\dot{I}_A = \frac{\dot{U}_A}{Z} = \frac{U_P}{|Z|} \angle{-\varphi}$$

$$\dot{I}_B = \frac{\dot{U}_B}{Z} = \frac{U_P}{|Z|} \angle{-\varphi-120°}$$

$$\dot{I}_C = \frac{\dot{U}_C}{Z} = \frac{U_P}{|Z|} \angle{-\varphi+120°}$$

微视频 11-4:
例题 11-7 解
答演示

例 11-7 图 11-15 所示电路中,已知 $u_A(t) = 220\sqrt{2}\cos 314t$ V,$Z = (10+j10)\ \Omega$,试求三相电流。

解 由于 $\dot{U}_{NN'} = 0$,相当于中性线短路,可以按单相电路计算出三相电流

$$\dot{I}_{\mathrm{A}}=\frac{\dot{U}_{\mathrm{A}}}{Z}=\frac{220\angle 0°}{10+\mathrm{j}10}\mathrm{A}=15.56\angle -45°\ \mathrm{A}$$

$$\dot{I}_{\mathrm{B}}=\frac{\dot{U}_{\mathrm{B}}}{Z}=\frac{220\angle -120°}{10+\mathrm{j}10}\mathrm{A}=15.56\angle -165°\ \mathrm{A}$$

$$\dot{I}_{\mathrm{C}}=\frac{\dot{U}_{\mathrm{C}}}{Z}=\frac{220\angle 120°}{10+\mathrm{j}10}\mathrm{A}=15.56\angle 75°\ \mathrm{A}$$

从以上分析计算可以看出,在 Y-Y 形联结的对称三相电路中,由于 $\dot{U}_{\mathrm{NN'}}=0$,中性线电流为零,中性线可以不用,只用三根相线传输(称为三相三线制),适于高压远距离传输电之用。对于日常生活的低压用电,由于三相负载不完全对称,还有一定的中性线电流存在,中性线必须保留,即采用三相四线制供电系统。假如不用中性线,不对称三相负载的三相电压将不相同,过高的相电压可能损坏电气设备。例如将例 11-7 中的 C 相负载阻抗变为 $Z_{\mathrm{C}}=(2+\mathrm{j}2)\,\Omega$,用正弦稳态电路的计算方法可以得到在不用中性线时的三相电压为

$$\dot{U}_{\mathrm{A}}=303.1\angle -21.05°\ \mathrm{V}$$

$$\dot{U}_{\mathrm{B}}=303.1\angle -98.95°\ \mathrm{V}$$

$$\dot{U}_{\mathrm{C}}=94.29\angle 120°\ \mathrm{V}$$

由此可见,A 相和 B 相的电压由 220 V 升高到 303 V,这两相的电气设备可能损坏;C 相的电压降低到 94 V,使得 C 相的电气设备不能正常工作。由此可知,在三相四线制供电系统中,熔断器绝对不能接在中性线上,因为中性线断开后,各相负载上的电压将随负载大小变化,过高的电压可能损坏电气设备。

从以上分析可以看出,在 Y-Y 形联结的对称三相电路中,其负载电压电流关系为

$$U_{\mathrm{L}}=\sqrt{3}\,U_{\mathrm{P}},\quad I_{\mathrm{L}}=I_{\mathrm{P}} \tag{11-21}$$

三、Y-Δ 形联结的三相电路

三相负载也可以按照三角形方式连接。图 11-16(a)所示为 Y 形联结的对称三相电源和 Δ 形联结的对称负载,这是一个对称三相电路。每相负载上的电压为线电压,选 $\dot{U}_{\mathrm{AB}}$ 作为参考相量,即 $\dot{U}_{\mathrm{AB}}=\dot{U}_{\mathrm{AB}}\angle 0°$,负载阻抗 $Z=|Z|\angle \varphi$,三个相电流可以表示为

$$\dot{I}_{\mathrm{AB}}=\frac{\dot{U}_{\mathrm{AB}}}{Z}=\frac{U_{\mathrm{AB}}}{|Z|}\angle -\varphi=I_{\mathrm{P}}\angle -\varphi$$

$$\dot{I}_{\mathrm{BC}}=\frac{\dot{U}_{\mathrm{BC}}}{Z}=\frac{U_{\mathrm{BC}}}{|Z|}\angle -120°-\varphi=I_{\mathrm{P}}\angle -120°-\varphi$$

$$\dot{I}_{\mathrm{CA}}=\frac{\dot{U}_{\mathrm{CA}}}{Z}=\frac{U_{\mathrm{CA}}}{|Z|}\angle 120°-\varphi=I_{\mathrm{P}}\angle 120°-\varphi$$

其中，$I_P = \dfrac{U_L}{|Z|}$ 表示每相负载的相电流。此时三根相线中的线电流 $\dot{I}_A$、$\dot{I}_B$、$\dot{I}_C$ 为

$$\dot{I}_A = \dot{I}_{AB} - \dot{I}_{CA} = \dot{I}_{AB}(1 - e^{j120°}) = \sqrt{3}\,I_P \underline{/\!-30° - \varphi}$$

$$\dot{I}_B = \dot{I}_{BC} - \dot{I}_{AB} = \dot{I}_{BC}(1 - e^{j120°}) = \sqrt{3}\,I_P \underline{/\!-150° - \varphi}$$

$$\dot{I}_C = \dot{I}_{CA} - \dot{I}_{BC} = \dot{I}_{CA}(1 - e^{j120°}) = \sqrt{3}\,I_P \underline{/\!90° - \varphi}$$

其中，$(1 - e^{j120°}) = \sqrt{3}\,\underline{/\!-30°}$，由此看出，Y-$\Delta$ 形联结的对称三相电路中，线电流是相电流的 $\sqrt{3}$ 倍，即 $I_L = \sqrt{3}\,I_P$。取 $\varphi = 60°$，画出相电流和线电流的相量图，如图 11-16(b) 所示。

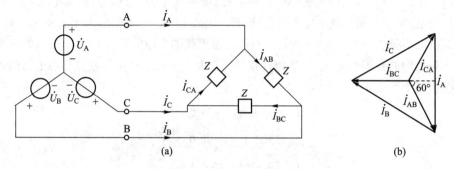

图 11-16　对称 Y-Δ 三相电路

从以上分析可以看出，在 Y-Δ 形对称联结时，其负载电压电流关系为

$$U_L = U_P, \quad I_L = \sqrt{3}\,I_P \tag{11-22}$$

例 11-8　图 11-16(a) 所示电路中，已知 $u_{AB}(t) = 220\sqrt{2}\cos 314t$ V，$Z = 10\,\underline{/\!60°}$ Ω，试求相电流和线电流。

解　三个相电流为

$$\dot{I}_{AB} = \frac{\dot{U}_{AB}}{Z} = \frac{220\,\underline{/\!0°}}{10\,\underline{/\!60°}}\,\text{A} = 22\,\underline{/\!-60°}\ \text{A}$$

$$\dot{I}_{BC} = \frac{\dot{U}_{BC}}{Z} = \frac{220\,\underline{/\!-120°}}{10\,\underline{/\!60°}}\,\text{A} = 22\,\underline{/\!-180°}\ \text{A}$$

$$\dot{I}_{CA} = \frac{\dot{U}_{CA}}{Z} = \frac{220\,\underline{/\!120°}}{10\,\underline{/\!60°}}\,\text{A} = 22\,\underline{/\!60°}\ \text{A}$$

此时三个线电流 $\dot{I}_A$、$\dot{I}_B$、$\dot{I}_C$ 为

$$\dot{I}_A = \dot{I}_{AB} - \dot{I}_{CA} = (22\,\underline{/\!-60°} - 22\,\underline{/\!60°})\,\text{A} = -j38\ \text{A} = 38\,\underline{/\!-90°}\ \text{A}$$

$$\dot{I}_B = \dot{I}_{BC} - \dot{I}_{AB} = (22\,\underline{/\!-180°} - 22\,\underline{/\!-60°})\,\text{A} = (-33 + j19)\ \text{A} = 38\,\underline{/\!150°}\ \text{A}$$

$$\dot{I}_C = \dot{I}_{CA} - \dot{I}_{BC} = (22\,\underline{/\!60°} - 22\,\underline{/\!-180°})\,\text{A} = (33 + j19)\ \text{A} = 38\,\underline{/\!30°}\ \text{A}$$

相电流和线电流的相量图,如图 11-16(b)所示。

用计算机程序解算例 11-7 和例 11-8 电路的过程和结果,请参看教材 Abook 资源。

四、对称三相电路的功率

对称 Y 形联结负载吸收的总平均功率

$$P_\text{Y} = 3P_\text{A} = 3U_\text{A}I_\text{A}\cos\varphi = 3U_\text{P}I_\text{P}\cos\varphi$$

其中,$\cos\varphi$ 是功率因数,φ 是相电压与相电流的相位差;U_A、I_A 是相电压和相电流的有效值。

由于线电压和线电流容易测量,注意到关系式 $U_\text{L}=\sqrt{3}\,U_\text{P}$,$I_\text{L}=I_\text{P}$,上式变为

$$P_\text{Y} = 3\frac{U_\text{L}}{\sqrt{3}}I_\text{L}\cos\varphi = \sqrt{3}\,U_\text{L}I_\text{L}\cos\varphi$$

用相似的方法,得到对称 Δ 形联结负载吸收的总平均功率

$$P_\Delta = 3P_\text{AB} = 3U_\text{AB}I_\text{AB}\cos\varphi = 3U_\text{P}I_\text{P}\cos\varphi = \sqrt{3}\,U_\text{L}I_\text{L}\cos\varphi$$

最后得到对称三相电路中三相负载吸收的平均功率的一般公式

$$P = 3U_\text{P}I_\text{P}\cos\varphi = \sqrt{3}\,U_\text{L}I_\text{L}\cos\varphi \qquad\qquad (11\text{-}23)$$

在例 11-7 的电路中,$\dot{U}_\text{A} = 220\,\underline{/0°}$ V,$\dot{I}_\text{A} = 15.56\,\underline{/-45°}$ A,三相负载吸收的平均功率为

$$P = 3\times220\times15.56\cos 45° \text{ W} = 7\,262 \text{ W}$$

下面讨论对称三相电路的瞬时功率。

$$\begin{aligned}
p(t) &= p_\text{A}(t) + p_\text{B}(t) + p_\text{C}(t) \\
&= U_\text{Pm}I_\text{Pm}\cos(\omega t)\cos(\omega t-\varphi) + U_\text{Pm}I_\text{Pm}\cos(\omega t-120°)\cos(\omega t-120°-\varphi) + \\
&\quad U_\text{Pm}I_\text{Pm}\cos(\omega t+120°)\cos(\omega t+120°-\varphi) \\
&= U_\text{P}I_\text{P}[\cos\varphi+\cos(2\omega t-\varphi)] + U_\text{P}I_\text{P}[\cos\varphi+\cos(2\omega t-240°-\varphi)] + \\
&\quad U_\text{P}I_\text{P}[\cos\varphi+\cos(2\omega t+240°-\varphi)] \\
&= 3U_\text{P}I_\text{P}\cos\varphi
\end{aligned}$$

由于上式中的三项交变分量之和为零,三相瞬时功率是不随时间变化的常数,并且等于其平均功率。在这种情况下,三相电动机的转矩是恒定的,有利于发电机和电动机平稳工作,是三相电路的优点之一。

例 11-9　三相电炉的三个电阻,可以接成星形,也可以接成三角形,常以此来改变电炉的功率。假设某三相电炉的三个电阻都是 43.32 Ω,求在 380 V 线电压上,把它们接成星形和三角形时的功率各为多少?

微视频 11-6:
例题 11-9 解
答演示

解　(1) 三相负载为星形联结时,如图 11-17(a)所示,则线电流为

$$I_\text{L} = I_\text{P} = \frac{U_\text{P}}{R} = \frac{\dfrac{380\text{ V}}{\sqrt{3}}}{43.32\,\Omega} = 5.064 \text{ A}$$

三相负载吸收的功率为

$$P_\text{Y} = \sqrt{3}\,U_\text{L}I_\text{L}\cos\varphi = \sqrt{3}\times380\text{ V}\times5.064\text{ A} = 3\,333.02 \text{ W}$$

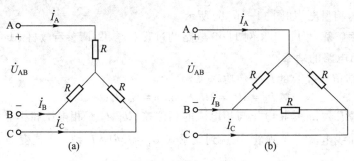

图 11-17 例 11-9

（2）三相负载为三角形联结时,如图 11-17(b)所示,则相电流为

$$I_P = \frac{U_P}{R} = \frac{U_L}{R} = \frac{380 \text{ V}}{43.32 \Omega} = 8.771\ 9 \text{ A}$$

线电流为

$$I_L = \sqrt{3}\ I_P = \sqrt{3} \times 8.771\ 9 \text{ A} = 15.193 \text{ A}$$

三相负载吸收的功率为

$$P_\Delta = \sqrt{3}\ U_L I_L = \sqrt{3} \times 380 \text{ V} \times 15.193 \text{ A} = 10\ 000 \text{ W} = 10 \text{ kW}$$

通过以上计算表明,三相电炉连接成三角形吸收的功率是连接成星形时的三倍。

§11-6 电路设计、电路实验和计算机分析电路实例

首先介绍用正弦稳态分析程序 WACAP 来计算正弦稳态电路的各种功率,再介绍 LC 匹配网络的设计,最后介绍提高功率因数的一个实验。

一、计算机辅助电路分析

例 11-10 用计算机程序计算例 11-2 电路中各支路的吸收功率。

解 运行正弦稳态分析程序 WACAP,读入图 11-18 电路数据,选择计算电压电流和功率的

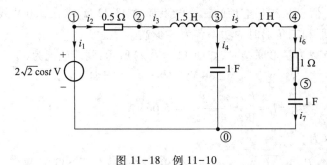

图 11-18 例 11-10

菜单,计算机屏幕上显示以下计算结果。

```
          L11-10 Circuit Data
元件 支路 开始 终止 控制  元件       元件      元件      元件
类型 编号 节点 节点 支路  数值1      数值2     数值3     数值4
 V   1   1   0         2.0000    0.0000
 R   2   1   2         0.50000
 L   3   2   3         1.5000
 C   4   3   0         1.00000
 L   5   3   4         1.00000
 R   6   4   5         1.00000
 C   7   5   0         1.00000
   独立节点数 = 5    支路数 = 7 角频率 ω = 1.00000    rad/s
   -----  支 路 功 率 -----(电压电流用有效值)
           有功功率 P           无功功率 Q          视在功率 S
   1 V :   -2.0000             -2.0000            2.8284
   2 R :    1.00000             0.0000            1.00000
   3 L :    0.0000              3.0000            3.0000
   4 C :    0.0000             -1.0000            1.0000
   5 L :    5.96046E-08         1.00000           1.00000
   6 R :    1.0000              0.0000            1.0000
   7 C :    5.96046E-08        -1.00000           1.00000
   功率之和: 5.96046E-08         0.0000            10.828
        ***** 正弦稳态分析程序 (WACAP 3.01 ) *****
```

从以上数据可见,计算机可以计算各二端元件吸收的有功功率、无功功率和视在功率。其中有功功率和无功功率是守恒的,视在功率并不守恒。

例 11-11　用计算机程序计算例 11-3 所示电路中各支路吸收的平均功率。

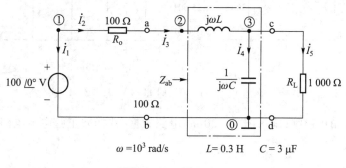

图 11-19　例 11-11

解　运行计算机程序 WACAP,读入图 11-19 电路数据,计算电路支路吸收功率,屏幕上显示以下计算结果。

计算结果说明 LC 匹配网络设计是正确的,它使 $R_L = 1\,000\ \Omega$ 负载上获得 25 W 的最大功率。

```
      L11-11 Circuit Data
元件 支路 开始 终止 控制  元 件      元 件      元 件      元 件
类型 编号 节点 节点 支路 数 值1     数 值2     数 值3     数 值4
 V    1   1   0   100.000    0.0000
 R    2   1   2   100.000
 L    3   2   3   0.30000
 C    4   3   0   3.00000E-06
 R    5   3   0   1000.00
    独立节点数 = 3    支路数 = 5 角频率 ω= 1000.00    rad/s
         ----- 支 路 功 率 -----（电压电流用有效值）
            有功功率 P        无功功率 Q          视在功率 S
      1 V :    -50.000         0.0000            50.000
      2 R :     25.000         0.0000            25.000
      3 L :   -6.55651E-07     75.000            75.000
      4 C :    1.90735E-06    -75.000            75.000
      5 R :     25.000         0.0000            25.000
   功率之和:   1.90735E-06     0.0000            250.00
        ***** 正弦稳态分析程序（WACAP 3.01）*****
```

电路设计题　请另外设计一个 LC 匹配网络使图 11-19(a)电路中的负载电阻获得最大平均功率，并用计算机程序检验设计是否正确。

例 11-12　图 11-20(a)电路中电压源电压波形如图 11-20(b)所示，试用计算机程序计算电路中各电压电流的有效值以及电压源和各电阻吸收的平均功率。

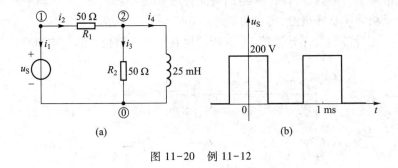

(a)　　　　　　　　　　　(b)

图 11-20　例 11-12

解　运行 WACAP 程序，读入图 11-20(a)电路数据，选择非正弦电流电路分析的菜单，可以得到以下计算结果。

```
      L11-12 Circuit Data
元件 支路 开始 终止 控制  元 件      元 件      元 件      元 件
类型 编号 节点 节点 支路 数 值1     数 值2     数 值3     数 值4
 V    1   1   0   200.00     0.0000
 R    2   1   2   50.000
 R    3   2   0   50.000
 L    4   2   0   2.50000E-02
```

```
   独立节点数 ＝ 2    支路数 ＝ 4 角频率 ω＝ 6283.2   rad/s
            ——— 非 正 弦 稳 态 分 析 ———
            *** 电源的幅度必须用振幅值 ***

      ¯|_| ¯|_|  ¯|__ 方 波 信 号
            ——— 电 压 电 流 的 有 效 值 ———
   V 1＝ 141.    V 2＝ 49.0
   U 1＝ 141.    U 2＝ 112.    U 3＝ 49.0    U 4＝ 49.0
   I 1＝ 2.25    I 2＝ 2.25    I 3＝ 0.980   I 4＝ 2.02
            ——— 支 路 的 平 均 功 率 ———
                    1        2        3        4        5        6
   P1＝ -300.   ＝ -200.   -83.1    -9.03    -3.25    -1.66    -1.00
   P2＝ 252.    ＝ 200.    +43.5    +4.54    +1.63    +0.828   +0.501
   P3＝ 48.1    ＝ 0.00    +39.5    +4.49    +1.62    +0.827   +0.500
   P4＝-2.398E-07＝ 0.00   -2.384E-07-1.863E-09+4.657E-10+0.00  +2.910E-11
   SUM＝-0.155E-04 +0.00   +3.576E-06-9.555E-07+4.657E-10+0.00  +2.910E-11
            ***** 正弦稳态分析程序 (WACAP 3.01 ) *****
```

计算结果表明,电压源吸收的平均功率-298 W 约等于前六次谐波吸收的平均功率之和,即

$$P = -298 \text{ W} \approx P_1 + P_2 + P_3 + P_4 + P_5 + P_6$$
$$= (-200 - 83.1 - 9.03 - 3.25 - 1.66 - 1) \text{ W}$$
$$= -298.04 \text{ W}$$

电阻 R_1 吸收的平均功率 251 W 约等于前六次谐波吸收的平均功率之和,即

$$P = 251 \text{ W} \approx P_1 + P_2 + P_3 + P_4 + P_5 + P_6$$
$$= (200 + 43.5 + 4.54 + 1.63 + 0.828 + 0.501) \text{ W}$$
$$= 250.999 \text{ W}$$

电阻 R_2 吸收的平均功率 47 W 约等于前六次谐波吸收的平均功率之和,即

$$P = 47 \text{ W} \approx P_1 + P_2 + P_3 + P_4 + P_5 + P_6$$
$$= (0 + 39.5 + 4.49 + 1.62 + 0.827 + 0.500) \text{ W}$$
$$= 46.937 \text{ W}$$

例 11-13　图 11-21 所示电路与例 11-8 的图 11-16 所示电路相同,已知 $u_{AB}(t) =$

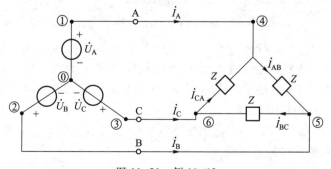

图 11-21　例 11-13

$220\sqrt{2}\cos 314t$ V, $Z = 10 \angle 60°$ Ω, 试求相电流和线电流。

解 电路如图 11-21 所示, 运行正弦稳态分析程序 WACAP, 读入图 11-21 所示电路数据, 选择计算电压、电流和功率的菜单, 计算机屏幕上显示以下计算结果。

```
        L11-13 Circuit Data
元件  支路 开始 终止 控制  元件        元件        元件       元件
类型  编号 节点 节点 支路  数值1       数值2       数值3      数值4
 V    1    1    0        127.02    -30.000
 V    2    2    0        127.02    -150.00
 V    3    3    0        127.02     90.000
 SC   4    1    4
 SC   5    2    5
 SC   6    3    6
 Z    7    4    5        5.0000     8.6603
 Z    8    5    6        5.0000     8.6603
 Z    9    6    4        5.0000     8.6603
  独立节点数 = 6    支路数 = 9 角频率 w= 314.00   rad/s
        ----- 支 路 电 流 相 量 -----
 I 1=(  8.7738E-05 +j   38.10  ) =  38.10   exp(j  90.00°)A
 I 2=(   33.00     +j  -19.05  ) =  38.10   exp(j -30.00°)A
 I 3=(  -33.00     +j  -19.05  ) =  38.10   exp(j-150.00°)A
 I 4=( -8.7738E-05 +j  -38.10  ) =  38.10   exp(j -90.00°)A
 I 5=(  -33.00     +j   19.05  ) =  38.10   exp(j 150.00°)A
 I 6=(   33.00     +j   19.05  ) =  38.10   exp(j  30.00°)A
 I 7=(   11.00     +j  -19.05  ) =  22.00   exp(j -60.00°)A
 I 8=(  -22.00     +j  5.0681E-05) =  22.00  exp(j 180.00°)A
 I 9=(   11.00     +j   19.05  ) =  22.00   exp(j  60.00°)A
     ***** 正弦稳态分析程序 (WACAP 3.01 ) *****
```

计算得到三个负载的相电流为

$$\dot{I}_{AB} = 22 \angle -60° \text{ A}, \quad \dot{I}_{BC} = 22 \angle -180° \text{ A}, \quad \dot{I}_{CA} = 22 \angle 60° \text{ A}$$

计算得到三个相线的线电流为

$$\dot{I}_A = 38.1 \angle -90° \text{ A}, \quad \dot{I}_B = 38.1 \angle 150° \text{ A}, \quad \dot{I}_C = 38.1 \angle 30° \text{ A}$$

计算结果与例 11-8 笔算结果完全相同。

例 11-14 电路如图 11-22 所示, 已知正弦电压源

$$u_{S1}(t) = 3\sqrt{2}\cos \omega t \text{ V}, \quad u_{S2}(t) = 4\sqrt{2}\sin \omega t \text{ V}$$

$$u_{S3}(t) = 6\sqrt{2}\cos \omega t \text{ V}, \quad u_{S4}(t) = 8\sqrt{2}\sin \omega t \text{ V}, \quad \omega = 2 \text{ rad/s}$$

用计算机程序计算两个电路中各元件的电压、电流相量, 检验特勒根定理。

解 用 WACAP 程序计算图 11-22(a) 和图 11-22(b) 电路各支路电压电流相量(请参考教材 Abook 资源中的"计算机解算例题")。

将图 11-22(a) 和图 11-22(b) 电路的支路电压相量、支路电流相量以及支路电压相量与电流相量共轭复数的乘积整理如下所示。

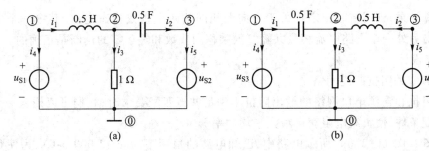

图 11-22 例 11-14

k	$\dot{U}_{Ak}$	$\dot{I}_{Ak}$	$\dot{U}_{Ak}\dot{I}^*_{Ak}=P_{Ak}+jQ_{Ak}$		k	$\dot{U}_{Bk}$	$\dot{I}_{Bk}$	$\dot{U}_{Bk}\dot{I}^*_{Bk}=P_{Bk}+jQ_{Bk}$	
1	$-1+j3$	$3+j1$	0	$+j10$	1	$14-j6$	$6+j14$	0	$-j232$
2	$4-j3$	$4-j3$	25	$+j0$	2	$-8+j6$	$-8+j6$	100	$+j0$
3	$4+j1$	$-1+j4$	0	$-j17$	3	$-8+j14$	$14+j8$	0	$j260$
4	3	$-3-j1$	-9	$+j3$	4	6	$-6-j14$	-36	$+j84$
5	$-j4$	$-1+j4$	-16	$+j4$	5	$-j8$	$14+j8$	-64	$-j112$
	$\sum\limits_{k=1}^{5}\dot{U}_{Ak}\dot{I}^*_{Ak}=$		0	$+j0$		$\sum\limits_{k=1}^{5}\dot{U}_{Bk}\dot{I}^*_{Bk}=$		0	$+j0$

以上数据表明

$$\sum_{k=1}^{5}\dot{U}_{Ak}\dot{I}^*_{Ak}=\sum_{k=1}^{5}P_{Ak}+j\sum_{k=1}^{5}Q_{Ak}=0,\qquad \sum_{k=1}^{5}\dot{U}_{Bk}\dot{I}^*_{Bk}=\sum_{k=1}^{5}P_{Bk}+j\sum_{k=1}^{5}Q_{Bk}=0$$

证明特勒根定理关于正弦稳态电路支路电压相量与支路电流相量共轭复数乘积代数和等于零的论断是正确的,其实部等于零表示正弦稳态电路平均功率是守恒的。

将图 11-22(a)和图 11-22(b)电路的支路电压相量、支路电流相量以及通过计算得到的其中一个电路的支路电压相量与另外一个电路电流相量共轭复数的乘积整理如下所示。

k	$\dot{U}_{Ak}$	$\dot{I}_{Bk}$	$\dot{U}_{Ak}\dot{I}^*_{Bk}$		k	$\dot{U}_{Bk}$	$\dot{I}_{Ak}$	$\dot{U}_{Bk}\dot{I}^*_{Ak}$	
1	$-1+j3$	$3+j1$	36	$+j32$	1	$14-j6$	$6+j14$	36	$-j32$
2	$4-j3$	$4-j3$	-50	$+j0$	2	$-8+j6$	$-8+j6$	-50	$+j0$
3	$4+j1$	$-1+j4$	64	$-j18$	3	$-8+j14$	$14+j8$	64	$+j18$
4	3	$-3-j1$	-18	$+j42$	4	6	$-6-j14$	-18	$+j6$
5	$-j4$	$-1+j4$	-32	$-j56$	5	$-j8$	$14+j8$	-32	$+j8$
	$\sum\limits_{k=1}^{5}\dot{U}_{Ak}\dot{I}^*_{Bk}=$		0	$+j0$		$\sum\limits_{k=1}^{5}\dot{U}_{Bk}\dot{I}^*_{Ak}=$		0	$+j0$

以上计算结果,证明特勒根定理关于有向图相同的两个正弦稳态电路,其中一个电路的支路电压相量与另外一个支路电流相量共轭复数乘积的代数和等于零的论断是正确的。

二、电路设计

1. 单一频率的阻抗匹配网络设计

当负载阻抗和含源单口网络的输出阻抗不满足共轭匹配要求时,我们可以插入一个电抗网络来满足匹配条件,使负载电阻获得最大平均功率。

例 11-15 图 11-23(a)所示电路中,已知电源的角频率为 $\omega = 1\ 000$ rad/s,为使负载电阻 R_L 从单口网络中获得最大功率,试设计一个由电抗元件组成的网络来满足共轭匹配条件。

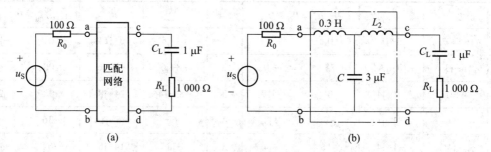

图 11-23 例 11-15

解 利用例 11-3 的计算结果,在图 11-9(a)所示的 LC 匹配网络上增加一个电感得到图 11-23(b)所示电路,电感 L_2 是用来抵消负载电容 C_L 的作用,其数值计算如下

$$L_2 = \frac{1}{\omega^2 C_L} = \frac{1}{10^6 \times 10^{-6}} \text{H} = 1 \text{ H}$$

此时 a、b 两点间的输入阻抗等于

$$Z_{ab} = j\omega L + \frac{1}{j\omega C + \frac{1}{R_L}} = j300 \text{ }\Omega + \frac{1}{10^{-3} + j3 \times 10^{-3}} \Omega = 100 \text{ }\Omega$$

正好满足匹配条件,由于电感和电容不消耗平均功率,所得到的最大平均功率全部为负载电阻 R_L 所吸收。

说明:一般来说,电路设计问题有多种解答。对于图 11-23(b)所示匹配网络,读者可以选择另外一组元件参数来满足匹配要求,例如选择 $L = 0.435\ 9$ H,$L_2 = 2$ H,$C = 2.679\ 4$ μF 也可以满足匹配要求。读者还可以选择其他的网络结构和多组元件参数来满足设计要求。电路设计不仅可以帮助读者掌握电路理论,还可以提高分析和解决电路问题的能力以及创新能力。

2. 多频率的阻抗匹配网络设计

电子通信工程中使用的信号是非正弦信号,它包含很多频率成分。为了使每种频率成分都能够输出最大功率,就要求所设计的匹配网络对于每个频率成分都能满足共轭匹配条件。

例 11-16 图 11-24(a)所示电路中,已知电源包含角频率为 $\omega = 1$ rad/s 和 $\omega = 2$ rad/s 两种频

率成分,试设计一个匹配网络使负载电阻能够获得最大平均功率。

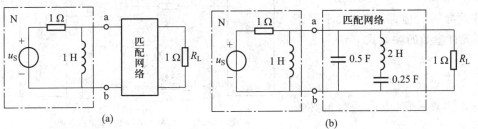

微视频 11-7:
例题 11-16 解
答演示

图 11-24 例 11-16

解 从例 11-6 已知图 11-24(a)所示单口网络的输出阻抗分别为

$$Z_o(j1) = (0.5+j0.5)\,\Omega, \quad Z_o(j2) = (0.8+j0.4)\,\Omega$$

根据最大功率传输定理,要求端接负载电阻匹配网络的输入阻抗为

$$Z_L(j1) = (0.5-j0.5)\,\Omega, \quad Z_L(j2) = (0.8-j0.4)\,\Omega$$

微视频 11-8:
功率匹配网络
实验

有很多种结构的网络都可以满足这个要求。例如图 11-24(b)所示电路中的匹配网络的输入阻抗为

$$Z_{ab}(j1) = \cfrac{1}{1+j0.5+\cfrac{1}{j2-j4}}\,\Omega = \frac{1}{1+j0.5+j0.5}\,\Omega = (0.5-j0.5)\,\Omega$$

$$Z_{ab}(j2) = \cfrac{1}{1+j1+\cfrac{1}{j4-j2}}\,\Omega = \frac{1}{1+j1-j0.5}\,\Omega = (0.8-j0.4)\,\Omega$$

计算结果证明,图 11-24(b)所示匹配网络的确在两种频率上都满足共轭匹配条件,符合设计要求。

请读者自行设计出更多的匹配网络,并用计算机程序来检验所设计的网络是否满足设计要求。有兴趣的读者还可以设计出在任意两种角频率数值时都能够满足匹配条件的通用匹配网络。通过电路设计可以提高读者分析和解决电路问题的能力。

三、电路实验设计

为了提高能源的利用率,电力部门力求提高负载的功率因数,对于电感性负载可以在输入端并联适当数值的电容器来解决这个问题,为了对问题有更深入的认识,设计以下实验。

利用一个 10 mH 电感器,200 Ω 和 33 Ω 电阻器和若干 0.1 μF、0.33 μF、0.47 μF 电容器,参考例 11-1,设计一个提高功率因数的实验电路,如图 11-25 所示。

信号发生器输出正弦电压波形,双踪示波器观察输入电压 $u_1(t)$ 和电阻电压 $u_2(t)$ 的波形,由于电阻电压和电流波形相同,实际上观察的是单口网络的电压和电流波形。下面计算信号发生器输出正弦波形的频率。RL 串联电路与电容 C 并联后的等效导纳为

$$Y(j\omega) = \frac{R}{R^2+\omega^2 L^2} + j\omega C - j\frac{\omega L}{R^2+\omega^2 L^2}$$

令单口网络等效导纳的虚部等于零,求得正弦波角频率与元件参数的关系式

$$\omega = \sqrt{\frac{1}{LC} - \frac{R^2}{L^2}}$$

为使角频率有正实数解答,电容的数值必须满足的条件是

$$\frac{1}{LC} - \frac{R^2}{L^2} > 0 \quad \rightarrow \quad C < \frac{L}{R^2}$$

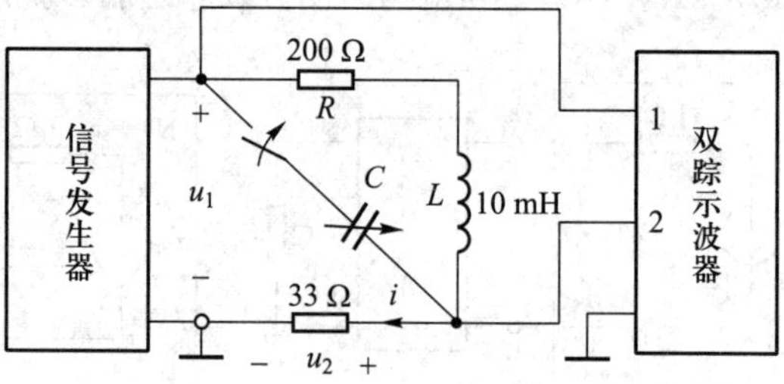

图 11-25　提高功率因数的实验电路

代入 $R = 200\ \Omega$ 和 $L = 10$ mH 的数值求得电容数值的范围为

$$C < \frac{L}{R^2} = \frac{10^{-2}}{4\times10^4}\mathrm{F} = 0.25\ \mu\mathrm{F}$$

从给定的三种电容器中选择 $0.1\ \mu\mathrm{F}$ 的电容器,计算出单口网络等效导纳为纯电阻,功率因数等于 1 时的工作频率为

$$\omega = \sqrt{\frac{1}{LC} - \frac{R^2}{L^2}} = \sqrt{\frac{1}{10^{-2}\times10^{-7}} - \frac{4\times10^4}{10^{-4}}}\ \mathrm{rad/s} = 24.5\times10^3\ \mathrm{rad/s}$$

$$f = \frac{\omega}{2\pi} = \frac{24.5\times10^3}{2\pi}\mathrm{Hz} = 3.9\ \mathrm{kHz}$$

实验开始时,将 $0.1\ \mu\mathrm{F}$ 电容器与 RL 串联电路并联,在 3.9 kHz 附近调整正弦信号发生器的频率,令端口电压、电流的相位差为零。由于元件参数的实际值与理论计算值不相同等原因,工作频率与计算值不会完全相同。

(1)在不接入电容器的情况下观察电压和电流波形,对于电感性负载,应该观察得到电压超前于电流的情况。

(2)将两个 $0.1\ \mu\mathrm{F}$ 的电容器串联起来(等效于一个 $0.05\ \mu\mathrm{F}$ 电容器)与 RL 单口网络并联,由于电容不够大,不能将电感分量完全抵消掉,单口网络仍呈现电感性,电流相位仍滞后于电压,电流波形幅度减小,功率因数有所提高。

(3)将 $0.1\ \mu\mathrm{F}$ 电容器与 RL 单口网络并联,应该观察到电流与电压相位差为零的情况,此时单口网络呈现纯电阻,电流波形的幅度最小,功率因数等于 1。

(4)将电容器换成 $0.33\ \mu\mathrm{F}$ 或 $0.47\ \mu\mathrm{F}$ 电容器时,由于电容太大,形成过补偿情况,单口网络呈现电容性,电流相位超前于电压,电流波形幅度增加,功率因数小于 1。

实验的具体过程请观看教材 Abook 资源中"功率因数的提高"的实验录像。

摘　要

1. 工作于正弦稳态的单口网络,电压、电流采用关联参考方向时,吸收的瞬时功率为

$$p(t) = u(t)i(t) = UI\cos\varphi + UI\cos(2\omega t + 2\psi_u - \varphi)$$

它由一个恒定分量和交变分量组成。

2. 工作于正弦稳态的单口网络,电压、电流采用关联参考方向时吸收的平均功率为

$$P = \frac{1}{T}\int_0^T p(t)\,dt = UI\cos\varphi$$

其中,U、I 是端口电压和电流的有效值;$\cos\varphi$ 是功率因数,功率因数角 φ 是端口电压与电流的相位差。

对于电阻元件来说,由于功率因数 $\cos\varphi = 1$,其平均功率为

$$P = UI = RI^2 = \frac{U^2}{R}$$

对于电感和电容元件来说,由于功率因数 $\cos\varphi = 0$,其平均功率为零。

对于无源单口网络来说,由于功率因数 $\cos\varphi \geqslant 0$,其平均功率为

$$P = UI\cos\varphi \geqslant 0$$

其中,功率因数角 φ 是阻抗角。当无源单口网络可以等效为一个电阻和电抗元件的串联和一个电导和电纳并联时,其平均功率为

$$P = I^2\,\mathrm{Re}(Z) = U^2\,\mathrm{Re}(Y)$$

3. 复功率是电压相量与电流相量共轭复数的乘积,即

$$\widetilde{S} = \dot{U}\dot{I}^* = UI\cos\varphi + jUI\sin\varphi = P + jQ$$

复功率的实部是平均功率,称为有功功率;虚部称为无功功率。

正弦稳态电路的复功率是守恒的,即

$$\sum \widetilde{S}_{发出} = \sum \widetilde{S}_{吸收}$$

由此得到正弦稳态电路的有功功率和无功功率也是守恒的,即

$$\sum P_{发出} = \sum P_{吸收}, \qquad \sum Q_{发出} = \sum Q_{吸收}$$

对于一个不包含独立电源的单口网络来说,它吸收的平均功率等于网络内全部电阻元件吸收的平均功率之和。

正弦稳态电路的特勒根定理:(1) 正弦稳态电路各支路电压相量和支路电流相量共轭复数乘积的代数和等于零。(2) 有向图相同的两个正弦稳态电路 A 和 B,其中一个电路的支路电压相量与另外一个电路支路电流相量共轭复数乘积的代数和等于零,即

$$\sum_{k=1}^{b} \dot{U}_{Ak}\dot{I}_{Bk}^* = 0$$

4. 含独立源单口网络向可变负载传输最大平均功率的条件是：负载阻抗等于含源单口输出阻抗的共轭复数，即

$$Z_L = Z_o^*$$

满足共轭匹配的条件下，负载获得的最大平均功率为

$$P_{max} = \frac{U_{oc}^2}{4R}$$

5. 由几个不同频率正弦信号激励的非正弦稳态电路中，单口网络吸收的平均功率等于每个频率正弦信号单独激励引起的平均功率之和，即

$$P = P_0 + P_1 + P_2 + \cdots + P_n$$

6. 周期性非正弦电压、电流信号的有效值为

$$I = \sqrt{I_0^2 + I_1^2 + I_2^2 + \cdots + I_n^2}$$

$$U = \sqrt{U_0^2 + U_1^2 + U_2^2 + \cdots + U_n^2}$$

其中，U_0、I_0 表示电压、电流的直流分量，U_k、I_k 表示电压、电流 k 次谐波的有效值。

已知周期性非正弦电压、电流的有效值，可以利用以下公式来计算电阻吸收的平均功率

$$P = RI^2 = \frac{U^2}{R}$$

7. 由三相电源供电的电路，称为三相电路。对称三相电源的电压是振幅相同、频率相同、相位依次相差 $120°$ 的正弦电压，其瞬时值和相量表达式如下所示

$$u_A(t) = U_{Pm}\cos \omega t, \qquad \dot{U}_A = U_P \underline{/0°}$$

$$u_B(t) = U_{Pm}\cos(\omega t - 120°), \qquad \dot{U}_B = U_P \underline{/-120°}$$

$$u_C(t) = U_{Pm}\cos(\omega t + 120°), \qquad \dot{U}_C = U_P \underline{/120°}$$

8. 对称 Y–Y 形联结的三相电路中，其线电压和相电压以及线电流和相电流的关系为

$$U_L = \sqrt{3}\, U_P, \quad I_L = I_P$$

对称 Y–Δ 形或 Δ–Δ 形联结的三相电路中，三相负载的线电压和相电压以及线电流和相电流的关系为

$$U_L = U_P, \quad I_L = \sqrt{3}\, I_P$$

其中，U_L、I_L 表示三根相线的线电压和线电流的有效值；U_P、I_P 表示每相负载中的相电压和相电流的有效值。

9. 对称三相电路中，三相负载吸收的瞬时功率和平均功率相等，并且等于

$$p(t) = P = 3U_P I_P \cos \varphi = \sqrt{3}\, U_L I_L \cos \varphi$$

其中，φ 是每相负载电压与电流的相位差。

微视频 11−9：第 11 章习题解答

习 题 十 一

§ **11−1**　瞬时功率和平均功率

§ **11−2**　复功率

11−1　题图 11−1 所示电路中,已知 $u_s(t)=7\cos 10t$ V。试求:(1)电压源发出的瞬时功率;(2)电感吸收的瞬时功率。

11−2　题图 11−2 所示电路中,已知 $i_s(t)=1\cos 10^3 t$ A。试求电感吸收的瞬时功率。

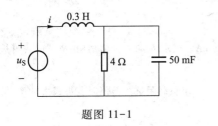

题图 11−1

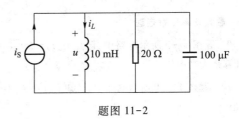

题图 11−2

11−3　题图 11−3 所示电路中,已知 $i_s(t)=4\sqrt{2}\cos 10^4 t$ mA。试求电流源发出的平均功率和电阻吸收的平均功率。

11−4　题图 11−4 所示电路中,已知 $u_s(t)=4\sqrt{2}\cos 4\times10^6 t$ V。试求独立电压源发出的平均功率和无功功率。

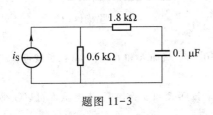

题图 11−3

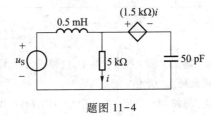

题图 11−4

11−5　题图 11−5 所示电路中,已知 $u_s(t)=100\cos 6t$ V。试求 20 Ω 电阻吸收的平均功率。

11−6　题图 11−6 所示电路中,已知 $u_s(t)=16\cos 20t$ V,$i_s(t)=2\sqrt{2}\cos(20t+45°)$ A。试求各元件吸收的平均功率。

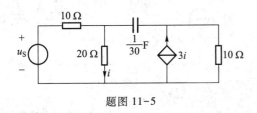

题图 11−5

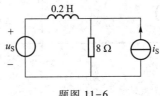

题图 11−6

11-7 题图 11-7 所示电路中,已知 $i_S(t) = 20\cos 100t$ A。试求各元件吸收的平均功率。

11-8 题图 11-8 所示电路中,已知 $u_{S1}(t) = 4\sqrt{2}\cos(5\times10^6 t + 60°)$ V, $u_{S2}(t) = 8\sqrt{2}\cos 5\times10^6 t$ V。试求各元件吸收的平均功率。

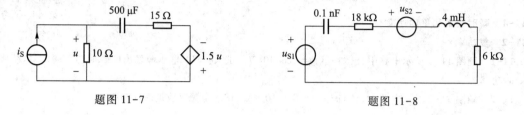

题图 11-7   题图 11-8

§11-3 最大功率传输定理

11-9 题图 11-9 所示电路中,已知 $i_S(t) = 5\sqrt{2}\cos 2\times10^6 t$ mA。试求 R 和 L 为何值时,R 可以获得最大功率,并计算最大功率值。

11-10 题图 11-10 所示电路中,已知 $i_S(t) = 4\sqrt{2}\cos 50t$ A。试求负载阻抗为何值时获得最大功率,并求最大功率值。

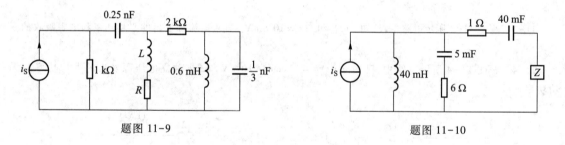

题图 11-9   题图 11-10

11-11 题图 11-11 所示电路中,已知 $u_S(t) = 100\sqrt{2}\cos 10^3 t$ V。试问 R 和 C 为何值时,负载可以获得最大功率?并求此最大功率值。

11-12 题图 11-12 所示电路中,已知 $i_S(t) = 10\cos 2t$ A。试问 R 和 α 为何值时,电阻 R 可以获得最大功率?并求此最大功率值。

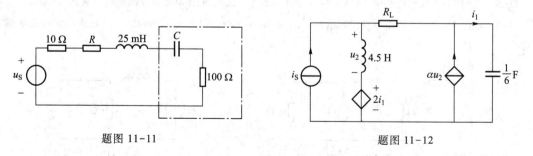

题图 11-11   题图 11-12

11-13 题图 11-13 所示电路中,已知 $\dot{U}_S = 100\angle 0°$ V, $Z_1 = 10$ Ω, $Z_2 = 1$ kΩ。试求实现最大功率传输的变

比 n 和负载 Z_2 得到的最大平均功率。

11-14　题图 11-14 所示电路中，已知 $u_{\text{S}}(t) = 10\sqrt{2}\cos 10^5 t$ V。试求实现最大功率传输的电感 L、变比 n 以及 320 Ω 负载电阻得到的最大平均功率。

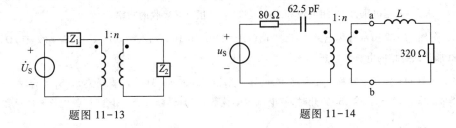

题图 11-13　　　　　　　　　　　　题图 11-14

§11-4　平均功率的叠加

11-15　题图 11-15 所示电路中，已知 $u_{\text{S}}(t) = 110\sqrt{2}\cos 20t$ V，$i_{\text{S}}(t) = 14$ A。试求 2 Ω 电阻吸收的平均功率。

11-16　题图 11-16 所示电路中，已知 $u_{\text{S}}(t) = 40\sqrt{2}\cos 8\,000t$ V，$i_{\text{S}}(t) = 5\sqrt{2}\cos 2\,000t$ A。试求 8 Ω 电阻吸收的平均功率。

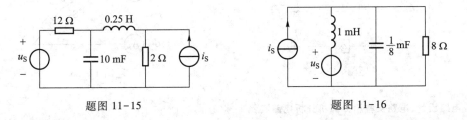

题图 11-15　　　　　　　　　　　　题图 11-16

11-17　题图 11-17 所示电路中，已知 $u_{\text{S}}(t) = 10\cos 10t$ V，$i_{\text{S}}(t) = 3$ A。试求每个电阻的电流 $i_1(t)$、$i_2(t)$ 以及吸收的平均功率。

11-18　题图 11-18 所示电路中，已知 $u_{\text{S1}}(t) = 4\sqrt{2}\cos 10t$ V，$u_{\text{S2}}(t) = 6\sqrt{2}\cos 5t$ V。试求电阻电流 $i(t)$ 以及所吸收的平均功率。

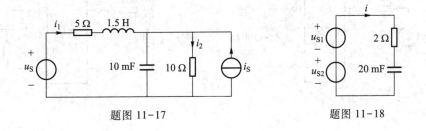

题图 11-17　　　　　　　　　　　　题图 11-18

§11-5　三相电路

11-19　对称三相 Y 形联结电路中，已知某相电压为 $\dot{U}_{\text{C}} = 277 \underline{/45°}$ V，相序是 A、B、C。求三个线电压 $\dot{U}_{\text{AB}}$、$\dot{U}_{\text{BC}}$、$\dot{U}_{\text{CA}}$，并画出相电压和线电压的相量图。

11-20 对称三相 Y 形联结电路中,已知某线电压为 $\dot{U}_{BA} = 380\angle{-35°}$ V,相序是 A、B、C。求三个相电压 $\dot{U}_A、\dot{U}_B、\dot{U}_C$。

11-21 对称三相电路中,已知线电压为 $\dot{U}_{AB} = 380\angle{0°}$ V,相序是 A、B、C,Y 形联结的负载阻抗是 $Z = 12\angle{30°}$ Ω。求:(1) 相电压;(2) 相电流和线电流;(3) 三相负载吸收的功率。

11-22 题图 11-22 所示对称电路中,已知 $u_A(t) = 220\sqrt{2}\cos 314t$ V,$Z_i = (0.1+j1)$ Ω,$Z_L = (2+j1)$ Ω,$Z = (100+j100)$ Ω。试求负载每相的电流和电压。

11-23 题图 11-23 所示对称三相电路中,已知 $u_A(t) = 220\sqrt{2}\cos 314t$ V,当开关 S_1、S_2 闭合时,三个电流表的读数为 5 A。求:(1) S_1 闭合,S_2 断开时,各电流表的读数;(2) S_1 断开,S_2 闭合时,各电流表的读数。

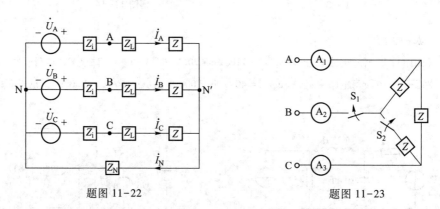

题图 11-22   题图 11-23

§11-6 电路设计、电路实验和计算机分析电路实例

11-24 题图 11-24 所示正弦稳态电路的工作角频率为 1 000 rad/s,试设计一个 LC 匹配网络使负载 Z_L 获得最大平均功率,并用计算机程序检验设计是否符合要求。

11-25 题图 11-25 所示正弦稳态电路的工作角频率为 1 000 rad/s,试设计一个 LC 匹配网络使负载 Z_L 获得最大平均功率,并用计算机程序检验设计是否符合要求。

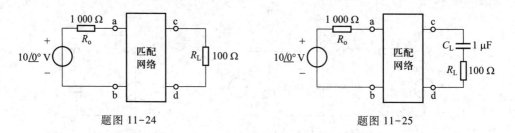

题图 11-24   题图 11-25

11-26 题图 11-26 所示电路中,已知 $u_s(t) = 10\cos 100t$ V。试用计算机程序求 a、b 两点间连接多大数值的阻抗时,可以获得最大功率,求此最大功率值,并确定负载的模型及元件数值。

11-27 题图 11-27 所示电路中,已知 $u_{S1}(t) = 6\sqrt{2}\cos(10t+30°)$ V,$u_{S2}(t) = 7\sqrt{2}\cos(10t-60°)$ V。试用计算机程序求 a、b 两点间连接多大数值的负载阻抗时,可以获得最大功率,求此最大功率值。

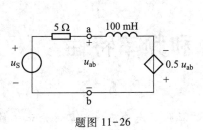

题图 11-26

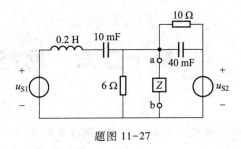

题图 11-27

11-28　题图 11-28 所示电路中,试用计算机程序求 a、b 两点的戴维南等效电路,并求此单口网络输出的最大功率。

11-29　题图 11-29 所示电路中,已知 $u_\mathrm{S}(t) = 10+100\sqrt{2}\cos(10t+40°)$ V, $i_\mathrm{S}(t) = 4\sqrt{2}\cos(5t-30°)$ A。试用计算机程序计算每个电阻电流的瞬时值表达式 $i_2(t)$、$i_4(t)$,电阻电流的有效值以及电阻吸收的平均功率。

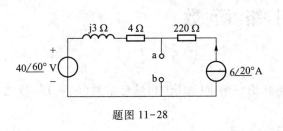

题图 11-28

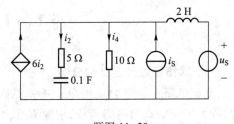

题图 11-29

11-30　题图 11-30 所示电路工作于非正弦稳态,已知 $u_\mathrm{S}(t) = (10\sqrt{2}\cos t+5\sqrt{2}\cos 2t)$ V,试设计一个 *LC* 匹配网络使负载电阻 R_L 获得最大平均功率,计算最大功率值,并用计算机程序检验设计是否符合要求。

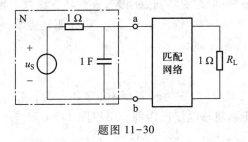

题图 11-30

第十二章 网络函数和频率特性

前两章讨论了正弦激励频率为固定值时,动态电路的正弦稳态响应。本章讨论正弦激励频率变化时,动态电路的特性——频率特性。为此,先介绍在正弦稳态条件下的网络函数,然后利用网络函数研究几种典型 RC 电路的频率特性,最后介绍谐振电路及其频率特性。动态电路的频率特性在电子和通信工程中得到了广泛应用,常用来实现滤波、选频、移相等功能。例如用谐振电路可以从众多的广播电台和电视台中选出喜爱的节目等。

§12-1 网 络 函 数

一、网络函数的定义和分类

动态电路在频率为 ω 的单一正弦激励下,正弦稳态响应(输出)相量与激励(输入)相量之比,称为正弦稳态的网络函数,记为 $H(\mathrm{j}\omega)$,即

$$H(\mathrm{j}\omega) = \frac{输出相量}{输入相量} \tag{12-1}$$

输入(激励)是电压源或电流源,输出(响应)是感兴趣的某个电压或电流。

若输入和输出属于同一端口,称为驱动点函数,或策动点函数。输入是电流源,输出是电压时,称为驱动点阻抗。输入是电压源,输出是电流时,称为驱动点导纳。以图 12-1 所示双口网络为例,端口 1 的驱动点阻抗和导纳分别为 $\dot{U}_1/\dot{I}_1$ 和 $\dot{I}_1/\dot{U}_1$,端口 2 的驱动点阻抗和导纳分别为 $\dot{U}_2/\dot{I}_2$ 和 $\dot{I}_2/\dot{U}_2$。

若输入和输出属于不同端口时,称为转移函数,它又分为转移阻抗、转移导纳、转移电压比和转移电流比四种。仍以图 12-1 双口网络为例,$\dot{U}_2/\dot{I}_1$ 和 $\dot{U}_1/\dot{I}_2$ 称为转移阻抗,$\dot{I}_2/\dot{U}_1$ 和 $\dot{I}_1/\dot{U}_2$ 称为转移导纳,$\dot{U}_2/\dot{U}_1$ 和 $\dot{U}_1/\dot{U}_2$ 称为转移电压比,$\dot{I}_2/\dot{I}_1$ 和 $\dot{I}_1/\dot{I}_2$ 称为转移电流比。

图 12-1 双口网络

二、网络函数的计算方法

正弦稳态电路的网络函数是以 ω 为变量的两个多项式之比,它取决于网络的结构和参数,与输入的量值无关。在已知网络相量模型的条件下,计算网络函数的基本方法是外加电源法:在输入端外加一个电压源 $\dot{U}_\mathrm{s}$ 或电流源 $\dot{I}_\mathrm{s}$,用正弦稳态分析的任一种

方法求输出相量的表达式,然后将输出相量与输入相量相比,求得相应的网络函数。对于二端元件组成的阻抗串、并联网络,也可用阻抗串、并联公式计算驱动点阻抗和导纳,用分压、分流公式计算转移函数。

例 12-1 试求图 12-2(a)所示网络负载端开路时的驱动点阻抗 $\dot{U}_1/\dot{I}_1$ 和转移阻抗 $\dot{U}_2/\dot{I}_1$。

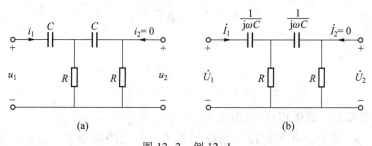

图 12-2 例 12-1

解 首先画出网络的相量模型,如图 12-2(b)所示。用阻抗串、并联公式求得驱动点阻抗

$$\frac{\dot{U}_1}{\dot{I}_1} = \frac{1}{j\omega C} + \frac{R\left(R+\dfrac{1}{j\omega C}\right)}{2R+\dfrac{1}{j\omega C}} = \frac{1-R^2\omega^2 C^2 + j3\omega RC}{j\omega C - 2R\omega^2 C^2}$$

为求转移阻抗 $\dot{U}_2/\dot{I}_1$,可外加电流源 $\dot{I}_1$,用分流公式先求出 $\dot{U}_2$ 的表达式

$$\dot{U}_2 = R \times \frac{R\,\dot{I}_1}{2R+\dfrac{1}{j\omega C}} = \frac{jR^2\omega C}{1+j2\omega RC}\dot{I}_1$$

然后求得

$$\frac{\dot{U}_2}{\dot{I}_1} = \frac{jR^2\omega C}{1+j2\omega RC}$$

读者应该注意到网络函数式中,频率 ω 是作为一个变量出现在函数式中的。

例 12-2 试求图 12-3(a)所示网络的转移电压比 $\dot{U}_2/\dot{U}_1$。

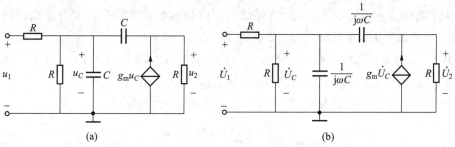

图 12-3 例 12-2

解 先画出相量模型,如图 12-3(b)所示。外加电压源 $\dot{U}_1$,列出节点方程

$$\begin{cases} \left(\dfrac{2}{R}+\text{j}2\omega C\right)\dot{U}_C-\text{j}\omega C\,\dot{U}_2=\dfrac{\dot{U}_1}{R} \\[3mm] -(g_\text{m}+\text{j}\omega C)\dot{U}_C+\left(\dfrac{1}{R}+\text{j}\omega C\right)\dot{U}_2=0 \end{cases}$$

解得

$$\frac{\dot{U}_2}{\dot{U}_1}=\frac{Rg_\text{m}+\text{j}\omega CR}{2-R^2\omega^2C^2+\text{j}4\omega CR-\text{j}\omega CR^2 g_\text{m}} \tag{12-2}$$

三、利用网络函数计算输出电压、电流

网络函数 $H(\text{j}\omega)$ 是输出相量与输入相量之比,$H(\text{j}\omega)$ 反映输出正弦波振幅及相位与输入正弦波振幅及相位间的关系。在已知网络函数的条件下,给定任一频率的正弦输入,即可直接求得输出的正弦电压和电流。例如已知某电路的转移电压比

$$H(\text{j}\omega)=\frac{\dot{U}_2}{\dot{U}_1}=\left|H(\text{j}\omega)\right|\underline{/\theta(\omega)} \tag{12-3}$$

其中

$$\left|H(\text{j}\omega)\right|=\frac{U_2}{U_1} \tag{12-4}$$

$$\theta(\omega)=\psi_2-\psi_1 \tag{12-5}$$

式(12-4)表明,输出电压 $u_2(t)$ 的幅度为输入电压 $u_1(t)$ 幅度的 $\left|H(\text{j}\omega)\right|$ 倍,即

$$U_2=\left|H(\text{j}\omega)\right|U_1$$

式(12-5)表明,输出电压 $u_2(t)$ 的相位比输入电压 $u_1(t)$ 的相位超前 $\theta(\omega)$,即

$$\psi_2=\psi_1+\theta(\omega)$$

若已知 $u_1(t)=U_{1\text{m}}\cos(\omega t+\psi_1)$,则由 $u_1(t)$ 引起的响应为

$$u_2(t)=\left|H(\text{j}\omega)\right|U_{1\text{m}}\cos\left[\omega t+\psi_1+\theta(\omega)\right] \tag{12-6}$$

对于其他网络函数,也可得到类似的结果。

当电路的输入是一个非正弦波形时,可以利用网络函数计算每个谐波分量的瞬时值,再用叠加方法求得输出电压或电流的波形。

例 12-3 电路如图 12-3 所示。已知 $u_1(t)=10\sqrt{2}\cos(\omega t+10°)$ V,$R=1$ kΩ,$C=1$ μF,$g_\text{m}=2$ mS。若(1) $\omega=10^3$ rad/s;(2) $\omega=10^4$ rad/s,试求输出电压 $u_2(t)$。

解 该电路的转移电压比见式(12-2)。代入 R、C、g_m 之值得到

$$H(\text{j}\omega)=\frac{\dot{U}_2}{\dot{U}_1}=\frac{2+\text{j}\,10^{-3}\omega}{2-10^{-6}\omega^2+\text{j}2\times10^{-3}\omega}$$

（1）$\omega = 10^3$ rad/s 时

$$H(j\omega) = \frac{\dot{U}_2}{\dot{U}_1} = \frac{2+j1}{1+j2} = 1 \underline{/-36.9°}$$

由式（12-6）求得

$$\begin{aligned}
u_2(t) &= |H(j\omega)| U_{1m} \cos[\omega t + \psi_1 + \theta(\omega)] \\
&= 1 \times 10\sqrt{2} \cos(10^3 t + 10° - 36.9°) \text{ V} \\
&= 10\sqrt{2} \cos(10^3 t - 26.9°) \text{ V}
\end{aligned}$$

（2）$\omega = 10^4$ rad/s 时

$$H(j\omega) = \frac{\dot{U}_2}{\dot{U}_1} = \frac{2+j10}{-98+j20} = 0.102 \underline{/-89.8°}$$

由式（12-6）求得

$$\begin{aligned}
u_2(t) &= |H(j\omega)| U_{1m} \cos[\omega t + \psi_1 + \theta(\omega)] \\
&= 0.102 \times 10\sqrt{2} \cos(10^4 t + 10° - 89.8°) \text{ V} \\
&= 1.02\sqrt{2} \cos(10^4 t - 79.8°) \text{ V}
\end{aligned}$$

实际电路的网络函数，可以通过实验方法求得。例如将正弦信号发生器接到被测网络的输入端，用一台双踪示波器同时观测输出和输入正弦波。从输出和输入波形幅度之比可求得转移电压比的振幅 $|H(j\omega)|$。从输出和输入波形的相位差可求得相位 $\theta(\omega)$。改变信号发生器的频率，求得各种频率下的网络函数 $H(j\omega)$，就知道该网络函数的频率特性。

四、网络函数的频率特性

网络函数是一个复数，用极坐标形式表示为

$$H(j\omega) = |H(j\omega)| \underline{/\theta(\omega)}$$

一般来说，网络函数的振幅 $|H(j\omega)|$ 和相位 $\theta(\omega)$ 是频率 ω 的函数。可以用振幅或相位作纵坐标，画出以频率为横坐标的曲线。这些曲线分别称为网络函数的幅频特性曲线和相频特性曲线。由幅频和相频特性曲线，可直观地看出网络对不同频率正弦波呈现出的不同特性，在电子和通信工程中被广泛采用。

图 12-3 所示电路转移电压比的幅频和相频特性曲线如图 12-4（a）和（b）所示。这些曲线的横坐标是用对数尺度绘制的。由幅频特性曲线可看出，该网络对频率较高的正弦电压信号有较大的衰减，而频率较低的正弦电压信号却能顺利通过，这种特性称为低通滤波特性。由相频特性可看出，该网络对输入正弦电压信号有移相作用，移相范围为 0° ~ -90°。

利用不同网络的幅频特性曲线，可以设计出各种频率的滤波器。图 12-5 分别表示常用的低通滤波器、高通滤波器、带通滤波器和带阻滤波器的理想幅频特性曲线。

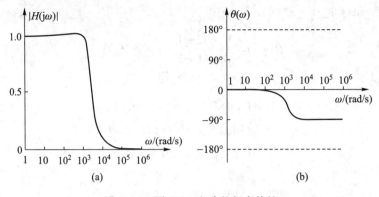

图 12-4　图 12-3 电路的频率特性

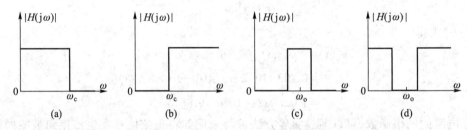

（a）理想低通频率特性　（b）理想高通频率特性　（c）理想带通频率特性　（d）理想带阻频率特性

图 12-5　几种理想频率滤波器的特性

§12-2　RC 电路的频率特性

本节讨论几种常用 RC 滤波电路的频率特性,并介绍用对数坐标画出的频率特性曲线——波特图。

一、一阶 RC 低通滤波电路

图 12-6(a)所示 RC 串联电路构成一个双口网络,其负载端开路时电容电压对输入电压的转移电压比为

$$H(j\omega) = \frac{\dot{U}_2}{\dot{U}_1} = \frac{\frac{1}{j\omega C}}{R+\frac{1}{j\omega C}} = \frac{1}{1+j\omega RC} \tag{12-7}$$

令 $\omega_c = \dfrac{1}{RC} = \dfrac{1}{\tau}$,将上式改写为

$$H(j\omega) = \frac{1}{1+j\dfrac{\omega}{\omega_c}} = |H(j\omega)| \underline{/\theta(\omega)} \tag{12-8}$$

其中

$$|H(j\omega)| = \frac{1}{\sqrt{1+\left(\dfrac{\omega}{\omega_c}\right)^2}} \tag{12-9}$$

$$\theta(\omega) = -\arctan\frac{\omega}{\omega_c} \tag{12-10}$$

根据式(12-9)和式(12-10)画出的幅频和相频特性曲线,如图 12-6(b)和(c)所示。曲线表明,图 12-6(a)所示电路具有低通滤波特性和移相特性,相移范围为 0°~-90°。

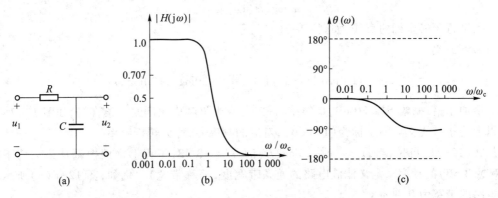

图 12-6 一阶 RC 低通滤波电路

电子和通信工程中所使用信号的频率动态范围很大,例如可以从 10^2 Hz 到 10^{10} Hz。为了表示频率在极大范围内变化时电路特性的变化,可以用对数坐标来画幅频和相频特性曲线。常画出 $20\log|H(j\omega)|$ 和 $\theta(\omega)$ 相对于对数频率坐标的特性曲线,这种曲线称为波特图。由式(12-9)和式(12-10)画出的波特图如图 12-7(a)和(b)所示。横坐标采用相对频率 ω/ω_c,使曲线具有一定的通用性。图 12-7(a)所示的幅频特性曲线的纵坐标采用分贝(dB)作为单位。$|H(j\omega)|$ 与 $20\log|H(j\omega)|$(dB)之间的关系如表 12-1 所示。

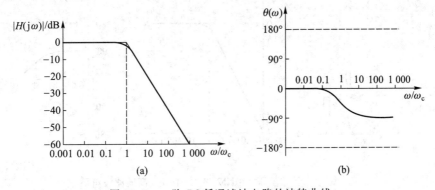

图 12-7 一阶 RC 低通滤波电路的波特曲线

表 12-1 比值 A 与分贝数 (dB) 的关系

A	0.01	0.1	0.707	1	2	10	100	1 000
$20\log A$/dB	-40	-20	-3.0	0	6.0	20	40	60

采用对数坐标画幅频特性的一个好处是可用折线来近似。例如,由式(12-9)得到

$$20\log|H(j\omega)| = -10\log\left[1+\left(\frac{\omega}{\omega_c}\right)^2\right] \tag{12-11}$$

当 $\omega<\omega_c$ 时

$$20\log|H(j\omega)| \approx 0$$

近乎一条平行于横坐标的直线,如图 12-7(a)所示。

当 $\omega\gg\omega_c$ 时

$$20\log|H(j\omega)| \approx -20\log\left(\frac{\omega}{\omega_c}\right) = -20\log\omega+20\log\omega_c$$

频率每增加十倍,振幅下降 20 dB,是斜率与-20 dB/十倍频成比例的一条直线,如图 12-7(a)所示。以上两条直线交点的坐标为(1,0 dB),对应的频率 ω_c 称为转折频率。

从式(12-11)可见,当 $\omega=\omega_c$ 时,$20\log|H(j\omega_c)| = -3$ dB,工程上常用振幅从最大值下降到 0.707(或 3 dB)的频率来定义滤波电路的通频带宽度(简称带宽)。例如,图 12-6(a)所示低通滤波电路的带宽为 0 到 ω_c。

二、一阶 RC 高通滤波电路

图 12-8(a)所示 RC 串联电路构成一个双口网络,其负载端开路时,电阻电压对输入电压的转移电压比为

$$H(j\omega) = \frac{\dot{U}_2}{\dot{U}_1} = \frac{R}{R+\dfrac{1}{j\omega C}} = \frac{j\omega RC}{1+j\omega RC} \tag{12-12}$$

微视频 12-1:
一阶滤波电路

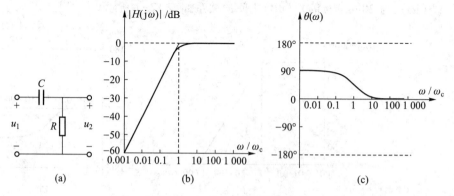

(a)　　　　　　　(b)　　　　　　　(c)

图 12-8 一阶 RC 高通滤波电路

令 $\omega_c = \dfrac{1}{RC} = \dfrac{1}{\tau}$，将上式改写为

$$H(j\omega) = \frac{j\dfrac{\omega}{\omega_c}}{1+j\dfrac{\omega}{\omega_c}} = |H(j\omega)|\ \underline{/\theta(\omega)} \tag{12-13}$$

其中

$$|H(j\omega)| = \frac{\dfrac{\omega}{\omega_c}}{\sqrt{1+\left(\dfrac{\omega}{\omega_c}\right)^2}} \tag{12-14}$$

$$\theta(\omega) = 90° - \arctan\frac{\omega}{\omega_c} \tag{12-15}$$

　　由式(12-14)和式(12-15)画出的波特图如图 12-8(b)所示,该曲线表明图 12-8(a)所示电路具有高通滤波特性。由此可见,当 $\omega > \omega_c$ 时,曲线近乎一条平行于横坐标的直线,当 $\omega \ll \omega_c$ 时,曲线趋近于一条直线,其斜率与 20 dB/十倍频成比例。以上两条直线交点的坐标为 (1,0 dB),对应的频率 ω_c 称为转折频率。当 $\omega = \omega_c$ 时,$20\log|H(j\omega_c)| = -3$ dB,按照振幅从最大值下降到 0.707(或 3 dB)的频率来定义滤波电路的通频带宽度(简称带宽),因此高通滤波电路的带宽为从 ω_c 到 ∞。从图 12-8(c)可见,该高通滤波电路的相移角度在 90°~0° 之间变化,当 $\omega = \omega_c$ 时,$\theta(\omega_c) = 45°$。

三、二阶 *RC* 滤波电路

　　图 12-9(a)所示电路的相量模型如图 12-9(b)所示。为求负载端开路时转移电压比 $\dot{U}_2/\dot{U}_1$,可外加电压源 $\dot{U}_1$,列出节点③和节点②的方程

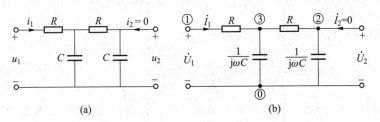

微视频 12-2:
RC 电路频率特性

图 12-9　二阶 *RC* 低通滤波电路

$$\begin{cases} \left(\dfrac{2}{R}+j\omega C\right)\dot{U}_3 - \dfrac{1}{R}\dot{U}_2 = \dfrac{1}{R}\dot{U}_1 \\[2mm] -\dfrac{1}{R}\dot{U}_3 + \left(\dfrac{1}{R}+j\omega C\right)\dot{U}_2 = 0 \end{cases}$$

微视频 12-3:
二阶滤波电路

消去 $\dot{U}_3$,求得

$$H(j\omega) = \frac{\dot{U}_2}{\dot{U}_1} = \frac{1}{1-\omega^2 R^2 C^2 + j3\omega RC} = |H(j\omega)| \underline{/\theta(\omega)} \tag{12-16}$$

其中

$$|H(j\omega)| = \frac{1}{\sqrt{(1-\omega^2 R^2 C^2)^2 + 9\omega^2 R^2 C^2}} \tag{12-17}$$

$$\theta(\omega) = -\arctan\left(\frac{3\omega RC}{1-\omega^2 R^2 C^2}\right) \tag{12-18}$$

该电路的幅频和相频特性曲线如图 12-10 所示。图 12-10(a)所示幅频曲线表明该网络具有低通滤波特性,图 12-10(b)所示相频特性表明该网络的移相角度在 0°~-180°之间变化,当 $\omega = \omega_c$ 时,$\theta(\omega_c) = -52.55°$。

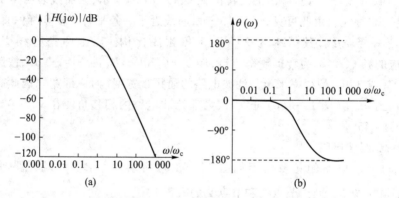

图 12-10 二阶 RC 低通滤波电路的频率特性

用类似方法求出图 12-11(a)所示电路的转移电压比为

$$H(j\omega) = \frac{\dot{U}_2}{\dot{U}_1} = \frac{-\omega^2 R^2 C^2}{1-\omega^2 R^2 C^2 + j3\omega RC} \tag{12-19}$$

其幅频特性曲线如图 12-11(b)所示。该网络具有高通滤波特性,网络的移相范围为 180°~0°。当 $\omega = \omega_c$ 时,$|H(j\omega)| = \frac{1}{\sqrt{2}} = 0.707$,$\theta(\omega_c) = 52.55°$。

与一阶 RC 滤波电路相比,二阶 RC 滤波电路对通频带外信号的抑制能力更强,滤波效果更好。二阶 RC 电路移相范围为 180°,比一阶电路移相范围更大。二阶 RC 滤波电路不仅能实现低通和高通滤波特性,还可实现带通滤波特性。

图 12-12(a)所示双口网络负载端开路时的转移电压比为

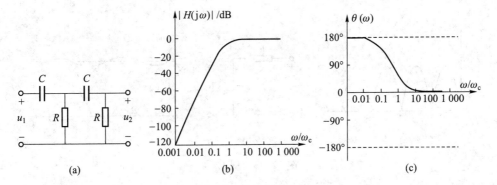

图 12-11　二阶 RC 高通滤波电路

$$H(j\omega) = \frac{\dot{U}_2}{\dot{U}_1} = \frac{j\omega RC}{1 - \omega^2 R^2 C^2 + j3\omega RC} \qquad (12-20)$$

其幅频和相频特性曲线如图 12-12(b)和(c)所示。该网络具有带通滤波特性,其中心频率 $\omega_0 = \frac{1}{RC}$。当 $\omega = \omega_0$ 时,$|H(j\omega_0)| = \frac{1}{3}$,$\theta(\omega_0) = 0$。该网络的移相范围为 90°~-90°。

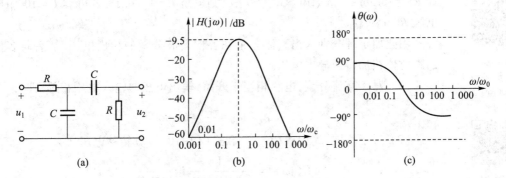

图 12-12　二阶 RC 带通滤波电路

RC 滤波电路所实现的频率特性,也可由相应的 RL 电路来实现。在低频率应用的条件下,由于电容器比电感器价格低廉、性能更好,并有一系列量值的各类电容器可供选用,RC 滤波器得到了更广泛的应用。

从以上分析中可见,在研究网络的频率特性时,需要求得用符号表示的网络函数,在电路比较复杂和符号运算的工作量比较大时,可以利用计算机程序来完成。

例 12-4　图 12-13(a)所示为工频正弦交流电经全波整流后的波形,试设计一个 RC 低通滤波电路来滤除其谐波分量。

解　全波整流波形可用傅里叶级数展开为

$$u_1(t) = \frac{4A}{\pi}\left(\frac{1}{2} - \frac{1}{3}\cos\omega t - \frac{1}{15}\cos 2\omega t - \frac{1}{35}\cos 3\omega t - \cdots\right) \qquad (12-21)$$

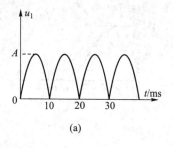
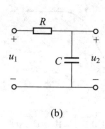
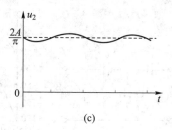

(a)   (b)   (c)

图 12-13　例 12-4

微视频 12-4：
例题 12-4 解
答演示

其中 $\omega = \dfrac{2\pi}{T} = 628\ \text{rad/s}$。设 $A = 100\ \text{V}$，则

$$u_1(t) = (63.66 - 42.44\cos\omega t - 8.488\cos 2\omega t - 3.638\cos 3\omega t - \cdots)\ \text{V}$$

如果采用图 12-13(b)所示一阶 RC 滤波电路，并选择电路元件参数满足以下条件

$$\omega_c = \frac{1}{RC} = 0.1\omega$$

即 $RC = 15.9\ \text{ms}$。例如电容 $C = 10\ \mu\text{F}$，则电阻 $R = 1\,590\ \Omega$；若电容 $C = 100\ \mu\text{F}$，则电阻 $R = 159\ \Omega$。

微视频 12-5：
全波整流波形
的滤波

用叠加定理分别求出直流分量和各次谐波分量的输出电压，然后将各电压的瞬时值相加得到输出电压。

（1）对于直流分量，电容相当于开路，输出电压与输入电压相等，即

$$u_{20} = u_{10} = \frac{2A}{\pi} = 63.66\ \text{V}$$

（2）对于基波，先用式(12-9)和式(12-10)计算转移电压比

$$|H(j\omega)| = \frac{1}{\sqrt{1+\left(\dfrac{\omega}{\omega_c}\right)^2}} = \frac{1}{\sqrt{1+10^2}} \approx 0.1$$

微视频 12-6：
半波整流波形
的滤波

$$\theta(\omega) = -\arctan\frac{\omega}{\omega_c} = -\arctan 10 = -84.3°$$

即可求得

$$u_{21}(t) = -\frac{4A}{3\pi}\times 0.1\cos(\omega t - 84.3°)\ \text{V} = -4.24\cos(\omega t - 84.3°)\ \text{V}$$

微视频 12-7：
整流和滤波

（3）对于 2 次谐波有

$$|H(j\omega)| = \frac{1}{\sqrt{1+20^2}} \approx \frac{1}{20} = 0.05$$

$$\theta(\omega) = -\arctan 20 = -87.1°$$

求得

$$u_{22}(t) = -\frac{4A}{15\pi} \times 0.05\cos(2\omega t - 87.1°) \text{ V} = -0.424\cos(2\omega t - 87.1°) \text{ V}$$

（4）对于 3 次谐波有

$$|H(j\omega)| = \frac{1}{\sqrt{1+30^2}} \approx \frac{1}{30}$$

$$\theta(\omega) = -\arctan 30 = -88.1°$$

求得

$$u_{23}(t) = -\frac{4A}{35\pi} \times \frac{1}{30}\cos(3\omega t - 88.1°) \text{ V} = -0.121\cos(3\omega t - 88.1°) \text{ V}$$

最后将以上各项电压瞬时值相加得到

$$u_2(t) = [63.66 - 4.24\cos(\omega t - 84.3°) - 0.424\cos(2\omega t - 87.1°) - 0.121\cos(3\omega t - 88.1°)] \text{ V}$$

由于低通滤波电路对谐波有较大衰减，输出波形中谐波分量很小，得到图12-13(c)所示脉动直流波形。为了提高谐波效果，可加大 RC 使转折频率 ω_c 降低，如选择 $\omega_c = 0.01\omega$，求得的输出电压为

$$u_2(t) = [63.66 - 0.424\cos(\omega t - 89.43°) - 4.24 \times 10^{-2}\cos(2\omega t - 89.71°) -$$
$$1.21 \times 10^{-2}\cos(3\omega t - 89.81°)] \text{ V}$$

提高谐波效果的另外一种方法是将一阶 RC 滤波电路改变为图 12-9 所示的二阶 RC 滤波电路，仍然采用 $\frac{1}{RC} = 0.1\omega$ 的参数，求得的输出电压为

$$u_2(t) = [63.66 - 0.41\cos(\omega t - 163.1°) - 2.1 \times 10^{-2}\cos(2\omega t - 171.5°) -$$
$$4.03 \times 10^{-3}\cos(3\omega t - 174.3°)] \text{ V}$$

若采用 $\frac{1}{RC} = 0.01\omega$ 的参数，其输出电压为

$$u_2(t) = [63.66 - 4.24 \times 10^{-3}\cos(\omega t - 178.3°) - 2.12 \times 10^{-4}\cos(2\omega t - 179.1°) -$$
$$4.04 \times 10^{-5}\cos(3\omega t - 179.4°)] \text{ V}$$

读者学习本小节时，可以观看教材 Abook 资源中"RC 低通滤波电路""RC 高通滤波电路""RL 滤波电路""RC 带阻滤波电路""整流波形的滤波""全波整流和滤波"等实验录像。附录 B 中附图 30、31 和 32 显示 RC 滤波电路的频率特性曲线。附图 33 显示方波信号通过 RC 低通滤波器的输入和输出电压波形。

§12-3 谐 振 电 路

含有电感、电容和电阻元件的单口网络，在某些工作频率上，出现端口电压和电流波形相位相同的情况时，称电路发生谐振。能发生谐振的电路，称为谐振电路。谐振电路在电子和通信

工程中得到广泛应用。本节讨论最基本的 *RLC* 串联和并联谐振电路谐振时的特性。

一、*RLC* 串联谐振电路

图 12-14(a)所示为 *RLC* 串联谐振电路,图 12-14(b)所示电路是它的相量模型,由此求出驱动点阻抗为

微视频 12-8:
RLC 串联谐振
电路

微视频 12-9:
串联谐振电路

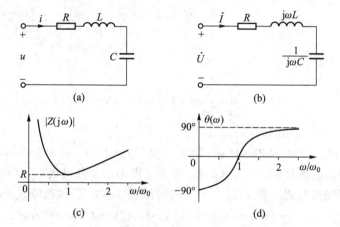

图 12-14 *RLC* 串联谐振电路

$$Z(\mathrm{j}\omega) = \frac{\dot{U}}{\dot{I}} = R+\mathrm{j}\left(\omega L-\frac{1}{\omega C}\right) = |Z(\mathrm{j}\omega)| \underline{/\theta(\omega)} \tag{12-22}$$

其中

$$|Z(\mathrm{j}\omega)| = \sqrt{R^2+\left(\omega L-\frac{1}{\omega C}\right)^2} \tag{12-23}$$

$$\theta(\omega) = \arctan\left(\frac{\omega L-\dfrac{1}{\omega C}}{R}\right) \tag{12-24}$$

用计算机程序 WACAP 画出阻抗的幅频特性和相频特性曲线,如图 12-14(c)和(d)所示。由幅频特性可见阻抗有一个最小值 *R*。

1. 谐振条件

由式(12-22)可见,当 $\omega L-\frac{1}{\omega C}=0$,即 $\omega=\frac{1}{\sqrt{LC}}$ 时,$\theta(\omega)=0$,$|Z(\mathrm{j}\omega)|=R$,电压 $u(t)$ 与电流 $i(t)$ 相位相同,电路发生谐振。也就是说,*RLC* 串联电路的谐振条件为

$$\omega=\omega_0=\frac{1}{\sqrt{LC}} \tag{12-25}$$

式中,$\omega_0=\frac{1}{\sqrt{LC}}$ 称为电路的固有谐振角频率,简称谐振角频率,它由元件参数 *L* 和 *C* 确定。

当电路激励信号的频率与谐振频率相同时,电路发生谐振。用频率表示的谐振条件为

$$f = f_0 = \frac{1}{2\pi\sqrt{LC}} \tag{12-26}$$

RLC 串联电路在谐振时的感抗和容抗在量值上相等,其值称为谐振电路的特性阻抗,用 ρ 表示,即

$$\rho = \omega_0 L = \frac{1}{\omega_0 C} = \sqrt{\frac{L}{C}} \tag{12-27}$$

2. 谐振时的电压和电流

RLC 串联电路发生谐振时,阻抗的电抗分量 $X = \omega_0 L - \dfrac{1}{\omega_0 C} = 0$,导致

$$Z(\mathrm{j}\omega_0) = R \tag{12-28}$$

即阻抗呈现纯电阻,达到最小值。若在端口上外加电压源 $\dot{U}_\mathrm{s}$,如图 12-15(a)所示,则电路谐振时的电流为

$$\dot{I} = \frac{\dot{U}_\mathrm{s}}{Z} = \frac{\dot{U}_\mathrm{s}}{R} \tag{12-29}$$

达到最大值,且与电压源电压同相。此时电阻、电感和电容上的电压分别为

$$\dot{U}_R = R\,\dot{I} = \dot{U}_\mathrm{s} \tag{12-30}$$

$$\dot{U}_L = \mathrm{j}\omega_0 L\,\dot{I} = \mathrm{j}\frac{\omega_0 L}{R}\dot{U}_\mathrm{s} = \mathrm{j}Q\,\dot{U}_\mathrm{s} \tag{12-31}$$

$$\dot{U}_C = \frac{1}{\mathrm{j}\omega_0 C}\dot{I} = -\mathrm{j}\frac{1}{\omega_0 RC}\dot{U}_\mathrm{s} = -\mathrm{j}Q\,\dot{U}_\mathrm{s} \tag{12-32}$$

其中

$$Q = \frac{\omega_0 L}{R} = \frac{1}{\omega_0 RC} = \frac{\rho}{R} \tag{12-33}$$

称为串联谐振电路的品质因数,其数值等于谐振时感抗或容抗与电阻之比。电路谐振时的相量图如图 12-15(b)所示。

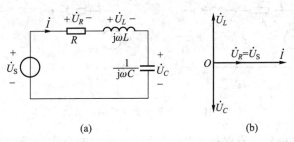

(a)   (b)

图 12-15 谐振时的电压、电流相量

从以上各式和相量图可见,谐振时电阻电压与电压源电压相等,$\dot{U}_R = \dot{U}_S$。电感电压与电容电压之和为零,即 $\dot{U}_L + \dot{U}_C = 0$,且电感电压和电容电压的幅度为电压源电压幅度的 Q 倍,即

$$U_L = U_C = QU_S = QU_R \tag{12-34}$$

若 $Q \gg 1$,则 $U_L = U_C \gg U_S = U_R$,这种串联电路的谐振称为电压谐振。电子和通信工程中,常用串联谐振电路来放大电压信号。电力工程中则需避免发生谐振,以免因过高电压损坏电气设备。

3. 谐振时的功率和能量

设电压源电压为 $u_S(t) = U_{Sm} \cos \omega_0 t$,则

$$i(t) = I_m \cos \omega_0 t = \frac{U_{Sm}}{R} \cos \omega_0 t$$

$$u_L(t) = QU_{Sm} \cos(\omega_0 t + 90°)$$

$$u_C(t) = -u_L(t) = -QU_{Sm} \cos(\omega_0 t + 90°)$$

电感和电容吸收的功率分别为

$$p_L(t) = QU_{Sm} I_m \cos \omega_0 t \cos(\omega_0 t + 90°) = -QU_S I \sin 2\omega_0 t$$

$$p_C(t) = -p_L(t) = QU_S I \sin 2\omega_0 t$$

由于 $u(t) = u_L(t) + u_C(t) = 0$(相当于虚短路),任何时刻进入电感和电容的总瞬时功率为零,即 $p_L(t) + p_C(t) = 0$。电感和电容与电压源和电阻之间没有能量交换。电压源发出的功率全部为电阻吸收,即 $p_S(t) = p_R(t)$。

电感和电容之间互相交换能量,其过程如下:当电流减小时,电感中磁场能量 $W_L = 0.5Li^2$ 减小,所放出的能量全部被电容吸收,并转换为电场能量,如图 12-16(a)所示。当电流增加时,电容电压减小,电容中电场能量 $W_C = 0.5Cu^2$ 减小,所放出的能量全部被电感吸收,并转换为磁场能量,如图12-16(b)所示。能量在电感和电容间的这种往复交换,形成电压和电流的正弦振荡,这种情况与 LC 串联电路由初始储能引起的等幅振荡相同(见第九章二阶电路分析)。其振荡角频率 $\omega_0 = \dfrac{1}{\sqrt{LC}}$,完全由电路参数 L 和 C 来确定。

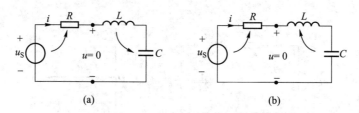

图 12-16 串联电路谐振时的能量交换

谐振时电感和电容中总能量保持常量,并等于电感中的最大磁场能量 $0.5LI_{Lm}^2$,或等于电容中的最大电场能量 $0.5CU_{Cm}^2$,即

$$W = W_L + W_C = CU_C^2 = LI_L^2 = L\left(\frac{U_S}{R}\right)^2 \tag{12-35}$$

例 12-5　电路如图 12-17(a)所示。已知 $u_S(t) = 10\sqrt{2}\cos\omega t$ V。

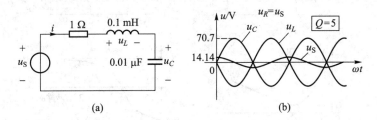

图 12-17　例 12-5

求:(1) 频率 ω 为何值时,电路发生谐振。

(2) 电路谐振时, U_L 和 U_C 为何值。

(3) 计算电路电阻 $R = 20\ \Omega$ 时的品质因数,画出各电压的波形图。

解　(1) 电压源的角频率应为

$$\omega = \omega_0 = \frac{1}{\sqrt{LC}} = \frac{1}{\sqrt{10^{-4}\times10^{-8}}}\ \text{rad/s} = 10^6\ \text{rad/s}$$

(2) 电阻 $R = 1\ \Omega$ 时电路的品质因数为

$$Q = \frac{\omega_0 L}{R} = \frac{10^6\times10^{-4}}{1} = 100$$

则

$$U_L = U_C = QU_S = 100\times10\ \text{V} = 1\ 000\ \text{V}$$

(3) 电阻 $R = 20\ \Omega$ 时的品质因数为

$$Q = \frac{\omega_0 L}{R} = \frac{10^6\times10^{-4}}{20} = 5$$

用计算机程序画出各电压波形,如图 12-17(b)所示。由此可见,电感电压超前电阻电压和电源电压 90°,电容电压滞后电阻电压和电源电压 90°。电感电压和电容电压的最大值相等,并且等于电阻电压最大值的 $Q = 5$ 倍。

二、RLC 并联谐振电路

图 12-18(a)所示为 RLC 并联电路,其相量模型如图 12-18(b)所示。驱动点导纳为

$$Y(\text{j}\omega) = \frac{\dot{I}}{\dot{U}} = G + \text{j}\left(\omega C - \frac{1}{\omega L}\right) = |Y(\text{j}\omega)|\ \underline{/\theta(\omega)} \tag{12-36}$$

其中

$$|Y(\text{j}\omega)| = \sqrt{G^2 + \left(\omega C - \frac{1}{\omega L}\right)^2} \tag{12-37}$$

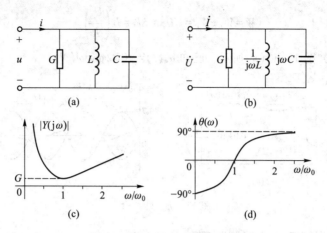

图 12-18 *RLC* 并联谐振电路

$$\theta(\omega) = \arctan\left(\frac{\omega C - \dfrac{1}{\omega L}}{G}\right) \tag{12-38}$$

用计算机程序 WACAP 画出导纳的幅频特性和相频特性曲线,如图 12-18(c)和(d)所示。由幅频特性可见导纳有一个最小值 G。

1. 谐振条件

当 $\omega C - \dfrac{1}{\omega L} = 0$ 时,$Y(\mathrm{j}\omega) = G = \dfrac{1}{R}$,电压 $u(t)$ 和电流 $i(t)$ 同相,电路发生谐振。因此,*RLC* 并联电路谐振的条件是

$$\omega = \omega_0 = \frac{1}{\sqrt{LC}} \tag{12-39}$$

式中,$\omega_0 = \dfrac{1}{\sqrt{LC}}$ 称为电路的谐振角频率。式(12-39)与式(12-25)完全相同,这是因为谐振时,$\dot{I} = \dot{I}_C$,$\dot{I}_L = -\dot{I}_C$,相当于 L、C 的串联。

2. 谐振时的电压和电流

RLC 并联电路谐振时,$Y(\mathrm{j}\omega_0) = G = \dfrac{1}{R}$,具有最小值。若端口外加电流源 $\dot{I}_s$,如图 12-19(a)所示,电路谐振时的电压为

$$\dot{U} = \frac{\dot{I}_s}{Y} = \frac{\dot{I}_s}{G} = R\,\dot{I}_s \tag{12-40}$$

达到最大值,此时电阻、电感和电容中电流为

$$\dot{I}_R = G\,\dot{U} = \dot{I}_s \tag{12-41}$$

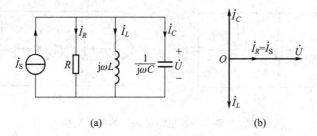

图 12-19 *RLC* 并联谐振电路

$$\dot{I}_L = \frac{1}{\mathrm{j}\omega_0 L}\dot{U} = -\mathrm{j}\frac{R}{\omega_0 L}\dot{I}_s = -\mathrm{j}Q\ \dot{I}_s \tag{12-42}$$

$$\dot{I}_C = \mathrm{j}\omega_0 C\ \dot{U} = \mathrm{j}\omega_0 RC\ \dot{I}_s = \mathrm{j}Q\ \dot{I}_s \tag{12-43}$$

其中
$$Q = \frac{R}{\omega_0 L} = R\omega_0 C = R\sqrt{\frac{C}{L}} \tag{12-44}$$

称为 *RLC* 并联谐振电路的品质因数,其量值等于谐振时感纳或容纳与电导之比。电路谐振时的相量图如图 12-19(b)所示。

由以上各式和相量图可见,谐振时电阻电流与电流源电流相等,$\dot{I}_R = \dot{I}_s$。电感电流与电容电流之和为零,即 $\dot{I}_L + \dot{I}_C = 0$。电感电流和电容电流的幅度为电流源电流或电阻电流的 Q 倍,即

$$I_L = I_C = QI_s = QI_R \tag{12-45}$$

并联谐振又称为电流谐振。

3. 谐振时的功率和能量

设电流源电流 $i_s(t) = I_{Sm}\cos\omega_0 t$,则

$$u(t) = U_m\cos\omega_0 t = RI_{Sm}\cos\omega_0 t$$

$$i_L(t) = -QI_{Sm}\cos(\omega_0 t + 90°)$$

$$i_C(t) = QI_{Sm}\cos(\omega_0 t + 90°)$$

电感和电容吸收的瞬时功率分别为

$$p_L(t) = -QU_m I_{Sm}\cos\omega_0 t\cos(\omega_0 t + 90°) = QUI_s\sin 2\omega_0 t$$

$$p_C(t) = -p_L(t) = -QUI_s\sin 2\omega_0 t$$

由于 $i(t) = i_L(t) + i_C(t) = 0$(相当于虚开路),任何时刻进入电感和电容的总瞬时功率为零,即 $p_L(t) + p_C(t) = 0$。电感和电容与电流源和电阻之间没有能量交换。电流源发出的功率全部被电阻吸收,即 $p_s(t) = p_R(t)$。能量在电感和电容间往复交换(如图 12-20 所示),形成了电压和电流的正弦振荡。其情况和 *LC* 并联电路由初始储能引起的等幅振荡相同,因此振荡角频率也是 $\omega_0 = \dfrac{1}{\sqrt{LC}}$,与串联谐振电路相同。

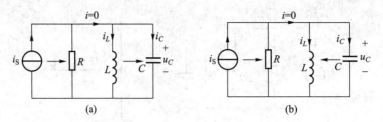

图 12-20 并联电路谐振时的能量交换

谐振时电感和电容的总能量保持常量,即

$$W = W_L + W_C = LI_L^2 = CU_C^2 = CR^2 I_S^2 \qquad (12\text{-}46)$$

例 12-6 图 12-21(a)所示是电感线圈和电容器并联的电路模型。已知 $R = 1\ \Omega, L = 0.1\ \text{mH}, C = 0.01\ \mu\text{F}$。试求电路的谐振角频率和谐振时的阻抗。

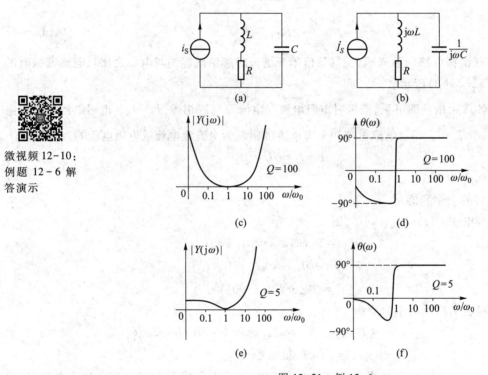

微视频 12-10:
例题 12-6 解
答演示

图 12-21 例 12-6

解 根据其相量模型[图 12-21(b)]写出驱动点导纳

$$Y(\mathrm{j}\omega) = \mathrm{j}\omega C + \frac{1}{R + \mathrm{j}\omega L} = \frac{R}{R^2 + (\omega L)^2} + \mathrm{j}\left[\omega C - \frac{\omega L}{R^2 + (\omega L)^2}\right]$$

令其导纳表达式的虚部为零,得到

$$\omega C - \frac{\omega L}{R^2 + (\omega L)^2} = 0$$

求得

$$\omega_0 = \frac{1}{\sqrt{LC}}\sqrt{1 - \frac{CR^2}{L}} = \frac{1}{\sqrt{LC}}\sqrt{1 - \frac{1}{Q^2}}$$

式中,$Q = \frac{1}{R}\sqrt{\frac{L}{C}} = 100$ 是 RLC 串联电路的品质因数。当 $Q \gg 1$ 时,$\omega_0 = \frac{1}{\sqrt{LC}}$。代入数值得到

$$\omega_0 = \frac{1}{\sqrt{10^{-4} \times 10^{-8}}}\sqrt{1 - \frac{10^{-8}}{10^{-4}}} \ \text{rad/s} = 10^6 \ \text{rad/s}$$

谐振时的阻抗

$$Z(\mathrm{j}\omega_0) = \frac{1}{Y(\mathrm{j}\omega_0)} = R + \frac{(\omega_0 L)^2}{R} = R(1 + Q^2)$$

当 $\omega_0 L \gg R$ 时

$$Z(\mathrm{j}\omega_0) = Q^2 R = \frac{(\omega_0 L)^2}{R} = (10^6 \times 10^{-4})^2 \ \Omega = 10 \ \text{k}\Omega$$

用计算机程序 WACAP 画出图 12-21(a)电路的输入导纳幅频特性和相频特性曲线,如图 12-21(c)和(d)所示。将图 12-21(a)电路中电阻增加到 $R = 20\ \Omega$,品质因数减小到 $Q = 5$ 的导纳幅频特性和相频特性曲线,如图 12-21(e)和(f)所示。

读者学习本小节时,可以观看教材 Abook 资源中"串联谐振电路实验""谐振电路谐振频率的测量""谐振电路品质因数的测量"等实验录像。

§12-4 谐振电路的频率特性

RLC 串联谐振电路和 RLC 并联谐振电路在电子和通信工程中得到广泛应用,本节专门讨论它们的频率特性。

一、串联谐振电路

RLC 串联谐振电路如图 12-22 所示。

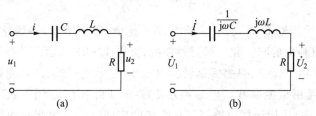

图 12-22 RLC 串联谐振电路

图 12-22 所示电路的转移电压比为

$$H(j\omega) = \frac{\dot{U}_2}{\dot{U}_1} = \frac{R}{R+j\left(\omega L - \dfrac{1}{\omega C}\right)} = \frac{1}{1+j\left(\dfrac{\omega L}{R} - \dfrac{1}{\omega RC}\right)} \qquad (12\text{-}47)$$

代入 $Q = \dfrac{\omega_0 L}{R} = \dfrac{1}{R\omega_0 C}$，将上式改为

$$H(j\omega) = \frac{\dot{U}_2}{\dot{U}_1} = \frac{1}{1+jQ\left(\dfrac{\omega}{\omega_0} - \dfrac{\omega_0}{\omega}\right)} \qquad (12\text{-}48)$$

其振幅为

$$|H(j\omega)| = \frac{1}{\sqrt{1+Q^2\left(\dfrac{\omega}{\omega_0} - \dfrac{\omega_0}{\omega}\right)^2}} \qquad (12\text{-}49)$$

由此式可见，当 $\omega = 0$ 或 $\omega = \infty$ 时，$|H(j\omega)| = 0$；当 $\omega = \omega_0 = \dfrac{1}{\sqrt{LC}}$ 时，电路发生谐振，$|H(j\omega)| = 1$ 达到最大值，说明该电路具有带通滤波特性。为求出通频带的宽度，先计算与 $|H(j\omega)| = \dfrac{1}{\sqrt{2}}$ （即 -3 dB）对应的频率 ω_+ 和 ω_-，为此令

$$Q\left(\frac{\omega}{\omega_0} - \frac{\omega_0}{\omega}\right) = \pm 1$$

求解得到

$$\frac{\omega_\pm}{\omega_0} = \sqrt{1+\frac{1}{4Q^2}} \pm \frac{1}{2Q} \qquad (12\text{-}50)$$

由此求得 3 dB 带宽

$$\Delta\omega = \omega_+ - \omega_- = \frac{\omega_0}{Q} \qquad (12\text{-}51)$$

或

$$\Delta f = f_+ - f_- = \frac{f_0}{Q} \qquad (12\text{-}52)$$

这说明带宽 $\Delta\omega$ 与品质因数 Q 成反比，Q 越大，$\Delta\omega$ 越小，通带越窄，曲线越尖锐，对信号的选择性越好。对不同 Q 值画出的归一化幅频特性曲线，如图 12-23 所示。此曲线横坐标是角频率与谐振角频率之比（即相对频率），纵坐标是转移电压比，也是相对量，故该曲线适用于所有串联谐振电路，因而被称为通用谐振曲线。当 $\omega = \omega_+$ 或 $\omega = \omega_-$ 时，$|H(j\omega)| = 0.707$（对应 -3 dB），$\theta = \pm 45°$。在无线电通信中，运用谐振电路可以从众多的广播电台和电视台中选择出人们喜欢的节

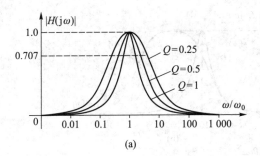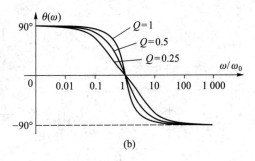

图 12-23 *RLC* 串联谐振电路的归一化频率特性曲线

目信号。在 CAP 程序中可以观看到元件参数对 *RLC* 串联电路频率特性的影响。附录 B 中附图 34、35 和 36 显示 *RLC* 串联电路元件参数变化对频率特性的影响。

对于品质因数 $Q=0.25$、0.5、1 的 *RLC* 串联谐振电路,用计算机程序 WACAP 画出电阻电压、电感电压和电容电压的幅频特性曲线,如图 12-24 所示。由此可见,电阻电压具有带通滤波特性,电感电压具有高通滤波特性,电容电压具有低通滤波特性。

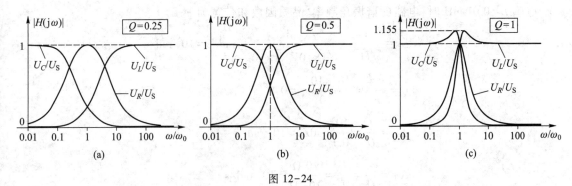

图 12-24

例 12-7 *RLC* 串联谐振电路如图 12-25(a)所示,已知(1)$L=1$ mH;(2)$L=0.01$ mH,试求电路的谐振角频率、品质因数和带宽,并用计算机程序画出电阻电压的幅频和相频特性曲线。

解 电感 $L=1$ mH 时,电路的谐振角频率、品质因数和带宽为

$$\omega_0 = \frac{1}{\sqrt{LC}} = \frac{1}{\sqrt{1\times10^{-3}\times1\times10^{-5}}} \text{ rad/s} = 10^4 \text{ rad/s}$$

$$Q = \frac{\omega_0 L}{R} = \frac{10^4\times10^{-3}}{10} = 1$$

$$\Delta\omega = \frac{\omega_0}{Q} = \frac{10^4}{1} \text{ rad/s} = 10^4 \text{ rad/s}$$

$$\Delta\omega = \frac{\omega_0}{Q} = \frac{R}{L} = \frac{10 \text{ }\Omega}{10^{-3}\text{H}} = 10^4 \text{ rad/s}$$

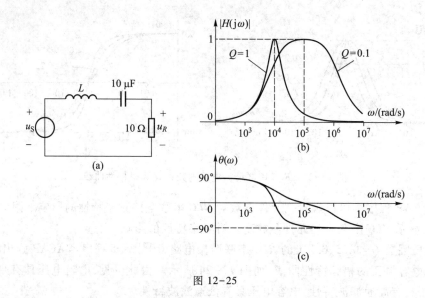

图 12-25

电感 $L = 0.01$ mH 时,电路的谐振角频率、品质因数和带宽为

$$\omega_0 = \frac{1}{\sqrt{LC}} = \frac{1}{\sqrt{1\times10^{-5}\times1\times10^{-5}}} \text{ rad/s} = 10^5 \text{ rad/s}$$

$$Q = \frac{\omega_0 L}{R} = \frac{10^5\times10^{-5}}{10} = 0.1$$

$$\Delta\omega = \frac{\omega_0}{Q} = \frac{10^5}{0.1} \text{ rad/s} = 10^6 \text{ rad/s}$$

$$\Delta\omega = \frac{\omega_0}{Q} = \frac{R}{L} = \frac{10 \text{ }\Omega}{10^{-5}\text{H}} = 10^6 \text{ rad/s}$$

由此可见,电感减小 100 倍,谐振角频率增加 10 倍,品质因数减小 10 倍,带宽增加 10 倍。用计算机程序 WACAP 画出幅频和相频特性曲线,如图 12-25(b)和(c)所示,由曲线可见,电感减小,谐振角频率增加,品质因数减小,带宽增加,选择性降低。

二、并联谐振电路

RLC 并联谐振电路如图 12-26 所示。

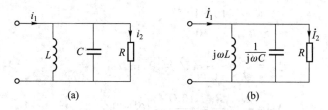

图 12-26　RLC 并联谐振电路

图 12-26 所示电路的转移电流比为

$$H(\mathrm{j}\omega)=\frac{\dot{I}_2}{\dot{I}_1}=\frac{\dfrac{1}{R}}{\dfrac{1}{R}+\mathrm{j}\left(\omega C-\dfrac{1}{\omega L}\right)}=\frac{1}{1+\mathrm{j}\left(R\omega C-\dfrac{R}{\omega L}\right)} \tag{12-53}$$

代入 $Q=\dfrac{R}{\omega_0 L}=R\omega_0 C$，将上式改为

$$H(\mathrm{j}\omega)=\frac{\dot{I}_2}{\dot{I}_1}=\frac{1}{1+\mathrm{j}Q\left(\dfrac{\omega}{\omega_0}-\dfrac{\omega_0}{\omega}\right)} \tag{12-54}$$

此式与式(12-48)的结果完全相同。并联谐振电路的幅频特性曲线和计算频带宽度等公式均与串联谐振电路相同，不再重述。但应指出：更为实用的图 12-21 所示电路模型与此不同，本书限于篇幅，不做讨论。

例 12-8　RLC 并联谐振电路如图 12-27(a)所示，试求电路的谐振角频率、品质因数和 3 dB 带宽。

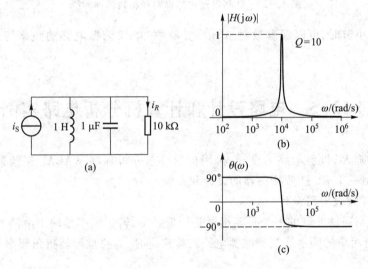

图 12-27

解　利用有关公式可以得到以下结果

$$\omega_0=\frac{1}{\sqrt{LC}}=\frac{1}{\sqrt{1\times10^{-6}}}\ \mathrm{rad/s}=10^3\ \mathrm{rad/s}$$

$$Q=\omega_0 RC=\frac{R}{\omega_0 L}=R\sqrt{\frac{C}{L}}=10$$

$$\Delta\omega = \frac{\omega_0}{Q} = 100 \text{ rad/s}, \quad \Delta f = \frac{100}{2\pi} \text{ Hz} = 15.9 \text{ Hz}$$

更为实用的图 12-28(a) 所示电路模型与图 12-27 RLC 并联谐振电路的频率特性不同，用计算机程序 WACAP 画出转移电流比的幅频和相频特性曲线，如图 12-28(b)(c)(d)(e) 所示。

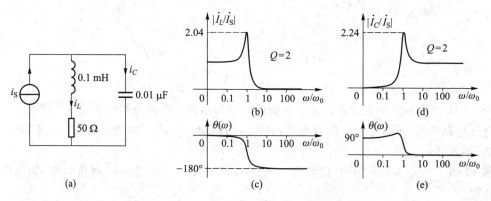

图 12-28 转移电流比的幅频和相频特性曲线

读者学习本小节时，可以观看教材 Abook 资源中"串联谐振电路的频率特性曲线"等实验录像。

§12-5 电路设计和计算机分析电路实例

首先介绍二阶 RC 滤波电路的设计，再用正弦稳态分析程序 WACAP 来绘制滤波电路的频率特性，最后介绍一个 RC 选频振荡器的设计和实验。

一、二阶 RC 滤波电路设计

设计低通和高通滤波器的一个重要指标是转折频率，转折频率是输出由最大值下降到 0.707 或下降 3 dB 时所对应的频率。当滤波器电路结构确定时，需要推导转折角频率与元件参数关系的公式。

对于图 12-9 所示二阶低通滤波电路，令式(12-17)中，$|H(\mathrm{j}\omega)| = \frac{1}{\sqrt{2}} = 0.707$，可得到以下方程

$$(1-\omega_c^2 R^2 C^2)^2 + 9\omega_c^2 R^2 C^2 = 2$$

求解得到

$$\omega_c = \frac{1}{2.672\,4RC} = \frac{0.374\,2}{\tau} \tag{12-55}$$

上式表明,电路参数 R、C 与转折频率之间的关系。可以用减少 RC 乘积的方法来增加低通滤波器的带宽,这类公式在设计实际滤波器时十分有用。

对于图 12-11 所示二阶高通滤波电路,根据式(12-19),令 $|H(\mathrm{j}\omega)| = \dfrac{1}{\sqrt{2}} = 0.707$,可以求得

$$\omega_c = \frac{1}{0.374\,2RC} = \frac{2.672\,4}{\tau} \tag{12-56}$$

上式表明,可以用增加 RC 乘积的方法来增加高通滤波器的带宽。

设计带通滤波电路,需要知道中心频率与电路元件参数关系的公式。对于图 12-12 所示二阶带通滤波电路,根据式(12-20)表示的电压传输比,求最大值得到中心角频率的公式

$$\omega_0 = \frac{1}{RC}$$

上式表明,可以用改变 RC 乘积的方法改变带通滤波电路的中心频率。例如,设计一个中心角频率为 1 000 rad/s 的二阶带通滤波电路,其元件参数应满足

$$RC = \frac{1}{\omega_0}$$

若选择电容 $C = 1\ \mu\mathrm{F}$,则电阻为 $R = 1\ \mathrm{k}\Omega$;选择电容 $C = 0.1\ \mu\mathrm{F}$,则电阻为 $R = 10\ \mathrm{k}\Omega$。

例 12-9 试设计转折频率 $\omega_c = 10^3$ rad/s 的低通和高通滤波电路。

解 根据前面对各种 RC 滤波电路特性的讨论,如果用图 12-6(a)和图 12-8(a)所示的一阶 RC 滤波电路,则需要使电路参数满足条件

$$RC = \frac{1}{\omega_c} = 1\ \mathrm{ms}$$

假如选择电容 $C = 1\ \mu\mathrm{F}$,则需要选择电阻 $R = 1\ \mathrm{k}\Omega$ 来满足转折频率的要求,实际滤波器设计时还得根据滤波器的其他要求和具体情况来确定。

若用图 12-9(a)所示的二阶 RC 低通滤波电路,则需要根据式(12-55)确定电路参数值,即

$$RC = \frac{1}{2.672\,4\omega_c} = \frac{0.374\,2}{\omega_c} = 0.374\,2 \times 10^{-3}\ \mathrm{s}$$

如果选择电容 $C = 1\ \mu\mathrm{F}$,则电阻为 $R = 374.2\ \Omega$;如果选择电容 $C = 0.1\ \mu\mathrm{F}$,则电阻为 $R = 3\,742\ \Omega$。

若用图 12-11(a)所示的二阶 RC 高通滤波电路,则需要根据式(12-56)确定电路参数值,即

$$RC = \frac{1}{0.374\,2\omega_c} = \frac{2.672\,4}{\omega_c} = 2.672\,4 \times 10^{-3}\ \mathrm{s}$$

如果选择电容 $C = 1\ \mu\mathrm{F}$,则电阻为 $R = 2\,672.4\ \Omega$;如果选择电容 $C = 0.1\ \mu\mathrm{F}$,则电阻为 $R = 26\,724\ \Omega$。

电路设计题 请按照老师指定的转折频率和中心频率设计二阶低通、高通和带通滤波电路,并用计算机画出幅频特性来检验设计是否符合设计要求。

二、计算机辅助电路分析

本教材提供的计算机分析程序 WACAP 和 WDNAP 可以画出电路的频率特性,用户可以利用它们来检验所设计的滤波电路的频率特性是否满足设计要求。下面给出用 WACAP 程序画出例 12-9 转折角频率 $\omega_c = 10^3$ rad/s 的低通滤波电路的振幅频率特性曲线(波特图),如下所示。

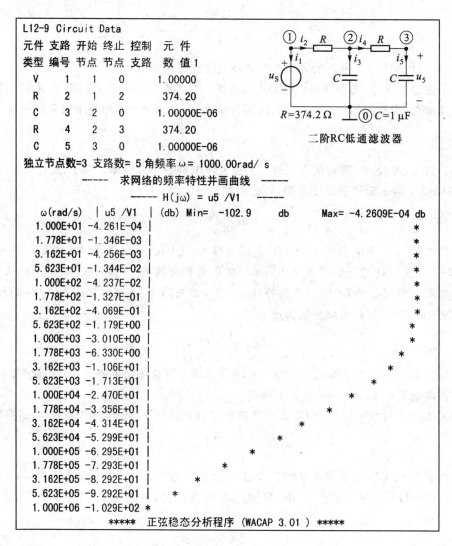

```
L12-9 Circuit Data
元件 支路 开始 终止 控制  元 件
类型 编号 节点 节点 支路  数 值1
 V   1    1   0          1.00000
 R   2    1   2          374.20
 C   3    2   0          1.00000E-06
 R   4    2   3          374.20
 C   5    3   0          1.00000E-06
独立节点数=3 支路数= 5 角频率 ω = 1000.00rad/ s
      ----- 求网络的频率特性并画曲线 -----
         ----- H(jω) = u5 /V1 -----
   ω(rad/s)  | u5 /V1  | (db) Min= -102.9   db      Max= -4.2609E-04 db
   1.000E+01 -4.261E-04 |                                          *
   1.778E+01 -1.346E-03 |                                          *
   3.162E+01 -4.256E-03 |                                          *
   5.623E+01 -1.344E-02 |                                          *
   1.000E+02 -4.237E-02 |                                          *
   1.778E+02 -1.327E-01 |                                          *
   3.162E+02 -4.069E-01 |                                         *
   5.623E+02 -1.179E+00 |                                       *
   1.000E+03 -3.010E+00 |                                     *
   1.778E+03 -6.330E+00 |                                  *
   3.162E+03 -1.106E+01 |                               *
   5.623E+03 -1.713E+01 |                            *
   1.000E+04 -2.470E+01 |                        *
   1.778E+04 -3.356E+01 |                     *
   3.162E+04 -4.314E+01 |                 *
   5.623E+04 -5.299E+01 |             *
   1.000E+05 -6.295E+01 |          *
   1.778E+05 -7.293E+01 |       *
   3.162E+05 -8.292E+01 |    *
   5.623E+05 -9.292E+01 |  *
   1.000E+06 -1.029E+02 *
      ***** 正弦稳态分析程序 (WACAP 3.01 ) *****
```

二阶RC低通滤波器

$R = 374.2 \, \Omega$ $C = 1 \, \mu F$

从曲线上可以看出 $\omega_c = 10^3$ rad/s 时,振幅正好衰减 3 dB,符合设计要求。

用计算机程序画出例 12-9 所设计的高通滤波电路的幅频特性曲线(波特图)和相频特性曲线,请参考教材 Abook 资源中的辅助电子教材。

当我们研究一个网络的滤波特性时,需要计算出相应的网络函数来进行分析研究,用"笔算"来完成这个工作十分困难时,可用本教材提供的符号网络分析程序 WSNAP 来完成符号网络函数的计算,用 WACAP 和 WDNAP 程序来绘制频率特性曲线,下面举例说明。

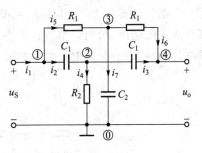

图 12-29　例 12-10

例 12-10　试用计算机程序计算图 12-29 所示双口网络的转移电压比,并绘出 $R_1 = 1\ \text{k}\Omega$, $R_2 = 500\ \Omega$, $C_1 = 0.01\ \mu\text{F}$ 和 $C_2 = 0.02\ \mu\text{F}$ 时的幅频和相频特性曲线。

解　运行符号网络分析程序,读入图 12-29 所示电路数据,可以得到以下计算结果。

```
L12-10S Circuit Data
元件  支路  开始  终止  控制  元件  元件
类型  编号  节点  节点  支路  符号  符号
 V    1    1    0          Us
 C    2    1    2          C1
 C    3    2    4          C1
 R    4    2    0          R2
 R    5    1    3          R1
 R    6    3    4          R1
 C    7    3    0          C2
独立节点数目 = 4      支路数目 = 7
----- 节 点 电 压,支 路 电 压 和 支 路 电 流 -----
      R1R1R2SC1SC1SC2Us+2R1R2SC1SC1Us+2R2SC1Us+Us
V4 (S)= ----------------------------------------------------------------------
      +R1R1R2SC1SC1SC2+2R1R2SC1SC1+2R1R2SC1SC2+R1R1SC1SC2+2R2SC1+2R1SC1
      +R1SC2+1
      *****  符号网络分析程序（WSNAP 3.01）*****
```

根据以上计算结果,得到以下网络函数,这是一个三阶动态电路。

$$\frac{V_4(s)}{U_s(s)} = \frac{R_1^2 R_2 C_1^2 C_2 s^3 + 2R_1 R_2 C_1^2 s^2 + 2R_2 C_1 s + 1}{R_1^2 R_2 C_1^2 C_2 s^3 + (2R_1 R_2 C_1^2 + 2R_1 R_2 C_1 C_2 + R_1^2 C_1 C_2)s^2 + (2R_2 C_1 + 2R_1 C_1 + R_1 C_2)s + 1}$$

代入 $R_1 = R$, $R_2 = 0.5R$, $C_1 = C$ 和 $C_2 = 2C$,得到以下网络函数

$$\frac{V_4(s)}{U_s(s)} = \frac{R^3 C^3 s^3 + R^2 C^2 s^2 + RCs + 1}{R^3 C^3 s^3 + 5R^2 C^2 s^2 + 5RCs + 1} = \frac{(RCs+1)(R^2 C^2 s^2 + 1)}{(RCs+1)(R^2 C^2 s^2 + 4RCs + 1)} = \frac{R^2 C^2 s^2 + 1}{R^2 C^2 s^2 + 4RCs + 1}$$

将式中的 s 用 $\text{j}\omega$ 表示,可以得到正弦稳态的网络函数

$$H(\text{j}\omega) = \frac{\dot{V}_4(\text{j}\omega)}{\dot{U}_s(\text{j}\omega)} = \frac{-R^2 C^2 \omega^2 + 1}{-R^2 C^2 \omega^2 + \text{j}4RC\omega + 1}$$

微视频 12-11:
例题 12-10 解答演示

由上式可见,当 $\omega = 0$ 和 $\omega \to \infty$ 时,$H(\text{j}\omega) = 1$;当 $\omega = \omega_0 = \dfrac{1}{RC}$ 时,网络函数的分子等于零,使 $H(\text{j}\omega) = 0$,表明该电路具有带阻滤波特性。

根据元件参数 $R_1 = 1\ \text{k}\Omega$，$R_2 = 500\ \Omega$，$C_1 = 0.01\ \mu\text{F}$ 和 $C_2 = 0.02\ \mu\text{F}$，用计算机程序 WACAP 计算节点 4 的电压，画出频率特性如图 12-30 所示，表明图 12-29 电路具有带阻滤波特性，中心角频率是 $\omega_0 = 10^5\ \text{rad/s}$，中心频率是 $f_0 = 15.9 \times 10^3\ \text{Hz}$。

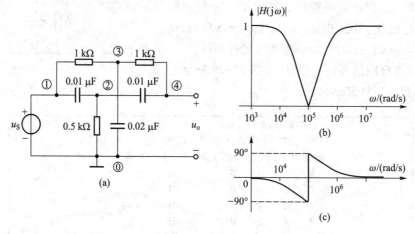

图 12-30 例 12-10

微视频 12-12：
RC 带阻滤波电路

微视频 12-13：
例题 12-11 解答演示

微视频 12-14：
RC 选频振荡器

练习题 当基波角频率为 $10^5\ \text{rad/s}$ 的方波电压信号，加在图 12-29 带阻滤波电路输入端时，其基波分量将被滤除掉，试画出输出电压的波形。

读者可以观看教材 Abook 资源中根据此例制作的"*RC* 带阻滤波电路"实验录像。

三、电路实验设计

利用 *RC* 选频网络和运算放大器可以构成一个产生正弦波形的振荡电路，下面举例说明。

例 12-11 试用图 12-31(a) 所示的 *RC* 选频网络和运算放大器构成一个正弦波振荡器。

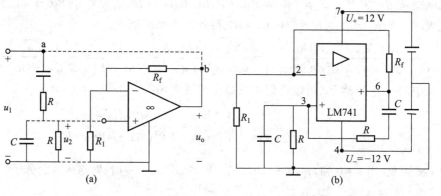

图 12-31 例 12-11

解　图 12-31(a)所示 *RC* 网络的转移电压比与图 12-12(a)所示电路完全相同,它具有带通滤波特性。其输入端外加频率为 $\omega=\omega_0=\dfrac{1}{RC}$ 的正弦电压信号 $u_1(t)=U_{1m}\cos\omega_0 t$ 时,输出信号 $u_2=\dfrac{1}{3}u_1$ 为最大值。若在其输出端连接一个电压放大倍数为 3 的同相放大器[如图 12-31(a)所示],输出电压 $u_o=3u_2=u_1$ 与输入电压完全相同。此时可将输出电压 u_o 反馈回网络输入端(其方法是将 a、b 两点相连),代替外加输入信号而不会影响输出电压的波形。这表明该电路可构成一个正弦波振荡器,其振荡频率 $f_0=\dfrac{1}{2\pi RC}$ 仅由 *RC* 参数确定,易于调整。

由于 *RC* 选频网络对其他频率成分的衰减较大,不会形成振荡,所产生的正弦波形较好,该电路已为许多低频信号发生器采用。图 12-31(b)所示是 *RC* 选频振荡器的电原理图,在实验室按图接线,接通电源。调整电阻 R_1 使运放的放大倍数增加到 3 倍时,在输出端即可观察到正弦振荡波形。若采用 $C=0.1\ \mu F$ 的电容器,$R=R_1=1\ k\Omega$、$R_f=2\ k\Omega$ 左右的电阻器,用示波器可以观测到频率为 $f_0=\dfrac{1}{2\pi RC}=\dfrac{1}{2\pi\times10^3\times10^{-7}}=1\ 592\ Hz$ 左右的正弦振荡波形。

具体的实验过程,请观看教材 Abook 资源中的"*RC* 选频振荡器"实验录像。附录 B 中附图 24 显示用示波器观察的 *RC* 选频振荡器的输出电压波形。

电路设计题　试设计一个频率为 100~1 000 Hz 的正弦波振荡器。

高频 Q 表是一种利用串联谐振电路特性来测量线圈电感和品质因数的仪器。可以用它来测量图 12-32(a)所示线圈电路模型的各种参数,例如根据 *RLC* 串联电路谐振频率的公式(12-26),在已知谐振频率 $f=795\ kHz$ 和电容 $C=80\ pF$ 的情况下,用下面的公式计算可以得到线圈的电感值为

$$L=\frac{1}{4\pi^2 f^2 C}=\frac{1}{4\pi^2\times795^2\times10^6\times80\times10^{-12}}\ H=0.5\ mH$$

下面介绍测量线圈分布电容的一种实验方法。

例 12-12　图 12-32(a)所示为电感线圈的电路模型,试用高频 Q 表测量线圈的分布电容。

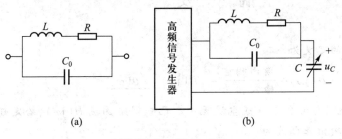

微视频 12-15:
线圈分布电容的测量

图 12-32　例 12-12

解 图 12-32(b)所示为高频 Q 表测量线圈参数的电原理图,高频 Q 表有一个标准高频电压信号发生器,其输出电阻非常低,还有一个标准可变电容器。当电路发生谐振时,电容电压 u_C 达到最大值,可以读出电容的数值。当线圈品质因数 $Q \gg 1$ 时,$\omega_0 L \gg R$,可以忽略电阻的作用,此时电路的谐振频率公式为

$$f = \frac{1}{2\pi \sqrt{L(C+C_0)}}$$

可以采用两倍频率法来测量线圈分布电容 C_0,具体步骤是:

(1)选择某一频率 f,调整可变电容使电路发生谐振,记下此时的电容值 C_1,它满足以下关系

$$f = \frac{1}{2\pi \sqrt{L(C_1+C_0)}}$$

(2)将频率增加一倍,调整可变电容使电路再次发生谐振,记下此时的电容值 C_2,它满足以下关系

$$2f = \frac{1}{2\pi \sqrt{L(C_2+C_0)}}$$

根据以上两式可以得到以下方程

$$C_1+C_0 = 4(C_2+C_0)$$

求解方程得到计算分布电容 C_0 的公式

$$C_0 = \frac{C_1-4C_2}{3}$$

此式表明,根据两次电路谐振时测量得到的电容值 C_1 和 C_2,可以计算分布电容的数值。例如测量得到某个电感线圈的 $C_1 = 324$ pF 和 $C_2 = 69$ pF,则分布电容 C_0 等于

$$C_0 = \frac{C_1-4C_2}{3} = \frac{324-4 \times 69}{3} \text{ pF} = 16 \text{ pF}$$

用实验方法来测量线圈电路模型参数的具体实验过程,请观看教材 Abook 资源中的"高频 Q 表"和"线圈的电路模型"实验录像。

摘　　要

1. 正弦稳态网络函数的定义为

$$H(j\omega) = \frac{输出相量}{输入相量} = |H(j\omega)| \underline{/\theta(\omega)}$$

网络函数反映网络本身特性,与激励电压或电流无关。已知网络函数 $H(j\omega)$,给定任意正弦输入 $u_i(t) = U_m \cos(\omega t + \psi_i)$,输出正弦波为

$$u_o(t) = |H(j\omega)| U_m \cos[\omega t + \psi_i + \theta(\omega)]$$

2. 一般来说,动态电路网络函数的振幅 $|H(j\omega)|$ 和相位 $\theta(\omega)$ 是频率 ω 的函数。工程上常采用对数坐标来绘制幅频和相频特性曲线(波特图)。这些曲线直观地反映出网络对不同频率正弦信号呈现的不同特性。利用这些曲线可设计出各种频率的滤波器和移相器。

3. RC 和 RL 电路可实现低通、高通、带通等滤波特性。例如前面讨论过的二阶 RC 低通、高通、带通滤波电路及其网络函数如下:

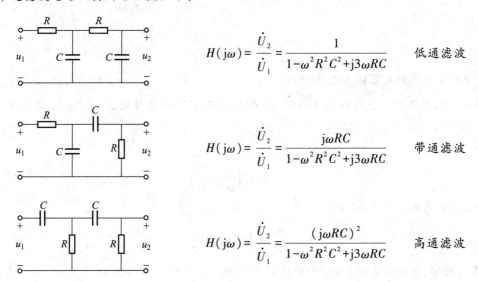

$$H(j\omega) = \frac{\dot{U}_2}{\dot{U}_1} = \frac{1}{1-\omega^2R^2C^2+j3\omega RC} \qquad \text{低通滤波}$$

$$H(j\omega) = \frac{\dot{U}_2}{\dot{U}_1} = \frac{j\omega RC}{1-\omega^2R^2C^2+j3\omega RC} \qquad \text{带通滤波}$$

$$H(j\omega) = \frac{\dot{U}_2}{\dot{U}_1} = \frac{(j\omega RC)^2}{1-\omega^2R^2C^2+j3\omega RC} \qquad \text{高通滤波}$$

4. RLC 串联电路的谐振条件是

$$\omega = \omega_0 = \frac{1}{\sqrt{LC}}$$

谐振时驱动点阻抗为

$$Z(j\omega_0) = R$$

呈现纯电阻,且为最小值。

串联谐振时,电感电压和电容电压的幅度相等,并等于端口电压或电阻电压的 Q 倍,即

$$U_L = U_C = QU_S = QU_R$$

其中

$$Q = \frac{\omega_0 L}{R} = \frac{1}{R\omega_0 C} = \frac{1}{R}\sqrt{\frac{L}{C}}$$

量值上等于谐振时感抗或容抗与电阻之比。

5. RLC 并联电路的谐振条件是

$$\omega = \omega_0 = \frac{1}{\sqrt{LC}}$$

与 RLC 串联电路的谐振条件相同。谐振时的驱动点导纳为

$$Y(j\omega) = G = \frac{1}{R}$$

呈现纯电阻,且为最小值。

并联谐振时,电感和电容电流的幅度相等,并等于端口电流或电阻电流的 Q 倍,即

$$I_L = I_C = QI_S = QI_R$$

其中

$$Q = \frac{R}{\omega_0 L} = R\omega_0 C = R\sqrt{\frac{C}{L}}$$

量值上等于谐振时感纳或容纳与电导之比。

6. RLC 串联电路的转移电压比 $\dot{U}_R/\dot{U}_S$ 和 RLC 并联电路的转移电流比 $\dot{I}_R/\dot{I}_S$ 具有相同的形式

$$H(j\omega) = \frac{1}{1 + jQ\left(\dfrac{\omega}{\omega_0} - \dfrac{\omega_0}{\omega}\right)}$$

它具有带通滤波特性。其 3 dB 带宽为

$$\Delta\omega = \frac{\omega_0}{Q} \quad 或 \quad \Delta f = \frac{f_0}{Q}$$

Q 越高,带宽越窄,曲线越尖锐,对信号的选择性越好。在电路品质因数 Q 较大时,其带通滤波特性的中心频率就是电路的谐振频率,即为

$$\omega_0 = \frac{1}{\sqrt{LC}} \quad 或 \quad f_0 = \frac{1}{2\pi\sqrt{LC}}$$

微视频 12-16:
第 12 章习题
解答

习 题 十 二

§12-1 网络函数

12-1 试写出题图 12-1(a)和(b)所示双口网络的转移电压比 $\dot{U}_2/\dot{U}_1$,并用计算机程序画出电阻 $R = 1\ \text{k}\Omega$ 和电感 $L = 1\ \text{mH}$ 时电路的幅频特性曲线。

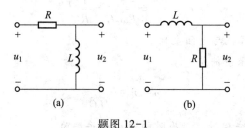

题图 12-1

12-2 试写出题图 12-2(a)和(b)所示双口网络的转移电压比 $\dot{U}_2/\dot{U}_1$,并用计算机程序画出电阻 $R_1 = 800\ \Omega$,$R_2 = 200\ \Omega$ 和电感 $L = 1\ \text{mH}$ 时电路的幅频特性曲线。

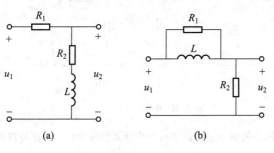

微视频 12-17: 习题 12-2 解答演示

题图 12-2

12-3 试写出题图 12-3 所示双口网络的转移电压比 $\dot{U}_2/\dot{U}_1$,并用计算机程序画出电阻 $R = 1\ \text{k}\Omega$ 和电感 $L = 1\ \text{mH}$ 时电路的幅频特性曲线。

§12-2 *RC* 电路的频率特性

12-4 试写出题图 12-4(a)和(b)所示双口网络的转移电流比,并用计算机程序画出电阻 $R = 1\ \text{k}\Omega$ 和电容 $C = 1\ \mu\text{F}$ 时电路的幅频特性曲线。

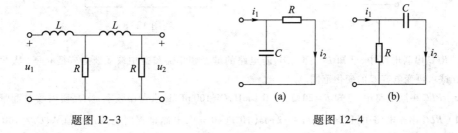

题图 12-3　　　　　　　　　　题图 12-4

12-5 试写出题图 12-5 所示双口网络的转移电压比 $\dot{U}_2/\dot{U}_1$,并用计算机程序画出电阻 $R = 1\ \text{k}\Omega$ 和电容 $C = 1\ \mu\text{F}$ 时电路的幅频特性曲线。

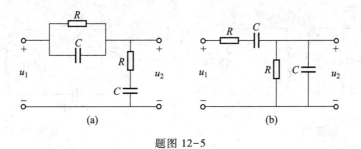

题图 12-5

12-6 试写出题图 12-6 所示双口网络的转移电压比 $\dot{U}_2/\dot{U}_1$,并用计算机程序画出电阻 $R = 1\ \text{k}\Omega$,电感 $L = $

1 mH 和电容 $C = 1\ \mu\text{F}$ 的幅频特性曲线。

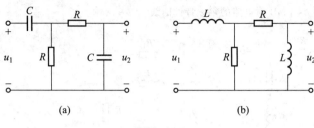

(a)　　　　　　　　　　　(b)

题图 12-6

12-7　试求题图 12-7 所示单口网络的驱动点阻抗 Z_{ab}，并用计算机程序画出幅频特性曲线。

§ 12-3　谐振电路

§ 12-4　谐振电路的频率特性

12-8　电路如题图 12-8 所示。已知 $u_S(t) = 10\cos 10^5 t\ \text{V}$，试求 $i(t)$、$u_R(t)$、$u_L(t)$、$u_C(t)$。

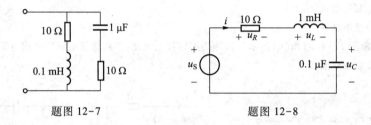

题图 12-7　　　　　　　　　　题图 12-8

12-9　RLC 串联电路中，已知 $L = 320\ \mu\text{H}$，若电路的谐振频率需覆盖中波无线电广播频率(从 550 kHz 到 1.6 MHz)。试求可变电容 C 的变化范围。

12-10　RLC 串联电路中，已知 $R = 20\ \Omega$，$L = 0.1\ \text{mH}$，$C = 100\ \text{pF}$，试求谐振频率 ω_0、品质因数 Q 和带宽。

12-11　RLC 串联电路中，已知 $u_S(t) = \sqrt{2}\cos(10^6 t + 40°)\ \text{V}$，电路谐振时电流 $I = 0.1\ \text{A}$，$U_C = 100\ \text{V}$。试求 R、L、C、Q。

12-12　电路如题图 12-12 所示。试求开关 S 断开和闭合时，电路的谐振角频率和品质因数。

12-13　电路如题图 12-13 所示。已知 $u_S(t) = 2\sqrt{2}\cos 10^2 t\ \text{V}$，试求 $u_L(t)$、$u_o(t)$。

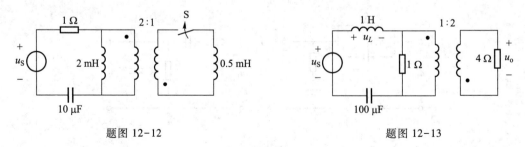

题图 12-12　　　　　　　　　　题图 12-13

12-14　RLC 并联电路中，已知 $R = 10\ \text{k}\Omega$，$L = 1\ \text{mH}$，$C = 0.1\ \mu\text{F}$，$i_S(t) = 10\cos(\omega t + 30°)\ \text{mA}$，$\omega = 10^5\ \text{rad/s}$。试求 $u(t)$、$i_R(t)$、$i_L(t)$、$i_C(t)$。

12-15　RLC 并联电路中,已知 $L = 40$ mH,$C = 0.25$ μF。当电阻(1) $R = 8\,000$ Ω;(2) $R = 800$ Ω;(3) $R = 80$ Ω 时,计算出电路的谐振角频率、品质因数和带宽,并用计算机程序画出电阻电流的幅频特性曲线。

12-16　RLC 并联电路中,已知 $\omega_0 = 10^3$ rad/s,谐振时阻抗为 10^3 Ω,频带宽度为 $\Delta\omega = 100$ rad/s。试求 R、L、C。

12-17　电路如题图 12-17 所示。试求电路的谐振角频率。

§12-5　电路设计和计算机分析电路实例

12-18　试求题图 12-18 所示双口网络的转移电压比,并设计一个电压增益为 100,转折频率 $\omega_c = 10^2$ rad/s 的低通滤波电路,并用计算机程序画出幅频特性曲线,检验设计是否正确。

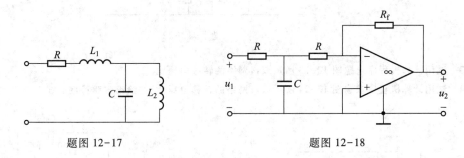

题图 12-17　　　　　　　　　　题图 12-18

12-19　电路如题图 12-19 所示。已知 $i_s(t) = (5 + 10\sqrt{2}\cos t + \sqrt{2}\cos 2t)$ A,求 $u(t)$ 和电源发出的平均功率。

12-20　试用计算机程序求题图 12-20 所示双口网络的转移电压比,并绘出幅频特性曲线。

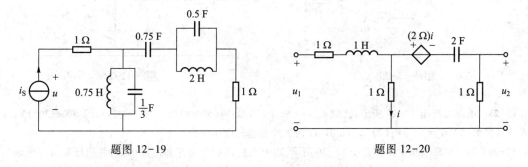

题图 12-19　　　　　　　　　　题图 12-20

12-21　试用计算机程序求题图 12-21 所示双口网络的转移电压比。

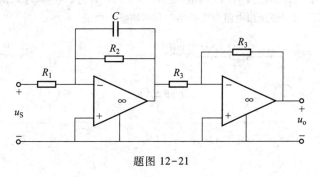

题图 12-21

12-22 试用计算机程序求题图 12-22 所示双口网络的转移电压比。

微视频 12-18：
习题 12-22 解
答演示

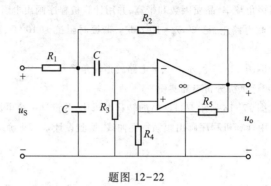

题图 12-22

12-23 试用计算机程序求题图 12-23 所示双口网络的转移电压比。

12-24 试用计算机程序求题图 12-24 所示双口网络的转移电压比，并绘出幅频特性曲线。

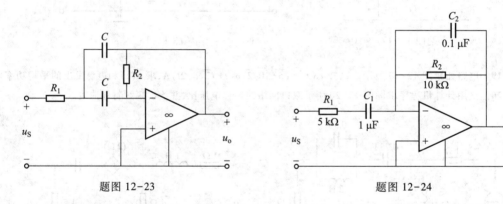

题图 12-23　　　　　　　　　　　　题图 12-24

12-25 电路如题图 12-24 所示，已知 $u_S(t) = 50 \text{ V} + 30\sqrt{2}\cos(500t+115°) \text{ V} + 20\sqrt{2}\cos(2\,500t+30°) \text{ V}$，试用计算机程序求（1）$C_2 = 0.1 \text{ μF}$；（2）$C_2 = 0.01 \text{ μF}$ 时的稳态输出电压 $u_o(t)$。

12-26 RLC 串联谐振电路如题图 12-26 所示，求电路的谐振角频率和品质因数，并用计算机程序画出电阻电压、电感电压和电容电压的幅频特性曲线。

12-27 RLC 串联谐振电路如题图 12-27 所示，已知（1）$C = 10 \text{ μF}$；（2）$C = 0.1 \text{ μF}$，试求电路的谐振角频率、品质因数和带宽，并用计算机程序画出电阻电压的幅频和相频特性曲线。

微视频 12-19：
习题 12-26 解
答演示

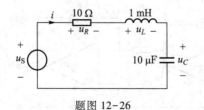

题图 12-26

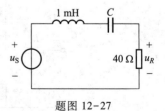

题图 12-27

12-28 电路如题图 12-28 所示,求 *RLC* 并联谐振电路的谐振角频率和品质因数,并用计算机程序画出电阻电流、电感电流和电容电流的幅频和相频特性曲线。

12-29 双口网络如题图 12-29 所示,试用计算机程序画出阻抗 $Z_{11}(j\omega)$、$Z_{21}(j\omega)$ 的幅频特性曲线。

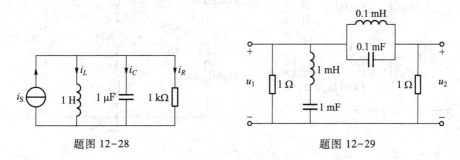

题图 12-28　　　　　　　　　　　题图 12-29

12-30 双口网络如题图 12-30 所示,试用计算机程序画出输出电压的频率特性曲线。

12-31 双口网络如题图 12-31 所示,试用计算机程序画出输出电压的频率特性曲线。

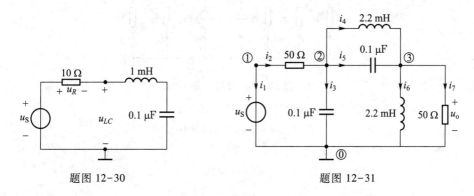

题图 12-30　　　　　　　　　　　题图 12-31

12-32 *RLC* 串联谐振电路如题图 12-32(a)所示,已知(1) $L=4$ mH;(2) $L=1$ mH;(3) $L=0.25$ mH。用计算机程序画出电感电压的幅频和相频特性曲线。

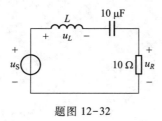

题图 12-32

12-33 题图 12-33(a)表示分压式偏置共发射极放大电路的电原理图,试根据题图 12-33(b)所示直流电路模型,求静态电流 I_C 和电压 U_{CE}。试根据题图 12-33(c)所示交流电路模型,求电压传输比,输入阻抗和输出阻抗,并画出频率特性曲线。

微视频 12-20:
共射放大电路
电压传输比

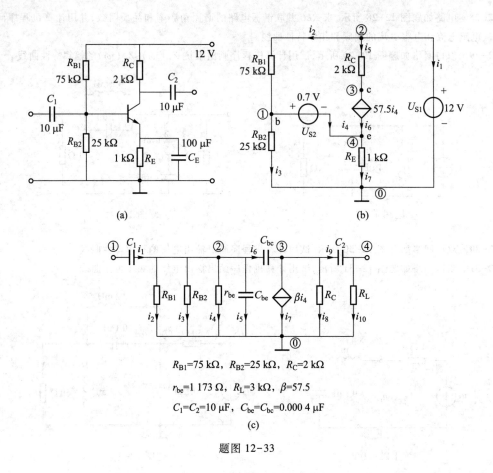

(a)

(b)

R_{B1}=75 kΩ，R_{B2}=25 kΩ，R_C=2 kΩ

r_{be}=1 173 Ω，R_L=3 kΩ，β=57.5

$C_1=C_2$=10 μF，$C_{be}=C_{bc}$=0.000 4 μF

(c)

题图 12-33

第十三章 含耦合电感的电路分析

磁耦合线圈在电子工程、通信工程和测量仪器等方面得到了广泛应用。为了得到实际耦合线圈的电路模型,需要介绍一种动态双口元件——耦合电感,并讨论含耦合电感电路的分析。

§13-1 耦合电感的电压电流关系

图 13-1 表示两个相互有磁耦合关系的线圈,假设线圈周围的媒质为非铁磁物质。若第一个线圈中有电流 i_1 存在,则在线圈周围建立磁场,在线圈本身全部匝数 N_1 中形成的总磁通或磁链记为 Ψ_{11},它与电流 i_1 成正比,即 $\Psi_{11} = L_1 i_1$,L_1 称为线圈 1 的自感,它是一个与电流和时间无关的常量。电流 i_1 所建立的磁场在第二个线圈全部匝数 N_2 中形成的总磁通或磁链记为 Ψ_{21},它也与电流 i_1 成正比,即 $\Psi_{21} = M_{21} i_1$,比例系数 M_{21} 称为线圈 1 与线圈 2 的互感,它也是一个与电流和时间无关的常量。

与上面的情况相似,若第二个线圈中有电流 i_2 存在,它所产生的磁场在第二个线圈形成的磁链 $\Psi_{22} = L_2 i_2$,其中 L_2 称为线圈 2 的自感,是一个与电流和时间无关的常量。电流 i_2 所建立的磁场在第一个线圈全部匝数 N_1 中形成的磁链 $\Psi_{12} = M_{12} i_2$,比例系数 M_{12} 称为线圈 2 与线圈 1 的互感,也是一个与电流和时间无关的常量。

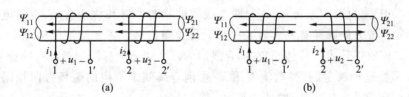

(a)　　　　　　　　　　　　(b)

图 13-1　有磁耦合的一对线圈

若两个线圈中同时有电流 i_1 和 i_2 存在,则每个线圈中总磁链为本身的磁链和另一个线圈中电流形成的磁链的代数和。对于图 13-1(a)所示的情况有

$$\left.\begin{array}{l} \Psi_1 = \Psi_{11} + \Psi_{12} = L_1 i_1 + M_{12} i_2 \\ \Psi_2 = \Psi_{21} + \Psi_{22} = M_{21} i_1 + L_2 i_2 \end{array}\right\} \tag{13-1}$$

对于图 13-1(b)所示情况有

$$\left.\begin{aligned}\varPsi_1 &= \varPsi_{11} - \varPsi_{12} = L_1 i_1 - M_{12} i_2\\\varPsi_2 &= -\varPsi_{21} + \varPsi_{22} = -M_{21} i_1 + L_2 i_2\end{aligned}\right\} \tag{13-2}$$

式中，$\varPsi_{11}$、$\varPsi_{22}$ 表示电流在本身线圈形成的磁链，称为自感磁链。$\varPsi_{12}$、$\varPsi_{21}$ 表示另一个线圈中电流产生的磁场在本线圈中形成的磁链，称为互感磁链。也就是说每个线圈中的总磁链为自感磁链与互感磁链的代数和。由于总是假定互感磁链 $\varPsi_{21}$（或 $\varPsi_{12}$）的参考方向与电流 i_1（或 i_2）的参考方向符合右手螺旋法则，因此互感系数 M_{21}（或 M_{12}）总是正值。根据电磁场理论可以证明，只要磁场的媒质是静止的，则有 $M_{21}=M_{12}$，以后统一用 M 表示。互感 M 的 SI 单位与自感 L_1 和 L_2 相同，也是亨[利](H)。

当电流 i_1 和 i_2 随时间变化时，线圈中磁场及其磁链也随时间变化，将在线圈中产生感应电动势。若不计线圈电阻，则在线圈两端出现与感应电动势量值相同的电压。对于图 13-1(a) 所示的情况，根据电磁感应定律可以得到

$$\left.\begin{aligned}u_1 &= \frac{\mathrm{d}\varPsi_1}{\mathrm{d}t} = \frac{\mathrm{d}\varPsi_{11}}{\mathrm{d}t} + \frac{\mathrm{d}\varPsi_{12}}{\mathrm{d}t} = L_1 \frac{\mathrm{d}i_1}{\mathrm{d}t} + M \frac{\mathrm{d}i_2}{\mathrm{d}t}\\u_2 &= \frac{\mathrm{d}\varPsi_2}{\mathrm{d}t} = \frac{\mathrm{d}\varPsi_{21}}{\mathrm{d}t} + \frac{\mathrm{d}\varPsi_{22}}{\mathrm{d}t} = M \frac{\mathrm{d}i_1}{\mathrm{d}t} + L_2 \frac{\mathrm{d}i_2}{\mathrm{d}t}\end{aligned}\right\} \tag{13-3}$$

与此相似，对于图 13-1(b) 所示情况可以得到

$$\left.\begin{aligned}u_1 &= \frac{\mathrm{d}\varPsi_1}{\mathrm{d}t} = \frac{\mathrm{d}\varPsi_{11}}{\mathrm{d}t} - \frac{\mathrm{d}\varPsi_{12}}{\mathrm{d}t} = L_1 \frac{\mathrm{d}i_1}{\mathrm{d}t} - M \frac{\mathrm{d}i_2}{\mathrm{d}t}\\u_2 &= \frac{\mathrm{d}\varPsi_2}{\mathrm{d}t} = -\frac{\mathrm{d}\varPsi_{21}}{\mathrm{d}t} + \frac{\mathrm{d}\varPsi_{22}}{\mathrm{d}t} = -M \frac{\mathrm{d}i_1}{\mathrm{d}t} + L_2 \frac{\mathrm{d}i_2}{\mathrm{d}t}\end{aligned}\right\} \tag{13-4}$$

微视频 13-1：耦合线圈的实验

在忽略实际耦合线圈电阻的条件下，一对耦合线圈的电压电流关系由式(13-3)或式(13-4)描述。每个线圈的电压均由自感磁链产生的自感电压和互感磁链产生的互感电压两部分组成。式(13-3)或式(13-4)中互感电压可能取正号，也可能取负号，这与两个线圈的相对位置和绕法有关，也与电压和电流的参考方向选择有关。为了在看不见线圈相对位置和绕法的情况下，确定互感电压取正号或负号，人们在耦合线圈的两个端钮上标注一对特殊的符号，称为同名端。这一对符号是这样确定的，当电流 i_1 和 i_2 在耦合线圈中产生的磁场方向相同而相互增强时，电流 i_1 和 i_2 所进入（或流出）的两个端钮，称为同名端，常用一对符号"●"或"＊"表示。例如，图13-1(a)中的 1 和 2（或 1′和 2′）是同名端；图 13-1(b)中的 1 和 2′或（1′和 2）是同名端。

根据以上叙述，定义一种称为耦合电感的双口电路元件，其元件符号如图 13-2 所示，电压电流关系见式(13-5)。

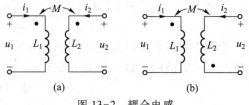

图 13-2　耦合电感

$$
\left.\begin{aligned}
u_1 &= L_1 \frac{\mathrm{d}i_1}{\mathrm{d}t} + M \frac{\mathrm{d}i_2}{\mathrm{d}t} \\
u_2 &= M \frac{\mathrm{d}i_1}{\mathrm{d}t} + L_2 \frac{\mathrm{d}i_2}{\mathrm{d}t}
\end{aligned}\right\}
\tag{13-5a}
$$

$$
\left.\begin{aligned}
u_1 &= L_1 \frac{\mathrm{d}i_1}{\mathrm{d}t} - M \frac{\mathrm{d}i_2}{\mathrm{d}t} \\
u_2 &= -M \frac{\mathrm{d}i_1}{\mathrm{d}t} + L_2 \frac{\mathrm{d}i_2}{\mathrm{d}t}
\end{aligned}\right\}
\tag{13-5b}
$$

耦合电感是由实际耦合线圈抽象出来的理想化的电路模型,是一种线性时不变双口元件,它由 L_1、L_2 和 M 三个参数来表征。由于耦合电感的电压电流关系是微分关系,它是一种动态电路元件。

当耦合线圈中的电阻不能忽略时,其电路模型可用两个电阻与一个耦合电感组成,如图 13-3 所示。当耦合线圈含有铁心或磁芯时,磁链和电流间不再存在线性关系,参数 L_1、L_2 和 M 将随电流变化,其电路模型将在磁路教材中讨论。但是在线圈电流很小,或小信号工作的条件下,仍可用线性电感来构成含磁芯耦合线圈的电路模型。

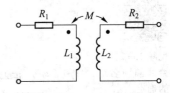

图 13-3 耦合线圈的电路模型

当耦合线圈的相对位置和绕法不能识别时,可用图 13-4 所示实验电路来确定同名端。图中 U_S 表示直流电源,例如 1.5 V 干电池。Ⓥ表示高内阻直流电压表,由于开关闭合或断开时可能产生极高的感应电压,应选择较大的电压量程,以免损坏仪表。

当开关闭合时,电流由零急剧增加到某一量值,电流对时间的变化率大于零,即 $\frac{\mathrm{d}i_1}{\mathrm{d}t} > 0$。如果发现电压表指针正向偏转,说明 $u_2 = u_{2\mathrm{m}} = M \frac{\mathrm{d}i_1}{\mathrm{d}t} > 0$,则可断定 1 和 2 是同名端;如果开关闭合时,发现电压表指针反向偏转,说明 $u_2 = u_{2\mathrm{m}} = -M \frac{\mathrm{d}i_1}{\mathrm{d}t} < 0$,则 1 和 2′ 是同名端。有关实验的具体过程请观看教材 Abook 资源中的"同名端的实验确定"实验录像。

例 13-1 试求图 13-5 所示耦合电感的电压电流关系。

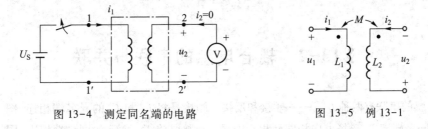

图 13-4 测定同名端的电路   图 13-5 例 13-1

解 耦合电感的电压由自感电压和互感电压两部分组成。自感电压正、负号的确定方法与二端电感相同。图中 u_1 和 i_1 是关联参考方向,自感电压为 $u_{1L}=+L_1\dfrac{\mathrm{d}i_1}{\mathrm{d}t}$;$u_2$ 和 i_2 是非关联参考方向,自感电压则为 $u_{2L}=-L_2\dfrac{\mathrm{d}i_2}{\mathrm{d}t}$。互感电压正、负号的确定与同名端有关。本例中 u_1 的"+"端和 i_2 的进入端都在标有" • "号的同名端上,也就是说 u_1 和 i_2 的参考方向相对同名端是关联参考方向,其互感电压取正号,$u_{1M}=+M\dfrac{\mathrm{d}i_2}{\mathrm{d}t}$;$u_2$ 和 i_1 相对同名端是非关联参考方向,其互感电压应取负号,$u_{1M}=-M\dfrac{\mathrm{d}i_2}{\mathrm{d}t}$。最后得到图 13-5 所示耦合电感的电压电流关系为

微视频 13-2:
耦合线圈同名
端的确定

$$\left.\begin{array}{l} u_1=u_{1L}+u_{1M}=L_1\dfrac{\mathrm{d}i_1}{\mathrm{d}t}+M\dfrac{\mathrm{d}i_2}{\mathrm{d}t}\\[3mm] u_2=u_{2L}+u_{21M}=-M\dfrac{\mathrm{d}i_1}{\mathrm{d}t}-L_2\dfrac{\mathrm{d}i_2}{\mathrm{d}t} \end{array}\right\}$$

工作在正弦稳态条件下的耦合电感,其相量模型如图 13-6 所示。相应的电压电流关系为

$$\left.\begin{array}{l} \dot{U}_1=\mathrm{j}\omega L_1\,\dot{I}_1+\mathrm{j}\omega M\,\dot{I}_2\\[2mm] \dot{U}_2=\mathrm{j}\omega M\,\dot{I}_1+\mathrm{j}\omega L_2\,\dot{I}_2 \end{array}\right\} \tag{13-6a}$$

$$\left.\begin{array}{l} \dot{U}_1=\mathrm{j}\omega L_1\,\dot{I}_1-\mathrm{j}\omega M\,\dot{I}_2\\[2mm] \dot{U}_2=-\mathrm{j}\omega M\,\dot{I}_1+\mathrm{j}\omega L_2\,\dot{I}_2 \end{array}\right\} \tag{13-6b}$$

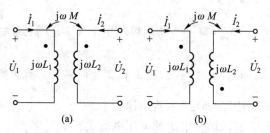

图 13-6 耦合电感的相量模型

§13-2 耦合电感的串联与并联

耦合电感的串联有两种方式——顺接和反接。顺接是将 L_1 和 L_2 的异名端相连[图 13-7(a)],电流 i 均从同名端流入,磁场方向相同而相互增强。反接是将 L_1 和 L_2 的同名端相连[图 13-7(b)],

电流 i 从 L_1 的有标记端流入,则从 L_2 的有标记端流出,磁场方向相反而相互削弱。

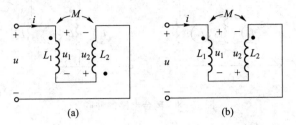

图 13-7 耦合电感的串联

图 13-7(a)所示单口网络的电压电流关系为

$$u = L_1 \frac{di}{dt} + M \frac{di}{dt} + M \frac{di}{dt} + L_2 \frac{di}{dt} = (L_1 + L_2 + 2M) \frac{di}{dt} = L' \frac{di}{dt} \tag{13-7}$$

此式表明耦合电感顺接串联的单口网络,就端口特性而言,等效为一个电感值为 $L' = L_1 + L_2 + 2M$ 的二端电感。

用同样方法,写出图 13-7(b)所示单口网络的电压电流关系为

$$u = L_1 \frac{di}{dt} - M \frac{di}{dt} - M \frac{di}{dt} + L_2 \frac{di}{dt} = (L_1 + L_2 - 2M) \frac{di}{dt} = L'' \frac{di}{dt} \tag{13-8}$$

此式表明耦合电感反接串联的单口网络,就端口特性而言,等效为一个电感值为 $L'' = L_1 + L_2 - 2M$ 的二端电感。

综合以上讨论,得到耦合电感串联时的等效电感为

$$L = L_1 + L_2 \pm 2M \tag{13-9}$$

顺接串联时,磁场增强,等效电感增大,故取正号;反接串联时,磁场削弱,等效电感减小,故取负号。

耦合电感在顺接和反接串联时,等效电感相差 $4M$,其互感值可以由下式确定

$$M = \frac{L' - L''}{4} \tag{13-10}$$

如果能用仪器测量实际耦合线圈顺接串联和反接串联时的电感 L' 和 L'',则可用式(13-10)算出其互感值,这是测量互感量值的一种方法。还可根据电感值较大(或较小)时线圈的连接情况来判断其同名端。

现在研究耦合电感的并联。图 13-8(a)表示同名端并联的情况,该电路的网孔方程为

$$\begin{cases} L_1 \dfrac{di_1}{dt} - L_1 \dfrac{di_2}{dt} + M \dfrac{di_2}{dt} = u_1 \\[2mm] -L_1 \dfrac{di_1}{dt} + M \dfrac{di_1}{dt} + (L_1 + L_2 - 2M) \dfrac{di_2}{dt} = 0 \end{cases}$$

由第二式求得

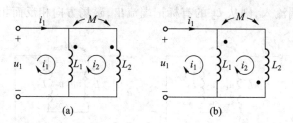

图 13-8 耦合电感的并联

$$\frac{\mathrm{d}i_2}{\mathrm{d}t} = \frac{L_1 - M}{L_1 + L_2 - 2M} \cdot \frac{\mathrm{d}i_1}{\mathrm{d}t}$$

代入第一式得到

$$u_1 = \frac{L_1 L_2 - M^2}{L_1 + L_2 - 2M} \cdot \frac{\mathrm{d}i_1}{\mathrm{d}t} = L' \frac{\mathrm{d}i_1}{\mathrm{d}t}$$

此式表明,耦合电感同名端并联等效于一个电感,其电感值为

$$L' = \frac{L_1 L_2 - M^2}{L_1 + L_2 - 2M}$$

用同样方法,求得耦合电感异名端并联[图 13-8(b)]的等效电感为

$$L'' = \frac{L_1 L_2 - M^2}{L_1 + L_2 + 2M}$$

综合以上讨论,最后得到耦合电感并联时的等效电感为

$$L = \frac{L_1 L_2 - M^2}{L_1 + L_2 \pm 2M} \tag{13-11}$$

同名端并联时,磁场增强,等效电感增大,分母取负号;异名端并联时,磁场削弱,等效电感减小,分母取正号。

为了说明耦合电感的耦合程度,定义一个耦合因数

$$k = \frac{M}{\sqrt{L_1 L_2}} \tag{13-12}$$

耦合因数 k 的最小值为零,此时 $M = 0$,表示无互感的情况。可以证明 k 的最大值为 1,此时 $M = \sqrt{L_1 L_2}$,这反映一个线圈电流产生的磁感应与另一个线圈的每一匝都完全交链的情况。$k = 1$ 时称为全耦合,k 接近于 1 时称为紧耦合;k 很小时称为松耦合。

为了直观地看出互感变化对耦合电感串联和并联等效电感的影响,利用计算机程序 WACAP 画出 $L_1 = 4\ \mathrm{mH}$、$L_2 = 1\ \mathrm{mH}$ 的耦合电感在互感从零变化到最大值 $M = \sqrt{L_1 L_2} = 2\ \mathrm{mH}$ 时,其串联和并联等效电感与互感的关系曲线,如图 13-9 所示。耦合电感在顺接和反接串联的曲线,如图 13-9(a)和(b)所示,耦合电感在同名端并联和异名端并联的曲线,如图 13-9(c)和(d)所

示。有兴趣的读者可以画 $L_1 = L_2$ 的耦合电感的相应曲线,你会发现耦合电感在同名端并联时的曲线与图 13-9(c)差别很大,当 k 接近于 1 时 $L = L_1 = L_2$。

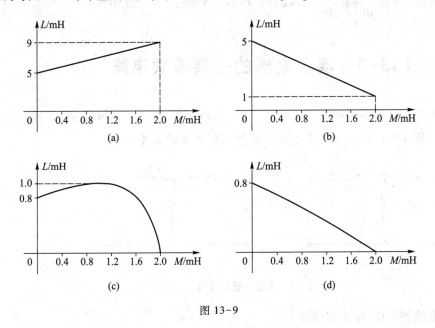

图 13-9

例 13-2　图 13-10 所示电路原已稳定。已知 $R = 20\ \Omega, L_1 = L_2 = 4\ \text{H}, k = 0.25, U_S = 8\ \text{V}$。$t = 0$ 时开关闭合,试求($t > 0$)时的 $i(t)$ 和 $u(t)$。

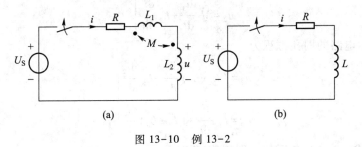

图 13-10　例 13-2

解　先求出互感

$$M = k\sqrt{L_1 L_2} = 0.25 \times 4\text{H} = 1\text{H}$$

再求出耦合电感串联的等效电感

$$L = L_1 + L_2 + 2M = (4 + 4 + 2)\,\text{H} = 10\text{H}$$

得到图 13-10(b)所示的等效电路。用三要素法求得电流为

$$i(t) = \frac{U_S}{R}\left(1 - e^{-\frac{R}{L}t}\right) = 0.4(1 - e^{-2t})\ \text{A} \quad (t \geqslant 0)$$

由图 13-10(a)所示电路求得

$$u(t) = L_2 \frac{\mathrm{d}i}{\mathrm{d}t} + M \frac{\mathrm{d}i}{\mathrm{d}t} = (4+1) \times 0.4 \times 2\mathrm{e}^{-2t} \text{ V} = 4\mathrm{e}^{-2t} \text{ V} \quad (t>0)$$

§13-3 耦合电感的去耦等效电路

图 13-11(a)表示有一个公共端的耦合电感,这个三端网络,就端口特性来说,可用三个电感连接成星形网络[图 13-11(b)]来等效。现在推导它们等效的条件。

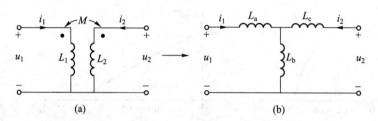

图 13-11 耦合电感的等效

图 13-11(a)所示电路的电压、电流方程为

$$\left.\begin{array}{l} u_1 = L_1 \dfrac{\mathrm{d}i_1}{\mathrm{d}t} + M \dfrac{\mathrm{d}i_2}{\mathrm{d}t} \\[3mm] u_2 = M \dfrac{\mathrm{d}i_1}{\mathrm{d}t} + L_2 \dfrac{\mathrm{d}i_2}{\mathrm{d}t} \end{array}\right\} \tag{13-13}$$

图 13-11(b)所示电路的网孔方程为

$$\left.\begin{array}{l} u_1 = (L_\mathrm{a} + L_\mathrm{b}) \dfrac{\mathrm{d}i_1}{\mathrm{d}t} + L_\mathrm{b} \dfrac{\mathrm{d}i_2}{\mathrm{d}t} \\[3mm] u_2 = L_\mathrm{b} \dfrac{\mathrm{d}i_1}{\mathrm{d}t} + (L_\mathrm{b} + L_\mathrm{c}) \dfrac{\mathrm{d}i_2}{\mathrm{d}t} \end{array}\right\} \tag{13-14}$$

令式(13-13)与式(13-14)各系数分别相等,得到

$$\left.\begin{array}{l} L_1 = L_\mathrm{a} + L_\mathrm{b} \\ L_2 = L_\mathrm{b} + L_\mathrm{c} \\ M = L_\mathrm{b} \end{array}\right\} \tag{13-15}$$

由此解得

$$\left.\begin{array}{l} L_\mathrm{a} = L_1 - M \\ L_\mathrm{b} = M \\ L_\mathrm{c} = L_2 - M \end{array}\right\} \tag{13-16}$$

这就是具有公共端的耦合电感与其去耦等效网络的等效条件。若图 13-11(a)所示的同名端改变位置,则 M 前的符号也要改变。这两种情况下的等效网络,如图 13-12 所示。在含耦合电感的电路中,将连通的耦合电感用没有耦合关系的等效星形联结网络代替后,常常可以简化电路分析。

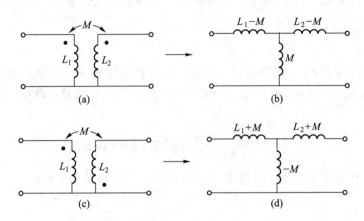

图 13-12　耦合电感的去耦等效网络

例 13-3　用去耦等效网络求图 13-13(a)所示单口网络的等效电感。

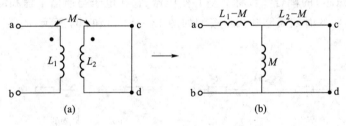

图 13-13　例 13-3

解　若将耦合电感 b、d 两端相连,其连接线中的电流为零,不会影响单口网络的端口电压电流关系,此时可用图 13-13(b)所示电感三端网络来等效。再用电感串、并联公式求得等效电感

$$L_{ab}=L_1-M+\frac{M(L_2-M)}{M+L_2-M}=L_1-\frac{M^2}{L_2} \tag{13-17}$$

也可将耦合电感 b、c 两端相连,用图 13-12(d)所示网络来等效,所求得的等效电感与式(13-17)相同。这是因为无论将 b、d 两点或 b、c 两点相连,连接线中的电流均为零,不会改变原电路中的各电压和电流。

例 13-4　试求图 13-14(a)所示单口网络的等效电路。

解　先化简电路。将 2 Ω 和 3 Ω 串联等效为一个 5 Ω 电阻,再将异名端相连作公共端的耦

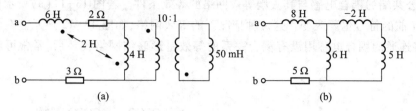

图 13-14　例 13-4

合电感,用图 13-12(d)所示去耦等效网络代替。最后将端接 50 mH 电感的理想变压器等效为一个电感,其电感值为$10^2 \times 50$ mH$=5$ H,得到图 13-14(b)所示等效单口网络。用电感串并联公式求得总电感为

$$L = 8 \text{ H} + \frac{6(5-2)}{6+5-2} \text{ H} = 8 \text{ H} + 2 \text{ H} = 10 \text{ H}$$

最后得到图 13-14(a)所示等效单口网络为 5 Ω 电阻与 10 H 电感的串联。

§13-4　空心变压器电路的分析

不含铁心(或磁芯)的耦合线圈称为空心变压器,它在电子与通信工程和测量仪器中得到广泛应用。空心变压器的时域模型和相量模型如图 13-15(a)和(b)所示,R_1 和 R_2 表示一次和二次绕组的电阻。

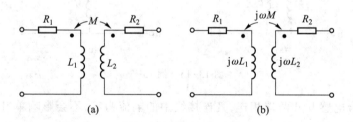

图 13-15　空心变压器的电路模型

通常,空心变压器的一次侧(旧称初级)接交流电源,二次侧(旧称次级)接负载。电源提供的能量通过磁场耦合传递到负载。下面讨论含空心变压器电路的正弦稳态分析。

一、端接负载的空心变压器

空心变压器二次侧接负载的相量模型如图 13-16(a)所示。现用外加电压源计算端口电流的方法求输入阻抗,然后得到单口网络的等效电路。该电路的网孔方程为

$$(R_1 + j\omega L_1)\dot{I}_1 - j\omega M \dot{I}_2 = \dot{U}_1 \tag{13-18}$$

$$-j\omega M \dot{I}_1 + (R_2 + j\omega L_2 + Z_L)\dot{I}_2 = 0 \tag{13-19}$$

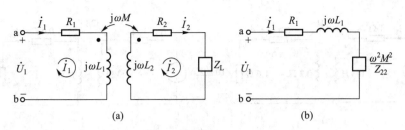

图 13-16　端接负载的空心变压器

由式(13-19)求出 $\dot{I}_2$

$$\dot{I}_2 = \frac{j\omega M \, \dot{I}_1}{R_2 + j\omega L_2 + Z_L} = \frac{j\omega M \, \dot{I}_1}{Z_{22}} \tag{13-20}$$

式中 $Z_{22} = R_2 + j\omega L_2 + Z_L$ 是二次回路的阻抗。将此式代入式(13-18)，求得输入阻抗

$$Z_i = \frac{\dot{U}_1}{\dot{I}_1} = R_1 + j\omega L_1 + \frac{\omega^2 M^2}{Z_{22}} = Z_{11} + Z_{ref} \tag{13-21}$$

式中，$Z_{11} = R_1 + j\omega L_1$ 是一次回路阻抗；Z_{ref} 是二次回路在一次回路的反映阻抗，有

$$Z_{ref} = \frac{\omega^2 M^2}{R_2 + j\omega L_2 + Z_L} = \frac{\omega^2 M^2}{Z_{22}} \tag{13-22}$$

若负载开路，$\dot{I}_2 = 0$ 时，$Z_{22} \to \infty$，$Z_{ref} = 0$，则 $Z_i = Z_{11} = R_1 + j\omega L_1$，不受二次回路的影响；若 $\dot{I}_2 \neq 0$，则输入阻抗 $Z_i = Z_{11} + Z_{ref}$，其中 Z_{ref} 反映二次回路的影响。例如，Z_{ref} 的实部反映二次回路中电阻的能量损耗，Z_{ref} 的虚部反映二次回路中储能元件与一次侧的能量交换。

由式(13-21)得到空心变压器二次侧接负载时的一次侧等效电路，如图 13-16(b)所示。若已知这个等效电路，给定输入电压源 $\dot{U}_1$，用下式求得一次回路电流

$$\dot{I}_1 = \frac{\dot{U}_1}{Z_i} = \frac{\dot{U}_1}{Z_{11} + \dfrac{\omega^2 M^2}{Z_{22}}} \tag{13-23}$$

再用式(13-20)即可求得二次电流 $\dot{I}_2$。

若改变图 13-16(a)所示电路中同名端位置，则式(13-18)、式(13-19)和式(13-20)中 M 前的符号要改变。但不会影响输入阻抗、反映阻抗和等效电路。

例 13-5　电路如图 13-17(a)所示。已知 $u_S(t) = 10\sqrt{2}\,\cos 10t$ V。试求：
(1) $i_1(t)$、$i_2(t)$；(2) 1.6 Ω 负载电阻吸收的功率。

解　画出相量模型，如图 13-17(b)所示。由式(13-22)求出反映阻抗

$$Z_{ref} = \frac{\omega^2 M^2}{Z_{22}} = \frac{2^2}{2 + j2} \; \Omega = (1 - j1)\,\Omega$$

二次回路的感性阻抗反映到一次侧成为容性阻抗。由式(13-21)求出输入阻抗

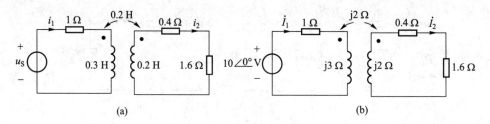

图 13-17 例 13-5

$$Z_i = Z_{11} + Z_{ref} = (1+j3+1-j1)\,\Omega = (2+j2)\,\Omega$$

由式(13-23)求出一次电流

$$\dot{I}_1 = \frac{\dot{U}_S}{Z_i} = \frac{10 \angle 0° \text{ V}}{(2+j2)\ \Omega} = 2.5\sqrt{2}\ \angle -45°\ \text{A}$$

由式(13-20)求出二次电流

$$\dot{I}_2 = \frac{j\omega M\ \dot{I}_1}{Z_{22}} = \frac{j2 \times 2.5\sqrt{2}\ \angle -45°}{2+j2}\ \text{A} = 2.5\ \text{A}$$

最后得到

$$i_1(t) = 5\cos(10t - 45°)\ \text{A}$$

$$i_2(t) = 2.5\sqrt{2}\cos 10t\ \text{A}$$

1.6 Ω 负载电阻吸收的平均功率为

$$P = R_L I_2^2 = 1.6\ \Omega \times (2.5\ \text{A})^2 = 10\ \text{W}$$

二、端接电源的空心变压器

为了求得空心变压器一次侧接电源时,二次侧负载获得的最大功率,现在讨论除负载以外含源单口网络的戴维南等效电路。该单口网络的相量模型如图 13-18(a)所示。

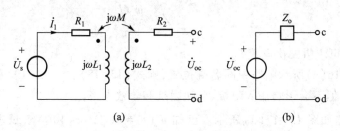

图 13-18 含源单口网络电路的相量模型

先求出开路电压

$$\dot{U}_{oc} = j\omega M\ \dot{I}_1 = \frac{j\omega M\ \dot{U}_S}{R_1 + j\omega L_1} \tag{13-24}$$

用求输入阻抗 Z_i 相似的方法，求出输出阻抗

$$Z_o = R_2 + j\omega L_2 + \frac{\omega^2 M^2}{R_1 + j\omega L_1} = R_o + jX_o \tag{13-25}$$

式中

$$R_o = R_2 + \frac{R_1 \omega^2 M^2}{R_1^2 + \omega^2 L_1^2}$$

$$X_o = \omega L_2 - \frac{\omega^3 M^2 L_1}{R_1^2 + \omega^2 L_1^2}$$

得到图 13-18(b)所示戴维南等效电路。根据最大功率传输定理，当负载 Z_L 与 Z_o 共轭匹配，即 $Z_L = Z_o^*$，可获得最大功率为

$$P_{\max} = \frac{U_{oc}^2}{4R_o}$$

例 13-6　试求图 13-17 所示电路中 1.6 Ω 负载电阻经调整获得的最大功率。

解　将 1.6 Ω 电阻断开，求含源单口网络的戴维南等效电路。由式(13-24)求开路电压

$$\dot{U}_{oc} = \frac{j\omega M \dot{U}_S}{R_1 + j\omega L_1} = \frac{j2 \times 10}{1 + j3} \text{ V} = 6.325 \underline{/18.44°} \text{ V}$$

由式(13-25)求得输出阻抗

$$Z_o = R_2 + j\omega L_2 + \frac{\omega^2 M^2}{R_1 + j\omega L_1} = \left(0.4 + j2 + \frac{4}{1 + j3} \right) \Omega = (0.8 + j0.8) \text{ }\Omega$$

根据最大功率传输定理，当 $Z_L = Z_o^* = (0.8 - j0.8)$ Ω 时，获得最大功率

$$P_{\max} = \frac{U_{oc}^2}{4R_o} = \frac{(6.325 \text{ V})^2}{4 \times 0.8 \text{ }\Omega} = 12.5 \text{ W}$$

为满足共轭匹配条件，可在二次回路串联一个 $C = 0.125$ F 的电容，产生 $\frac{1}{j\omega C} = -j0.8$ Ω 的阻抗。欲使原来的 1.6 Ω 电阻获得此最大功率，可用变比为 $1 : \sqrt{2}$ 的理想变压器将 1.6 Ω 变换为 0.8 Ω。

式(13-21)、式(13-25)和式(13-24)也可用双口网络的有关公式直接导出。空心变压器的 VCR 方程为

$$\left. \begin{array}{l} \dot{U}_1 = (R_1 + j\omega L_1) \dot{I}_1 + j\omega M \dot{I}_2 \\ \dot{U}_2 = j\omega M \dot{I}_1 + (R_2 + j\omega L_2) \dot{I}_2 \end{array} \right\}$$

其开路阻抗矩阵为

$$\mathbf{Z} = \begin{pmatrix} z_{11} & z_{12} \\ z_{21} & z_{22} \end{pmatrix} = \begin{pmatrix} R_1 + j\omega L_1 & j\omega M \\ j\omega M & R_2 + j\omega L_2 \end{pmatrix} \tag{13-26}$$

将电阻双口网络的式(6-25)、式(6-26)和式(6-27)中电阻参数换为阻抗参数,即可求得

$$Z_i = z_{11} - \frac{z_{12}z_{21}}{z_{22}+Z_L} = R_1 + j\omega L_1 + \frac{\omega^2 M^2}{R_2 + j\omega L_2 + Z_L}$$

$$Z_o = z_{22} - \frac{z_{12}z_{21}}{z_{11}} = R_2 + j\omega L_2 + \frac{\omega^2 M^2}{R_1 + j\omega L_1}$$

$$\dot{U}_{oc} = z_{21}\dot{I}_1 = \frac{j\omega M \dot{U}_S}{R_1 + j\omega L_1}$$

三、用去耦等效电路简化电路分析

含耦合电感的电路,若能将耦合电感用去耦等效电路代替,可避免使用耦合电感的 VCR 方程,常可简化电路分析。现举例说明。

例 13-7 电路如图 13-19(a)所示。已知 $u_S(t) = 10\sqrt{2}\cos 10^3 t$ V。试求电流 $i_1(t)$、$i_2(t)$ 和负载可获得的最大功率。

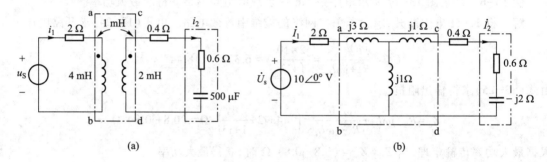

图 13-19 例 13-7

解 将耦合电感 b、d 两点相连,用图 13-12(b)所示等效电路代替耦合电感,得到图 13-19(b)所示相量模型。等效电路中三个电感的阻抗为

$$Z_a = j\omega(L_1 - M) = (j4 - j1) \ \Omega = j3 \ \Omega$$

$$Z_b = j\omega M = j1 \ \Omega$$

$$Z_c = j\omega(L_2 - M) = (j2 - j1) \ \Omega = j1 \ \Omega$$

用阻抗串、并联和分流公式求得

$$Z_i = \left[2 + j3 + \frac{j1(1-j1)}{0.4+0.6} \right] \ \Omega = (3+j4) \ \Omega$$

$$\dot{I}_1 = \frac{\dot{U}_S}{Z_i} = \frac{10 \ \angle 0° \ V}{(3+j4) \ \Omega} = 2 \ \angle -53.1° \ A$$

$$\dot{I}_2 = \frac{j1}{j1+1-j1}\dot{I}_1 = 2 \ \angle 36.9° \ A$$

$$i_1(t) = 2\sqrt{2}\cos(10^3 t - 53.1°) \text{ A}$$

$$i_2(t) = 2\sqrt{2}\cos(10^3 t + 36.9°) \text{ A}$$

为求负载可获得的最大功率,断开负载 $Z_L = (0.6 - j2)$ Ω,求得

$$\dot{U}_{oc} = \frac{j1}{2 + j4}\dot{U}_S = \frac{j10(2 - j4)}{20} \text{ V} = (2 + j1) \text{ V} = \sqrt{5}\angle 26.6° \text{ V}$$

$$Z_o = \left[0.4 + j1 + \frac{j1(2 + j3)}{2 + j4} \right] \Omega = (0.5 + j1.8)\Omega$$

根据最大功率传输定理,当负载为 $Z_L = Z_o^* = (0.5 - j1.8)\Omega$ 时,可获得最大功率

$$P_{max} = \frac{U_{oc}^2}{4R_o} = \frac{(\sqrt{5} \text{ V})^2}{4 \times 0.5 \text{ Ω}} = 2.5\text{W}$$

此题用去耦等效电路代替耦合电感后,只需使用阻抗串、并联公式和分压、分流公式就能求解,不必记住本节导出的一系列公式。

§13-5 耦合电感与理想变压器的关系

前面介绍了耦合电感的去耦等效网络。现在说明耦合电感也可用图 13-20(b)所示两个电感和一个理想变压器构成的双口网络来等效,从而说明耦合电感与理想变压器的关系。

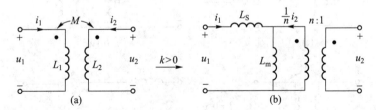

图 13-20 耦合电感的等效电路

列出图 13-20(a)所示耦合电感的电压电流关系如下

$$\left.\begin{array}{l} u_1 = L_1\dfrac{\mathrm{d}i_1}{\mathrm{d}t} + M\dfrac{\mathrm{d}i_2}{\mathrm{d}t} \\[3mm] u_2 = M\dfrac{\mathrm{d}i_1}{\mathrm{d}t} + L_2\dfrac{\mathrm{d}i_2}{\mathrm{d}t} \end{array}\right\}$$ (13-27)

微视频 13-5:
铁心变压器的
实验

列出图 13-20(b)所示双口网络的电压电流关系如式(13-28)所示。

$$\left.\begin{array}{l} u_1 = (L_S + L_m)\dfrac{\mathrm{d}i_1}{\mathrm{d}t} + \dfrac{L_m}{n}\dfrac{\mathrm{d}i_2}{\mathrm{d}t} \\[3mm] u_2 = \dfrac{L_m}{n}\dfrac{\mathrm{d}i_1}{\mathrm{d}t} + \dfrac{L_m}{n^2}\dfrac{\mathrm{d}i_2}{\mathrm{d}t} \end{array}\right\}$$ (13-28)

令式(13-27)和式(13-28)的对应系数相等,可以求出两个双口网络的等效条件为

$$
\left.\begin{array}{l}
L_1 = L_S + L_m \\[4pt]
M = \dfrac{L_m}{n} \\[6pt]
L_2 = \dfrac{L_m}{n^2} = \dfrac{M}{n}
\end{array}\right\} \qquad (13-29a)
$$

$$
\left.\begin{array}{l}
n = \dfrac{M}{L_2} = k\sqrt{\dfrac{L_1}{L_2}} \\[8pt]
L_m = \dfrac{M^2}{L_2} = k^2 L_1 \\[8pt]
L_S = L_1 - \dfrac{M^2}{L_2} = (1-k^2) L_1
\end{array}\right\} \qquad (13-29b)
$$

利用以上关系可以画出 $L_1 = 16\ \mathrm{H}$、$L_2 = 1\ \mathrm{H}$ 的耦合电感,在 $k = 0.25$、0.5、0.75 时的等效双口网络,如图 13-21(b)(d)(f)所示。

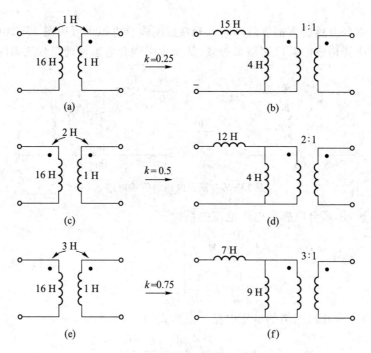

图 13-21 耦合电感的等效电路

从式(13-29)和图 13-20 可见,若线圈磁耦合增强,使 M 和 k 增加,则 L_m 增大,L_S 减小。当耦合因数 $k = 1$ 时,$M = \sqrt{L_1 L_2}$,式(13-29b)变为

$$\left. \begin{array}{l} n = \sqrt{\dfrac{L_1}{L_2}} \\[2mm] L_m = L_1 \\[2mm] L_S = 0 \end{array} \right\} \qquad (13\text{-}30)$$

这表明对于 $k=1$ 的全耦合变压器,可用一个电感 L_1 和变比为 $n=\sqrt{L_1/L_2}$ 的理想变压器构成其电路模型,如图 13-22(b)所示。例如,图 13-22(c)所示耦合电感与图 13-22(d)所示双口网络等效。

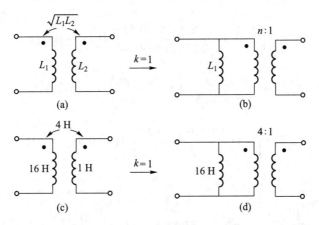

图 13-22 全耦合变压器的电路模型

式(13-30)表明,$L_1 \to \infty$ 的全耦合变压器可用一个理想变压器作为它的电路模型。也就是说采用导线绕制的全耦合铁心变压器,在线圈电感非常大的情况下,就其端口特性而言,近似为一个理想变压器。

有铁心的磁耦合线圈,考虑到导线和铁心损耗的电路模型如图 13-23(a)所示,其等效网络如图 13-23(b)所示。

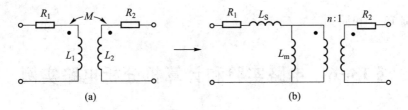

图 13-23 铁心线圈的电路模型

例 13-8 用耦合电感的等效网络重解例 13-7。

解 将图 13-19(a)中耦合电感用含理想变压器的等效网络代替。由式(13-29b)求得 $n=0.5$,$L_m=0.5$ mH,$L_S=3.5$ mH。其相量模型如图 13-24 所示。由此电路求得

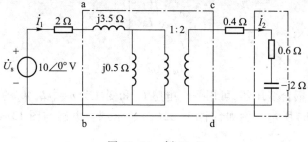

图 13-24 例 13-8

$$Z_{\mathrm{i}} = \left[2 + \mathrm{j}3.5 + \frac{\mathrm{j}0.5(0.25 - \mathrm{j}0.5)}{0.25 - \mathrm{j}0.5 + \mathrm{j}0.5} \right] \; \Omega = (3 + \mathrm{j}4) \; \Omega$$

$$\dot{U}_{\mathrm{oc}} = \frac{\mathrm{j}0.5 \times 10}{2 + \mathrm{j}3.5 + \mathrm{j}0.5} \times 2 \; \mathrm{V} = \frac{20 \times \mathrm{j}0.5}{2 + \mathrm{j}4} \; \mathrm{V} = (2 + \mathrm{j}1) \; \mathrm{V}$$

$$Z_{\mathrm{o}} = \left[0.4 + \frac{4 \times \mathrm{j}0.5(2 + \mathrm{j}3.5)}{2 + \mathrm{j}4} \right] \; \Omega = (0.5 + \mathrm{j}1.8) \; \Omega$$

由此计算出电流

$$\dot{I}_1 = \frac{\dot{U}_{\mathrm{s}}}{Z_{\mathrm{i}}} = \frac{10 \angle 0° \; \mathrm{V}}{(3 + \mathrm{j}4) \; \Omega} = 2 \angle -53.1° \; \mathrm{A}, \quad \dot{I}_2 = \frac{\mathrm{j}1}{\mathrm{j}1 + 1 - \mathrm{j}1} \dot{I}_1 = 2 \angle 36.9° \; \mathrm{A}$$

$$i_1(t) = 2\sqrt{2} \cos(10^3 t - 53.1°) \; \mathrm{A}, \quad i_2(t) = 2\sqrt{2} \cos(10^3 t + 36.9°) \; \mathrm{A}$$

根据最大功率传输定理,当负载为 $Z_{\mathrm{L}} = Z_{\mathrm{o}}^* = (0.5 - \mathrm{j}1.8) \; \Omega$ 时可获得最大功率

$$P_{\max} = \frac{U_{\mathrm{oc}}^2}{4R_{\mathrm{o}}} = \frac{(\sqrt{5} \; \mathrm{V})^2}{4 \times 0.5 \; \Omega} = 2.5 \mathrm{W}$$

求解结果与例 13-7 相同。

§13-6 电路实验和计算机分析电路实例

首先用正弦稳态分析程序 WACAP 来分析含耦合电感的电路,再介绍确定耦合线圈同名端的各种实验方法。

一、计算机辅助电路分析

例 13-9 电路如图 13-25 所示。已知 $u_{\mathrm{s}}(t) = 10\sqrt{2} \cos 10^3 t \mathrm{V}$。试求电流 $i_1(t)$、$i_2(t)$ 和负载

可获得的最大功率。

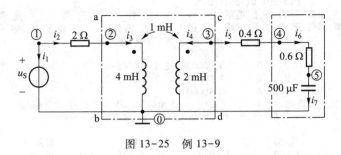

图 13-25　例 13-9

解　运行正弦稳态分析程序 WACAP,输入图 13-25 所示电路数据,可以得到以下计算结果。

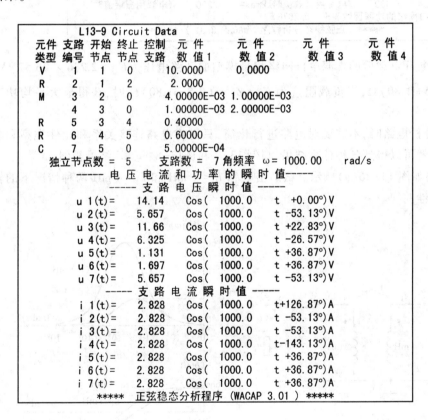

微视频 13-6:
例题 13-9 解答演示

微视频 13-7:
例题 13-9 频率特性

微视频 13-8:
例题 13-9 参变特性

微视频 13-9:
例题 13-9 负载功率

计算机得到的电流为

$$i_1(t) = 2.83\cos(10^3 t - 53.13°)\ \text{A}$$

$$i_2(t) = 2.83\cos(10^3 t + 36.87°)\ \text{A}$$

断开负载,用 WACAP 程序计算单口网络向可变负载传输的最大平均功率的结果如下所示。

```
           L13-9-1 Circuit Data
元件 支路 开始 终止 控制   元件        元件        元件        元件
类型 编号 节点 节点 支路   数值1       数值2       数值3       数值4
 V    1    1   0        10.0000     0.0000
 R    2    1   2         2.0000
 M    3    2   0         4.00000E-03 1.00000E-03
      4    3   0         1.00000E-03 2.00000E-03
 R    5    3   4         0.40000
   独立节点数 = 4    支路数 = 5 角频率  ω= 1000.00    rad/s
   ----- 任 两 节 点 间 单 口 的 等 效 电 路 -----
4 -> 0
             实部         虚部          模          幅角
  Uoc=(  2.000    +j  1.0000  ) = 2.236    exp(j  26.57°)
  Z0 =(  0.5000   +j  1.800   ) = 1.868    exp(j  74.48°)
  Isc=(  0.8023   +j -0.8883  ) = 1.197    exp(j -47.91°)
  Y0 =(  0.1433   +j -0.5158  ) = 0.5353   exp(j -74.48°)
  Pmax=  2.500    (电源用有效值时)Pmax=  1.250   (电源用振幅值时)
  单口网络的功率因数等于  0.2676
   *****  正弦稳态分析程序 (WACAP 3.01 )  *****
```

计算结果表明,断开负载后的含源单口网络相量模型的开路电压为 $\dot{U}_{oc} = 2.236 \underline{/26.57°}$ V, 输出阻抗为 $Z_o = (0.5 + j1.80)\,\Omega$, 当负载阻抗为 $Z_L = Z_o^* = (0.5 - j1.80)\,\Omega$ 时,获得最大平均功率为 2.5 W。

用计算机程序分析电路时,不需要对电路进行化简,只需将电路连接关系和元件类型和参数输入计算机,马上就可以得到各种计算结果,与例 13-7 和例 13-8"笔算"结果相同。

例 13-10   电路如图 13-26(a)所示。试画出电感 $L_1 = 1$ mH 和 $L_1 = 4$ mH 两种情况下的输出电压 u_o 的频率特性曲线。

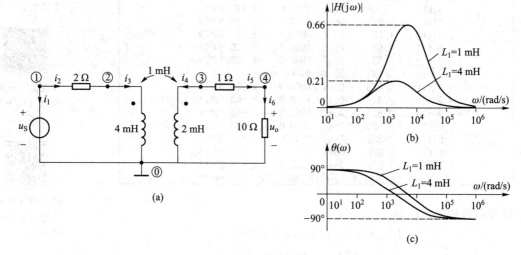

图 13-26 例 13-10

　　解　运行计算机程序 WACAP,读入图 13-26(a)所示电路数据,画出电感 $L_1 = 1\ \text{mH}$ 情况下的幅频和相频特性曲线,如下所示。

微视频 13-10:例题 13-10 解答演示

　　详细计算过程和结果请参考教材 Abook 资源中辅助电子教材,画出电感 $L_1 = 1\ \text{mH}$ 和 $L_2 = 4\ \text{mH}$ 两种情况下的幅频和相频特性曲线,如图 13-26(b)和(c)所示,由此可见,幅频特性具有带通滤波特性,电感 L_1 减小时,中心频率增高,输出幅度增大。

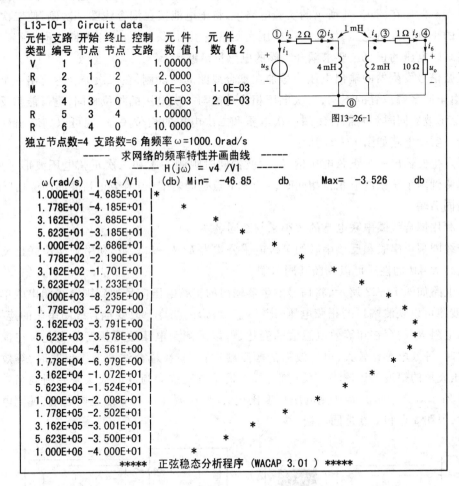

```
L13-10-1  Circuit data
元件  支路  开始  终止  控制    元件      元件
类型  编号  节点  节点  支路   数 值1    数 值2
 V    1    1    0           1.00000
 R    2    1    2           2.0000
 M    3    2    0           1.0E-03   1.0E-03
      4    3    0           1.0E-03   2.0E-03
 R    5    3    4           1.00000
 R    6    4    0          10.0000

独立节点数=4 支路数=6 角频率 ω=1000.0rad/s
   ----- 求网络的频率特性并画曲线 -----
   ----- H(jω) = v4 /V1 -----
  ω(rad/s) | v4 /V1 (db) Min= -46.85    db    Max= -3.526  db
  1.000E+01 -4.685E+01 |*
  1.778E+01 -4.185E+01 |       *
  3.162E+01 -3.685E+01 |           *
  5.623E+01 -3.185E+01 |              *
  1.000E+02 -2.686E+01 |                  *
  1.778E+02 -2.190E+01 |                      *
  3.162E+02 -1.701E+01 |                          *
  5.623E+02 -1.233E+01 |                              *
  1.000E+03 -8.235E+00 |                                  *
  1.778E+03 -5.279E+00 |                                     *
  3.162E+03 -3.791E+00 |                                       *
  5.623E+03 -3.578E+00 |                                       *
  1.000E+04 -4.561E+00 |                                      *
  1.778E+04 -6.979E+00 |                                    *
  3.162E+04 -1.072E+01 |                                 *
  5.623E+04 -1.524E+01 |                             *
  1.000E+05 -2.008E+01 |                         *
  1.778E+05 -2.502E+01 |                     *
  3.162E+05 -3.001E+01 |                 *
  5.623E+05 -3.500E+01 |             *
  1.000E+06 -4.000E+01 |         *
   *****  正弦稳态分析程序 (WACAP 3.01 )  *****
```

图13-26-1

　　二、电路实验设计

　　前面已经介绍用干电池和电压表确定磁耦合线圈同名端的一种实验方法,其原理是利用互感电压值可能为正、也可能为负的特性,这种方法的缺点是线圈的电感很小时,效果不好。在实际中,还可以用以下实验方法来判断磁耦合线圈的同名端。

　　(1)利用耦合线圈互感电压的正、负来判断同名端。

　　一般来说,耦合线圈的电压由自感电压和互感电压两项组成,在二次侧开路的情况下,二次

电流恒等于零,此时一次电压只剩下自感电压,二次电压只剩下互感电压,即

$$u_1 = L_1 \frac{\mathrm{d}i_1}{\mathrm{d}t}$$

$$u_2 = \pm M \frac{\mathrm{d}i_1}{\mathrm{d}t}$$

互感电压的正号或负号与耦合线圈同名端位置有关。反过来,可以用测量互感电压的正、负来判断同名端。例如在图 13-4 所示的实验电路中,将干电池接在耦合线圈一次侧,使二次侧感应一个瞬时的正电压或负电压,用高内阻电压表测量电压的正、负,就可以判断出同名端。为了能够观测出瞬时电压的正、负,要求耦合线圈的电感量足够大。

将正弦信号发生器的输出电压信号加在耦合线圈的一次侧,在二次侧会感应出一个正弦电压信号,由于同名端位置的不同,二次电压相位可能与一次电压的相位相同,也可能相反。反过来,用双踪示波器同时观测耦合线圈一次电压和二次电压的相位关系,就可以判断出耦合线圈的同名端。实验电路如图 13-27 所示。

信号发生器输出一个正弦电压信号,示波器同时观测一次和二次正弦电压波形。显然,当示波器观测到两个正弦波形相位相同时,a 点和 c 点是同名端;当两个正弦波形相位相反时,a 点和 d 点是同名端。

(2) 利用耦合线圈串联电感的大小来判断同名端。

耦合线圈顺接串联和反接串联的等效电感公式为 $L = L_1 + L_2 \pm 2M$,利用顺接串联比反接串联的等效电感大 $4M$ 的性质可以判断其同名端。

实验电路如图 13-28 所示,将信号发生器输出的正弦电压信号加到耦合线圈串联单口网络上,用示波器可以观测端口的正弦电压,记下电压波形的幅度。改变耦合线圈串联的连接方式,由于输出电阻 R_o 的存在和等效电感值的变化,可以观测到电压波形幅度的变化。在耦合线圈顺接串联时,等效电感比较大,电压波形的幅度就比较大;在耦合线圈反接串联时,等效电感比较小,电压波形的幅度就比较小。反过来,可以根据电压波形幅度的大小来判断同名端。例如图 13-27 所示电路中示波器观测电压幅度比较大时,说明 a 点和 d 点是同名端,观测电压幅度比较小时,说明 a 点和 c 点是同名端。

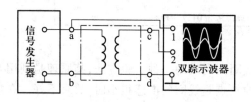

图 13-27　测量同名端的实验电路

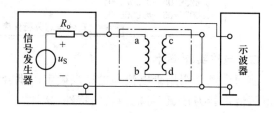

图 13-28　测量同名端的实验电路

还可以利用测量线圈电感的仪器来判断耦合线圈的同名端。例如,利用谐振电路特性制成

的高频 Q 表就可以测量线圈的电感和品质因数。根据 Q 表测量耦合线圈顺接串联和反接串联电感值的大小，就可以判断出同名端。例如等效电感值大时，是顺接串联，此时两个线圈的异名端连接在一起；等效电感值小时，是反接串联，此时两个线圈的同名端连接在一起。实验的具体过程可以观看教材 Abook 资源中的"耦合线圈的同名端"和"耦合线圈参数测量"实验录像。

摘　　要

1. 线性耦合电感磁链与电流的关系可表示为

$$\left. \begin{array}{l} \Psi_1 = \Psi_{11} \pm \Psi_{12} = L_1 i_1 \pm M_{12} i_2 \\ \Psi_2 = \pm \Psi_{21} + \Psi_{22} = \pm M_{21} i_1 + L_2 i_2 \end{array} \right\}$$

在端口电压、电流采用关联参考方向时的 VCR 方程为

$$\left. \begin{array}{l} u_1 = L_1 \dfrac{di_1}{dt} \pm M \dfrac{di_2}{dt} \\ u_2 = \pm M \dfrac{di_1}{dt} + L_2 \dfrac{di_2}{dt} \end{array} \right\}$$

其相量形式的 VCR 方程为

$$\left. \begin{array}{l} \dot{U}_1 = j\omega L_1 \dot{I}_1 \pm j\omega M \dot{I}_2 \\ \dot{U}_2 = \pm j\omega M \dot{I}_1 + j\omega L_2 \dot{I}_2 \end{array} \right\}$$

耦合电感是一种动态双口元件，由 L_1、L_2、M 三个参数描述。

2. 耦合电感的电压 u_1 或 u_2 均由自感电压和互感电压两部分组成。其互感电压正比于产生互感电压的电流对时间的变化率，即

$$u_{2M} = \pm M \frac{di_1}{dt}$$

相量关系为

$$\dot{U}_{2M} = \pm j\omega M \dot{I}_1$$

当互感电压 u_{2M} 与电流 i_1 的参考方向相对同名端是关联方向时，取正号，反之则取负号。

3. 耦合电感的串联或并联均等效为一个电感，其电感值分别为

串联　$$L = L_1 + L_2 \pm 2M$$

并联　$$L = \frac{L_1 L_2 - M^2}{L_1 + L_2 \mp 2M}$$

4. 耦合电感就其端口特性而言，可用三个电感构成的星形电路等效，也可用两个电感和一个理想变压器组成的电路等效。用等效电路代替耦合电感常可简化电路分析。

5. 在正弦稳态情况下，端接负载的空心变压器的输入阻抗为

$$Z_{\mathrm{i}} = R_1 + \mathrm{j}\omega L_1 + \frac{\omega^2 M^2}{R_2 + \mathrm{j}\omega L_2 + Z_{\mathrm{L}}}$$

输入端接电压源时，其输出阻抗和开路电压分别为

$$Z_{\mathrm{o}} = R_2 + \mathrm{j}\omega L_2 + \frac{\omega^2 M^2}{R_1 + \mathrm{j}\omega L_1}, \qquad \dot{U}_{\mathrm{oc}} = \frac{\pm \mathrm{j}\omega \, \dot{U}_{\mathrm{S}}}{R_1 + \mathrm{j}\omega L_1}$$

微视频 13-11：
第 13 章习题
解答

习 题 十 三

§13-1 耦合电感的电压电流关系

13-1 写出题图 13-1 所示各耦合电感的 VCR 方程。

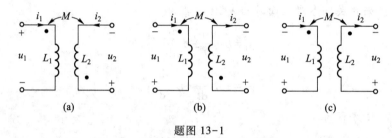

(a)　　　　　　　　(b)　　　　　　　　(c)

题图 13-1

13-2 写出题图 13-2 所示各电路中 u_1 和 u_2 的表达式。

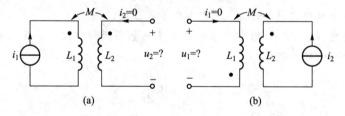

(a)　　　　　　　　(b)

题图 13-2

13-3 题图 13-3(a)所示电路中电流 i_1 和 i_2 的波形如题图 13-3(b)所示。试绘出 u_1 和 u_2 的波形。

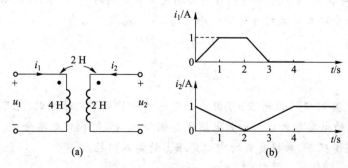

(a)　　　　　　　　(b)

题图 13-3

§13-2　耦合电感的串联与并联

13-4　已知耦合电感的 $L_1 = 20\ mH$，$L_2 = 5\ mH$，当其耦合因数为（1）$k = 0.1$；（2）$k = 0.5$；（3）$k = 1$ 时，求耦合电感串联的等效电感。

13-5　已知耦合电感的 $L_1 = 20\ mH$，$L_2 = 5\ mH$，当其耦合因数为（1）$k = 0.1$；（2）$k = 0.5$；（3）$k = 0.9$ 时，求耦合电感并联的等效电感。

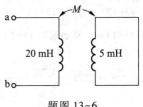

题图 13-6

13-6　电路如图 13-6 所示，当其耦合因数为（1）$k = 0.1$；（2）$k = 0.5$；（3）$k = 0.9$ 时，求 a、b 两端的等效电感。

§13-3　耦合电感的去耦等效电路

13-7　求题图 13-7 所示电路的去耦等效电路。

13-8　求题图 13-8 所示电路的去耦等效电路。

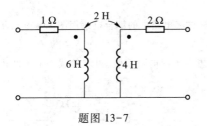

题图 13-7

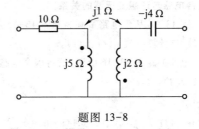

题图 13-8

13-9　电路如题图 13-9 所示。若负载是（1）$R_L = 1\ \Omega$；（2）$C_L = 1F$；（3）$C_L = 0.5F$。试求上述情况下单口网络的输入阻抗。

13-10　电路如题图 13-10 所示。求开关断开和闭合时单口网络的输入阻抗。

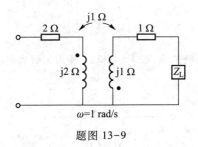

题图 13-9

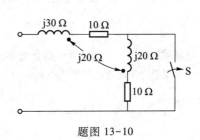

题图 13-10

§13-4　空心变压器电路的分析

13-11　求题图 13-11 所示电路中电压 $\dot{U}_2$。

13-12　电路如题图 13-12 所示。求负载为何值时获得最大功率？

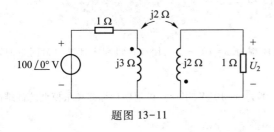

题图 13-11

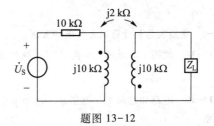

题图 13-12

13-13 求题图 13-13 所示单口网络的输入阻抗。

13-14 电路如题图 13-14 所示。已知耦合因数 $k = 0.5$，求输出电压 $\dot{U}_2$。

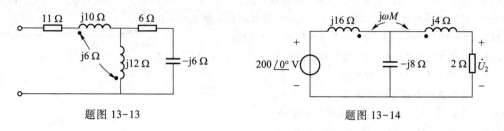

题图 13-13　　　　　　　　　　　　题图 13-14

§13-5　耦合电感与理想变压器的关系

13-15 图 13-16 所示电路重画为题图 13-15 所示电路，试将电路中的耦合电感用图 13-19 所示含理想变压器电路等效，再计算电流 $i_1(t)$、$i_2(t)$。

13-16 电路如题图 13-16 所示，试将耦合电感用含理想变压器电路等效，再求负载为何值时可获得最大功率，并求最大功率值。

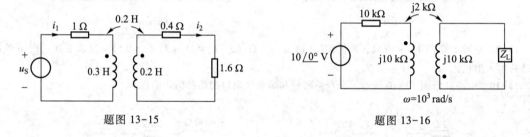

题图 13-15　　　　　　　　　　　　题图 13-16

13-17 试证明题图 13-17(a) 所示耦合电感的电压电流关系，在 $k = 1$ 和 L_1 变为无穷大时，会变成题图 13-17(b) 所示理想变压器的电压电流关系。

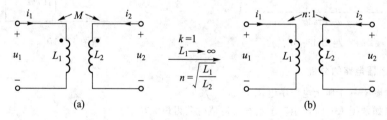

(a)　　　　　　　　　　　　(b)

题图 13-17

§13-6　电路实验和计算机分析电路实例

13-18 题图 13-18 所示电路处于正弦稳态，角频率为 $\omega = 10^3$ rad/s，用计算机程序计算单口网络的输入阻抗。

13-19 电路如题图 13-19 所示。已知 $u_S(t) = 100\sqrt{2}\cos 10^3 t$ V，用计算机程序计算其相量模型的戴维南等效电路。

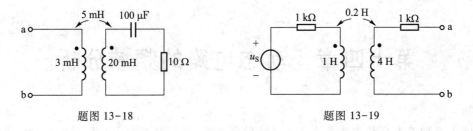

题图 13-18 题图 13-19

13-20 电路如题图 13-20 所示,用计算机程序计算电压 $\dot{U}_2$。

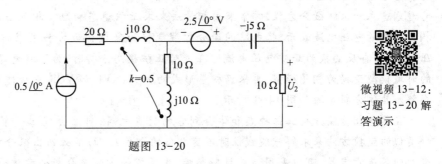

题图 13-20

微视频 13-12:
习题 13-20 解
答演示

13-21 电路如题图 13-21 所示。已知 $u_1(t)=20\cos(5t+45°)$ V,用计算机程序计算电压 $u_2(t)$。

13-22 题图 13-22 所示电路原已稳定,$t=0$ 合上开关。若(1)$R_L\to\infty$;(2)$R_L=0$ Ω;(3)$R_L=1$ Ω,用计算机程序分别计算上述情况下的电流 $i(t)$。

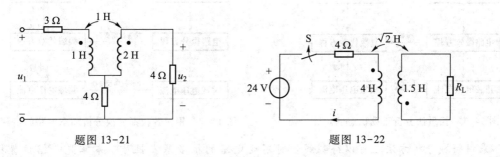

题图 13-21 题图 13-22

第十四章 动态电路的频域分析

动态电路的基本分析方法是建立电路的微分方程,并求解微分方程得到电压、电流,对于高阶动态电路而言,建立和求解微分方程都十分困难。对单一频率正弦激励的线性时不变电路,为避免建立和求解微分方程,常常采用相量法来求正弦稳态响应。相量法是将正弦电压电流用相应的相量电压电流表示,将电路的微分方程变换为复数代数方程来求解,得到相量形式的电压电流后,再反变换为正弦电压电流。在进行正弦稳态分析时,为了避免建立微分方程,将电路的时域模型变换为相量模型,再根据相量形式的 KCL、KVL 和 VCR 直接建立复数的代数方程来求解。具体分析步骤如图 14-1 所示。

在熟悉相量法分析正弦稳态和体会到它的优点之后,自然会提出一个问题,能不能找到一种类似的变换方法来求解一般线性时不变电路的全响应,而不必列出微分方程和确定初始条件呢?回答是肯定的,可以采用拉普拉斯变换,用类似的方法来分析任意信号激励下,线性时不变动态电路的完全响应,其具体分析步骤如图 14-2 所示。

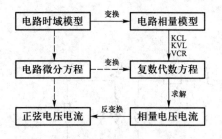

图 14-1 相量法分析正弦稳态的步骤

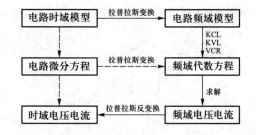

图 14-2 用拉普拉斯变换分析动态电路的步骤

采用频域分析方法还可以得到线性时不变电路的很多基本性质。本章先介绍拉普拉斯变换和动态电路的频域分析方法,然后介绍一种采用频域分析法的动态网络分析程序,供读者学习电路课程时使用。

§14-1 拉普拉斯变换

时间函数 $f(t)$ 的拉普拉斯变换记为 $\mathscr{L}[f(t)]$,其定义为

$$\mathscr{L}[f(t)]=\int_{0_-}^{\infty}f(t)\,\mathrm{e}^{-st}\mathrm{d}t$$

其中 $s=\sigma+\mathrm{j}\omega$ 称为复频率。积分的上、下限是固定的,积分的结果与 t 无关,只取决于参数 s,它是复频率的函数,即

$$\mathscr{L}[f(t)]=F(s)$$

在电路分析中,将时域的电压 $u(t)$ 和电流 $i(t)$ 的拉普拉斯变换记为 $U(s)$ 和 $I(s)$。

例如,单位阶跃函数 $\varepsilon(t)$ 的拉普拉斯变换为

$$\mathscr{L}[f(t)]=\int_{0_-}^{\infty}\varepsilon(t)\,\mathrm{e}^{-st}\mathrm{d}t=\int_{0_+}^{\infty}\mathrm{e}^{-st}\mathrm{d}t=-\frac{1}{s}\mathrm{e}^{-st}\bigg|_0^{\infty}=\frac{1}{s}$$

常用函数的拉普拉斯变换见表 14-1,拉普拉斯变换的性质见表 14-2。

表 14-1 常用函数的拉普拉斯变换

$f(t)$	$F(s)=\int_{0_-}^{\infty}f(t)\,\mathrm{e}^{-st}\mathrm{d}t$	$f(t)$	$F(s)=\int_{0_-}^{\infty}f(t)\,\mathrm{e}^{-st}\mathrm{d}t$
$\delta(t)$	1	$\cos\omega t$	$\dfrac{s}{s^2+\omega^2}$
$\varepsilon(t)$	$\dfrac{1}{s}$	t^n	$\dfrac{n!}{s^{n+1}}$
e^{-at}	$\dfrac{1}{s+a}$	$2\lvert K\rvert\,\mathrm{e}^{-at}\cos(\omega t+\angle K)$	$\dfrac{K}{s+\alpha-\mathrm{j}\omega}+\dfrac{K^*}{s+\alpha+\mathrm{j}\omega}$
$\sin\omega t$	$\dfrac{\omega}{s^2+\omega^2}$		

表 14-2 拉普拉斯变换的性质

性质	关系式
线性性质	$\mathscr{L}[a_1f_1(t)+a_2f_2(t)]=a_1F_1(s)+a_2F_2(s)$
微分规则	$\mathscr{L}\left[\dfrac{\mathrm{d}f}{\mathrm{d}t}\right]=sF(s)-f(0_-)$
积分规则	$\mathscr{L}\left[\int_{0_-}^{t}f(\xi)\,\mathrm{d}\xi\right]=\dfrac{1}{s}F(s)$

其中　　　　$\mathscr{L}[f(t)]=F(s),\quad \mathscr{L}[f_1(t)]=F_1(s),\quad \mathscr{L}[f_2(t)]=F_2(s)$

§14-2 动态电路的频域分析

一、基尔霍夫定律和 R、L、C 元件电压电流关系的频域形式

若将时域的电压 $u(t)$ 和电流 $i(t)$ 的拉普拉斯变换记为 $U(s)$ 和 $I(s)$,利用拉普拉斯变换的线性性质,频域形式的基尔霍夫电流定律和电压定律分别表示为表 14-3 中形式。

表 14-3　时域和频域形式的 KCL、KVL

元件	时域关系	频域关系
KCL	$\sum i(t)=0$　对每个节点	$\sum I(s)=0$　对每个节点
KVL	$\sum u(t)=0$　对每一回路	$\sum U(s)=0$　对每一回路

利用拉普拉斯变换的性质,得到 R、L、C 元件电压电流的关系式见表14-4。

表 14-4　R、L、C 元件电压电流关系式

元件	时域关系	频域关系
电阻	$u_R(t)=Ri_R(t)$	$U_R(s)=RI_R(s)$
电感	$i_L(t)=\dfrac{1}{L}\displaystyle\int_{0_-}^t u_L(\xi)\,\mathrm{d}\xi+i_L(0_-)$	$I_L(s)=\dfrac{1}{sL}U_L(s)+\dfrac{1}{s}i_L(0_-)$ $U_L(s)=sLI_L(s)-Li_L(0_-)$
电容	$u_C(t)=\dfrac{1}{C}\displaystyle\int_{0_-}^t i_C(\xi)\,\mathrm{d}\xi+u_C(0_-)$	$U_C(s)=\dfrac{1}{sC}I_C(s)+\dfrac{1}{s}u_C(0_-)$ $I_C(s)=sCU_C(s)-Cu_C(0_-)$

其中,$i_L(0_-)$、$u_C(0_-)$ 表示电感电流和电容电压的初始值。图 14-3 所示为根据 R、L、C 元件时域电压电流的关系式得到它们频域电路模型的过程。

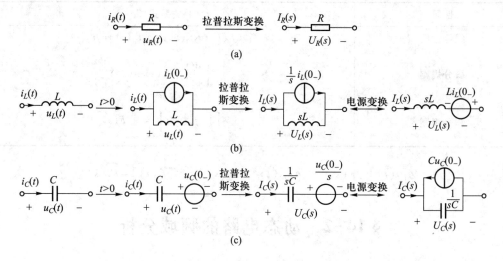

图 14-3　R、L、C 元件的频域电路模型的导出

由此可见,在频域模型中,电感电流和电容电压的初始值 $i_L(0_-)$、$u_C(0_-)$ 是以一个阶跃电源或冲激电源的形式出现的。

二、频域法分析线性时不变电路的主要步骤

（1）画出频域的电路模型。已知时域电路模型,可以画出频域的电路模型,其步骤如下:

① 将时域模型中的各电压、电流用相应的拉普拉斯变换表示,并标明在电路图上。

② 将 R、L、C 元件用图 14-3 所示频域等效电路模型表示。其中,电感电流的初始值 $i_L(0_-)$ 以阶跃电流源 $i_L(0_-)/s$ 或冲激电压源 $Li_L(0_-)$ 的形式出现。电容电压的初始值 $u_C(0_-)$ 以阶跃电压源 $u_C(0_-)/s$ 或冲激电流源 $Cu_C(0_-)$ 的形式出现。

（2）根据频域形式的 KCL、KVL 和元件 VCR 关系,建立频域的电路方程,并求解得到电压电流的拉普拉斯变换。

（3）根据电压电流的拉普拉斯变换,用部分分式展开和查拉普拉斯变换表的方法得到时域形式的电压电流。

例 14-1　电路如图 14-4(a)所示,已知 $R=4\ \Omega,L=1\ \text{H},C=1/3\ \text{F},u_S(t)=2\varepsilon(t)\ \text{V}$, $u_C(0_-)=6\ \text{V},i_L(0_-)=4\ \text{A}$。试求 $t>0$ 时,电感电流的零输入响应、零状态响应和全响应。

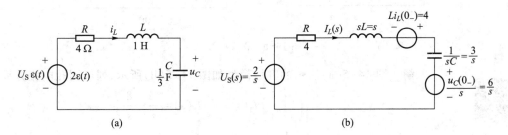

图 14-4　例 14-1

解　图 14-4(a)所示电路的频域模型,如图 14-4(b)所示,由此列出频域形式的网孔方程,并求解得到电感电流的拉普拉斯变换如下

$$I(s)=\frac{U_S(s)+Li_L(0_-)-\dfrac{u_C(0_-)}{s}}{R+sL+\dfrac{1}{sC}}=\frac{Li_L(0_-)-\dfrac{u_C(0_-)}{s}}{R+sL+\dfrac{1}{sC}}+\frac{U_S(s)}{R+sL+\dfrac{1}{sC}}$$

$$=\frac{4s-6}{s^2+4s+3}+\frac{2}{s^2+4s+3}=\frac{4s-6}{(s+1)(s+3)}+\frac{2}{(s+1)(s+3)}$$

$$I(s)=\left\{\frac{-5}{s+1}+\frac{9}{s+3}\right\}+\left\{\frac{1}{s+1}+\frac{-1}{s+3}\right\}$$

全响应 ＝　　零输入响应　＋　零状态响应

微视频 14-2:
例题 14-1 解
答演示

根据电感电流的拉普拉斯变换,查拉普拉斯变换表 14-1,可以得到电感电流的零输入响应、零状态响应和全响应为

零输入响应　　　$\left\{\dfrac{-5}{s+1}+\dfrac{9}{s+3}\right\}\rightarrow i_L'(t)=(-5e^{-t}+9e^{-3t})\varepsilon(t)\ \text{A}$

零状态响应 $\qquad \left\{ \dfrac{1}{s+1} + \dfrac{-1}{s+3} \right\} \rightarrow i_L''(t) = (e^{-t} - e^{-3t})\varepsilon(t)\,\mathrm{A}$

全响应 $\qquad \left\{ \dfrac{-4}{s+1} + \dfrac{8}{s+3} \right\} \rightarrow i_L(t) = (-4e^{-t} + 8e^{-3t})\varepsilon(t)\,\mathrm{A}$

此题的计算结果和例 9-5 用时域分析方法得到的结果相同。

例 14-2 电路如图 14-5(a) 所示,已知 $u_s(t) = 12\varepsilon(t)\,\mathrm{V}$,$u_C(0_-) = 8\,\mathrm{V}$,$i_L(0_-) = 4\,\mathrm{A}$。试求 $t>0$ 时,电感电流的全响应。

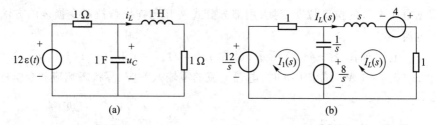

图 14-5 例 14-2

解 图 14-5(a) 所示的频域模型如图 14-5(b) 所示,列出网孔电流方程

$$\begin{cases} \left(1 + \dfrac{1}{s}\right)I_1(s) - \dfrac{1}{s}I_L(s) = \dfrac{12}{s} - \dfrac{8}{s} \\ -\dfrac{1}{s}I_1(s) + \left(s+1+\dfrac{1}{s}\right)I_L(s) = 4 + \dfrac{8}{s} \end{cases}$$

求解得到电感电流的拉普拉斯变换后,再用部分分式展开为

$$I_L(s) = \frac{4(s^2+3s+3)}{s(s^2+2s+2)} = \frac{6}{s} + \frac{-2s}{s^2+2s+2} = \frac{6}{s} + \frac{-2s}{(s+1-\mathrm{j})(s+1+\mathrm{j})}$$

$$= \frac{6}{s} + \frac{-1-\mathrm{j}}{s+1-\mathrm{j}} + \frac{-1+\mathrm{j}}{s+1+\mathrm{j}}$$

查拉普拉斯变换表,可以得到电感电流为

$$i_L(t) = \left[6 + 2\sqrt{2}\,e^{-t}\cos(t-135°) \right]\varepsilon(t)\,\mathrm{A}$$

§14-3 线性时不变电路的性质

一、频域形式的表格方程

表格方程由 KCL、KVL 和元件 VCR 方程组成。现在以图 14-6 所示电路加以说明。

1. 用矩阵形式列出 $(n-1)$ 个节点的 KCL 方程

支路→1　　2　　3　　4　　5
节点

$$
\begin{array}{c}
① \\
② \\
③
\end{array}
\begin{pmatrix}
1 & 1 & 0 & 0 & 0 \\
0 & -1 & 1 & 1 & 0 \\
0 & 0 & 0 & -1 & 1
\end{pmatrix}
\begin{pmatrix}
I_1(s) \\
I_2(s) \\
I_3(s) \\
I_4(s) \\
I_5(s)
\end{pmatrix}
=
\begin{pmatrix}
0 \\
0 \\
0
\end{pmatrix}
$$

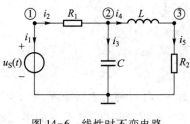

图 14-6　线性时不变电路

简写为
$$AI(s)=0$$
其中

$$
A=
\begin{pmatrix}
1 & 1 & 0 & 0 & 0 \\
0 & -1 & 1 & 1 & 0 \\
0 & 0 & 0 & -1 & 1
\end{pmatrix}
$$

称为关联矩阵,它表示支路与节点的关联关系,其元素为

$$
a_{ik}=
\begin{cases}
1 & \text{如果支路 } k \text{ 离开节点 } i \\
-1 & \text{如果支路 } k \text{ 进入节点 } i \\
0 & \text{如果支路 } k \text{ 不与节点 } i \text{ 相连}
\end{cases}
$$

2. 用矩阵形式列出支路电压与节点电压关系的 KVL 方程

$$
\begin{pmatrix}
U_1(s) \\
U_2(s) \\
U_3(s) \\
U_4(s) \\
U_5(s)
\end{pmatrix}
=
\begin{pmatrix}
1 & 0 & 0 \\
1 & -1 & 0 \\
0 & 1 & 0 \\
0 & 1 & -1 \\
0 & 0 & 1
\end{pmatrix}
\begin{pmatrix}
V_1(s) \\
V_2(s) \\
V_3(s)
\end{pmatrix}
$$

简写为
$$U(s)=A^{\mathrm{T}}V(s)$$
其中,A^{T} 表示关联矩阵 A 的转置矩阵。

3. 以 $mU(s)+nI(s)=U_{\mathrm{S}}(s)$ 形式列出矩阵形式的 VCR 方程

$$
\begin{pmatrix}
1 & 0 & 0 & 0 & 0 \\
0 & -1 & 0 & 0 & 0 \\
0 & 0 & sC & 0 & 0 \\
0 & 0 & 0 & -1 & 0 \\
0 & 0 & 0 & 0 & -1
\end{pmatrix}
\begin{pmatrix}
U_1(s) \\
U_2(s) \\
U_3(s) \\
U_4(s) \\
U_5(s)
\end{pmatrix}
+
\begin{pmatrix}
0 & 0 & 0 & 0 & 0 \\
0 & R_1 & 0 & 0 & 0 \\
0 & 0 & -1 & 0 & 0 \\
0 & 0 & 0 & sL & 0 \\
0 & 0 & 0 & 0 & R_2
\end{pmatrix}
\begin{pmatrix}
I_1(s) \\
I_2(s) \\
I_3(s) \\
I_4(s) \\
I_5(s)
\end{pmatrix}
=
\begin{pmatrix}
U_{\mathrm{S}}(s) \\
0 \\
Cu(0_-) \\
Li(0_-) \\
0
\end{pmatrix}
$$

简写为
$$(M_0s+M_1)U+(N_0s+N_1)I=U_{\mathrm{S}}+U_{\mathrm{i}}$$

4. 将 KCL、KVL 和 VCR 方程放在一起,得到以下表格方程

$$
\begin{pmatrix}
0 & 0 & A \\
-A^{\mathrm{T}} & 1 & 0 \\
0 & M_0s+M_1 & N_0s+N_1
\end{pmatrix}
\begin{pmatrix}
V(s) \\
U(s) \\
I(s)
\end{pmatrix}
=
\begin{pmatrix}
0 \\
0 \\
U_{\mathrm{S}}(s)+U_{\mathrm{i}}
\end{pmatrix}
$$

简写为

$$T(s)W(s) = \begin{pmatrix} \mathbf{0} \\ \mathbf{0} \\ U_s(s) \end{pmatrix} + \begin{pmatrix} \mathbf{0} \\ \mathbf{0} \\ U_i \end{pmatrix}$$

其中,$T(s)$ 称为表格矩阵,由于矩阵中大部分系数为零,又称为稀疏表格矩阵。矩阵 $T(s)$ 的行列式 $\det T(s)$ 是以 s 为变量的多项式,若不为零,即 $\det T(s) \neq 0$,则该电路有唯一解。其中 U_i 表示由电感电流和电容电压初始值组成的列向量。

若表格方程有唯一解,则可以得到以下结果

$$W(s) = T(s)^{-1} \begin{pmatrix} \mathbf{0} \\ \mathbf{0} \\ U_s(s) \end{pmatrix} + T(s)^{-1} \begin{pmatrix} \mathbf{0} \\ \mathbf{0} \\ U_i \end{pmatrix}$$

全响应 = 零状态响应 + 零输入响应
（仅由输入引起） （仅由初始条件引起）

由此可以得到线性时不变电路的两个性质:

(1) 当且仅当 $\det T(s) \neq 0$ 时,该线性时不变电路 N 存在唯一解。

(2) 若线性时不变电路 N 具有唯一解,则其全响应等于零状态响应(仅由输入引起)与零输入响应(仅由初始条件引起)之和。

二、零输入响应和固有频率

若只考虑初始条件对电路的作用,求解以下方程可以得到电路的零输入响应。

$$T(s)W(s) = \begin{pmatrix} \mathbf{0} \\ \mathbf{0} \\ U_i \end{pmatrix} \xrightarrow{\text{求解}} W(s) = T(s)^{-1} \begin{pmatrix} \mathbf{0} \\ \mathbf{0} \\ U_i \end{pmatrix}$$

(1) 假设电路的特征多项式,$x(s) = \det T(s)$,具有 n 个简单零点 $\lambda_1, \lambda_2, \lambda_3, \cdots, \lambda_n$,电路具有 n 个单一的固有频率。求解方程可以得到

$$W(s) = \frac{k_1}{s - \lambda_1} + \frac{k_2}{s - \lambda_2} + \cdots + \frac{k_n}{s - \lambda_n}$$

因此得到的零输入响应为

$$w(t) = \sum_a^n k_a e^{\lambda_a t} = k_1 e^{\lambda_1 t} + k_2 e^{\lambda_2 t} + \cdots + k_n e^{\lambda_n t}$$

(2) 如果线性时不变电路的全部固有频率都具有负实部,则对于任何初始条件,其零输入响应 $w(t)$ 将按照指数规律趋近于零,也就是说,电路的所有变量随着 $t \to \infty$ 而按照指数规律变为零。(满足这种条件的电路称为指数稳定的电路。)

三、零状态响应和网络函数

若只考虑输入对电路的作用,求解以下方程可以得到电路的零状态响应。

$$T(s)W(s)=\begin{pmatrix}0\\0\\U_{\mathrm{S}}(s)\end{pmatrix} \xrightarrow{\text{求解}} W(s)=T(s)^{-1}\begin{pmatrix}0\\0\\U_{\mathrm{S}}(s)\end{pmatrix}$$

1. 网络函数

在正弦稳态分析中引入了网络函数,现在将它推广到任意输入的情况。下面讨论具有唯一解的线性时不变电路,假设电路仅由一个独立电源驱动,则任一输出变量零状态响应的拉普拉斯变换对输入拉普拉斯变换之比,定义为网络函数,记为 $H(s)$,即

$$H(s)=\frac{\mathscr{L}(\text{零状态响应})}{\mathscr{L}(\text{单一输入})}$$

由于全部初始条件为零,在频域电路模型中不必画出表示初始条件作用的电压源和电流源,计算就会容易得多。

例 14-3　求图 14-7 所示电路的驱动点阻抗 $U_1(s)/I_1(s)$ 和转移电压比 $U_2(s)/U_1(s)$。

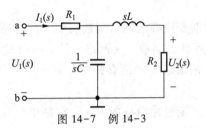

图 14-7　例 14-3

解　可以用阻抗串、并联公式来计算图示单口网络的驱动点阻抗

$$Z(s)=\frac{U_1(s)}{I_1(s)}=R_1+\frac{(sL+R_2)\dfrac{1}{sC}}{sL+R_2+\dfrac{1}{sC}}=\frac{LCR_1s^2+R_1R_2Cs+sL+R_1+R_2}{LCs^2+R_2Cs+1}$$

可以用分压公式来计算图示电路的转移电压比

$$\frac{U_2(s)}{U_1(s)}=\frac{\dfrac{(sL+R_2)\dfrac{1}{sC}}{sL+R_2+\dfrac{1}{sC}}}{R_1+\dfrac{(sL+R_2)\dfrac{1}{sC}}{sL+R_2+\dfrac{1}{sC}}}\times\frac{R_2}{sL+R_2}=\frac{R_2}{LCR_1s^2+R_1R_2Cs+sL+R_1+R_2}$$

由此例可见,网络函数的计算方法与正弦稳态相同,差别仅在于 $j\omega$ 换成了 s。频域网络函数是以 s 为变量的两个多项式之比,将 s 换为 $j\omega$ 就得到正弦稳态的网络函数,据此就可以画出频率特性曲线。

若采用表格方程来计算网络函数,当 $\det \boldsymbol{T}(s) \neq 0$,用克莱姆法则求解,可以得到以下结果

$$\boldsymbol{T}(s)\boldsymbol{W}(s) = \begin{pmatrix} \boldsymbol{0} \\ \boldsymbol{0} \\ U_{\mathrm{s}}(s) \end{pmatrix} \xrightarrow{\text{求解}} W(s) = \frac{\boldsymbol{T}(s)\text{的余子式}}{\det[\boldsymbol{T}(s)]} \times U_{\mathrm{s}}(s)$$

式中,$W(s)$ 表示感兴趣的某个电压或电流;$U_{\mathrm{s}}(s)$ 表示一个独立电压源或独立电流源。由此可以得到网络函数为

$$H(s) = \frac{\boldsymbol{T}(s)\text{的余子式}}{\det[\boldsymbol{T}(s)]} = \frac{n(s)}{d(s)}$$

它是以 s 为变量的两个多项式之比。其分子多项式 $n(s)$ 的零点,称为网络函数的零点;分母多项式 $d(s)$ 的零点,称为网络函数的极点。

由此可以得到网络函数的几点性质。若网络 N 是具有唯一解的线性时不变电路,则有:

(1) 网络 N 的任一网络函数是具有实系数的两个多项式之比,因此它的零点和极点总是以共轭复数的形式成对出现。

(2) 零状态响应的拉普拉斯变换等于网络函数与输入拉普拉斯变换的乘积。即

$$\mathscr{L}(\text{零状态响应}) = (\text{网络函数}) \cdot \mathscr{L}(\text{输入})$$

(3) 任一网络函数的极点是网络 N 的固有频率。

2. 冲激响应与网络函数

在动态电路的时域分析中讨论过冲激响应 $h(t)$,它是单位冲激作用下电路的零状态响应,由于冲激响应的计算比较困难,所以先求出电路的阶跃响应,再用对时间求导数的方法来计算电路冲激响应。在频域分析中,由于单位冲激函数的拉普拉斯变换等于 1,因此网络函数的拉普拉斯反变换就是冲激响应 $h(t)$,即

$$\mathscr{L}[h(t)] = (\text{网络函数}) \quad \text{或} \quad h(t) = \mathscr{L}^{-1}(\text{网络函数})$$

这是一个很重要关系,它反映出电路的频域特性与时域特性的关系。例如,如果网络函数 $H(s)$ 有 n 个单一的极点,而且有

$$H(s) = \sum_{a}^{n} \frac{k_a}{s - p_a}$$

则其冲激响应 $h(t)$ 为

$$h(t) = \left(\sum_{a}^{n} k_a \mathrm{e}^{p_a t} \right) \varepsilon(t)$$

根据定义,阶跃响应 $s(t)$ 是在单位阶跃输入时电路的零状态响应,它与网络函数以及冲激响应之间的关系如下

$$\mathscr{L}\{s(t)\} = \frac{1}{s} H(s)$$

$$h(t) = \frac{\mathrm{d}s(t)}{\mathrm{d}t}$$

例 14-4 求图 14-8(a)所示电路中电感电压的冲激响应。

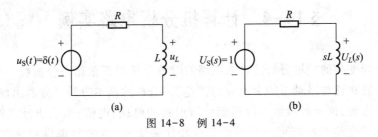

图 14-8 例 14-4

解 图 14-8(a)所示的频域模型,如图 14-8(b)所示,注意到单位冲激的拉普拉斯变换是等于 1,由此求得网络函数为

$$H(s) = \frac{U_L(s)}{U_S(s)} = \frac{U_L(s)}{1} = \frac{sL}{sL+R} = 1 + \frac{-R}{sL+R} = 1 + \frac{-\dfrac{R}{L}}{s+\dfrac{R}{L}}$$

$$U_L(s) = H(s) \cdot 1 = 1 + \frac{-\dfrac{R}{L}}{s+\dfrac{R}{L}} \xrightarrow{\mathscr{L}^{-1}} u_L(t) = \delta(t) - \frac{R}{L}e^{-\frac{R}{L}t}\varepsilon(t)$$

计算结果与例 8-12 中用时域分析方法得到的结果相同。

3. 零状态响应和网络函数

电路在任意输入时的零状态响应,在已知网络函数的情况下,可用下式求得

$$\mathscr{L}(\text{零状态响应}) = (\text{网络函数}) \cdot \mathscr{L}(\text{输入})$$

例如图 14-8 所示电路,如果 $R=1\ \Omega$, $L=1\ \text{H}$, $u_s(t) = 3\delta(t)+6\varepsilon(t)$,则其网络函数和电感电压的零状态响应为

$$H(s) = \frac{U_L(s)}{U_S(s)} = \frac{sL}{sL+R} = \frac{s}{s+1}$$

$$U_L(s) = H(s) \cdot U_S(s) = H(s)\mathscr{L}\{3\delta(t)+6\varepsilon(t)\} = \frac{s}{s+1} \cdot \left(3+\frac{6}{s}\right)$$

$$= 3 + \frac{3}{s+1} \xrightarrow{\mathscr{L}^{-1}} u_L(t) = 3\delta(t)+3e^{-t}\varepsilon(t)$$

最后介绍一个正弦稳态的基本定理:考虑任一具有唯一解的线性时不变电路 N,令电路 N 中的全部独立电源是具有相同频率 ω 的正弦电源,如果电路 N 是指数稳定的,则对于任何初始条件,有

(1) 随着 $t\to\infty$,全部支路电压和支路电流将趋于频率为 ω 的唯一的正弦稳态。

(2) 当然,正弦稳态容易用相量分析求得。

§14-4　计算机分析电路实例

利用拉普拉斯变换的频域分析将动态电路的时域分析和正弦稳态分析统一起来,它可以分析线性时不变电路在任意激励下的全响应,其"笔算"分析的基本方法是先画出电路的频域模型和列写频域电路方程,再求解频域方程得到频域形式的电压、电流,最后再反变换得到电压、电流的时域表达式。这些工作都可以利用计算机程序来完成,本教材提供的动态网络分析程序 WDNAP 就可以自动建立频域形式的表格方程,求解方程得到电压、电流的频域表达式,再反变换得到电压、电流的时域表达式,对学习和研究线性电路理论十分有用。

例 14-5　图 14-9 所示电路中,已知 $u_C(0)=6\text{ V}$, $i_L(0)=3\text{ A}$,试用动态网络分析程序 WDNAP 对电路进行分析。

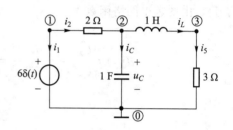

图 14-9　例 14-5

解　对图 14-9 所示电路的节点和支路编号,基准节点编号为零,选择支路电压电流的关联参考方向。用 WDNAP 程序计算电容电压的响应,如下所示。

```
L14-5 Circuit Data
元件  支路  开始  终止  控制    元件        元件
类型  编号  节点  节点  支路    数值        数值
 V    1    1    0            6.0000
 R    2    1    2            2.0000
 C    3    2    0            1.00000     6.0000
 L    4    2    3            1.00000     3.0000
 R    5    3    0            3.0000
独立节点数目 = 3      支路数目 = 5
<<<   网 络 的 特 征 多 项 式   >>>
  1.000    S**2  +3.50    S    +2.50
<<<   网 络 的 自 然 频 率   >>>
    S 1 = -1.0000                rad/s
    S 2 =  -2.500                rad/s
<<< ----- 微 分 方 程 ----- >>>
    D = (dx/dt) -> 微 分 算 子
  1.000   D**2(u3) +3.50     D  (u3) +2.50        (u3)
          = 0.500    D    (v1) +1.50              (v1)
```

计算得到电路的特征多项式为

$$s^2+3.5s+2.5$$

令特征多项式等于零,求得多项式零点,即固有频率为

$$s_1 = -1 \text{ rad/s}, \qquad s_2 = -2.5 \text{ rad/s}$$

式中的 D 表示微分算子,由此得到以电容电压为变量的微分方程为

$$\frac{\mathrm{d}u_C^2}{\mathrm{d}t^2} + 3.5\frac{\mathrm{d}u_C}{\mathrm{d}t} + 2.5u_C = 0.5\frac{\mathrm{d}u_S}{\mathrm{d}t} + 1.5u_S$$

微视频 14-4:
例题 14-5 解
答演示

选择代码 5,以叠加定理计算电容电压的频域和时域表达式,如下所示。

```
           << 冲 激 电 源  V 1(t)=  6.00      δ (t)单 独 作 用 >>
           3.00     S    +9.00
U3 (S) = ----------------------------------------------------------

           1.000    S**2  +3.50     S    +2.50
           << 初 始 状 态 Vc 3(0)=  6.00        单 独 作 用 >>
           6.00     S    +18.0
       + -------------------------------------------------------

           1.000    S**2  +3.50     S    +2.50
           << 初 始 状 态 I 4(0)=  3.00        单 独 作 用 >>
           -3.00
       + -------------------------------------------------------

           1.000    S**2  +3.50     S    +2.50
           ***** 完 全 响 应 *****
           9.00     S    +24.0
U3 (S) = ----------------------------------------------------------

           1.000    S**2  +3.50     S    +2.50
           << 冲 激 电 源  V 1(t)=  6.00      δ (t)单 独 作 用 >>
u3 (t) = ε(t)* (  4.00    +j  0.00   )*exp(-1.000    +j  0.00   )t
       +ε(t)* ( -1.000    +j  0.00   )*exp( -2.50    +j  0.00   )t
           << 初 始 状 态 Vc 3(0)=  6.00        单 独 作 用 >>
       +ε(t)* (  8.00    +j  0.00   )*exp(-1.000    +j  0.00   )t
       +ε(t)* ( -2.00    +j  0.00   )*exp( -2.50    +j  0.00   )t
           << 初 始 状 态 I 4(0)=  3.00        单 独 作 用 >>
       +ε(t)* ( -2.00    +j  0.00   )*exp(-1.000    +j  0.00   )t
       +ε(t)* (  2.00    +j  0.00   )*exp( -2.50    +j  0.00   )t
           ***** 完 全 响 应 *****
u3 (t) =ε(t)* ( 10.00    +j  0.00   )*exp(-1.000    +j  0.00   )t
       +ε(t)* ( -1.000    +j  0.00   )*exp( -2.50    +j  0.00   )t
```

计算得到冲激电压源 $6\delta(t)$ 单独作用产生的电容电压为

$$U_C'(s) = \frac{3s+9}{s^2+3.5s+2.5} \rightarrow u_C'(t) = (4\mathrm{e}^{-t} - \mathrm{e}^{-2.5t})\varepsilon(t)\,\text{V}$$

计算得到电容初始电压 6 V 单独作用产生的电容电压为

$$U_C''(s) = \frac{6s+18}{s^2+3.5s+2.5} \rightarrow u_C''(t) = (8\mathrm{e}^{-t} - 2\mathrm{e}^{-2.5t})\varepsilon(t)\,\text{V}$$

计算得到电感初始电流 3 A 单独作用产生的电容电压为

$$U_C'''(s) = \frac{-3}{s^2 + 3.5s + 2.5} \rightarrow u_C'''(t) = (-2e^{-t} + 2e^{-2.5t})\varepsilon(t) \, \text{V}$$

计算得到总的电容电压的频域和时域表达式分别为

$$U_C(s) = \frac{9s + 24}{s^2 + 3.5s + 2.5} \rightarrow u_C(t) = (10e^{-t} - e^{-2.5t})\varepsilon(t) \, \text{V}$$

选择代码 6 可以计算电容电压对电压源的网络函数、零点、极点、冲激响应和阶跃响应。

```
        ----- 计 算 网 络 函 数 H(S) -----

        <<< -- 网 络 函 数 H(S) -- >>>

         0.500    S    +1.50

U3 /V1 = -----------------------------------------------

         1.000    S**2  +3.50    S    +2.50

        网 络 函 数 的 零 点 和 极 点

          <<< -- 网 络 函 数 H(S) 的 零 点 -- >>>

         Z 1 =   -3.000

          <<< -- 网 络 函 数 H(S) 的 极 点 -- >>>

        P 1 =  -1.0000

        P 2 =   -2.500

          <<< -- u3 (t) 的 冲 激 响 应-- >>>

h (t) = ε(t)*( 0.667    +j 0.00   )*exp(-1.000   +j 0.00  )t
       +ε(t)*( -0.167   +j 0.00   )*exp( -2.50   +j 0.00  )t

          <<< -- u3 (t) 的 阶 跃 响 应-- >>>

s (t) = ε(t)*( -0.667   +j 0.00   )*exp(-1.000   +j 0.00  )t
       +ε(t)*( 0.667E-01+j 0.00   )*exp( -2.50   +j 0.00  )t
       +ε(t)*( 0.600    +j 0.00   )*exp( 0.00    +j 0.00  )t

        ***** 动态网络分析程序 （WDNAP 3.01）*****
```

计算得到网络函数 $H(s)$ 为

$$H(s) = \frac{U_C(s)}{U_S(s)} = \frac{0.5s + 1.5}{s^2 + 3.5s + 2.5}$$

计算得到零点为 $z = -3$ rad/s 和两个极点为 $p_1 = -1$ rad/s 和 $p_2 = -2.5$ rad/s。

计算得到冲激响应和阶跃响应为

$$h(t) = (0.667e^{-t} - 1.667e^{-2.5t})\varepsilon(t)$$
$$s(t) = (0.6 - 0.667e^{-t} + 0.066\,7e^{-2.5t})\varepsilon(t)$$

关于电感电流的响应以及频率特性等内容,请参考教材 Abook 资源。

描述动态电路的电路方程是 n 阶微分方程,通常称该电路为 n 阶电路。一个电路究竟是几阶电路,有时不能从它包含几个二端动态电路元件的数目来确定,例如包含受控源的电路,在某些条件下,其电路阶数就可能比动态元件数目少。

例 14-6 图 14-10 所示电路,已知 $r=2\Omega$,试用计算机程序 WDNAP 对电路进行分析。

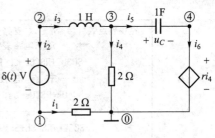

图 14-10 例 14-6

解 运行 WDNAP 程序,输入图 14-10 电路数据,计算电感电流的响应,如下所示。

计算得到的特征方程为 $s+4=0$,固有频率为 $s=-4\ \mathrm{rad/s}$,电感电流的冲激响应为

$$i_L(t) = \mathrm{e}^{-4t}\varepsilon(t)\,\mathrm{A}$$

```
L14-6 Circuit Data
元件 支路 开始 终止 控制    元件       元件
类型 编号 节点 节点 支路   数 值      数 值
 R    1    1    0          2.0000
 V    2    2    1          1.00000
 L    3    2    3          1.00000    0.0000
 R    4    3    0          2.0000
 C    5    3    4          1.00000    0.0000
 CV   6    4    0    4     2.0000
独立节点数目 = 4    支路数目 = 6
<<< 网 络 的 特 征 多 项 式  >>>
 1.000      S     +4.00
<<< 网 络 的 自 然 频 率  >>>
  S 1 = -4.000              rad/s
<< 冲 激 电 源  V 2(t)= 1.000    δ(t)单 独 作 用 >>
  1.000
I3 (S) = ─────────────────────────────
  1.000      S     +4.00
i3 (t) =ε(t)* ( 1.000   +j 0.00   )*exp( -4.00   +j 0.00   )t
    ***** 动态网络分析程序（WDNAP 3.01）*****
```

计算表明,图 14-10(a) 所示电路是一阶电路,虽然它包含两个动态元件。为什么会得到这样的结果呢? 用符号网络函数程序 WSNAP 进行分析,将各元件参数用符号表示,求得电感电流和电容电压的频域表达式如下。

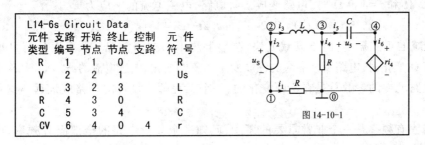

```
L14-6s Circuit Data
元件 支路 开始 终止 控制   元 件
类型 编号 节点 节点 支路   符 号
 R    1    1    0          R
 V    2    2    1          Us
 L    3    2    3          L
 R    4    3    0          R
 C    5    3    4          C
 CV   6    4    0    4     r
```

图 14-10-1

```
独立节点数目 =  4      支路数目 =  6
         ***** 动态电路表格方程的特征多项式 *****
         -SCSLr+RSCSL+SL-RSCr+RRSC+2R
         ----- 节 点 电 压，支 路 电 压 和 支 路 电 流 -----
         -SCrUs+RSCUs+Us
I3 (S) = ---------------------------------------
         -SCSLr+RSCSL+SL-RSCr+RRSC+2R
         RUs-rUs
U5 (S) = ---------------------------------------
         -SCSLr+RSCSL+SL-RSCr+RRSC+2R
***** 符号网络分析程序 （ WSNAP 3.01 ）*****
```

将频域表达式中的 s 作为微分算子看待，根据电感电流频域表达式可以写出电路的微分方程

$$LC(R-r)\frac{\mathrm{d}i_L^2}{\mathrm{d}t^2}+(L-RCr+R^2C)\frac{\mathrm{d}i_L}{\mathrm{d}t}+2Ri_L=(RC-Cr)\frac{\mathrm{d}u_s}{\mathrm{d}t}+u_s$$

这种用元件参数符号表示的微分方程对分析电路特性十分有用，由此可以看出，元件参数变化时对电路特性的影响。例如，当电阻 R 等于受控源的转移电阻 r 时，微分方程二阶项系数为零，二阶微分方程变成为如下所示的一阶微分方程

$$L\frac{\mathrm{d}i_L}{\mathrm{d}t}+2Ri_L=u_s \xrightarrow{L=1\text{ H},R=2\text{ }\Omega} \frac{\mathrm{d}i_L}{\mathrm{d}t}+4i_L=\delta(t)$$

这相当于冲激电压源加到 1 H 电感和两个 2 Ω 电阻的串联电路，即图 14-10（a）所示电路中的电容没有起作用。进一步分析可以发现，当 $R=r$ 时，电容电流的频域表达式 $I_C(s)=0$，相当于电容开路，电容电压的频域表达式 $U_C(s)=0$，相当于电容短路，此时电容的确对电路和电感电流没有影响了。

从前面的计算机分析中已经知道，当 $R=r=2$ Ω 时，电路是一阶电路，电感电流的响应从初始值 1 A 开始以指数规律逐渐衰减为零。用 WDNAP 程序进行计算可知，当 $R=2$ Ω 和 $r=2.1$ Ω 时，电路变成二阶电路，电感电流的响应为

$$i_L(t)=[0.901\mathrm{e}^{-3.48t}+0.099\ 1\mathrm{e}^{11.5t}]\varepsilon(t)\text{ A}$$

电路的固有频率为正实数，这是一个不稳定的电路，电感电流将随时间而迅速增加。

当 $R=2$ Ω 和 $r=1.9$ Ω 时，电路变成二阶电路，电感电流的响应为

$$i_L(t)=2.24\mathrm{e}^{-6t}\cos(2t-63.43°)\varepsilon(t)\text{ A}$$

这是一个衰减的正弦振荡，由于衰减太快，波形上看不出振荡情况。从上面分析可见，当参数 r 在 1.9~2.1 Ω 变化时，电路及其响应的性质发生了急剧变化，电感电流的波形如图 14-11 所示，由于实际电路元件的参数总是在不断变化的，一个工程师所设计的电路应该远离这种不稳定的状态。

电路的固有频率是一个非常重要的概念，已知一个 n 阶电路的全部固有频率，就知道电路

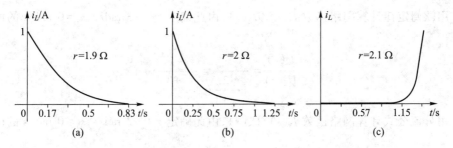

图 14-11 受控源转移电阻变化±5%时电感电流的波形

各电压、电流零输入响应所包含的频率成分,即

$$x(t) = k_1 e^{s_1 t} + k_2 e^{s_2 t} + \cdots + k_n e^{s_n t}$$

并非每个电路中全部电压、电流都包含所有固有频率的分量,有的电路中某些电压或电流会缺少某些频率成分,下面举例说明。

例 14-7 电路如图 14-12(a)所示。(1)试用各种方法计算电路的固有频率。(2)已知 $i_S(t) = 2\delta(t)\,\text{A}$,$u_S(t) = 3\delta(t)\,\text{V}$,求电流 $i_4(t)$ 和 $i_3(t)$ 的响应。

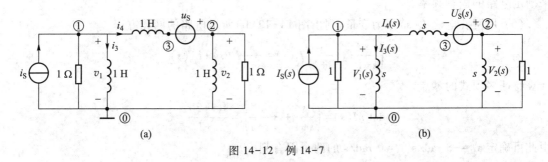

图 14-12 例 14-7

解 画出电路的频域模型,如图 14-12(b)所示。由于网络函数的极点是电路的固有频率,可以通过网络函数来确定电路的固有频率。

(1)用分流公式计算网络函数 $I_4(s)/I_S(s)$,由此确定一个固有频率 $s_1 = -3\ \text{rad/s}$。

$$\frac{I_4(s)}{I_S(s)} = \frac{\dfrac{s}{s+1}}{\dfrac{s}{s+1} + s + \dfrac{s}{s+1}} = \frac{\dfrac{s}{s+1}}{\dfrac{s^2+3s}{s+1}} = \frac{1}{s+3}$$

(2)用分流公式计算网络函数 $I_3(s)/I_S(s)$,由此确定 $s_1 = -3\ \text{rad/s}$,$s_2 = -1\ \text{rad/s}$ 的两个固有频率。

$$\frac{I_3(s)}{I_S(s)} = \frac{s + \dfrac{s}{s+1}}{\dfrac{s}{s+1} + s + \dfrac{s}{s+1}} \times \frac{1}{s+1} = \frac{s+2}{(s+1)(s+3)}$$

（3）用欧姆定律计算网络函数 $I_4(s)/U_S(s)$，由此确定 $s_1 = -3\ \text{rad/s}$，$s_3 = 0\ \text{rad/s}$ 的两个固有频率。

$$\frac{I_4(s)}{U_S(s)} = \frac{1}{s + \dfrac{2s}{s+1}} = \frac{s+1}{s(s+3)}$$

（4）用分流公式计算网络函数 $I_3(s)/U_S(s)$，由此确定 $s_1 = -3\ \text{rad/s}$，$s_3 = 0\ \text{rad/s}$ 的两个固有频率。

$$\frac{I_3(s)}{U_S(s)} = \frac{I_4(s)}{U_S(s)} \times \frac{-1}{s+1} = \frac{-1}{s(s+3)}$$

以上计算表明，图 14-12 所示电路具有三个固有频率，它们是 $s_1 = -3\ \text{rad/s}$，$s_2 = -1\ \text{rad/s}$ 和 $s_3 = 0\ \text{rad/s}$。由此可见，根据网络函数可以确定电路的固有频率，但某个网络函数不一定能确定电路全部的固有频率，它只能确定在某个电源激励下，该电压或电流所包含频率成分的那些固有频率。

电路的固有频率是电路方程系数所确定特征多项式的零点，可以列出网孔方程和节点方程来确定电路的固有频率。

（5）用网孔电流 $I_4(s)$ 作为变量，列出图 14-12(b) 所示电路的网孔方程

$$\left(\frac{s}{s+1} + s + \frac{s}{s+1}\right) I_4(s) = \frac{s}{s+1} I_S(s) + U_S(s)$$

计算特征多项式的零点

$$\det \boldsymbol{M}(s) = \left(\frac{s}{s+1} + s + \frac{s}{s+1}\right) = \frac{s(s+3)}{s+1} = 0$$

由此可确定 $s_1 = -3\ \text{rad/s}$，$s_3 = 0\ \text{rad/s}$ 的两个固有频率。

（6）用节点电压 $V_1(s)$ 和 $V_2(s)$ 作为变量，列出图 14-12(b) 所示电路的节点方程

$$\begin{cases} \left(1 + \dfrac{2}{s}\right) V_1(s) - \dfrac{1}{s} V_2(s) = I_S(s) - \dfrac{U_S(s)}{s} \\[2mm] -\dfrac{1}{s} V_1(s) + \left(1 + \dfrac{2}{s}\right) V_2(s) = \dfrac{U_S(s)}{s} \end{cases}$$

计算特征多项式的零点

$$\det \boldsymbol{Y}(s) = \begin{vmatrix} 1 + \dfrac{2}{s} & -\dfrac{1}{s} \\[2mm] -\dfrac{1}{s} & 1 + \dfrac{2}{s} \end{vmatrix} = \frac{s+2}{s} \times \frac{s+2}{s} - \frac{1}{s^2} = \frac{(s+1)(s+3)}{s^2} = 0$$

由此可确定 $s_1 = -3\ \text{rad/s}$，$s_2 = -1\ \text{rad/s}$ 的两个固有频率。

从以上可见，利用"笔算"分析中常用的网孔方程和节点方程可以确定电路的固有频率，但是根据网孔方程或节点方程不一定能够确定电路的全部固有频率。丢失电路固有频率的原因

在于网孔方程和节点方程是表格方程的导出方程,它们已经丢失原始电路中的某些信息。

(7) 表格方程是以全部节点电压、支路电压和支路电流作为变量而建立的电路方程,利用电路的表格方程可以确定电路的全部固有频率。显然,用"笔算"分析来建立和求解表格方程是十分困难的,下面用按照表格方程编写的动态电路分析程序 WDNAP 来进行计算,运行程序,读入图 14-12(a) 所示电路的数据,选择代码 5,用叠加定理进行计算,可以得到以下结果。

```
L14 - 7 Circuit Data
元件    支路    开始    终止    控制    元件      元件
类型    编号    节点    节点    支路    数值      数值
 I      1      0      1              2.0000
 R      2      1      0              1.0000
 L      3      1      0              1.0000    .00000
 L      4      1      3              1.0000    .00000
 V      5      2      3              3.0000
 L      6      2      0              1.0000    .00000
 R      7      2      0              1.0000

独立节点数目 = 3              支路数目 = 7
<<<网 络 的 特 征 多 项 式>>>
1.00    S**3    +4.00    S**2    +3.00    S
<<<网 络 的 自 然 频 率>>>
    S  1 = -1.000              rad/s
    S  2 = -3.000              rad/s
    S  3 = 0.0000              rad/s
```

计算机求得的电路特征多项式为 s^3+4s^2+3s,网络的固有频率为 $s_1 = -1$ rad/s,$s_2 = -3$ rad/s 和 $s_3 = 0$ rad/s。由此确定图 14-12 所示电路中,电压、电流零输入响应的一般表达式为

$$f(t) = (k_1 e^{-t} + k_2 e^{-3t} + k_3)\varepsilon(t)$$

数值为零的固有频率表明电压、电流可能存在不随时间变化的直流分量。显然,电路中的电压、电流不一定都具有这三个频率成分,为了说明这个问题,选择 WDNAP 程序的代码 5,用叠加定理计算电流 $i_4(t)$ 和 $i_3(t)$ 的时域表达式,如下所示。

```
    <<冲 激 电 源 I 1(t) = 2.00  δ(t)单 独 作 用>>
i4 (t) = ε(t)*(     .000   +j .000  )*exp(-1.00   +j .000 )t
        +ε(t)*(     2.00   +j .000  )*exp(-3.00   +j .000 )t
    <<冲 激 电 源  V 5(t) = 3.00  δ(t)单 独 作 用>>
        +ε(t)*(     .000   +j .000  )*exp(-1.00   +j .000 )t
        +ε(t)*(     2.00   +j .000  )*exp(-3.00   +j .000 )t
        +ε(t)*(     1.00   +j .000  )*exp( .000   +j .000 )t
```

```
***** 完 全 响 应 *****
i4  (t) = ε(t)*(    .000  +j .000 ) * exp(-1.00  +j .000 )t
        +ε(t)*(   4.00  +j .000 ) * exp(-3.00  +j .000 )t
        +ε(t)*(   1.00  +j .000 ) * exp(  .000  +j .000 )t
       <<冲 激 电 源 I 1(t)=2.00   δ(t)单 独 作 用>>
i3  (t) = ε(t)*(   1.00  +j .000 ) * exp(-1.00  +j .000 )t
        +ε(t)*(   1.00  +j .000 ) * exp(-3.00  +j .000 )t
       <<冲 激 电 源 V 5(t)=3.00   δ(t)单 独 作 用>>
        +ε(t)*(    .000  +j .000 ) * exp(-1.00  +j .000 )t
        +ε(t)*(   1.00  +j .000 ) * exp(-3.00  +j .000 )t
        +ε(t)*(  -1.00  +j .000 ) * exp(  .000  +j .000 )t
           ***** 完 全 响 应 *****
i3  (t) = ε(t)*(   1.00  +j .000 ) * exp(-1.00  +j .000 )t
        +ε(t)*(   2.00  +j .000 ) * exp(-3.00  +j .000 )t
        +ε(t)*(  -1.00  +j .000 ) * exp(  .000  +j .000 )t
   *****  动态网络分析程序 （ WDNAP 3.01 ） *****
```

程序计算得到的电流 $i_4(t)$ 和 $i_3(t)$ 为

$$i_4(t) = 2e^{-3t}\varepsilon(t)\,A + (2e^{-3t}+1)\varepsilon(t)\,A = (4e^{-3t}+1)\varepsilon(t)\,A$$

$$i_3(t) = (e^{-t}+e^{-3t})\varepsilon(t)\,A + (e^{-3t}-1)\varepsilon(t)\,A = (e^{-t}+2e^{-3t}-1)\varepsilon(t)\,A$$

读者也可以用"笔算"方法利用前面计算得到的网络函数求得这些电流。从以上计算结果可以看出,图 14-12 所示电路具有三个固有频率,它确定了电路中各电压和电流所包含的频率分量,但是,就某个电压或电流而言,它可能只包含一部分固有频率的分量。电流 $i_4(t)$ 和 $i_3(t)$ 中存在一个直流分量的原因是电路存在一个零固有频率,在 $u_S(t) = 3\delta(t)\,V$ 电压源的激励下,在电流 $i_4(t)$ 和 $i_3(t)$ 中出现 1 A 的直流分量,说明在三个电感中长期存在 1 A 的回路电流。一般来说,电路中包含纯电感回路时,电感电流可能存在直流分量,电路中包含纯电容割集时,电容电压可能存在直流分量,此时电路将存在一个数值为零的固有频率,而这个零固有频率在"笔算"分析时容易漏掉。

摘　　要

1. 线性时不变动态电路分析的基本方法是建立和求解微分方程,这种时域分析方法的缺点是建立和求解高阶动态电路的微分方程比较困难。利用拉普拉斯变换可将微分方程变换为复数的代数方程来处理,便于用计算机来解决复杂动态电路的全响应问题。

2. 表格方程是以节点电压、支路电压和支路电流作为变量的电路方程,对电路不进行任何变换,直接反映原始电路中各元件电压电流的约束关系,能完整地反映出整个电路的特性,利用频域形式的表格方程可以导出线性非时变电路的各种基本性质。

3. 已知动态电路的全部固有频率,就知道该电路电压、电流零输入响应的频率成分,从而了解该电路的固有特性。

4. 已知动态电路的网络函数,容易求出任意信号激励下电路的零状态响应。

5. 线性动态电路的全响应等于零输入响应与零状态响应之和。

6. 对于正弦稳态分析,还是用相量法比较好。

习 题 十 四

微视频 14-5:
第 14 章习题
解答

§14-1 拉普拉斯变换

§14-2 动态电路的频域分析

§14-3 线性时不变电路的性质

14-1 用频域分析方法和计算机程序重解题 8-36。

14-2 用频域分析方法和计算机程序重解题 8-39。

14-3 用频域分析方法和计算机程序重解题 8-41。

14-4 将题 9-1 电路的初始条件增加一倍,用频域分析方法和计算机程序重新求解。

14-5 用频域分析方法和计算机程序重解题 9-2。

14-6 用频域分析方法和计算机程序重解题 9-3。

14-7 用频域分析方法和计算机程序重解题 9-13。

14-8 用频域分析方法和计算机程序重解题 9-14。

14-9 用频域分析方法和计算机程序重解题 9-16。

14-10 题图 14-10 所示电路,已知电压源 $u_S(t) = 6\delta(t)$ V,求电路的固有频率和电流 $i_3(t)$ 及 $i_4(t)$ 的响应。

§14-4 计算机分析电路实例

14-11 电路如题图 14-11 所示,用计算机程序求电容电压 $u_C(t)$ 和电感电流 $i_L(t)$ 的阶跃响应。

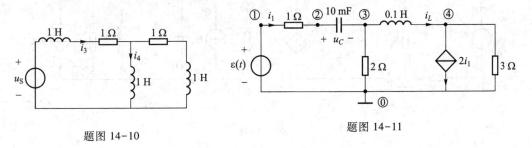

题图 14-10

题图 14-11

14-12 电路如题图 14-12 所示,已知 $u_C(0_-) = 10$ V,$i_L(0_-) = 0$,用计算机程序求电容电压 $u_C(t)$ 和电感电流 $i_L(t)$ 的零输入响应。

14-13 电路如题图 14-13 所示,利用计算机程序求电容电压 $u_1(t)$、$u_2(t)$ 和电感电流 $i_L(t)$ 的阶跃响应。

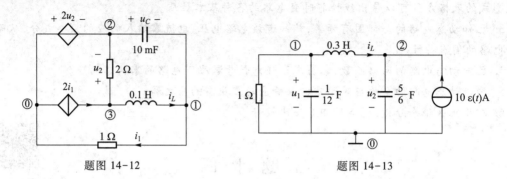

题图 14-12   题图 14-13

14-14 电路如题图 14-14 所示,利用计算机程序建立以电感电流 $i_2(t)$ 为变量的微分方程,并求电感电流 $i_2(t)$ 和电容电压 $u_C(t)$ 的阶跃响应。

14-15 电路如题图 14-15 所示,已知 $u_{C1}(0_-) = 2$ V,$u_{C2}(0_-) = 1$ V,在 $t=0$ 闭合开关,求 $t>0$ 时,电容电压 $u_{C1}(t)$、$u_{C2}(t)$ 的完全响应。

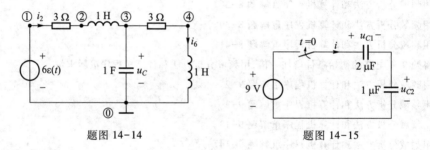

题图 14-14   题图 14-15

14-16 电路如题图 14-16(a) 所示,已知 $R = 1$ Ω,$L = 1$ H,$C = 1$ F,$r = 1$ Ω,$u_S(t) = 8\delta(t)$ V,$i_L(0) = 6$ A,$u_C(0) = 4$ V。其对偶电路如题图 14-16(b) 所示,用计算机程序计算两个电路电感和电容的电压和电流。

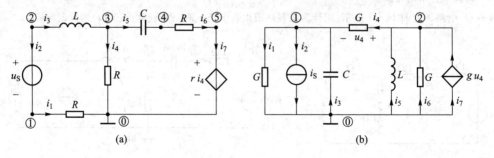

题图 14-16

第十五章　计算机辅助电路分析

　　电路的分析和设计都需要完成一定的数学运算工作。人们曾经使用计算尺和计算器来完成一些数值计算,随着计算机和大规模集成电路的发展,现在已经广泛使用计算机来辅助电路的分析和设计。计算机是一种智能的计算工具,不仅能用很短的时间完成大量的数学运算,还能够自动建立电路方程,并将计算结果进行处理,用图形和动画形式表现出来。因此,在学习电路理论课程时,有必要了解计算机分析电路的基本方法和使用计算机来辅助电路理论课程的教学(CAI)工作。

　　本章首先说明如何用一组数据来表示一个电路,然后介绍几个教学用计算机分析程序,这些程序是作者在用英文教材 *Linear and Nonlinear Circuit* 进行教学时开发出来的,其特点是与电路理论的教学内容密切结合,功能强大,可用来解算电路理论教材中的各种习题,能解决现有工程软件不能解决的许多教学问题。这些程序代码很小,对计算机的要求很低,使用简单方便,可以帮助您更好地掌握电路基本概念和基本理论,提高用计算机分析和解决电路问题的能力。

§15-1　电路模型的矩阵表示方法

　　利用已有计算机程序辅助电路分析设计的基本方法是首先将电路模型的有关数据输入计算机,再用人机对话的方式,告诉需要计算机作哪些分析计算工作,并将计算结果输出到屏幕或打印机或文件中,如下所示。

$$电路模型 \longrightarrow 计算机 \longrightarrow 输出计算结果$$

$$\uparrow$$

$$指令$$

　　人们对计算结果进行分析研究后,可以对电路的结构和参数进行修改重新进行计算,直到满意为止。利用计算机分析电路时,不需要考虑采用哪种分析方法和列写电路方程,也不必花费很多时间去求解电路方程,检验计算结果是否正确。用计算机辅助电路分析,能够用较少的时间分析更多更复杂的电路,可以用更多的精力和时间来对计算结果进行分析研究,从而更好地掌握各种电路的特性以及电路的基本概念和基本理论。

　　分析电路时,必须知道组成电路的各元件的类型、参数、连接关系和支路参考方向等信息。人们通常用观察电路图的方法来获取这些信息,而一般的计算机还不善于识别这种电路图。当用计算机分析电路时,需要将这些信息转换为一组数据,按照一定方式存放在一个矩阵或表格中,供计算机建立电路方程时使用。例如图 15-1(a)所示电路可以用图 15-1(b)所示的一组数据表示。

微视频 15-1:
从键盘输入电
路数据

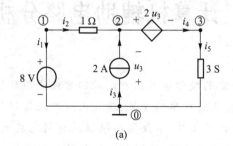

微视频 15-2:
从记事本输入
电路数据

元件 类型	支路 编号	开始 节点	终止 节点	控制 支路	元件 参数
V	1	1	0		8
R	2	1	2		1
I	3	0	2		2
VV	4	2	3	3	2
G	5	3	0		3

(a)   (b)

图 15-1 电路的矩阵表示

矩阵中的每一行表示一条支路的有关信息,对于受控源,还要说明控制支路的编号。元件类型用一个或两个大写英文字母表示,例如电压源、电流源、电阻和电导分别 V、I、R、G 表示,电压控制电压源(VCVS)用 VV 表示。支路电压电流的关联参考方向规定为从开始节点指向终止节点。各种元件参数均用主单位表示,即电压用伏[特](V),电流用安[培](A),电阻用欧[姆](Ω),电导用西[门子](S)。

当用计算机程序分析电路时,应根据电路图写出这些电路数据,在程序运行时,从键盘将这些数据输入计算机,或者将这些数据先存入到某个数据文件(* . DAT)中,让计算机从这个文件中读入这些数据。

下面介绍作者新近编写的四个通用电路分析程序,它们是直流电路分析程序 WDCAP、正弦稳态分析程序 WACAP、动态网络分析程序 WDNAP 和符号网络分析程序 WSNAP,可以在 Windows10 操作系统下工作。这几个程序根据电路课程的教学需要设计,与教学过程密切结合,是学习电路理论十分有用的计算工具。

§15-2 直流电路分析程序 WDCAP

直流电路分析程序 WDCAP(DC circuit analysis program)的基本结构如图15-2所示。程序运行时,从键盘或数据文件中读入电路数据和建立表格方程,再用高斯消去法求解方程得到电压、电流和功率,最后输出计算结果。

微视频 15-3:
建立和求解表
格方程

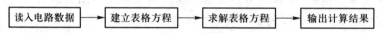

读入电路数据 → 建立表格方程 → 求解表格方程 → 输出计算结果

图 15-2 电路分析程序的结构

电路的有关数据可以从键盘输入或者从数据文件中读入, 供 WDCAP 程序使用的电路数据文件的格式如下。

第一行:注释行,可以输入有关电路编号、类型、用途等数据。

第二行:输入一个表示电路支路数目的一个正整数。

第三行以后输入 b 条支路的数据,每一行按元件类型、支路编号、开始节点、终止节点、控制支路、元件参数 1、元件参数 2 的次序输入一条支路的有关数据。元件类型用一个或两个大写英文字母表示。元件参数用实数表示,均采用主单位,电压用伏[特],电流用安[培],电阻用欧[姆],电导用西[门子]。其他几个数据用整数表示,每个数据之间用一个以上的空格相隔。

WDCAP 程序可以分析由直流电压源(V)、直流电流源(I)、线性电阻(R、G)、线性电感(L)、线性电容(C)、开路(OC)、短路(SC)、开关(OS、CS)、四种受控源(VV、VC、CV、CC)、戴维南-诺顿单口网络(VR、IG)、六种双口网络(TZ、TY、H1、H2、T1、T2)、理想变压器(T)、回转器(GY)、理想运算放大器(O、OP、OA)等电路元件构成的线性时不变电阻电路。这些电路元件的数据及格式见表 15-1。

表 15-1　WDCAP 程序适用的主要电路元件的数据及格式

元件名称	元件符号	支路编号	开始节点	终止节点	控制支路	元件参数 1	元件参数 2
直流电压源	V	b	n_1	n_2		电压值(伏)	
直流电流源	I	b	n_1	n_2		电流值(安)	
线性电阻	R	b	n_1	n_2		电阻值(欧)	
线性电阻	G	b	n_1	n_2		电导值(西)	
线性电感	L	b	n_1	n_2		电感值(亨)	电流初始值(安)
线性电容	C	b	n_1	n_2		电容值(法)	电压初始值(伏)
开路	OC	b	n_1	n_2			
短路	SC	b	n_1	n_2			
动合(常开)开关	OS	b	n_1	n_2			
动断(常闭)开关	CS	b	n_1	n_2			
压控电压源	VV	b	n_1	n_2	b	转移电压比	
压控电流源	VC	b	n_1	n_2		转移电导(西)	
流控电压源	CV	b	n_1	n_2		转移电阻(欧)	
流控电流源	CC	b	n_1	n_2	b	转移电流比	
戴维南单口	VR	b	n_1	n_2		开路电压(伏)	输出电阻(欧)
诺顿单口	IG	b	n_1	n_2		短路电流(安)	输出电导(西)
流控双口	TZ	b	n_1	n_2		r_{11}(欧)	r_{12}(欧)
		b	n_3	n_4		r_{21}(欧)	r_{22}(欧)

续表

元件名称	元件符号	支路编号	开始节点	终止节点	控制支路	元件参数 1	元件参数 2
压控双口	TY	b	n_1	n_2		g_{11}（西）	g_{12}（西）
		b	n_3	n_4		g_{21}（西）	g_{22}（西）
混合双口 1	H1	b	n_1	n_2		h_{11}（欧）	h_{12}
		b	n_3	n_4		h_{21}	h_{22}（西）
混合双口 2	H2	b	n_1	n_2		h'_{11}（西）	h'_{12}
		b	n_3	n_4		h'_{21}	h'_{22}（欧）
传输双口 1	T1	b	n_1	n_2		t_{11}	t_{12}（欧）
		b	n_3	n_4		t_{21}（西）	t_{22}
传输双口 2	T2	b	n_1	n_2		t'_{11}	t'_{12}（欧）
		b	n_3	n_4		t'_{21}（西）	t'_{22}
理想变压器	T	b	n_1	n_2		N_1	
		b	n_3	n_4		N_2	
回转器	GY	b	n_1	n_2		回转电导（西）	
		b	n_3	n_4			
理想运放 1	O	b	n_1	n_4		开环增益	输出电阻（欧）
		b	n_2	n_4			
		b	n_3	n_4			
理想运放 2	OP	b	n_1	n_4			
		b	n_2	n_4			
		b	n_3	n_4			
理想运放 3	OA	b	n_1	n_2			
		b	n_3	n_4			

注：b 是表示支路编号的一个正整数，受控源还要说明控制支路编号。n 表示节点编号的一个正整数。各种二端元件(a)、单口网络(b)、双口网络(c)、理想变压器(d)、回转器(e)和运算放大器(f)的节点编号如图 15-3 所示。

　　WDCAP 程序默认的数据文件是 D. DAT，即程序运行时在当前目录中搜索 D. DAT 文件，并读入其中的数据进行分析。假设读入的数据有错误，计算机会指出错误，甚至停止程序的运行，此时应该修改 D. DAT 文件内容再进行计算。假如当前目录内没有 D. DAT 文件，则需要用户输入一个电路数据文件名，或从键盘逐个输入电路数据。

　　当计算机读入电路数据后，屏幕上出现如下所示的主菜单。

1 ->建立各种电路方程	7 ->计算网络函数	13 ->检验对偶电路
2 ->电压电流和功率	8 ->求电路元件参数	14 ->检验特勒根定理
3 ->单口电压电流关系	9 ->改变支路的数据	15 ->支流一阶电路
4 ->单口等效电路参数	10 ->敏感度分析	16 ->一阶电路误差分析
5 ->双口网络参数	11 ->误差分析	17 ->改变支路数据
6 ->叠加定理分析	12 ->找对偶电路数据	18 ->分析新的电路
	按回车->结束程序	19 ->求解代数方程组

您选择的代码(1-19)是

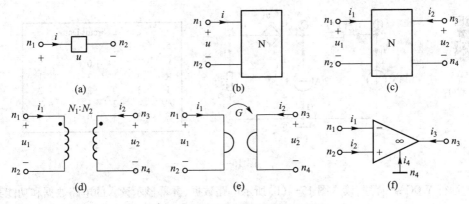

图 15-3　各种电路元件的节点编号

用户可以选择不同的代码来实现下面的分析计算功能。

（1）建立节点方程、回路电流方程、支路电流方程。

（2）计算电路各节点电压、支路电压、支路电流和各支路吸收功率。

（3）计算电路中任意两个节点间所形成单口网络的电压电流关系。

（4）计算电路中任意两个节点间所形成单口网络的戴维南和诺顿等效电路,以及单口网络向电阻负载提供的最大功率。

（5）计算电路两对节点间所构成双口网络的参数和包含独立电源双口的等效电路。

（6）用叠加定理计算电路中各节点电压,支路电压和支路电流。

（7）计算各节点电压、支路电压和支路电流的网络函数。

（8）给定电路的任一节点电压,任一支路电压、支路电流或吸收功率,计算电路任一元件的参数值。

（9）画电压、电流和功率随电路元件参数变化的曲线。

（10）计算电压、电流和功率对元件参数微小变化的敏感度。

（11）元件参数变化时,计算各节点电压、支路电压和支路电流。

（12）找已知电路的对偶电路,检验两个电路的支路电压和支路电流是否满足对偶关系。

（13）计算两个电路的支路电压和支路电流,检验是否为对偶电路。

（14）计算两个电路的支路电压、电流以及它们乘积的代数和,检验特勒根定理。

（15）用三要素法计算含一个动态元件的直流一阶电路各节点电压、各支路电压和电流,并画出波形图。

（16）改变元件参数,计算直流一阶电路的支路电压和支路电流。

（17）改变电路中某一条支路的类型、连接关系和元件数值。

（18）结束对原电路的分析,分析新的电路。

（19）输入线性代数方程的数据,求解代数方程。

下面举例说明如何利用通用电路分析程序 WDCAP 来分析电路。

例 15-1 用 WDCAP 程序分析图 15-4(a)所示直流电阻电路。

微视频 15-5:
WDCAP 程序
使用上

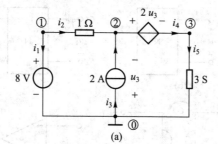

(a)

L15-1 Circuit Data				
5				
V	1	1	0	8
R	2	1	2	1
I	3	0	2	2
VV	4	2	3	3	2
G	5	3	0	3

(b)

图 15-4 例 15-1

解 运行 WDCAP 程序,读入图 15-4(b)所示电路数据,屏幕显示读入的电路数据和功能菜单。

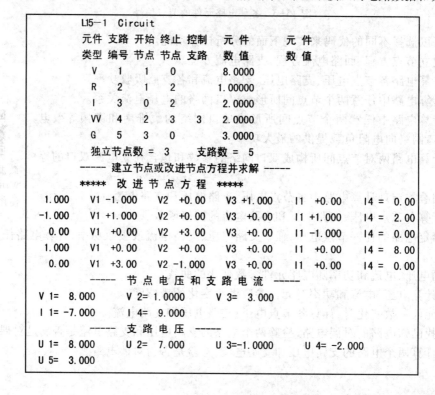

```
----- 支 路 电 流 -----
I 1= -7.000      I 2=  7.000      I 3=  2.000      I 4=  9.000
I 5=  9.000
            ***  表 格 方 程 矩 阵 和 电 源 向 量  ***
    0    0    0    1    1    0    0    0    0
    0    0    0    0   -1   -1    1    0    0
    0    0    0    0    0    0   -1    1    0
  1.0  0.0  0.0  0.0  0.0  0.0  0.0  0.0  8.0
  1.0 -1.0  0.0  0.0 -1.0  0.0  0.0  0.0  0.0
  0.0  0.0  0.0  0.0  0.0  1.0  0.0  0.0  2.0
  0.0  3.0 -1.0  0.0  0.0  0.0  0.0  0.0  0.0
  0.0  0.0 -3.0  0.0  0.0  0.0  0.0  1.0  0.0
```

选择功能代码 2,可以计算各节点电压,各支路电压、电流和支路吸收功率,结果如下。

```
              ----- 电 压, 电 流 和 功 率 -----
                       节 点 电 压
                       V1 =  8.000
                       V2 =  1.000
                       V3 =  3.000
```

编号	类型	数值	支路电压	支路电流	支路吸收功率
1	V	8.000	U1 = 8.000	I1 = -7.000	P1 = -56.00
2	R	1.000	U2 = 7.000	I2 = 7.000	P2 = 49.00
3	I	2.000	U3 = -1.000	I3 = 2.000	P3 = -2.000
4	VV	2.000	U4 = -2.000	I4 = 9.000	P4 = -18.00
5	G	3.000	U5 = 3.000	I5 = 9.000	P5 = 27.00

各支路吸收功率之和 P = .0000

选择功能代码 4,可以计算任意两个节点之间所形成单口网络的戴维南-诺顿等效电路和单口网络输出的最大功率,结果如下。

```
          ----- 任 两 节 点 间 单 口 的 等 效 电 路 -----
                   VCR: U = RO * I + Uoc    I = GO * U - Isc
```

节点编号	开路电压	输入电阻	短路电流	输入电导	最大功率
1 -> 0:	8.000	.0000	无诺顿等效电路		
2 -> 0:	1.000	.1000	10.00	10.00	2.500
3 -> 0:	3.000	.3000	10.00	3.333	7.500
2 -> 1:	-7.000	.1000	-70.00	10.00	122.5
3 -> 1:	-5.000	.3000	-16.67	3.333	20.83
3 -> 2:	2.000	.0000	无诺顿等效电路		

选择功能代码 5,可以计算任意两对节点之间所形成双口网络的参数和等效电路,结果如下。

```
***** 双口的 各种矩阵 和 电源相量 *****
  节点编号          双口网络的各种参数            电源相量
 1 < - - > 3   R11 =  .1000    R12 = -.1000    Uoc1 =  7.000
 2 < - - > 0   R21 = -.3000    R22 =  .3000    Uoc2 =  3.000
            ***   无唯一解！G 矩阵不存在   ***
 1 < - - > 3   H11 =  .0000    H12 = -.3333    Uoc1 =  8.000
 2 < - - > 0   H21 =  1.000    H22 =  3.333    Isc2 = -10.00
 1 < - - > 3   h11 =  10.00    h12 =  1.000    Isc1 = -70.00
 2 < - - > 0   h21 = -3.000    h22 =  .0000    Uoc2 =  24.00
```

选择功能代码 6，用叠加定理分析电路，得到各独立电源单独作用所产生的电压、电流，结果如下。

```
----- 用 叠 加 定 理 分 析 线 性 电 路 -----
      Y      =    Y(V 1)   +   Y(I 3)
V 1=  8.00   =     8.00    +    0.00
V 2= 1.000   =    0.800    +    0.200
V 3=  3.00   =     2.40    +    0.600
U 1=  8.00   =     8.00    +    0.00
U 2=  7.00   =     7.20    +   -0.200
U 3=-1.000   =   -0.800    +   -0.200
U 4=-2.00    =    -1.60    +   -0.400
U 5=  3.00   =     2.40    +    0.600
I 1=-7.00    =    -7.20    +    0.200
I 2=  7.00   =     7.20    +   -0.200
I 3=  2.00   =     0.00    +    2.00
I 4=  9.00   =     7.20    +    1.80
I 5=  9.00   =     7.20    +    1.80

***** 请注意：功 率 不 能 叠 加 !!! *****
P 1= -56.0   <>   -57.6    +    0.00
P 2=  49.0   <>    51.8    +   4.000E-02
P 3= -2.00   <>    0.00    +   -0.400
P 4= -18.0   <>   -11.5    +   -0.720
P 5=  27.0   <>    17.3    +    1.08
       ----- 利 用 网 络 常 数 计 算 电 压 和 电 流 -----
      Y      =     H 1    *V 1+    K 3    *I 3
V 1=  8.00   =+   1.000   *V 1+   0.00    *I 3
V 2= 1.000   =+  1.000E-01*V 1+  1.000E-01*I 3
V 3=  3.00   =+   0.300   *V 1+   0.300   *I 3
U 1=  8.00   =+   1.000   *V 1+   0.00    *I 3
U 2=  7.00   =+   0.900   *V 1+ -1.000E-01*I 3
U 3=-1.000   =+ -1.000E-01*V 1+ -1.000E-01*I 3
U 4=-2.00    =+  -0.200   *V 1+  -0.200   *I 3
U 5=  3.00   =+   0.300   *V 1+   0.300   *I 3
I 1=-7.00    =+  -0.900   *V 1+  1.000E-01*I 3
I 2=  7.00   =+   0.900   *V 1+ -1.000E-01*I 3
I 3=  2.00   =+   0.00    *V 1+   1.000   *I 3
I 4=  9.00   =+   0.900   *V 1+   0.900   *I 3
I 5=  9.00   =+   0.900   *V 1+   0.900   *I 3
```

选择功能代码 8,可以在指定某个支路电压、电流和功率的情况下,反过来求每个支路的
参数。

```
----- 给 输 出 变 量 值 , 求 元 件 数 值 -----
      你 选 择 的 输 出 变 量 值 p 5=   54.0
      求 出 的 元 件 数 值 如 下 :
编号  类型   数值 1        数值 2         p 5
 1    V    12.1421                    54.0001
 2    R    0.613892                   54.0000
 3    I    6.14218                    54.0003
 4    VV 没 有 找 到 解 答 !            54.0000
 5    G    1.08255                    53.9998
*****  直 流 电 路 分 析 程 序 ( WDCAP 3.01 )*****
```

WDCAP 程序可以对只含一个电感或电容的直流一阶动态电路进行分析计算。

例 15-2 图 15-5 所示电路原来已经稳定,$t=0$ 时闭合开关,用 WDCAP 程序求各电压、电
流的响应。

解 用 WDCAP 程序分析图 15-5(a)所示电路的数据文件如图 15-5(b)所示,其中 OS 表
示原来断开的开关,在 $t=0$ 时闭合。运行 WDCAP 程序,读入上述电路数据后,选用直流一阶电
路的菜单,运行代码 15,可以得到各电压、电流响应的三要素表达式,如下所示。

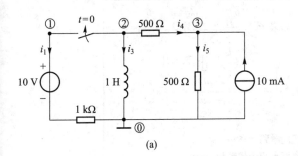

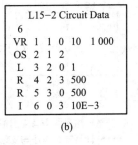

```
L15-2 Circuit Data
6
VR 1 1 0 10 1 000
OS 2 1 2
L  3 2 0 1
R  4 2 3 500
R  5 3 0 500
I  6 0 3 10E-3
```

微视频 15-6:
WDCAP 程 序
使用下

图 15-5 例 15-2

```
L15-2 Circuit Data
元件  支路 开始 终止 控制   元件        元件
类型  编号 节点 节点 支路   数值        数值
VR    1    1   0          10.0000    1000.00
OS    2    1   2
L     3    2   0          1.00000    0.0000
R     4    2   3          500.00
R     5    3   0          500.00
I     6    0   3          1.00000E-02
     独 立 节 点 数 = 3    支 路 数 = 6
    ----- 直 流 一 阶 电 路 分 析 -----
   本程序用三要素法计算含一个动态元件的直流一阶电路
时间常数 τ=L/R0 = 1.000    / 500.    = 2.000E-03s
-- f(t) =   f(∞)+[f(0+)-f(∞)]*exp( -t / τ ) --
```

```
              v 1 =    0.00     +5.00    *exp( -500.    t)
              v 2 =    0.00     +5.00    *exp( -500.    t)
              v 3 =    2.50     +2.50    *exp( -500.    t)
  VR    u 1 =    0.00     +5.00    *exp( -500.    t)
  OS    u 2 =    0.00     +0.00    *exp( -500.    t)
  L     u 3 =    0.00     +5.00    *exp( -500.    t)
  R     u 4 =   -2.50     +2.50    *exp( -500.    t)
  R     u 5 =    2.50     +2.50    *exp( -500.    t)
  I     u 6 =   -2.50     -2.50    *exp( -500.    t)
  VR    i 1 =  -1.000E-02 +5.000E-03*exp( -500.    t)
  OS    i 2 =   1.000E-02 -5.000E-03*exp( -500.    t)
  L     i 3 =   1.500E-02 -1.000E-02*exp( -500.    t)
  R     i 4 =  -5.000E-03 +5.000E-03*exp( -500.    t)
  R     i 5 =   5.000E-03 +5.000E-03*exp( -500.    t)
  I     i 6 =   1.000E-02 +0.00    *exp( -500.    t)
        *****  直流电路分析程序 （ WDCAP 3.01 ） *****
```

例 15-3 选择计算机程序 WDCAP 的代码 14,计算图 1-38(a)和(b)电路的支路电压、电流以及它们乘积的代数和,检验特勒根定理,计算结果如下所示。

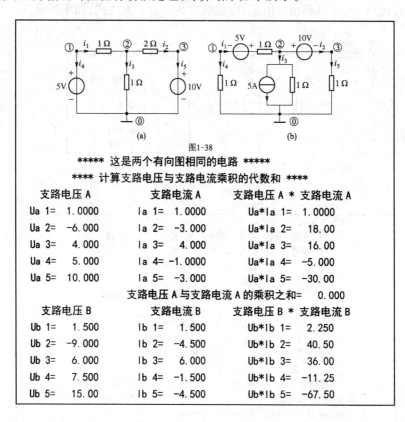

图1-38

***** 这是两个有向图相同的电路 *****

**** 计算支路电压与支路电流乘积的代数和 ****

支路电压 A	支路电流 A	支路电压 A * 支路电流 A
Ua 1= 1.0000	Ia 1= 1.0000	Ua*Ia 1= 1.0000
Ua 2= -6.000	Ia 2= -3.000	Ua*Ia 2= 18.00
Ua 3= 4.000	Ia 3= 4.000	Ua*Ia 3= 16.00
Ua 4= 5.000	Ia 4= -1.0000	Ua*Ia 4= -5.000
Ua 5= 10.000	Ia 5= -3.000	Ua*Ia 5= -30.00

支路电压 A 与支路电流 A 的乘积之和= 0.000

支路电压 B	支路电流 B	支路电压 B * 支路电流 B
Ub 1= 1.500	Ib 1= 1.500	Ub*Ib 1= 2.250
Ub 2= -9.000	Ib 2= -4.500	Ub*Ib 2= 40.50
Ub 3= 6.000	Ib 3= 6.000	Ub*Ib 3= 36.00
Ub 4= 7.500	Ib 4= -1.500	Ub*Ib 4= -11.25
Ub 5= 15.00	Ib 5= -4.500	Ub*Ib 5= -67.50

支路电压 B 与支路电流 B 的乘积之和＝ 0.000

＊＊＊＊ 特勒根定理 1：电路的支路电压和支路电流 ＊＊＊＊

采用关联参考方向，其支路电压与支路电流乘积的代数和等于零。

支路电压 A	支路电流 B	支路电压 A ＊ 支路电流 B
Ua 1＝ 1.0000	Ib 1＝ 1.500	Ua＊Ib 1＝ 1.500
Ua 2＝ −6.000	Ib 2＝ −4.500	Ua＊Ib 2＝ 27.00
Ua 3＝ 4.000	Ib 3＝ 6.000	Ua＊Ib 3＝ 24.00
Ua 4＝ 5.000	Ib 4＝ −1.500	Ua＊Ib 4＝ −7.500
Ua 5＝ 10.00	Ib 5＝ −4.500	Ua＊Ib 5＝ −45.00

支路电压 A 与支路电流 B 的乘积之和＝ 0.000

支路电压 B	支路电流 A	支路电压 B ＊ 支路电流 A
Ub 1＝ 1.500	Ia 1＝ 1.0000	Ub＊Ia 1＝ 1.500
Ub 2＝ −9.000	Ia 2＝ −3.000	Ub＊Ia 2＝ 27.00
Ub 3＝ 6.000	Ia 3＝ 4.000	Ub＊Ia 3＝ 24.00
Ub 4＝ 7.500	Ia 4＝ −1.0000	Ub＊Ia 4＝ −7.500
Ub 5＝ 15.00	Ia 5＝ −3.000	Ub＊Ia 5＝ −45.00

支路电压 B 与支路电流 A 的乘积之和＝ 0.000

＊＊＊＊ 特勒根定理 2：两个有向图相同的电路， ＊＊＊＊

一个电路支路电压与另一个电路支路电流乘积的代数和等于零。

＊＊＊＊＊ 直流电路分析程序（ WDCAP 3.01 ）＊＊＊＊＊

例 15-4 选择计算机程序 WDCAP 的代码 13，计算题图 2-29(a)和(b)电路的支路电压、电流以及它们乘积的代数和，检验它们是否为对偶电路，计算结果如下所示。

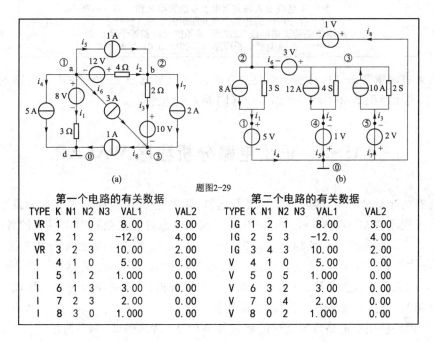

题图2-29

第一个电路的有关数据					
TYPE	K	N1 N2 N3	VAL1	VAL2
VR	1	1 0	8.00	3.00
VR	2	1 2	−12.0	4.00
VR	3	2 3	10.00	2.00
I	4	1 0	5.00	0.00
I	5	1 2	1.000	0.00
I	6	1 3	3.00	0.00
I	7	2 3	2.00	0.00
I	8	3 0	1.000	0.00

第二个电路的有关数据					
TYPE	K	N1 N2 N3	VAL1	VAL2
IG	1	2 1	8.00	3.00
IG	2	5 3	−12.0	4.00
IG	3	4 3	10.00	2.00
V	4	1 0	5.00	0.00
V	5	0 5	1.000	0.00
V	6	3 2	3.00	0.00
V	7	0 4	2.00	0.00
V	8	0 2	1.000	0.00

```
   支路电压 A          支路电流 A          支路电压 B          支路电流 B
Ua 1= -10.000      Ia 1=  -6.000      Ub 1=  -6.000      Ib 1=  -10.00
Ua 2= -24.00       Ia 2=  -3.000      Ub 2=  -3.000      Ib 2=  -24.00
Ua 3=  2.000       Ia 3=  -4.000      Ub 3=  -4.000      Ib 3=   2.000
Ua 4= -10.000      Ia 4=   5.000      Ub 4=   5.000      Ib 4=  -10.00
Ua 5= -24.00       Ia 5=   1.0000     Ub 5=   1.0000     Ib 5=  -24.00
Ua 6= -22.00       Ia 6=   3.000      Ub 6=   3.000      Ib 6=  -22.00
Ua 7=  2.000       Ia 7=   2.000      Ub 7=   2.000      Ib 7=   2.000
Ua 8= 12.00        Ia 8=   1.0000     Ub 8=   1.000      Ib 8=  12.00
        ****  有向图和支路特性对偶的两个电路，****
        一个电路支路电压与另一电路支路电流的数值相同！
   支路电压 A              支路电压 B          支路电压 A * 支路电压 B
Ua 1= -10.000          Ub 1=  -6.000      Ua*Ub 1=  60.00
Ua 2= -24.00           Ub 2=  -3.000      Ua*Ub 2=  72.00
Ua 3=  2.000           Ub 3=  -4.000      Ua*Ub 3=  -8.000
Ua 4= -10.000          Ub 4=   5.000      Ua*Ub 4= -50.00
Ua 5= -24.00           Ub 5=   1.0000     Ua*Ub 5= -24.00
Ua 6= -22.00           Ub 6=   3.000      Ua*Ub 6= -66.00
Ua 7=  2.000           Ub 7=   2.000      Ua*Ub 7=   4.000
Ua 8= 12.00            Ub 8=   1.000      Ua*Ub 8=  12.00
        支路电压 A 与支路电压 B 的乘积之和=  0.5722E-05
   支路电流 A              支路电流 B          支路电流 A * 支路电流 B
Ia 1=  -6.000          Ib 1=  -10.00      Ia*Ib 1=  60.00
Ia 2=  -3.000          Ib 2=  -24.00      Ia*Ib 2=  72.00
Ia 3=  -4.000          Ib 3=   2.000      Ia*Ib 3=  -8.000
Ia 4=   5.000          Ib 4=  -10.00      Ia*Ib 4= -50.00
Ia 5=   1.0000         Ib 5=  -24.00      Ia*Ib 5= -24.00
Ia 6=   3.000          Ib 6=  -22.00      Ia*Ib 6= -66.00
Ia 7=   2.000          Ib 7=   2.000      Ia*Ib 7=   4.000
Ia 8=   1.0000         Ib 8=  12.00       Ia*Ib 8=  12.00
        支路电流 A 与支路电流 B 的乘积之和=  0.1907E-05
        ****  存在惟一解的两个有向图对偶电路，****
        两个电路的支路电压（或电流）乘积的代数和等于零。
        *****  直流电路分析程序（WDCAP 3.01）*****
```

计算结果表明题图 2-29(a) 所示电路的电压(电流) 与题图 2-29(b) 所示电路的支路电流 (电压) 相同,说明题图 2-29(a) 与题图 2-29(b) 是对偶电路。

§15-3 正弦电路分析程序 WACAP

正弦稳态的相量分析中,涉及大量的复数运算,常常花费很多时间,又很容易发生错误。用正弦电路分析程序 WACAP(AC circuit analysis program) 来解算正弦稳态电路中的各种习题,帮助读者用比较少的时间掌握正弦稳态电路的特性。WACAP 程序的编程原理和方法与 WDCAP 程序相同,即读入电路数据后,建立表格方程,并求解得到电压、电流。与 WDCAP 不同之处在于 WACAP 处理的是复数代数方程,它建立复系数的表格方程,并用高斯消去法求解此复系数代数方程得到全部节点电压、支路电压、支路电流相量。

WACAP 程序使用的电路数据文件的格式与 WDCAP 程序类似,如下所示。

第一行:注释行,可以输入有关电路编号、类型、用途等数据。

第二行:输入一个表示电路支路数目的一个正整数以及表示电源角频率的一个实数。

第三行以后输入 b 条支路的数据,每一行按元件类型、支路编号、开始节点、终止节点、控制支路以及 1 至 4 个元件参数的次序输入一条支路的有关数据。元件类型用一个或两个大写英文字母表示。元件参数用实数表示,均采用主单位,电压用伏[特],电流用安[培],阻抗用欧[姆],导纳用西[门子],电感用亨[利],电容用法[拉],初相用度,角频率用弧度/秒。其他几个数据用整数表示。数据之间用一个以上的空格相隔。

正弦电路分析程序 WACAP 可以对由正弦电压源(V、VM)、正弦电流源(I、IM)、线性电阻(R、G)、线性电感(L)、线性电容(C)、开路(OC)、短路(SC)、阻抗(Z)、导纳(Y)、四种受控源(VV、VC、CV、CC)、戴维南-诺顿单口网络(VZ、IY)、六种双口网络(TZ、TY、H1、H2、T1、T2)、耦合电感(M)、理想变压器(T)和理想运算放大器(O、OP、OA)等电路元件构成的线性时不变电路进行正弦稳态分析。

WACAP 程序适用的主要电路元件的各种数据及格式见表 15-2。

表 15-2　WACAP 程序适用的主要电路元件的数据及格式

元件名称	元件符号	支路编号	开始节点	终止节点	控制支路	元件参数 1	元件参数 2	元件参数 3	元件参数 4
正弦电压源	V	b	n_1	n_2		电压有效值	初相		
正弦电压源	VM	b	n_1	n_2		电压振幅值	初相		
正弦电流源	I	b	n_1	n_2		电流有效值	初相		
正弦电流源	IM	b	n_1	n_2		电流振幅值	初相		
线性电阻	R	b	n_1	n_2		电阻值			
线性电阻	G	b	n_1	n_2		电导值			
线性电感	L	b	n_1	n_2		电感值			
线性电容	C	b	n_1	n_2		电容值			
开路	OC	b	n_1	n_2					
短路	SC	b	n_1	n_2					
阻抗	Z	b	n_1	n_2		阻抗实部	阻抗虚部		
导纳	Y	b	n_1	n_2		导纳实部	导纳虚部		
压控电压源	VV	b	n_1	n_2	b	转移电压比			
压控电流源	VC	b	n_1	n_2	b	转移电导			
流控电压源	CV	b	n_1	n_2	b	转移电阻			
流控电流源	CC	b	n_1	n_2	b	转移电流比			

续表

元件名称	元件符号	支路编号	开始节点	终止节点	控制支路	元件参数 1	元件参数 2	元件参数 3	元件参数 4
戴维南单口	VZ	b	n_1	n_2		电压有效值	初相	阻抗实部	阻抗虚部
诺顿单口	IY	b	n_1	n_2		电流有效值	初相	导纳实部	导纳虚部
流控双口	TZ	b	n_1	n_2		z_{11}实部	z_{11}虚部	z_{12}实部	z_{12}虚部
		b	n_3	n_4		z_{21}实部	z_{21}虚部	z_{22}实部	z_{22}虚部
压控双口	TY	b	n_1	n_2		y_{11}实部	y_{11}虚部	y_{12}实部	y_{12}虚部
		b	n_3	n_4		y_{21}实部	y_{21}虚部	y_{22}实部	y_{22}虚部
混合双口 1	H1	b	n_1	n_2		h_{11}实部	h_{11}虚部	h_{12}实部	h_{12}虚部
		b	n_3	n_4		h_{21}实部	h_{21}虚部	h_{22}实部	h_{22}虚部
混合双口 2	H2	b	n_1	n_2		h'_{11}实部	h'_{11}虚部	h'_{12}实部	h'_{12}虚部
		b	n_3	n_4		h'_{21}实部	h'_{21}虚部	h'_{22}实部	h'_{22}虚部
传输双口 1	T1	b	n_1	n_2		t_{11}实部	t_{11}虚部	t_{12}实部	t_{12}虚部
		b	n_3	n_4		t_{21}实部	t_{21}虚部	t_{22}实部	t_{22}虚部
传输双口 2	T2	b	n_1	n_2		t'_{11}实部	t'_{11}虚部	t'_{12}实部	t'_{12}虚部
		b	n_3	n_4		t'_{21}实部	t'_{21}虚部	t'_{22}实部	t'_{22}虚部
耦合电感	M	b	n_1	n_2		L_1	M		
		b	n_3	n_4		M	L_2		
理想变压器	T	b	n_1	n_2		N_1			
		b	n_3	n_4		N_2			
理想运放 1	O	b	n_1	n_4		开环增益	输出电阻		
		b	n_2	n_4					
		b	n_3	n_4					
理想运放 2	OP	b	n_1	n_4					
		b	n_2	n_4					
		b	n_3	n_4					
理想运放 3	OA	b	n_1	n_2					
		b	n_3	n_4					

注:b 是表示支路编号的一个正整数,受控源还要说明控制支路编号。n 表示节点编号的一个正整数。各种二端元件(a)、单口网络(b)、双口网络(c)、理想变压器(d)、耦合电感(e)和运算放大器(f)的节点编号如图 15-6 所示。

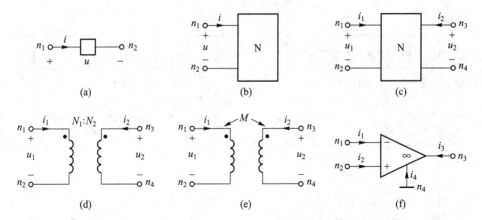

图 15-6　各种电路元件的节点编号

下面对选择代码 7 进行非正弦分析时的几个问题加以说明,程序给出以下几种周期非正弦信号供用户选择使用。

(1) 方波　$f(t) = \dfrac{4A}{\pi}\left(\sin \omega t + \dfrac{1}{3}\sin 3\omega t + \dfrac{1}{5}\sin 5\omega t + \cdots\right)$

(2) 方波　$f(t) = \dfrac{A}{2} + \dfrac{2A}{\pi}\left(\cos \omega t - \dfrac{1}{3}\cos 3\omega t + \dfrac{1}{5}\cos 5\omega t - \cdots\right)$

(3) 三角波　$f(t) = \dfrac{8A}{\pi^2}\left(\sin \omega t - \dfrac{1}{9}\sin 3\omega t + \dfrac{1}{25}\sin 5\omega t - \cdots\right)$

(4) 锯齿波　$f(t) = \dfrac{A}{2} - \dfrac{A}{\pi}\left(\sin \omega t + \dfrac{1}{2}\sin 2\omega t + \dfrac{1}{3}\sin 3\omega t + \cdots\right)$

(5) 全波整流　$f(t) = \dfrac{4A}{\pi}\left(\dfrac{1}{2} - \dfrac{1}{1\times3}\cos 2\omega t - \dfrac{1}{3\times5}\cos 4\omega t - \dfrac{1}{5\times7}\cos 6\omega t - \cdots\right)$

(6) 半波整流　$f(t) = \dfrac{A}{\pi} + \dfrac{A}{2}\sin \omega t - \dfrac{2A}{\pi}\left(\dfrac{1}{1\times3}\cos 2\omega t + \dfrac{1}{3\times5}\cos 4\omega t + \dfrac{1}{5\times7}\cos 6\omega t + \cdots\right)$

这几种周期非正弦信号的波形如图 15-7 所示。

对于本程序没有给出的非正弦周期信号,用户可以选择代码 7,用键盘输入各次谐波数值的方法来使用。

选择代码 7 也可以对包含几个频率相同的正弦电源的电路进行分析,此时得到的是以瞬时值形式表示的电压和电流,并且可以画出波形图。

WACAP 程序默认的数据文件是 A.DAT,即程序运行时在当前目录中搜索 A.DAT 文件,并读入其中的数据进行分析。假设读入的数据有错误,计算机会指出错误,甚至停止程序的运行,此时应该修改 A.DAT 文件内容再进行计算。假如当前目录内没有 A.DAT 文件,则需要用户输入一个电路数据文件名,或从键盘逐个输入电路数据。

当计算机读入电路数据后,屏幕上出现如下所示的一个主菜单。

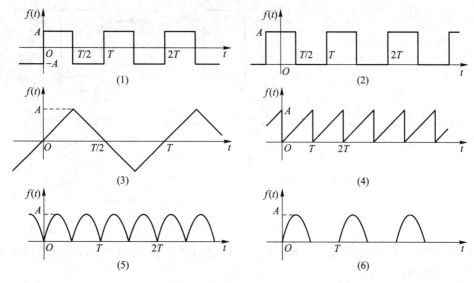

图 15-7 几种常用非正弦周期波形

1 ->建立节点方程	7 ->非正弦稳态分析	13 ->检验特勒根定理
2 ->电压电流和功率	8 ->改变参数求输出	14 ->复数运算
3 ->单口等效电路	9 ->灵敏度分析	15 ->改变支路的数据
4 ->双口网络参数	10 ->误差分析	16 ->分析新的电路
5 ->叠加定理分析	11 ->检验对偶电路	
6 ->频率特性曲线	12 ->找对偶电路	按回车->结束程序
您选择的代码(1-16)是		

用户选择屏幕上显示的菜单可以实现下面的分析计算功能：

（1）列出电路的节点方程或改进节点方程。

（2）计算电路各节点电压、支路电压、支路电流相量和各支路吸收功率。

（3）计算电路中任意两个节点间所形成单口网络相量模型的戴维南和诺顿等效电路，以及单口网络向共轭匹配负载提供的最大平均功率。

（4）计算不含独立电源电路两对节点间所构成双口网络相量模型的参数。

（5）用叠加定理计算电路中各节点电压、支路电压和支路电流相量。

（6）计算电路中任一电压、电流的频率特性，并画出幅频和相频特性曲线（波特图）。

（7）计算几个不同频率正弦信号或常用周期信号激励下的非正弦稳态电压、电流的瞬时值，并画出波形图。

（8）画电压、电流和功率随电路元件参数变化的曲线。

（9）计算电压、电流和功率对元件参数微小变化的敏感度。

（10）计算改变元件参数变化时的节点电压、支路电压和支路电流。

（11）计算两个电路的支路电压、电流相量以及它们乘积的代数和,检验是否为对偶电路。

（12）找已知电路的对偶电路,检验两个电路的支路电压和支路电流相量是否满足对偶关系。

（13）计算两个电路的支路电压、电流相量以及它们乘积的代数和,检验特勒根定理。

（14）完成以下复数运算:

① 复数代数型变为指数型。

② 复数指数型变为代数型。

③ 两个代数型复数 A 和 B 的相乘、相除和相减。

④ 代数型复数 A 和指数型复数 B 的相乘、相除和相减。

⑤ 两个指数型复数 A 和 B 的相乘、相除和相减。

⑥ 求解复系数线性代数方程。

（15）改变电路中某一条支路的类型、连接关系和元件数值,改变电源的角频率。

（16）结束对原电路的分析,分析新的电路。

例 15-5　图 15-8(a)电路中,已知 $u_{S1}(t) = 3\sqrt{2}\cos\omega t$ V,$u_{S2}(t) = 4\sqrt{2}\sin\omega t$ V,$\omega = 2$ rad/s。试用计算机程序 WACAP 计算各电压、电流的相量和支路吸收功率。

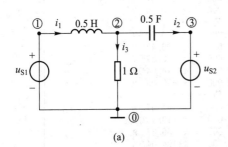

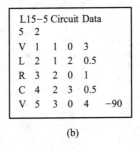

微视频 15-7:
WACAP 程序
使用

图 15-8　例 15-5

解　运行 WACAP 程序,读入图 15-8(b)电路数据,选择代码 2,可以得到以下计算结果。

```
        L15-5 Circuit Data
元件 支路 开始 终止 控制  元件      元件      元件      元件
类型 编号 节点 节点 支路 数 值 1   数 值 2   数 值 3   数 值 4
V    1    1    0         3.0000    0.0000
L    2    1    2         0.50000
R    3    2    0         1.00000
C    4    2    3         0.50000
V    5    3    0         4.0000   -90.000
   独立节点数 = 3     支路数 = 5 角频率 ω= 2.0000   rad/s
        ----- 电 压 电 流 相 量 和 功 率 -----
              ----- 节 点 电 压 相 量 -----
          实部         虚部          模            辐角
V 1=(   3.000      +j  0.000  ) =  3.000    exp(j   0.00°)V
V 2=(   4.000      +j -3.000  ) =  5.000    exp(j -36.87°)V
V 3=(  2.3842E-07  +j -4.000  ) =  4.000    exp(j -90.00°)V
```

```
        ----- 支 路 电 压 相 量 -----
U 1=(   3.000     +j   0.000   ) =  3.000    exp(j   0.00°)V
U 2=( -1.0000     +j   3.000   ) =  3.162    exp(j 108.43°)V
U 3=(   4.000     +j  -3.000   ) =  5.000    exp(j -36.87°)V
U 4=(   4.000     +j   1.0000  ) =  4.123    exp(j  14.04°)V
U 5=( 2.3842E-07  +j  -4.000   ) =  4.000    exp(j -90.00°)V
        ----- 支 路 电 流 相 量 -----
I 1=(  -3.000     +j  -1.0000  ) =  3.162    exp(j-161.57°)A
I 2=(   3.000     +j   1.0000  ) =  3.162    exp(j  18.43°)A
I 3=(   4.000     +j  -3.000   ) =  5.000    exp(j -36.87°)A
I 4=( -1.0000     +j   4.000   ) =  4.123    exp(j 104.04°)A
I 5=( -1.0000     +j   4.000   ) =  4.123    exp(j 104.04°)A
        ----- 支 路 功 率  -----( 电压电流用有效值 )
              有功功率 P        无功功率 Q          视在功率 S
       1 V :     -9.0000          3.0000            9.4868
       2 L :      0.0000         10.000            10.000
       3 R :     25.000           0.0000           25.000
       4 C :      0.0000        -17.000            17.000
       5 V :    -16.000           4.0000           16.492
       功率之和:  9.53674E-07    9.53674E-07        77.979
        ----- 电压 电流 和 功率 的 瞬 时 值-----
        ----- 节 点 电 压 瞬 时 值 -----
   v 1(t)=    4.243   Cos(   2.000    t  +0.00°)V
   v 2(t)=    7.071   Cos(   2.000    t -36.87°)V
   v 3(t)=    5.657   Cos(   2.000    t -90.00°)V
        ----- 支 路 电 压 瞬 时 值 -----
   u 1(t)=    4.243   Cos(   2.000    t  +0.00°)V
   u 2(t)=    4.472   Cos(   2.000    t+108.43°)V
   u 3(t)=    7.071   Cos(   2.000    t -36.87°)V
   u 4(t)=    5.831   Cos(   2.000    t +14.04°)V
   u 5(t)=    5.657   Cos(   2.000    t -90.00°)V
        ----- 支 路 电 流 瞬 时 值 -----
   i 1(t)=    4.472   Cos(   2.000    t-161.57°)A
   i 2(t)=    4.472   Cos(   2.000    t +18.43°)A
   i 3(t)=    7.071   Cos(   2.000    t -36.87°)A
   i 4(t)=    5.831   Cos(   2.000    t+104.04°)A
   i 5(t)=    5.831   Cos(   2.000    t+104.04°)A
        ----- 支 路 瞬 时 功 率  -----
   p 1(t)=   -9.000   +  9.487   Cos(  4.00    t-161.57°)
   p 2(t)= 7.5498E-07+ 10.00    Cos(  4.00    t+126.87°)
   p 3(t)=   25.00    + 25.00    Cos(  4.00    t -73.74°)
   p 4(t)= 1.2835E-06+ 17.00    Cos(  4.00    t+118.07°)
   p 5(t)=  -16.00    + 16.49    Cos(  4.00    t +14.04°)
```

选择代码 3,可求得节点②和⓪之间所形成单口网络相量模型的戴维南-诺顿等效电路和单口网络向可变负载传输的最大功率。

```
        ----- 任 两 节 点 间 单 口 的 等 效 电 路 -----
   2 -> 0
              实部          虚部          模            幅角
   Uoc=(  4.000     +j  -3.000   ) =  5.000    exp(j -36.87°)
   Z0 =(  1.0000    +j   0.000   ) =  1.0000   exp(j   0.00°)
   Isc=(  4.000     +j  -3.000   ) =  5.000    exp(j -36.87°)
   Y0 =(  1.0000    +j   0.000   ) =  1.0000   exp(j   0.00°)
   Pmax=   6.250   (电源用有效值时)Pmax=   3.125   (电源用振幅值时)
   单口网络的功率因数等于  1.0000
```

选择代码4,计算双口网络的六种网络参数。

```
      *****  双 口 网 络 的 六 种 矩 阵 参 数  *****
  1 <--> 2  z11=( 1.000   +j  0.00   )  z12=(-1.000   +j  0.00   )
  2 <--> 3  z21=(-1.000   +j  0.00   )  z22=( 1.000   +j  0.00   )

    ***  无 唯 一 解 ! Y 矩 阵 不 存 在  ***

  1 <--> 2  H11=(  0.00   +j  0.00   )  H12=(-1.000   +j  0.00   )
  2 <--> 3  H21=( 1.000   +j  0.00   )  H22=( 1.000   +j  0.00   )

  1 <--> 2  h11=( 1.000   +j  0.00   )  h12=( 1.000   +j  0.00   )
  2 <--> 3  h21=(-1.000   +j  0.00   )  h22=(  0.00   +j  0.00   )

  1 <--> 2  T11=(-1.000   +j  0.00   )  T12=(  0.00   +j  0.00   )
  2 <--> 3  T21=(-1.000   +j  0.00   )  T22=(-1.000   +j  0.00   )

  1 <--> 2  t11=(-1.000   +j  0.00   )  t12=(  0.00   +j  0.00   )
  2 <--> 3  t21=( 1.000   +j  0.00   )  t22=(-1.000   +j  0.00   )
```

选择代码5,用叠加定理分析可以得到以下计算结果。

```
        ----- 用 叠 加 定 理 分 析 线 性 电 路 -----
             Y            =          Y(V 1)      +        Y(V 5)
V 1=( 3.00    +j  0.00  )==( 3.00    +j  0.00  )+(  0.00    +j  0.00    )
V 2=( 4.00    +j -3.00  )==( 0.00    +j -3.00  )+(  4.00    +j 4.768E-07)
V 3=( 2.384E-07+j -4.00 )==( 0.00    +j  0.00  )+( 2.384E-07+j -4.00   )
U 1=( 3.00    +j  0.00  )==( 3.00    +j  0.00  )+(  0.00    +j  0.00    )
U 2=(-1.000   +j  3.00  )==( 3.00    +j  3.00  )+( -4.00    +j-4.768E-07)
U 3=( 4.00    +j -3.00  )==( 0.00    +j -3.00  )+(  4.00    +j 4.768E-07)
U 4=( 4.00    +j 1.000  )==( 0.00    +j -3.00  )+(  4.00    +j  4.00    )
U 5=( 2.384E-07+j -4.00 )==( 0.00    +j  0.00  )+( 2.384E-07+j -4.00   )
I 1=(-3.00    +j-1.000  )==( -3.00   +j  3.00  )+( 4.768E-07+j -4.00   )
I 2=( 3.00    +j 1.000  )==( 3.00    +j -3.00  )+(-4.768E-07+j  4.00   )
I 3=( 4.00    +j -3.00  )==( 0.00    +j -3.00  )+(  4.00    +j 3.576E-07)
I 4=(-1.000   +j  4.00  )==( 3.00    +j  0.00  )+( -4.00    +j  4.00    )
I 5=(-1.000   +j  4.00  )==( 3.00    +j  0.00  )+( -4.00    +j  4.00    )
        *****注 意: 功 率 不 能 叠 加 !!! *****
S 1=(-9.00    +j  3.00  )<>( -9.00   +j -9.00  )+(  0.00    +j  0.00    )
S 2=( 0.00    +j 10.0   )<>( 0.00    +j 18.0   )+(  0.00    +j 16.0    )
S 3=( 25.0    +j  0.00  )<>( 9.00    +j  0.00  )+( 16.0     +j 4.768E-07)
S 4=( 0.00    +j -17.0  )<>( 0.00    +j -9.00  )+(  0.00    +j -32.0   )
S 5=(-16.0    +j  0.00  )<>( 0.00    +j  0.00  )+( -16.0    +j 16.0    )
```

选择代码6,画出节点②对于第一个电压源单独作用时的幅频和相频特性曲线。

```
       ----- 求 网 络 的 频 率 特 性 并 画 曲 线  -----
            ----- H(jω) = V2 /V1  -----
  ω(rad/s) | V2 /V1   (db) Min= -119.0   db      Max=  1.249    db
  2.000E-02  4.349E-04 |                                          *
```

```
3.557E-02   1.373E-03 |                                        *
6.325E-02   4.341E-03 |                                        *
1.125E-01   1.371E-02 |                                         *
2.000E-01   4.321E-02 |                                         *
3.557E-01   1.351E-01 |                                         *
6.325E-01   4.096E-01 |                                         *
1.125E+00   1.058E+00 |                                         *
2.000E+00   1.035E-06 |                                         *
3.557E+00  -8.942E+00 |                                       *
6.325E+00  -1.959E+01 |                                    *
1.125E+01  -2.986E+01 |                                 *
2.000E+01  -3.996E+01 |                              *
3.557E+01  -4.999E+01 |                           *
6.325E+01  -6.000E+01 |                        *
1.125E+02  -7.000E+01 |                     *
2.000E+02  -8.000E+01 |                  *
3.557E+02  -9.000E+01 |               *
6.325E+02  -1.000E+02 |            *
1.125E+03  -1.103E+02 |       *
2.000E+03  -1.190E+02 *
ω(rad/s)      相 位  -180         -90           0          +90         180
2.000E-02     -0.573°.                        *
3.557E-02     -1.019°.                        *
6.325E-02     -1.813°.                        *
1.125E-01     -3.229°.                        *
2.000E-01     -5.768°.                        *
3.557E-01    -10.406°.                       *|
6.325E-01    -19.360°.                      * |
1.125E+00    -39.434°.               *        |
2.000E+00    -90.000°.          *             |
3.557E+00   -140.566°.      *                 |
6.325E+00   -160.640°.    *                   |
1.125E+01   -169.594°. *                      |
2.000E+01   -174.232°. *                      |
3.557E+01   -176.771°*                        |
6.325E+01   -178.187°*                        |
1.125E+02   -178.981°*                        |
2.000E+02   -179.427°*                        |
3.557E+02   -179.678°*                        |
6.325E+02   -179.819°*                        |
1.125E+03   -179.895°*                        |
2.000E+03   -179.946°*                        |
```

选择代码 8,画出电感值改变时节点电压变化的曲线。

```
       *** 改变元件参数,画电压 电流 平均功率变化曲线 ***
    L 2      V 2        Min=     2.8298    Max=     5.3634
5.000E-03   3.030E+00 |                    *
```

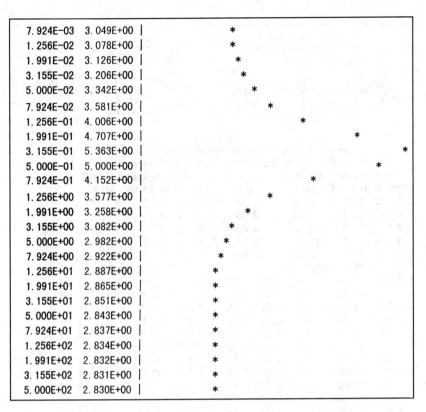

选择代码 9,计算电压、电流对元件参数变化的敏感度。

```
***** 电压 电流对元件参数变化的敏感度 S( 0.10%) *****
            Y        V 1     L 2     R 3     C 4     V 5     V 5
V 1=     3.00     1.000   0.000   0.000   0.000   0.000   0.000
V 2=     5.00     0.360  -0.360   1.000   0.640   0.640   0.754
V 3=     4.00     0.000   0.000  -0.000  -0.000   1.000  -0.000
U 1=     3.00     1.000   0.000   0.000   0.000   0.000   0.000
U 2=     5.00     0.601  -0.001   1.300   1.300   0.401   1.885
U 3=     4.00     0.360  -0.360   1.000   0.640   0.640   0.754
U 4=     3.00    -0.176  -0.764   0.765  -0.001   1.177   1.109
U 5=     3.16     0.000   0.000  -0.000  -0.000   1.000  -0.000
I 1=     3.00     0.601  -1.000   1.300   1.300   0.401   1.885
I 2=     5.00     0.601  -1.000   1.300   1.300   0.401   1.885
I 3=     4.00     0.360  -0.360  -0.000   0.640   0.640   0.754
I 4=     3.00    -0.176  -0.764   0.765   0.999   1.177   1.109
I 5=     3.16    -0.176  -0.764   0.765   0.999   1.177   1.109
      ***** 正弦稳态分析程序 （WACAP 3.01 ) *****
```

例 15-6　选择计算机程序 WACAP 的代码 13,计算习题 10-73 两个电路的支路电压、电流相量,检验特勒根定理,计算结果如下所示。

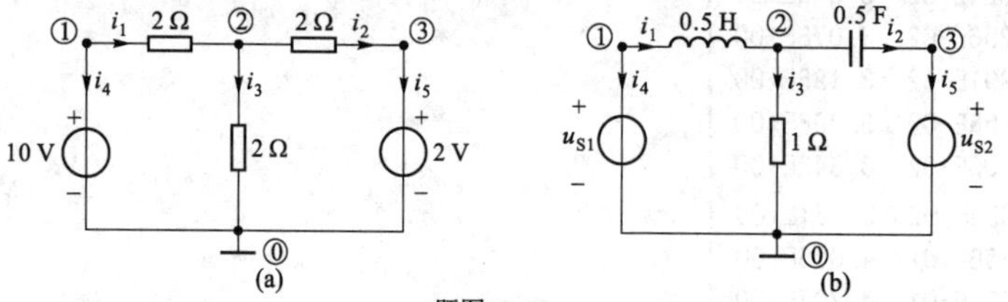

题图10-73

```
           ***** 这是两个有向图相同的电路 *****
          ***** 显示两个电路的支路电压和支路电流 *****
      第一个电路的有关数据              第二个电路的有关数据
TYPE K N1 N2 N3  VAL1      VAL2     TYPE K N1 N2 N3  VAL1      VAL2
 R   1  1  2     2.00      0.00      L   1  1  2     0.500     0.00
 R   2  2  3     2.00      0.00      C   2  2  3     0.500     0.00
 R   3  2  0     2.00      0.00      R   3  2  0     1.000     0.00
 V   4  1  0    10.00      0.00      V   4  1  0     6.00      0.00
 V   5  3  0     2.00      0.00      V   5  3  0     8.00     -90.0
      支路电压电流相量A                    支路电压电流相量B
 U 1=(  6.00     +j  0.00  )V      U 1=( -2.00     +j   6.00  )V
 U 2=(  2.00     +j  0.00  )V      U 2=(  8.00     +j   2.00  )V
 U 3=(  4.00     +j  0.00  )V      U 3=(  8.00     +j  -6.00  )V
 U 4=( 10.00     +j  0.00  )V      U 4=(  6.00     +j   0.00  )V
 U 5=(  2.00     +j  0.00  )V      U 5= 9.537E-07  +j  -8.00  )V
               ----- 支 路 电 流 相 量 -----
 I 1=(  3.00     +j  0.00  )A      I 1=(  6.00     +j   2.00  )A
 I 2=(  1.000    +j  0.00  )A      I 2=( -2.00     +j   8.00  )A
 I 3=(  1.000    +j  0.00  )A      I 3=(  8.00     +j  -6.00  )A
 I 4=( -3.00     +j  0.00  )A      I 4=( -6.00     +j   0.00  )A
 I 5=(  1.000    +j  0.00  )A      I 5=( -2.00     +j   8.00  )A
    支路电压相量A       支路电流相量B 共轭复数        两个相量乘积
 S 1=(  6.0  +j  0.0 )*(  6.0  +j -2.0 )=(  36.   +j -12.   )
 S 2=(  2.0  +j  0.0 )*( -2.0  +j -8.0 )=(  -4.0  +j -16.   )
 S 3=(  4.0  +j  0.0 )*(  8.0  +j  6.0 )=(  32.   +j  24.   )
 S 4=( 10.0  +j  0.0 )*( -6.0  +j  2.0 )=( -60.   +j  20.   )
 S 5=(  2.0  +j  0.0 )*( -2.0  +j -8.0 )=(  -4.0  +j -16.   )
                      两个相量乘积之和=( -1.91E-06 +j  0.0  )
    支路电压相量B       支路电流相量A 共轭复数        两个相量乘积
 S 1=( -2.0  +j  6.0 )*(  3.0  +j  0.0 )=(  -6.0   +j  18.   )
 S 2=(  8.0  +j  2.0 )*(  1.00  +j  0.0 )=(  8.0   +j  2.0   )
 S 3=(  8.0  +j -6.0 )*(  2.0  +j  0.0 )=(  16.0   +j -12.   )
 S 4=(  6.0  +j  0.0 )*( -3.0  +j  0.0 )=( -18.0   +j  0.0   )
 S 5=( 9.54E-07 +j -8.0 )*(  1.00  +j  0.0 )=( 9.54E-07 +j -8.0 )
                      两个相量乘积之和=( 9.54E-07 +j -1.91E-06 )
          特勒根定理2:有向图相同的两个正弦稳态电路,
     支路电压相量与另一电路支路电流相量共轭复数乘积的代数和等于零。
          *****  正弦稳态分析程序 (WACAP 3.01 )  *****
```

计算结果表明,题图 10-73(a)和(b)是两个有向图习题的电路,其中一个电路支路电压相量与另外一个电路支路电流相量共轭复数乘积的代数和等于零。

例 15-7 选择计算机程序 WACAP 的代码 12,计算习题 10-72 两个电路的支路电压、电流相量,检验是否为对偶电路,计算结果如下所示。

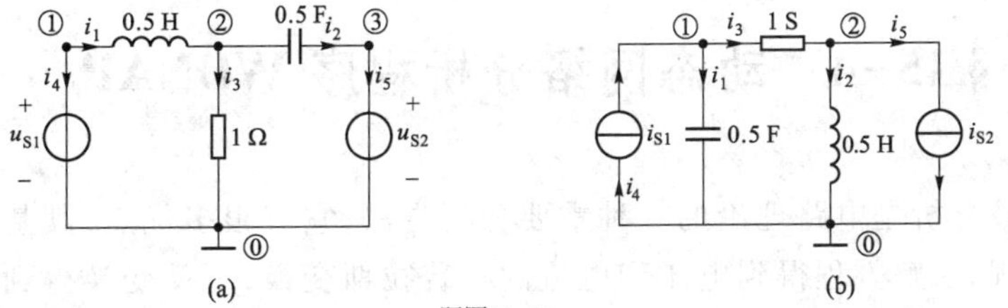

题图 10-72

第一个电路的有关数据						第二个电路的有关数据					
TYPE	K	N1	N2	N3	VAL1	VAL2					

第一个电路的有关数据

TYPE	K	N1	N2	N3	VAL1	VAL2
L	1	1	2		0.500	0.00
C	2	2	3		0.500	0.00
R	3	2	0		1.000	0.00
V	4	1	0		3.00	0.00
V	5	3	0		4.00	−90.0

第二个电路的有关数据

TYPE	K	N1	N2	N3	VAL1	VAL2
C	1	1	0		0.500	0.00
L	2	2	0		0.500	0.00
G	3	1	2		1.000	0.00
I	4	0	1		3.00	0.00
I	5	2	0		4.00	−90.0

电路 A 的支路电压相量

U 1=(−1.000　　+j　3.00　　)V
U 2=(　4.00　　　+j　1.000　　)V
U 3=(　4.00　　　+j　−3.00　　)V
U 4=(　3.00　　　+j　0.00　　)V
U 5=(　4.768E-07　+j　−4.00　　)V

电路 B 的支路电流相量

I 1=(−1.000　　+j　3.00　　)A
I 2=(　4.00　　　+j　1.000　　)A
I 3=(　4.00　　　+j　−3.00　　)A
I 4=(　3.00　　　+j　0.00　　)A
I 5=(　3.020E-07　+j　−4.00　　)A

电路 A 的支路电流相量

I 1=(　3.00　　　+j　1.000　　)A
I 2=(−1.000　　+j　4.00　　)A
I 3=(　4.00　　　+j　−3.00　　)A
I 4=(−3.00　　　+j　−1.000　　)A
I 5=(−1.000　　+j　4.00　　)A

电路 B 的支路电压相量

U 1=(　3.00　　　+j　1.000　　)V
U 2=(−1.000　　+j　4.00　　)V
U 3=(　4.00　　　+j　−3.00　　)V
U 4=(−3.00　　　+j　−1.000　　)V
U 5=(−1.000　　+j　4.00　　)V

对于有向图和支路特性都对偶的两个正弦稳态电路
其中一个电路的支路电压相量与另一个电路的支路电流相量相同

电路 A 的支路电压相量	电路 B 的支路电压相量	两个电压相量乘积 A*B
1:(−1.00　+j 3.0　)*(3.0　+j 1.00　)=(−6.0　+j 8.0　）
2:(4.0　+j 1.00　)*(−1.00　+j 4.0　)=(−8.0　+j 15.　）
3:(4.0　+j −3.0　)*(4.0　+j −3.0　)=(7.0　+j −24.　）
4:(3.0　+j 0.0　)*(−3.0　+j−1.00　)=(−9.0　+j −3.0　）
5:(4.77E-07+j −4.0　)*(−1.00　+j 4.0　)=(16.　+j 4.0　）

两个相量乘积之和 Σ A*B=(　0.0　　+j 9.54E-07)

电路 A 的支路电流相量	电路 B 的支路电流相量	两个电流相量乘积 A*B
1:(3.0　+j 1.00　)*(−1.00　+j 3.0　)=(−6.0　+j 8.0　）
2:(−1.00　+j 4.0　)*(4.0　+j 1.00　)=(−8.0　+j 15.　）
3:(4.0　+j −3.0　)*(4.0　+j −3.0　)=(7.0　+j −24.　）
4:(−3.0　+j−1.00　)*(3.0　+j 0.0　)=(−9.0　+j −3.0　）
5:(−1.00　+j 4.0　)*(3.02E-07+j −4.0　)=(16.　+j 4.0　）

两个相量乘积之和 Σ A*B=(　0.0　　+j 9.54E-07)

对偶定理:对于两个有向图对偶的正弦稳态电路,
两个电路各支路电压（或电流）相量乘积的代数和等于零。
***** 正弦稳态分析程序 (WACAP 3.01) *****

　　计算结果表明,题图 10-72(a)和题图 10-72(b)电路的支路电压和支路电流存在对偶关系,这两个电路确实是对偶电路。

§15-4 动态网络分析程序 WDNAP

动态网络的频域分析是电路理论的一种重要分析方法,它有很多优点,其基本方法是建立频域形式的电路方程,求解方程得到电压和电流的拉普拉斯变换,再反变换得到时域形式的电压和电流。由于这些运算工作需要处理符号 s,一般的数值分析程序难以胜任。采用符号分析方法编写的动态网络分析程序 WDNAP(dynamic network analysis program),它可以根据时域的电路模型,建立频域形式的简化表格方程,求解得到各电压、电流的拉普拉斯变换和网络函数,再反变换得到时域形式的电压、电流和冲激响应,对学习和掌握动态电路的分析十分有用。

供 WDNAP 程序使用的电路数据文件的格式与 WDCAP 程序类似,如下所示。

第一行:注释行,可以输入有关电路编号、类型、用途等数据。

第二行:输入一个表示电路支路数目的一个正整数。

第三行以后输入 b 条支路的数据,每一行按元件类型、支路编号、开始节点、终止节点、控制支路、元件参数 1、元件参数 2 的次序输入一条支路的有关数据。元件类型用一个或两个大写英文字母表示。元件参数用实数表示,均采用主单位,电压用伏[特],电流用安[培],电阻用欧[姆],电导用西[门子],其他几个数据用整数表示。每个数据之间用一个以上的空格相隔。

动态网络分析程序 WDNAP 可以分析由阶跃电压源(V1)、阶跃电流源(I1)、冲激电压源(V)、冲激电流源(I)、线性电阻(R、G)、线性电感(L)、线性电容(C)、开路(OC)、短路(SC)、四种受控源(VV、VC、CC、CV)、戴维南-诺顿单口网络(VR、IG)、六种双口网络(TZ、TY、H1、H2、T1、T2)、理想变压器(T)、耦合电感(M)、理想运算放大器(O、OP、OA)等电路元件构成的线性时不变动态电路。

WDNAP 程序适用的主要电路元件的各种数据及格式见表 15-3。

表 15-3 WDNAP 程序适用的主要电路元件的数据及格式

元件名称	元件符号	支路编号	开始节点	终止节点	控制支路	元件参数 1	元件参数 2
冲激电压源	V	b	n_1	n_2		电压值(伏)	
冲激电流源	I	b	n_1	n_2		电压值(安)	
阶跃电压源	V1	b	n_1	n_2		电流值(伏)	
阶跃电流源	I1	b	n_1	n_2		电流值(安)	
线性电阻	R	b	n_1	n_2		电阻值(欧)	
线性电阻	G	b	n_1	n_2		电导值(西)	
线性电感	L	b	n_1	n_2		电感值(亨)	电流初始值(安)
线性电容	C	b	n_1	n_2		电容值(法)	电压初始值(伏)

元件名称	元件符号	支路编号	开始节点	终止节点	控制支路	元件参数 1	元件参数 2
开路	OC	b	n_1	n_2			
短路	SC	b	n_1	n_2			
压控电压源	VV	b	n_1	n_2	b	转移电压比	
压控电流源	VC	b	n_1	n_2	b	转移电导(西)	
流控电压源	CV	b	n_1	n_2	b	转移电阻(欧)	
流控电流源	CC	b	n_1	n_2	b	转移电流比	
戴维南单口	VR	b	n_1	n_2		开路电压(伏)	输出电阻(欧)
诺顿单口	IG	b	n_1	n_2		短路电流(安)	输出电导(西)
流控双口	TZ	b	n_1	n_2		z_{11}(欧)	z_{12}(欧)
		b	n_3	n_4		z_{21}(欧)	z_{22}(欧)
压控双口	TY	b	n_1	n_2		y_{11}(西)	y_{12}(西)
		b	n_3	n_4		y_{21}(西)	y_{22}(西)
混合双口 1	H1	b	n_1	n_2		h_{11}(欧)	h_{12}
		b	n_3	n_4		h_{21}	h_{22}(西)
混合双口 2	H2	b	n_1	n_2		h'_{11}(西)	h'_{12}
		b	n_3	n_4		h'_{21}	h'_{22}(欧)
传输双口 1	T1	b	n_1	n_2		t_{11}	t_{12}(欧)
		b	n_3	n_4		t_{21}(西)	t_{22}
传输双口 2	T2	b	n_1	n_2		t'_{11}	t'_{12}(欧)
		b	n_3	n_4		t'_{21}(西)	t'_{22}
理想变压器	T	b	n_1	n_2		N_1	
		b	n_3	n_4		N_2	
耦合电感器	M	b	n_1	n_2		L_1(亨)	M(亨)
		b	n_3	n_4		M(亨)	L_2(亨)
理想运放 1	O	b	n_1	n_4		开环增益	输出电阻(欧)
		b	n_2	n_4			
		b	n_3	n_4			
理想运放 2	OP	b	n_1	n_4			
		b	n_2	n_4			
		b	n_3	n_4			
理想运放 3	OA	b	n_1	n_2			
		b	n_3	n_4			

注:b 是表示支路编号的一个正整数,受控源还要说明控制支路编号。n 表示节点编号的一个正整数。各种二端元件(a)、单口网络(b)、双口网络(c)、理想变压器(d)、耦合电感(e)和运算放大器(f)的节点编号如图 15-6 所示。

WDNAP 程序默认的数据文件是 N. DAT,即程序运行时在当前目录中搜索 N. DAT 文件,并读入其中的数据进行分析。假如当前目录内没有 N. DAT 文件,则需要用户输入一个电路数据文件名,或从键盘逐个输入电路数据。

当计算机读入电路数据后,屏幕上会出现选择计算功能的菜单如下所示。

微视频 15-8:
WDNAP 程序
使用上

1	->建立微分方程	7	->正弦网络函数	13	->特勒根定理
2	->求电压和电流	8	->时域电压电流	14	->网络固有频率
3	->单口等效电路	9	->频域电压电流	15	->改变支路的数据
4	->双口网络参数	10	->误差分析	16	->分析新的电路
5	->叠加定理分析	11	->时域对偶电路		
6	->求网络函数	12	->频域对偶电路		按回车 -> 结束程序

你选择的代码(1-16)是

用户可以选择不同的代码来实现下面的分析计算功能。

(1)建立动态网络的 n 阶微分方程。

(2)计算由阶跃电源、冲激电源和初始条件引起的各节点电压、支路电压和支路电流的频域响应和时域响应。

(3)计算单口网络频域模型的戴维南和诺顿等效电路。

(4)计算双口网络频域模型的六种网络参数。

(5)用叠加定理计算动态网络各电压、电流频域和时域形式的零状态响应、零输入响应和全响应,并可以画出波形曲线。

微视频 15-9:
WDNAP 程序
使用下

(6)计算各电压、电流对输入的网络函数 $H(s)$,并在此基础上求得:

① 网络函数的零点和极点。

② 画出幅频特性和相频特性曲线。

③ 求出冲激响应 $h(t)$ 的表达式。

④ 求出阶跃响应 $s(t)$ 的表达式。

(7)计算正弦稳态的各种网络函数。

(8)计算时域形式的节点电压、支路电压和支路电流,可以画出它们的波形。

(9)计算频域形式的支路电压和支路电流。

(10)计算元件参数变化时,时域形式的节点电压、支路电压和支路电流,可以画出它们的波形。

(11)计算两个对偶电路时域形式的支路电压和支路电流。

(12)计算两个对偶电路频域形式的支路电压和支路电流。

(13)检验特勒根定理。

(14)求出动态网络的特征多项式和全部固有频率。

(15)改变电路中某一条支路的类型、连接关系和元件数值。

（16）结束对原电路的分析，分析新的电路。

§15-5　符号网络分析程序 WSNAP

上面介绍的 WDCAP 程序以及经常遇到的电路分析程序都是一种数值分析程序，它的计算结果是电路在特定参数条件下的一组解答，其电压、电流是用数值表示的。本节介绍的 WSNAP（symbolic network analysis program）程序属于一种符号分析程序，电路参数全部用符号（由英文字母和数字组成的字符串）表示，程序读入用符号表示元件参数的电路数据后，自动建立包含符号的频域形式的表格方程，求解这个表格方程可以得到用元件参数符号表示电压、电流的一个公式或表达式，从这种符号表达式中，可以看出电路在各种参数条件下的特性，对电路的分析和设计十分有用。WSNAP 程序不仅可以分析电阻电路，也可分析动态电路。

运行 WSNAP 程序时可以从键盘或数据文件中读入电路数据。供 WSNAP 程序使用的电路数据文件的格式如下。

第一行：注释行，可以输入有关电路编号、类型、用途等数据。

第二行：输入一个表示电路支路数目的一个正整数。

第三行以后输入 b 条支路的数据，每一行按元件类型、支路编号、开始节点、终止节点、控制支路、元件参数 1、元件参数 2 的次序输入一条支路的有关数据。元件类型和元件参数用一个或两个大写英文字母表示。其他几个数据用整数表示，每个数据之间用一个以上的空格相隔。

微视频 15-10：WSNAP 程序使用

符号网络分析程序 WSNAP 可以分析由独立电压源（V）、独立电流源（I）、线性电阻（R、G）、线性电感（L）、线性电容（C）、开路（OC）、短路（SC）、戴维南-诺顿单口网络（VR、IG）、四种受控源（VV、VC、CC、CV）、六种双口网络（TZ、TY、H1、H2、T1、T2）、理想变压器（T）、耦合电感（M）、理想运算放大器（O、OP、OA）等电路元件构成的线性时不变电路。

WSNAP 程序适用的主要电路元件的各种数据及格式见表 15-4。

表 15-4　WSNAP 程序适用的主要电路元件的数据及格式

元件名称	元件符号	支路编号	开始节点	终止节点	控制支路	元件参数 1 的符号类型	元件参数 2 的符号类型
独立电压源	V	b	n_1	n_2		电压	
独立电流源	I	b	n_1	n_2		电流	
线性电阻	R	b	n_1	n_2		电阻	
线性电阻	G	b	n_1	n_2		电导	
线性电感	L	b	n_1	n_2		电感	电流初始值
线性电容	C	b	n_1	n_2		电容	电压初始值

元件名称	元件符号	支路编号	开始节点	终止节点	控制支路	元件参数1的符号类型	元件参数2的符号类型
开路	OC	b	n_1	n_2			
短路	SC	b	n_1	n_2			
压控电压源	VV	b	n_1	n_2	b	转移电压比	
压控电流源	VC	b	n_1	n_2	b	转移电导	
流控电压源	CV	b	n_1	n_2	b	转移电阻	
流控电流源	CC	b	n_1	n_2	b	转移电流比	
戴维南单口	VR	b	n_1	n_2		开路电压	输出电阻
诺顿单口	IG	b	n_1	n_2		短路电流	输出电导
流控双口	TZ	b	n_1	n_2		z_{11}	z_{12}
		b	n_3	n_4		z_{21}	z_{22}
压控双口	TY	b	n_1	n_2		y_{11}	y_{12}
		b	n_3	n_4		y_{21}	y_{22}
混合双口 1	H1	b	n_1	n_2		h_{11}	h_{12}
		b	n_3	n_4		h_{21}	h_{22}
混合双口 2	H2	b	n_1	n_2		h'_{11}	h'_{12}
		b	n_3	n_4		h'_{21}	h'_{22}
传输双口 1	T1	b	n_1	n_2		t_{11}	t_{12}
		b	n_3	n_4		t_{21}	t_{22}
传输双口 2	T2	b	n_1	n_2		t'_{11}	t'_{12}
		b	n_3	n_4		t'_{21}	t'_{22}
理想变压器	T	b	n_1	n_2		N_1	
		b	n_3	n_4		N_2	
耦合电感器	M	b	n_1	n_2		L_1	M
		b	n_3	n_4		M	L_2
理想运放 1	O	b	n_1	n_4		开环增益	输出电阻
		b	n_2	n_4			
		b	n_3	n_4			
理想运放 2	OP	b	n_1	n_4			
		b	n_2	n_4			
		b	n_3	n_4			
理想运放 3	OA	b	n_1	n_2			
		b	n_3	n_4			

注: b 是表示支路编号的一个正整数, 受控源还要说明控制支路编号。n 表示节点编号的一个正整数。各种二端元件(a)、单口网络(b)、双口网络(c)、理想变压器 (d)、耦合电感(e)和运算放大器(f)的节点编号如图 15-6 所示。

WSNAP 程序默认的数据文件是 S. DAT,即程序运行时在当前目录中搜索 S. DAT 文件,并读入其中的数据进行分析。假如当前目录内没有 S. DAT 文件,则需要用户输入一个电路数据文件名,或从键盘逐个输入电路数据。

当计算机正确读入电路数据后,屏幕上会出现选择计算功能的菜单如下所示。

1 ->建立电路方程	8 ->对符号赋值	15 ->双口混合关系
2 ->求电压和电流	9 ->求方程行列式	16 ->正弦电压电流
3 ->单口等效电路	10 ->敏感度分析	17 ->电压电流功率
4 ->双口网络参数	11 ->单口流控关系	18 ->全部支路功率
5 ->叠加定理分析	12 ->单口压控关系	19 ->改变支路数据
6 ->频域网络函数	13 ->双口流控关系	20 ->分析新的电路
7 ->正弦网络函数	14 ->双口压控关系	
		按回车 -> 结束程序

你选择的代码(1-20)是

微视频 15-11:
WINCAP 程序
菜单

微视频 15-12:
WINCAP 程序
使用

微视频 15-13:
WINCAP 程序
演示实例 1

用户可以选择不同的代码来实现下面的分析计算功能。

(1)列出表格方程,建立和求解表格方程,建立支路电压、电流方程,建立正弦稳态电流方程。

(2)计算电路各节点电压、支路电压、支路电流。

(3)计算电路任两个节点间所形成单口网络的戴维南和诺顿等效电路。

(4)计算电路两对节点间所构成双口网络的六种参数。

(5)用叠加定理计算电路各节点电压、支路电压和支路电流。

(6)计算各节点电压、支路电压和支路电流对任一电源的频域网络函数。

(7)计算各节点电压、支路电压和支路电流对任一电源的正弦网络函数。

(8)给电路任一元件的参数赋值。

(9)求符号电路简化表格方程的行列式。

(10)计算各节点电压、支路电压和支路电流对元件参数的敏感度。

微视频 15-14:
WINCAP 程序
演示实例 2

(11)计算单口网络的流控表达式,由此导出戴维南定理。

(12)计算单口网络的压控表达式,由此导出诺顿定理。

(13)计算双口网络的流控表达式,由此导出双口网络的电阻参数。

(14)计算双口网络的压控表达式,由此导出双口网络的电导参数。

(15)计算双口网络的混合表达式,由此导出双口网络的混合参数。

(16)计算正弦稳态的电压电流。

(17)计算支路电压、支路电流和支路吸收功率。

微视频 15-15:
WINCAP 程序
演示实例 3

(18)计算全部支路吸收功率,检验特勒根定理。

(19)改变电路中某一条支路的类型、连接关系和元件符号。

（20）结束对原电路的分析,分析新的电路。

WSNAP 程序的使用方法,请参考教材各章的举例和教材 Abook 资源中的辅助电子教材的有关内容。

§15-6　电路分析演示程序 WINCAP

作者用 FORTRAN 语言编写的 WDCAP、WACAP、WDNAP 和 WSNAP 能够解算电路课程的各种例题和习题,得到表示电气特性各种物理量的数值和符号公式。为了能够用图形方式观察电路电气特性随电路元件参数的变化,作者采用 C 语言编写了 WINCAP 演示程序,读者可以用计算机鼠标改变元件参数,看到电压、电流、功率、网络函数、元件 VCR 等曲线的变化。对电路的各种概念、定理、分析方法和电气特性有更深刻的理解。学生可以利用这些程序对感兴趣的电路问题进行深入的研究,写出相关论文和完成电路课程设计。

作者制作了 169 个例题和习题的演示程序,分别放在 WINCAP1、WINCAP2、WINCAP4、WINCAP5、WINCAP8、WINCAP9、WINCAP10、WINCAP12 程序中,从视频 WINCAP 程序菜单可以看到这些例题和习题的菜单。

为了帮助读者使用电路分析和演示程序,制作以下 21 个视频。

从记事本输入电路数据	从键盘输入电路数据	建立和求解表格方程
WDCAP 程序使用	WDCAP 程序使用上	WDCAP 程序使用下
WACAP 程序使用	WACAP 程序的复数运算	求解复系数代数方程
WDNAP 程序使用上	WDNAP 程序使用下	WSNAP 程序使用
WINCAP 程序菜单	WINCAP 程序使用	WINCAP 程序演示实例 1
WINCAP 程序演示实例 2	WINCAP 程序演示实例 3	动态电路的计算机分析
线性单口网络的 VCR 曲线	线性电阻电路的叠加定理	线性动态电路的叠加定理

摘　要

1. 电路分析的基本方法是建立方程和求解方程得到电压、电流和吸收功率。现在,已经广泛使用计算机来分析和设计电路。传统电路教材介绍的网孔分析和节点分析等特殊的方法,已经不能满足计算机分析和设计电路的需要。学生在电路课程的学习中,应该了解计算机分析电路的各种方法。现在的大学生已经具备使用计算机的条件,采用作者编写的一系列教学用计算机分析和演示程序,为电路课程教学引入计算机分析创造了条件。

2. 作者编写计算机程序采用的电路方程是用节点电压和支路电流为变量的表格方程,能够分析电路理论涉及的各种电路元件组成的线性电路。

基于数值分析方法的直流电路分析程序 WDCAP 和正弦稳态分析程序 WACAP 建立的表格方程是常数和复数代数方程,用高斯消去法求解,得到用数值表示的电压、电流和吸收功率等。

基于符号分析方法的符号网络分析程序 WSNAP 和动态电路分析程序 WDNAP 建立的符号表格方程,可以得到电压、电流、网络函数以及单口和双口网络 VCR 的符号表达式。

3. 电路的数值分析可以揭示电路元件在特定参数条件下的电路特性,符号分析可以显示电路元件在各种参数条件下的电路特性,能够揭示电路的基本规律和特性,显示电路元件参数变化对电路特性的影响,对电路课程的教学十分有用。

4. 线性动态网络建立的表格方程是包含算子 s 符号的频域电路方程,求解方程可以得到频域电压、电流和网络函数及其敏感度的符号公式,由此可以列出电路的符号微分方程,能够将频域电压和电流进行反变换,得到时域形式的电压和电流。实现了对高阶微分方程的求解,对电路课程动态电路的教学非常有用。

附录 A　电路分析教学辅助系统

为了贯彻教学以学生为主的教育思想和满足学生个性化发展的需要,在 Abook 资源中提供了大量的教学资源,供广大教师和学生选用。这些教学资源包含以下内容:①电路分析解答演示系统;②电路分析实验演示系统;③考试题;④电子教案。

§A-1　电路分析解答演示系统

电路分析解答演示系统由 200 多个视频组成,这些视频先用 WDCAP、WACAP、WDNAP 和 WSNAP 计算机程序分析计算部分例题和习题,然后用 WINCAP 演示程序将分析计算结果用各种曲线表示出来,便于读者直观地了解电路元件参数对电路特性的影响。读者用三分钟时间观看一个视频,就可以加深对电路基本概念、基本定理、电路特性和电路分析方法的理解。

第一章　电路的基本概念和分析方法(26 个)

例题 1-9 的电流参变特性	例题 1-9 的电流叠加	例题 1-9 的电路方程
例题 1-9 的电压参变特性	例题 1-9 的支路电流	例题 1-9 的支路电压
例题 1-9 的支路功率	例题 1-15 的电压电流	例题 1-15 电压电流和功率
例题 1-15 检验特勒根定理	例题 1-15 检验特勒根定理 1A	例题 1-15 检验特勒根定理 1B
例题 1-15 检验特勒根定理 2A	例题 1-15 检验特勒根定理 2B	例题 1-15 检验特勒根定理 3A
例题 1-15 检验特勒根定理 3B	例题 1-17 解答演示	习题 1-44 解答演示
习题 1-45 电压电流	习题 1-46 支路电流	习题 1-46 支路电压
习题 1-46 节点电压	习题 1-46 参变特性曲线	习题 1-48 电压电流和功率
习题 1-48 检验特勒根定理	习题 1-48 支路功率代数和	

第二章　用网络等效简化电路分析(12 个)

例题 2-1 解答演示	例题 2-2 解答演示	例题 2-10 的 VCR 曲线
例题 2-17 解答演示	例题 2-25 解答演示	图 2-2 电阻分压电路
图 2-5 串联电路的功率	图 2-7 电阻分流电路	习题 2-5 解答演示
习题 2-21 解答演示	习题 2-22 解答演示	习题 2-29 解答演示

第三章　网孔分析法和节点分析法(15 个)

计算机分析实例	建立和求解节点方程	建立和求解网孔方程
节点分析习题解答	例题 3-2 参变特性曲线	例题 3-2 网孔电流
例题 3-6 节点电压	例题 3-14 网孔电流	例题 3-19 参变特性曲线
例题 3-19 节点电压	例题 3-21 敏感度	受控源电路习题解答
习题 3-30 网孔电流	习题 3-33 敏感度分析	习题 3-34 网孔电流

第四章　网络定理(36 个)

第 4 章部分习题解答	例题 4-2 电阻电压叠加	例题 4-2 正弦电压叠加
例题 4-5VCR 的曲线相加法	例题 4-5 戴维南等效电路	例题 4-5 单口 VCR 曲线
例题 4-5 诺顿等效电路	例题 4-13 单口 VCR 曲线	例题 4-16 单口短路电流
例题 4-16 单口开路电压	例题 4-16 单口输出电阻	例题 4-16 单口输出最大功率
例题 4-24 电阻衰减网络分析	例题 4-24 电阻衰减网络设计	例题 4-24 电阻网络端接负载
例题 4-24 节点电压 V1 敏感度	例题 4-24 节点电压 V1 误差分析	例题 4-24 节点电压 V2 敏感度
例题 4-24 节点电压 V2 误差分析	例题 4-24 节点电压 V3 敏感度	例题 4-24 节点电压 V3 误差分析
例题 4-24 节点电压误差分析	例题 4-24 输出电阻 Ro1 敏感度	例题 4-24 输出电阻 Ro2 敏感度
例题 4-24 输出电阻 Ro3 敏感度	例题 4-24 输出电阻误差分析	例题 4-25 解答演示 A
例题 4-25 解答演示 B	图 4-1 电路电流叠加	图 4-1 电路电压叠加
习题 4-23 单口等效电路	习题 4-25 负载最大功率	习题 4-39 解答演示
线性电阻电路的戴诺定理	线性电阻电路的叠加定理	最大功率传输定理

第五章　理想变压器和运算放大器(7 个)

反相运算放大器	例题 5-2 解答演示	例题 5-5 解答演示
例题 5-6 解答演示	例题 5-7 解答演示	同相运算放大器
习题 5-15 解答演示		

第六章　双口网络(13 个)

互易网络的互易定理	例题 6-10 电流传输比	例题 6-10 电压传输比
例题 6-10 负载吸收功率	例题 6-14 双口传输参数	例题 6-14 双口电导参数
例题 6-14 双口电阻参数	例题 6-14 双口混合参数	双口网络 VCR 符号表达式
习题 6-2 双口传输参数	习题 6-2 双口电导参数	习题 6-2 双口电阻参数
习题 6-2 双口混合参数		

第七章 电容元件和电感元件(8个)

例题 7-3 电容电流初始值	例题 7-3 电容电压初始值	例题 7-3 解答演示
例题 7-6 解答演示	例题 7-7 电感电流初始值	例题 7-7 电容电压初始值
例题 7-7 解答演示	例题 7-14 解答演示	

第八章 一阶电路分析(21个)

例题 8-1 解答演示	例题 8-2 解答演示	例题 8-3 解答演示
例题 8-4 解答演示	例题 8-5-1 解答演示	例题 8-5-2 解答演示
例题 8-6-1 解答演示	例题 8-6-2 解答演示	例题 8-7 解答演示
例题 8-8 解答演示	例题 8-9 解答演示	例题 8-10 解答演示
例题 8-13 解答演示	习题 8-23 解答演示	习题 8-30 解答演示
习题 8-33 解答演示	习题 8-36 解答演示	习题 8-39-1 解答演示
习题 8-39-2 解答演示	习题 8-41-1 解答演示	习题 8-41-2 解答演示

第九章 二阶电路分析(12个)

例题 9-1 解答演示	例题 9-2 解答演示	例题 9-3 解答演示
例题 9-5 解答演示	例题 9-6 解答演示	例题 9-8 解答演示
例题 9-10 解答演示	例题 9-12 解答演示	习题 9-17 解答演示
习题 9-19 解答演示	习题 9-29 解答演示	习题 9-30 解答演示

第十章 正弦稳态分析(21个)

RC 串联分压电路	RL 并联分流电路	RL 串联分压电路
R 与 RLC 串联电路	例题 10-5 解答演示	例题 10-10 解答演示
例题 10-11 解答演示	例题 10-12 解答演示	例题 10-14 解答演示
例题 10-16 解答演示	例题 10-25 解答演示	例题 10-26 解答演示
例题 10-28 解答演示	习题 10-53 解答演示	习题 10-57 解答演示
习题 10-58 解答演示	习题 10-72 解答演示	习题 10-73 解答演示
正弦波叠加为矩形波	正弦波叠加为三角波	正弦波叠加为整流波

第十一章 正弦稳态的功率和三相电路(6个)

例题 11-1 解答演示	例题 11-7 解答演示	例题 11-8 解答演示
例题 11-9 解答演示	例题 11-16 解答演示	最大功率传输定理

第十二章 网络函数和频率特性（25 个）

RC 电路频率特性	*RLC* 串联谐振电路	半波整流波形的滤波
共射放大电路参变特性	共射放大电路电流工作点	共射放大电路电流敏感度
共射放大电路电压传输比 1	共射放大电路电压传输比 2	共射放大电路电压工作点
共射放大电路电压敏感度	共射放大电路放大方波信号	共射放大电路放大正弦信号
共射放大电路输出阻抗	共射放大电路输入阻抗	共射放大电路转移阻抗
含串联反馈的共射放大电路	含负反馈的共射放大电路	例题 12-4 解答演示
例题 12-6 解答演示	例题 12-10 解答演示	例题 12-11 解答演示
全波整流与滤波	习题 12-2 解答演示	习题 12-22 解答演示
习题 12-26 解答演示		

第十三章 含耦合电感的电路分析（8 个）

例题 13-5 解答演示	例题 13-9 参变特性	例题 13-9 负载功率
例题 13-9 解答演示	例题 13-9 频率特性	例题 13-10 解答演示
耦合电感的连接	习题 13-20 解答演示	

第十四章 动态电路的频域分析（3 个）

例题 14-1 解答演示	例题 14-2 解答演示	例题 14-5 解答演示

第十五章 计算机辅助电路分析（21 个）

WACAP 程序的复数运算	WACAP 程序使用	WDCAP 程序使用
WDCAP 程序使用上	WDCAP 程序使用下	WDNAP 程序使用上
WDNAP 程序使用下	WINCAP 的菜单	WINCAP 的使用
WINCAP 程序演示实例 1	WINCAP 程序演示实例 2	WINCAP 程序演示实例 3
WSNAP 程序使用	从记事本输入电路数据	从键盘输入电路数据
动态电路的计算机分析	建立和求解表格方程	求解复系数代数方程
线性单口网络的 VCR 曲线	线性电阻电路的叠加定理	线性动态电路的叠加定理

§A-2 电路分析实验演示系统

本科电路理论课程的教学中存在的一个问题是理论脱离实际,所以在进行电路理论教学的同时,应同步开展一些基本实验训练以及电子设计小课题,有助于培养学生学习电路理论课程的兴趣,提高学生分析和解决实际电路问题的能力和培养创新精神。作者根据电路理论课程教学的需要,将一些与教学密切结合的实验制作成录像,配合多媒体教学放映给学生看,受到广大学生欢迎,取得了意想不到的教学效果。这些演示实验的名称如下所示。

第一章 电路的基本概念和分析方法（19 个）

各种电压波形	电压的参考方向	电桥电路的电压
信号发生器和双踪示波器	基尔霍夫电压定律	基尔霍夫电流定律
线性电阻器件 VCR 曲线	电位器	电位器及其应用
可变电阻器	干电池 VCR 曲线	直流稳压电源
稳压电源的特性	直流稳流电源	稳流电源的特性
函数信号发生器	习题 1-9 电路实验	晶体管放大器实验
理想电压源的实现		

第二章 用网络等效简化电路分析（19 个）

电阻分压电路实验	双电源电阻分压电路	负电阻分压电路
可变电压源	电阻三角形和星形联结	普通万用表的 VCR 曲线
非线性电阻器件 VCR 曲线	线性与非线性分压电路	非线性电阻单口 VCR 曲线
半波整流电路实验	全波整流电路实验	整流电路的波形
万用表测量电阻	稳压电路实验	理想二极管实验
电阻单口 VCR 曲线	白炽灯的特性	万用表测量电阻器和二极管
真空二极管 VCR 曲线		

第四章 网络定理（16 个）

叠加定理实验 1	叠加定理实验 2	线性与非线性分压电路实验
例题 4-2 电路实验	电阻单口 VCR 及其等效电路	电阻单口的等效电路
可变电压源的等效电路	输出电阻的测量	万用表输出电阻测量
MF10 万用表输出电阻测量	信号发生器输出电阻测量	函数发生器的电路模型
函数发生器输出电阻测量	低频信号发生器	电阻衰减网络
高频信号发生器		

第五章 理想变压器和运算放大器（14 个）

铁心变压器的电压波形	铁心变压器的电压电流关系	铁心变压器变比的测量
铁心变压器变换电阻	铁心变压器的阻抗匹配	铁心变压器的频率特性
AC-DC 变换器	运算放大器实验	运放加法电路
运放减法电路	运放跟随器的应用	负阻变换器实验
负阻振荡器	回转器变电阻为电导	

第六章　双口网络(7 个)

双口电阻参数测量	双口电导参数测量	双口混合参数测量
双口混合 2 参数测量	双口传输参数测量	双口传输 2 参数测量
互易定理实验		

第七章　电容元件和电感元件(3 个)

电容的电压电流波形	电压源对电感充电	回转器变电容为电感

第八章　一阶电路分析(9 个)

电容器的放电过程	电容器放电的波形	电容器充电的过程
电容器充电的波形	电容器充放电过程	直流电压源对电容器充电
RC 和 RL 电路响应	RC 分压电路的响应	电路实验分析

第九章　二阶电路分析(3 个)

RLC 电路的阶跃响应	RLC 串联电路响应	回转器电感的应用

第十章　正弦稳态分析(14 个)

正弦波的相位差	正弦波的有效值	RLC 元件的相位差
电感线圈的正弦电压电流关系	电容器的正弦电压电流关系	RC 和 RL 电路相位差
RC 正弦分压电路	RC 正弦电路的电压关系	习题 10-53 电路实验
习题 10-57 电路实验	习题 10-58 电路实验	方波的谐波分量
非正弦波的谐波	回转器变电容为电感	

第十一章　正弦稳态的功率和三相电路(2 个)

功率匹配网络实验	功率因素的提高	

第十二章　网络函数和频率特性(18 个)

RC 低通滤波电路	RC 高通滤波电路	RC 滤波电路
RL 滤波电路	二阶 RC 滤波电路	带阻滤波电路实验
RC 带阻滤波电路	RC 选频振荡器	整流波形的滤波
RC 低通滤波实验	半波整流和滤波	全波整流和滤波
谐振电路谐振频率的测量	谐振电路品质因素的测量	串联谐振电路实验
高频 Q 表测电感	高频 Q 表测电容	线圈的电路模型

第十三章 含耦合电感的电路分析(9个)

耦合线圈的电压波形	同名端的实验确定	耦合线圈的同名端
耦合线圈的实验	耦合线圈参数测量	耦合线圈的反映阻抗
变压器的电路模型	变压器的输入阻抗	变压器的阻抗变换

§A-3 考 试 题

为了便于读者检测掌握电路分析基础知识情况,提供 40 套电路分析课程的考试题,供读者参考使用。

1999-1 考试题	1999-2 考试题	1999-3 考试题	1999-4 考试题
1999-5 考试题	1999-6 考试题	2001-1 考试题	2001-2 考试题
2002-1 考试题	2002-2 考试题	2002-3 考试题	2002-4 考试题
2002-5 考试题	2002-6 考试题	2002-7 考试题	2003-1 考试题
2003-2 考试题	2003-3 考试题	2003-4 考试题	2003-5 考试题
2003-6 考试题	2003-7 考试题	2003-8 考试题	2004-1 考试题
2004-2 考试题	2004-3 考试题	2004-4 考试题	2004-5 考试题
2004-6 考试题	2004-7 考试题	2004-8 考试题	2004-9 考试题
2005-1 考试题	2005-2 考试题	2005-3 考试题	2007-1 考试题
2007-2 考试题	2007-3 考试题	电路分析考题 A	电路分析考题 B

附录 B 附 图

微视频：
教材附图

后　语

1. 电路理论分析研究的是电路模型,学生学习了"电路分析"等电路理论课程后,还不能够解决如何从实际电路中抽象出既简单又精确电路模型的问题,也不能解决如何利用电路模型分析的结果去预测和改进实际电路电气特性的问题,这需要了解各种实际电气器件和实际电路的特性,在后续课程和实际工作中不断学习才能解决。

2. 电路模型近似描述实际电路的电气特性,读者必须注意到电路模型与实际电路是有区别的。从本质上来说,实际电路是非线性和时变的,只有在一定条件下才能用线性非时变电路模型来近似模拟。一个实际电路在不同的工作条件下(例如不同的工作频率、不同的工作电压和电流等)应该用不同的电路模型来近似模拟。

3. 在日常生活和工作中使用的是实际电路,而不是电路模型。一个电气工程师必须解决实际电路的分析和设计问题,他们应该重视用各种实际电气器件构成的电路实验。本教材配套 Abook 资源提供的大量电路实验演示录像,使读者在学习"电路分析"课程的同时能够了解一些实际电气器件的特性和实验方法,有助于电路理论的学习,并为今后进行的电路实验打下基础。

4. 传统电路理论用"笔算"方法分析电路,为了减小"笔算"的工作量,发展出一些特殊的分析方法和技巧。现代的电路规模越来越大,已经普遍使用计算机程序来分析和设计各种电路,它们不再采用传统电路课程介绍的网孔分析和节点分析等方法,电路课程应该介绍计算机分析电路的各种方法,才能满足后续相关电路课程以及今后从事有关电气工程工作的需要。

部分习题答案

1-2 $u(t) = \sin(\pi t)$ V, $u(0.5\text{s}) = 1$ V, $u(1\text{s}) = 0$ V, $u(1.5\text{s}) = -1$ V

1-4 $i_1 = 0, i_2 + i_3 = 0, -i_3 - i_4 - i_6 = 0, i_4 + i_5 = 0, i_7 - i_8 = 0, -i_1 - i_2 + i_4 + i_6 = 0, -i_1 - i_2 - i_5 + i_6 = 0, i_2 - i_4 - i_6 = 0, i_2 + i_5 - i_6 = 0, i_3 - i_5 + i_6 = 0$

1-6 $i_3 = -10$ A, $i_5 = 4$ A, $i_6 = 2$ A

1-8 $u_5 = -5$ V, $u_{10} = -14$ V, $u_{11} = 10$ V,若要求得 u_3、u_8、u_9 尚需知道其中任意一个电压。

1-10 $u_1 = 6$ V, $u_2 = 2$ V, $u_3 = 14$ V, $u_{ae} = -2$ V, $u_{ad} = 12$ V, $u_{bf} = 2$ V, $u_{bd} = 8$ V, $u_{ce} = -4$ V, $u_{cf} = 4$ V

1-12 (a) $u = 2$ mV;(b) $u = -5$ V;(c) $i = 5$ mA;(d) $R = -2$ Ω;(e) $u = 15e^{-2t}$ V;(f) $R = 4$ Ω

1-14 (a) $R = 5$ Ω, $p = 20$ W;(b) $R = -4$ Ω, $p = -36$ W;(c) $u = 10$ V, $p = 20$ W;(d) $i = -1$ A, $p = 5$ W;(e) $i = 2$ A, $R = 2.5$ Ω;(f) $u = -10$ V, $R = 5$ Ω;(g) $i = 8$ A, $R = -0.625$ Ω;(h) $i = \pm 2$ A, $u = \pm 10$ V

1-16 $u_4 = 2$ V, $P_4 = 2$ W, $u_3 = -4$ V, $P_3 = 4$ W, $u_2 = 6$ V, $P_2 = 12$ W, $u_1 = 30$ V, $P_1 = 90$ W, $u_S = 36$ V, $P_5 = -108$ W

1-18 $i_{S1}(t) = -2$ A, $p_{S1}(t) = 20$ W, $i_{S2}(t) = i(t) = 2$ A, $p_{S2}(t) = -12$ W

1-20 $p_{S1}(t) = -30$ W, $p_{S2}(t) = 75$ W

1-22 (a) $i = 8$ A;(b) $u = 14$ V;(c) $u = -40$ V;(d) $i = 8$ A;(e) $u = -2$ V;(f) $i = 2$ A

1-24 50 mW, -20 mW

1-26 $u_1 = 5$ V, $u_2 = 4$ V

1-28 $u = 8$ V, $i = -1.5$ A, $p = -12$ W

1-30 $p_1 = 9$ W, $p_2 = -5$ W, $p_5 = 2.5$ W, $p_4 = 4$ W, $p_3 = 2.5$ W

1-32 -10 V, 50 W;-24 V, 24 W;2 V, -4 W, -22 V, 66 W;12 V, -12 W

1-34 $i_1 - i_3 + i_4 = 0, -i_4 + i_5 + i_6 = 0, -i_1 + i_2 - i_5 = 0, (5\ \Omega)i_1 - (1\ \Omega)i_4 - (1\ \Omega)i_5 = 0, (2\ \Omega)i_3 + (1\ \Omega)i_4 + (3\ \Omega)i_6 = 14$ V, $(1\ \Omega)i_2 + (1\ \Omega)i_5 - (3\ \Omega)i_6 = 2$ V

1-36 $u_1(t) = -2$ V$+6\cos \omega t$ V, $u_2(t) = -1$ V$+9\cos \omega t$ V, $u_3(t) = -1$ V$-3\cos \omega t$ V

1-38 $u_1 = 4$ V, $u_2 = -13$ V, $u_3 = 9$ V, $u_4 = 21$ V, $u_5 = -17$ V, $u_6 = 30$ V, $i_1 = 2$ A, $i_2 = 8$ A, $i_3 = 3$ A, $i_4 = 1$ A, $i_5 = 6$ A, $i_6 = 5$ A, $p_1 = 8$ W, $p_2 = -104$ W, $p_3 = 27$ W, $p_4 = 21$ W, $p_5 = -102$ W, $p_6 = 150$ W

$$\sum_{k=1}^{6} p_k = (8 - 104 + 27 + 21 - 102 + 150)\text{W} = (206 - 206)\text{W} = 0$$

1-40 (a) $u_1 = -2$ V, $u_3 = -3$ V, $u_2 = 1$ V, $u_4 = 2$ V, $i_1 = -4$ A, $i_2 = i_3 = 10$ A, $i_4 = 6$ A

(b) $u_1 = 3$ V, $u_2 = 2$ V, $u_3 = 1$ V, $u_4 = -3$ V, $i_1 = 9$ A, $i_2 = 6$ A, $i_3 = 6$ A, $i_4 = 15$ A

$$\sum_{k=1}^{4} u_{Ak}i_{Ak} = (8 - 30 + 10 + 12)\text{W} = 0, \quad \sum_{k=1}^{4} u_{Bk}i_{Bk} = (27 + 12 + 6 - 45)\text{W} = 0$$

$$\sum_{k=1}^{4} u_{Ak}i_{Bk} = (-18 - 18 + 6 + 30)\,\text{W} = 0,\ \sum_{k=1}^{4} u_{Bk}i_{Ak} = (-12 + 20 + 10 - 18)\,\text{W} = 0$$

习 题 二

2-2　$R = 36\ \Omega, P = 180\ \text{W}$

2-4　$5 \sim 10\ \text{V}, 3.75 \sim 7.5\ \text{V}$

2-6　(a) $7.5\ \text{k}\Omega, 1\ \text{mA}$；(b) $240\ \Omega, 0.1\ \text{A}$；(c) $3\ \text{k}\Omega, 1.333\ \text{mA}$；(d) $0.8\ \text{M}\Omega, 5\mu\text{A}$

2-8　$R_{ab} = 9\ \Omega$

2-10　$u_{ab} = -3\ \text{V}$

2-12　(a) $u = 5\ \Omega \times i + 10\ \text{V}, i = (0.2\ \text{S})u - 2\ \text{A}$；(b) $u = 2\ \Omega \times i + 4\ \text{V}, i = (0.5\ \text{S})u - 2\ \text{A}$

2-14　$1.618R$

2-16　(a) $R_{12} = 5\ \text{k}\Omega, R_{23} = R_{31} = 10\ \text{k}\Omega$；(b) $R_{12} = 270\ \Omega, R_{23} = 648\ \Omega, R_{31} = 540\ \Omega$

2-18　$-10\ \text{A}$

2-20　(1) $u = 5 \times 10^3\ \Omega \times i$；(2) $u = 2.5 \times 10^3\ \Omega \times i + 5\ \text{V}$；(3) $i = 1\ \text{mA}, u = 5\ \text{V}$；(4) $i = 3.333\ \text{mA}, u = 13.333\ \text{V}$

2-22　$2\ \text{V}, 1\ \text{A}; -4\ \text{V}, 4\ \text{A}$

习 题 三

3-2　$i_1 = 5\ \text{A}, i_2 = 2\ \text{A}, i_3 = -3\ \text{A}, i_4 = 3\ \text{A}, i_5 = 5\ \text{A}$

3-4　$i_1 = 4\ \text{A}, i_2 = 5\ \text{A}, p = 6\ \text{W}$

3-6　$i_1 = 4\ \text{A}, i_2 = 2\ \text{A}, i_3 = 5\ \text{A}, u = 8\ \text{V}$

3-8　$u_1 = 3\ \text{V}, u_2 = 2\ \text{V}, u_3 = 3.5\ \text{V}, i = 2.5\ \text{A}$

3-10　$u_1 = 3\ \text{V}, u_2 = 4\ \text{V}, u_3 = 4.5\ \text{V}$

3-12　$u_1 = 1\ \text{V}, u_2 = -2\ \text{V}, u_3 = 12\ \text{V}$

3-14　(a) $\dfrac{R}{1+\mu}$；(b) $\dfrac{R_1 R_2}{R_1 + R_2 - r}$；(c) $R_1 + R_2 - \alpha R_1$；(d) $12\ \Omega$

3-16　$i_1 = 0.8\ \text{A}, i_2 = -0.4\ \text{A}$

3-18　$i_1 = 1.8\ \text{A}, i_2 = 7\ \text{A}, i_3 = 0.2\ \text{A}$

3-20　$u_1 = 2\ \text{V}, u_2 = 4\ \text{V}$

3-22　$u_1 = 6\ \text{V}, u_2 = 4\ \text{V}, u_3 = 7\ \text{V}, i = 5\ \text{A}$

3-24　$i = 1\ \text{A}$

习 题 四

4-2　$I = 2\ \text{A} + 1\ \text{A} = 3\ \text{A}, U_S = -9\ \text{V}$

4-4　$i(t) = (2 - 5\cos 3\,t)\ \text{A}, u(t) = (4 + 10\cos 3\,t)\ \text{V}$

4-6　$i = 0.2\ \text{mA} - 0.1\ \text{mA} = 0.1\ \text{mA}$

4-8　(a) $u_{oc} = 10\ \text{V}, R_o = 9\ \Omega$；(b) $u_{oc} = 4.8\ \text{V}, R_o = 24\ \Omega$；
　　(c) $u_{oc} = 24\ \text{V}, R_o = 60\ \text{k}\Omega$；(d) $u_{oc} = 27\ \text{V}, R_o = 100\ \Omega$

4-10　$u_{oc} = -1\ \text{V}, R_o = 20\ \text{k}\Omega, u = -0.5\ \text{V}$

4-12 (1) $U_{oc1} = 8$ V, $R_{o1} = 2$ Ω; (2) $U_{oc2} = 4$ V, $R_{o2} = 2$ Ω; (3) $U_{oc3} = 2$ V, $R_{o3} = 2$ Ω; (4) $U_{oc4} = 1$ V, $R_{o4} = 2$ Ω

4-14 $i = 3$ A

4-16 $u_{oc} = 12$ V, $R_o = -8$ Ω

4-18 (a) $i_{sc} = 1.11$ A, $R_o = 9$ Ω; (b) $i_{sc} = 0.2$ A, $R_o = 24$ Ω; (c) $i_{sc} = 0.4 \times 10^{-3}$ A, $R_o = 60$ kΩ; (d) $i_{sc} = 0.27$ A, $R_o =$ 100 Ω

4-20 1 A

4-22 (a) $i_{sc} = \dfrac{3}{6-\alpha}$ A, $R_o = \dfrac{90-15\alpha}{6-2\alpha}$ Ω; (b) $i_{sc} = 0.5$ A, $R_o = \dfrac{40}{6-\alpha}$ Ω

4-24 $u = 60$ V 的电压源

4-26 30 W, 33.75 W, 30 W

4-28 该单口网络的输出电阻 $R_o = -2$ Ω 为负值,不能套用最大传输定理的公式

4-30 $R_L = 5$ Ω, $p_{max} = 11.25$ W

4-32 $p_{max}(t) = [1 + \cos(4t)]$ W

4-34 $i_1(t) = (1.8 - 1.6e^{-t})$ A, $u_2(t) = (1.2 + 1.6e^{-t})$ V

习　题　五

5-2 $u_{oc} = 16$ V, $R_o = 2.5$ Ω

5-4 $u_{oc} = 24$ V, $R_o = 900$ Ω, $p_{max} = 0.16$ W

5-6 $u_1 = 2$ V, $u_2 = 1$ V, $i_1 = i_2 = 0$ A, $p = 1$ W

5-8 $k = \dfrac{(R_2 + R_3) R_f}{R_2 R_f - R_1 R_3}$

5-10 $u_o = \dfrac{(R_1 + R_2) R_4}{(R_3 + R_4) R_1} u_2 - \dfrac{R_2}{R_1} u_1$

5-12 $u_{oc} = 2$ V, $R_o = -500$ Ω

习　题　六

6-2 $r_{11} = 21$ Ω, $r_{12} = 10$ Ω, $r_{21} = 10$ Ω, $r_{22} = 5$ Ω, $g_{11} = 1$ S, $g_{12} = -2$ S, $g_{21} = -2$ S, $g_{22} = 4.2$ S
　　$h_{11} = 1$ Ω, $h_{12} = 2$, $h_{21} = -2$, $h_{22} = 0.2$ S, $t_{11} = 2.1$, $t_{12} = 0.5$ Ω, $t_{21} = 0.1$ S, $t_{22} = 0.5$

6-4 $R_1 = 1$ Ω, $R_2 = 1$ Ω, $R_3 = 2$ Ω; $G_1 = 0.2$ S, $G_2 = 0.2$ S, $G_3 = 0.4$ S

6-6 $r_{11} = 1.25$ Ω, $r_{21} = 0.25$ Ω, $r_{12} = -0.75$ Ω, $r_{22} = 0.25$ Ω; $g_{11} = 0.5$ S, $g_{21} = -0.5$ S, $g_{12} = 1.5$ S, $g_{22} = 2.5$ S
　　$h_{11} = 2$ Ω, $h_{21} = -1$, $h_{12} = -3$, $h_{22} = 4$ S; $t_{11} = 5$, $t_{21} = 4$ S, $t_{12} = 2$ Ω, $t_{22} = 1$

6-8 $P = 12$ W

6-10 $i_1 = 4$ A, $i_2 = -1$ A, $u_1 = 20$ V, $u_2 = 12$ V, $A_i = -0.25$, $A_u = 0.6$

6-12 $i_1 = (1S) u_1 + (-1S) u_2 - 2$ A, $i_2 = (-1$ S$) u_1 + (1.5$ S$) u_2 + 1.5$ A

习　题　七

7-6 $W_C = 225$ μJ　$W_L = 1$ mJ

7-8 $L = 5$ H, $C = 2.25$ F

7-10 $i_L(0_+) = i_L(0_-) = 5$ mA

7-12 $u_C(0_+) = u_C(0_-) = 5$ V,$i_C(0_-) = 0$ A,$i_C(0_+) = -5$ A

7-14 $L\dfrac{\mathrm{d}i_L}{\mathrm{d}t} + (R_1+R_2)i_L = R_1 i_s$,$L\dfrac{\mathrm{d}u_L}{\mathrm{d}t} + (R_1+R_2)u_L = R_1 L\dfrac{\mathrm{d}i_s}{\mathrm{d}t}$

7-16 $(R_2+R_3)L\dfrac{\mathrm{d}i_L}{\mathrm{d}t} + (R_1 R_2 + R_1 R_3 + R_2 R_3 - R_1 R_3\mu)i_L = -R_2 u_s$

<h1 style="text-align:center">习　题　八</h1>

8-2 $u_C(t) = 5\mathrm{e}^{-5t}$ V

8-4 $u(t) = 8\mathrm{e}^{-4t}$ V

8-6 $u_C(t) = 60\,\mathrm{e}^{-0.25t}$ V

8-8 $i(t) = -\dfrac{1}{6}\mathrm{e}^{-3\,000t}$ mA

8-10 $i_L(t) = 2\mathrm{e}^{-10t}$ A,$i(t) = 0.4\mathrm{e}^{-10t}$ A

8-12 $u_C(t) = -4(1-\mathrm{e}^{-2.5t})$ V

8-14 $i_L(t) = 0.05(1-\mathrm{e}^{-10^3 t})$ A,$u(t) = 2.5(1+\mathrm{e}^{-10^3 t})$ V

8-16 $u_L(t) = 10\mathrm{e}^{-2\times10^4 t}$ V

8-18 $u_C(t) = (6+6\mathrm{e}^{-1.5t})$ V

8-20 $i_L(t) = 20(1-\mathrm{e}^{-0.25t})$ A$(0\leqslant t\leqslant 3\mathrm{s})$,$i_L(t) = (6.55\mathrm{e}^{-1.25(t-3)}+4)$ A　$(t\geqslant 3$ s$)$

8-22 (1) $u_C(0) = 40$ V;(2) $i_C(200\ \mu\mathrm{s}) = 9.05$ mA;(3) $C = 2.24\ \mu\mathrm{F}$

8-24 $u_C(t) = (10-4\mathrm{e}^{-0.5t})$ V,$i(t) = (5+4\mathrm{e}^{-0.5t})$ A

8-26 $i(t) = (0.5-\dfrac{4}{3}\mathrm{e}^{-\frac{t}{1.2}})$ A

8-28 $i(t) = (8-8\mathrm{e}^{-5t}+10\mathrm{e}^{-0.5t})$ A

8-30 $U_2 = -3.68$ V

8-32 $u_C(t) = 2(1-\mathrm{e}^{-10^5 t})$ V$(0\leqslant t\leqslant t_1)$,$u_C(t) = 1.73\mathrm{e}^{-10^5(t-t_1)}$ V$(t\geqslant t_1)$

8-34 $i_L(t) = [0.6(1-\mathrm{e}^{-5t})\varepsilon(t) - 0.8(1-\mathrm{e}^{-5(t-1)})\varepsilon(t-1) + 0.2(1-\mathrm{e}^{-5(t-2)})\varepsilon(t-2)]$ A

8-36 $u(t) = (2-\mathrm{e}^{-t}-2\mathrm{e}^{-2t})$ V

8-38 $h(t) = [0.667\delta(t) - 0.111\mathrm{e}^{-\frac{t}{6}}\varepsilon(t)]$ V

8-40 $h(t) = 1\mathrm{e}^{-3t}\varepsilon(t)$ A

8-42 (1) $h(t) = \dfrac{1}{3}\delta(t)$ V $+\dfrac{1}{18}\mathrm{e}^{-\frac{t}{3}}\varepsilon(t)$ V;(2) $h(t) = 0.5\delta(t)$ V;(3) $h(t) = \dfrac{2}{3}\delta(t)$ V $-\dfrac{1}{36}\mathrm{e}^{-\frac{t}{6}}\varepsilon(t)$ V

<h1 style="text-align:center">习　题　九</h1>

9-2 $u_C(t) = (-2\mathrm{e}^{-5t}+5t\mathrm{e}^{-5t})$ V,$i_L(t) = (0.6\mathrm{e}^{-5t}-t\mathrm{e}^{-5t})$ A

9-4 $u_C(t) = 10\cos(5t-36.9°)$ V,$i_L(t) = 2\cos(5t+53.1°)$ A

9-6 $u_C(t) = (40.5\mathrm{e}^{-t}-0.5\mathrm{e}^{-9t})$ V,$i_L(t) = (4.5\mathrm{e}^{-t}-0.5\mathrm{e}^{-9t})$ A

9-8　$u_C(t) = (-20\mathrm{e}^{-2t} + 5\mathrm{e}^{-8t} + 15)\varepsilon(t)\,\mathrm{V}, i_L(t) = (5\mathrm{e}^{-2t} - 5\mathrm{e}^{-8t})\varepsilon(t)\,\mathrm{A}$

9-10　$u_C(t) = [1.667\mathrm{e}^{-4t}\cos(3t + 126.9°) + 1]\varepsilon(t)\,\mathrm{V}, i_L(t) = 0.333\mathrm{e}^{-4t}\cos(3t - 90°)\varepsilon(t)\,\mathrm{A}$

9-12　$i_L(t) = (2\mathrm{e}^{-2t} + 4t\mathrm{e}^{-2t})\,\mathrm{A}, u_C(t) = -8t\mathrm{e}^{-2t}\,\mathrm{V}$

9-14　$i_L(t) = 8\mathrm{e}^{-2t}\cos(2t - 90°)\varepsilon(t)\,\mathrm{A}, u_C(t) = 11.3\mathrm{e}^{-2t}\cos(2t + 45°)\varepsilon(t)\,\mathrm{V}$

9-16　$s^2 + 7s + 10 = (s+2)(s+5) = 0, s_1 = -2, s_2 = -5$

9-18　$32\dfrac{\mathrm{d}^2 u_C}{\mathrm{d}t^2} + 12\dfrac{\mathrm{d}u_C}{\mathrm{d}t} + 2u_C = 4\dfrac{\mathrm{d}u_s}{\mathrm{d}t}$

9-20　$i_1(t) = (9\mathrm{e}^{-0.166\,7t} + 2\mathrm{e}^{-2t})\,\mathrm{A}, i_2(t) = (12\mathrm{e}^{-0.166\,7t} - \mathrm{e}^{-2t})\,\mathrm{A}$

9-22　$i_L(t) = (-2.7\mathrm{e}^{-4t} + 1.2\mathrm{e}^{-6t})\,\mathrm{A}, u_C(t) = (18\mathrm{e}^{-4t} - 12\mathrm{e}^{-6t})\,\mathrm{V}$

习　题　十

10-2　$u(t) = 100\cos(2\pi \times 10^3 t \pm 84.26°)\,\mathrm{V}$

10-4　(1) $\varphi = 40°$；(2) $i(t) = 10\sqrt{2}\cos(314t - 40°)\,\mathrm{A}$

10-6　$\varphi = 60°$

10-8　$\dot{I}_{1m} = 4\angle{-80°}\,\mathrm{A}, \dot{I}_{2m} = 10\angle{20°}\,\mathrm{A}, \dot{I}_{3m} = 8\angle{-110°}\,\mathrm{A}$

10-10　$u(t) = 111.8\sqrt{2}\cos(2\pi \times 10^6 t - 26.56°)\,\mathrm{V}$

10-12　$u_C(t) = 10\cos(100t - 45°)\,\mathrm{V}$

10-14　$14\sqrt{2} + \mathrm{j}14\sqrt{2} = 19.8 + \mathrm{j}19.8$

10-16　(1) $A = 8, b = -3.928$；(2) $A = -20, b = -8.66$

10-18　$u(t) = u_1(t) + u_2(t) = 6.31\sqrt{2}\cos(4t + 14.1°)\,\mathrm{V}$

10-20　(1) $L = 12.5\,\mathrm{mH}$；(2) $C = 500\,\mu\mathrm{F}$；(3) $R = 1.6\,\Omega$

10-22　$\dot{I}_R = 5 \times 10^{-3}\angle{20°}\,\mathrm{A}, \dot{I}_C = 1.57 \times 10^{-3}\angle{110°}\,\mathrm{A}, \dot{I}_s = 5.24\angle{37.4°}\,\mathrm{mA}$

10-24　$\dot{U}_R = 70.7\angle{90°}\,\mathrm{V}, \dot{U}_L = 7\,070\angle{180°}\,\mathrm{V}, \dot{U}_C = 7\,070\angle{0°}\,\mathrm{V}, \dot{U}_s = 70.7\angle{90°}\,\mathrm{V}$

10-26　$U_3 = 5\,\mathrm{V}$

10-28　$\dot{U}_{ab} = 20\sqrt{2}\angle{45°}\,\mathrm{V}$

10-30　I_C 为 13 A 或 7 A

10-32　(1) $\dot{U}_2 = 0.707\angle{45°}\,\mathrm{V}$；(2) $\dot{U}_2 \approx 1\angle{0°}\,\mathrm{V}$

10-34　$u_s(t) = 2.236\sqrt{2}\cos(2t + 63.4°)\,\mathrm{V}$

10-36　$\dot{I}_R = 7.07\angle{151.26°}\,\mathrm{A}, \dot{I}_C = 7.07\angle{-118.74°}\,\mathrm{A}, \dot{I}_L = 2.823\angle{98.16°}\,\mathrm{A}$

10-38　$\begin{cases} (30+\mathrm{j}70)\dot{I}_1 + (10+\mathrm{j}20)\dot{I}_2 - (20+\mathrm{j}50)\dot{I}_3 = -10\angle{0°} \\ \dot{I}_2 = 0.2\angle{45°} \\ \dot{I}_3 = 0.1\angle{30°} \end{cases}$

10-40　$\dot{I}_1 = 2.66\angle{70.2°}\,\mathrm{A}, \dot{I}_2 = 4\angle{103°}\,\mathrm{A}$

10-42　$\dot{U}_2 = (6+\mathrm{j}2)\,\mathrm{V} = 6.32\angle{18.44°}\,\mathrm{V}$

10-44　$z_{11} = (2-\mathrm{j}3)\,\Omega, z_{12} = -\mathrm{j}1\,\Omega, z_{21} = -\mathrm{j}3\,\Omega, z_{22} = -\mathrm{j}1\,\Omega, h_{11} = 2\,\Omega, h_{12} = 1, h_{21} = -3, h_{22} = \mathrm{j}1\,\mathrm{S}$

$$t_{11} = (1+j\frac{2}{3}), t_{12} = \frac{2}{3}\ \Omega, t_{21} = j\frac{1}{3}\ S, t_{22} = \frac{1}{3}$$

10-46 $Z_{ab} = \dfrac{3+j2\omega}{2+j\omega}$

10-48 $Z_{ab} = (12+j6)\ \Omega = 13.42\ \underline{/26.6°}\ \Omega$

10-50 $\dot{U}_{oc} = 12.5\ \underline{/53.1°}\ V, Z_o = (2+j1)\ \Omega = 2.236\ \underline{/26.6°}\ \Omega$

10-52 $\dot{U}_{oc} = 100\ \underline{/-90°}\ V, \dot{I}_{sc} = 30\ \underline{/0°}\ A, Z_o = 3.333\ \underline{/-90°}\ \Omega, Y_o = j0.3\ S$

$$u_k(t) = 99.39\sqrt{2}\cos\ (20t-83.66°)\ V$$

10-54 $i(t) = i_0(t) + i_1(t) = [0.5+0.791\sqrt{2}\cos\ (4\times10^4 t+26.6°)]\ mA$

10-56 $i_L(t) = 11.09\sqrt{2}\cos\ (100t+176.82°)\ A+0.555\sqrt{2}\cos\ (1\ 000t-176.82°)\ A$

习 题 十 一

11-2 $p_L(t) = 20\cos\ (2\times10^3 t-90°)\ V\cdot A$

11-4 $\tilde{S} = (4.717-j0.49)\ mV\cdot A, P = 4.717\ mW, Q = -0.49\ mvar$

11-6 $P_V = 6.4\ W, P_L = 0, P_R = 6.4\ W, P_I = -12.8\ W$

11-8 $P_{R1} = 0.96\ mW, P_{R2} = 0.32\ mW, P_{u_{S1}} = -0.555\ mW, P_{u_{S2}} = -0.725\ mW, P_L = P_C = 0$

11-10 $Z_L = Z_o^* = (1.6-j1.7)\ \Omega, P_{max} = 13\ W$

11-12 $\alpha = -\dfrac{1}{3}, R = 7\ \Omega, P_{max} = 160.7\ W$

11-14 $n = 2, L = 6.4\ H, P_{max} = 0.312\ 5\ W$

11-16 $P = (4+40)\ W = 44\ W$

11-18 $i(t) = 0.742\sqrt{2}\cos\ (10t+68.2°)\ A+0.588\sqrt{2}\cos\ (5t+78.69°)\ A, P = 1.79\ W$

11-20 $\dot{U}_A \approx 220\ \underline{/115°}\ V, \dot{U}_B \approx 220\ \underline{/-5°}\ V, \dot{U}_C \approx 220\ \underline{/-125°}\ V$

11-22 $\dot{I}_A = 1.524\ \underline{/-44.97°}\ A, \dot{I}_B = 1.524\ \underline{/-164.97°}\ A, \dot{I}_C = 1.524\ \underline{/75.03°}\ A$

$$\dot{U}_A = 215.5\ \underline{/0.03°}\ V, \dot{U}_B = 215.5\ \underline{/-119.97°}\ V, \dot{U}_C = 215.5\ \underline{/120.03°}\ V$$

习 题 十 二

12-2 (a) $\dfrac{\dot{U}_2}{\dot{U}_1} = \dfrac{R_2(1+j\omega/\omega_1)}{(R_1+R_2)(1+j\omega/\omega_2)}$ 其中, $\omega_1 = \dfrac{1}{\tau_1} = \dfrac{R_2}{L}, \omega_2 = \dfrac{1}{\tau_2} = \dfrac{R_1+R_2}{L}$

(b) $\dfrac{\dot{U}_2}{\dot{U}_1} = \dfrac{1+j\omega/\omega_1}{1+j\omega/\omega_2}$ 其中, $\omega_1 = \dfrac{1}{\tau_1} = \dfrac{R_1}{L}, \omega_2 = \dfrac{1}{\tau_2} = \dfrac{R_1 R_2}{(R_1+R_2)L}$

12-4 (a) $\dfrac{\dot{I}_2}{\dot{I}_1} = \dfrac{1}{1+j\omega/\omega_c}$; (b) $\dfrac{\dot{I}_2}{\dot{I}_1} = \dfrac{j\omega/\omega_c}{1+j\omega/\omega_c}$ 其中 $\omega_c = \dfrac{1}{\tau} = \dfrac{1}{RC}$

12-6 (a) $\dfrac{\dot{U}_2}{\dot{U}_1} = \dfrac{j\omega/\omega_c}{1-\omega^2/\omega_c^2+j3\omega/\omega_c}$ 其中 $\omega_c = \dfrac{1}{\tau} = \dfrac{1}{RC}$

(b) $\dfrac{\dot{U}_2}{\dot{U}_1} = \dfrac{\mathrm{j}\omega/\omega_c}{1-\omega^2/\omega_c^2+\mathrm{j}3\omega/\omega_c}$　　其中 $\omega_c = \dfrac{1}{\tau} = \dfrac{R}{L}$

12-8　$u_R(t) = 10\cos 10^5 t\,\mathrm{V}, u_L(t) = 100\cos\,(10^5 t+90°)\,\mathrm{V}, u_C(t) = 100\cos(10^5 t-90°)\,\mathrm{V}$

12-10　$\omega_0 = 10^7\,\mathrm{rad/s}, Q = 50, \Delta\omega = 2\times10^5\,\mathrm{rad/s}$

12-12　开关 S 断开时, $\omega_0 = 7\,070\,\mathrm{rad/s}, Q = 14.14$; 开关 S 闭合时, $\omega_0 = 10^4\,\mathrm{rad/s}, Q = 10$

12-14　$u_R(t) = 100\cos(10^5 t+30°)\,\mathrm{V}, i_R(t) = 10\cos(10^5 t+30°)\,\mathrm{mA}$

　　　　$i_C(t) = \cos(10^5 t+120°)\,\mathrm{A}, i_L(t) = \cos(10^5 t-60°)\,\mathrm{A}$

12-16　$R = 10^3\,\Omega, L = 0.1\,\mathrm{H}, C = 10\,\mu\mathrm{F}$

习 题 十 三

13-2　$u_2(t) = M\dfrac{\mathrm{d}i_1}{\mathrm{d}t},\ u_1(t) = -M\dfrac{\mathrm{d}i_2}{\mathrm{d}t}$

13-4　$k = 0.1, L' = 27\,\mathrm{mH}, L'' = 23\,\mathrm{mH}; k = 0.5, L' = 35\,\mathrm{mH}, L'' = 15\,\mathrm{mH}$

　　　　$k = 1, L' = 45\,\mathrm{mH}, L'' = 5\,\mathrm{mH}$

13-6　$k = 0.1, L = 19.8\,\mathrm{mH}; k = 0.5, L = 15\,\mathrm{mH}; k = 0.9, L = 3.8\,\mathrm{mH}$

13-8　$\mathrm{j}\omega L_\mathrm{a} = \mathrm{j}6\,\Omega, \mathrm{j}\omega L_\mathrm{b} = -\mathrm{j}1\,\Omega, \mathrm{j}\omega L_\mathrm{c} = \mathrm{j}3\,\Omega$

13-10　(1) $Z_\mathrm{i} = (20+\mathrm{j}90)\,\Omega = 92.2\,\underline{/77.47°}\,\Omega$; (2) $Z_\mathrm{i} = (18+\mathrm{j}14)\,\Omega = 22.8\,\underline{/37.9°}\,\Omega$

13-12　$Z_\mathrm{L} = Z_\mathrm{o}^* = (0.2-\mathrm{j}9.8)\,\mathrm{k}\Omega$

13-14　$Z_\mathrm{i} = (1.6+\mathrm{j}11.2)\,\Omega, \dot{I}_1 = 17.68\,\underline{/-81.87°}\,\mathrm{A}, \dot{U}_2 = 31.6\,\underline{/-108.47°}\,\mathrm{V}$

13-16　$\dot{U}_\mathrm{oc} = \sqrt{2}\,\underline{/-135°}\,\mathrm{V}, Z_\mathrm{L} = Z_\mathrm{o}^* = (0.2-\mathrm{j}9.8)\,\mathrm{k}\Omega, P_\mathrm{max} = 2.5\,\mathrm{mW}$

习 题 十 四

14-2　$U_\mathrm{o}(s) = \dfrac{10s}{s+10} \rightarrow u_\mathrm{o}(t) = [10\delta(t)-100\mathrm{e}^{-10t}]\varepsilon(t)\,\mathrm{V}$

14-4　$I_L(s) = \dfrac{2s-2}{s^2+3s+2} \rightarrow i_L(t) = (-4\mathrm{e}^{-t}+6\mathrm{e}^{-2t})\varepsilon(t)\,\mathrm{A}$

　　　　$U_C(s) = \dfrac{2s+10}{s^2+3s+2} \rightarrow u_C(t) = (8\mathrm{e}^{-t}-6\mathrm{e}^{-2t})\varepsilon(t)\,\mathrm{V}$

14-6　$I_L(s) = \dfrac{-6}{s^2+8s+25} \rightarrow i_L(t) = 2\mathrm{e}^{-4t}\cos\,(3t+90°)\varepsilon(t)\,\mathrm{A}$

　　　　$U_C(s) = \dfrac{6s+48}{s^2+8s+25} \rightarrow u_C(t) = 10\mathrm{e}^{-4t}\cos\,(3t-53.1°)\varepsilon(t)\,\mathrm{V}$

14-8　$I_L(s) = \dfrac{16}{s^2+4s+8} \rightarrow i_L(t) = 8\mathrm{e}^{-2t}\cos\,(2t-90°)\varepsilon(t)\,\mathrm{A}$

　　　　$U_C(s) = \dfrac{8s}{s^2+4s+8} \rightarrow u_C(t) = 11.3\mathrm{e}^{-2t}\cos\,(2t+45°)\varepsilon(t)\,\mathrm{V}$

14-10 $I_3(s) = \dfrac{4s+2}{s^2+\dfrac{4}{3}s+\dfrac{1}{3}} \rightarrow i_3(t) = (e^{-\frac{1}{3}t}+3e^{-t})\varepsilon(t)\,\text{A}$

$I_4(s) = \dfrac{2}{s+\dfrac{1}{3}} \rightarrow i_4(t) = 2e^{-\frac{1}{3}t}\varepsilon(t)\,\text{A}$

参考书目

[1] 狄苏尔 C A,葛守仁.电路基本理论[M].林争辉,译.北京:人民教育出版社,1979.
[2] LEON O CHUA,DESOER C A,KUH E S.Linear and Nonlinear Circuits[M].New York: McGraw-Hill Inc. ,1987.
[3] RICHARD C DORF,JAMES A. Svoboda.Introduction to Electric Circuits[M].New Yersey John Wiley & Sons,Inc. , 1996.
[4] 李瀚荪.电路分析基础[M].3 版 . 北京:高等教育出版社,1994.
[5] 胡翔骏.电路基础[M].北京:高等教育出版社,1996.
[6] 胡翔骏.计算机辅助电路分析[M].北京:高等教育出版社(中国),施普林格出版社(德国),1998.
[7] 胡翔骏.电路基础简明教程[M].北京:高等教育出版社,2004.
[8] 胡翔骏 . 电路基础[M].3 版 . 北京:高等教育出版社,2016.

郑重声明

高等教育出版社依法对本书享有专有出版权。任何未经许可的复制、销售行为均违反《中华人民共和国著作权法》,其行为人将承担相应的民事责任和行政责任;构成犯罪的,将被依法追究刑事责任。为了维护市场秩序,保护读者的合法权益,避免读者误用盗版书造成不良后果,我社将配合行政执法部门和司法机关对违法犯罪的单位和个人进行严厉打击。社会各界人士如发现上述侵权行为,希望及时举报,我社将奖励举报有功人员。

反盗版举报电话　(010)58581999　58582371

反盗版举报邮箱　dd@hep.com.cn

通信地址　北京市西城区德外大街4号　高等教育出版社法律事务部

邮政编码　100120

网络增值服务使用说明

一、注册/登录

访问 http://abook.hep.com.cn/,点击"注册",在注册页面输入用户名、密码及常用的邮箱进行注册。已注册的用户直接输入用户名和密码登录即可进入"我的课程"页面。

二、课程绑定

点击"我的课程"页面右上方"绑定课程",正确输入教材封底防伪标签上的20位密码,点击"确定"完成课程绑定。

三、访问课程

在"正在学习"列表中选择已绑定的课程,点击"进入课程"即可浏览或下载与本书配套的课程资源。刚绑定的课程请在"申请学习"列表中选择相应课程并点击"进入课程"。

如有账号问题,请发邮件至:abook@hep.com.cn。